Lagerstättenlehre

Ein kurzes Lehrbuch
von den Bodenschätzen in der Erde

Von

Dr. phil. Walther E. Petrascheck
o. Professor an der Montanistischen Hochschule
Leoben
Gastprofessor an der Universität Wien

Zweite, neubearbeitete Auflage
nach der ersten Auflage von
W. Petrascheck
und W. E. Petrascheck

Mit 232 Textabbildungen
VIII, 374 Seiten. Gr.-8°. 1961

Ganzleinen
S 312.—, DM 49.50, sfr. 53.20, $ 12.40

Geologisches Kräftespiel und Landformung

Grundsätzliche Erkenntnisse
zur Frage junger Gebirgsbildung
und Landformung

Von

Dr. Arthur Winkler-Hermaden
o. Professor für Geologie a. D.
der Deutschen Technischen Hochschule Prag

Mit 120 Textabbildungen und 5 Tafeln
XX, 822 Seiten. Gr.-8°. 1957

S 534.—, DM 89.—, sfr. 91.10, $ 21.20

Ganzleinen
S 558.—, DM 93.—, sfr. 95.20, $ 22.15

Systematische Klassifikation der Massengesteine

Von

Dr. Felix Ronner

Dozent am Institut für Mineralogie und Technische Geologie
der Technischen Hochschule, Graz

Mit 85 Textabbildungen

Wien
Springer-Verlag
1963

ISBN-13:978-3-7091-8104-1   e-ISBN-13:978-3-7091-8103-4

DOI: 10.1007/978-3-7091-8103-4

A. Johannsen und W. E. Tröger

gewidmet

" . . . it is commonly agreed that the systems of classification and nomenclature
now in use are in a state of great confusion—of rapidly increasing confusion.
To my mind the principal cause for this deplorable state of things is the lack
of a clear conception of the natural relationship between the systematic classification of rocks, upon which their specific nomenclature must be based, and
various other, necessary classifications of the same bodies."
W. Cross 1898, S. 79.

„Der Mangel an einheitlicher Systematik in der Petrographie
wird so allgemein gefühlt, daß ein Versuch in dieser Richtung
Besserung anzubahnen, schwerlich einer besonderen Rechtfertigung bedarf . . . Es ist dabei, wenn man will, eine trost-
reiche Wahrheit, daß es an guten Grundsätzen nicht eigentlich
gefehlt hat, aber es ist auch nicht zu verkennen, daß diese
Grundsätze in bestimmter einheitlicher und consequenter Weise
bisher nicht zur Anwendung gekommen sind."
H. Vogelsang 1872/73, S. 507.

Vorwort

Dieses Buch ist in seinem speziellen Teil für den praktisch arbeitenden Petrographen gedacht, wie es auch aus der Praxis entsprungen ist. Daß dazwischen viel Theorie liegt, erwies sich als unumgängliche Notwendigkeit, sollten die Bestimmungstafeln mehr als eines der zahlreichen vorgeschlagenen Systeme ohne sorgfältig erwogene Begründung gelten.

„Die genaue Kenntniss der Gesteine ist das notwendige ABC des Geologen, das er aufs Vollständigste inne haben muß, um nicht in die gröbsten Irrthümer zu verfallen", schrieb schon C. Vogt 1866 (S. 140). Die Schwierigkeit der Gesteinserkennung steigerte sich aber paradoxerweise mit den stürmisch fortentwickelten Untersuchungs- und Erkennungsmethoden, denn die ursprünglich bescheidene Zahl von Gesteinstypen stieg rapid an und hält heute allein bei den Massengesteinen bei einer unübersehbaren Zahl von ungefähr 4000 Namen. Die Heranziehung zahlreicher Einteilungskriterien brachte die verschiedenartigsten Klassifikationen mit sich und erhöhte noch bedeutend die Verwirrung unter den Geologen. „Kein Wunder, daß die Petrographie bei den Geologen und Vulkanologen als ‚Geheimwissenschaft' in Verruf kam und, zum großen Schaden der Wissenschaft, soviel als möglich beiseite gelassen wurde" (A. Rittmann 1960, S. 109).

Als Petrograph hatte ich u. a. durch Jahre für etwa 30 Feldgeologen Bestimmungen von eingesandten Gesteinsproben durchzuführen. Die dabei ermittelten Typennamen konnten die Feldgeologen nicht befriedigen. Wie sollten auf der Karte Gesteine ausgeschieden werden, die z. B. als Corcovadit oder Cortlandtit, Nevadit, Sancyit, Sannkit, Santoricit bezeichnet sind? Die Geologen hatten Scheu vor einer Wissenschaft, die sich anscheinend so unverständlich ausdrücken mußte, waren aber zugleich auch konsterniert, weil sie mit den Bestimmungen nichts anzufangen wußten. Als ich ihnen dann mitteilen konnte, daß es sich bei obigen Gesteinen ganz einfach um einen Granodioritporphyrit bzw. Olivinpyroxenhornblendit, Leukorhyolith, Rhyodacit und Dacit handelt, waren sie erleichtert und baten mich, in Zukunft nur mehr die *beschreibenden* Namen zu verwenden. So wandte ich mich der Nomenklatur der zusammengesetzten Bezeichnungen zu und von den Lokalnamen ab.

Als ich dann eine petrographische Sammlung in einem kleinen Museum einzurichten hatte, konnte ich nicht nur diese beschreibenden Namen bereits gut verwerten, sondern mußte mich auch näher mit der Systematik befassen, nach der ich die Aufstellung vornehmen wollte. Anschauliche graphische Darstellungen wurden ersonnen, um die Stellung der Gesteinsfamilien im System zu verdeutlichen. So entwickelte sich allmählich in der Praxis die vorliegende Klassifikation.

Lange Zeiten hindurch war die Klassifikation der Gesteine ein Hauptanliegen der Petrographie, aber die Verwirrung wurde so groß, daß eine stille Resignation eintrat. Vereinzelt wurde noch an einigen Punkten mancher Systeme Kritik geübt und Grenzverschiebungen zwischen einzelnen Abteilungen vorgeschlagen, mehr oder minder gewichtige Stimmen richteten sich gegen die überhandnehmenden Lokalbezeichnungen, aber all diese Schritte waren kraftlos, weil kein ganzes System in Vorschlag gebracht wurde, sondern nur Teil-Verbesserungsvorschläge an mehr oder weniger guten, bereits vorhandenen Einteilungen. Es wurde still um die Kassifikation. So schrieb Herr Prof. Dr. E. TRÖGER in einem Brief vom 16. Juli 1957 an den Verfasser: „Ich ... freue mich, daß es noch Petrographen gibt, die sich über das leidige Kapitel der Systematik den Kopf zerbrechen."

Auf welchen Prinzipien fußt nun die vorliegende Klassifikation? Sie zieht zur Gesteinserkennung rein physiographische Faktoren heran. Nicht nur die Namensgebung ist eine beschreibende, sondern auch die Einteilungskriterien sind beschreibende. „Der Charakter eines Gesteines beruht erstens auf der mineralischen Beschaffenheit seiner Bestandtheile (auf seiner mineralischen Constitution), zweitens auf der Weise, wie diese zum Gesteine verbunden sind (auf seiner Structur) und endlich auf der Art seiner Betheiligung am Erdbau (auf seiner Lagerungsform)", stellte H. CREDNER schon 1873 (S. 1) fest, und es scheint nach dieser klaren Erkenntnis unverständlich, daß so viele Irrwege beschritten wurden. Immer wieder wurde versucht, die Genese in die Gesteinsklassifikation hineinzubringen, obwohl die Entstehung dem Gestein keineswegs so ablesbar ist wie der Mineralbestand oder die Struktur. Wenn auch anerkannt werden muß, daß das Geneseprinzip der Systematik viele gute Anregungen für eine Anordnung der großen Abteilungen gab, so ist sie doch wegen ihres (fast) unvermeidlich hypothetischen Charakters als Bestimmungsmerkmal nicht zu gebrauchen. „Die Frage, wie hat sich ein Gestein gebildet? mußte zurücktreten hinter der wichtigern: was ist das Gestein und wie verhält es sich zu den anderen?" (C. DOELTER 1906, S. VI). Ein weiterer Punkt, der sich als noch viel verderblicher für eine brauchbare Systematik erwies, war der bis heute noch angewandte Versuch, das Alter eines Gesteins als Einteilungskriterium zu verwenden. Das Alter eines Gesteins ist nun eben kein morphologisches Merkmal, und alle Versuche, es doch zu einem solchen zu machen, müssen scheitern. Das hat man seit 100 Jahren erkannt (seit F. ZIRKEL 1866), aber noch heute findet man in fast allen deutschsprachigen Lehrbüchern die Zweiteilung (oder gar eine Dreiteilung) in alte und junge Effusiva. Alles Schreiben bedeutender Petrographen dagegen hat nichts genützt; man ist geradezu genötigt, R. SCHWINNERs Ausspruch, den er in einem Vortrag um 1935 prägte, als nur zu wahr anzuerkennen: „Ansichten und Hypothesen werden nicht widerlegt, sondern sterben aus."[1])

Bis in die neunziger Jahre des vorigen Jahrhunderts waren die Klassifikationen rein qualitativ und erlebten ihren Höhepunkt unter F. ZIRKEL und H. ROSENBUSCH, dessen Ausstrahlungen heute noch wirksam sind. Mit rein qualitativen Angaben war aber eine gute Systematik nicht erreichbar; die Chemie bemächtigte sich mit ihren exakten Bauschanalysen der Gesteinsklassifikation und brachte mit zahlreichen Deutungsversuchen der Analysenergebnisse jegliche brauchbare Gesteinssystematik zum Zusammenbruch. Ein Gestein ist keine chemische Formel, sondern individualisierte Materie, daher kann die Analyse nie den Charakter eines Gesteins wiedergeben.

Aber „ohne quantitative Definitionen war unter keinen Umständen eine allgemein übereinstimmende Benennung der Gesteine möglich, und dies ist ja letzten Endes der Sinn eines jeden Systems" (W. FISCHER 1961, S. 47). Man wandte sich ab den zwanziger Jahren — vor allem und zuerst in Amerika — wieder den Einteilungskriterien Mineralbestand und Struktur zu, und A. JOHANNSEN stellte als erster (und

---

[1]) Nach einer freundlichen Mitteilung von Herrn Prof. Dr. F. ANGEL.

fast als einziger) ein völlig durchdachtes quantitatives System auf, das aber stark unter einem schematischen Symmetriebedürfnis leidet. Die Gesteine werden zu sehr — und häufig gegen die natürlichen Schwerpunkte — in starre Abteilungen gezwängt, was sich ungünstig auswirkt. Diese Fehler erkennend, ging W. E. Tröger in Deutschland einen anderen Weg: Er erfaßte eine große Anzahl von Gesteinen quantitativ, und zwar nicht nur hinsichtlich des Mineralbestandes, sondern auch des Chemismus. Obgleich er jedoch selbst schrieb (1938, S. 42), „Immer mehr dringt wohl die Ansicht durch, daß das erstrebenswerte Klassifikationsverfahren für Eruptivgesteine unbedingt rein modal, quantitativ-mineralogisch sein muß", reihte er seine Gesteine nur mehr oder minder lose aneinander und wies mehrmals ausdrücklich darauf hin, sein Kompendium ja nicht für eine Systematik zu halten.

Seit dem Zweiten Weltkrieg wurde überhaupt keine systematische Gesteinsklassifikation herausgebracht. Hier nun wird das erstemal im deutschen Sprachraum versucht, eine durchgearbeitete quantitative mineralogische Systematik zu bringen, die sich dazu noch einer beschreibenden Nomenklatur bedient.

Es war beabsichtigt, diese Klassifikation in Tabellenform mit den graphischen Darstellungen allein vorzulegen, als mir Herr Prof. Dr. A. Winkler v. Hermaden den Rat gab, nicht nur das Ergebnis vorzubringen, sondern auch die ausführliche Begründung dafür, warum diese Lösung als einzig mögliche bzw. optimale erscheint. Es ist mir ein angenehmes Bedürfnis, Herrn Prof. Dr. Winkler v. Hermaden für diese Anregung sowie für die wertvolle Unterstützung mit oft seltener Literatur meinen Dank auszusprechen.

Infolge der erweiterten Aufgabe war es notwendig, den gesamten Werdegang der petrographischen Klassifikation und damit einen historisch-kritischen Überblick über einen großen Teil unserer Wissenschaft überhaupt zu bringen. Das war nicht nutzlos, denn „mangelndes historisches Interesse brachte es mit sich, daß Aufgabe und Wesen der petrographischen Systematik von den meisten nur unklar erkannt wurden", wie W. Fischer 1961 (S. 47) schreibt und (auf S. III) dazu noch bemerkt: „Mehr als viele glauben, fußt die Gegenwart auf Gedankengängen der Vergangenheit." Da seit L. Milch 1913/14 und K. H. Scheumann 1925/1929 aber keine eingehenderen Untersuchungen über die Entwicklung der Gesteinsklassifikationen angestellt worden sind, erschien mir diese Aufgabe um so interessanter.

Herr Prof. Dr. F. Angel, dem ich großen Dank dafür schulde, daß er meine Arbeit mit stetem Interesse verfolgte und mir zahlreiche Anregungen gab, schrieb mir in einem Brief zu vorliegendem Werk: „Ich wünsche nur — wahrscheinlich ist Ihr Wunsch derselbe —, daß es bald im Druck erscheinen kann."

Daß dieser mein Wunsch Erfüllung fand, danke ich herzlich den Herren des Springer-Verlages, Wien, die mir mit einer im heutigen Geschäftsleben selten gewordenen Vornehmheit entgegentraten und mein Manuskript zum Verlag übernahmen.

Graz, im Mai 1963.

F. Ronner

Inhaltsverzeichnis

Zweite Hälfte

Spezieller Teil

Zweiter Teil

Die bisherigen Systeme und kritische Stellungnahme

Erste Hälfte

Die qualitativen Systeme (und die Einteilungskriterien)

Zweite Hälfte

Die quantitativen Systeme (und die Normenklatur)

Systematische Klassifikation der Massengesteine auf physiographischer Grundlage

Erste Hälfte

Der Weg und die Grundlagen

"The purpose of the classification has not been to force a private theory on petrography. The intention, rather, was to devise a classification which met those aims and employed those methods that appear to have been longest used, most universally approved, or vised by best authority. The data used is that available in the later literature and represents the autor's judicial decision as to the average fact of conflicting data."
Aus einem Brief von E. T. Hodge vom 22. 2. 1928 an
K. H. Scheumann

K. H. Scheumann 1929, S. 236

I. Der Weg zu vorliegendem System

1. Die gegenwärtige Situation

Tröger (1948) und Credner (1873)

1948 (auf S. 135) schrieb W. E. TRÖGER in einem Überblick über die letzten 100 Jahre Entwicklung der Eruptiva-Klassifikation als Prognose:

„Nach Ansicht des Berichterstatters wird die Entwicklung darauf hinauslaufen, daß ein allgemein anerkanntes System nur auf zwei rationalen, mineralogischen Prinzipien aufgebaut werden kann: dem Modalbestand und der Struktur (Korngröße), und zwar beide quantitativ scharf definiert. Nur diese beiden sind nämlich objektiv an jeder Gesteinsprobe mit geringstem Aufwand meßbar.

Chemische Zusammensetzung, Differentiationsverlauf, geologische Form und Alter, die jedes für sich ein wichtiges Kennzeichen darstellen, dürften erst in zweiter Linie, etwa zur Untergliederung, benützt werden, denn sie sind entweder nur umständlich (Chemismus!) oder oft gar nicht (geologische Form und Alter!) gewinnbar oder subjektiven Hypothesen (Differentiation!) ausgesetzt.

Ein solches System braucht sich im Endeffekt von der mittleren, heute gültigen Anschauung gar nicht weit zu entfernen, es wird aber die Eruptivgesteinspetrographie auf eine leicht erlernbare, dem Streit der persönlichen Meinungen entzogene Basis stellen."

75 Jahre zuvor, 1873, dem Jahr, in dem das erste Gesteinsbuch auf mikroskopischer Basis (von F. ZIRKEL) erschien, konnte man bei H. CREDNER (auf S. 1/2) lesen: „Bei dem Versuche einer Classification müssen dem Wesen eines Gesteines nach, welches auf dessen mineralischer (also auch chemischer) Constitution und auf dessen Structur beruht, diese beiden rein morphologischen Kennzeichen die ausschließlichen Criteria der gesammten Systematik bilden, der petrogenetischen und historischen Geologie hingegen bleibt die Aufgabe, die Entstehungsweise und das geologische Alter der Gesteine zu ermitteln. Der Systematik liegen diese beiden letzteren Fragen fern, sie ist es vielmehr, welche durch descriptive Belehrung über das Wesen der Gesteine auf die mehr hypothetischen Betrachtungen speculativer Geologie vorbereitet."

Wenn man die beiden Aussprüche vergleicht, muß man feststellen, daß sie genau gleichen Inhalts sind. Wie konnte es geschehen, daß TRÖGERS Zeilen tatsächlich nur eine Prognose sind, daß sie einen für die Zukunft erstrebenswerten Zustand bedeuten, wo doch seit CREDNERS Feststellung mehr Zeit verflossen war, als von Beginn (ernstzunehmender) petrographischer Klassifikationsversuche bis zu CREDNER. Noch 1950 (S. 315) schrieb E. E. WAHLSTROM pessimistisch (wobei er mit den Worten „many centuries" stark übertrieb): "For many centuries the classification of rocks has been a subject of controversy, and even today there is little agreement concerning the principles or methods that should be employed in constructing classificatory schemes."

Die fünf Einteilungspunkte der makroskopischen Systeme

CREDNER verfaßte seinen Ausspruch zu einer Zeit, zu der eine ganze Epoche der Petrographie zu Ende gegangen war und mit dem großen Werk von F. ZIRKEL 1866 seine Reife und seinen Höhepunkt erlebt hatte: die Petrographie auf makroskopischer Basis. Dabei hatten sich für die Gesteinsklassifikation fünf Punkte herausgeschält, die Verwendung fanden:

1. der Mineralbestand,
2. das Gefüge,
3. die geologische Position,
4. die Genese,
5. das geologische Alter.

Der Mineralbestand und das Gefüge sind *beschreibende* Faktoren, die geologische Position, die Genese und das geologische Alter *erklärende* Faktoren.

Eine eingehende Analyse (siehe Teil II, S. 177—227) ergibt, daß als Grundlage für eine systematische Klassifikation nur die beiden beschreibenden Faktoren herangezogen werden dürfen, die als morphologische Merkmale im Gestein selbst liegen.

«Très important est le caractère de la constitution minéralogique; même, puisque les roches résultent de la réunion de minéraux, il semblerait naturel que ce caractère doive devenir fondamental pour la classification des roches.» (SACCO 1900, S. 117.) Der Mineralbestand ist für die Gesteinsklassifikation zwar von größter Wichtigkeit, aber die „allgemeingiltige Definition des Gesteinsbegriffes spricht es deutlich aus, daß das Mineralaggregat an sich das Gestein keineswegs ausmacht." (K. A. LOSSEN 1872, S. 784.)

Man fand, „die Structur, nicht die ... mineralische Durchschnittszusammensetzung ist in erster Linie die Trägerin der geologischen Verwandtschaft der Gesteine." (Original alles gesperrt; K. A. LOSSEN 1883/84, S. 512.)

Klassifikationen, die nur auf diesen beiden beschreibenden Faktoren basierten, hatte es gegeben; sie waren unbefriedigend. „Gerade diese *lediglich auf Grund der Struktur* durchgeführten Klassifikationsversuche hatten gezeigt, daß eine schematisch strenge Einteilung nach der Struktur unmöglich sei, da sie genetisch Zusammengehöriges trennen und genetisch in gewissem Gegensatze Stehendes vereinigen mußte." (L. MILCH 1913, S. 209.)

Also wurde ein erklärendes Prinzip für die Klassifikation herangezogen, die Genese: „Beruht auch die ... Klassifizierung der Gesteine ... zum Theil auf den Verhältnissen ihrer Struktur und Zusammensetzung, so ist ... die Grundlage der Eintheilung selbst doch in einem anderen Momente zu suchen, in dem ihrer Bildung." (FRANZ V. HAUER 1875, S. 49.) Aber die Genese eines Gesteines ist weder morphologisch im Gestein ausgeprägt, noch überhaupt gesichert, da die Anschauungen über die Entstehung der Gesteinsgruppen wechseln können. Das besagt für die Systematik:

„Eine Eintheilung, die auf den genetischen Verhältnissen der Gesteine beruht ... erscheint für den Zweck der Klassifikation deshalb nur wenig brauchbar, weil der Grund der Eintheilung, für eine ganze Reihe von Gesteinen wenigstens, als vollkommen hypothetisch gelten muß und weil die Bestimmung eines Gesteines durch einen solchen Eintheilungsgrund wohl kaum ermöglicht wird. Man wird sich dann immer in einem circulo vitioso bewegen, weil man, um ein Gestein zu klassificiren, schon seine Genesis kennen muß, die doch erst als letztes Resultat, in gewissem Sinne erst aus der Stellung im Systeme sich erschließen kann." (A. V. LASAULX 1875, S. 143.)

Wenn man aber von dem *Wie* der Entstehung auf das *Wo* übergeht, wird sofort die Spekulation weitgehend ausgeschaltet; man kommt zur geologischen Position:

„Aus dem Begriff des Eruptivgesteins als eines zu geologischer Gestaltung gelangten Theils des Erdmagmas ergibt sich, daß ein natürliches System der Eruptivgesteine sich auf die geologische Erscheinungsform gründen muß." (H. ROSENBUSCH 1898, S. 65.)

Nun ist aber die geologische Position dem Gestein selbst (z. B. im Handstück) nicht ablesbar; selten sogar nur im Gelände. Daher würde sie — als meist nicht gesichert — ebenfalls für die Systematik wertlos sein. Aber die geologische Position ist bestimmend für die Struktur der Massengesteine und gibt auf diese Art und Weise sehr wohl ein übergeordnetes Einteilungsprinzip ab.

„Für die Struktur eines Eruptivgesteins ist aber seine geologische Erscheinungsform fast ausschließlich maßgebend." (H. ROSENBUSCH 1899, S. 742.)

Durch die drei Einteilungsprinzipien: geologische Position, Struktur und Mineralbestand kommt man zu einer völlig ausreichenden Klassifikation der Massengesteine: abyssisch, hypabyssisch, effusiv — mit den dazugehörigen Strukturen und ferner nach der mineralischen Zusammensetzung.

Das geologische Alter wurde früher von vielen Petrographen als Einteilungskriterium herangezogen — wohlgemerkt aber (fast) nur von deutschen. Denn in Deutschland klafft zwischen dem Paläozoikum und dem (Jung-) Tertiär eine Lücke in der magmatischen Förderung von Vulkaniten. Da die paläozoischen Effusiva im Laufe der Zeit anchimetamorph geworden waren, konnte man sie als erkennbar *alte* den *jungen*, unveränderten gegenüberstellen. Von prinzipiellen, primären Unterschieden ist aber keine Rede — und in anderen Gebieten existieren überhaupt keine Unterschiede. Daher wurde ab 1866 (F. ZIRKEL) die Altersteilung bekämpft. 1891 konnte H. ROSENBUSCH bereits sagen (auf S. 351):

„Es war eine Zeit, wo man ziemlich allgemein in dem Vorurtheil befangen war, daß das geologische Alter eines Eruptivgesteines in hervorragender Weise für den Bestand und die Structur desselben bedingend sei."

Das Mikroskop und die qualitativen mineralogischen Systeme

Nach dieser Kurzzusammenfassung ist es verständlich, daß schon H. CREDNER (1873) feststellen konnte, daß für eine systematische Klassifikation der Massengesteine nur die morphologisch erkennbaren Kriterien Mineralbestand und Struktur herangezogen werden dürfen. Auf diesem Stand stehen wir auch heute wieder: „Texture and mineral composition form the bases for nearly all the many classifications of igneous rocks." (L. E. SPOCK 1962, S. 51)

Wir stehen zwar heute auf diesem Stand, aber nicht *noch*, sondern *wieder*. Denn inzwischen sind fast hundert Jahre (seit 1866) Forschung verstrichen, die viele neue Ergebnisse und mit diesen viele Irrwege, aber auch Erkenntnisse für die systematische Klassifikation gebracht haben.

Das Mikroskop und die chemische Analyse drangen in die Untersuchungsmethoden ein und brachten vor einer Klärung vorerst Verwirrung und Fehlwege.

Das Mikroskop erschloß eine neue Welt des Sehens und damit die Entdeckung ungeahnter Bestimmungsmöglichkeiten der Struktur und vor allem des Mineralinhaltes der Gesteine. Das Erkennen der Mineralien auf mikroskopisch-optischer Grundlage war so faszinierend, daß das Auffinden bisher unbekannter und daher unbenannter Mineralkombinationen das ganze Streben und Denken der Petrographen gefangennahm. Die neu gefundenen Spielarten mußten mit neuen Namen belegt werden und wurden es auch. Aber sie paßten nicht mehr in die alten Systeme. Da waren keine Plätze vorgesehen für Gesteine, von deren Existenz man in der vormikroskopischen Zeit, der makroskopischen, nichts ahnen konnte. Über dem *Was* ist in einem Gestein an Mineralien enthalten, kam man vor Entdeckungseifer gar nicht auf die Idee, daß auch das *Wieviel* eine Rolle spielen könnte. Es entstanden die qualitativ-mineralogischen Systeme auf mikroskopischer Grundlage, die mit Zirkel und Rosenbusch (vor allem mit letzterem) ihre Vollendung fanden. Diese unüberbietbare Vollendung führte aber die Geologenwelt zur Erkenntnis, daß die neue qualitative Klassifikation nie eine Befriedigung bringen kann, da die Grenzen der einzelnen Gesteinstypen völlig ineinander verschwammen. Man war in einer Sackgasse — und suchte den Ausweg radikal auf einer völlig anderen Basis.

Die qualitativ-mineralogische Klassifikation mußte ihre Unzulänglichkeit zugeben, indem sie kapitulierte. Sie gab an, „daß manche Spezies von Gesteinen gemeinsame Vertreter besitzen." (A. v. Lasaulx 1875, S. 142.) Wenn das so ist, kann der Geologe mit Gesteinsbegriffen natürlich nichts mehr anfangen, denn wenn Basalt und Andesit (z. B.) die gleiche Zusammensetzung haben können, wie soll er das Gestein dann benennen und kartenmäßig ausscheiden? "As a matter of fact no petrographer using the old qualitative system can have a clear idea of what he himself includes in any given unit of that system." (W. Cross 1910a, S. 972.)

Die Bauschanalyse und die chemischen Systeme

Klare Verhältnisse mußten geschaffen werden; man konnte sich nicht damit zufriedengeben, daß *ein* vorliegendes Gestein (Handstück) *zwei* (oder mit dem verschiedenen Alter vier) Gesteine sein können. Der Ausweg schien in der Chemie zu liegen, die eine exakte Naturwissenschaft ist. Jede Gesteinsprobe kann nur *eine* exakte Bauschanalyse mit klaren, exakten Zahlen liefern. „Das Mittel zur Feststellung der Gesteinszusammensetzung ist die *quantitative chemische* oder *Bauschanalyse.*" (O. H. Erdmannsdörffer 1924, S. 3.)

Aus der Bauschanalyse mit ihren mindestens sieben Veränderlichen war aber nicht viel zu ersehen und vor allem kein System zu errichten: „Daß niemals auf rein chemische Grundsätze ein befriedigendes petrographisches System sich aufbauen läßt, habe ich schon 1861 nachgewiesen", schrieb 1891 (S. 7) J. Roth, „der trefflichste Kenner der krystallinischen Gesteine" (A. v. Lasaulx 1872, S. 4).

Da aber die (qualitativ-) mineralogische Betrachtungsweise der Gesteine keine Lösung der Klassifikationsprobleme bringen konnte, *mußte* die Chemie die Rettung bringen. Es wurden Berechnungsmethoden ersonnen, welche die sieben Veränderlichen auf drei oder vier reduzierten, damit sie graphisch dargestellt und damit in ein übersichtliches System gebracht werden konnten.

Jede Generalisierung der sieben Analysenwerte mußte aber eine Überbetonung bestimmter Elemente oder Elementgruppen (und damit Unterdrückung anderer) mit sich bringen. Jeder Petrograph sah andere Gruppierungen als bezeichnend für die Gesteine an und schuf neue Wege. Ebenso waren die graphischen Lösungsversuche individuell verschieden, so daß in der Folge keine zwei Gesteinsformeln oder graphischen Figuren mehr vergleichbar waren. Die Klassifikation auf rein chemischer Grundlage brach als undurchführbar zusammen. Und das nicht nur, weil man sich nicht auf *eine* Darstellungsart einigen konnte, sondern weil man über den Analysenwerten ganz vergessen hatte, daß ein Gestein nicht eine Formel darstellt, sondern ein Mineralaggregat mit einer bestimmten Struktur ist.

P. Niggli hatte das erkannt (1923, S. 93): „Die *stoffliche Zusammensetzung* findet ihren Ausdruck im *Chemismus* und im *Mineralbestand.* Daß beide in keiner eindeutigen Beziehung zueinander stehen, ist . . . ausführlich dargetan worden." Trotzdem hält er an der chemischen Klassifikation fest, teilt aber nicht mehr Gesteine, sondern *Magmentypen* ein. „Die Berechnung der Gesteinsmagmen ist von besonderer Wichtigkeit bei der Klassifikation der Eruptivgesteine", hatte schon C. DOELTER 1906 (auf S. 64) geschrieben. Das stimmt aber insofern nicht, als aus einem Magma einer bestimmten chemischen Zusammensetzung die verschiedensten Gesteine kristallisieren können; verschieden nicht nur durch viele Strukturspielarten, sondern auch dem Mineralbestand nach. Das war bereits B. v. COTTA 1874 (S. 43) bekannt: „Aus quantitativ gleicher Zusammensetzung sind unter ungleichen Umständen verschiedenartige Mineralien auskristallisiert, und aus ungleichen Zusammensetzungen zuweilen dieselben." Aber der Chemismus des analysierten Gesteins ist auch nicht ident mit dem Chemismus seines Magmas, denn die Analyse „erfaßt nur die festen Mineralphasen, der Kristallisationsrest, der flüchtige Anteil des Magmas, ... bleiben unbekannt." (F. v. WOLFF 1951, S. 14.) Vor allem aber liegt es im Wesen der Differentiation, daß auskristallisierte Gesteine immer basischer sein müssen als ihre Mutter-Schmelze: „Ultrabasite, wie Peridotite, Pyroxenite und Anorthosite, können aus einer Anzahl von Gründen *nicht* aus Magmen ihrer Zusammensetzung kristallisiert sein ... Es gibt also kein Peridotit-, usw. Magma. Die scharfe Unterscheidung zwischen Gestein und Magma ist gegenüber P. NIGGLI hervorzuheben." (W. SCHREYER 1960, S. 506.) NIGGLI konnte mit seinen chemischen Berechnungsmethoden daher weder Gesteine noch Magmen klassifizieren.

Amerikanische Autoren, vor allem seien CIPW genannt, versuchten die chemische Klassifikation auf einem anderen Wege zu retten. Sie folgerten: Der tatsächliche — modale — Mineralbestand eines Gesteins (ganz zu schweigen von der Struktur) ist aus der Analyse nicht zu gewinnen, bloße Formeln von Molekülgruppen — *Parameter* — sind zu nichtssagend, also wird ein fiktiver — *normativer* — Mineralbestand berechnet und danach eine streng schematische Einteilung geschaffen. Als bloße Einteilung des Gestein*schemismus* ist dagegen nichts zu sagen, aber es ist keine *Gesteins*klassifikation — nur eine völlig künstliche Systematik, als die sie auch aufgefaßt werden wollte: "The norm is in itself only a standard form of expressing the chemical analysis of a rock in terms of mineral molecules which also express approximately the various substances actually in magmatic solution." (W. CROSS 1910a, S. 973.)

Die chemischen Verwandtschaften der Eruptivgesteine

War auch auf direktem Wege eine chemische Gesteinsklassifikation nicht zu erreichen, so wurde man auf chemische Verwandtschaften der Eruptivgesteine aufmerksam und versuchte diese Gemeinsamkeiten in Systeme zu bringen. Man fand, daß die Gesamtabfolge der Eruptiva in einem Gebiet — *geognostischer Bezirk* (H. VOGELSANG 1872) — und in einem temporären Zyklus trotz verschiedener Aciditätsgrade (und auch verschiedenen Mineralinhalten) gewisse chemische Tendenzen zeigten, die sie deutlich von anderen *petrographischen Provinzen* (W. JUDD 1876/86) unterscheiden. Diese *Consanguinity* (J. P. IDDINGS 1892) oder *Blutsverwandtschaft* (H. LEITMEIER 1950) wurde systematisch zu erfassen und chemisch auszudrücken versucht. Es wurden *petrographische Reihen* (H. ROSENBUSCH 1896) aufgestellt, die sich durch eine gewisse Element- oder Elementgruppen-*Vormacht* (H. O. LANG 1891/92) auszeichneten. Dabei fand man die Alkalien Natron und Kali und den Kalk besonders bestimmend für den *Charakter* (z. B. A. N. SAWARIZKI 1954) der Gesteins-*Vergesellschaftungen* (H. ROSENBUSCH 1896). BECKE war es, der den rein chemischen, örtlich eng begrenzten Begriff der *Gesteinsserie* (W. C. BRÖGGER 1890) — verbessert und erweitert zur *magmatischen Serie* von W. E. TRÖGER 1931 — in regionale Beziehungen zu tektonisch-morphologischen Begriffen brachte und den *Sippen*-Begriff (F. BECKE 1903) einführte. Danach zeigen die (alten) Bruchschollengebirge (z. B. Böhmische Masse) atlantische und die (jungen) Faltengebirge (z. B. amerikanische Anden) pazifische *Sippentendenz* (W. E. TRÖGER 1931). Von 1911 bis 1954 wurden acht weitere Sippen aufgestellt (zum Teil mit geographisch-regionalen Namen, zum Teil mit Lokalnamen, zum Teil mit Gesteinsnamen und zum Teil mit irrealen Namen — wie antimediterrane Sippe). Von all diesen Sippen drang neben BECKES pazifischer Sippe (kalkbetont) und atlantischer Sippe (alkalibetont) nur noch P. NIGGLIS (1920) mediterrane Sippe (kalibetont) einigermaßen durch.

Durch die verschiedensten Berechnungsverfahren und verschieden aufgefaßten Verwandtschaftspunkte trat jedoch bald heillose Verwirrung ein, die noch durch die unberechtigte und gedankenlose Gleichsetzung verschiedengearteter Begriffe — wie Alkalireihe mit atlantischer Sippe — zum völligen Zusammenbruch der Anwendbarkeit und Vergleichbarkeit der chemischen Verwandtschaften führte. Zusätzlich versuchte man die *rein chemischen* Verwandtschaften der Sippen mineralogisch auszudrücken und stellte für die einzelnen Sippen bezeichnende Mineralkombinationen auf. Zum Beispiel M. STARK 1914, obwohl er selbst eindeutig feststellte: „Betreffs der einzelnen Gesteine innerhalb der Sippe ist bekannt, daß die Unterschiede untereinander viel beträchtlicher sind als jene analoger Gesteine der beiden Sippen … Es kann unmöglich sein mit Sicherheit zu entscheiden, ob ein vorliegendes Gestein der einen oder anderen Sippe zufällt." (S. 304.) H. LEITMEIER stellt 1950 (S. 28) nachdrücklich fest: „Es gibt eine große Anzahl von Gesteinen, die in beiden Reihen vorkommen."

Danach ist es völlig ausgeschlossen, ein *Einzelgestein* einer Sippe zuzuordnen und eine *Gesteins*systematik darauf zu gründen, „da bei der *Sippenbildung* die magmatische Serie und nicht das Einzelgestein maßgebend ist." (W. E. TRÖGER 1931, S. 329.)

Trotzdem wurden solche Klassifikationen immer wieder versucht: „Der Versuch, Gesteine von gleicher Zusammensetzung, aber verschiedener *Genese* (petrographische Provinzen!) mit verschiedenen Namen zu belegen, wird … aus Mangel an beweisbaren Zahlen abgelehnt." (W. E. TRÖGER 1948, S. 134.)

Damit war die letzte Möglichkeit, auf Grund von chemischen Analysen eine zahlenmäßig exakte systematische Klassifikation zu gründen, ausgeschöpft — und diese Möglichkeit erwies sich ebenso wie alle anderen chemischen Einteilungen der Gesteine als ungeeignet, da sich das Wesen der Gesteine durch chemische Formeln nicht erfassen läßt.

Die quantitativen mineralogischen Systeme

Durch die Vielzahl der verschiedenartigsten Klassifikationsversuche und durch eine Unzahl von neuen, verwirrenden Namen kannte sich kein Mensch in der Eruptivgesteins-Petrographie mehr aus. „Kein Wunder", schrieb A. RITTMANN (1960, S. 109), „daß die Petrographie bei den Geologen und Vulkanologen als ‚Geheimwissenschaft' in Verruf kam und, zum großen Schaden der Wissenschaft, soviel als möglich beiseite gelassen wurde."

Die chemischen Systeme hatten versagt, man mußte wieder zu den mineralogischen zurückkehren. Warum ging man von der qualitativ mineralogischen Klassifikation ab? Schon 1891 hatte H. O. LANG geschrieben (S. 201): „Eine der Hauptschwächen derselben liegt nämlich darin, daß sie die Mengenverhältnisse der Gesteinsbestandtheile zu wenig berücksichtigt." Und P. NIGGLI verweist wieder 1923 darauf und ergänzt (S. 89): „Dem nur spärlichen Auftreten gewisser Mineralien ist oft eine etwas zu große Bedeutung … zugeschrieben worden."

1913 stellte L. MILCH bereits fest, daß die für eine Systematik „wichtigsten … Eigenschaften die … Komponenten und ihr Mengenverhältnis im Gestein" sind (S. 192; im Original alles gesperrt). Man hatte also nur die *Mengenverhältnisse* der Gesteins-Hauptgemengteile zu berücksichtigen und darauf eine konsequente Systematik aufzubauen, um zur *quantitativ-mineralogischen* Klassifikation zu gelangen.

„Es ist merkwürdig, daß der naheliegende Weg einer quantitativ-mineralogischen Einteilung erst so spät (etwa seit 1920 . . .) beschritten worden ist", wundert sich W. E.
Tröger 1935 (auf S. 9), aber sie greift immer weiter um sich, wie Tröger 1948 mit
Genugtuung vermerken kann (S. 135): „Von immer noch steigendem Einfluß auf
die praktische Petrographie ist . . . die neue Einteilung auf quantitativer Grundlage,
die Johannsen im Jahre 1917 entworfen und 1931—38 lückenlos durchgeführt
hat."

A. Johannsen hat sein System ab 1917 veröffentlicht und in der Folge (bis 1939)
immer besser ausgebaut. Sein System ist das bestdurchdachte und vollständigste;
auch fast das einzige, das „strictly mineralogical, quantitative, and modal" ist (A. Johannsen 1917, S. 66). Er folgt dabei „the old Rosenbusch-Zirkel systems as closely
as possible, adding simply a quantitative feature" (1939, S. 138). W. E. Tröger
schreibt 1935 (S. 13) ebenfalls, er „schließt sich . . . in großen Zügen dem altbewährten Einteilunsprinzip von Rosenbusch an"; er bringt in seinem Nomenklaturkompendium (1935) überhaupt zum erstenmal genaueste quantitative Angaben über
eine (fast) vollständige Reihe von Eruptivgesteinen[1], um „mit dieser einer exakten
Naturwissenschaft unwürdigen Verschwommenheit der Definitionen aufzuräumen"
(1935, S. 9/10). Aber Tröger bringt *keine quantitative Klassifikation*, es „wurde geflissentlich vermieden, dieses Gebiet zu berühren." (W. E. Tröger 1938, S. 42.)
Es „wurde auf ein scharf begrenzendes quantitatives System überhaupt verzichtet . . .
Im übrigen möchte ich besonders feststellen, daß diese Anordnung nun nicht etwa
als neues petrographisches System gewertet werden soll." (W. E. Tröger 1935, S. 12.)

Hier jedoch *soll* eine quantitative mineralogische systematische Klassifikation aufgestellt werden, ein Vorhaben, das im deutschen Sprachgebiet noch nie versucht
wurde. Dabei wird sich dieses vor allem auf Johannsen als dem Nestor der quantitativen Systematik, auf Tröger, dem Vermittler exakter quantitativer Daten von
Einzelgesteinen, auf die Art der Familienfassung im Sinne der alten qualitativen
Klassifikationen und auf eine Nomenklatur zusammengesetzter Namen stützen.

2. Die Einteilungskriterien (und die Ganggesteine)

Wenn ein System aufgestellt wird, erhebt sich als erstes die Frage nach den Einteilungskriterien; wenn es zusätzlich ein quantitatives sein will, die Frage nach den
Grenzen. Darüber muß Rechenschaft gegeben werden, und das soll hier im Anschluß
geschehen:

Die Textur

Die erste und oberste Teilung wurde nach der *Textur* (der räumlichen Anordnung der Kornsorten im Gestein) getroffen. Das geht aus dem *Titel* hervor: es
sind die Massengesteine, die hier behandelt werden. Der Terminus *Massen*gesteine
wurde dem Ausdruck *Eruptiv*gesteine vorgezogen, weil letzterer einen Genesebegriff
darstellt und damit ein hypothetisches Moment herangezogen werden würde. Schon
H. Rosenbusch schrieb 1877 (S. 2): „Massige oder eruptive Gesteine: der erste
Name ist vorzuziehen, weil er sich lediglich auf eine unläugbare Erscheinungsform
bezieht und keinerlei irgendwie geartetes Präjudiz über die genetischen Verhältnisse
involvirt[2]." Die letzten ca. 40 Jahre haben gezeigt, daß massig und eruptiv nicht

---

[1] W. E. Tröger 1935, S. IV: „Daraus, daß alle Gesteinstypen ohne Ausnahme mineralogisch und chemisch quantitativ erfaßt wurden, ergibt sich ein grundsätzlicher Unterschied
gegen alle bisherigen Lehrbücher und Lexika der speziellen Petrographie."

[2] Bis 1898 hatte sich seine Anschauung jedoch ins Gegenteil gewandelt, da zu dieser Zeit
eine genetische Klassifikation erstrebenswert und durchführbar schien.

gleichzusetzen sind; massig ist der umfassendere Begriff, er schließt die eruptiven Gesteine ein und geht weit darüber hinaus. Die Gesteine migmatischer und ultrametamorpher Entstehung haben ebenfalls massige Textur. Unmittelbar ist aus der Gesteinsprobe nur die Textur, nicht aber die Genese zu ersehen.

Damit ist jedoch die Bedeutung der Textur für die Systematik, die hier behandelt wird, erschöpft. Es werden hier ja *nur* die massigen Gesteine besprochen.

Die Struktur und die geologische Position

Die zweite Teilung wird nach der *Struktur* als ebenfalls rein beschreibendem Kriterium getroffen. Auch die Ausbildung der Kornsorten nach Form, Einzelgröße und Größenbeziehungen untereinander ist als morphologisches Kennzeichen unmittelbar aus der Gesteinsprobe ablesbar.

Da für die Art der Struktur jedoch die geologische Position, der Bildungs-*Raum* maßgeblich bestimmend ist, werden einzelne Strukturarten zu Übergruppen zusammengefaßt und ausgeschieden: abyssisch, hypabyssisch und effusiv[1].

Abyssisch umfaßt die kristallin-körnigen Gesteine;

effusiv[2] umfaßt die glasigen, dichten und porphyrischen[3] Gesteine;

hypabyssisch wird unterteilt in die porphyrartigen, die aplitischen, pegmatitischen und lamprophyrischen Gesteine, wobei

unter porphyrartiger Struktur eine Ausbildung, die durch einzelne deutlich größere Phenokristen in einer makroskopisch auflösbaren Grundmasse gekennzeichnet ist,

unter aplitischer Struktur eine panxenomorphe Ausbildung,

unter pegmatitischer Struktur eine nesterartige, riesenkörnige Ausbildung und

unter lamprophyrisch das dunkle Ganggefolge zu verstehen ist. Diese Lamprophyre sind ein Unsicherheitsfaktor. Weder ihre Genese noch ihre Stellung ist auch nur einigermaßen gesichert. Jedoch sind sie vorhanden und müssen als *massige* Gesteine in einem System Aufnahme finden. Daher wurden auch in der vorliegenden Klassifikation die (allerdings bloßen) Namen an den entsprechenden Stellen angeführt, die genauere Beschreibung aber in zusammenfassenden Tabellen der Lamprophyre am Ende gebracht.

Die Ganggesteine

In diesem Zusammenhang sollen hier ein paar Worte über die Ganggesteine geschrieben werden. H. ROSENBUSCH meinte 1891 (auf S. 387), die Ganggesteine würden „in nicht ferner Zukunft zu Eck- und Grundsteinen des Baues der petrographischen Systematik werden". Er behielt nicht recht, die Ganggesteine wurden nur zu einem Zankapfel, der große Verwirrung in der Petrographie stiftete. Da einige Gesteine häufig in Gangform auftreten, stellte ROSENBUSCH eine eigene Gruppe der Ganggesteine als gleichwertig neben die Tiefen- und Ergußgesteine. Er durchbrach damit den geologischen Positionsbegriff und setzte bei den Ganggesteinen dafür ein bloßes

---

[1] Schon 1898 schrieb L. MILCH (in einem Referat über LOEWINSON-LESSING): „An die Stelle der Gruppen: Tiefengestein, Ganggestein, Ergußgestein würde das System der Zukunft vielleicht 1. *abyssische* Gesteine (Gesteine, die im schmelzflüssigen Zustand wenig oder gar nicht emporgedrungen sind), 2. *hypabyssische* Gesteine (Gesteine, die im Zustande des Schmelzflusses deutlich emporgestiegen sind), Gänge, Lagergänge, Laccolithen etc., 3. *Effusivgesteine* oder *Laven* setzen."

[2] Der Ausdruck effusiv ist nicht so bezeichnend wie abyssisch und hypabyssisch, denn: *an der Erdoberfläche ausgeflossen* kann sowohl als Positions- wie auch als Genesebegriff aufgefaßt werden, je nachdem die Position „*Erdoberfläche*" oder die Genese „*ausgeflossen*" betont wird. Hier wird selbstverständlich die geologische Stellung darunter verstanden.

[3] porphyrisch: Phenokristen in einer Grundmasse, die mit freiem Auge nicht auflösbar ist.

Lagerungsverhältnis, dem ähnliche Bedeutung wie Stock, Kuppe, Strom, Schicht, Bank, Lakkolith usw. zukommt. Einzig die Ganggesteine waren es, die ZIRKEL und ROSENBUSCH entfremdeten. In nichtdeutschsprachigen Gebieten wurden die Ganggesteine nie als selbständige Gruppen anerkannt. ROSENBUSCH faßte die Ganggesteine genetisch auf und unterschied (wie es bei uns auch heute noch geschieht) *aschiste* oder unabgespaltene und *diaschiste* oder abgespaltene. Die aschisten Ganggesteine weisen denselben Mineralbestand wie die zugehörigen Tiefengesteine auf und entsprechen ihrer porphyrartigen Struktur nach einer Randfazies der Tiefengesteine (als welche sie auch aufgefaßt werden können). Die diaschisten Ganggesteine sind zeitlich spätere Nachschübe aus einem Tiefengesteinsherd und weisen einen von den zugehörigen Tiefengesteinen differierenden Mineralbestand auf. Hierher gehören aplitische und pegmatitische Gesteine mit hellerem Bestand (Restdifferentiate) als *Leukophyre* und Ganggesteine mit dunklerem Bestand als *Lamprophyre.*

ROSENBUSCH sah die Aplite und Pegmatite *nur* als Ganggesteine und nahm daher diesen genetischen Begriff in die Gesteins*definition* auf, ein Vorgehen, das sich rächte. Denn die Aplite und Pegmatite kommen nicht nur in Gangform vor. Daher müßten für letztere andere Namen geprägt werden, was „aus Mangel an beweisbaren Zahlen abgelehnt" wird (W. E. TRÖGER 1948, S. 134). Die Namen Aplit und Pegmatit dürfen also für Gesteine nicht mehr verwendet werden, wohl jedoch in Verbindung mit einem Tiefengesteinsnamen als Strukturbegriff. In diesem Sinne müssen diese beiden Namen auch in dieser Systematik aufgefaßt werden; es darf daher niemand daran Anstoß nehmen, z. B. einen Syenitpegmatit (mit nur unwesentlich Quarz), Gabbropegmatit (kein Quarz, basische Feldspate) oder Glimmeritpegmatit (nur unwesentlich Feldspat, kein Quarz) in den Tabellen zu finden.

Vielleicht wäre für solche Gesteine die Bezeichnung „Pegmatoide" angebracht; jedoch weicht man dadurch nur einem unechten Problem aus (Pegmatit bezeichnend auch für Mineralbestand — oder Pegmatit nur für sein Auftreten und Gefüge kennzeichnend) und gerät damit in eine neue Schwierigkeit: Pegmatoid wurde schon von SHAND 1910 für Foid-Pegmatite und von EVANS 1912 für Granitpegmatit *ohne* granophyrische Textur gebraucht, was bei einer Neuverwendung des Namens zu Verwechslungen führen könnte.

Der Mineralbestand (und die „Farbzahl")

Die dritte und letzte Teilung schließlich wird nach dem Mineralbestand vorgenommen. Dabei wird sowohl der Mineralinhalt qualitativ berücksichtigt wie auch die Mengenverhältnisse einzelner Mineralien zueinander und auch die prozentmäßige Beteiligung einzelner Mineralien (bzw. Mineralgruppen) am Gesamtgestein. Letzteres erst macht das Wesen einer quantitativ-mineralogischen Systematik aus. Das muß im folgenden genauer erläutert werden.

Für die Einteilung in Familiengruppen werden die Mineralien bzw. Mineralgruppen *Quarz, Feldspate, Foide* (Feldspatvertreter) und *Mafite* (dunkle Mineralien) herangezogen. Während Quarz, Feldspate und Foide (bis auf Melilith) ohne weiteres erfaßbar sind, bedürfen die Mafite einer näheren Erklärung; nämlich welche Mineralien unter diesem Begriff zusammenzufassen sind. Die qualitativ-mineralogische Klassifikation kannte diese Zusammenfassung noch nicht. Das war einer der Gründe, weshalb sie zum Scheitern verurteilt war, da der An- bzw. Abwesenheit der einzelnen dunklen Mineralien (für die meisten Familien) zuviel Augenmerk geschenkt wurde. Obwohl bereits ab BRÖGGER 1894 leukokrate von melanokraten Gesteinen unterschieden wurden, definierte erst 1916 S. J. SHAND, was unter dunklen Gemengteilen zu verstehen sei. Er führte den Begriff *color-ratio* (auch colour-ratio oder colour-index) ein, den W. E. Tröger 1935 als *Farbzahl* ins Deutsche übernahm. Danach ist zwischen hell und dunkel eine *quantitative* Grenze zu setzen, und zwar (überraschenderweise) nach dem spezifischen Gewicht. Über 2,8 schwer sind die Mafite. Der Prozentanteil der Mafite am Gesamtgestein ist die Farbzahl. Danach kommen zu den Mafiten neben allen Metallsulfiden und -oxyden die (meist) dunkelgefärbten Silikate der Olivin-, Pyroxen-, Amphibol- und Glimmergruppen.

W. E. Tröger schreibt 1935 (S. 11) zusätzlich: „Nach ihm (Shand; d. Verf.) sind also Calcit, Apatit, Melilith zum dunklen Anteil zu zählen." Tröger selbst rechnet daher diese drei Mineralien ebenfalls zu den Mafiten, aber er hat mit seinem Ausspruch nicht recht, denn S. J. Shand selbst sagte (1929, S. 9): "If we take 2.8 as the critical density, then the light minerals are quartz, tridymite, all felspars and felspathoids, and calcite; all other minerals are heavier than 2.8 and most of them are dark coloured." Shand zählt Calcit bei den leichten, lichten Mineralien auf. Trotzdem wird in dieser Klassifikation ebenso wie bei Tröger Calcit zu den dunklen gestellt. Die lichten Mineralien sind den hellgefärbten *Silikaten* leichter als 2,8 vorbehalten. Melilith rechnet Johannsen trotz seiner Schwere (> 2,8) zu den Foiden; hier wird ihm nicht gefolgt, sondern Melilith wird zu den Mafiten gezählt. Doch ist diese Divergenz kaum von Bedeutung: Melilith kommt praktisch in nennenswertem Anteil nur bei Foidgesteinen und Ultrabasica vor, und deren Stellung im System ist benachbart und leicht auffindbar.

Der Autor "hopes, as others who have gone this way before him have hoped, by fixing definite boundary lines beyond which the different families cannot pass, to eliminate the multiplication of names for rocks which differ in no essential particulars from previously described types."

A. Johannsen 1917, S. 63

3. Die Grenzziehung

Modaler Mineralbestand

So wie man erst definieren mußte, was unter den dunklen Gemengteilen zu verstehen sei, so muß man sich auch erst klarwerden, auf welcher Grundlage Grenzen zwischen den fünf Hauptmineralien (bzw. Gruppen) gezogen werden dürfen. Bei den Mafiten wurde das Gewicht herangezogen; das war nach den chemischen Gegebenheiten ein praktischer Weg. Durch kleine Korrekturen, wie beim Calcit, konnte ein brauchbares Ergebnis gewonnen werden. Bei der Grenzziehung für eine quantitative Klassifikation von Gesteinen scheint diese Methode aber nicht zulässig. Die Grundlage bietet ja der *modale* Mineralbestand, d. h. der tatsächlich vorhandene, der durch optische Methoden erfaßt wird. Optisch erfassen aber bedeutet, daß der Bestand — der Prozentanteil — nicht gewichtsmäßig, sondern mengenmäßig eruiert wird. Daher muß für eine Grenzziehung der Volums- und nicht der Gewichtsanteil bestimmend sein. Tröger z. B. verquickt diese beiden grundsätzlich und zum Teil auch praktisch verschiedenen Arten und setzt in seinem Kompendium ohne weiteres Vol.% und Gew.% als gleichwertig nebeneinander. Dazu sagt F. v. Wolff 1951 (S. 16): „Statt der Volumprozente kann die modale Zusammensetzung in Gewichtsprozenten errechnet werden. Beide Methoden sind aber nicht ohne weiteres miteinander vergleichbar"; und A. Johannsen bringt 1939 (auf S. 151) dazu ein (wenn auch sehr krasses) Beispiel: "a rock with 50 per cent by weight of magnetite (G. 4.967) and 50 per cent quartz (G. 2.67), for example, does not give the impression of one half light and half dark, for the 50 per cent magnetite will occupy a volume of only 35 per cent and the quartz 65 per cent."

Wenn TRÖGER zusätzlich auch noch molekularprozentische Anteile und oft auch einen normativen (aus der Bauschanalyse errechneten) Mineralbestand heranzieht, so ist das sicherlich das bestmögliche, was er an quantitativen Angaben erreichen konnte und für ein *Kompendium* auch ohne weiteres zulässig, aber nicht zulässig in einer systematischen Klassifikation.

Scharfe Grenzen

1925 schrieb K. H. SCHEUMANN (auf S. 191) über die Grenzziehung bei der quantitativen-mineralogischen Klassifikation: „Es gibt zwei Möglichkeiten, einen nach mehreren Koordinaten kontinuierlich variierenden Komplex zu gliedern, von denen die eine wohl nur dem deskriptiven Anteil eines Gesteinssystems oder rein deskriptiver Klassifikation gerecht wird, die andere auch der traditionellen Gruppenbildung auf natürlicher Basis unterlegt werden kann. Das erste besteht darin, scharf definierte, zahlenmäßige *Grenzlinien* zu setzen. Das zweite Verfahren legt *Schwerpunkte* fest und überläßt die äußere Abgrenzung auch schließlich dort, wo Meßwerte in Betracht kommen, der Konvention oder dem persönlichen Ermessen, wodurch dem ‚natürlichen Faktor‘ ein größerer Spielraum gegeben wird."

Daß in einem *quantitativen* System Grenzen gezogen werden *müssen*, erscheint eigentlich selbstverständlich, denn diese machen ja das Wesen dieser Klassifikationsart aus. Nicht zuletzt erwiesen sich die qualitativ-mineralogischen Systeme deshalb als unbrauchbar, weil die Grenzen fehlten und die Überlappungen oft die Zuteilung eines Gesteins zu einem Typus unmöglich machten. Daher wurde über die Notwendigkeit scharfer Grenzen nur wenig diskutiert, (fast) alle quantitativen Systematiker zogen solche Grenzen. Nur W. E. TRÖGER wendet sich dagegen und schreibt 1935 (auf S. 5/6): „Die Entscheidung, unter welchem Speziesnamen ein Petrograph ein Gestein beschreibt, ist von einer ganzen Anzahl von Gesichtspunkten abhängig und bleibt daher im gewissen Grade dem Ermessen des Beschreibenden überlassen ... Eine petrographische Systematik hat sich davor zu hüten, diese Freiheit allzusehr einzuschränken, wenn sie nicht Gefahr laufen will, wegen Einseitigkeit abgelehnt zu werden. Es ist deshalb ungeschickt, quantitative *Grenzen* für eine Gesteinsart anzugeben, obwohl das dem Zuge der heutigen Zeit entspricht." Wenn TRÖGER dann fortfährt (1935, S. 6): „Im vorliegenden Kompendium werden daher für die einzelnen Gesteinsarten keine Grenzwerte angeführt, sondern je ein konkretes Beispiel", so ist das für eine Zusammenstellung von verschiedenen bisher aufgestellten Einzelgesteinstypen ohne weiteres akzeptabel, aber das bewußte Beiseitelassen von Grenzen scheint auch mit ein Grund gewesen zu sein, daß TRÖGER immer wieder betont, sein Kompendium will nicht als Gesteins-Systematik verstanden werden.

1938 setzt sich TRÖGER mit der nunmehr weitgehend durchgedrungenen Klassifikation JOHANNSENs auseinander. (NIGGLI, ANDREATTA waren ihm schon vorausgegangen.) Er nimmt nun zu einer Systematik prinzipiell Stellung und muß bezüglich der Grenzziehung einen Schritt zurückgehen. 1935 lehnte er jede Grenze a priori ab, 1938 muß er für ein System natürlich Grenzen zulassen, aber er ist doch noch gegen *scharfe* Grenzen. Dazu führt er aus, „daß jede linienhafte Grenzziehung in einem petrographischen System vermieden werden muß. Eine scharfe Grenzlinie setzt eine ebenso exakte Trennung der einzelnen Komponenten voraus. Wer aber einmal den Modus einer großen Anzahl der verschiedensten Gesteine bestimmt hat, der wird bei einiger Selbstkritik wissen, daß es mit der Genauigkeit unserer Modalbestimmungen gar nicht so weit her ist." (W. E. TRÖGER 1938, S. 43.) Das scheint Verfasser kein Grund gegen vernünftige Grenzen zu sein. TRÖGER befürwortet (1938, S. 45) das „Ziehen eines Grenzstreifens von beidseitig 2½% Breite. So entstehen neutrale Zonen mit 5% Variationsmöglichkeit zwischen je zwei Familien und enger definierte Hauptfelder, die alle Vorteile der Schwerpunktsdefinition mit denen der Definition durch Grenzzahlen verbinden. Bei Gesteinen, deren Projektionspunkt in einen solchen Streifen fällt, ist die Zuteilung zur rechts oder links angrenzenden Familie dem Ermessen des Autors freigestellt."

Dieser Vorschlag von Grenzstreifen mit „beidseitig 2½%" Spielraum ist nur ein Ausweichen. Erstens muß eine scharfe Grenze gezogen werden, damit man überhaupt nach beiden Seiten um 2½% abweichen kann, und zweitens werden mit diesen 5%-Streifen Lücken im System geschaffen, mit denen niemandem gedient ist. Denn fällt der Mineralbestand eines Gesteines in eine solche Lücke, dann bleibt es dem Petrographen — nach TRÖGERs eigenen Worten — überlassen, ob er das Gestein der einen (linken) oder der anderen (rechten) Familie zuordnen will. Und nach welchem Maßstab soll dabei geurteilt werden? Doch nur, ob sich das Gestein diesseits der fiktiven 2½%-Grenze oder jenseits befindet. Also leistet der neutrale Streifen einer Systematik keinen besseren Dienst als die harte scharfe Grenze. Womit erwiesen scheint, daß die 2½%-Streifen ohne Schaden beiseite gelassen werder können.

Schwerpunkte — schematisch-symmetrische Grenzen

Etwas anderes ist es, wenn TRÖGER (siehe obiges, letztes Zitat) und SCHEUMANN von Schwerpunkten sprechen. Schwerpunkte kommen der „traditionellen Gruppenbildung auf natürlicher Basis" (K. H. SCHEUMANN 1925, S. 191) entgegen.

Nicht jeder Gesteinstypus kommt in der Natur in gleicher Häufigkeit vor. Wenn man die quantitative Zusammensetzung der Einzelgesteine betrachtet, so zeigt sich, daß nicht alle Übergänge zahlenmäßig gleich häufig sind, sondern daß sich einzelne Schwerpunkte bilden, die nur eine gewisse, engbegrenzte Variationsbreite aufweisen. Daher ist nichts unnatürlicher, als Grenzen durch solche Schwerpunktfelder zu legen, was bei einer rein schematischen Grenzziehung leicht geschehen könnte. Deshalb schrieb schon 1938 (S. 42) W. E. TRÖGER über das quantitative System, „daß . . . die in ihm gezogenen Abteilungsgrenzen nicht willkürlich geometrische Formen besitzen dürfen, sondern sich nach den physikochemischen Grundlagen der Gesteinsbildung zu richten haben". Denn sonst könnte „die Maßsetzung bei quantitativer Klassifikation der Anwendung auf natürliche Gruppenbildung hinderlich werden". (K. H. SCHEUMANN 1925, S. 191.)

Ausgehend von dem ersten quantitativen System von CIPW (das ja sogar ein chemisches war), schien es unvermeidlich, von symmetrisch gesetzten Grenzen abzugehen. Praktisch alle Amerikaner — und das sind zugleich fast alle Autoren quantitativer mineralogischer Systeme — zogen die Grenzen symmetrisch. Was haben sie dafür anzuführen? Antwort findet man nur bei JOHANNSEN, der 1932 (auf S. 149) schreibt: „Zweifellos werden Berechnungen vereinfacht, wenn die Trennungslinien zwischen Familien symmetrisch sind." Dieser Grund scheint für die Amerikaner so schwerwiegend gewesen zu sein, daß sie trotz der vielen (deutschen) Gegenstimmen daran festhielten. Erstaunt schreibt deshalb K. H. SCHEUMANN 1925 (S. 191): „Es ist eine anscheinend unvermeidbare Tendenz stark numerisch quantitativer Gliederungen, daß Schwerpunkte und Grenzen nicht aus natürlichen Gruppenbildungen abstrahiert werden, obwohl dem nichts hindernd entgegensteht, sondern daß die Teilungen ,nach *gleichmäßigen* Intervallen des metrischen Maßstabes festgesetzt werden und darum ganz beliebig durch bisherige Zusammenfassungen oder natürliche Gruppen hindurchschneiden[1]." Wie stark das Symmetriebedürfnis in Amerika ist, zeigt sich am besten bei A. JOHANNSEN, der 1917 die Kalifeldspat-Plagioklas-Grenzen zwar auch symmetrisch, aber den Grenz*zahlen* nach anders als alle übrigen Grenzen setzt; und zwar 0—5—35—65—95—100 gegen die anderen mit 0—5—50—95—100.

Später vereinheitlicht er alle Grenzen auf letztere Einteilung und muß dabei die Monzonite eliminieren. Er argumentiert dazu: "The writer collected and determined many more modes and found that the monzonitic group is unnecessary." (A. JOHANNSEN 1920, S. 229.)

Diese Begründung erscheint schwach; TRÖGER hakte hier auch sogleich ein: „Die Reihe ... zwischen Syenit und Diorit ist von JOHANNSEN ursprünglich in fünf Teile geteilt worden: Kalisyenit — Monzosyenit — Monzonit — Monzodiorit — Diorit. In der heute gültigen Form sind aber die Monzonite zur Hilfsfamilie degradiert worden, offenbar um analog den vier Plagioklasgruppen und den vier Farbstufen auch vier Familien zwischen reinem Kalifeldspat und reinem Plagioklas zu besitzen. JOHANNSEN gibt diesen äußerlichen Grund nicht an ... (Dazu) ist zu bemerken, daß die Monzonite an sich doch wohl das gleiche Recht auf eigenen Namen haben wie die Nachbargesteine, da sie genau so häufig in der Natur vorkommen." (W. E. TRÖGER 1938, S. 45.)

Man ersieht daraus, daß die schematisch und symmetrisch gezogenen Grenzen für die quantitativ-mineralogische Klassifikation von Nachteil waren. So sehr, daß TRÖGER 1935 überhaupt jede feste Grenzziehung verwirft und 1938 einen Streifen Niemandsland zwischen die einzelnen Familien gelegt haben will. Beides ist nicht erstrebenswert und gut für ein System.

Es ist aber nicht einzusehen, warum scharfe Grenzen und Schwerpunktbildungen nicht vereinigt werden sollen, „obwohl dem nichts hindernd entgegensteht", wie schon K. H. SCHEUMANN 1925 (S. 191) sagte. Das soll in dieser vorliegenden Klassifikation geschehen; zum ersten Male voll und konsequent ausgeführt. Über die Grenzen selbst wird noch zu sprechen sein — und wenn diese auch nicht jedem Geschmack entsprechen, so bleibt doch die Anregung zu einer Verbesserung bestehen; kaum jedoch wird es zu einer Streitfrage um die Berechtigung von scharfen Grenzen an sich bei Berücksichtigung der natürlichen Schwerpunkte kommen. Der Verfasser kann sich mit J. ROTHs Worten (1891, S. 9) trösten: „Es wird sich kein System der Eruptivgesteine aufstellen lassen, gegen das nicht einige Einwände erhoben werden; ein Schicksal, welches dies System mit den meisten übrigen Systemen theilt."

Arten der Grenzlinien

Kurz sei noch über ein weiteres Problem der Grenzziehung gesprochen; diese kann auf zweierlei Art vorgenommen werden:

1. Prozentanteile am Gesamtvolumen des Gesteins überhaupt; und
2. Verhältnis zweier Mineralien (bzw. Mineralgruppen) zueinander.

---

[1] Drei Seiten weiter kommt SCHEUMANN nochmals auf diese unbegreifliche Tatsache zurück: „Der ... am meisten störende Zug der amerikanisch-englischen quantitativen Klassifikationen ist die arithmetische Gliederung der ... Quantenverhältnisse. Diese Gliederung wird ... immer in gleicher Weise vorgenommen, unabhängig vom Häufigkeitsfaktor des natürlichen Auftretens, der doch auch die rein quantitative ... Gruppenbildung kontrollieren sollte." (K. H. SCHEUMANN 1925, S. 194.)

Sieht man sich nebenstehende Abbildung der obersten mineralogischen Einteilung der hier aufgestellten Klassifikation an, so ersieht man daraus sofort die Unterschiede. Das obere Dreieck: Quarz, Feldspate, Mafite ist nach Punkt 1 unterteilt, Prozentanteil am Gesamtvolumen; das untere Dreieck (überwiegend) nach Punkt 2. Dort ist das Verhältnis Feldspate zu Foide (Feldspatvertreter) maßgeblich. Die Grenzen werden hier (wie weiter unten noch dargetan wird) so gezogen: Ist das Verhältnis Feldspate zu Foide größer als 9 : 1 (das heißt mit anderen Worten: sind nicht mehr als ein Zehntel der hellen Gemengteile Foide), so fällt das Gestein zu den Feldspatgesteinen. Liegt das Verhältnis zwischen 9 : 1 und 1 : 9, so gehört das Gestein zu den Foid-Feldspat-Gesteinen usw. Die Folge dieser Einteilung *nach dem Verhältnis* zweier Gemengteile ist das Schräglaufen der Grenzen, wie es das untere Dreieck (Feldspate, Foide, Mafite) der nebenstehenden Abb. zeigt.

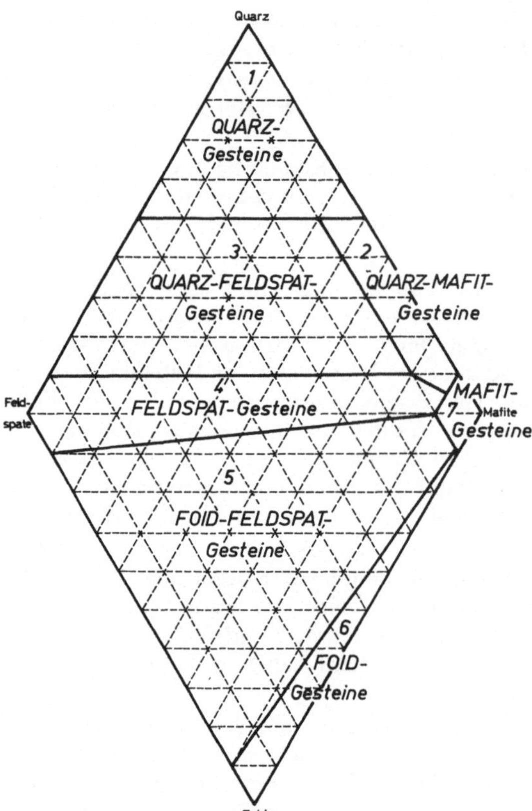

Abb. 1. Die Familiengruppen

„Die Kunst bei der Classification der Felsarten besteht nicht darin, so viele Abtheilungen als möglich zu machen und die einzelnen Unterscheidungen bis in das Feinste auszuspitzen, man könnte sonst fast aus jedem Steine eine besondere Felsart machen; — sondern vielmehr große Abtheilungen aufzustellen, welche den in der Natur vorhandenen, im Großen ausgebildeten Massen möglichst entsprechen und dadurch im Kleinen das Bild wiederholen, welches die Natur im Großen uns bietet."

C. VOGT 1866, S. 144

II. Die Technik der Einteilung

Da sich, wie schon erwähnt, die vorliegende Klassifikation hauptsächlich auf das System von JOHANNSEN und die quantitativ erfaßten Typen von TRÖGER sowie dessen Typenanordnung stützen soll, werden bei der Diskussion vor allem diese beiden Petrographen berücksichtigt, andere jedoch ebenfalls bei Bedarf herangezogen.

1. Die Familiengruppen (und die Stellung des Albites)

Wie das Schema auf S. 16 zeigt, wurden für die Familiengruppen-Teilung die Mineralien und Mineralgruppen Quarz, Feldspate, Feldspatvertreter und Mafite herangezogen. Das sind vier, und da Quarz und Foide sich gegenseitig ausschließen, lassen sie sich als Doppeldreieck in der Ebene darstellen.

Trennt man bei den Feldspaten (Al-) Kalifeldspate und Plagioklase, so ergibt das insgesamt fünf Teilungsfaktoren, die sich ebenfalls noch darstellen lassen: als Doppeltetraeder. Aber für eine Familiengruppenteilung scheint das Zerreißen der Feldspate nicht von Nutzen. Die Feldspate sind insgesamt als Gruppe doch so weit einheitlich — und so verschieden von Quarz oder den Mafiten —, daß eine Feldspatteilung für eine oberste Gruppierung nicht ratsam erscheint. Daher würde die dreidimensionale Darstellung im Doppeltetraeder mit eigenen (Al-) Kalifeldspat- und Plagioklasecken keinen Vorteil bedeuten. Weiter unten wird noch besprochen werden, was eine (Al-) Kalifeldspat-Plagioklas-Trennung für Schwierigkeiten bietet.

Weiters kann man noch den Plagioklas nach dem Verhältnis Albit zu Anorthit teilen, bekommt dann aber bereits sechs Veränderliche, die sich in einer räumlichen Figur nicht mehr darstellen lassen. Dennoch zieht JOHANNSEN alle sechs zur Teilung herbei, muß aber daher auf die Unterbringung in *einer* Darstellung verzichten. Trotzdem bleibt dabei noch die Art der Foide und Mafite vernachlässigt.

Selbstverständlich sind bei der hier verwendeten Klassifikation alle genannten Mineralien für eine Einteilung verwendet; aber erst für die Familien- (also Unter-) Teilung. Sie brauchen daher bei der obersten Gruppierung — in Familiengruppen — keine Berücksichtigung finden.

Johannsens Klassen und Ordnungen

JOHANNSEN stellt nach dem Mineralbestand über die Familien noch zwei umfassendere Einheiten; die Ordnungen und zuoberst die Klassen. Hier wird nur in Familiengruppen und weiters in Familien geteilt. Das soll im folgenden begründet werden:

JOHANNSEN nimmt die Trennung strengstens systematisch vor, so systematisch, daß seine Einteilung zum leblosen Schema wird — und trotzdem ist er dabei nicht konsequent. Zu den vier Klassen kommt er, indem er allein nach den Mafiten teilt: 0—5% ist Klasse I, 5—50% ist Klasse II, 50—95% ist Klasse III und 95—100% ist Klasse IV.

Die Mafite, das zeigt schon die Zusammenfassung aller so verschiedenen dunklen Gemengteile zu einer einzigen Einheit, scheinen keineswegs so wichtig zu sein, daß man sie für die oberste Gruppierung heranzieht. Und die Grenzziehung von 50% zeigt weiters, wie problematisch sie ist. Gerade die Gesteine mit etwas basischem Feldspat zeigen die natürliche Neigung, ca. 50% Mafite zu haben. Die Diorite, Gabbros, aber auch die Monzonite und Mangerite und weiters viele Essexite zeigen dies deutlich. Setzt man 50% als Familiengrenzen, so kann dies von Vorteil sein — und in der Anordnung stehen zwei derart getrennte Familien nebeneinander, während die Auseinanderreißung in zwei Klassen eine weite räumliche Trennung verursacht.

Die Teilung jeder der ersten drei Klassen von JOHANNSEN in jeweils vier *Ordnungen* wird — überraschenderweise — nach dem An-Gehalt der Plagioklase vorgenommen: 0—10—50—90—100% An. Überraschend vor allem deshalb, weil es eine große Anzahl von Gesteinen gibt, die keinen Plagioklas, sondern nur (Al-) Kalifeldspat, oder sogar überhaupt keine Feldspate haben! In welche Ordnung sind diese Gesteine einzureihen? Erstere in die jeweilige Ordnung 1 jeder Klasse, da es praktisch keinen reinen Kalifeldspat gibt, sondern immer ein gewisser Albit-Anteil in diesem vorhanden ist; meist in Form von Perthit. Und da stehen wir bereits vor dem Problem der Trennung der Feldspate in Kalifeldspate—Plagioklase oder Alkalifeldspate—Plagioklase, das deshalb so wichtig ist, denn „die Feldspäthe spielen eine Hauptrolle in den Eruptivgesteinen." (J. H. L. VOGT 1905.)[1]

Die Stellung des Albites

Die Feldspate lassen sich chemisch leicht in drei Moleküle trennen: $KAlSi_3O_8$, $NaAlSi_3O_8$, $CaAl_2Si_2O_8$; das sind die Mineralien Kalifeldspat, Albit und Anorthit. In der Natur kommen diese drei Mineralien aber kaum einmal im reinen Zustand vor, sondern bilden zwei Mischreihen:

die Alkalifeldspate zwischen K-Feldspat und Na-Feldspat,

die Plagioklase zwischen Ca-Feldspat und Na-Feldspat[2].

Wie ersichtlich, ist das Albitmolekül beiden Mischreihen gemeinsam. Soll man den Albit zu den Alkalifeldspaten oder zu den Plagioklasen zählen? Ist in einem Gestein *nur* Perthit (Alkalifeldspat, kein Plagioklas), ist logischerweise Albit nicht vom Kalifeldspat zu trennen; ist in einem Gestein *nur* Plagioklas (und kein Kalifeldspat), so liegt der Fall ebenso klar. Schwieriger ist es, wenn in einem Gestein zwei Glieder der beiden verschiedenen Mischreihen (Alkalifeldspat und Plagioklas) vorkommen. Da wird heute praktisch von allen Petrographen stillschweigend der Albit-Anteil im Alkalifeldspat zu diesem und der Albit-Anteil im Plagioklas zu jenem gerechnet und man behandelt die Gesteine so, als ob nur *zwei* Feldspate vorhanden wären.

Aber was ist, wenn in einem Gestein *reiner* Albit auftritt? Zusammen mit einem Ca-reichen Plagioklas kommt das glücklicherweise praktisch nicht vor (außer sekundär als Albitisierungserscheinung); aber Albit kann *allein* dastehen oder auch neben einem Kalifeldspat.

---

[1] Nach F. W. CLARKE 1904 sind in den Eruptivgesteinen 59,5% Feldspate.

[2] Glücklicherweise gibt es keine Mischreihe zwischen dem K- und dem Ca-Feldspat, sonst wäre alles für eine Systematik noch komplizierter.

Hier scheiden sich die Ansichten: Die einen — wie TRÖGER — rechnen den Albit zu den Alkalifeldspaten, die anderen — wie JOHANNSEN — zu den Plagioklasen. Hier wird den ersteren gefolgt: Der (reine) Albit wird mit dem Kalifeldspat zu den *Alkalifeldspaten* zusammengefaßt. Das soll begründet werden:

Tritt Albit *allein* in einem Gestein auf (als einziger Feldspat), so wäre die Zurechnung zu der einen oder anderen Feldspatreihe noch mehr oder weniger Geschmacksache; aber sogar da scheint die Zuordnung zu den Alkalifeldspaten berechtigter, denn sowohl Kalifeldspat wie Albit sind gleich kieselsäurereich, während die Plagioklase durch das Anorthitmolekül ärmer an Kieselsäure sind. Scheinen das auch chemische Erwägungen zu sein, die in einem modal-mineralogischen System keine Beachtung zu finden brauchen, so ist doch auch schon rein mineralogisch zu beobachten, daß die Gesteine mit sauren Feldspaten (meist) ärmer an dunklen (basischen) Mineralien sind als solche mit basischen Feldspaten (Plagioklasen).

Tritt Albit neben Kalifeldspat in einem Gestein auf, so kann man zwei entgegengesetzte Argumente für die Zuordnung zum Alkalifeldspat oder zum Plagioklas vorbringen:

a) Daß Albit immer nur neben Kalifeldspat und nie neben Plagioklas in einem Gestein vorkommt, zeigt, daß Albit und Kalifeldspat in der Natur eng vergesellschaftet sind und daher als Alkalifeldspate zusammenzufassen sind.

b) Daß Albit immer nur neben Kalifeldspat und nie neben Plagioklas in einem Gestein vorkommt, zeigt, daß Albit ein Plagioklas ist. Es beweist, daß der gesamte Albit-Anteil mit Anorthit zu einem Plagioklas verarbeitet wurde und also viel enger mit Anorthit verbunden ist als mit Kalifeldspat, neben welchem Albit selbständig bestehen kann.

ROSENBUSCH zählte den Albit zu den Alkalifeldspaten, ebenso F. ZIRKEL, der 1893 (S. 833) sagte, es sei „auf Grund des geologischen Verbandes und der gegenseitigen Association der einzelnen Feldspathe als zweckmäßiger hervorgetreten, bei der Sonderung nicht einseitig das krystallographische Moment zu betonen, sondern mehr der chemischen Zusammensetzung Rechnung zu tragen und die Feldspathgesteine darnach einzutheilen einerseits in solche mit *Alkalifeldspath*, wozu dann außer denjenigen mit vorwaltendem Orthoklas, auch die mit vorwaltendem Mikroklin, Anorthoklas und eventuellem Albit gehören, andererseits in solche mit *Kalknatronfeldspath*, *Natronkalkfeldspath* (welche Namen am Ende durcheinander gebraucht werden können) und *Kalkfeldspath*, worunter dann solche mit Plagioklasen, die nicht Albit sind, fallen, nämlich mit Oligoklas, Andesin, Labradorit, Bytownit, Anorthit".

W. E. TRÖGER führte 1938 (S. 42) aus: „Wenn der Begriff der Alkali- und Alkalikalkgesteine in der ROSENBUSCHschen Fassung, der sich in jahrzehntelanger Benutzung bewährt hat, nicht verlorengehen soll, müssen die Albite in einem petrographischen System zu den Alkalifeldspäten und nicht ihrer Kristallform zuliebe zu den Plagioklasen gestellt werden." Das ist ein schwerwiegender Grund — wenn er auch nicht die Sachlage als solche berührt.

A. JOHANNSEN wollte 1917 das Problem gleich einem gordischen Knoten lösen; er schrieb (1917, S. 96/97): "In the older classifications albite is united with orthoclase for the alkali rocks . . . in the older systems . . . the soda molecules are divided into two parts, and orthoclase plus albite is contrasted with the lime-soda plagioclases. This division is not logical, but is it desirable ? . . .

Personally the writer is inclined to favour separating the feldspars into the Or, Ab, and An molecules."

Natürlich wäre eine solche Trennung in die drei Grundfeldspate eine schöne Lösung, aber da es mineralogisch nur zwei Mischreihen gibt, entsprechen die drei chemischen Symbole nicht dem Modalbestand. JOHANNSEN selbst hat das erkannt und schrieb 1939 (S. 142): "It is to be noted that the minerals represented by . . . symbols are the *actual* minerals found in the rock, and are neither theoretical, calculated minerals, nor, among the feldspars, the molecules albite, anorthite and orthoclase separated by calculation from the true feldspars. In the first published suggestions for this system the feldspars were divided into *Ab*, *An* and *Or* molecules, but such separations of the minerals were soon found to be incorrect in a mineralogical system, and they were abandoned."

JOHANNSEN rechnet den reinen Albit zu den Plagioklasen[1].

Es tritt die Komplikation auf, daß *reiner* Albit, ohne K-Feldspat- oder Anorthit-Beimengung, kaum einmal in Massengesteinen auftritt. Fast stets ist entweder das eine oder das andere „Verunreinigungs-Molekül" in Albit vorhanden. Zählt man also den Albit zu den Alkalifeldspaten, so muß man eine „Verunreinigungs-Grenze" zum An-Gehalt im Albit ziehen; rechnet man den Albit zu den Plagioklasen, so muß man eventuell ebenfalls einen gewissen Kalifeldspatanteil im Albit in Kauf nehmen, der jedoch so niedrig sein muß, daß er nicht störend ist. Jeder Lösungsversuch muß ein Kompromiß sein, denn das Or-Molekül hat im Plagioklas genausowenig etwas zu suchen wie das An-Molekül im Alkalifeldspat.

Hier jedoch — bei der Grenzziehung — erweist sich die Zuordnung des Albits zu den Alkalifeldspaten als die (derzeit) weit überlegenere Lösung, da gegenwärtig eine gute optische Grenzziehung überhaupt nur zwischen Albit und Anorthit, nicht aber zwischen Kalifeldspat und Albit möglich ist.

JOHANNSEN zog die Trennungslinie zwischen Kalifeldspat und Albit (also Plagioklas), indem er Perthit zum Kalifeldspat und Antiperthit zum Plagioklas zählt. Jedoch muß er selbst zugeben (1939, S. 142), daß es derzeit noch keine optischen Methoden gibt, um den Albit-Anteil im Perthit zu bestimmen: "If, some day, methods are perfected whereby the feldspars can be separated, mechanically, more completely, then there may be justification for separating the components of microperthite; until this is possible, that mineral should be classified with the potash feldspars." Daher erscheint seine Trennung recht problematisch.

Aber selbst bei chemisch erfaßtem Verhältnis Or : Ab gibt es keinerlei Übereinstimmung, wo die Grenze zwischen beiden gezogen werden soll. K. H. SCHEUMANN bringt 1925 (S. 212/213) eine Auswahl von Vorschlägen: „Es werden eine Anzahl von klassifikatorischen Grenzen festgelegt: LINDGREN gibt als bedeutungsvoll die Orthoklasgrenze für Granodiorit mit Or_{13} und Or_{33} an (Tonalit < 13, Quarzmonzonit > 33, Granit > 66% Or). HATCH gebraucht entsprechend ⅓ und ⅔ (33 und 67%) als Gliederungszone zwischen Ab und Or. IDDINGS nimmt in der mineralogischen Klassifikation ⅜ und ⅝ (37 und 62,5%); die CIPW-Klassifikation nach K_2O und Na_2O würde auch eine etwa entsprechende Fünfteilung nach Or-Ab bedeuten. — SHAND schließt sich IDDINGS an (37,7 und 62,5%). HOLMES legt in seiner letzten Fassung (1920) die Grenzen bei 30 und 70%. Er betont mit Recht, daß der genaue Wert der Grenzverhältnisse so lange keine entscheidende Rolle spiele, als wir nicht wissen, um welche Hauptpunkte sich die Gesteinstypen natürlicherweise gruppieren."

Es erscheint also unzweckmäßig, den Albit zu den Plagioklasen zu stellen, da die Grenze zwischen Antiperthit (Albit) und Perthit (K-Fdsp.) nicht zu ziehen ist. Den An-Gehalt im Albit jedoch kann man optisch ohne weiteres bestimmen[2]. Da ist die einzige Frage, wieviel Prozent An kann man im Albit in Kauf nehmen, um ihn noch

---

[1] Andere Amerikaner, wie z. B. J. E. SPURR 1900, rechnen Albit zu den Alkalifeldspaten (S. 213): ". . . the first characterized by alkali feldspars, the second by oligoklase-andesine feldspars, and the third by labradorite-anorthite feldspars."

[2] Nachdem TSCHERMAK 1864 die Plagioklase als Mischreihe zwischen Albit und Anorthit erkannt hatte, gelang erstmals M. SCHUSTER 1879 die optische Plagioklas-Trennung.

zum Alkalifeldspat rechnen zu dürfen. Die ganze Diskussion um die Plagioklas-Einteilung überhaupt wird erst weiter unten gebracht, hier genügt die Albit-Trennung. Allgemein wird heute im Albit ein An-Anteil bis 10% toleriert. 1917 führte JOHANNSEN die Grenze bei 5% — wohl um seiner Symmetrie willen — ging aber später (ohne nähere Begründung) ebenfalls auf 10% über.

Es wird also wiederholt: In vorliegender Klassifikation wird der Albit (bis Ab 90, An 10) zu den Alkalifeldspaten gestellt.

Die Familiengruppen

JOHANNSEN verwendet, wie erwähnt, für die Übereinteilungen nach dem Mineralbestand nur zwei Kriterien: die color-ratio (Farbzahl) für die vier Klassen und das Verhältnis Ab : An für die Ordnungen (der ersten drei Klassen). Alle anderen Mineralien oder Mineralgruppen, wie das Verhältnis Kalifeldspat : Plagioklas, der Anteil von Quarz und der Foid-Anteil werden erst zur untersten Gruppierung für die Familien herangezogen.

TRÖGER faßt seine Gesteinstypen überhaupt nur zu Familien zusammen, die er mehr oder minder lose aneinanderreiht. Er verzichtet bewußt auf eine straffere Überordnung, da er ja keine Systematik aufstellen will.

Hier wird über die Familie nur noch eine einzige Überteilung gebracht, die Familiengruppen. Schon bei diesen werden jedoch *alle* Mineralgruppen für die Abtrennung herangezogen und die Namengebung dieser Gruppen richtet sich nach den charakteristischen Mineralien:

1. *Quarzgesteine:* alle Gesteine mit über 50% Quarz, wobei die restlichen Anteile sowohl beliebige Feldspate oder (und) beliebige Mafite sein können.

2. *Quarz-Mafit-Gesteine:* Gesteine mit weniger als 50% Quarz und weniger als 10% Feldspate, wobei der Mafitgehalt zwischen 40 und 90% betragen kann.

3. *Quarz-Feldspat-Gesteine:* Gesteine mit weniger als 50%, aber mehr als 10% Quarz. Mafite von 0—80%, der Rest Feldspat, und zwar 90—10%.

4. *Feldspatgesteine:* Die zentrale Gruppe mit 100—10% (eigentlich 9%) Feldspat und 0—90% Mafiten, wobei Quarz nur mehr mit weniger als 10% am Gesteinsaufbau beteiligt sein kann bzw. bei Fehlen von Quarz auch in ganz geringem Maße Foide eintreten können. Bei den Foiden wird jedoch nicht mehr wie bei den bisher besprochenen Gemengteilen der absolute Prozentgehalt (% am Gestein), sondern ein relativer herangezogen. Das Verhältnis Feldspate zu Foide ist nun maßgeblich, oder mit anderen Worten, der Prozentgehalt an Foiden bei den *hellen* Gesteinsanteilen. Dabei wird die Grenze wieder mit 10% gezogen (wie beim Quarz). Umgerechnet auf das Gesamtgestein bedeutet das: oberste Foidgrenze bei 0% Mafiten = 100% helle Gemengteile — 10% Foide neben 90% Feldspat; bei 90% Mafiten = 10% helle Gemengteile — 1% Foide neben 9% Feldspat.

5. *Foid-Feldspat-Gesteine:* Kein Quarz mehr, Mafite 0—90%, 10—90% der hellen Gemengteile Foide, 90—10% der hellen Gemengteile Feldspate. Das heißt, das Verhältnis Feldspate zu Foide schwankt zwischen $^1/_{10} : {}^9/_{10}$ bis $^9/_{10} : {}^1/_{10}$.

6. *Foidgesteine:* Mafite 0—90%; Foide, Feldspate nicht mehr als $^1/_{10}$ der hellen Gemengteile, d. h. Foid : Feldspat = $> {}^9/_{10} : {}^1/_{10}$.

7. *Mafitgesteine:* Mafite 90—100% des Gesteins.

Wie weiter oben schon angedeutet, unterscheidet sich die Grenzziehung im Dreieck Quarz—Feldspate—Mafite grundsätzlich von der des Dreiecks Feldspate—Mafite—Foide. In ersterem (oberem) sind die Grenzen nach dem Prozentgehalt am Gesamtgestein gezogen — und ergeben daher konturenparallele Felder —, bei letzterem (dem Foid-Dreieck) sind die Feldspat-Foid-Grenzen *nicht* kantenparallel.

Das bedeutet, daß hierbei das gegenseitige Verhältnis Feldspate : Foide für die Grenzziehung verwendet wurde. Es erscheint im ersten Augenblick einfacher, den Prozentgehalt eines Minerals (Mineralgruppe) am Gesamtgestein zu bestimmen als das Verhältnis zweier Mineralien (Mineralgruppen). Das gilt voll für das obere (Quarz-) Dreieck, scheint jedoch für das untere (Foid-) Dreieck nicht von Vorteil zu sein. Die Foide sind *Feldspat*-Vertreter, d. h. sie vertreten im Gestein Feldspate. Da nun die verschiedenen Feldspate ihrem gegenseitigen Verhältnis nach für die Gesteinsgruppierung herangezogen werden — Alkalifeldspat : Plagioklas; beim Plagioklas Ab : An —, so erscheint es nur billig und logisch, daß auch die Feldspatvertreter nach ihrem Verhältnis zum Feldspat beurteilt werden, um so mehr, als auch die Foidgesteine untereinander nach dem Verhältnis Leucit : Nephelin : Sodalith getrennt werden.

Übrigens kann man das gegenseitige Verhältnis zweier Mineralien auch anders auffassen: War im oberen (Quarz-) Dreieck der Prozentgehalt am Gesamt-Gestein maßgeblich, so ist es im unteren (Foid-) Dreieck der Prozentgehalt am Gesamtgehalt der hellen Mineralien. Abstrahiert man also die dunklen Gemengteile, baut man ein Projektionsdreieck mit den Ecken Alkalifeldspat—Plagioklas—Foide auf, so laufen die Feldergrenzen konturenparallel.

> „Wenn es ... nicht möglich war, mich ganz an die herkömmliche Systematik anzuschließen, vielmehr dringend geboten schien, einige neue Gruppen einzuschieben und ältere theils zu zerreißen, theils zu verschieben, so bitte ich diesen Neuerungen nicht von vorn herein negirend entgegen zu treten.“
>
> H. ROSENBUSCH 1877, S. 240

2. Die Familien

Die Familien Johannsens und Trögers

A. JOHANNSEN hatte die Gesteine nach dem Mafitgehalt in vier Klassen geteilt (0—5—50—95—100%) und jede der vier Klassen in vier Ordnungen, wobei in den Klassen 1 bis 3 der An-Gehalt der Plagioklase (0—10—50—90—100%) maßgeblich war.

Jede Ordnung der Klassen 1 bis 3 wird bei JOHANNSEN nach dem Quarz- bzw. Foid-Gehalt und weiters nach dem Verhältnis Kalifeldspat : Plagioklas in 25 Familien geteilt, wozu für alle Ordnungen noch eine Familie 0 kommt, nämlich die mit mehr als 95% Quarz und weniger als 5% Feldspat (Anteil an den hellen Mineralien; bei JOHANNSEN Leukokraten genannt). Die Klasse 4 wird nach dem Erzgehalt (Grenzen 0—5—50—95—100%) in vier Ordnungen und weiters nach dem Olivingehalt (Grenzen 0—5—50—95—100%) und dem Verhältnis Biotit +Amphibol : Pyroxen (0—5—50—95—100%) geteilt. Dabei wird die Ordnung 4, die Gesteine mit mehr als 95% Erz, zugleich auch als eine Familie aufgefaßt, die nach Art der Erze in Unterfamilien geteilt werden kann. Die Ordnungen 1 bis 3 weisen je 13 Familien auf.

Alle diese komplizierten Verhältniszahlen bewirken ein verwirrend spinnenartiges Netz von Familienfeldern und ergeben 343 Familien, wobei die Art der Foide (bei JOHANNSEN Leucit, Nephelin, Sodalithgruppe, Analcim und Melilithgruppe) noch keine Berücksichtigung gefunden hat. Dazu kommen noch zahlreiche Unterund weiters noch Auxiliar-Familien.

Nun wird es verständlich, warum JOHANNSEN lieber seine Zahlensymbole an Stelle von Familien- und Ordnungsnamen gebraucht. Ja es gibt eine beträchtliche Anzahl von Familien, die gar keinen Namen haben können, weil es kein Gestein gibt, das eine so geartete Zusammensetzung aufweist, daß es in eine dieser Familien fällt. Man sieht, das streng schematische Einteilungssystem wurde zu weit getrieben. Was Erleichterung bringen sollte, wurde zu sinnverwirrender Plage.

TRÖGER reiht (1935) 32 Familien lose aneinander und benennt sie nach einem charakteristischen (Tiefen-) Gestein, zieht jedoch keine scharfen Grenzen.

Die 39 Familien vorliegenden Systems

Hier wurde so weit wie möglich TRÖGER gefolgt, der die Schwerpunktauffassung der alten (ROSENBUSCH-ZIRKEL) qualitativen mineralogischen Tradition erfolgreich fortsetzt, jedoch wurden überall scharfe Grenzen gezogen und sieben Familien neu eingeführt. Zum Teil sind es nur Trennungen von Familien TRÖGERS, die ihm schwerpunktmäßig zu groß geraten schienen, zum Teil sind es Neueinführungen, weil TRÖGER mit seinen Familien nicht den ganzen „Raum" der Kombinationsmöglichkeiten ausgefüllt hat, und zum dritten und letzten Teil kommt eine Vermehrung um drei Familien bei der Diorit-Gabbro-Gruppe, die aus Erwägungen vorgenommen wurde, welche weiter unten noch angeführt werden.

Die hier aufgestellten 39 Familien verteilen sich ungleich — zum Unterschied zu JOHANNSEN — auf die einzelnen Familiengruppen:

Familiengruppe 1 = Quarz-Gesteine .... 1 Familie
„ 2 = Quarz-Mafit-Gesteine ..... 1 „
„ 3 = Quarz-Feldspat-Gesteine ... 5 Familien
„ 4 = Feldspat-Gesteine .... 15 „
„ 5 = Foid-Feldspat-Gesteine .... 5 „
„ 6 = Foid-Gesteine .... 4 „
„ 7 = Mafit-Gesteine .... 8 „

Es ist zu bemerken, daß die Häufigkeit der Erdkrustengesteine keineswegs mit der Familienanzahl der Gruppen übereinstimmt. Quarz-Feldspat-Gesteine bilden die überwiegende Mehrheit der Tiefengesteine, Feldspat-Gesteine die der Ergußgesteine; in beiden Fällen weit über 90%, wobei die Masse der Tiefengesteine die der Ergußgesteine erheblich übertrifft.

Im Anschluß (S. 24) sei eine Übersicht über die 39 Familien in Form einer groben Einteilung gebracht. Sie möge als einprägsames Schema aufgefaßt werden; bei einem solchen sind kleine Ungenauigkeiten unvermeidbar.

Neu eingeführt wurde die Familie 2, die Quarzmafitite, die ident ist mit der Familiengruppe 2, den Quarz-Mafit-Gesteinen. Ihre Notwendigkeit geht klar aus der Figur der Familien-Gruppen auf S. 16 hervor, denn eine Einreihung bzw. Belassung bei den Quarz-Feldspat-Gesteinen (Familiengruppe 3) schien sinnwidrig, da man Gesteine mit durchwegs weniger als 10% Feldspat nicht gut als „Feldspat-Gesteine" betrachten kann.

Ebenfalls neu eingeführt wurde die Familie 11, die Leukosyenodiorite der Familiengruppe 4, Feldspat-Gesteine. Das sind Gesteine mit weniger als 10% Mafiten und einem Nebeneinander von Alkalifeldspat und Plagioklas in (fast) beliebigem Mischungsverhältnis, also Leukosyenite, Leukomonzonite und Leukomangerite. Die „Leuko-Alkalisyenite" und die „Leukodiorite" (bis -gabbros) hatten bei TRÖGER schon Aufnahme gefunden (als Aplosyenite und Anorthosite) und wurden hier übernommen[1]. Die Mischglieder (mit Kalifeldspat $\geqq$ Plagioklas) waren bei TRÖGER unberücksichtigt geblieben und stellten daher eine Lücke im System dar.

---

[1] Der Bezeichnung Anorthosite wurde Plagioklasite vorgezogen; siehe S. 78.

GRUPPENSCHEMA DER MASSENGESTEINSFAMILIEN

	Mit Quarz	Kaum Quarz — kaum Foide	Mit Foiden
Nur Alk.-Fdsp.	Aplitgranite 3 (< 10 Maf.)	Aplosyenite 8 (< 10 Maf.)	Foidsyenite 23 (< 35 Maf.)
	Alkaligranite 4 (> 10 Maf.)	Alkalisyenite 9 (10—35 Maf.)	Mesofoidsyenite 24 (35—50 Maf.)
		Melaalkalisyenite 10 (35—90 Maf.)	Melafoidsyenite 25 (50—90 Maf.)
Alk.-Fdsp. > Plag.	Aplitgranite 3 (< 10 Maf.)	Leuko-Syenodiorite 11 (< 10 Maf.)	Foidsyeno-monzonite 26
	Alk.-Kalkgranite 5 (> 10 Maf.)	Kalk-Alkalisyenite 12 (> 10 Maf.)	
Alk.-Fdsp. ≅ Plag.	Aplitgranite 3 (< 10 Maf.)	Leuko-Syenodiorite 11 (< 10 Maf.)	Foidsyeno-monzonite 26
	Alk.-Kalkgranite 5 (> 10 Maf.)	Monzonite 13 (> 10 Maf.)	
Plag. > Alk.-Fdsp.	Aplitgranite 3 (< 10 Maf.)	Leuko-Syenodiorite 11 (< 10 Maf.)	Essexite 27
	Granodiorite 6 (> 10 Maf.)	Mangerite 14 (> 10 Maf.)	
Nur Plagioklas	Aplitgranite 3 (< 10 Maf.)	Plagioklasite 15 (< 10 Maf.)	Essexite 27
		Diorite 16 (An 10—45; 10—50 Maf.)	
		Mela-Diorite 17 (An 10—45; 50—65 Maf.)	
		Leuko-Gabbrodiorite 18 (An 45—55; 10—50 Maf.)	
	Quarzdiorite 7 (> 10 Maf.)	Mela-Gabbrodiorite 19 (An 45—55; 50—65 Maf.)	
		Leuko-Gabbros 20 (> An 55; 10—50 Maf.)	
		Gabbros 21 (> An 55; 50—65 Maf.)	
		Gabbromafitite 22 (65—90 Maf.)	
Kein Fdsp.	Perazidite 1 (Quarz > 50; wenig Fdsp.)	Peridotite 32 (vorw. Olivin)	Nephelinite 28 (vorw. Nephelin)
		Pyroxenite 33 (vorw. Pyroxen)	
		Amphibololithe 34 (vorw. Amphibol)	Leuzitite (Analcimite) 29 (vorw. Leuzit, Anal.)
		Glimmerite 35 (vorw. Glimmer)	
		Granatite 36 (vorw. Granat)	Sodalithite 30 (vorw. Sodalithe)
	Quarzmafitite 2 (50—90 Maf.)	Melilitholithe 37 (vorw. Melilith)	
		Karbonatite 38 (vorw. Karbonat)	Melilithfoidite 31 (Foide + Melilithe)
		Silikotelite 39 (vorw. Oxyde o. Sulfide)	

Getrennt wurden die bei Tröger vereinigten Familien der Malignite und Shonkinite, wobei die Trennung schwerpunktgemäß bei 50% Mafiten vorgenommen wurde. (Beide Familien gehören zur Familiengruppe 5, den Foid-Feldspat-Gesteinen.)

Bei der Familiengruppe 6, den Foid-Gesteinen, wurden die bei Tröger vereinigten Fergusite — mit vorwiegend Leucit — von den Tawiten — mit vorwiegend Sodalithen — geschieden (und die Namen zu Leuzititen und Sodalithiten geändert).

Alle diese Änderungen bzw. Einfügungen und Trennungen sind nicht von allzu großer Bedeutung, weil sie verhältnismäßig seltene Gesteine betreffen, aber doch wichtig genug in *systematischer* Hinsicht, da sie klarere Trennungen schaffen bzw. von Tröger nicht erfaßten oder beiseite gelassenen Mineralkombinationen einen Platz schufen.

Von großer Wichtigkeit ist die Trennung der Diorite und Gabbros (Familiengruppe 4, Feldspat-Gesteine) nicht nur nach dem Anorthitgehalt der Plagioklase, sondern auch nach der Farbzahl. Verfasser hat 1956 in einer eingehenden Studie[1] die Gründe dafür ausführlich dargelegt; hier seien sie nur kurz gestreift. Neben vielen unklaren oder verschwommenen Trennungen, die hauptsächlich noch auf die alten qualitativ-mineralogischen Klassifikationen zurückzuführen sind, sind heute zwei Trennungsprinzipien zwischen Diorit und Gabbro (Andesit-Basalt) gebräuchlich:

1. nach der color-ratio (Farbzahl) und
2. nach dem An-Gehalt der Plagioklase.

Zu 1: Es wird angeführt, daß die Gabbros von altersher *dunkle* Gesteine waren und schon vor der optischen Unterscheidungsmöglichkeit der verschiedenen Plagioklase von den Dioriten getrennt wurden. Die Amerikaner vor allem trennen danach (nach Tröger und Rittmann, der ebenso vorgeht: „In der obigen Klassifikation werden basaltische und andesitische Vulkanite nach ihrer Farbzahl unterschieden, wie dies in Amerika üblich ist." — A. Rittmann 1960, S. 112)[2].

Zu 2: Die heute gebräuchlichste Unterscheidung ist die nach dem An-Gehalt der Plagioklase, was heute optisch leicht zu bewerkstelligen ist und auf Rosenbusch fußt. Die Auszählung der Farbzahl mit dem Integrationstisch sei wesentlich umständlicher. Hauptvertreter sind neben etlichen anderen Johannsen und Tröger.

Hier wird die Berechtigung beider Auffassungen anerkannt und eine Synthese gebracht. Die Trögersche Zwischenfamilie der Gabbrodiorite (An 45—55) wird wegen der Häufigkeit der Verbindungsglieder beibehalten. Gesteine mit weniger als An 45 sind Diorite, mit mehr als An 55 Gabbros; die Farbzahl 50 wird zur weiteren Trennung gewählt[3] und danach Leuko- und Mela-Gesteine unterschieden. Für Diorite mit der Farbzahl < 50 und Gabbros mit der Farbzahl > 50 sind diese Präfixe überflüssig und werden daher beiseite gelassen. Ein Schema (für die Ergußgesteine) zeigt die Teilung der Diorite und Gabbros in sechs Familien. (Siehe S. 26.)

Wie schon aus dem bisher Gesagten hervorgeht und aus den Figuren im speziellen Teil ersichtlich ist, sind die Felder der einzelnen Familien keineswegs gleich groß, die Grenzen der verschiedenen Mineral-Zahlen also nicht schematisch bzw. symmetrisch gezogen, sondern den natürlichen Gegebenheiten und Forderungen insofern angepaßt, als die Grenzen bei deutlich erkennbaren Schwerpunkten enger und

---

[1] F. Ronner 1956: „Die Trennung Andesit-Basalt: Ein Vorschlag."

[2] Im Gegensatz zu Tröger und Rittmann sagt A. Johannsen 1939 (S. 139, Fußn.): "Tröger errs here in saying that in the United States the diorites are separated from the gabbros on the basis of the dark components and that the kind of plagioclase is only of secondary importance. This was the old usage in England, but not for years has it been used by modern American petrographers." Hier irrt eher Johannsen, es sei nur auf die quantitativ-mineralogischen Systeme der Amerikaner Lincoln und Shand verwiesen. (Shand ist zwar in Schottland geboren, aber seit vielen Jahren Professor in New York).

[3] Andere Trennungsfarbzahlen z. B. 37½% nach CIPW (und anderen), 40% nach Rittmann usw.

bei selteneren Gesteinen bzw. nur schwach erkennbaren Schwerpunkten weiter gezogen sind. Über die Grenzzahlen wird noch kurz zu berichten sein. Abschließend seien hier noch ein paar Worte über den Familienbegriff als solchen überhaupt gebracht.

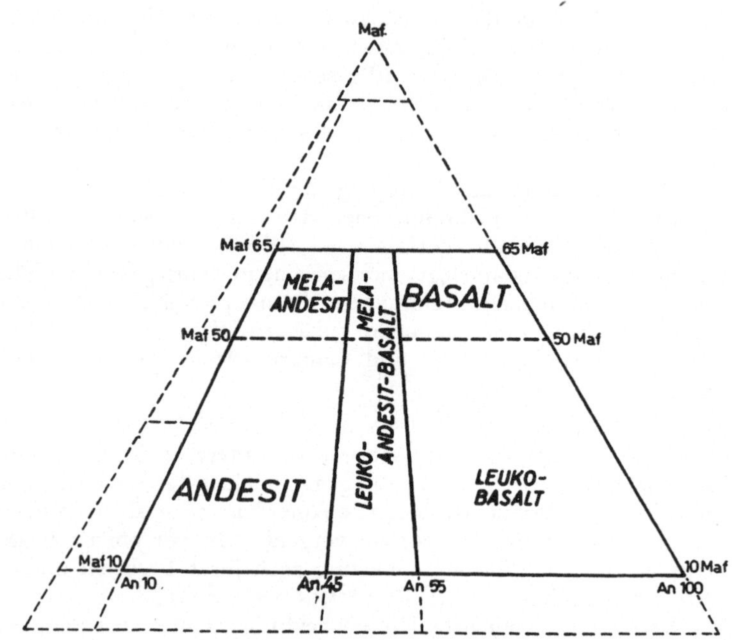

Abb. 2. Die Trennung Diorit (Andesit) — Gabbro (Basalt) nach F. RONNER 1956. (Aus F. RONNER 1956.)

Der Familienbegriff

Das Wort Familie ist aus der Lebenswelt entlehnt. „Blutsverwandte" Wesen werden zu Familien zusammengefaßt. Die Gesteine wurden früher Gebirgs-Arten oder Fels-Arten benannt, was ebenfalls auf eine Parallele zur Zoologie und Botanik hinweist. Ordnungen und Klassen werden in den Klassifikationen der Gesteine aufgestellt. Von Spezies und Sippen, Consanguinity, Blutsverwandtschaft wird bei Gesteinen gesprochen.

Gesteine sind Mineralaggregate, leblose Dinge. Alle Zwischenglieder und Übergänge gibt es. Grenzen zwischen solchen können mehr oder minder willkürlich verschoben werden. Ein Vergleich mit den biologischen Wissenschaften, wie er früher immer wieder gezogen wurde, ist unzulässig, eine „natürliche" Klassifikation gibt es nicht. Also wurde hier versucht, schon bei den Übergruppen die Namen Klasse, Ordnung usw. nicht zu verwenden, da sie der Gesteinswelt nicht entsprechen. Aber der Ausdruck Familie wurde beibehalten, der vielleicht besser entsprechende Ausdruck Serie vermieden. Denn diese beiden Termini sind seit BRÖGGER 1890/94 Begriffe geworden und haben sich in der BRÖGGERschen Deutung eingeführt und bewährt. Ein Abgehen davon wäre mit schweren Definitions-Mißverständnissen verbunden.

Gesteinsserie (nach W. C. BRÖGGER 1894, S. 169): „Die Gesamtheit einer Anzahl durch alle Übergänge miteinander verbundener Gesteinstypen ..."

Gesteinsfamilie (nach W. C. Brögger 1894, S. 177): „Den verschiedenen *Gesteins-familien*" kommt „in erster Linie eine *chemische* Begrenzung" zu: „Die Granitfamilie z. B. umfaßt bei derartiger Begrenzung alle massigen Gesteine mit der chemischen Zusammensetzung der Granite."

„Die Gesteinsserie zeigt ... über die Grenzen der Familie hinaus, sie verbindet die einzelnen Familien miteinander." (W. C. Brögger 1894, S. 178.) L. Milch zieht 1914 (S. 238) nochmals einen Vergleich der Bröggerschen Familie und Serie, der hier kurz zusammengefaßt wiedergegeben sei: „Die Glieder einer Bröggerschen *Gesteinsserie* ... können ... *verschiedenen Gesteinsfamilien* angehören ...; die Serien sind mithin charakteristisch für bestimmte Gebiete und kommen zunächst bei der systematischen Behandlung einer geologischen Einheit, einer petrographischen Provinz, zur Geltung, während die *Familien* ... die Glieder eines *allgemeinen* Systems sind."

> „Die *Projektion* oder graphische Darstellung kann als *Stenographie* der Wissenschaft bezeichnet werden."
>
> W. Hommel 1919, S. 1

3. Die graphische Darstellung

Für die Familienabgrenzungen und zum leichten Auffinden der Familie bei einem quantitativ bekannten Mineralbestand wurden anschauliche graphische Darstellungen entwickelt, die den Vorteil haben, einen möglichst großen Ausschnitt aus dem Gesamtkomplex der Massengesteine überhaupt zu zeigen, soweit es die genaue Erfassung des Mineralbestandes für die entsprechende Familie zuläßt. Zum Beispiel können alle Familien der Gruppen Quarz-Gesteine, Quarz-Mafit-Gesteine, Quarz-Feldspat-Gesteine und Foid-Feldspat-Gesteine in einem Doppeltetraeder gezeigt werden, der alle Massengesteine umfaßt. Bei den Feldspat-Gesteinen wäre dasselbe — bis auf die Plagioklas-Gesteine — ebenfalls möglich gewesen, jedoch wurde die Darstellung in der Ebene (gleichseitiges Dreieck) vorgezogen, da wir es bei den Feldspat-Gesteinen (praktisch) nur mit drei Veränderlichen — nämlich Alkalifeldspat, Plagioklas und Mafiten — zu tun haben. Zusätzlich lassen sich die Plagioklas-Gesteine mit den verschiedenen An-Gehalten in einer einfachen Anschlußfigur darstellen.

Für die Foid-Gesteine, die in der Gesamtdarstellung als Einheit zusammengefaßt sind, konnte ebenfalls die ebene Dreiecksfigur gewählt werden, da bei diesen kein nennenswerter Feldspatgehalt auftritt und nach der Farbzahl die einzelnen Familien *nicht* getrennt werden (erst ab 90% Mafiten beginnt die neue Familiengruppe Mafit-Gesteine). Für die Mafit-Gesteine erwies sich eine graphische Darstellung als unnotwendig, da es sich bei jeder Familie jeweils nur um die Vormacht *eines* dunklen Minerals handelt. Skizzen für die erwähnten drei Darstellungsarten — eine räumliche, zwei ebene — sollen das Schema verdeutlichen. (Siehe S. 28.)

Auch Johannsen brachte schon Doppeltetraeder, die aber insofern völlig unbefriedigend waren, als dabei der Mafit-Gehalt unberücksichtigt blieb und dafür die unberechtigte Aufsplitterung in die drei Feldspatmoleküle Or, Ab und An vorgenommen war. Bei den hier vorliegenden graphischen Darstellungen genügt bei quantitativ bekanntem Mineralgehalt ein Blick, die gesuchte Familiengruppe aufzufinden, und ein zweiter, die Familie zu erkennen. Das stellt nicht nur eine Erleichterung für den weniger geübten Massengesteinspetrographen dar, sondern dient auch einer willkommenen Kontrolle für Geübte.

W. E. Tröger wendet sich 1938 (S. 49) gegen eine räumlich-graphische Darstellung, bringt aber keinen einzigen Grund dafür vor: „Johannsen baut aus dem

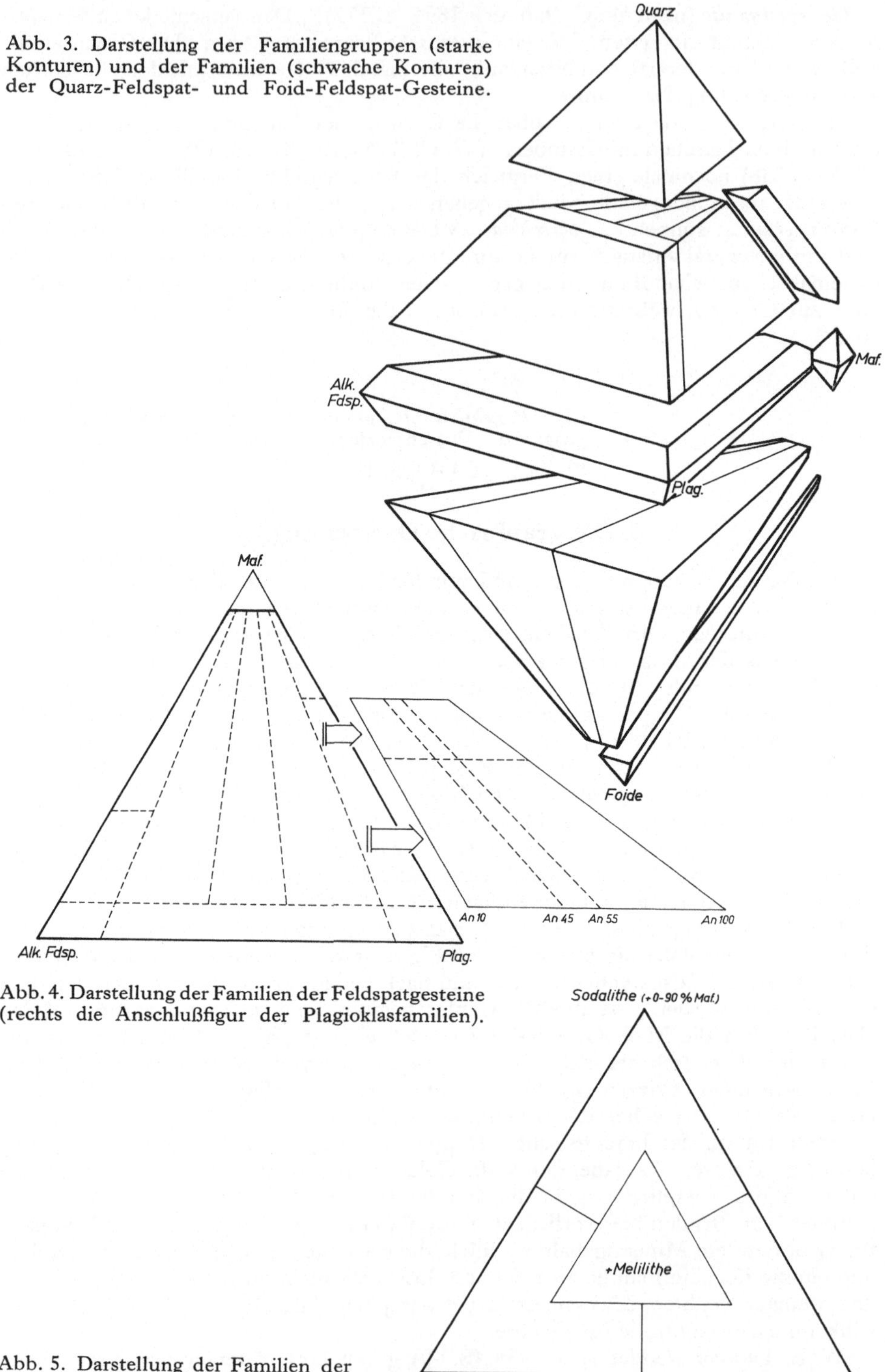

Abb. 3. Darstellung der Familiengruppen (starke Konturen) und der Familien (schwache Konturen) der Quarz-Feldspat- und Foid-Feldspat-Gesteine.

Abb. 4. Darstellung der Familien der Feldspatgesteine (rechts die Anschlußfigur der Plagioklasfamilien).

Abb. 5. Darstellung der Familien der Foidgesteine.

Doppeldreieck Q—Kf—Pl—Fd und dem Plagioklasverhältnis ein Doppeltetraeder auf, das dann noch mit Hilfe der Farbzahl verdreifacht wird. Eine solche Verquickung von Systematik und Raumgeometrie ist aber ohne jeden praktischen Wert." Solch ein praktischer Wert scheint nach oben Gesagtem zweifellos gegeben. (Im übrigen mag an TRÖGERS „Differentiationswürfel" von 1931 erinnert werden.)

Einer weiteren Erleichterung für das Auffinden von Gesteinstypen sollen Tafeln im Anhang dienen:

eine Bestimmungstafel, die dem Ungeübten durch ein einfaches Zahlen-Verweis-System die Einreihung seines Gesteins zu einer Familie nach dem Mineralbestand leicht ermöglicht; und weiters

eine Tafel, die Auskunft über das Vorkommen der Gesteinsbildner (wesentliche Gemengteile) in den einzelnen Massengesteins-Familien gibt: Neben dem Mineral und seinem Prozentsatz im Gestein sind die Familiennummern (von 1 bis 39) abzulesen, in denen diese Kombination möglich ist.

> „Vier Prinzipien machen sich bei der Normierung der Abteilungen geltend: die enge Fassung von extremen Randgruppen (3, 4, 5, 10%), die symmetrische Gliederung des Gesamtraumes (Halbierung, Drittelung usw.), die Anlehnung an charakteristische natürliche Grenzen, Rücksichtnahme auf diagnostische Schwierigkeiten."
>
> K. H. SCHEUMANN 1925, S. 209

4. Die Grenzen

Über die Prinzipien der Grenzziehung, wie schematische Symmetrie, Schwerpunktbildung, Prozentanteile der Mineralien am Gesamtgestein, Prozentverhältnisse von Mineralien zueinander, ja über die Berechtigung scharfer Grenzen überhaupt in einem quantitativen System wurde schon gesprochen. Hier sollen einige Grenz*zahlen* näher beleuchtet werden. Die Randgruppen, durch das extreme Vorherrschen eines Minerals charakterisiert, sind das eine Problem, ein anderes der Prozentsatz eines Minerals, oberhalb dem man dem Mineral noch eine Rolle als *Haupt*gemengteil zubilligen kann. Diese beiden Grenzen sollen vorerst ihre Besprechung finden.

Die Randgruppen Johannsens

JOHANNSEN setzt stereotyp und völlig schematisch die Grenzen 95% und 5%, ganz gleich, ob es Quarz, Kalifeldspat, Plagioklas, Foide oder Mafite betrifft (und ebenso gleichgültig, ob es sich um absolute oder relative Prozentwerte handelt).

Dagegen nimmt sofort W. E. TRÖGER Stellung (1938, S. 42/43): „Die Randgruppen des JOHANNSENschen Systems, die durch die Verhältnisse 5 : 95 und 95 : 5 abgegrenzt werden, erscheinen für die Praxis zu schmal. Sie sollten durch die 1/8- und 7/8-Grenze des CIPW-Vorschlages ersetzt werden." TRÖGER verfällt hier, nachdem er sich einmal (und erstmals) mit der quantitativen Systematik auseinandergesetzt hat, ebenfalls der Faszination der symmetrischen Schematik und begeht denselben Fehler, den er 1935 noch so heftig bekämpft hatte: das Außerachtlassen der natürlichen Schwerpunkte. Das soll hier und bei vorliegender Klassifikation vermieden und deshalb einige Grenzen gesondert besprochen werden.

Die Mafitgrenzen (die „color ratio")

Die Mafit-Grenzen nach oben und unten: Anders ausgedrückt ist das die Farbzahl oder color-ratio.

JOHANNSEN zieht die untere Grenze bei 5%, die obere bei 95%.

TRÖGER spricht 1935 bei den entsprechenden Gesteinen (Aplitgranite, Aplo-syenite und Anorthisite) von 4 bis 5% und bei den „Mafit-Gesteinen" von > 90%. 1938 befürwortet er einmal die 12,5- ($\frac{1}{8}$-) und 87,5%- ($\frac{7}{8}$-) Grenzen, bekämpft andererseits die scharfen Grenzen überhaupt und legt beidseitig (der Grenzen) je 2$\frac{1}{2}$%-Streifen. Außerdem scheint er an anderer Stelle noch eine (obere) 75%-Grenze (oder mit dem 5%-Streifen eine 80%-Grenze) zu ziehen, da er seine „Nicht-Mafit-Gesteine" mit 75% Mafiten nach oben hin begrenzt[1].

CIPW scheinen mit ihrer Achtel-Teilung, die sie als erste vorschlugen, überhaupt großen Einfluß gehabt zu haben. Ihren 12,5- und 87,5%-Randgruppen folgten unter anderen LACROIX, HOLMES, IDDINGS (1909) und NIGGLI, um nur die wichtigsten neben TRÖGER zu nennen.

Aber, wie schon SCHEUMANN erwähnt hat, wurden noch engere Grenzen als 5 bis 95% gezogen:

LINCOLN stellte „Ultragrenzgruppen" von 4 und 96% auf und

SHAND gar solche mit 3 und 97% (nach 1916 liegt sogar schon eine jeweils zweite Randgruppe bei 10 bzw. 90%). Jedoch tritt auch das andere Extrem auf, abnorm weitgefaßte Randgruppen:

SHAND, der die engstgefaßten Randgruppen — mit 3 und 97% — aufgestellt hatte, geht 1929 davon ab und erweitert (die obere auf 90%) die untere Grenze auf 30%. Noch weiter gehen

IDDINGS (1913) und TYRRELL: untere Grenze 37,5%, obere Grenze 62,5%.

Für das Folgende muß man sich klarmachen, was denn das überhaupt zu bedeuten hat: *untere* und *obere* Grenze? Die untere Grenze besagt, daß das entsprechende Mineral (oder die Mineralgruppe) für das Gestein keinerlei Rolle spielt, daß es nicht mehr als *wesentlicher* Gemengteil angesprochen werden kann und daher auch bei der systematischen Einteilung vernachlässigt werden darf. Die *obere* Grenze hat zu bedeuten, daß das entsprechende Mineral (oder die Mineralgruppe) in seinem Bestand so *wesentlich* geworden ist, daß man das Gesamtgestein danach beurteilen muß und daher dieses Mineral (diese Mineralgruppe) bei der systematischen Einreihung eine bevorzugte Rolle spielt. Betrachten wir daraufhin folgenden Satz von A. JOHANNSEN (1932, S. 149): „NIGGLI würde (S. 309) seine Unterabteilungen auf die dunklen Mineralien stützen, wenn diese 25% des ganzen Gesteins überschreiten, während ich dieselben nur dann gebrauche, wenn die dunklen Mineralien mindestens 95% und mehr ausmachen." Hier sieht man erst, welche gewaltigen Auffassungsunterschiede bei der quantitativ-mineralogischen Klassifikation möglich sind. NIGGLIs (1931) Ansicht stellt wohl ein krasses Zurückfallen in die überwundenen qualitativen Systeme dar, die ja vornehm-lich nach der *Art* der dunklen Gemengteile ein Gestein einzureihen versuchten (z. B. mit Olivin = Gabbro, ohne Olivin = Diorit). Aber NIGGLI hat doch JOHANN-SENs Bedenken erweckt, denn letzterer schreibt (1932, S.150):

„Eventuell könnte man die Linie von Klasse 4 bis zum Prozentpunkt 20 ver-schieben . . ., aber es steht kaum dafür, die Symmetrie des Systems zugunsten einer so geringen Anzahl von Gesteinen zu stören." Wie stark doch das Symmetrie-bedürfnis ist!

In vorliegender Klassifikation wird die obere Grenze bei 90% gelegt. Denn billigt man auch der Art der verschiedenen Mafite keine große klassifikatorische Be-deutung zu, wie es die qualitativen Systeme gezeigt haben, so kann man doch ein Gestein nicht mehr nach den hellen Gemengteilen im System einreihen, wenn davon nicht einmal 10% vorhanden sind.

---

[1] 1938 spricht TRÖGER in einer Tabelle von Leuko = 0 bis 5%, Meso = 10 bis 30% und Mela = 35 bis 75%.

Die untere Grenze wurde nicht schematisch, d. h. bei allen Familien oder Familiengruppen gleich gezogen. Bei den Quarz-Feldspat- und bei den Feldspat-Gesteinen wurden eigene Familien abgetrennt, die weniger als 10% Mafite aufweisen, bei den Foid-Feldspat- und den Foid-Gesteinen sowie bei den Quarz-Gesteinen wurde auf die Abtrennung solcher Familien mit < 10% Mafiten verzichtet, weil solche Gesteine zu selten sind, als daß sie die Aufstellung eigener Familien rechtfertigen würden.

Auch die *Trennung der Zwischenglieder zwischen den Randgruppen* wurde von den meisten Vertretern der quantitativen Klassifikation rein symmetrisch-schematisch vorgenommen.

Eine Auswahl möge genügen:

JOHANNSEN nimmt nur mehr eine Trennung bei 50% vor, ebenso

SHAND (ab 1916), der jedoch andere Randgruppen (nämlich von 3 und 97%) hat. Später teilt

SHAND die Mittelgruppen bei 90—80—70—60—50—40—30—20 und 10%, und wieder später nimmt

SHAND (1929) die 60%-Grenze.

LINCOLN verwendet Drittelgrenzen und kommt zu den Zahlen 33 und 67%.

TRÖGER stellt 1938 Mittelgruppen von 10 bis 30% und 35 bis 75% auf (dazwischen liegen die 2½%-Doppelstreifen). Am häufigsten verwendet wird jedoch die

CIPW-Einteilung mit ⅛—⅜—⅝—⅞, das sind 12,5—37,5—62,5—87,5%, der z. B. LACROIX, HOLMES, (zum Teil TYRRELL), IDDINGS, NIGGLI und TRÖGER (1938) folgen. Letzterer allerdings legt zwischen die Achtelgrenzen seine „Neutralstreifen".

In vorliegender Klassifikation werden alle schematischen Abgrenzungen vermieden. Die Grenze zwischen den Quarz-Mafit-Gesteinen und den Quarz-Gesteinen beträgt 50%, ebenso bei der Diorit-Gabbro-Gruppe und zwischen Meso- und Mela-Foidsyeniten. Zwischen Alkalisyeniten und Mela-Alkalisyeniten liegt die Grenzlinie bei 35% Mafiten, ebenso zwischen Foidsyeniten und Meso-Foidsyeniten; zwischen der Diorit-Gabbro-Gruppe und den Gabbromafititen bei 65% Mafiten. Keine dieser Grenzlinien zieht jedoch durch eine ganze Familiengruppe hindurch. Die Grenzen sind schwerpunktbedingt. Das ist anschaulich bei den Feldspat-Gesteinen: Die Alkalifeldspatfamilien Alkalisyenite und Mela-Alkalisyenite werden schon bei 35% Mafiten geteilt, die Plagioklasfamilien Gabbro-Diorite und Gabbromafitite erst bei 65%. Da die sauren (kieselsäurereichen) Alkalifeldspate meist in sauren, d. h. lichten Gesteinen sind, liegt die 35%-Mafit-Grenze den natürlichen Gegebenheiten nach praktisch genau so hoch wie bei den basischen Plagioklasgesteinen die 65%-Mafit-Grenze.

Achtelteilung oder dekadisches System

Eines aber zeigen (fast) alle je herangezogenen Mafit-Grenzzahlen — und das gilt auch für alle übrigen, ob es sich um die Quarzgrenzen oder die Feldspat-Verhältniszahlen handelt: Es wurden zwei Zahlenprinzipien verwendet: die *Achtelteilung* und das *dekadische* System.

In vorliegender Klassifikation werden die dekadischen Zahlen herangezogen, sowohl bei den Mafiten als auch bei allen anderen gesteinsbildenden Mineralien (bzw. Mineralgruppen). Die Achtelteilung ⅛, ⅜, ⅝, ⅞ bedeutet Grenzzahlen von 12,5%, 37,5%, 62,5% und 87,5%. Wer kann schon garantieren, daß er ein Gestein auf ½ oder auch nur 2½% genau ausgemessen hat (bei höheren Prozentwerten)? Weiters, wieviel Gesteinsschliffe werden bei routinemäßiger Gesteinsbestimmung tatsächlich mit dem Integrationstisch genau ausgezählt? Sehr wohlwollend betrachtet, ist es vielleicht 1%. Alle anderen 99 von 100 werden geschätzt. Und dabei zeigten ebenso eingehende wie allgemein bekannte psychologische Untersuchungen, daß Schätzungen mittelgroßer Zahlen (Prozentzahlen) zu einer überwältigenden Mehrheit nach Fünfereinheiten (5, 10, 15, 20, 25, 30 usf.) vorgenommen werden, Zahlen über ca. 70 jedoch sogar schon meist nach Zehnereinheiten. Der Mensch (zumindest der Nicht-Angelsachse) denkt (und schätzt daher), durch seine ganze Erziehung bedingt, in Dekaden; eine Einteilung in $2\frac{1}{2}\%$ widerspricht den menschlichen Gegebenheiten. Wer stellt sich schon unter $62\frac{1}{2}$ oder $87\frac{1}{2}\%$ tatsächlich eine so genaue Menge vor, daß das halbe Prozent, oder sogar die $2\frac{1}{2}\%$ eine wirklich zahlenmäßige Bedeutung haben?

A. JOHANNSEN sprach 1932 (auf S. 150) auch schon ähnliches aus, wenn er schrieb: „Vom praktischen Standpunkte gesehen, ist es viel schwieriger, im Dünnschliff zu bestimmen, ob Mineralprozente, nehmen wir an vom Orthoklas zum Plagioklas, oder vom Quarz zum Feldspat, oder von lichten zu dunklen Mineralien, unter die Abteilungen $12\frac{1}{2}\%$, $37\frac{1}{2}\%$, $62\frac{1}{2}\%$ und $87\frac{1}{2}\%$ fallen", fährt allerdings, da auf seine Systematik bezogen, fort: „als festzustellen, ob ein Mineral mehr oder weniger als 5% ausmacht, oder ob es mehr oder weniger vorherrscht als ein anderes Mineral."

Da die Mechanik der Grenzzahlen am Beispiel der Mafite so eingehend besprochen wurde, erübrigt es sich, bei allen anderen Mineralgemengteilen ebenso ausführlich zu sein. Kurz seien sie im folgenden gebracht:

Die Quarzzahl

Die Quarzzahl (in sprachlicher Angleichung an die Farbzahl so genannt):

a) Die Quarz-Obergrenze zieht JOHANNSEN — wie bei allen Haupt-Gemengteilen — bei 95%.

CIPW und viele Nachfolger legen die Grenze bei $\frac{7}{8}$, das ist $87,5\%$.

NIGGLI bevorzugt als Obergrenze $62,5\%$.

Dazu sagt W. E. TRÖGER 1938 (S. 47): „Die Grenze der Granite-Quarzdiorite gegen die reinen Quarzgesteine legt NIGGLI bei $\frac{5}{8}$. Im Nomenklatur-Kompendium 1935 wurde sie bei $\frac{1}{2}$ angesetzt und die quarzreicheren Gesteine als Perazidite zusammengefaßt (Silexit MILLER sollte den Gesteinen mit 100% Quarz vorbehalten bleiben!). Sucht man in größeren Zusammenstellungen (WASHINGTONs Tabellen 1917, Order 1 und 2, oder JOHANNSEN I 129, Fig. 100) diese Grenze auf, so kann man feststellen, daß es keine normalen Granite mit $> 50\%$ primärem Quarz gibt. Eine weitere Teilung des Peraziditgebietes dürfte trotz der großen Variationsbreite kaum nötig sein, da es sich hier um sehr untergeordnet auftretende Gesteine handelt, deren Bildungsbedingungen außerdem nicht einmal magmatisch im engeren Sinne sind." Gemäß seinen $2\frac{1}{2}\%$-Zwischenstreifen ist

TRÖGERs Obergrenze (1938) $52\frac{1}{2}\%$.

Hier ist sie bei 50%, der Hälfte, gezogen.

b) Die Untergrenze ist bei JOHANNSEN 5%, F. v. WOLFF schreibt 1951 (auf S. 106): „Die Grenze zwischen Quarzdiorit und Diorit zieht man üblicherweise bei einem modalen Quarzgehalt von 5 Vol.%." Der Ausspruch erscheint unberechtigt, da kaum jemand noch außer JOHANNSEN diese Grenze nimmt. Üblich dagegen ist die Nachfolge von

CIPW, die $12,5\%$ $(\frac{1}{8})$ nehmen. Auf eine Aufzählung aller Namen bis zu NIGGLI und TRÖGER (1938) kann hier verzichtet werden.

TRÖGER nimmt 1935 als Untergrenze 10%.

Hier ist sie ebenfalls bei 10% gezogen.

Alkali-Feldspat : Plagioklas

Das Verhältnis *(Al-) Kalifeldspat : Plagioklas*.

Bei JOHANNSEN sind die Grenzen wie üblich 0—5—50—95—100. Anfänglich (1917) waren sie noch 0—5—35—65—95—100, was Monzonite und Quarzmonzonite als eigene Familien ergab. Später wurden diese Familien der Symmetrie geopfert, wie W. E. TRÖGER 1938 (S. 45) feststellte (Zitat hier S. 15).

TRÖGER faßt 1935 seine Familien ungefähr nach folgenden Verhältnissen zusammen: Alkaligranite, Aplosyenite, Alkalisyenite, Lusitanite, Eläolithsyenite, Malignite und Shonkinite = Alkalifeldspat allein (oder fast kein Plagioklas); Alkalikalkgranite = vorwiegend 1 : 3 bis 1 : 1; Granodiorite = etwa 1 : 2 bis 1 : 8; Quarzdiorite = < 1 : 8; Kalkalkalisyenite = Alk.-Fdsp. > Plag.; Monzonite = Alk.-Fdsp. ≅ Plag.; Mangerite = Alk.-Fdsp. < Plag.; Anorthosite bis Tilaite (über Diorite, Gabbrodiorite, Gabbros) = fast nur Plag.; Theralithe = Alk.-Fdsp.: Plag. = 8 : 1 bis 1 : 1,7; Essexite: = 1 : 1,7 bis 0 : 1.

Wie man sieht, sind das Schwerpunktfassungen mit Lücken dazwischen.

1938 zieht TRÖGER die Grenzen schematisch nach der Achtelteilung und schreibt z. B. zur Teilung der Feldspat-Gesteine (S. 45/46): „Bei der Achtelteilung ergeben sich dann als Grenzen 0—⅛—⅜—⅝—⅞—1, und die Neutralstreifen würden bewirken, daß die Familien mit einfachen Prozentzahlen abgrenzbar werden:

$$0— 10\% \quad \text{Alkalisyenite}$$
$$15— 35\% \quad \text{Normalsyenite}$$
$$40— 60\% \quad \text{Monzonite}$$
$$65— 85\% \quad \text{Syenodiorite}$$
$$90—100\% \quad \text{Diorite.}“$$

Hier (in der hier vorgeschlagenen Klassifikation) werden wieder dekadische Prozentzahlen für scharfe Grenzen — ohne Grenzstreifen — verwendet, jedoch den Schwerpunkten angepaßt und daher weder schematisch noch symmetrisch gezogen.

Die Einzelheiten gehen aus den graphischen Darstellungen der jeweiligen Familien hervor und werden hier nicht näher aufgezählt. Nur eine Abgrenzung muß noch genauer besprochen werden bzw. eigentlich das Fehlen einer Grenzlinie. Bei den Feldspatgesteinen erscheinen als zentrale Familie die Monzonite mit ungefähr gleich viel Kalifeldspat und Plagioklas (60 : 40 bis 40 : 60). Bei den Quarz-Feldspat-Gesteinen jedoch reichen die Granite über die Mittellinie (50 : 50) hinaus bis 40 : 60% Alk.-Fdsp. : Plag. Die Quarzmonzonite sind als Einzelgesteine zwar natürlich vorhanden, aber bilden keine eigene Familie.

Es ist dies bedingt durch feldgeologische Erwägungen. Die Granite sind die häufigsten Erdkrustengesteine, sie übertreffen volumsmäßig alle anderen Gesteine zusammen bei weitem. Sie bilden aber auch die größten zusammenhängenden Massen und daher ist es nur zu natürlich, daß innerhalb eines solchen großen Gesteinskörpers die Zusammensetzung variieren kann. Es ist dabei eine Unmöglichkeit, die einzelnen Varietäten kartenmäßig auszuscheiden und zu begrenzen. Petrographisch sind sie selbstverständlich erfaßbar und es werden z. B. Normalgranit, Quarzmonzonit u. ä. als *Glieder* eines Granitmassivs in der Beschreibung bezeichnet, aber als *Granit* auf der Karte ausgeschieden. (Das soll nicht heißen, daß bei Spezialkartierungen, wenn im betroffenen Gebiet tatsächlich *nur* z. B. Quarzmonzonit auftritt, dieser als Granit ausgeschieden werden soll, aber der allgemeinere Fall wird der oben geschilderte sein.)

Werden nun verschiedene Gesteine als Einheit zusammengefaßt und kartenmäßig gleich bezeichnet, so ist es sicher besser, die verschiedenen Glieder auch so weit als angängig in eine Familie zu stellen. Das ist hier geschehen. Die Abtrennung der Granodiorite ist aber schon berechtigt, da sie doch bereits wesentlich basischer als die Normalgranite sind und auch schon viel öfter eigene Gesteinskörper bilden.

Die Syenite, Monzonite (Mangerite) und Diorite bilden (fast) nie so große Massen wie die Granite und sind als kleine Körper viel leichter auch stoff-, d. h. typenmäßig zu erfassen. Daher werden die Monzonite als eigene Familie aufgestellt.

Feldspat-Foid-Mafit-Verhältniszahlen

Über die Teilung des *Feldspat-Foid*-Verhältnisses gibt es nichts grundsätzlich Neues zu sagen. Es wird hier im Prinzip ähnlich dem Verhältnis Alk.-Fdsp. : Plag. getrennt. Über die Ober- und Untergrenzen der Foide wurde schon kurz berichtet. Das Mengenverhältnis der *einzelnen Foide* (Leucit, Nephelin und Sodalithgruppe) zueinander bei den Foid-Gesteinen sowie das Verhältnis der *einzelnen Mafite* zueinander bei den Mafit-Gesteinen ist auf den einfachsten Nenner gebracht folgendes: Die Vorherrschaft eines Minerals ist ausschlaggebend für die Zuordnung zu den einzelnen Familien.

Albit : Anorthit

Als letztes bleiben noch die für die Familienteilung wichtigen Grenzen des Anorthitgehaltes im Plagioklas oder das Verhältnis *Albit zu Anorthit* im Plagioklas:

JOHANNSEN legte anfangs (1917) die Grenzpunkte bei An 0—5—50—95—100, später jedoch bei An 0—10—50—90—100, was dem heute meist Üblichen entspricht. Interessant ist, daß er nur für die reinen Endglieder, also $NaAlSi_3O_8$ und $CaAl_2Si_2O_8$ die Namen Albit und Anorthit verwendet, zu den zwei Endgliedern der Mischreihe (An 0—10 und An 90—100) jedoch „sodaclase" und „calciclase".

TRÖGER verwendet 1935 auch die An-Gehalte 0—10 und 90—100, setzt jedoch statt An 50 zwei Grenzwerte: An 45 und An 55 und schafft damit die Zwischenfamilie der Gabbrodiorite. Es wurde schon erwähnt, daß hier TRÖGER 1935 gefolgt wird, da gerade diese intermediären Plagioklase häufig sind.

Auf andere Petrographen wird hier nicht weiter eingegangen; als Fußnote[1] wird nur SCHEUMANN 1925 zitiert, der sich damit näher befaßt hat.

Interessant ist vor allem, wie spät erst die heute selbstverständliche Einteilung der Plagioklas-Mischreihe in die heute üblichen Glieder mit den heute üblichen Grenzen endgültig getroffen wurde.

Eine (keineswegs vollständige) Übersicht über die zahlreichen Gliederungsversuche bringt A. JOHANNSEN 1939:

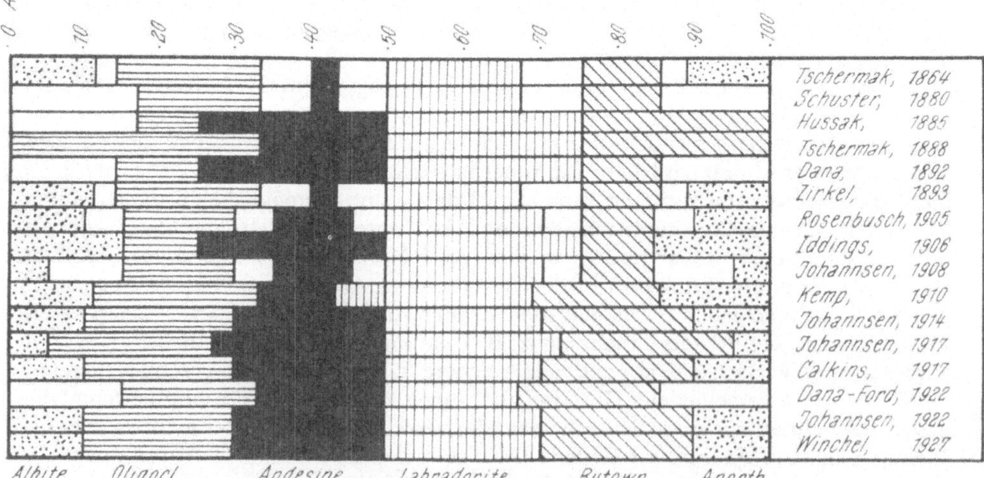

Abb. 6. Die Einteilung der Plagioklase. (Nach A. JOHANNSEN 1939.)

---

[1] K. H. SCHEUMANN schrieb 1925 (S. 211) über die Familiengrenzen, die durch das Ab-An-Verhältnis der Plagioklase bedingt sind: „Der *Plagioklas* wird, wie sich aus der optischen Analyse ohne weiteres ergibt, nach Ab-An-Molekülen normiert. IDDINGS legt die Haupt-

Erst ab F. C. Chalkins 1917 stand die Einteilung, wie sie heute mit 0—10—30—50—70—90—100% An gebräuchlich ist, so weit fest, daß es kaum mehr Abweichungen gab. Vor Chalkins hatte schon 1914 Johannsen dieselben Grenzen verwendet, ist aber 1917 davon abgekommen und erst 1922 wieder dazu zurückgekehrt. Überhaupt läßt sich am Beispiel Johannsen gut zeigen, wie fluktuierend noch bis in die ersten zwei Jahrzehnte unseres Jahrhunderts hinein die An-Grenzen der Plagioklase waren:

1908 faßt Johannsen die Gruppen 0—5, 15—30, 35—45, 50—70, 75—85, 95—100% An und benennt die Lücken mit kombinierten Namen wie Oligoklas-Albit usw.

1914 verwendet er 0—10—30—50—70—90—100% An.

1917 ändert er die Grenzen auf 0—5—27,5—50—72,5—95—100.

1922 erst kehrt er wieder zu den An-Zahlen 0—10—30—50—70—90—100 zurück. (Zu dieser Zeit trennten Dana-Ford noch völlig anders und ließen weite Lücken bei den Endgliedern offen — siehe Abb. S. 34!)

---

grenzen bei $^3/_5$ und $^5/_3$ (= 37,5 und 62,5%); Shand gliedert bei 15% und 85% und erhält dadurch eine Albit-, eine Oligoklas-Andesin-, eine Labrador-Bytownit- und eine Anorthit-familie.

Ausführlich diskutiert Holmes die Grenzlegung bezüglich der Plagioklasproportionen: mindestens drei Abteilungen sind nach ihm *notwendig* (15; 50); Symmetriebedürfnissen entspricht die weitere Teilung bei 85; für eine Fünfteilung, die er begrüßen würde, fehlt ihm eine geeignete Nomenklatur. In der letzten Fassung seines eigenen Systems legt er die Grenzen wie Shand."

> "A name should convey an idea as to the character and appearance of a rock, and it should not be necessary, as it now unfortunately is, for one to read the description of a rock to know what a writer means."
>
> A. JOHANNSEN 1917, S. 66

III. Gesteins-Einzeltypen, -Klassifikation und -Nomenklatur

1. Das Problem der Namensgebung

Es ist ein eigenartiges und bemerkenswertes Phänomen, daß zwischen den Gesteins-Einzeltypen, der Gesteinsklassifikation und der Nomenklatur eine unlösbare Wechselbeziehung besteht. Eine Klassifikation kann man nicht durchführen ohne eine gewisse Anzahl von Einzelgliedern, die in eine Einteilung gebracht werden können. Aber die *Zahl* und die *Art* der Einzeltypen wiederum ist abhängig von den Prinzipien, nach denen die Einteilung vorgenommen wird, und zusätzlich noch von der Art der Namengebung.

Begriff und Name

Der Name ist der sprachliche Stellvertreter des Dings und wird diesem sogar gleichgesetzt. Hören wir W. E. TRÖGER (1938, S. 50), wie er den *Begriff* eines Gesteins mit dem *Namen* eines Gesteins identifiziert: „Die Schaffung eines neuen Namens erscheint berechtigt, wenn das vorliegende Gestein sich ... von den bisher festgelegten Typen *wesentlich* unterscheidet." Natürlich meint hier TRÖGER die Aufstellung eines neuen Gesteins-Typus und nicht bloß eine Neubenennung. Daß aber die *Art* der Namengebung in größtem Ausmaße die Zahl der Gesteinstypen beeinflußt, wird später noch dargelegt.

Ebenso ist die Zahl der Gesteins-Einzeltypen, eigentlich nur der Namen, von der Art der Klassifikation abhängig, d. h. von den Prinzipien, nach denen die Einteilung vorgenommen wurde. Verwendet man zur Unterscheidung der Gesteine z. B. nur das Kriterium des vorherrschenden Minerals (wie es die Franzosen des beginnenden 19. Jahrhunderts getan haben), so muß die Zahl der Einzeltypen viel geringer sein, als wenn man die Mineral-*Kombination* berücksichtigt (wie es die Deutschen des ausgehenden 19. Jahrhunderts getan haben).

Zieht man noch die verschiedenen Strukturarten heran, so vervielfacht sich die Anzahl der Typen um die jeweilige Anzahl der ausgewählten Strukturarten. Vereinigt man einzelne Strukturarten nach der geologischen Position (dem Bildungsraum der Gesteine), so verringert sich die Zahl der Gesteinstypen wieder um die Zahl der Zusammenfassungen. Vereinigt man einige Einzelmineralien zu Mineralgruppen (z. B. Mafite und Foide), so verringert sich die Zahl nochmals. Mineral-*Mengen*grenzen können sowohl Ausweitung wie auch Einengung bewirken (Ausweitung durch Vermehrung mittels Mineral-Verhältniszahlen, Einengung durch Prozent-Mindestgrenzen).

Das Wesen der gestaffelten Übergruppen und damit der Klassifikation besteht ja darin, daß man erstens einige Einzelkriterien (wie z. B. Einzelmineralien) zusammenfaßt, und zweitens, daß man einem einzigen (oder einigen wenigen) den Vorrang vor den anderen gibt.

Heute werden für die Erkennung (was nicht gleichzusetzen ist mit Ausscheidung oder Neuaufstellung!) eines Einzelgesteinstypus die Kriterien Textur, Struktur, Mineralbestand und zum Teil Prozentverhältnis der Mineralkombinationen herangezogen. Das ist eine weise Bescheidung, denn es war nicht immer so: Die weit überwiegende Zeit seit Bestehen einer petrographischen Wissenschaft überhaupt wurde auch nach dem geologischen Alter der Gesteine geteilt, so daß sich eine Verdoppelung, Verdrei-, Vervierfachung der Gesteinsnamen ergab[1].

Gesteins*name* wurde geschrieben, weil man den Gesteinen das Alter morphologisch nicht ansehen kann und es sich daher um dieselben Typen handelt.

Eine weitere Vervielfachung bedeutete die Herbeiziehung des Genesebegriffes für die Klassifikation, die sich vor allem bei der von ROSENBUSCH eingeführten genetischen Gruppe der Ganggesteine auswirkte: "Some systems . . . require one set of names for hypabyssal rocks and another for effusive rocks of similar texture and composition." (L. E. SPOCK 1962, S. 51.)

Eine nochmalige Multiplikation der Gesteinsnamen wurde durch den Versuch heraufbeschworen, die Namengebung der einzelnen Typen von der Vergesellschaftung abhängig zu machen, d. h. vom geologischen Verband in einer *Sippe*; doch da ein Einzeltypus in verschiedenen Sippen vorkommen kann, „würde die Nomenklatur, nach diesen Prinzipien durchgeführt, jegliche Handstückbestimmung verunmöglichen". (P. NIGGLI 1923, S. 92.)

„Der Versuch, Gesteine von gleicher Zusammensetzung, aber verschiedener *Genese* (petrographische Provinzen!) mit verschiedenen Namen zu belegen, wird . . . aus Mangel an beweisbaren Zahlen abgelehnt." (W. E. TRÖGER 1948, S. 134.)

Typen und Varietäten

Ein Gesteins-Typus kann real oder ideal sein, d. h. er kann durch ein bestehendes (gefundenes) Gestein einer bestimmten Mineralzusammensetzung und Struktur vertreten sein oder durch eine fiktive Zusammensetzung und Struktur, dem ein gefundenes Gestein möglichst nahekommen soll. Zwischen den einzelnen Typen muß ein deutlicher Hiatus bestehen. Die Neuaufstellung eines neuen Typus „erscheint berechtigt, wenn das vorliegende Gestein sich durch die *Art* oder durch das *Mischungsverhältnis* seiner *Haupt*komponenten oder durch seine *Erstarrungsbedingungen* (Struktur) von den bisher festgelegten Typen *wesentlich* unterscheidet". (W. E. TRÖGER 1938, S. 50.) TRÖGER verwendet in seinem Nomenklaturkompendium (1935) scharf getrennt zwei Gesteinsbegriffe: Typen und Varietäten (von Typen). Für erstere gibt es (meist) eigene Namen, letztere werden bloß durch ein Präfix näher bezeichnet und gelten als unselbständig. Das erscheint unberechtigt, denn weder besteht bei den Gesteinen eine echte Verwandtschaft wie in der belebten Welt, die eine Aufstellung von Arten und Unterarten rechtfertigen würde, noch bezeichnet TRÖGERS *wesentlich* unterschieden eine quantitative Angabe, die die Eigenständigkeit seiner Typen rechtfertigt bzw. die Unselbständigkeit seiner Varietäten. Verfasser scheint oft der Unterschied zwischen zwei Typen TRÖGERS geringer als zwischen einem Typus und einer Varietät. Hier wird daher *nicht* von Varietäten gesprochen bzw. werden keine Gesteine als solche bezeichnet; weder was die *Struktur*, noch was die *Mineral-Varietät* betrifft (denn diese beiden Kriterien werden von TRÖGER herangezogen).

---

[1] HOCHSTETTER teilt die Gesteine sogar nach 13 Altersstufen ein.

Problem der Gesteinsbestimmung

An dieser Stelle soll gleich zu einem anderen Problem Stellung genommen werden, das durch TRÖGERs Buch von 1935 aufgeworfen wird. TRÖGER beschreibt für jeden Gesteinstyp ein ausgewähltes Beispiel quantitativ mit detaillierten Prozentzahlen des modalen (oder zum Teil des normativen) Mineralbestandes. Er nimmt dazu, wann immer nur möglich, das Originalgestein, nach dem der ganze Typus benannt wurde. Er geht aber noch weiter; er bringt die Bauschanalyse, die Umrechnung dieses Einzelgesteins in die CIPW-Norm, NIGGLIs Magmentypus und die Vergesellschaftung (pazifisch, atlantisch, mediterran)[1]. Diese Vielfalt von (zum Großteil quantitativen) Angaben ist unbedingt verdienstvoll und einem Kompendium angemessen. Aber TRÖGER geht weiter, er spricht von seinem Kompendium als Gesteins-*Bestimmungsbuch*! Und hierbei ist er vielleicht zu weit gegangen. Denn findet man tatsächlich ein Gestein, das der Zusammensetzung nach mit einem Grundtypus TRÖGERs (halbwegs) harmoniert, so kann die Bestimmung dennoch nicht danach vorgenommen werden, da bei einem Einzelgestein *nie* die Sippenzugehörigkeit bestimmt werden kann und diese daher nicht mit der von TRÖGER angegebenen übereinstimmen muß, „da bei der *Sippenbildung* die magmatische Serie und nicht das Einzelgestein maßgebend ist." (W. E. TRÖGER 1948, S. 329.) Und ferner kann (und wird meistens) auch bei ähnlichem Mineralbestand und Mengenverhältnissen die Bauschanalyse des zu bestimmenden Gesteins und damit sowohl die CIPW-Norm als auch vor allem NIGGLIs Magmentypus sogar wesentlich verschieden vom TRÖGER-Typ sein, denn „aus quantitativ gleicher Zusammensetzung sind unter ungleichen Umständen verschiedenartige Mineralien auskrystallisirt, und aus ungleichen Zusammensetzungen zuweilen dieselben". (B. v. COTTA 1874, S. 43.)[2] Aus all diesen Gründen ist ein Vergleich eines Einzelgesteins mit TRÖGERs Originaltypen unzulässig und eine Bestimmung unmöglich.

Was ist ein Name?

Soll ein neuer Gesteinstypus benannt werden, so ist dafür ein Name zu finden. Ein Name kann eine absolute Neuschöpfung sein, eine Buchstabenkombination, die aus der Phantasie geboren wurde — oder es wird ein Wort gebildet, das auf bereits bestehende Begriffe Bezug nimmt[3]. Es liegt auf der Hand, daß Namen, welche bei verschiedenen Personen bestimmte, gleiche Vorstellungen (Ideenassoziationen) hervorrufen, eine Nomenklatur wesentlich erleichtern. Diese, sich auf bereits vorhandene Begriffe bezogenen Namen können, je nachdem das Bezugswort viel oder wenig allgemein bekannt ist, einen mehr oder minder weiten Menschenkreis ansprechen.

---

[1] Ist wirklich bei *jedem* Einzeltypus die ganze Eruptivprovinz chemisch so eingehend untersucht, daß die Zuordnung zu einer Sippe geklärt erscheint?

[2] Außerdem stimmt auch der Magmentypus oft nicht mit der Sippe überein, wie TRÖGER 1935 (S. 11) selbst schreibt: „Die Sippenbezeichnung, die nicht immer mit der abstrakt chemischen Klassifikation nach NIGGLI übereinstimmt, soll, wie das der ursprüngliche Sinn der Worte ‚pazifisch‘, ‚atlantisch‘ und ‚mediterran‘ war, den Charakter der mit einem Gestein vergesellschafteten ganzen Serie ausdrücken."

[3] Was ist überhaupt ein Name? H. H. A. FRANCKE schrieb 1890 (auf S. 3): „Wenn man unter Namen Wörter versteht, ‚welche infolge willkürlich oder automatisch eingeprägter Ideenassociationen im Stande sind, irgend welche Phänomene zu reproduci ren‘, so zielt der Zweck eines Namens überhaupt ... dahin, ‚das Denken und Fühlen verschiedener Personen in Wechselwirkung zu bringen und auch Vorstellungen durch schriftliche Aufzeichnungen dem eigenen Gedächtnis zu überliefern‘. (*Dr. A. Stöhr*, Umriß einer Theorie der Namen. Leipzig und Wien 1899, p. 1)." Namen sollen also durch Ideenassoziationen bei verschiedenen Personen bestimmte Vorstellungen erwecken.

Nun machen sich in der Petrographie seit geraumer Zeit zwei Nomenklatur-richtungen den Rang streitig: die der zusammengesetzten Namen und die der Lokal-namen.

Zu Beginn unserer Wissenschaft war es noch einfach. Aus dem täglichen Leben bzw. aus dem Bergbau war eine gewisse (geringe) Anzahl von Gesteinsnamen über-liefert, die zum Aufbau der Petrographie ganz natürlich herangezogen wurden. Mit dem Einsetzen einer Systematik jedoch und durch die Abstrahierung verschiedener Einteilungskriterien wurden immer mehr verschiedene Gesteinstypen erkannt, und damit stieg der Bedarf an Bezeichnungen. Die überlieferten Namen waren bald er-schöpft, es mußten also neue geschaffen werden. Bei den metamorphen Gesteinen wurde das Problem so gelöst, daß man die wenigen alten Namen, die viele verschiedene Gesteine umfaßten (weil die Unterscheidungsmethoden noch wenig entwickelt waren), als Gruppenbezeichnungen beibehielt und mit (ebenfalls bekannten) vorangestellten Mineralnamen kombinierte. So beschränkt sich auch heute noch der Grundstock auf einige wenige Begriffe, wie z. B. Schiefer, Marmor, Gneis, Skarn usw.

Bei den Massengesteinen ging man zum Teil ähnliche Wege; man fügte Namen zusammen, wie Granodiorit, Gabbrodiorit usw., man erhielt genauere Bezeichnung durch Mineralvorsetzungen, wie Quarzdiorit, Nephelinsyenit, Olivingabbro usw., man schuf aber auch gänzlich neue Namen, wie Andesit, Liparit, Monzonit, Mangerit usw. Das wird verständlich, wenn man bedenkt, daß den Eruptivgesteinen fast das ganze vorige Jahrhundert hindurch das fast ausschließliche Interesse der Forschung galt und mit dem Fortschreiten der Kenntnisse ein großes Bedürfnis an Spezialnamen entstand.

1849 verzeichnete NAUMANN 48 Massengesteinsnamen (+ 14 unwesentliche oder synonyme),

1866 verzeichnete ZIRKEL 97 Massengesteine,

1898 verzeichnete ROSENBUSCH 242 Massengesteine (alles nach TRÖGER 1935),

heute halten wir bei ca. 4000 Massengesteinsnamen (mit Varietäten und ver-schiedenen Schreibweisen), wie eine begonnene Namenskartei des Verfassers zeigt.

Dieser rapid anwachsenden Namensflut konnte das Gedächtnis nicht in gleichem Maße folgen: "... more names than even the specialist in igneous petrology could remember." (L. E. SPOCK 1962, S. 51.) Es wurde und wird eine Verringerung der Namen gefordert.

Die Verkleinerung der *Zahl* ist aber nicht das Wesentlichste und überhaupt nicht so wichtig, wie es scheint; sondern die Art der Namen-Neubildungen ist ent-scheidend.

Lokalnamen

In vielen (tausenden) Fällen wurde der Name für einen neuaufgestellten Gesteins-typus von der Örtlichkeit des Vorkommens, vom Fundort also abgeleitet. Bezeichnun-gen wie Banatit, Doreit, Absarokit usw. entstanden. Das sind keine Phantasie-Neu-schöpfungen, sondern beziehen sich auf bereits bestehende Namen. Sie können also ohne weiteres — soweit die Ursprungs-Bezeichnungen bekannt sind — Assoziationen hervorrufen. Aber welcher Art werden diese Assoziationen sein? Banatit wird die Vor-stellung erzeugen, daß das Gestein im Banat vorkommt; weiter nichts. Eine Verbindung mit einem Gesteins-Typus wird in keinem einzigen Fall bei einer Ortsbezeichnung her-gestellt werden. Das heißt, daß bei jedem einzelnen Lokalnamen der gesamte Mineral-bestand, dessen gegenseitiges Mengenverhältnis, die Struktur und die Art des Vor-kommens (geologische Position) im Gedächtnis behalten werden muß. Eine akro-batische Leistung, die kaum ein Mensch tatsächlich fertigbringen wird. Nicht einmal ein hochspezialisierter Systematiker. Bei Ditroit, um ein Beispiel zu nennen, muß man sich außer diesem Namen noch merken, daß es ein Syenit (ein zweiter Name mit einer ganzen Anzahl von zu registrierenden Daten) mit Mikroklin als Feldspat, einem Nephelin als Foid und einer bedeutenden Cancrinitführung ist. Daß alle Vergleiche mit anderen (z. B. den biologischen) Wissenschaften, die noch viel mehr Namen aufweisen, hinken, zeigt allein die Tatsache, daß die Petrographie vor allem eine Wissenschaft ist, die dem gesamten geologischen Wissenschaftskomplex zu dienen hat und sich nicht abschließen darf.

Besser jedoch als alle theoretischen Beweisführungen und alle Zitate Gleichgesinnter ist ein simpler Versuch. Im Anschluß ist eine Liste von 64 beliebig herausgegriffenen Lokalnamen der ersten drei Buchstaben des Alphabets gebracht. Man möge die Liste aufmerksam durchlesen und dann sich selbst prüfen, bei wie vielen Namen man eine *genaue* und bei wie vielen man eine nur *beiläufige* Vorstellung von dem betreffenden Gestein hat.

Absarokit (IDDINGS)	Bigwoodit (QUIRKE)
Akenobeit (KATO)	Bjerezit (ERDMANNSDÖRFFER)
Alboranit (BECKE)	Blairmorit (KNIGHT)
Aleutit (SPURR)	Bogusit (JOHANNSEN)
Alexoit (WALKER)	Boninit (PETERSEN)
Algarvit (LACROIX)	Borolanit (HORNE u. TEALL)
Allalinit (ROSENBUSCH)	Bowralit (MAWSON)
Allivalit (HARKER)	Braccianit (LACROIX)
Allochetit (IPPEN)	Brandbergit (CHUDOBA)
Alsbachit (CHELIUS)	Buchonit (SANDBERGER)
Ambonit (VERBEEK)	Caltonit (JOHANNSEN)
Anabohitsit (LACROIX)	Campanit (LACROIX)
Ankaramit (LACROIX)	Canadit (QUENSEL)
Ankaratrit (LACROIX)	Carmeloit (LAWSON)
Apachit (OSANN)	Carvoeira
Ariégit (LACROIX)	Cascadit (PIRSSON, ROSENBUSCH)
Arizonit (SPURR)	Cavalorit (CAPELLINI)
Arsoit (REINISCH)	Cecilit (CORDIER, WASHINGTON)
Aschaffit (v. GÜMBEL)	Chibinit (RAMSAY)
Assyntit (SHAND)	Ciminit (WASHINGTON)
Avezacit (LACROIX)	Cocit (LACROIX)
Bahiait (WASHINGTON)	Columbretit (JOHANNSEN)
Banakit (IDDINGS)	Comendit (BERTOLIO)
Barshawit (JOHANNSEN)	Congressit (ADAMS u. BARLOW)
Batukit (IDDINGS u. MORLEY)	Coppaelit (SABATINI)
Bebedourit (ROSENBUSCH)	Cortlandtit (WILLIAMS)
Beloeilit (JOHANNSEN)	Covit (WASHINGTON)
Bergalith (SÖLLNER)	Craigmontit (ADAMS u. BARLOW)
Beringit (STARZYNSKI)	Craignurit (BAILEY u. THOMAS)
Bermudit (PIRSSON)	Crinanit (FLETT)
Berondrit (LACROIX)	Cumberlandit (WADSWORTH)
Bielenit (KRETSCHMER)	Cuyamit (JOHANNSEN)

Solche Namen waren es, die den ersten und entscheidenden Anstoß zu dieser Arbeit gaben (siehe Vorwort).

Auf der Suche nach mineralischen Rohstoffen wird jeder Winkel unserer Erde durchsucht und die Petrographie hat dabei eine wichtige Aufgabe zu leisten. Die Zeit hat sich gewandelt, die Petrographie kann sich nicht mehr auf Kämmerchen-Probleme beschränken, die in stiller Abgeschlossenheit jahrelang ausgebrütet werden; sie hat wieder Verbindung mit der Natur bekommen und steht in enger Verbindung mit der

Geologie. Daher muß sie auch den Geologen mit Gesteinsnamen beliefern, mit denen er etwas anfangen, mit denen er arbeiten kann. Schließlich ist das Verhältnis ein wechselseitiges. Nur durch geologische Beobachtungen z. B. konnte die jahrzehntelange „gesicherte" Annahme der magmatischen Entstehung des Granites durch die moderne Granitisationstheorie ergänzt werden. Hinter solchen Tatbeständen haben alle kleinlichen Erwägungen zurückzustehen, heute ist das Kennzeichen der Wissenschaft nicht mehr die Unverständlichkeit des Ausdrucks, heute muß den unzähligen Spezialwissenschaften eine gutfundierte, *verständliche* Basis geboten werden — und die petrographische Nomenklatur gehört zu diesen Grundlagen.

Lokalnamen — zusammengesetzte Namen

Bereits 1921 gab das britische Komitee für Gesteinsnomenklatur folgenden Abschlußbericht heraus: „Wenn sich die Einführung eines neuen Gesteinsnamens... als nötig erweist, so ist es ratsam, den Namen in einem sich selbst erklärenden Wort auszudrücken. Dieses sollte die Beziehungen des neu beschriebenen Gesteinstyps... zu bereits definierten zum Ausdruck bringen, was viel zweckmäßiger ist, als einen Namen einzuführen, etwa eine Lokalitätsbezeichnung, welche gar keinen Hinweis auf die Verwandtschaftsbeziehungen des in Frage kommenden Gesteins ..., zu geben vermag." (H. P. T. ROHLEDER 1921, Übersetzung des „Komiteeberichts über die britische Gesteinsnomenklatur".)

W. E. TRÖGER, der ein Hauptverfechter der Lokalnamen ist, gibt dagegen zu bedenken (1935, S. 4): „,Leukokrater Andesitbasalt' wird z. B. von einem deutschen, englischen, französischen und amerikanischen Forscher jeweils etwas anders abgegrenzt und daher auch anders aufgefaßt, während ein dafür gebildeter Lokalname nicht nur den Vorteil der größeren Kürze, sondern auch die Gewähr böte, daß darunter eben nur das Gestein des betroffenen Fundortes oder ein ihm gleiches Material verstanden wird."

Dazu ist nur zu sagen, daß auch viele Ortsnamen — wie Andesit z. B. — trotz ihrer feststehenden Zusammensetzung mehrdeutig ausgelegt wurden. Wie ist es denn tatsächlich mit den Lokalnamen-Gesteinen? Ein Handstück wird aufgesammelt, nach dem jeweiligen Stand der Wissenschaft mehr oder minder gut definiert und benannt[1]. Ähnliche Gesteine werden von anderen Petrographen, die nicht den Ehrgeiz haben, um jeden Preis neue Namen zu erfinden, nach der Originalbestimmung mit demselben Namen belegt. Später ergibt sich, daß die Originalangaben falsch oder unvollständig waren, die Wissenschaft ist fortgeschritten und betrachtet andere Einteilungskriterien für wesentlich: "In some cases the old names, redefined, were retained for rocks from the original localities; in others the names were applied to rocks having the composition required by the original definitions. Since names are of geographic derivation, the latter method, in some cases, produces the curious anomaly that a rock which was named after a certain locality does not occur there at all." Dies schreibt A. JOHANNSEN 1939 (auf S. 3), und das ist eine Tatsache, die TRÖGER auch zugeben muß (1935, S. 6): „In seltenen Fällen ist am namengebenden Orte überhaupt kein Gestein vorhanden, auf das man Bezug nehmen könnte; so bei Syenit, Ponzit, Beerbachit, Adamellit." Was dann? TRÖGERs Ausweg ist nicht mehr als eine Ausflucht (1935, S. 6): „Dann wurde ein anderes Beispiel möglichst aus der gleichen Provinz gewählt." Denn auf derselben Seite sagt er: „Ohne Rücksicht auf das, was im Laufe der Zeiten aus Unkenntnis oder in guter Absicht hinzuphantasiert wurde, sind solche Lokalnamen eindeutig quantitativ festzulegen. Bekinkinit z. B. kann also

---

[1] „Unerfreulich sind ... neue Namen, bei deren Schaffung der Autor jede Diskussion über die Stellung im System peinlichst vermeidet, weil er sich darüber offenbar selbst nicht klarwerden konnte." (W. E. TRÖGER 1938, S. 51.)

nur das Gestein vom Bekinkinaberge oder ein gleich zusammengesetztes Material genannt werden", es darf „allein der örtliche Befund" entscheiden. Wenn aber allein der örtliche Befund entscheidet, wieso kann man dann bei Syena, Ponza, Adamello usw. nicht auf ein Orts-Gestein Bezug nehmen? Weiters schreibt TRÖGER (1935, S. 6), daß bei verlorengegangenem Originalhandstück stets vom gleichen Fundort vollwertiger Ersatz zu bekommen ist. *Keine* zwei Handstücke sind von identer Zusammensetzung, ja am gleichen Fundort können sogar zwei „Originalgesteine" verschiedener Familienangehörigkeit vorkommen, wie TRÖGER 1935 selbst z. B. mit dem Fundort Farsund beweist, wovon die Originalgesteine des Farsundit wie auch des Calcigranit stammen, wobei ersterer sauren Plagioklas > Alkalifeldspat hat und daher ein Granodiorit ist, wogegen zweiterer basischen Plagioklas < Alkalifeldspat hat und daher zu den Alkalikalkgraniten zu stellen ist. Und wieviel Verlaß auf die Erstbestimmung ist, zeigt z. B. TRÖGERs Nr. 180, Perthit-Syenit, von dem er schreibt (1935, S. 85): „Originalgestein von Kiruna ist ein Perthosit." Daher bringt er ein Beispiel von einem anderen Fundort. Bei einem zusammengesetzten Namen wie bei diesem Beispiel ist das bis zu einem gewissen Grad zulässig, aber von welchem Gesichtspunkt aus hat denn TRÖGER den „Perthit-Syenit" betrachtet, da er doch sagte, jeder grenze solche zusammengesetzte Namen anders ab? Bei einem Lokalnamen wäre es aber völlig unmöglich gewesen, das Originalstück zu ersetzen, da wäre der falsch bestimmte Typus ein für allemal festgelegt gewesen.

Bei einem zusammengesetzten Gesteinsnamen sei die Abgrenzung je nach der angewendeten Systematik jeweils etwas anders und daher vermittle ein solcher Name einen nicht ganz genau definierten Begriff. Ist es aber nicht noch das kleinere Übel, sich unter einem zusammengesetzten Namen eine nicht ganz genaue Vorstellung zu machen, als mit einem nichtssagenden Lokalnamen *gar keine* Vorstellung zu verbinden? (Werden ganz genaue Details verlangt, so muß man ohnehin die Originalbeschreibung des betreffenden Einzelgesteins nachlesen — sowohl für den einen wie für den anderen Namen.) Immer wieder schreibt TRÖGER, daß der Lokalname den Vorteil hat, nur das Originalgestein „oder ein gleich zusammengesetztes Material" zu bedeuten (1935, S. 6)[1]. Damit kommen wir wieder auf das eingangs Gesagte zurück; daß ein ursächlicher Zusammenhang zwischen der *Zahl* der Einzeltypen und der Art der Namengebung besteht.

Beziehungen zwischen Namensgebung und Zahl der Gesteins-Typen

Wenn ein Lokalname tatsächlich (wie TRÖGER schreibt) dem genauen Mineralbestand, der genau gleichen Struktur, dem genau gleichen Chemismus usw., überhaupt allen zu allen Zeiten herangezogenen Einteilungskriterien entsprechen muß, dann muß zwangsläufig jeder Petrograph, der ein beliebiges Gestein zu bestimmen hat, in einen schweren Konflikt kommen. Da *niemals* zwei Handstücke sich in allen Details gleichen können, muß er entweder den Begriff „genau" ausdehnen, ihm ein individuelles Grenz-Limit setzen, oder er muß das vorliegende Gestein als einen neuen Typus auffassen und ihm eine eigene Bezeichnung geben — wieder einen neuen Lokalnamen. Eine Möglichkeit, die (wie die Vielzahl der Namen beweist) häufig ergriffen wurde. Daher muß eine Nomenklatur, die auf Lokalnamen aufgebaut ist, ununterbrochen neue Gesteinstypen schaffen, auch wenn die Unterschiede zu bereits bestehenden Typen von den meisten *nicht* als *wesentlich* angesehen werden.

Die zusammengesetzten Namen jedoch sind nicht so empfindlich. Sie operieren mit Grundbegriffen zweierlei Art: mit altbekannten Gesteinsnamen, mit Präfixen wie Leuko-, Mela- usw., die natürlich systemgebunden variabel sind, und mit

---

[1] Auch daß nur der Lokalname „die Gewähr böte, daß darunter eben nur das Gestein des betroffenen Fundortes oder ein ihm gleiches Material verstanden wird".

Mineralnamen, die genau fixiert sind. Bei solchen Namensbildungen ist nicht nur eine gute Assoziationsmöglichkeit, ein Vorstellungsvermögen vom Charakter des Gesteins gegeben, sondern auch die *Zahl* der Einzeltypen ist mit den Kombinationsmöglichkeiten begrenzt. Ist diese auch groß, so ist sie doch wesentlich geringer als die Zahl aller untersuchten Gesteinsproben, die nach der Lokal-Nomenklatur *sämtlich* eigene Namen bekommen müßten.

Es sei auch in Erinnerung gerufen, daß oben geschrieben wurde, die *Anzahl* der Gesteinsnamen sei nicht das Wesentliche, sondern die Art der Namen. Denn bei der Kombination bekannter Begriffe werden an das Gedächtnis keinerlei Ansprüche gestellt.

Die Namensgebung in vorliegendem System

Aus all diesen Gründen werden in vorliegender Systematik zusammengesetzte Namen verwendet, wobei das Bemühen dahin ging, mit möglichst wenig Grund-Namen auszukommen. Ausnahmen sind die Lamprophyre, die wegen der ungeklärten Genese eine eigene Gesteinsgruppe darstellen, an deren Originalnamen möglichst wenig gerührt werden sollte, seltene Gesteine, die nur schwer übersetzbar waren und Gesteine, deren Originalbezeichnung einer ganzen Familie den Namen gaben. Bei solchen kann man ohne weiteres verlangen, daß der Familienname dem Gedächtnis eingeprägt wird. So wurde z. B. der Name Mangerit der oft üblichen Bezeichnung Syenodiorit vorgezogen, da darunter mit noch mehr Berechtigung ein Gestein der Monzonit-Familie verstanden werden kann. Ganz ohne Lokalnamen geht es also auch bei zusammengesetzten Bezeichnungen nicht, aber die Anzahl der ersteren soll möglichst klein gehalten werden.

Ohne Zusammensetzungen kommt aber auch kein Vertreter der Lokalnamen aus. So verwendet z. B. ROSENBUSCH die Bezeichnungen: Quarzglimmerhypersthendioritporphyrit oder Leucitnephelin-Tinguaitporphyr[1] und TRÖGER (1935) Melilithnoseanankaratrit (Nr. 670) oder Hauynmelilithdamkjernit (Nr. 666). TRÖGER selbst findet die Ortsnamen, wie z. B. Nr. 5 Esmeraldit, nicht sehr instruktiv, da er allen Lokalnamen Kurzdefinitionen in Namensform mitgibt, um sie leichter erfaßbar zu machen.

Wo es angängig war, wurden die (meist) wirklich gut gelungenen Kurzdefinitionen TRÖGERS hier als Namen verwendet, da es jedenfalls besser erschien, bereits bekannte Bezeichnungen zu wählen, als um jeden Preis Neuschöpfungen zu kreieren.

Völlig sinnlos wird für einen Vertreter von Lokalnamen diese Nomenklatur dann, wenn er zwei Lokalnamen zusammensetzt, wie z. B. Dacit-Liparit, da es einen Fundort dieses Namens natürlich nicht gibt und das gemeinte Gestein weder für den einen noch für den anderen Fundort bezeichnend ist.

2. Hinweise auf spezielle Nomenklaturregeln

Zum Abschluß seien noch einige wenige Hinweise über spezielle Nomenklaturregeln angeführt, wie sie in vorliegender Klassifikation Verwendung finden. Einige andere werden bei der Durchsicht sich von selbst erklären.

Mineral-Präfixe, Positions-Suffixe

"To simplify nomenclature, Jevons (1901) proposed building up rock names from the names of component minerals prefixed to certain family names, which in

---

[1] Und das nach seiner Zuwendung zur Lokalnomenklatur, nämlich 1896.

themselves indicate certain essential constituents. The order in which the prefixes are arranged indicates the relative importance of the minerals, the most abundant coming last." (A. JOHANNSEN 1939, S. 125.) Nach diesem Vorschlag, der auch bei den metamorphen Gesteinen allgemein angewandt ist, wird auch hier vorgegangen; die für die nähere Bezeichnung kompetenten Mineralien werden vom seltensten bis zum häufigsten der Reihe nach vor den Grundnamen gesetzt.

-Porphyr und -Porphyrit werden im Sinne von ROSE und ZIRKEL verwendet: „Porphyr nennen sie jene Gesteine, in welchen orthoklastische, und Porphyrite jene Gesteine, in welchen plagioklastische Feldspathe vorwalten. In diesem Sinne gibt es Quarzporphyr und Quarzporphyrit." (F. v. HAUER 1875, S. 40.)[1]

Dazu sei noch ergänzt: Die Suffixe -Porphyr und -Porphyrit in Verbindung mit einem Tiefengesteinsnamen bezeichnen ein hypabyssisches Gestein (Gang oder Randfazies mit porphyrartiger Struktur). Zusammen mit einem Mineralnamen ergeben sie anchimetamorphe Ergußgesteine.

Beispiele: Granitporphyr, Dioritporphyrit = hypabyssisch; Quarzporphyr, Quarzporphyrit = anchimetamorphes Effusiv.

Leuko-, Meso-, Mela-Farbstufen

Die Präfixe Leuko-, (Meso-,) Mela- werden hier so gebraucht, daß sie als Leuko- ein vom Normaltypus abweichendes helleres Gestein (weniger Mafite als üblich) und als Mela- ein vom Normaltypus abweichendes dunkleres Gestein (mehr Mafite als üblich) bezeichnen. Es handelt sich dabei also um *relative* Begriffe, was von Nachteil scheint. Ein einfacher Vergleich jedoch mit der *absoluten* Handhabung der Bezeichnungen Leuko-, (Meso-,) und Mela- wird vom Gegenteil überzeugen.

Vorerst noch eine Erklärung, warum bei Gesteinen die Ausdrücke Leuko- und Mela- (als Abkürzungen von leukokrat und melanokrat) verwendet werden: „ ‚Salisch' und ‚femisch' bezeichnen in definierter Weise nur gewisse für die Berechnung der Norm ausgewählte Mineralgruppen: *salisch* die normativen Werte: Quarz + Feldspat + Feldspatvertreter (lenads) + Zirkon + Korund; *femisch* die normativen (tonerdefreien, eisenmagnesium- [und kalk-] führenden) Pyroxene und Olivin, dazu aber auch Erze, Apatit, Fluorit, Kalzit. Die entsprechenden Ausdrücke für die tatsächliche Mineralzusammensetzung sind: *felsisch* für die Gruppe der Feldspate, Feldspatoide, Quarz usw. und *mafisch* für die Gruppe der modalen Eisenmagnesium-Minerale *aller Art*; sie werden bei JOHANNSEN zu *quarfeloid* (aus *Quarz*, *Feld*spat, Feldspat*oid*) und *femagisch*. Für die an diesen Mineralgruppen reichen Gesteine bleiben nur *leukokrat, melanokrat* usw." (K. H. SCHEUMANN 1925, S. 210/211.)

Eingeführt wurden die Bezeichnungen leukokrat und melanokrat von W. C. BRÖGGER 1894, der jedoch keine Prozentgrenzen dafür angab, sondern nur ausdrücken wollte, daß ein Gestein hell (leukokrat) und das andere dunkel (melanokrat) ist. Das war der Ausgangspunkt, und in der Folge wurden nach Aufkommen der quantitativen Systeme auch diese *relativen* Begriffe in starre Grenzen gepreßt.

1913 ergänzt LINCOLN die beiden Ausdrücke noch durch einen dritten: mesokrat, und bezeichnet alle Gesteine

---

[1] Unter Porphyr und Porphyrit wurden auch davon gänzlich verschiedene Dinge verstanden, z. B. von H. VOGELSANG, der 1872 (S. 534) vorschlug: „Porphyre, enthalten in einer kryptomeren Grundmasse größere krystallinische Einsprenglinge. Als eine besondere Modification der Porphyre wird man diejenigen Gesteine abgrenzen können, welche sozusagen nur aus Grundmasse bestehen, oder Porphyre ohne Einsprenglinge bilden. Für diese Gesteine möchte ich den Collectivnamen *Porphyrite* in Anspruch nehmen."

mit   0— 33% Mafiten als leukokrat
„   33— 67%   „   „   mesokrat
„   67—100%   „   „   melanokrat

1914 verschiebt Tyrrell etwas diese Grenzen. Er bezeichnet die Gesteine
mit   0— 37,5% Mafiten als leukokrat
„   37,5— 62,5%   „   „   mesokrat
„   62,5—100%   „   „   melanokrat

1916 nimmt Shand bereits eine Vierteilung vor und setzt dafür Symbole:
0—   3% Mafite ... L
3— 50%   „   ... l
50— 97%   „   ... m
97—100%   „   ... M

1917 verwendet Johannsen auch eine Vierteilung, setzt jedoch die Grenzen etwas
verschieden und verwendet wieder abgewandelte Bezeichnungen:
0—   5% Mafite ist leukokrat
5— 50%   „   „   mesokrat
50— 95%   „   „   melanokrat
95—100%   „   „   ultramelanokrat

1916 führt Lacroix eine Fünfteilung ein:
0— 12,5% Mafite ist hololeukokrat
12,5— 37,5%   „   „   leukokrat
37,5— 62,5%   „   „   mesokrat
62,5— 87,5%   „   „   melanokrat
87,5—100%   „   „   holomelanokrat

1917, mit denselben Grenzen, aber mit anderen Namen (siehe oben), teilt Holmes:
0— 12,5% Mafite ist perfelsisch
12,5— 37,5%   „   „   dofelsisch
37,5— 62,5%   „   „   mafelsisch
62,5— 87,5%   „   „   domafisch
87,5—100%   „   „   permafisch

1927 ändert Shand seine Einteilung von 1916 und führt eine Zwölfteilung mit
zweierlei Symbolen ein:

L ist   0—   3% Mafite ist l 10
l „   { 3— 10%   „   „   l 9
        { 10— 20%   „   „   l 8
1 „   { 20— 30%   „   „   l 7
        { 30— 40%   „   „   l 6
lm „   40— 50%   „   „   l 5
ml „   50— 60%   „   „   m 5
m „   { 60— 70%   „   „   m 6
        { 70— 80%   „   „   m 7
m „   { 80— 90%   „   „   m 8
        { 90— 97%   „   „   m 9
M „   97—100%   „   „   m 10

1929 verringert Shand die Farbzahleinteilung wieder auf ein Vierersystem, setzt
aber die Grenzen anders als 1916:
0— 30% Mafite
30— 60%   „
60— 90%   „
90—100%   „

1938 verwendet TRÖGER in eiener Tabelle:

Luko- ist 0— 5% Mafite
Meso- „ 10—30% „
Mela- „ 35—75% „

Diese wenigen Beispiele zeigen schon, daß die absolut gesetzten Farbzahlen ungleich verwirrender sein *müssen* als die relativen. Letztere sind vorstellungsmäßig unmittelbar verständlich, erstere aber nicht: Kein Mensch wird unter einem Leuko-Granit und unter einem Leuko-Gabbro gleichhelle Gesteine verstehen. Oder anders: Wer würde sich unter Mela-Gabbro z. B. einen Gabbro mit nur 35% Mafiten vorstellen? Nimmt man zusätzlich noch die völlige Verschiedenheit der Grenzen hinzu, welche die einzelnen Verfechter der absoluten Grenzen setzten, dann sieht man, daß die starren Grenzen hierbei kein Gewinn sind:

TYRRELL bezeichnet Gesteine mit (angenommen) 35% Mafiten als leukokrat,
TRÖGER bezeichnet Gesteine mit (angenommen) 35% Mafiten als melanokrat.

Die Schreibweise der Bezeichnungen

Auf die Schreibweise zusammengesetzter Wörter wird hier kein Gewicht gelegt. Es erscheint gleichgültig, ob ein Gestein z. B. Andesit-Basalt oder Andesitbasalt (Quarz-Olivinbasalt oder Quarzolivinbasalt) geschrieben wird. Wird die Schreibweise hier verschieden gehandhabt, so handelt es sich einzig um einer größeren Übersichtlichkeit wegen, z. B. im Gesteinsregister, oder um eine besondere Betonung, wenn im Text darauf hingewiesen wird. Eine Unterscheidung von zusammen- oder getrennt geschriebenen Gesteinsnamen erscheint — außer der Unklarheit und der Gefahr von Verwechslungen — auch deshalb nicht empfehlenswert, weil im Englischen dafür ganz andere Regeln gelten.

TRÖGER jedoch stellt dafür ein mehr oder minder festes Schema auf: „Im vorliegenden Texte wurde folgendermaßen vorgegangen: Eng zusammengehörige Begriffe in einem Wort (z. B. ‚Quarzdiorit‘, ‚Plagioklasbasalt‘), bestimmende Beiworte durch Bindestrich (z. B. ‚Biotit-Granit‘, ‚Mikroklin-Nephelinsyenit‘), nebensächliche Beiworte als Adjektiva (z. B. ‚plagioklasführender Keratophyr‘).“ (W. E. TRÖGER 1935, S. 11/12.)

Diese Forderung an die Nomenklatur ist sowohl verwirrend als — sogar von TRÖGER selbst — nicht streng durchführbar:

Wie soll man beurteilen, was eng zusammengehörig oder nur ein bestimmendes Beiwort ist? Wieso ist Biotit beim Ankaratrit nur ein „bestimmendes Beiwort“ (Biotit-Ankaratrit), aber beim Jacubirangit ein „zusammengehöriger Begriff“ (Biotit-jacubirangit)? TRÖGER bezeichnet alle vier Gesteine als eigene Typen.

Weshalb ist bei TRÖGER Albit beim Syenit nur ein „bestimmendes Beiwort“ (Albit-Syenit), während Anorthit ein „zusammengehöriger Begriff“ ist (Anorthitsyenit)?

Aus welchem Grunde sind bei TRÖGER (1935, Nr. 428 und 437) Hauynsyenit und Hauyn-Syenit sowie (1935, Nr. 430 und 438) Sodalithsyenit und Sodalith-Syenit je zwei verschiedene Gesteine?

Ja schließlich, warum schreibt TRÖGER (1935) z. B. dasselbe Gestein einmal (S. 18) Akmitgranitpegmatit und das andere Mal (S. 27) Akmit-Granitpegmatit?

Typen — Varietäten

Kurz soll noch einmal von der Unterscheidung Typen-Varietäten gesprochen werden, die TRÖGER anwendet, während in vorliegender systematischer Klassifikation davon abgesehen wird.

Tröger stellt z. B. zwei verschiedene *Typen* nebeneinander:

Nr. 200 Aegirin-Syenitporphyr   Nr. 201 Umptekitporphyr
     85 Alk.-Fdsp.   85 Alk.-Fdsp.
     15 Na-Augit   15 Na-Hornblende,

wobei aber der Umptekit als Muttergestein des Umptekitporphyrs sowohl Na-Hornblende *als auch* Na-Augit führt, so daß der Unterschied in den Mafiten zu vernachlässigen ist.

Tröger bezeichnet aber z. B. als bloße *Varietäten* von Natronrhyolith (Nr. 47) Aegirin-Rhyolith und

Riebeckit-Rhyolith (oder Arfvedsonit-Rhyolith), wobei die Zusammensetzung keineswegs so genau stimmen muß wie bei obigem Typen-Beispiel, da er sich hier mit den Ausdrücken „viel", „etwas" und „wenig" begnügt.

Auch scheinen Verfasser die Unterschiede zwischen Trögers „Ornöitaplit = quarzfreier Mikroklin-Albitaplit" (Nr. 168) und „Bostonit = Natronsyenitaplit" (Nr. 171) keineswegs so gravierend, daß sie eine Trennung in zwei verschiedene Typen rechtfertigen würden.

Ornöitaplit: 60 Albit
            36 Mikroklin
             4 Mafite

Bostonit: 60 Albit
            32 Mikroklin
             8 Mafite.

Diese wenigen Beispiele mögen genügen, um den ungünstigen Einfluß der Lokal-Nomenklatur aufzuzeigen. (Interessant sind auch die verschiedenen Kurzdefinitionen bei letzterem Beispiel.)

IV. Glasreiche Gesteine

Da vorliegende Systematik auf dem modalen Mineralgehalt basiert, muß sie in Verlegenheit geraten, sobald nicht der Gesamtbestand des Gesteines optisch als Mineralien bestimmbar ist; also teilweise oder ganz in glasiger Ausbildung vorliegt. Ist nur ein geringer Teil Glas, so kann man stillschweigend annehmen, daß dieses den gleichen (hellen) Komponenten entspricht, die als Kristalle vorliegen. Erreicht der Glasgehalt aber bereits über (ca.) 50%, so ist obige Annahme nicht mehr unter allen Umständen richtig; die Unsicherheit wird größer, je weniger Kristallindividuen im Gestein vorhanden sind. Und schließlich muß die Gesteinserkennung auf mineralogischer Grundlage völlig versagen, wenn das ganze Gestein glasig ausgebildet ist, wenn es also ein Gesteins-*Glas* ist. Hier setzten die Verfechter der chemischen Klassifikationen ein, um die Überlegenheit ihrer Systeme zu dokumentieren. Gewiß kann man nach der Bauschanalyse auch Gläser einteilen, aber was ist damit gewonnen? Es kann nach dem Säuregrad (sauer, neutral, basisch) oder dem Sättigungsgrad (übersättigt, gesättigt, neutral) getrennt werden, aber *Gesteine* werden es dadurch auch nicht, sondern immer wieder nur Gläser. Da Modus und Norm nur ganz selten übereinstimmen, so läßt sich nicht einmal ein Basaltglas und ein Andesitglas durch die Analyse unterscheiden. Und der Säure- bzw. Sättigungsgrad ist (annäherungsweise) auf andere Art — ohne Vollanalyse — viel einfacher zu bestimmen (was weiter unten noch dargelegt wird). Die immerwährende Betonung, daß nur die Analyse eine Einstufung der Gläser ermöglicht, hatte im Gegenteil sogar schädliche Folgen, denn wann wird in der Praxis wegen eines Glases der mühevolle und langwierige Weg einer Vollanalyse unternommen? Da verzichtete man lieber überhaupt auf eine systematische Einordnung und prägte dafür nichtssagende Namen wie Obsidian, Pechstein, Vitrophyr, Perlit, Felsit u. a. m.

1. Gläser

Eine annähernde Einordnung ist keineswegs sehr schwierig; S. J. SHAND schrieb 1929 (S. 11), "it is often possible to form an approximate idea of the composition ... by simpler means" als die Vollanalyse. Er betrachtet 124 Analysen von Gläsern, die H. S. WASHINGTON 1917 zusammenstellte, und findet aus der Norm, daß

80% aller Gläser einen Überschuß von mehr als 10% freier Kieselsäure haben; auskristallisiert also Quarz führen würden (Quarz-Feldspat-Gesteine).

9% der Gläser gesättigt sind; d. h. sie würden in kristalliner Ausbildung weder Quarz noch Foide (noch Olivin) führen (Feldspat-Gesteine).

11% aller Gläser untersättigt sind; d. h. sie würden in kristalliner Ausbildung entweder Foide oder Olivin (oder beide) führen.

Es zeigt sich also, daß vier Fünftel der Gläser Rhyolithen bis Daziten zugehören. SHAND stellte weiter fest, daß hierbei wieder

61% in die Gruppe der Rhyodazite,
18% in die Gruppe der Rhyolithe und
20% in die Gruppe der Dazite fallen.

Es wird dadurch bestätigt, daß Basaltgläser viel seltener sind als saure Gläser, wobei sich gleich die Frage erhebt, ob Gläser überhaupt den Gesteinen zuzurechnen sind. Geologische Selbständigkeit kommt ihnen kaum zu. Wann je gibt es einen Gesteinskörper, der nur aus Glas besteht? Fast stets bildet sich nur eine mehr oder minder dünne Glaskruste über dem kristallinen Effusivgestein. Also ist der glasige Anteil *nicht* durch einen eigenen geologischen Akt entstanden, genausowenig wie eine Schliere, die man auch nicht zu den Gesteinen zählt. Außerdem wird wohl kaum je der Fall eintreten, daß dem Handstückentnehmer im Gelände *nur* das Glas zur Verfügung steht; praktisch immer ist wenige Meter davon entfernt ein kristallines Stück des entsprechenden Effusivs zu finden. Die Handstückbestimmung kann im Glas-Fall sogar so weit versagen, daß nicht einmal ein künstliches Glas von einem natürlichen unterschieden werden kann.

Da auch durch die Bauschanalyse oder sogar durch die Berechnung der Norm ein Glas nicht mit einem Gesteinsnamen belegt werden kann (Diskrepanz Modus—Norm), so fällt es nicht schwer, sich mit einer ungefähren Einstufung zu bescheiden, die man auf eine einfachere Art erhalten kann. Als Unterscheidungsmerkmale werden dazu das *spezifische Gewicht* und der *Brechungsindex* der Gläser herangezogen. Folgende Tabelle zeigt die Unterschiede zwischen sauren (Rhyolith-), intermediären (Trachyt-) und basischen (Basalt-) Gläsern:

Spezifisches Gewicht

Rhyolithgl.	2,33—2,41	2,330—2,413	2,33—2,41
Trachytgl.	2,43—2,47	2,435—2,467	2,43—2,47
Basaltgl.	2,7 —3,0	2,704—2,851	2,70—2,85
	TILLEY	DALY	TRÖGER
	1922	1942	1952

Brechungsindex

Rhyolithgl.	1,482—1,495	1,48—1,51	1,48 —1,51
Trachytgl.	1,506—1,512	1,49—1,53	1,488—1,527
Basaltgl.	1,576—1,649	1,51—1,61	1,506—1,612
	TILLEY	CHUDOBA	TRÖGER
	1922	1932	1952

Auf diese Weise kann man also schon recht gute Ergebnisse erzielen, die man noch durch einfache chemische Tests, wie Flammenfärbung und mikrochemische Reaktionen, weiter ausbauen kann. Ein saures Glas (leicht, niedriger Br.Ind.) kann durch Feststellen des K- oder Na-Überwiegens leicht noch eine genauere Zuordnung erfahren. Ein Mehr ist auch durch keine umständlichere Methode zu erreichen.

2. Teilweise glasige Gesteine

Bei Gesteinen, bei denen bereits ein Teil als bestimmbare Mineralien vorliegt, ist die Zuordnung einerseits leichter, weil die ausgebildeten Kristalle gute Anhaltspunkte liefern, andererseits aber insofern schwieriger, als bereits eine genauere Einstufung verlangt werden kann.

Eine Berechnung der Norm aus der Bauschanalyse versagt natürlich auch hier wie in allen anderen Fällen. Früher war es üblich, „für die Abgrenzung der Typen allein die vollkommen individualisirten, krystallinischen Mineralien" heranzuziehen (H. VOGELSANG 1872, S. 530), und auch heute noch „wird man häufig jedoch auch nicht analysierten glasreichen Vulkaniten einen Namen geben müssen, in der ... (oben; d. Verf.) gezeigten Art". (A. RITTMANN 1960, S. 113.) Daß diese Art nicht ganz stimmt, ist erwiesen, aber die Unsicherheit für eine weitgehend richtige Einordnung schwindet, wenn man einige wenige Erfahrungsregeln kennt, die uns sorgfältige chemische Untersuchungen bei getrenntem Kristall- und Glasbestand geliefert haben. Seit A. LAGORIO (1897) ist bekannt, daß

in (sehr) sauren Effusiven ($> 65\%$ SiO_2) die ausgebildeten Kristalle saurer sind als die Basis, während

in mehr basischen Effusiven (55—65% SiO_2) die Basis saurer ist als die bereits gebildeten Kristalle:

Da 88% der Gläser mehr als 65% SiO_2 haben (nach S. J. SHAND 1929), können folgende Schlüsse von den Kristallen auf die Stellung des Gesteins im System gezogen werden:

Quarz und Orthoklas als Kristalle = Rhyolith,

Quarz und Plagioklas als Kristalle = Rhyodazit oder Dazit,

Quarz allein als Kristalle = Rhyolith, Rhyodazit, Dazit.

Die Unterscheidung bei mehreren Möglichkeiten ist wieder leicht durch Flammen- oder mikrochemische Tests an der Glasbasis vorzunehmen. Weiter kann geschlossen werden:

Bei Abwesenheit von Quarz-Kristallen ist (meist) die Basis saurer als der kristallisierte Mineralbestand. Das Verhältnis dunkle zu lichte Mineralien und der An-Gehalt von Plagioklas geben weitere Anhaltspunkte für die Einstufung.

All dies sind Faustregeln, mit denen man den tatsächlichen Verhältnissen meist recht nahe kommt, die aber keine Garantie abgeben. Daher ist die oft geübte Kennzeichnung eines glasreichen Gesteins zu unterstützen, die vor den Gesteinsnamen ein „Vitro-" oder „Hyalo-" setzt.

Spezieller Teil

„Wenn ich also im Folgenden . . . den Entwurf einer Klassifikation behandele, so wünsche ich vor Allem, daß man in meinen Ansichten zunächst nur Vorschläge erblicken möge, die ich nebst ihrer näheren Begründung der freien Diskussion anheimgebe, überzeugt, daß Manches daran zu tadeln, zu verbessern und zu vervollständigen ist. Als eine Empfehlung will ich nur die Mittheilung voranschicken, daß ich bereits seit mehreren Jahren nach diesen Grundsätzen unterrichtet, und auch eine petrographische Sammlung demgemäß geordnet habe, und daß es mir scheint, als ob in der That ein rascheres Erfassen und selbständiges Beherrschen des Stoffes seitens der Schüler und eine kürzere, bequemere und, ich darf auch wohl sagen, aufrichtigere Behandlung der Petrographie für den Lehrer damit gewonnen sei. Daß meine Vorschläge keine wesentlich neuen ursprünglichen Gedanken enthalten, versteht sich eigentlich von selbst, denn das System soll nur ein Reflex allgemein bekannter Wahrheiten sein, und je mehr es mir gelungen wäre, je mehr es sich herausstellen würde, daß ich mit meinen Gedanken vielleicht nur eine vielfach verbreitete, bewußte oder unbewußte Stimmung zum Ausdruck gebracht habe, umso sicherer würde der Erfolg dieses Versuches sein, umso beträchtlicher und dauerhafter der Gewinn für die Wissenschaft sein."

H. Vogelsang 1872, S. 510/511

FAMILIENGRUPPE I: QUARZGESTEINE
(Nur eine Familie)

Familie: Perazidite: Nr. 1

Meist Restdifferentiate saurer Magmatica

Charakteristik: Mehr als 50% Quarz
                     Feldspate
                     Mafite

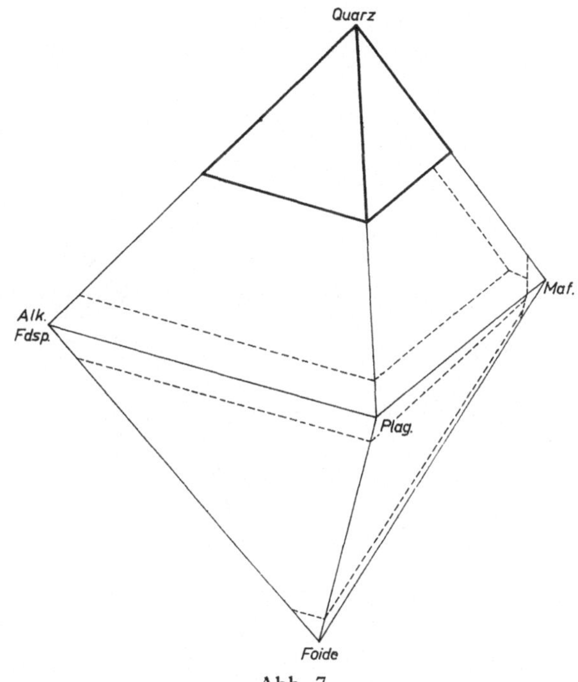

Abb. 7.

Abyssisch: nicht vorkommend

Hypabyssisch:

Silexit	Nur Quarz
Pyritperazidit	Quarz + Pyrit
Muskovitperazidit	Quarz + Muskovit
Lithionitperazidit	Quarz + Lithiumglimmer
Aplitperazidit	Quarz + Feldspate
Muskovitaplitperazidit	Quarz + Feldspate + Muskovit

Effusiv:

Lenneporphyr	Quarz + Albit

FAMILIENGRUPPE II: QUARZ-MAFITGESTEINE
(Nur eine Familie)

Familie: Quarzmafitite: Nr. 2

Sehr selten; als Lamprophyre vorkommend

Charakteristik: Quarz weniger als 50%
Mafite
Feldspat weniger als 10%

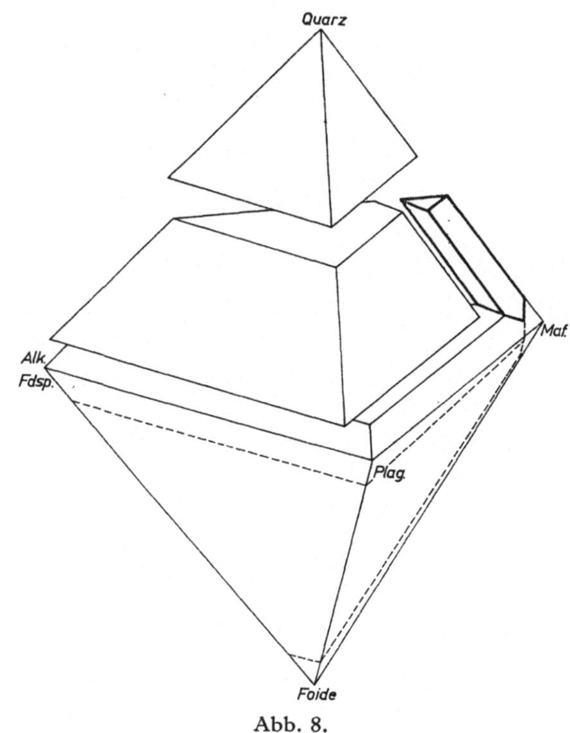

Abb. 8.

Abyssisch: nicht vorkommend

Hypabyssisch:

lamprophyrisch:

| Antsohit | Biotit + Hornblende; Quarz |

FAMILIENGRUPPE III: QUARZ-FELDSPATGESTEINE

Charakteristik: Quarz 10—50%
Feldspat 10—80%
Mafite 0—80%

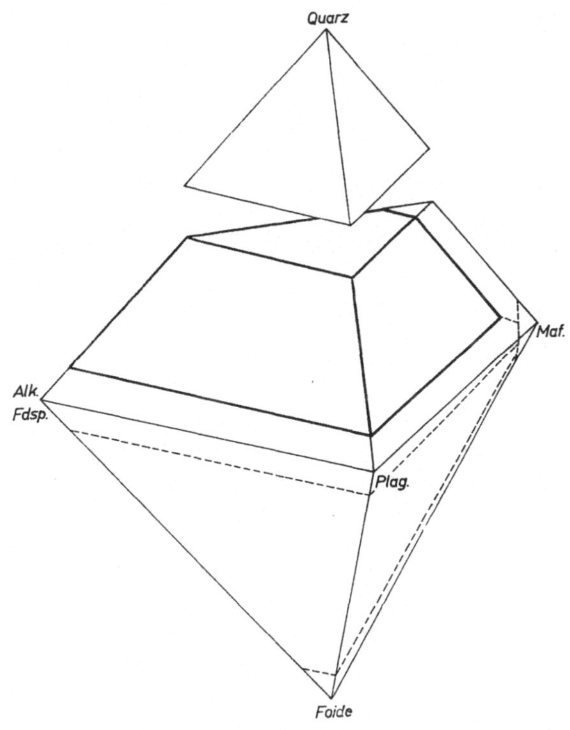

Abb. 9.

5 *Familien:*	*Hauptcharakteristika:*
Nr. 3 Aplitgranite (Leukoquarz-feldspatite)	Maf. < 10%
Nr. 4 Alkaligranite	(Nur) Alk.Fdsp.
Nr. 5 Alkalikalkgranite	Alk.Fdsp. $\geq$ Plag.
Nr. 6 Granodiorite	Plag. >Alk. Fdsp.
Nr. 7 Quarzdiorite	(Nur) Plag.

Quarz-Feldspatgesteine

Familie: Aplitgranite (Leuko-Quarzfeldspatite[1]): Nr. 3

Charakteristik: Quarz mehr als 10% (weniger als 50%)
Alkali-Feldspat $\gtreqless$ Plagioklas
Mafite weniger als 10%

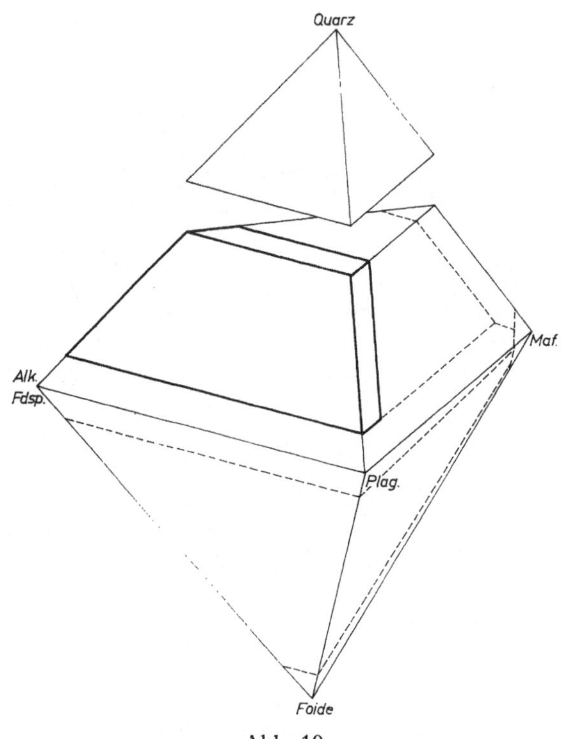

Abb. 10.

Abyssisch:

Aplogranit (Alaskit)	Perthit ($\pm$ Albit); kein Plagiokl.	Maf. $<$ 10
Natronaplogranit	Perthit ($\pm$ Albit); kein Plagiokl.	Na-Maf. $<$ 10
Alkaliaplogranit	Perthit $\gtreqless$ Albit; kein Plagiokl.	Maf. $<$ 10
Albitaplogranit	Albit ($\pm$ Perthit); kein Plagiokl.	Maf. $<$ 10
Aplitgranit	Perthit $>$ Plagioklas	Maf. $<$ 10
Leukogranit	Plagiokl.: Alk.Fdsp. $=$ 50:50 bis 60:40	Maf. $<$ 10
Aplogranodiorit	Plagiokl.: Alk.Fdsp. $=$ 60:40 bis 85:15	Maf. $<$ 10
Quarzplagioklasit (Leukoquarzdiorit)	Plagioklas (fast) allein	Maf. $<$ 10

---

[1] Der Name Aplitgranite für die ganze Familie ist nicht recht zutreffend, da auch die hellen Granodiorite und Quarzdiorite dazugehören. Doch ist er wohl schon so eingebürgert, daß er deshalb von der richtigeren, aber umständlicheren Bezeichnung „Leukoquarzfeldspatite" kaum verdrängt werden kann.

Hypabyssisch:
porphyrartig:

Aplogranitporphyr (Alaskitporphyr)	Perthit ($\pm$ Albit); kein Plagiokl.	Maf. < 10
Natronaplogranitporphyr	Perthit ($\pm$ Albit); kein Plagiokl.	Na-Maf. < 10
Aplitgranitporphyr	Perthit $>$ Plagioklas	Maf. < 10
Leukogranitporphyr(it)	Plagiokl.: Alk.Fdsp. $=$ A | 1:1 bis 3:2	Maf. < 10
Aplogranodioritporphyrit	Plagiokl.: Alk.Fdsp. $=$ B | 3:2 bis 8:1	Maf. < 10

aplitisch:

Aplogranitaplit	Perthit ($\pm$ Albit); kein Plagiokl.	Maf. < 10
Natrongranitaplit	Perthit ($\pm$ Albit); kein Plagiokl.	Na-Maf. < 10
Alkaligranitaplit	Perthit $\geqq$ Albit; kein Plagiokl.	Maf. < 10
Albitgranitaplit (Quarz-Albitit)	Albit ($\pm$ Perthit); kein Plagiokl.	Maf. < 10
Granitaplit	Perthit $>$ Plagioklas	Maf. < 10
Leukoquarzmonzonitaplit	Perthit $\simeq$ Plagioklas	Maf. < 10
Leukoquarzdioritaplit	(Fast) nur Plagiokl.: An < 45	Maf. < 10
Tonalitaplit	(Fast) nur Plagiokl.: An 45—55	Maf. < 10

pegmatitisch:

Aplogranitpegmatit	Perthit ($\pm$ Albit); kein Plagiokl.	Maf. < 10
Alkaliaplogranitpegmatit	Perthit $\geqq$ Albit; kein Plagioklas	Maf. < 10
Leukoquarzdioritpegmatit	Plagiokl. (fast) allein	Maf. < 10

Effusiv:
frisch:

Rhyoalaskit	Perthit ($\pm$ Albit); kein Plagiokl.	Maf. < 10
Leukonatronrhyolith	Perthit ($\pm$ Albit); kein Plagiokl.	Na-Maf. < 10
Quarztrachyt	Perthit $\geqq$ Albit; kein Plagiokl.	Maf. < 10
Leukoalbitrhyolith	Albit ($\pm$ Perthit); kein Plagiokl.	Maf. < 10
Leukorhyolith	Alkali-Fdsp. $>$ Plagioklas	Maf. < 10
Leukoquarzdoreit	Alkali-Fdsp. $\simeq$ Plagioklas	Maf. < 10

anchimetamorph:

Quarzorthophyr	Perthit $\geqq$ Albit; kein Plagiokl.	Maf. < 10
Albitfelsitporphyr	Albit ($\pm$ Perthit); kein Plagiokl. (Phenokristen nur Albit)	Maf. < 10
Leukoquarzporphyr	Perthit $>$ Plagioklas	Maf. < 10

Quarz-Feldspatgesteine
Familie: Alkaligranite: Nr. 4

Charakteristik: Quarz mehr als 10% (weniger als 50%)
Feldspat: Alkali-Feldspat (fast) allein (100—85%, Plag. 0—15%)
Mafite 10—80%

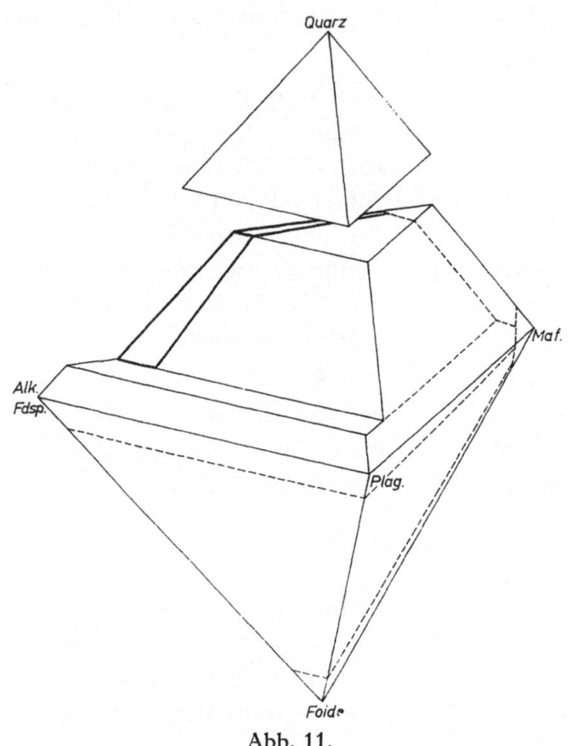

Abb. 11.

Abyssisch:

Kaligranit	Nur Kali-Fdsp. (kein Albit)	
Alkaligranit	Kalifdsp. $\geqq$ Albit	meist Maf. < 30
Albitgranit	Nur Albit (kein Kalifdsp.)	
Natronalkaligranit	Alkali-Fdsp.	Na-Maf. (meist) > 30
Riebeckitgranit	Alkali-Fdsp.	Riebeckit
Aegiringranit	Alkali-Fdsp.	Aegirin

Hypabyssisch:

porphyrartig:

Kaligranitporphyr	Nur Kali-Fdsp. (kein Albit)	
Alkaligranitporphyr	Kalifdsp. $\geqq$ Albit	meist Maf. < 30
Albitgranitporphyr	Nur Albit (kein Kalifdsp.)	
Natronalkaligranitporphyr	Alkali-Fdsp.	Na-Maf. (meist) > 30

pegmatitisch:

(Alkaligranit-) Pegmatit	Kalifdsp. $\gtreqqless$ Albit	meist Maf. < 30

lamprophyrisch:
(Siehe auch S. 128)

Quarzminette (Jerseyit)		

Effusiv:

frisch:

Sanidinrhyolith	Nur Kali-Fdsp. (kein Albit)	
Rhyolith	Kalifdsp. $\gtreqqless$ Albit	meist Maf. < 30
Albitrhyolith	Nur Albit (kein Kalifdsp.)	
Pantellerit	Alkali-Fdsp.	Na-Mafite

anchimetamorph:

Quarzporphyr	Kalifdsp. $\gtreqqless$ Albit	meist Maf. < 30
Quarzkeratophyr	Nur Albit (kein Kalifdsp.)	
Taurit	Alkali-Fdsp.	Na-Mafite

Quarz-Feldspatgesteine
Familie: Alkalikalkgranite: Nr. 5

Charakteristik: Quarz mehr als 10% (weniger als 50%)
Feldspat: Alkali-Feldspat 85—40%; Plagioklas 15—60%
Mafite 10—80%

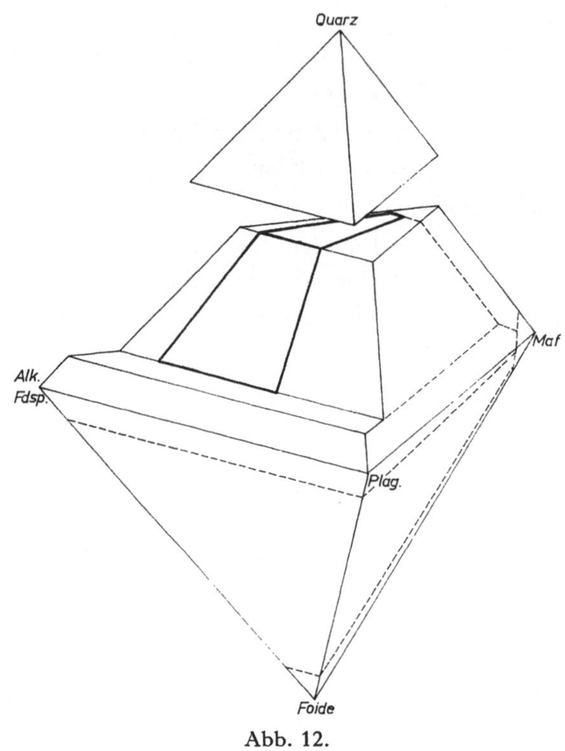

Abb. 12.

Abyssisch:

Rapakiwigranit	Kalifdsp. > Plag., Plag. < An 50, Quarz > 15%
Rapakiwisyenit	Kalifdsp. > Plag., Plag. < An 50, Quarz < 15%
Calcigranit	Kalifdsp. > Plag., Plag. > An 50
Normalgranit	Plag. ≅ Kalifdsp., Plag. < An 30
Quarzmonzonit	Plag. ≅ Kalifdsp., Plag. > An 30

Hypabyssisch:
porphyrartig:

Rapakiwigranitporphyr	Kalifdsp. > Plag., Plag. < An 50, Quarz über 15%
Rapakiwisyenitporphyr	Kalifdsp. > Plag., Plag. < An 50, Quarz < 15%
Calcigranitporphyr	Kalifdsp. > Plag., Plag. > An 50
Granitporphyr(it)	Plag. ≅ Kalifdsp., Plag. < An 30
Quarzmonzonitporphyr(it)	Plag. ≅ Kalifdsp., Plag. > An 30

lamp'rophyrisch:
(Siehe auch S. 128)

Quarzminette (Jerseyit)	

Effusiv:

frisch:

Trachyliparit	Kalifdsp.: Plag. $\cong$ 3:1, Plag. $<$ An 50, Quarz über 15%
Trachydacit	Kalifdsp.: Plag. $\cong$ 2:1, Plag. $<$ An 50, Quarz über 15%
Quarzplagitrachyt	Kalifdsp. $>$ Plag., Plag. $<$ An 50, Quarz $<$ 15%
Sanidinquarzlatit	Kalifdsp. $>$ Plag., Plag. $>$ An 50
Quarzdoreit (Quarztrachyandesit)	Plag. $\cong$ Kalifdsp., Plag. $<$ An 30
Quarzlatit (Quarztrachybasalt)	Plag. $\cong$ Kalifdsp., Plag. $>$ An 30

Quarz-Feldspatgesteine
Familie: Granodiorite: Nr. 6

Charakteristik: Quarz mehr als 10% (weniger als 50%)
Feldspat: Plagiokl. 60—85%; Alk.-Fdsp. 40—15%
Mafite 10—80%

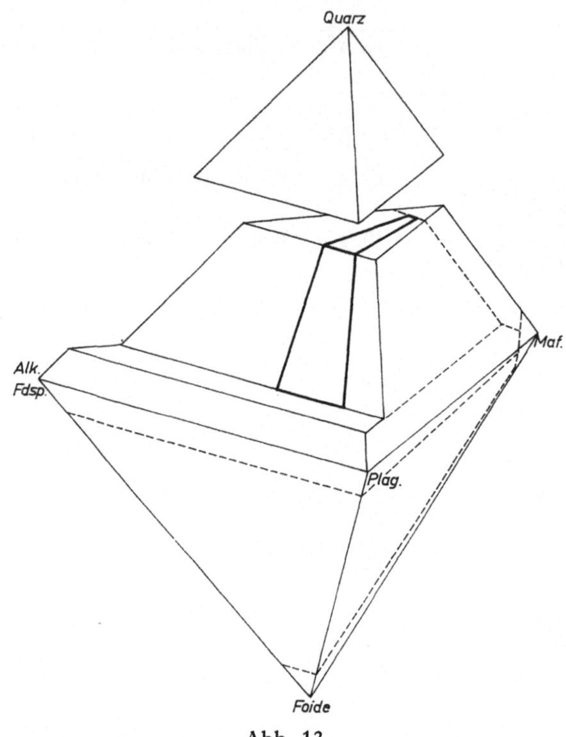

Abb. 13.

Abyssisch:

Leuko-Granodiorit (Farsundit)	Plag. > Kalifdsp., Plag. < An 50, Maf. 10—15
Granodiorit	Plag. > Kalifdsp., Plag. < An 50, Maf. 15—50
Mela-Granodiorit	Plag. > Kalifdsp., Plag. < An 50, Maf. > 50
Granogabbro	Plag. > Kalifdsp., Plag. > An 50

Hypabyssisch:

porphyrartig:

Leukogranodioritporphyrit (Farsunditporphyrit)	Plag. > Kalifdsp., Plag. < An 50, Maf. 10—15
Granodioritporphyrit	Plag. > Kalifdsp., Plag. < An 50, Maf. 15—50
Granogabbroporphyrit	Plag. > Kalifdsp., Plag. > An 50

aplitisch:

Granodioritaplit	Plag. > Kalifdsp., Plag. < An 50, Maf. 10—15

lamprophyrisch:
(Siehe auch S. 129)

Quarzkersantit	

Effusiv:

frisch:

Rhyodazit	Plag. > Kalifdsp., Plag. < An 50
Rhyobasalt	Plag. > Kalifdsp., Plag. > An 50

anchimetamorph:

Plagiophyr	Plag. > Kalifdsp., Plag. < An 50

Grünsteinfazies:

Rhyodiabas	Plag. > Kalifdsp., Plag. > An 50

Quarz-Feldspatgesteine

Familie: Quarzdiorite: Nr. 7

Charakteristik: Quarz mehr als 10% (weniger als 50%)
             Feldspat: Plagioklas (fast) allein (100—85%; Alk.-Fdsp. 0—15%)
             Mafite 10—80%

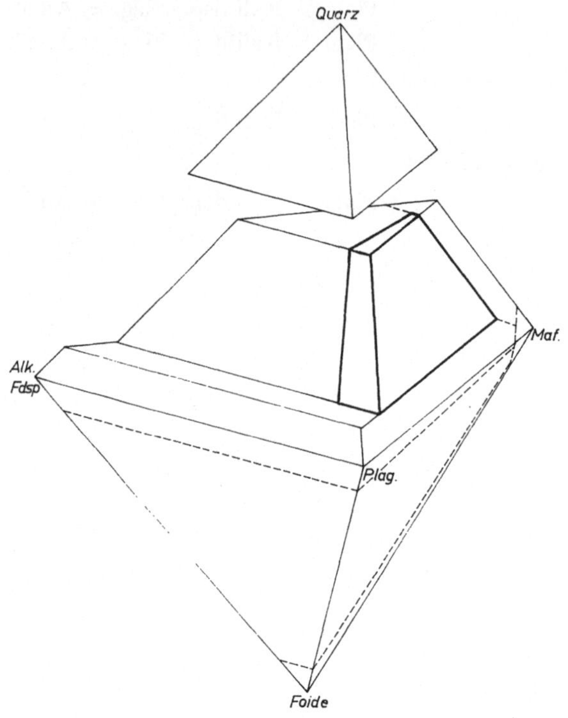

Abb. 14.

Abyssisch:

Quarzdiorit	Plag. < An 45
Tonalit (Quarz-Gabbrodiorit)	Plag. An 45—An 55
Quarzgabbro	Plag. > An 55; mon. Pyroxen
Quarznorit	Plag. > An 55; rh. Pyroxen

Hypabyssisch:

porphyrartig:

Quarzdioritporphyrit	Plag. < An 45
Tonalitporphyrit	Plag. An 45—An 55

aplitisch:

Quarzdioritaplit	Plag. < An 45

lamprophyrisch:
(Siehe auch S. 129)

Quarzkersantit	

Effusiv:

frisch:

| Dacit | Plag. < An 50 |
| Quarzbasalt | Plag. > An 50 |

anchimetamorph:

| Quarzporphyrit | Plag. < An 50 |
| Quarzmelaphyr | Plag. > An 50 |

Grünsteinfazies:

| Quarzdiabas | Plag. > An 50 |

FAMILIENGRUPPE IV: FELDSPATGESTEINE

Charakteristik: Quarz < 10%
               Feldspat 10—100%
               Mafite 0—90%
               Foide < 10% der hellen Gemengteile

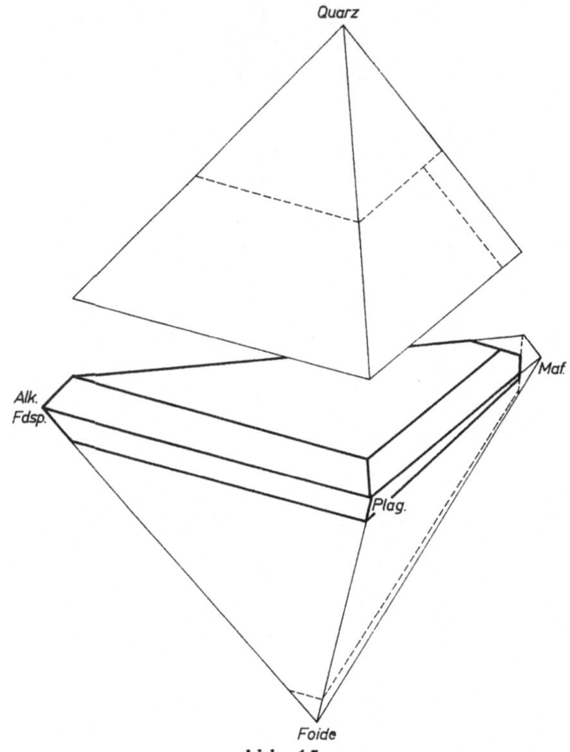

Abb. 15.

15 Familien:		*Hauptcharakteristika:*	
Nr. 8	Aplosyenite	(Nur) Alk.Fdsp.	Maf. < 10%
Nr. 9	Alkalisyenite	(Nur) Alk.Fdsp.	Maf. 10—35%
Nr. 10	Melaalkalisyenite (Lusitanite)	(Nur) Alk.Fdsp.	Maf. > 35%
Nr. 11	Leuko-Syenodiorite	Alk.Fdsp. ≧ Plag.	Maf. < 10%
Nr. 12	Kalk-Alkalisyenite	Alk.Fdsp. > Plag.	Maf. > 10%
Nr. 13	Monzonite	Alk.Fdsp. ≃ Plag.	Maf. > 10%
Nr. 14	Mangerite	Plag. > Alk.Fdsp.	Maf. > 10%
Nr. 15	Plagioklasite	(Nur) Plag.	Maf. < 10%
Nr. 16	Diorite	(Nur) Plag. < An 45	Maf. 10—50%
Nr. 17	Meladiorite	(Nur) Plag. < An 45	Maf. 50—65%
Nr. 18	Leuko-Gabbrodiorite	(Nur) Plag. An 45—55	Maf. 10—50%
Nr. 19	Mela-Gabbrodiorite	(Nur) Plag. An 45—55	Maf. 50—65%
Nr. 20	Leukogabbros	(Nur) Plag. > An 55	Maf. 10—50%
Nr. 21	Gabbros	(Nur) Plag. > An 55	Maf. 50—65%
Nr. 22	Gabbromafitite	(Nur) Plag.	Maf. 65—90%

Feldspat-Gesteine

Familie: Aplosyenite: Nr. 8

Charakteristik: Quarz weniger als 10%
                   Feldspat: Alkalifeldspat (fast) allein (100—85%; Plag. 0—15%)
                   Mafite weniger als 10%
                   Foide weniger als 10% der hellen Gemengteile

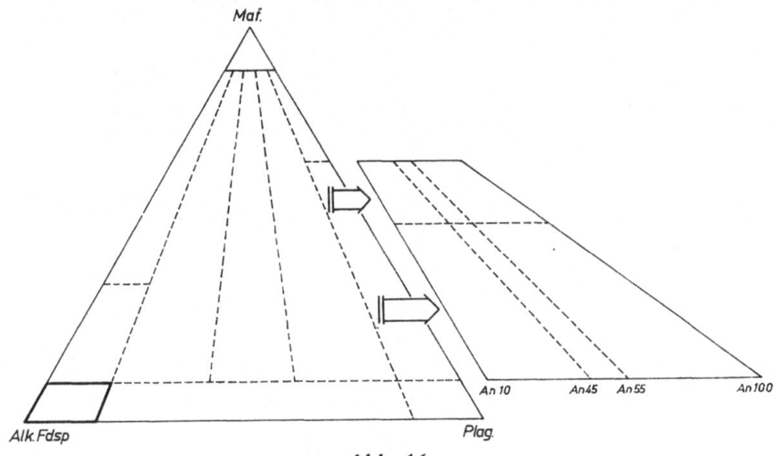

Abb. 16.

Abyssisch:

Orthosit	Nur Orthoklas	Maf. < 10
Mikroklinit	Nur Mikroklin	Maf. < 10
Perthosit	Nur Perthit	Maf. < 10
Albitit	Nur Albit	Maf. < 10

Hypabyssisch:
porphyrartig:

Perthositporphyr	Nur Perthit (Mikroklin + Albit)	Maf. < 10

aplitisch:

Orthositaplit	Nur Orthoklas	Maf. < 10
Mikroklinaplit	Nur Mikroklin	Maf. < 10
Perthitaplit	Nur Perthit	Maf. < 10
Natronsyenitaplit	Perthit	Na-Maf. < 10
Albitaplit	Nur Albit	Maf. < 10
Mikroklinalbitaplit	Mikroklin + Albit	Maf. < 10

pegmatitisch:

(Anti-) Perthitpegmatit	Nur Perthit	Maf. < 10

Effusiv:
frisch:

Aplotrachyt	Na-Sanidin	Maf. < 10

anchimetamorph:

Leukokalikeratophyr	Kali-Feldsp.	Maf. < 10

Feldspat-Gesteine
Familie: Alkalisyenite: Nr. 9

Charakteristik: Quarz weniger als 10%
Feldspat: Alkalifeldspat (fast) allein (100—85%; Plag. 0—15%)
Mafite 10—35%
Foide weniger als 10% der hellen Gemengteile

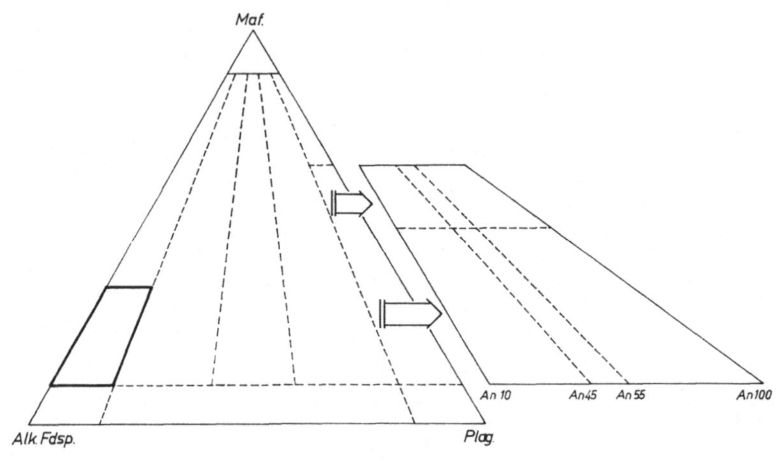

Abb. 17.

Abyssisch:

Orthoklassyenit	Nur Orthoklas	Maf. 10—35
Mikroklinsyenit	Nur Mikroklin	Maf. 10—35
Perthitsyenit	Nur Perthit	Maf. 10—35
Albitsyenit	Nur Albit	Maf. 10—35
Natronsyenit	Alk.-Fdsp.	Na-Maf. 10—35

Hypabyssisch:

porphyrartig:

Alkalisyenitporphyr	Alkali-Feldsp.	Maf. 10—35
Natronsyenitporphyr	Alk.-Fdsp.	Na-Maf. 10—35

aplitisch:

Perthitsyenitaplit	Nur Perthit	Maf. 10—35
Alkalisyenitaplit	Alkali-Feldsp.	Maf. 10—35

pegmatitisch:

Alkalisyenitpegmatit	Alkali-Feldsp.	Maf. 10—35
Albitsyenitpegmatit	Nur Albit	Maf. 10—35

lamprophyrisch:
(Siehe auch S. 128)

Natronminette	

Effusiv:

frisch:

| Alkalitrachyt | Alkali-Feldsp. | Maf. 10—35 |
| Natrontrachyt | Alk.-Fdsp. | Na-Maf. 10—35 |

anchimetamorph:

Kalikeratophyr	Nur Orthoklas	Maf. 10—35
Keratophyr	Alkali-Feldspate	Maf. 10—35
Natronkeratophyr	Albit	Na-Maf. 10—35

autometamorph:

Kalikeratophyrspilit	Nur Orthoklas	Maf. 10—35
Keratophyrspilit	Alkali-Feldsp.	Maf. 10—35
Albitdiabas (Natronkeratophyrspilit)	Nur Albit	Maf. 10—35

Feldspat-Gesteine
Familie: Melaalkalisyenite (Lusitanite): Nr. 10

Charakteristik: Quarz weniger als 10%
Feldspat: Alkalifeldspat (fast) allein (100—85%; Plag. 0—15%)
Mafite 35—90%
Foide weniger als 10% der hellen Gemengteile

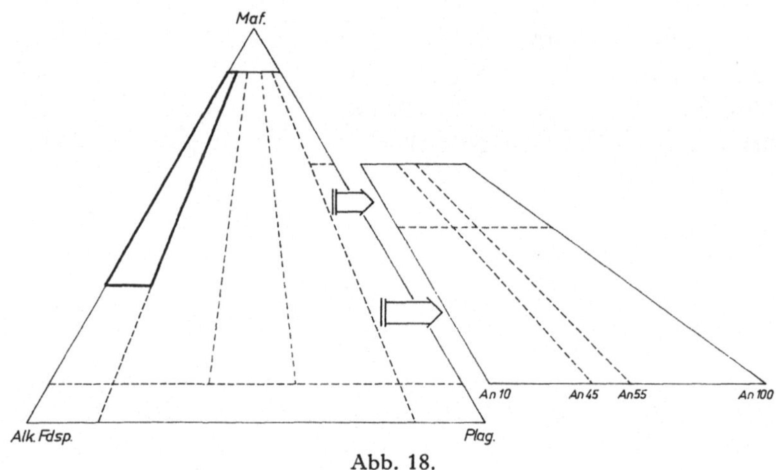

Abb. 18.

Abyssisch:

Lusitanit (Melaalkalisyenit)	Kalifdsp. + Albit; (Alk.-Fdsp.)	Maf. 35—90
Ordosit (Kalilusitanit)	Nur Kali-Fdsp.	Maf. 35—90

Hypabyssisch:

pegmatitisch:

Lusitanitpegmatit	Kalifdsp. + Albit; (Alk.-Fdsp.)	Maf. 35—90

lamprophyrisch:
(Siehe auch S. 128)

Melaminette	
Kalicamptonit	

Effusiv:

frisch:

Melaalkalitrachyt	Kalifdsp. + Albit; (Alk.-Fdsp.)	Maf. 35—90

Feldspat-Gesteine

Familie: Leukosyenodiorite: Nr. 11

Charakteristik: Quarz weniger als 10%
Feldspat: Alk.-Fdsp. 85—15; Plag. 15—85%
Mafite weniger als 10%
Foide weniger als 10% der hellen Gemengteile

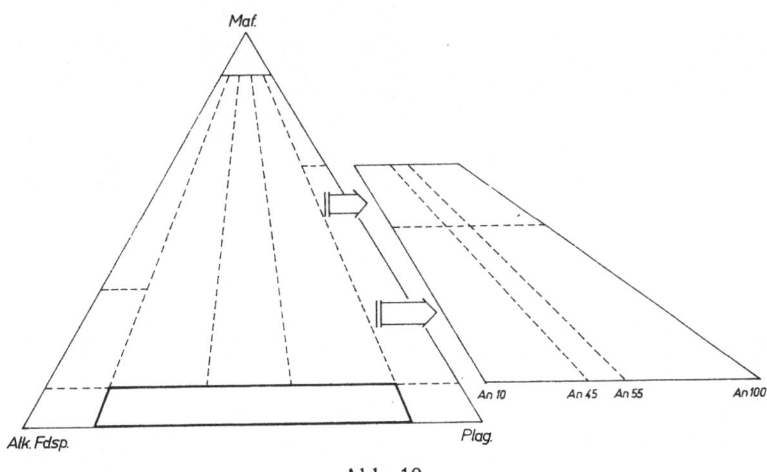

Abb. 19.

Abyssisch:

Leukosyenit	Alk.-Fdsp. > Plag., Plag. < An 50	Maf. < 10
Leukocalcisyenit	Alk.-Fdsp. > Plag., Plag. > An 50	Maf. < 10
Leukomonzonit	Alk.-Fdsp. ≅ Plag., Plag. < An 50	Maf. < 10
Leukocalcimonzonit	Alk.-Fdsp. ≅ Plag., Plag. > An 50	Maf. < 10
Leukomangerit	Plag. > Alk.-Fdsp., Plag. < An 50	Maf. < 10
Leukocalcimangerit	Plag. > Alk.-Fdsp., Plag. > An 50	Maf. < 10

Hypabyssisch:

porphyrartig:

Leukosyenitporphyr	Alk.-Fdsp. > Plag., Plag. < An 50	Maf. < 10
Leukocalcisyenitporphyr	Alk.-Fdsp. > Plag., Plag. > An 50	Maf. < 10
Leukomonzonitporphyr(it)	Alk.-Fdsp. ≅ Plag., Plag. < An 50	Maf. < 10
Leukocalcimonzonitporphyr(it)	Alk.-Fdsp. ≅ Plag., Plag. > An 50	Maf. < 10
Leukomangeritporphyrit	Plag. > Alk.-Fdsp., Plag. < An 50	Maf. < 10
Leukocalcimangeritporphyrit	Plag. > Alk.-Fdsp., Plag. > An 50	Maf. < 10

aplitisch:

Leukosyenitaplit	Alk.-Fdsp. > Plag.	Maf. < 10
Leukomonzonitaplit	Alk.-Fdsp. ≅ Plag.	Maf. < 10
Leukomangeritaplit	Plag. > Alk.-Fdsp.	Maf. < 10

pegmatitisch:

| Leukosyenitpegmatit | Alk.-Fdsp. > Plag. | Maf. < 10 |

Effusiv:

frisch:

Leukotrachyt	Alk.-Fdsp. > Plag., Plag. < An 50	Maf. < 10
Leukocalcitrachyt	Alk.-Fdsp. > Plag., Plag. > An 50	Maf. < 10
Leukotrachyandesit	Alk.-Fdsp. ≅ Plag., Plag. < An 50	Maf. < 10
Leukolatit	Alk.-Fdsp. ≅ Plag., Plag. > An 50	Maf. < 10
Leukosanidinandesit	Plag. > Alk.-Fdsp., Plag. < An 50	Maf. < 10

archimetamorph:

| Leukoorthophyr | Alk.-Fdsp. > Plag., Plag. < An 50 | Maf. < 10 |

Feldspat-Gesteine

Familie: Kalkalkalisyenite: Nr. 12

Charakteristik: Quarz weniger als 10%
Feldspat: Alkali-Fdsp. 85—60%; Plagiokl. 15—40%
Mafite 10—90%
Foide weniger als 10% der hellen Gemengteile

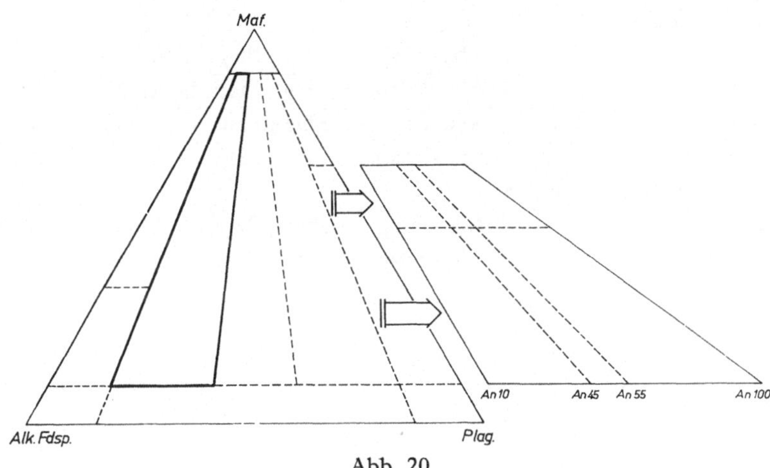

Abb. 20.

Abyssisch:

Quarzsyenit	Alk.-Fdsp. > Plag., Plag. < An 50, Quarz 5—10% Maf. < 50
Syenit	Alk.-Fdsp. > Plag., Plag. < An 50 Maf. < 50
Calcisyenit	Alk.-Fdsp. > Plag., Plag. > An 50 Maf. < 50
Melasyenit	Alk.-Fdsp. > Plag., Plag. < An 50 Maf. > 50
Melacalcisyenit (z. B. Olivinsyenit)	Alk.-Fdsp. > Plag., Plag. > An 50 Maf. > 50

Hypabyssisch:

porphyrartig:

Quarzsyenitporphyr	Alk.-Fdsp. > Plag., Plag. < An 50, Qu. 5—10% Maf. < 50
Syenitporphyr	Alk.-Fdsp. > Plag., Plag. < An 50 Maf. < 50

pegmatitisch:

Quarzsyenitpegmatit	Alk.-Fdsp. > Plag., Plag. < An 50, Qu. 5—10% Maf. < 50
Syenitpegmatit	Alk.-Fdsp. > Plag., Plag. < An 50 Maf. < 50

lamprophyrisch:
(Siehe auch S. 128)

Biotitminette (Kamperit)	
Amphibolminette	
(Augit-) *Minette*	

Olivinminette	
(Amphibol-) *Vogesit*	
Augitvogesit	
Olivinvogesit	
Melaminette (Prowersit)	
Camptovogesit	

Effusiv:

frisch:

Trachyt	Alk.-Fdsp. > Plag., Plag. < An 50	Maf. < 50
Calcitrachyt	Alk.-Fdsp. > Plag., Plag. > An 50	Maf. < 50
Melatrachyt	Alk.-Fdsp. > Plag., Plag. < An 50	Maf. > 50
Melacalcitrachyt	Alk.-Fdsp. > Plag., Plag. > An 50	Maf. > 50

anchimetamorph:

Orthophyr	Alk.-Fdsp. > Plag., Plag. < An 50	Maf. < 50
Calciorthophyr	Alk.-Fdsp. > Plag., Plag. > An 50	Maf. < 50

Feldspat-Gesteine
Familie: Monzonite: Nr. 13

Charakteristik: Quarz weniger als 10%
Feldspat: Alkali-Fdsp. und Plagiokl. (ungefähr) gleich (60:40—40:60)
Mafite 10—90%
Foide weniger als 10% der hellen Gemengteile

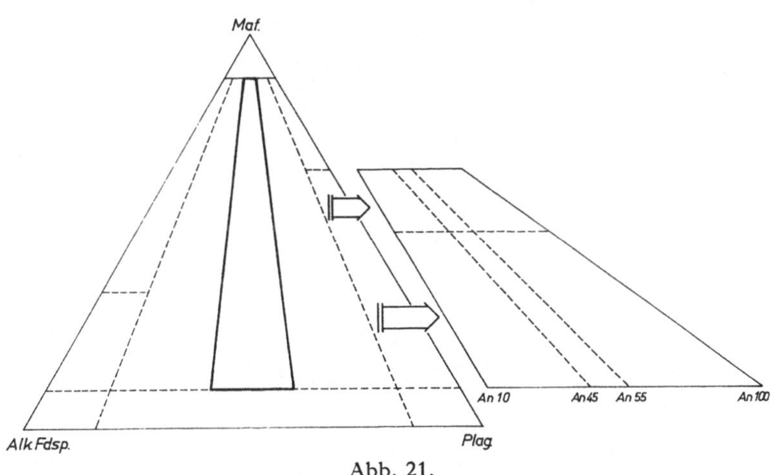

Abb. 21.

Abyssisch:

Monzonit	Alkali-Fdsp. $\cong$ Plag., Plag. < An 50	Maf. < 50
Melamonzonit	Alkali-Fdsp. $\cong$ Plag., Plag. < An 50	Maf. > 50
Calcimonzonit	Alkali-Fdsp. $\cong$ Plag., Plag. > An 50	Maf. < 50
Melacalcimonzonit	Alkali-Fdsp. $\cong$ Plag., Plag. > An 50	Maf. > 50

Hypabyssisch:
porphyrartig:

Monzonitporphyr(it)	Alkali-Fdsp. $\cong$ Plag., Plag. < An 50	Maf. < 50
Calcimonzonitporphyr(it)	Alkali-Fdsp. $\cong$ Plag., Plag. > An 50	Maf. < 50

aplitisch:

Monzonitaplit	Alkali-Fdsp. $\cong$ Plag., Plag. < An 50	Maf. < 50

Effusiv:
frisch:

Trachyandesit (Shoshonit)	Alkali-Fdsp. $\cong$ Plag., Plag. < An 50	Maf. < 50
Doreit	Alkali-Fdsp. $\cong$ Plag., Plag. < An 50 Na-reich	Maf. < 50
Latit (Leukotrachybasalt)	Alkali-Fdsp. $\cong$ Plag., Plag. > An 50	Maf. < 50
Trachybasalt	Alkali-Fdsp. $\cong$ Plag., Plag. > An 50	Maf. > 50

autometamorph:

Kalispilit	Alkali-Fdsp. $\cong$ Plag., Plag. < An 50	Maf. < 50

Feldspat-Gesteine
Familie: Mangerite: Nr. 14

Charakteristik: Quarz weniger als 10%
Feldspat: Plagioklas 60—85%; Alk.-Fdsp. 40—15%
Mafite 1C—90%
Foide weniger als 10% der hellen Gemengteile

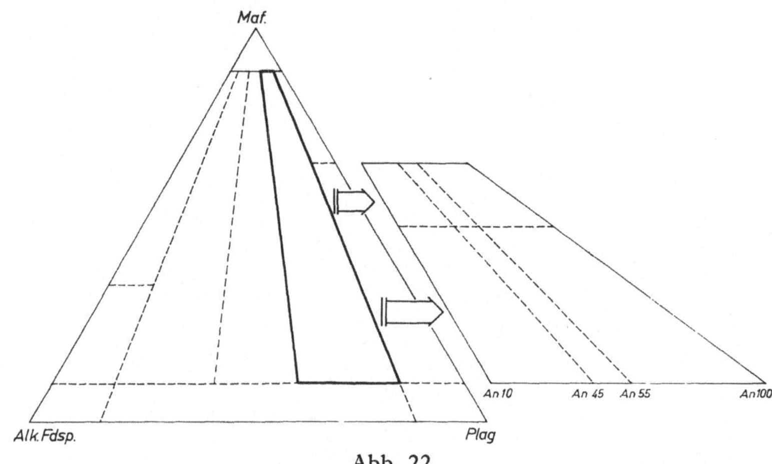

Abb. 22.

Abyssisch:

Mangerit (Orthoklasdiorit)	Plag. > Alk.-Fdsp., Plag. < An 50	Maf. < 50
Melamangerit	Plag. > Alk.-Fdsp., Plag. < An 50	Maf. > 50
Calcimangerit	Plag. > Alk.-Fdsp., Plag. > An 50	Maf. < 50
Melacalcimangerit (Orthoklasgabbro)	Plag. > Alk.-Fdsp., Plag. > An 50	Maf. > 50

Hypabyssisch:

porphyrartig:

Mangeritporphyrit	Plag. > Alk.-Fdsp., Plag. < An 50	Maf. < 50
Melamangeritporphyrit	Plag. > Alk.-Fdsp., Plag. < An 50	Maf. > 50
Calcimangeritporphyrit	Plag. > Alk.-Fdsp., Plag. > An 50	Maf. < 50
Melacalcimangeritporphyrit	Plag. > Alk.-Fdsp., Plag. > An 50	Maf. > 50

lamprophyrisch:
(Siehe auch S. 129, 130)

Kersantit	
Amphibolkersantit	
Augitkersantit	
Olivinkersantit	
(Amphibol-) *Spessartit*	
Augitspessartit	
Hysterobas	

Olivinspessartit	
Diabasspessartit	
Melaamphibolkersantit	
Melaaugitkersantit	
Camptospessartit	
(Augit-) *Camptonit*	
Amphibolcamptonit	
Biotitcamptonit	
(Augit-) *Monchiquit*	
Amphibolmonchiquit	
Biotitmonchiquit	
Melacamptonit	
Melamonchiquit	

Effusiv:

    frisch:

Sanidinandesit	Plag. > Alk.-Fdsp., Plag. < An 50	Maf. < 50
Melasanidinandesit	Plag. > Alk.-Fdsp., Plag. < An 50	Maf. > 50
Leukosanidinbasalt	Plag. > Alk.-Fdsp., Plag. > An 50	Maf. < 50
Sanidinbasalt	Plag. > Alk.-Fdsp., Plag. > An 50	Maf. > 50

Feldspat-Gesteine
Familie: Plagioklasite[1]: Nr. 15

Charakteristik: Quarz weniger als 10%
Feldspat: Plagioklas (fast) allein (100—85%; Alk.-Fdsp. 0—15%)
Mafite weniger als 10%
Foide weniger als 10% der hellen Gemengteile

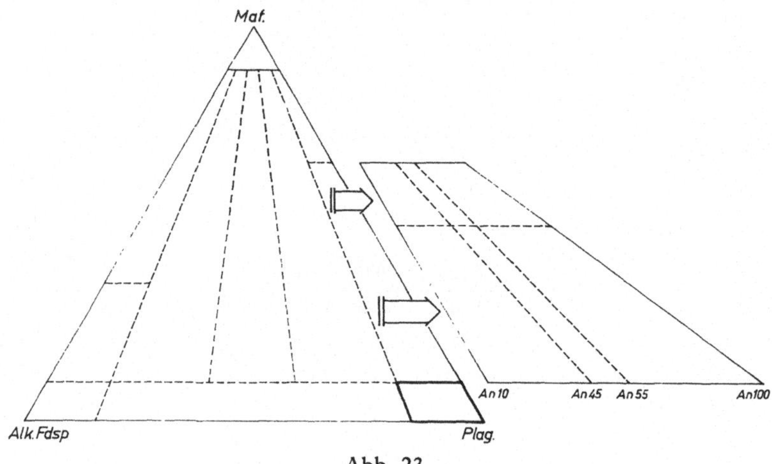

Abb. 23.

Abyssisch:

Oligoklasit	Nur Oligoklas	Maf. < 10
Andesinit	Nur Andesin	Maf. < 10
Labradit	Nur Labrador	Maf. < 10
Bytownitit	Nur Bytownit	Maf. < 10
Anorthitit	Nur Anorthit	Maf. < 10

Hypabyssisch:
aplitisch:

Glimmeroligoklasaplit	Oligoklas, Biotit	Maf. < 10
Amphibololigoklasaplit	Oligoklas, Amphibol	Maf. < 10
Glimmerandesinaplit	Andesin, Glimmer	Maf. < 10
Amphibolandesinaplit	Andesin, Amphibol	Maf. < 10

pegmatitisch:

Oligoklaspegmatit	Nur Oligoklas	Maf. < 10
Andesinpegmatit	Nur Andesin	Maf. < 10

[1] Die für diese Familie übliche Bezeichnung „Anorthosite" ist unzutreffend, weil nur ein einziger Gesteinstypus diesen Namen rechtfertigt, während alle anderen herausfallen (Oligoklasit, Andesitit, Labradit, Bytownitit)! Nach W. E. Tröger 1935 (S. 330) hat sich der Name Plagioklasit (C. Viola 1892) nicht eingeführt. Es ist nicht einzusehen, warum ein ungebräuchlicher, aber treffender Name nicht einem schlechten vorzuziehen ist, wenn dadurch keinerlei Mißverständnisse auftreten können.

Effusiv:

frisch:

Plagitrachyt	Nur Oligoklas	Maf. < 10
Leukoandesit	Nur Andesin	Maf. < 10

Feldspat-Gesteine
Familie: Diorite: Nr. 16

Charakteristik: Quarz weniger als 10%
Feldspat: Plagioklas (fast) allein (100—85%, Alk.-Fdsp. 0—15)
Plagioklas: An 10—45
Mafite 10—50%
Foide weniger als 10% der hellen Gemengteile

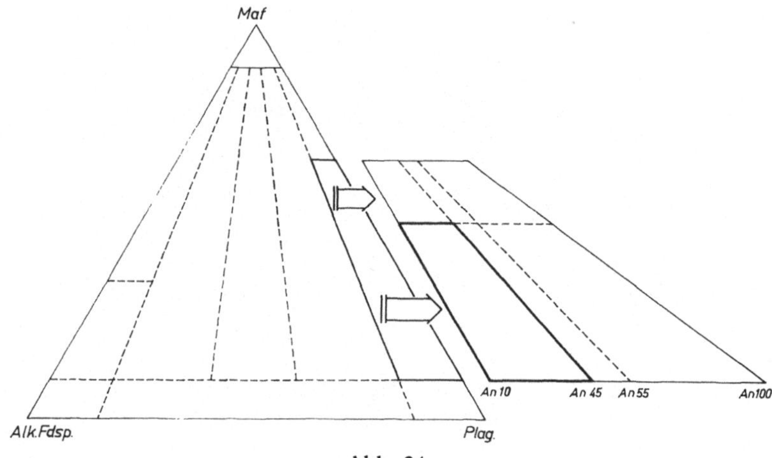

Abb. 24.

Abyssisch:

Oligodiorit	Plag. < An 30	Maf. 10—50
Diorit	Plag. > An 30, Amphibol	Maf. 10—50
Biotitdiorit	Plag. > An 30, Biotit	Maf. 10—50
Augitdiorit	Plag. > An 30, Augit	Maf. 10—50
Orthaugitdiorit	Plag. > An 30, rhomb. Pyroxen	Maf. 10—50

Hypabyssisch:

porphyrartig:

Oligodioritporphyrit	Plag. < An 30	Maf. 10—50
Dioritporphyrit	Plag. > An 30, Amphibol	Maf. 10—50
Biotitdioritporphyrit	Plag. > An 30, Biotit	Maf. 10—50
Augitdioritporphyrit	Plag. > An 30, Augit	Maf. 10—50
Orthaugitdioritporphyrit	Plag. > An 30, rhomb. Pyroxen	Maf. 10—50

aplitisch:

Oligodioritaplit	Plag. < An 30	Maf. 10—50
Dioritaplit	Plag. > An 30, Amphibol	Maf. 10—50
Biotitdioritaplit	Plag. > An 30, Biotit	Maf. 10—50
Augitdioritaplit	Plag. > An 30, Augit	Maf. 10—50
Orthaugitdioritaplit	Plag. > An 30, rhomb. Pyroxen	Maf. 10—50

pegmatitisch:

Oligodioritpegmatit	Plag. < An 30	Maf. 10—50
Dioritpegmatit	Plag. > An 30, Amphibol	Maf. 10—50
Biotitdioritpegmatit	Plag. > An 30, Biotit	Maf. 10—50
Augitdioritpegmatit	Plag. > An 30, Augit	Maf. 10—50
Orthaugitdioritpegmatit	Plag. > An 30, rhomb. Pyroxen	Maf. 10—50

lamprophyrisch:
(Siehe auch S. 129)

Kersantit	
Amphibolkersantit	
Augitkersantit	
(Amphibol-) *Spessartit*	
Augitspessartit	
Hysterobas	
Olivinspessartit	

Effusiv:

frisch:

Oligoandesit	Plag. < An 30	Maf. 10—50
(Amphibol-) Andesit	Plag. > An 30, Amphibol	Maf. 10—50
Biotitandesit	Plag. > An 30, Biotit	Maf. 10—50
Augitandesit	Plag. > An 30, Augit	Maf. 10—50
Olivinandesit	Plag. > An 30, Augit + Olivin	Maf. 10—50
Iddingsitandesit	Plag. > An 30, Augit + Iddingsit	Maf. 10—50
Orthaugitandesit	Plag. > An 30, rhomb. Pyroxen	Maf. 10—50

anchimetamorph:

Oligoporphyrit	Plag. < An 30	Maf. 10—50
Porphyrit	Plag. > An 30, Amphibol	Maf. 10—50
Biotitporphyrit	Plag. > An 30, Biotit	Maf. 10—50
Augitporphyrit	Plag. > An 30, Augit	Maf. 10—50
Orthaugitporphyrit	Plag. > An 30, rhomb. Pyroxen	Maf. 10—50

autometamorph:

Spilit	Plag. < An 30	Maf. 10—50

Feldspat-Gesteine
Familie: Meladiorite: Nr. 17

Charakteristik: Quarz weniger als 10%
Feldspat: Plagioklas (fast) allein (100—85%; Alk.-Fdsp. 0—15%)
Plagioklas: An 10—45
Mafite 50—65%
Foide weniger als 10% der hellen Gemengteile

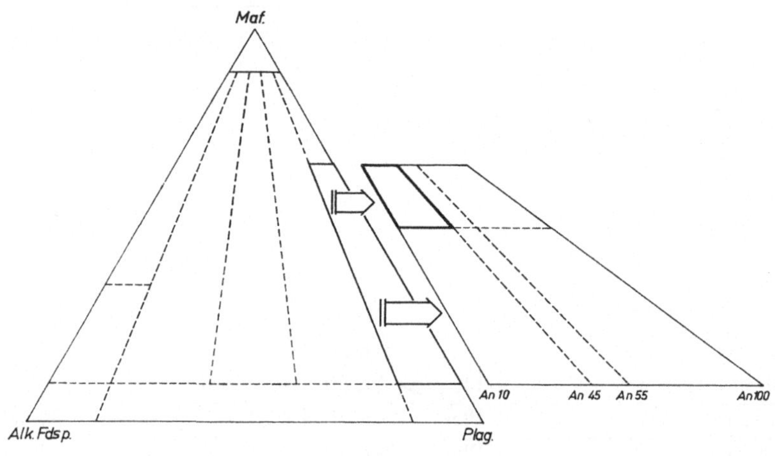

Abb. 25.

Abyssisch:

Meladiorit	Plag. < An 45, Amphibol	Maf. 50—65
Melaaugitdiorit	Plag. < An 45, Augit	Maf. 50—65
Melaolivindiorit	Plag. < An 45, Augit + Olivin	Maf. 50—65
Melaorthaugitdiorit	Plag. < An 45, rhomb. Pyroxen	Maf. 50—65

Hypabyssisch:
porphyrartig:

Meladioritporphyrit	Plag. < An 45, Amphibol	Maf. 50—65
Melaaugitdioritporphyrit	Plag. < An 45, Augit	Maf. 50—65
Melaolivindioritporphyrit	Plag. < An 45, Augit + Olivin	Maf. 50—65
Melaorthaugitdioritporphyrit	Plag. < An 45, rhomb. Pyroxen	Maf. 50—65

lamprophyrisch:
(Siehe auch S. 129)

Olivinspessartit	
Melaamphibolkersantit	
Melaaugitkersantit	
Camptospessartit	

Effusiv:
frisch:

Melaandesit	Plag. < An 45, Amphibol	Maf. 50—65

Melaaugitandesit	Plag. < An 45, Augit	Maf. 50—65
Melaolivinandesit	Plag. < An 45, Augit + Olivin	Maf. 50—65
Melaorthaugitandesit	Plag. < An 45, rhomb. Pyroxen	Maf. 50—65

anchimetamorph:

Melaporphyrit	Plag. < An 45, Amphibol	Maf. 50—65
Melaaugitporphyrit	Plag. < An 45, Augit	Maf. 50—65
Melaolivinporphyrit	Plag. < An 45, Augit + Olivin	Maf. 50—65
Melaorthaugitporphyrit	Plag. < An 45, rhomb. Pyroxen	Maf. 50—65

autometamorph:

| Melaspilit | Plag. < An 45, Augit | Maf. 50—65 |

Feldspat-Gesteine
Familie: Leukogabbrodiorite: Nr. 18

Charakteristik: Quarz weniger als 10%
         Feldspat: Plagioklas (fast) allein (100—85%; Alk.-Fdsp. 0—15%)
         Plagioklas: An 45—55
         Mafite 10—50%
         Foide weniger als 10% der hellen Gemengteile

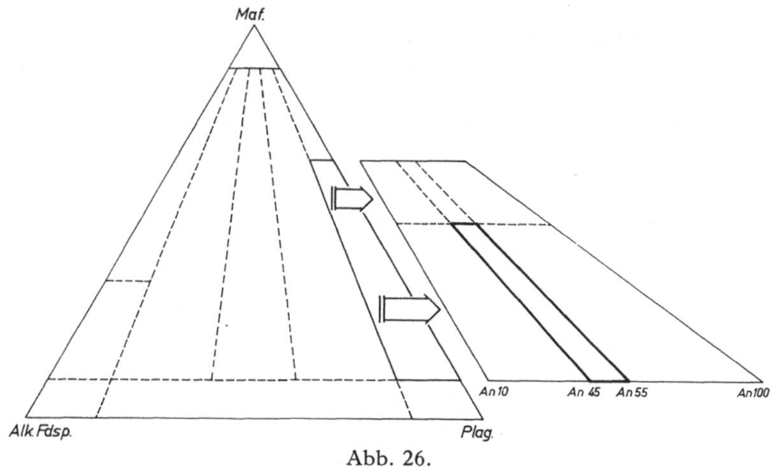

Abb. 26.

Abyssisch:

Leukoglimmergabbrodiorit	Plag. An 45—55, vorw. Glimmer	Maf. < 50
Leukogabbrodiorit	Plag. An 45—55, Amph. + Pyrox.	Maf. < 50
Leukoamphibolgabbrodiorit	Plag. An 45—55, vorw. Amphibol	Maf. < 50
Leukoaugitgabbrodiorit	Plag. An 45—55, vorw. mon. Pyrox.	Maf. < 50
Leukoorthaugitgabbrodiorit	Plag. An 45—55, vorw. rhomb. Pyrox.	Maf. < 50

Hypabyssisch:

porphyrartig:

Leukoglimmergabbrodiorit-porphyrit	Plag. An 45—55, vorw. Glimmer	Maf. < 50
Leukogabbrodioritporphyrit	Plag. An 45—55, Amph. +Pyrox.	Maf. < 50
Leukoamphibolgabbrodiorit-porphyrit	Plag. An 45—55, vorw. Amphibol	Maf. < 50
Leukoaugitgabbrodiorit-porphyrit	Plag. An 45—55, vorw. mon. Pyrox.	Maf. < 50
Leukoorthaugitgabbrodiorit-porphyrit	Plag. An 45—55, vorw. rhomb. Pyrox.	Maf. < 50

aplitisch:

Glimmergabbrodioritaplit	Plag. An 45—55, vorw. Glimmer	Maf. < 50
Gabbrodioritaplit	Plag. An 45—55, Amph. +Pyrox.	Maf. < 50
Amphibolgabbrodioritaplit	Plag. An 45—55, vorw. Amphibol	Maf. < 50

lamprophyrisch:
(Siehe auch S. 129)

Amphibolkersantit	
Augitkersantit	
Olivinkersantit	
(Amphibol-) *Spessartit*	
Augitspessartit	
Hysterobas	
Olivinspessartit	
Diabasspessartit	

Effusiv:

frisch:

Leukoglimmerandesitbasalt	Plag. An 45—55, vorw. Glimmer	Maf. < 50
Leukoandesitbasalt	Plag. An 45—55, Amph. +Pyrox.	Maf. < 50
Leukoamphibolandesitbasalt	Plag. An 45—55, vorw. Amphibol	Maf. < 50
Leukoaugitandesitbasalt	Plag. An 45—55, vorw. mon. Pyrox.	Maf. < 50
Leukoolivinandesitbasalt	Plag. An 45—55, Pyrox. + Olivin	Maf. < 50

anchimetamorph:

Leukoporphyritmelaphyr	Plag. An 45—55, Amph. +Pyrox.	Maf. < 50
Leukoamphibolporphyrit-melaphyr	Plag. An 45—55, vorw. Amphibol	Maf. < 50
Leukoaugitporphyritmelaphyr	Plag. An 45—55, vorw. mon. Pyrox.	Maf. < 50

Feldspat-Gesteine
Familie: Melagabbrodiorite: Nr. 19

Charakteristik: Quarz weniger als 10%
Feldspat: Plagioklas (fast) allein (100—85%; Alk.-Fdsp. 0—15%)
Plagioklas: An 45—55
Mafite 50—65%
Foide weniger als 10% der hellen Gemengteile

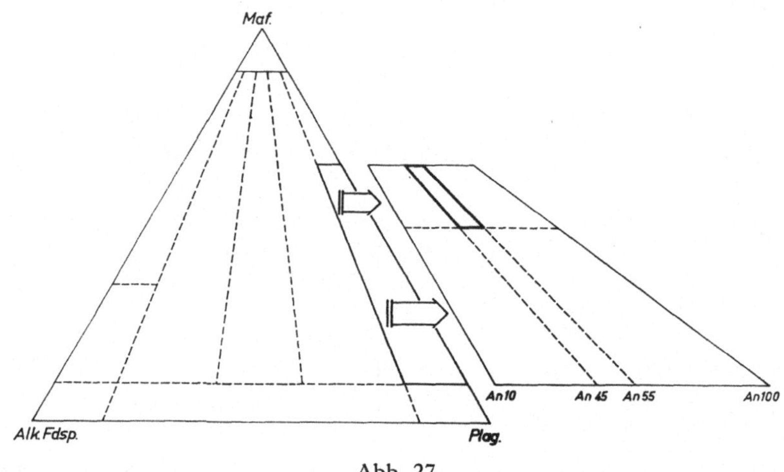

Abb. 27.

Abyssisch:

Melaglimmergabbrodiorit	Plag. An 45—55, vorw. Glimmer	Maf. 50—65
Melagabbrodiorit	Plag. An 45—55, Pyrox. + Amph.	Maf. 50—65
Melaamphibolgabbrodiorit	Plag. An 45—55, vorw. Amphibol	Maf. 50—65
Melaaugitgabbrodiorit	Plag. An 45—55, vorw. mon. Pyr.	Maf. 50—65

Melaorthaugitgabbrodiorit
  Melaenstatitgabbrodiorit
  Melabronzitgabbrodiorit
  Melahypersthengabbrodiorit
	Plag. An 45—55, vorw. rhomb. Pyr.
	  Enstatit
	  Bronzit
	  Hypersthen
		Maf. 50—65

Melaolivingabbrodiorit	Plag. An 45—55, Pyrox. + Olivin	Maf. 50—65

Hypabyssisch:

porphyrartig:

Melaglimmergabbrodiorit- porphyrit	Plag. An 45—55, vorw. Glimmer	Maf. 50—65
Melagabbrodioritporphyrit	Plag. An 45—55, Pyrox. + Amph.	Maf. 50—65
Melaamphibolgabbrodiorit- porphyrit	Plag. An 45—55, vorw. Amphibol	Maf. 50—65
Melaaugitgabbrodioritporphyrit	Plag. An 45—55, vorw. mon. Pyr.	Maf. 50—65
Melaorthaugitgabbrodiorit- porphyrit	Plag. An 45—55, vorw. rhomb. Pyr.	Maf. 50—65

Melaenstatitgabbrodiorit- porphyrit	Enstatit
Melabronzitgabbrodiorit- porphyrit	Bronzit
Melahypersthengabbro- dioritporphyrit	Hypersthen

Melaolivingabbrodiorit- porphyrit	Plag. An 45—55, Pyrox. + Olivin	Maf. 50—65

lamprophyrisch:
(Siehe auch S. 129)

Olivinspessartit
Diabasspessartit
Melaamphibolkersantit
Melaaugitkersantit
Camptospessartit

Effusiv:
frisch:

Melaandesitbasalt	Plag. An 45—55, Pyrox. + Amph.	Maf. 50—65
Melaamphibolandesitbasalt	Plag. An 45—55, vorw. Amphibol	Maf. 50—65
Melaaugitandesitbasalt	Plag. An 45—55, vorw. mon. Pyr.	Maf. 50—65

Melaorthaugitandesitbasalt
  Melaenstatitandesitbasalt
  Melabronzitandesitbasalt
  Melahypersthenandesitbasalt
	Plag. An 45—55, vorw. rhomb. Pyr.
	Enstatit
	Bronzit
	Hypersthen
		Maf. 50—65

Melaolivinandesitbasalt	Plag. An 45—55, Pyrox. + Olivin	Maf. 50—65

anchimetamorph:

Melaporphyritmelaphyr	Plag. An 45—55, Pyrox. + Amph.	Maf. 50—65
Melaamphibolporphyrit- melaphyr	Plag. An 45—55, vorw. Amphibol	Maf. 50—65
Melaaugitporphyritmelaphyr	Plag. An 45—55, vorw. mon. Pyr.	Maf. 50—65
Melaorthaugitporphyrit- melaphyr	Plag. An 45—55, vorw. rhomb. Pyr.	Maf. 50—65
Melaenstatitporphyrit- melaphyr	Enstatit	
Melabronzitporphyrit- melaphyr	Bronzit	
Melahypersthenporphyrit- melaphyr	Hypersthen	
Melaolivinporphyritmelaphyr	Plag. An 45—55, Pyrox. + Olivin	Maf. 50—65

Feldspat-Gesteine
Familie: Leukogabbros: Nr. 20

Charakteristik: Quarz weniger als 10%
      Feldspat: Plagioklas (fast) allein (100—85%; Alk.-Fdsp. 0—15%)
      Plagioklas: An 55—100
      Mafite 10—50%
      Foide weniger als 10% der hellen Gemengteile

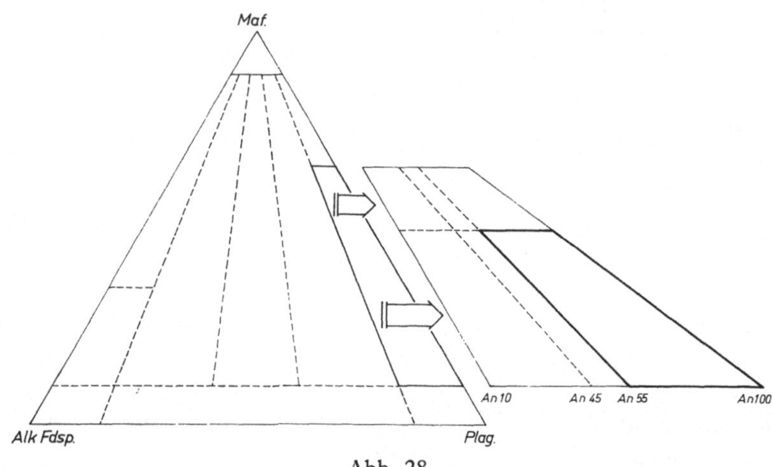

Abb. 28.

Abyssisch:

Leukoglimmergabbro	Plag. > An 55, vorw. Glimmer	Maf. 10—50
Leukoamphibolgabbro	Plag. > An 55, vorw. Amphibol	Maf. 10—50
Leukogabbro	Plag. > An 55, vorw. mon. Pyrox.	Maf. 10—50
Leukoolivingabbro	Plag. > An 55, Pyrox. + Olivin	Maf. 10—50
Leukohyperit	Plag. > An 55, (mon. + rhomb.) Pyrox. + Olivin	Maf. 10—50
Leukonorit Leukoenstatitnorit Leukobronzitnorit Leukohypersthennorit	Plag. > An 55, vorw. rhomb. Pyr. Enstatit Bronzit Hypersthen	Maf. 10—50

Hypabyssisch:
   porphyrartig:

Leukoglimmergabbroporphyrit	Plag. > An 55, vorw. Glimmer	Maf. 10—50
Leukoamphibolgabbroporphyrit	Plag. > An 55, vorw. Amphibol	Maf. 10—50
Leukogabbroporphyrit	Plag. > An 55, vorw. mon. Pyr.	Maf. 10—50
Leukoolivingabbroporphyrit	Plag. > An 55, Pyrox. + Olivin	Maf. 10—50
Leukohyperitporphyrit	Plag. > An 55, (mon. + rhomb.) Pyrox. + Olivin	Maf. 10—50
Leukonoritporphyrit Leukoenstatitnoritporphyrit Leukobronzitnoritporphyrit	Plag. > An 55, vorw. rhomb. Pyr. Enstatit Bronzit	Maf. 10—50

Leukohypersthennorit- porphyrit	Hypersthen	

aplitisch:

Glimmergabbroaplit	Plag. > An 55, vorw. Glimmer	Maf. 10—50
Amphibolgabbroaplit	Plag. > An 55, vorw. Amphibol	Maf. 10—50
Gabbroaplit	Plag. > An 55, vorw. mon. Pyr.	Maf. 10—50

Noritaplit
  Enstatitnoritaplit
  Bronzitnoritaplit
  Hypersthennoritaplit
	Plag. > An 55, vorw. rhomb. Pyr.
	  Enstatit
	  Bronzit
	  Hypersthen
		Maf. 10—50

pegmatitisch:

Glimmergabbropegmatit	Plag. > An 55, vorw. Glimmer	Maf. 10—50
Amphibolgabbropegmatit	Plag. > An 55, vorw. Amphibol	Maf. 10—50
Gabbropegmatit	Plag. > An 55, vorw. mon. Pyr.	Maf. 10—50

Noritpegmatit
  Enstatitnoritpegmatit
  Bronzitnoritpegmatit
  Hypersthennoritpegmatit
	Plag. > An 55, vorw. rhomb. Pyr.
	  Enstatit
	  Bronzit
	  Hypersthen
		Maf. 10—50

lamprophyrisch:
(Siehe auch S. 129)

Olivinkersantit	

Effusiv:

frisch:

Glimmerbasalt	Plag. > An 55, vorw. Glimmer	Maf. 10—50
Leukoamphibolbasalt	Plag. > An 55, vorw. Amphibol	Maf. 10—50
Leukobasalt	Plag. > An 55, vorw. mon. Pyr.	Maf. 10—50
Leukoolivinbasalt	Plag. > An 55, Pyr. + Olivin	Maf. 10—50

Leukoorthaugitbasalt
  Leukoenstatitbasalt
  Leukobronzitbasalt
  Leukohypersthenbasalt
	Plag. > An 55, vorw. rhomb. Pyr.
	  Enstatit
	  Bronzit
	  Hypersthen
		Maf. 10—50

anchimetamorph:

Leukoamphibolmelaphyr	Plag. > An 55, vorw. Amphibol	Maf. 10—50
Leukomelaphyr	Plag. > An 55, vorw. mon. Pyr.	Maf. 10—50

Grünsteinfazies:

Leukouralitdiabas	Plag. > An 55, Uralit	Maf. 10—50
Leukodiabas	Plag. > An 55, vorw. mon. Pyr.	Maf. 10—50
Leukoproterobas	Plag. > An 55, mon. Pyrox. + primärer Amphibol	Maf. 10—50

Feldspat-Gesteine
Familie: Gabbros: Nr. 21

Charakteristik: Quarz weniger als 10%
Feldspat: Plagioklas (fast) allein (100—85%; Alk.-Fdsp. 0—15%)
Plagioklas: An 55—100
Mafite 50—65%
Foide weniger als 10% der hellen Gemengteile

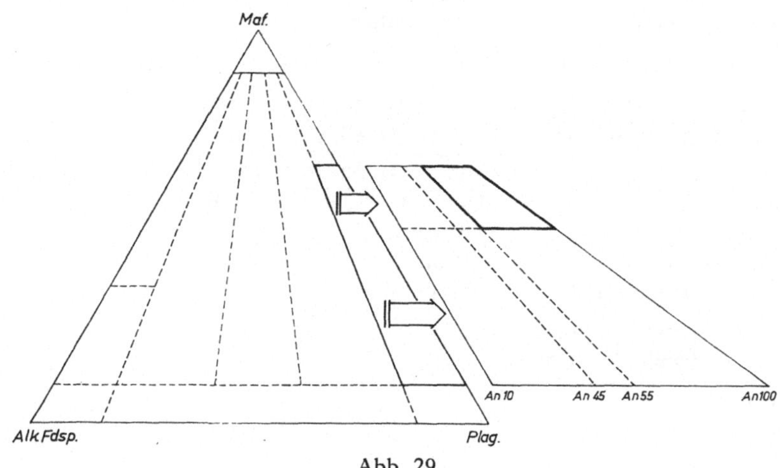

Abb. 29.

Abyssisch:

Gabbro	Plag. An 55—75, vorw. mon. Pyrox.	Maf. 50—65
Amphibolgabbro	Plag. An 55—75, vorw. Amphibol	Maf. 50—65
Glimmergabbro	Plag. An 55—75, vorw. Biotit	Maf. 50—65
Olivinaugitgabbro	Plag. An 55—75, mon. Pyr. > Olivin	Maf. 50—65
Augitolivingabbro	Plag. An 55—75, Oliv. > mon. Pyr.	Maf. 50—65
Hyperit	Plag. An 55—75, (mon. + rhomb.) Pyrox. + Olivin	Maf. 50—65

Norit
  Enstatitnorit
  Bronzitnorit
  Hypersthennorit
	Plag. An 55—75, vorw. rhomb. Pyr.
	  Enstatit
	  Bronzit
	  Hypersthen
		Maf. 50—65

Calcigabbro	Plag. > An 75	Maf. 50—65

Hypabyssisch:
porphyrartig:

Gabbroporphyrit	Plag. An 55—75, vorw. mon. Pyrox.	Maf. 50—65
Amphibolgabbroporphyrit	Plag. An 55—75, vorw. Amophibol	Maf. 50—65
Glimmergabbroporphyrit	Plag. An 55—75, vorw. Biotit	Maf. 50—65
Olivingabbroporphyrit	Plag. An 55—75, mon. Pyr. + Olivin	Maf. 50—65
Hyperitporphyrit	Plag. An 55—75, (mon. + rhomb.) Pyrox. + Olivin	Maf. 50—65

Noritporphyrit	Plag. An 55—75, vorw. rhomb. Pyr.	Maf. 50—65
Enstatitnoritporphyrit	Enstatit	
Bronzitnoritporphyrit	Bronzit	
Hypersthennoritporphyrit	Hypersthen	
Calcigabbroporphyrit	Plag. > An 75	Maf. 50—65

aplitisch:

Olivingabbroaplit	Plag. An 55—75, mon. Pyr. + Oliv.	Maf. 50—65

lamprophyrisch:
(Siehe auch S. 129, 130)

(Augit-) Camptonit	
Amphibolcamptonit	
Biotitcamptonit	
(Augit-) Monchiquit	
Amphibolmonchiquit	
Biotitmonchiquit	

Effusiv:

frisch:

Basalt	Plag. An 55—75, vorw. mon. Pyrox.	Maf. 50—65
Amphibolbasalt	Plag. An 55—75, vorw. Amphibol	Maf. 50—65
Olivinbasalt	Plag. An 55—75, mon. Pyr. > Oliv.	Maf. 50—65
Hawaiit	Plag. An 55—75, Oliv. > mon. Pyr.	Maf. 50—65
Orthaugitbasalt	Plag. An 55—75, vorw. rhomb. Pyr.	Maf. 50—65
Enstatitbasalt	Enstatit	
Bronzitbasalt	Bronzit	
Hypersthenbasalt	Hypersthen	
Calcibasalt	Plag. > An 75	Maf. 50—65

anchimetamorph:

Melaphyr	Plag. An 55—75, vorw. mon. Pyr.	Maf. 50—65
Olivinmelaphyr	Plag. An 55—75, mon. Pyr. + Oliv.	Maf. 50—65
Calcimelaphyr	Plag. > An 75	Maf. 50—65

Grünsteinfazies:

Diabas	Plag. An 55—75, vorw. mon. Pyr.	Maf. 50—65
Olivindiabas	Plag. An 55—75, mon. Pyr. + Oliv.	Maf. 50—65
Orthaugitdiabas	Plag. An 55—75, vorw. rhomb. Pyr.	Maf. 50—65
Enstatitdiabas	Enstatit	
Bronzitdiabas	Bronzit	
Hypersthendiabas	Hypersthen	
Proterobas	Plag. An 55—75, mon. Pyrox. + primärer Amphibol	Maf. 50—65
Uralitdiabas	Plag. An 55—75, Uralit	Maf. 50—65
Calcidiabas	Plag. > An 75	Maf. 50—65

Feldspat-Gesteine
Familie: Gabbromafitite: Nr. 22

Charakteristik: Quarz weniger als 10%
Feldspat: Plagioklas (fast) allein (100—85%; Alk.-Fdsp. 0—15%)
Plagioklas: An 10—100 (meist > An 50)
Mafite 65—90%
Foide weniger als 10% der hellen Gemengteile

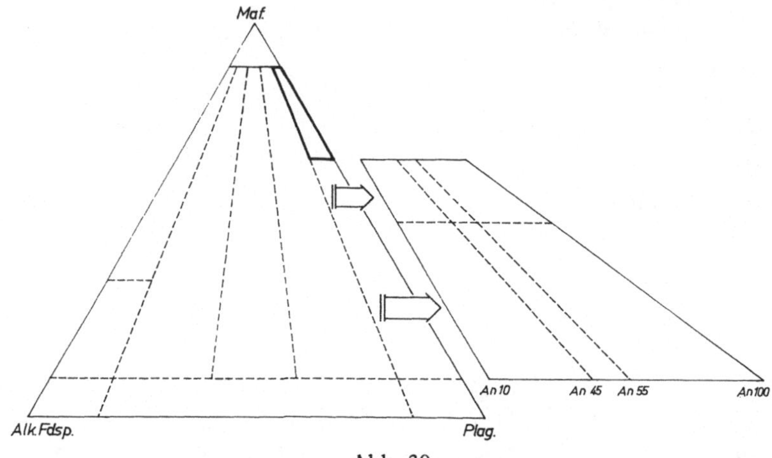

Abb. 30.

Abyssisch:

Gabbropyroxenit (Tilait)	Plag., mon. Pyrox. > Olivin	Maf. 65—90
Noritbronzitit	Plag., vorw. Bronzit	Maf. 65—90
Gabbroperidotit	Plag., Olivin > mon. Pyrox.	Maf. 65—90
Plagiodunit	Plag., nur Olivin	Maf. 65—90
Gabbrohornblendit	Plag., nur Amphibol	Maf. 65—90

Hypabyssisch:

porphyrartig:

Tilaitporphyrit (Gabbropyroxenitporphyrit)	Plag., mon. Pyrox. > Olivin	Maf. 65—90
Gabbroperidotitporphyrit	Plag., Olivin > mon. Pyrox.	Maf. 65—90
Gabbrobiotititporphyrit	Plag., nur Biotit	Maf. 65—90
Gabbrohornblenditporphyrit	Plag., nur Amphibol	Maf. 65—90

pegmatitisch:

Gabbrobiotititpegmatit	Plag., nur Biotit	Maf. 65—90
Gabbrohornblenditpegmatit	Plag., nur Amphibol	Maf. 65—90

lamprophyrisch:
(Siehe auch S. 130)

Melacamptonit	
Melamonchiquit	

Effusiv:

frisch:

Melabasalt	Plag., nur mon. Pyroxen	Maf. 65—90
Melaolivinbasalt	Plag., mon. Pyrox. > Olivin	Maf. 65—90
Ozeanit	Plag., Pyroxen $\cong$ Olivin	Maf. 65—90
Pikritbasalt	Plag., Olivin > Pyroxen	Maf. 65—90

Grünsteinfazies:

Melaolivindiabas	Plag., Olivin > Pyroxen	Maf. 65—90

FAMILIENGRUPPE V: FOID-FELDSPATGESTEINE

Charakteristik: Feldspat 90—10% der hellen Gemengteile
Foide   10—90% der hellen Gemengteile
Mafite   0—90%

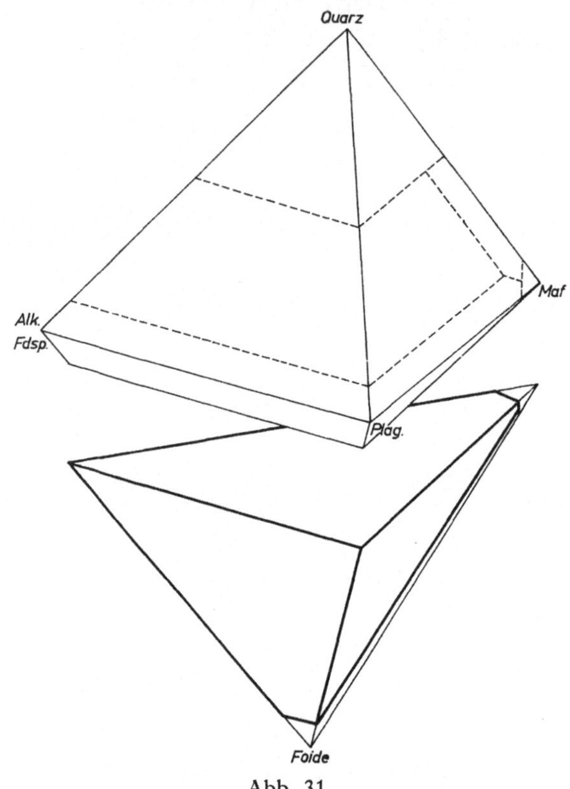

Abb. 31.

5 *Familien:*		*Hauptcharakteristika:*	
Nr. 23	Foidsyenite	(Nur) Alk.Fdsp.	Maf. < 35%
Nr. 24	Mesofoidsyenite (Malignite)	(Nur) Alk.Fdsp.	Maf. 35—50%
Nr. 25	Melafoidsyenite (Shonkinite)	(Nur) Alk.Fdsp.	Maf. 50—90%
Nr. 26	Foidsyenomonzonite (Theralithe)	Alk.Fdsp. $\geq$ Plag.	
Nr. 27	Essexite	Plag. > Alk.Fdsp.	

Foid-Feldspatgesteine

Familie: Foidsyenite[1]: Nr. 23

Charakteristik: Foide 10—90% der hellen Gemengteile
Feldspat: Alkali-Feldspat (fast) allein (100—85%; Plag. 0—15%)
Mafite weniger als 35%

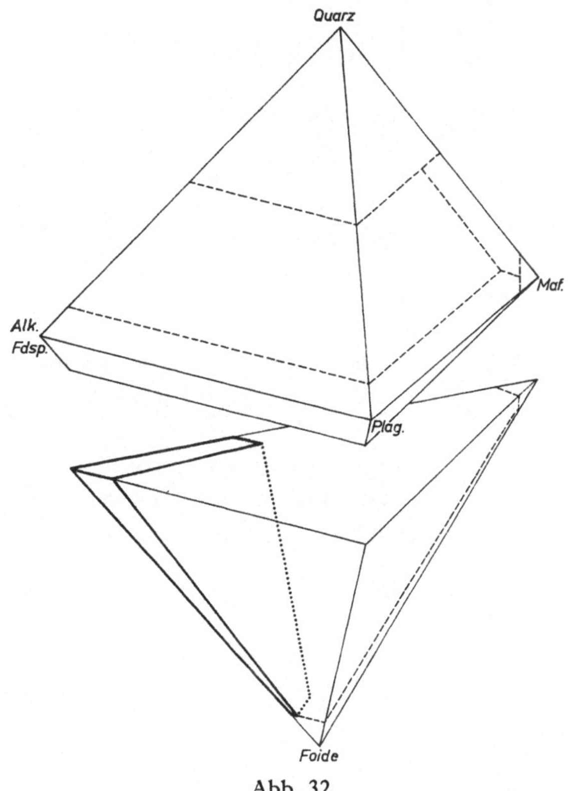

Abb. 32.

Abyssisch:

Orthoklasnephelinsyenit (Juvit)	Nur Orthokl., Nephelin	Maf. < 35
Biotitjuvit	vorw. Biotit	
Pyroxenjuvit	vorw. Pyroxen	
Foyait (Perthitnephelinsyenit)	Nur Perthit, Nephelin	Maf. < 35
Pyroxenfoyait	vorw. Pyroxen	
Amphibolfoyait	vorw. Amphibol	
Glimmerfoyait	vorw. Glimmer	
Orthoklasalbitnephelinsyenit	Albit + Orthoklas, Nephelin	Maf. < 35
Mikroklinnephelinsyenit	Nur Mikroklin, Nephelin	Maf. < 35
Albitnephelinsyenit	Nur Albit, Nephelin	Maf. < 35
Mikroklinalbitnephelinsyenit	Mikroklin + Albit, Nephelin	Maf. < 35

[1] Die Bezeichnung „Eläolithsyenite" wäre nicht ganz zutreffend, da auch Leuzitsyenite und Sodalithsyenite (ohne Nephelin) in dieser Familie zusammengefaßt sind.

Sodalithnephelinsyenit
  Sodalithperthitnephelinsyenit
  Sodalithmikroklinnephelin-
  syenit
 	
  Sodalithalbitnephelinsyenit
  usw.
	Alk.-Feldsp., Nephelin + Sodalith
	  Perthit
	  Mikroklin
	
	  Albit
		Maf. < 35

Cancrinitnephelinsyenit
  Cancrinitperthitnephelin-
  syenit
  Cancrinitmikroklinnephelin-
  syenit
  Cancrinitalbitnephelinsyenit
  usw.
	Alk.-Feldsp., Nephelin + Cancrinit
	  Perthit
	
	  Mikroklin
	
	  Albit
		Maf. < 35

Cancrinitsodalithnephelin- syenit	Alk.-Feldsp., Neph. > (Cancrinit + Sodalith)	Maf. < 35

Leuzitsyenit
  Glimmerleuzitsyenit
  Hornblendeleuzitsyenit
  Pyroxenleuzitsyenit
	Alk.-Feldsp., nur Leuzit
	  Glimmer
	  Amphibol
	  Pyroxen
		Maf. < 35

Sodalithleuzitsyenit	Alk.-Feldsp., Leuzit + Sodalith	Maf. < 35
Hauynsyenit	Alk.-Feldsp., nur Hauyn	Maf. < 35
Noseansyenit	Alk.-Feldsp., nur Nosean	Maf. < 35
Sodalithsyenit	Alk.-Feldsp., nur Sodalith	Maf. < 35
Cancrinitsyenit	Alk.-Feldsp., nur Cancrinit	Maf. < 35
Analcimsyenit	Alk.-Feldsp., nur Analcim	Maf. < 35

Hypabyssisch:
        porphyrartig:

Nephelinsyenitporphyr
  Glimmernephelinsyenit-
  porphyr
  Amphibolnephelinsyenit-
  porphyr
  Pyroxennephelinsyenit-
  porphyr
	Alk.-Feldsp., Nephelin
	  vorw. Glimmer
	
	  vorw. Amphibol
	
	  vorw. Pyroxen
		Maf. < 35

Sodalithnephelinsyenitporphyr	Alk.-Feldsp., Nephelin + Sodalith	Maf. < 35
Cancrinitnephelinsyenitporphyr	Alk.-Feldsp., Nephelin + Cancrinit	Maf. < 35

Leuzitsyenitporphyr
  Glimmerleuzitsyenitporphyr
  Hornblendeleuzitsyenit-
  porphyr
  Pyroxenleuzitsyenitporphyr
	Alk.-Feldsp., nur Leuzit
	  Glimmer
	  Amphibol
	
	  Pyroxen
		Maf. < 35

Sodalithleuzitsyenitporphyr	Alk.-Feldsp., Leuzit + Sodalith	Maf. < 35
Hauynsyenitporphyr	Alk.-Feldsp., nur Hauyn	Maf. < 35
Noseansyenitporphyr	Alk.-Feldsp., nur Nosean	Maf. < 35
Sodalithsyenitporphyr	Alk.-Feldsp., nur Sodalith	Maf. < 35
Cancrinitsyenitporphyr	Alk.-Feldsp., nur Cancrinit	Maf. < 35
Analcimsyenitporphyr	Alk.-Feldsp., nur Analcim	Maf. < 35

aplitisch:

Nephelinsyenitaplit	Alk.-Feldsp., Nephelin	Maf. < 10
Tinguait	Alk.-Feldsp., Nephelin	Maf. 10—35
Sodalithnephelinsyenitaplit	Alk.-Feldsp., Nephelin + Sodalith	Maf. < 10
Sodalithnephelintinguait	Alk.-Feldsp., Nephelin + Sodalith	Maf. 10—35
Cancrinitnephelinsyenitaplit	Alk.-Feldsp., Nephelin + Cancrinit	Maf. < 10
Cancrinitnephelintinguait	Alk.-Feldsp., Nephelin + Cancrinit	Maf. 10—35
Leuzitsyenitaplit	Alk.-Feldsp., nur Leuzit	Maf. < 10

Leuzittinguait
  Glimmerleuzittinguait
  Hornblendeleuzittinguait
  Pyroxenleuzittinguait
	Alk.-Feldsp., nur Leuzit
	  Glimmer
	  Amphibol
	  Pyroxen
		Maf. 10—35

Sodalithleuzitsyenitaplit	Alk.-Feldsp., Leuzit + Sodalith	Maf. < 10
Sodalithleuzittinguait	Alk.-Feldsp., Leuzit + Sodalith	Maf. 10—35
Hauynsyenitaplit	Alk.-Feldsp., nur Hauyn	Maf. < 10
Hauyntinguait	Alk.-Feldsp., nur Hauyn	Maf. 10—35
Noseansyenitaplit	Alk.-Feldsp., nur Nosean	Maf. < 10
Noseantinguait	Alk.-Feldsp., nur Nosean	Maf. 10—35
Sodalithsyenitaplit	Alk.-Feldsp., nur Sodalith	Maf. < 10
Sodalithtinguait	Alk.-Feldsp., nur Sodalith	Maf. 10—35
Cancrinitsyenitaplit,	Alk.-Feldsp., nur Cancrinit	Maf. < 10
Cancrinittinguait	Alk.-Feldsp., nur Cancrinit	Maf. 10—35

pegmatitisch:

Nephelinsyenitpegmatit	Alk.-Feldsp., Nephelin	Maf. < 35

Effusiv:

frisch:

Phonolith	Alk.-Feldsp., Nephelin, vorw. Pyr.	Maf. < 35
Amphibolphonolith	Alk.-Feldsp., Nephelin, vorw. Amph.	Maf. < 35
Leuzitphonolith	Alk.-Feldsp., Nephelin + Leuzit	Maf. < 35
Analcimphonolith	Alk.-Feldsp., Nephelin + Analcim	Maf. < 35
Hauynphonolith	Alk.-Feldsp., Nephelin + Hauyn	Maf. < 35
Noseanphonolith	Alk.-Feldsp., Nephelin + Nosean	Maf. < 35
Sodalithphonolith	Alk.-Feldsp., Nephelin + Sodalith	Maf. < 35
Leuzitalkalitrachyt	Alk.-Feldsp. > Leuzit	Maf. < 35
Trachyleuzitit	Alk.-Feldsp. < Leuzit	Maf. < 35
Hauynalkalitrachyt	Alk.-Feldsp., Hauyn	Maf. < 35
Noseanalkalitrachyt	Alk.-Feldsp., Nosean	Maf. < 35
Sodalithalkalitrachyt	Alk.-Feldsp., Sodalith	Maf. < 35
Analcimalkalitrachyt	Alk.-Feldsp., Analcim	Maf. < 35

Foid-Feldspatgesteine
Familie: Mesofoidsyenite (Malignite): Nr. 24

Charakteristik: Foide 10—90% der hellen Gemengteile
                 Feldspat: Alkali-Feldspat (fast) allein (100—85%; Plag. 0—15%)
                 Mafite 35—50%

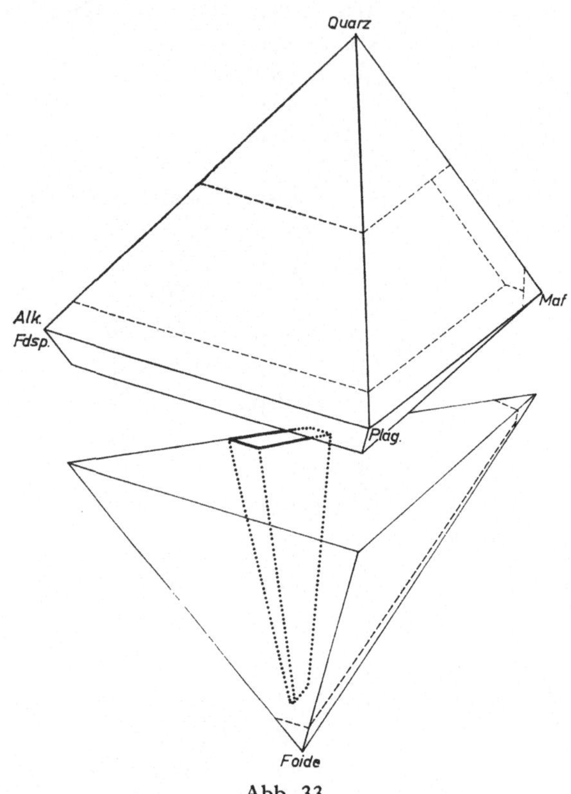

Abb. 33.

Abyssisch:

(Pyroxen-) Malignit	Orthoklas, Nephelin, vorw. Pyrox.	Maf. 35—50
Amphibolmalignit	Orthoklas, Nephelin, vorw. Amph.	Maf. 35—50
Melanitmalignit	Orthoklas, Nephelin, Pyr.+Melan.	Maf. 35—50
Alkalimalignit	Alk.-Feldsp. + Neph., vorw. Pyr.	Maf. 35—50
Amphibolalkalimalignit	Alk.-Feldsp. + Neph., vorw. Amph.	Maf. 35—50
Albitmalignit	Albit + Nephelin, vorw. Pyroxen	Maf. 35—50
Amphibolalbitmalignit	Albit + Nephelin, vorw. Amphibol	Maf. 35—50

Hypabyssisch:

porphyrartig:

Malignitporphyr	Orthoklas, Nephelin, vorw. Pyrox.	Maf. 35—50
Amphibolmalignitporphyr	Orthoklas, Nephelin, vorw. Amph.	Maf. 35—50

Melanitmalignitporphyr	Orthoklas, Nephelin, Pyr. + Melan.	Maf. 35—50
Alkalimalignitporphyr	Alk.-Feldsp. + Neph., vorw. Pyr.	Maf. 35—50
Amphibolalkalimalignitporphyr	Alk.-Feldsp. + Neph., vorw. Amph.	Maf. 35—50
Albitmalignitporphyr	Albit + Nephelin, vorw. Pyroxen	Maf. 35—50

pegmatitisch:

Albitmalignitpegmatit	Albit + Nephelin, vorw. Pyroxen	Maf. 35—50

Effusiv:

frisch:

Mesophonolith	Alk.-Feldsp., Neph., vorw. Pyr.	Maf. 35—50
Mesoamphibolphonolith	Alk.-Feldsp., Neph., vorw. Amph.	Maf. 35—50
Mesoleuzitphonolith	Alk.-Feldsp., Neph. + Leuzit	Maf. 35—50
Mesohauynphonolith	Alk.-Feldsp., Neph. + Hauyn	Maf. 35—50
Mesonoseanphonolith	Alk.-Feldsp., Neph. + Nosean	Maf. 35—50
Mesosodalithphonolith	Alk.-Feldsp., Neph. + Sodalith	Maf. 35—50
Mesoleuzitalkalitrachyt	Alk.-Feldsp. > Leuzit	Maf. 35—50
Mesotrachyleuzitit	Alk.-Feldsp. < Leuzit	Maf. 35—50
Mesohauynalkalitrachyt	Alk.-Feldsp., Hauyn	Maf. 35—50
Mesonoseanalkalitrachyt	Alk.-Feldsp., Nosean	Maf. 35—50
Mesosodalithalkalitrachyt	Alk.-Feldsp., Sodalith	Maf. 35—50

Foid-Feldspatgesteine

Familie: Melafoidsyenite (Shonkinite): Nr. 25

Charakteristik: Foide 10—90% der hellen Gemengteile
Feldspat: Alkali-Feldspat (fast) allein (100—85%; Plag. 0—15%)
Mafite 50—90%

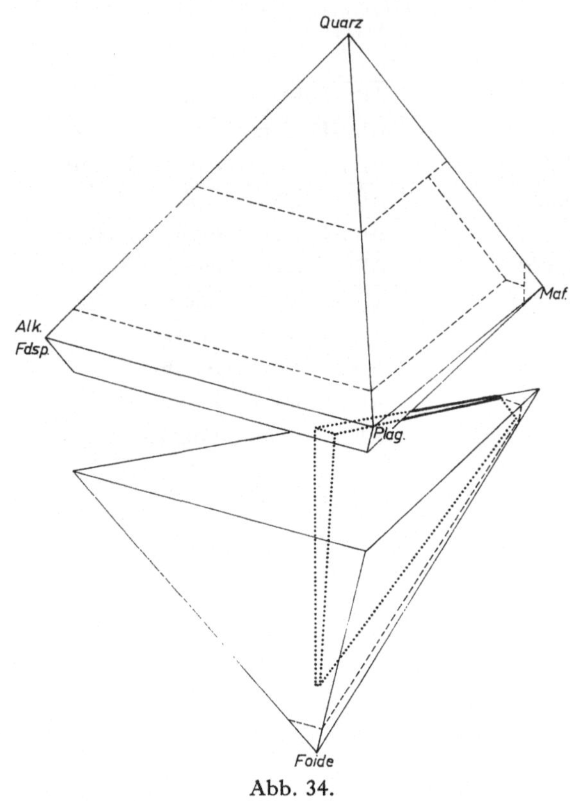

Abb. 34.

Abyssisch:

Shonkinit	Alk.-Feldsp. ≫ Nephelin	Maf. 50—90
Nephelinshonkinit	Alk.-Feldsp. > Nephelin	Maf. 50—90
Natronshonkinit	Nephelin > Alk.-Feldsp.	Maf. 50—90
Leuzitshonkinit	Alk.-Feldsp. ≧ Leuzit	Maf. 50—90

Hypabyssisch:

porphyrartig:

Shonkinitporphyr	Alk.-Feldsp. ≫ Nephelin	Maf. 50—90
Nephelinshonkinitporphyr	Alk.-Feldsp. > Nephelin	Maf. 50—90
Natronshonkinitporphyr	Nephelin > Alk.-Feldsp.	Maf. 50—90
Leuzitshonkinitporphyr	Alk.-Feldsp. ≧ Leuzit	Maf. 50—90

lamprophyrisch:
(Siehe auch S. 128)

Nephelinminette	
Nephelinvogesit	
Nephelinaugitvogesit	
Nephelinkalicamptonit	
Leuzitalkalicamptonit	

Effusiv:

frisch:

Melaphonolith	Alk.-Feldsp., Nephelin	Maf. 50—90
Melaleuzitalkalitrachyt	Alk.-Feldsp. > Leuzit	Maf. 50—90
Melatrachyleuzitit	Alk.-Feldsp. < Leuzit	Maf. 50—90

Foid-Feldspatgesteine

Familie: Foidsyenomonzonite (Theralithe): Nr. 26

Charakteristik: Foide 10—90% der hellen Gemengteile
Feldspat: Alkali-Feldspat 85—40%; Plagiokl. 15—60%
Mafite weniger als 90%

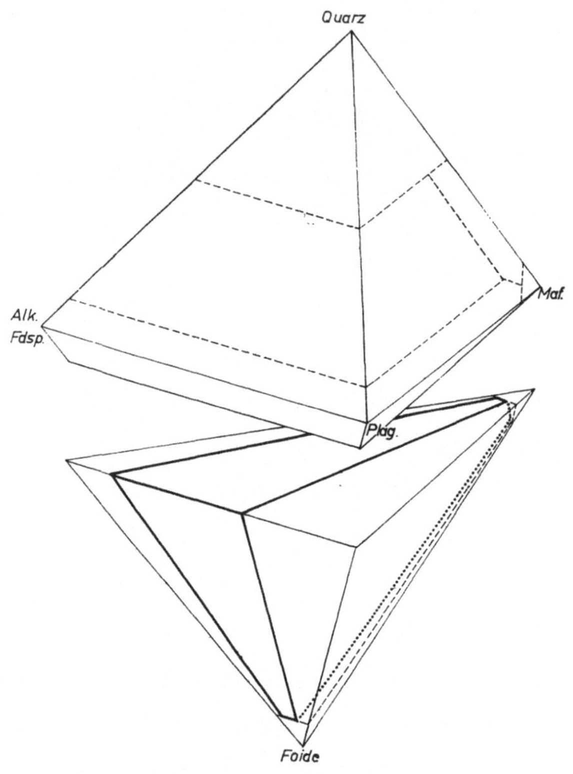

Abb. 35.

Abyssisch:

Nosykombit	Alk.-Feldsp. > Plag., Nephelin	Maf. < 50
Melanosykombit	Alk.-Feldsp. > Plag., Nephelin	Maf. > 50
Leukonephelinmonzonit	Alk.-Feldsp. ≃ Plag., Nephelin	Maf. < 20
Nephelinmonzonit	Alk.-Feldsp. ≃ Plag., Nephelin	Maf. 20—50
Theralith (Melanephelinmonzonit)	Alk.-Feldsp. ≃ Plag., Nephelin	Maf. > 50
Analcimtheralith	Alk.-Feldsp. ≃ Plag., Neph. + Analcim	Maf. > 50
Leuzitmonzonit	Alk.-Feldsp. ≃ Plag., Leuzit	Maf. < 50
Melaleuzitmonzonit	Alk.-Feldsp. ≃ Plag., Leuzit	Maf. > 50
Hauynmonzonit	Alk.-Feldsp. ≃ Plag., Hauyn	Maf. < 50
Analcimmonzonit	Alk.-Feldsp. ≃ Plag., Analcim	Maf. < 50

Hypabyssisch:

porphyrartig:

Nosykombitporphyr	Alk.-Feldsp. > Plag., Nephelin	Maf. < 50
Melanosykombitporphyr	Alk.-Feldsp. > Plag., Nephelin	Maf. > 50
Nephelinmonzonitporphyr(it)	Alk.-Feldsp. ≃ Plag., Nephelin	Maf. 20—50
Theralithporphyr(it) (Mela-nephelinmonzonitporphyr(it)	Alk.-Feldsp. ≃ Plag., Nephelin	Maf. > 50
Leuzitmonzonitporphyr(it)	Alk.-Feldsp. ≃ Plag., Leuzit	Maf. < 50
Melaleuzitmonzonit-porphyr(it)	Alk.-Feldsp. ≃ Plag., Leuzit	Maf. > 50
Hauynmonzonitporphyr(it)	Alk.-Feldsp. ≃ Plag., Hauyn	Maf. < 50
Analcimmonzonitporphyr(it)	Alk.-Feldsp. ≃ Plag., Analcim	Maf. < 50

aplitisch:

Nephelinmonzonitaplit	Alk.-Feldsp. ≃ Plag., Nephelin	Maf. < 20
Analcimmonzonitaplit	Alk.-Feldsp. ≃ Plag., Analcim	Maf. < 50

lamprophyrisch:
(Siehe auch S. 130)

Nephelincamptonit	
Nephelinamphibolcamptonit	
Nephelinmonchiquit	
Nephelinamphibolmonchiquit	
Leuzitmonchiquit	
Analcimleuzitmonchiquit	
Hauynmonchiquit	
Noseanmonchiquit	
Sodalithmonchiquit	

Effusiv:

frisch:

Nephelintrachyt	Alk.-Feldsp. > Plag., Plag. < An 50, Neph.	Maf. < 50
Nephelincalcitrachyt	Alk.-Feldsp. > Plag., Plag. > An 50, Neph.	Maf. < 50
Melanephelincalcitrachyt	Alk.-Feldsp. > Plag., Plag. > An 50, Neph.	Maf. > 50
Leuzittrachyt	Alk.-Feldsp. > Plag., Plag. < An 50, Leuzit	Maf. < 50
Leuzitcalcitrachyt	Alk.-Feldsp. > Plag., Plag. > An 50, Leuzit	Maf. < 50
Melaleuzitcalcitrachyt usw.	Alk.-Feldsp. > Plag., Plag. > An 50, Leuzit	Maf. > 50
Analcimtrachyt usw.	Alk.-Feldsp. > Plag., Plag. < An 50, Analcim	Maf. < 50
Natrolithtrachyt usw.	Alk.-Feldsp. > Plag., Plag. < An 50, Natrolith	Maf. < 50
Hauyntrachyt usw.	Alk.-Feldsp. > Plag., Plag. < An 50, Hauyn	Maf. < 50
Hauynnephelinleuzitcalci-trachyt usw.	Alk.-Feldsp. > Plag., Plag. > An 50, Leuzit > Neph. > Hauyn	Maf. < 50

Nephelintrachyandesit	Alk.-Feldsp. $\simeq$ Plag., Plag. $<$ An 50, Neph.	Maf. $<$ 50
Nephelinlatit	Alk.-Feldsp. $\simeq$ Plag., Plag. $>$ An 50, Neph.	Maf. $<$ 50
Nephelintrachybasalt	Alk.-Feldsp. $\simeq$ Plag., Plag. $>$ An 50, Neph.	Maf. $>$ 50
Leuzittrachyandesit	Alk.-Feldsp. $\simeq$ Plag., Plag. $<$ An 50, Leuzit	Maf. $<$ 50
Leuzitlatit	Alk.-Feldsp. $\simeq$ Plag., Plag. $>$ An 50, Leuzit	Maf. $<$ 50
Leuzittrachybasalt	Alk.-Feldsp. $\simeq$ Plag., Plag. $>$ An 50, Leuzit	Maf. $>$ 50
Hauyntrachyandesit usw.	Alk.-Feldsp. $\simeq$ Plag., Plag. $<$ An 50, Hauyn	Maf. $<$ 50
Hauynlatit usw.	Alk.-Feldsp. $\simeq$ Plag., Plag. $>$ An 50, Hauyn	Maf. $<$ 50
Analcimtrachyandesit usw.	Alk.-Feldsp. $\simeq$ Plag., Plag. $<$ An 50, Analcim	Maf. $<$ 50

Foid-Feldspatgesteine

Familie: Essexite: Nr. 27

Charakteristik: Foide 10—90% der hellen Gemengteile
Feldspat: Alkali-Feldspat 40—0%; Plagiokl. 60—100%
Mafite weniger als 90%

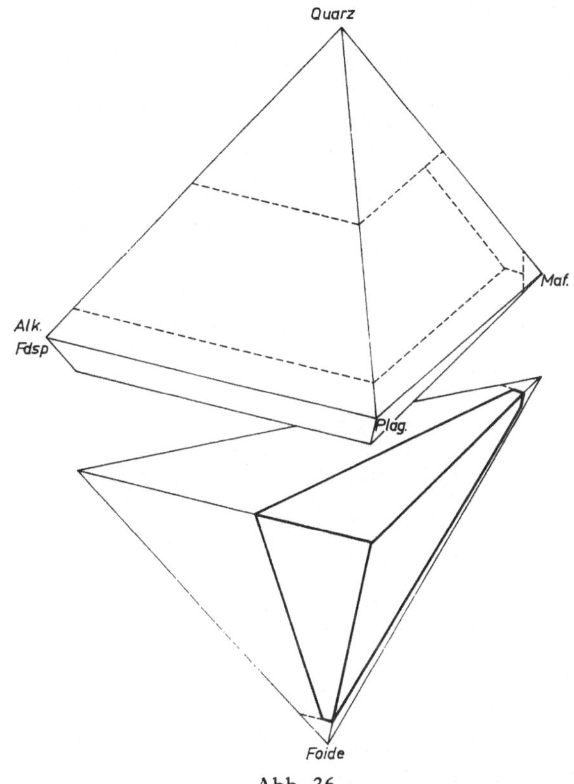

Abb. 36.

Abyssisch:

Essexit	Plag. > Alk.-Feldsp., Nephelin	Maf. < 50
Melaessexit	Plag. > Alk.-Feldsp., Nephelin	Maf. > 50
Leuzitessexit	Plag. > Alk.-Feldsp., Leuzit	Maf. < 50
Melaleuzitessexit	Plag. > Alk.-Feldsp., Leuzit	Maf. > 50
Hauynessexit usw.	Plag. > Alk.-Feldsp., Hauyn	Maf. < 50
Nephelindiorit	(Nur) Plag. < An 50, Nephelin	Maf. < 50
Leukonephelingabbro	(Nur) Plag. > An 50, Nephelin	Maf. < 50
Nephelingabbro	(Nur) Plag. > An 50, Nephelin	Maf. > 50
Nephelinolivingabbro	(Nur) Plag. > An 50, Neph. + Oliv.	Maf. > 50
Leuzitdiorit	(Nur) Plag. < An 50, Leuzit	Maf. < 50

Leuzitgabbro usw.	(Nur) Plag. > An 50, Leuzit	Maf. > 50
Hauyndiorit	(Nur) Plag. < An 50, Hauyn	Maf. < 50
Hauyngabbro usw.	(Nur) Plag. > An 50, Hauyn	Maf. > 50

Hypabyssisch:

porphyrartig:

Essexitporphyrit	Plag. > Alk.-Feldsp., Nephelin	Maf. < 50
Leuzitessexitporphyrit	Plag. > Alk.-Feldsp., Leuzit	Maf. < 50
Hauynessexitporphyrit	Plag. > Alk.-Feldsp., Hauyn	Maf. < 50
Nephelindioritporphyrit	(Nur) Plag. < An 50, Nephelin	Maf. < 50
Nephelingabbroporphyrit	(Nur) Plag. > An 50, Nephelin	Maf. > 50
Leuzitdioritporphyrit	(Nur) Plag. < An 50, Leuzit	Maf. < 50
Leuzitgabbroporphyrit	(Nur) Plag. > An 50, Leuzit	Maf. > 50
Hauyndioritporphyrit	(Nur) Plag. < An 50, Hauyn	Maf. < 50
Hauyngabbroporphyrit	(Nur) Plag. > An 50, Hauyn	Maf. > 50

aplitisch:

Essexitaplit	Plag. > Alk.-Feldsp., Nephelin	Maf. < 50
Leuzitessexitaplit	Plag. > Alk.-Feldsp., Leuzit	Maf. < 50
Hauynessexitaplit	Plag. > Alk.-Feldsp., Hauyn	Maf. < 50
Nephelindioritaplit	(Nur) Plag. < An 50, Nephelin	Maf. < 50
Leuzitdioritaplit	(Nur) Plag. < An 50, Leuzit	Maf. < 50

lamprophyrisch:
(Siehe auch S. 130)

Nephelincamptonit	
Nephelinamphibolcamptonit	
Nephelinmonchiquit	
Nephelinamphibolmonchiquit	
Leuzitmonchiquit	
Analcimleuzitmonchiquit	
Hauynmonchiquit	
Noseanmonchiquit	
Sodalithmonchiquit	
Leukoteschenit	
Analcimteschenit	
Amphibolteschenit	
(Augit-) Teschenit	
Nephelinteschenit	
Olivinteschenit	
Melateschenit	
Melaolivinteschenit	

Effusiv:

frisch:

Nephelinsanidinandesit	Plag. > Alk.-Feldsp., Plag. < An 50, Neph. Maf. < 50
Nephelinleukosanidinbasalt	Plag. > Alk.-Feldsp., Plag. > An 50, Neph. Maf. < 50
Leuzitsanidinandesit	Plag. > Alk.-Feldsp., Plag. < An 50, Leuzit Maf. < 50
Leuzitleukosanidinbasalt	Plag. > Alk.-Feldsp., Plag. > An 50, Leuzit Maf. < 50
Hauynsanidinandesit	Plag. > Alk.-Feldsp., Plag. < An 50, Hauyn Maf. < 50
Noseansanidinandesit	Plag. > Alk.-Feldsp., Plag. < An 50, Nosean Maf. < 50
Sodalithsanidinandesit	Plag. > Alk.-Feldsp., Plag. < An 50, Sodalith Maf. < 50
Analcimsanidinandesit	Plag. > Alk.-Feldsp., Plag. < An 50, Analcim Maf. < 50
Nephelinandesit	(Nur) Plag. < An 50, Nephelin Maf. < 50
Leuzitandesit	(Nur) Plag. < An 50, Leuzit Maf. < 50
Hauynandesit	(Nur) Plag. < An 50, Hauyn Maf. < 50
Nephelintephrit	(Nur) Plag. > An 50, Neph., kein Olivin Maf. > 35
Leuzittephrit	(Nur) Plag. > An 50, Leuz., kein Olivin Maf. > 35
Hauyntephrit	(Nur) Plag. > An 50, Hauyn, kein Olivin Maf. > 35
Noseantephrit	(Nur) Plag. > An 50, Nosean, kein Olivin Maf. > 35
Sodalithtephrit	(Nur) Plag. > An 50, Sodalith, kein Olivin Maf. > 35
Analcimtephrit	(Nur) Plag. > An 50, Analcim, kein Olivin Maf. > 35
Nephelinbasanit	(Nur) Plag. > An 50, Nephelin mit Olivin Maf. > 35
Leuzitbasanit	(Nur) Plag. > An 50, Leuzit mit Olivin Maf. > 35
Hauynbasanit	(Nur) Plag. > An 50, Hauyn mit Olivin Maf. > 35
Noseanbasanit	(Nur) Plag. > An 50, Nosean mit Olivin Maf. > 35
Sodalithbasanit	(Nur) Plag. > An 50, Sodalith mit Olivin Maf. > 35
Analcimbasanit	(Nur) Plag. > An 50, Analcim mit Olivin Maf. > 35

Grünsteinfazies:

Essexitdiabas	Plag.> Alk.-Feldsp., Nephelin, vorw. mon. Pyroxen Maf. $\geqq$ 50
Analcimdiabas	(Nur) Plag., Analcim, vorw. mon. Pyrox. Maf. $\geqq$ 50

FAMILIENGRUPPE VI: FOIDGESTEINE

Charakteristik: Feldspat 0—10% der hellen Gemengteile
Foide   90—100% der hellen Gemengteile
Mafite   0—90%

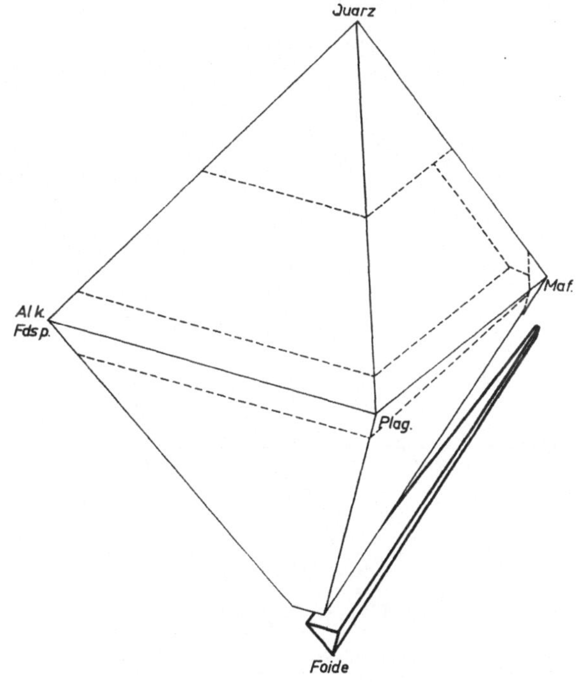

Abb. 37.

4 *Familien:*		*Hauptcharakteristika*
Nr. 28	Nephelinite	Vorw. Nephelin
Nr. 29	Leuzitite	Vorw. Leuzit
Nr. 30	Sodalithite	Vorw. Sodalithe
Nr. 31	Melilithfoidite	Foide + Melilithe

Foid-Gesteine
Familie: Nephelinite[1]: Nr. 28

Charakteristik: Feldspate 0—10% der hellen Gemengteile
Foide: überwiegend Nephelin
Mafite 0—90%

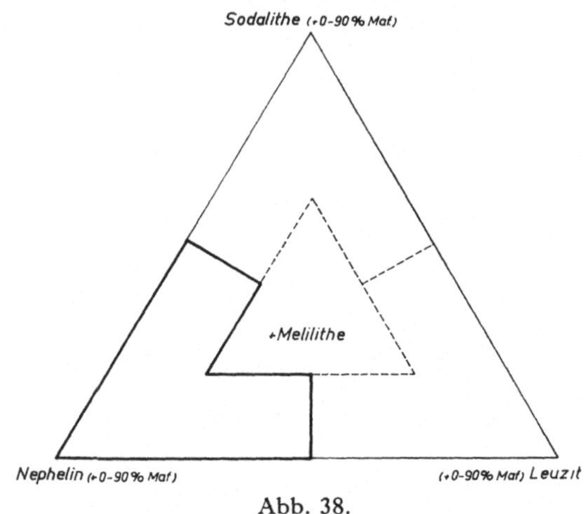

Abb. 38.

Abyssisch:

Nephelinolith	Überw. Nephelin	Maf. < 10
Leukoijolith	Überw. Nephelin, Pyroxen	Maf. 10—40
Leukoglimmerijolith	Überw. Nephelin, Glimmer	Maf. 10—40
Leukoamphibolijolith	Überw. Nephelin, Amphibol	Maf. 10—40
Ijolith	Überw. Nephelin, Pyroxen	Maf. 40—60
Glimmerijolith	Überw. Nephelin, Glimmer	Maf. 40—60
Amphibolijolith	Überw. Nephelin, Amphibol	Maf. 40—60
Melaijolith	Überw. Nephelin, Pyroxen	Maf. 60—90
Melaglimmerijolith	Überw. Nephelin, Glimmer	Maf. 60—90
Melaamphibolijolith	Überw. Nephelin, Amphibol	Maf. 60—90

Hypabyssisch:

porphyrartig:

Leukoijolithporphyr	Überw. Nephelin, Pyroxen	Maf. 10—40
Ijolithporphyr	Überw. Nephelin, Pyroxen	Maf. 40—60

lamprophyrisch:
(Siehe auch S. 131)

Nephelinouachitit	

[1] Statt der für die Familie meist üblichen Tiefengesteinsbezeichnung (hier Ijolithe) ist der Effusivname vorzuziehen, da dieser viel besser die Gesteine der Familie charakterisiert.

Effusiv:

frisch:

Nephelinit	(Nur) Nephelin, Pyroxen	Maf. < 60
Leuzitnephelinit	Nephelin $>$ Leuzit, Pyroxen	Maf. < 60
Hauynnephelinit	Nephelin $>$ Hauyn, Pyroxen	Maf. < 60
Noseannephelinit	Nephelin $>$ Nosean, Pyroxen	Maf. < 60
Sodalithnephelinit	Nephelin $>$ Sodalith, Pyroxen	Maf. < 60
Biotitnephelinit	Nephelin, Pyroxen $\geqq$ Biotit	Maf. < 60
Olivinnephelinit	Nephelin, Pyroxen $\gg$ Olivin	Maf. < 60
Mesopikritnephelinit	Nephelin, Pyroxen $>$ Olivin	Maf. < 60
Melaleuzitnephelinit	Nephelin $>$ Leuzit, Pyroxen	Maf. 60—90
Melahauynnephelinit	Nephelin $>$ Hauyn, Pyroxen	Maf. 60—90
Melaolivinnephelinit	Nephelin, Pyroxen $\gg$ Olivin	Maf. 60—90
Pikritnephelinit	Nephelin, Pyroxen $>$ Olivin	Maf. 60—90

Foid-Gesteine

Familie: Leuzitite[1] (+ Analcimite): Nr. 29

Charakteristik: Feldspate 0—10% der hellen Gemengteile
Foide: überwiegend Leuzit (Analcim)
Mafite 0—90%

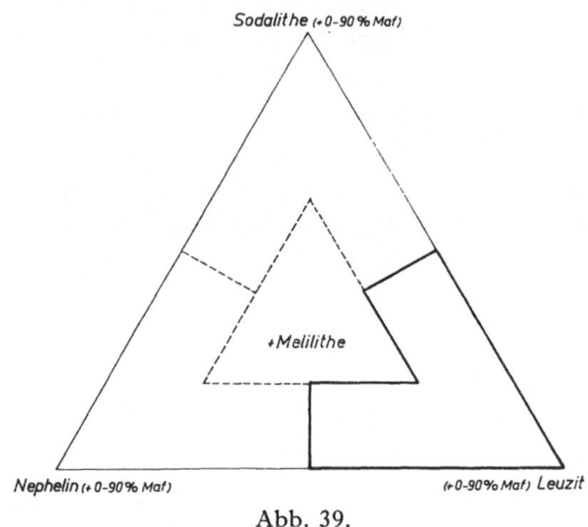

Abb. 39.

Abyssisch:

Leuzitolith (Leukofergusit)	(Nur) Leuzit	Maf. < 10
Fergusit	(Nur) Leuzit, vorw. Pyrox.	Maf. 10—50
Nephelinfergusit	Leuzit > Nephelin, vorw. Pyrox.	Maf. 10—50
Melafergusit	Vorw. Leuzit, vorw. Pyrox.	Maf. 50—90

Hypabyssisch:

porphyrartig:

Fergusitporphyr	(Nur) Leuzit, vorw. Pyrox.	Maf. 10—50
Noseannephelinfergusitporphyr	Leuzit > Nephelin > Nosean	Maf. 10—50

lamprophyrisch:
(Siehe auch S. 131)

Analcimcalcitouachitit (Turjit)	

Effusiv:

frisch:

Leukoleuzitit	(Leuzit)	Maf. < 10
Leuzitit	(Leuzit, vorw. Pyroxen)	Maf. 10—50
Nephelinleuzitit	Leuzit > Nephelin, vorw. Pyrox.	Maf. 10—50
Hauynnephelinleuzitit	Leuzit> Neph.> Hauyn, vorw.Pyr.	Maf. 10—50

[1] Statt der für die Familie meist üblichen Tiefengesteinsbezeichnung (hier Fergusite) ist der Effusivname vorzuziehen, da dieser viel besser die Gesteine der Familie charakterisiert.

Biotitleuzitit	(Leuzit, Pyrox. $\simeq$ Biotit)	Maf. 10—50
Melaleuzitit	(Leuzit, vorw. Pyrox.)	Maf. 50—90
Melabiotitleuzitit	(Leuzit, Pyroxen + Biotit)	Maf. 50—90
Melaolivinleuzitit	(Leuzit, Pyroxen + Olivin)	Maf. 50—90
Leukoanalcimit	(Analcim)	Maf. < 10
Analcimit	(Analcim, vorw. Pyrox.)	Maf. 10—50
Olivinanalcimit	(Analcim, Pyrox. + Olivin)	Maf. 10—50
Melaanalcimit	(Analcim, vorw. Pyroxen)	Maf. 50—90
Melaolivinanalcimit	(Analcim, Pyroxen + Olivin)	Maf. 50—90

Foid-Gesteine
Familie: Sodalithite[1]: Nr. 30

Charakteristik: Feldspat 0—10% der hellen Gemengteile
　　　　　　　　Foide: überwiegend Sodalithgruppe
　　　　　　　　Mafite 0—90%

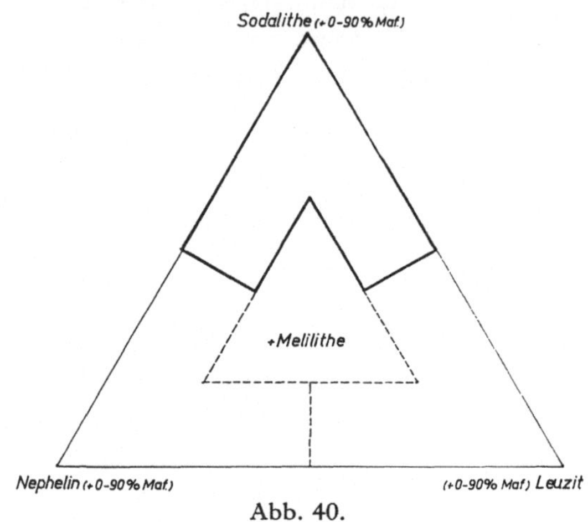

Abb. 40.

Abyssisch:

Hauynolith	Hauyn	Maf. < 10
Noseanolith	Nosean	Maf. < 10
Sodalitholith	Sodalith	Maf. < 10
Tawit	Sodalith, vorw. Pyroxen	Maf. 10—50
Nephelinanalcimtawit	Sodal. > Analc. > Neph., vorw. Pyr.	Maf. 10—50
Hauyntawit	Hauyn, vorw. Pyroxen	Maf. 10—50
Noseantawit	Nosean, vorw. Pyroxen	Maf. 10—50
Melatawit	Vorw. Sodalith, vorw. Pyroxen	Maf. 50—90
Melahauyntawit	Vorw. Hauyn, vorw. Pyroxen	Maf. 50—90
Melanoseantawit	Vorw. Nosean, vorw. Pyroxen	Maf. 50—90

Hypabyssisch:
porphyrartig:

Tawitporphyr	Sodalith, vorw. Pyroxen	Maf. 10—50
Hauyntawitporphyr	Hauyn, vorw. Pyroxen	Maf. 10—50
Noseantawitporphyr	Nosean, vorw. Pyroxen	Maf. 10—50
Melatawitporphyr	Vorw. Sodalith, vorw. Pyroxen	Maf. 50—90
Melahauyntawitporphyr	Vorw. Hauyn, vorw. Pyroxen	Maf. 50—90
Melanoseantawitporphyr	Vorw. Nosean, vorw. Pyroxen	Maf. 50—90

---

[1] Statt der für die Familie meist üblichen Tiefengesteinsbezeichnung (hier Tawite) ist der Effusivname vorzuziehen, da dieser viel besser die Gesteine der Familie charakterisiert.

Effusiv:

frisch:

Sodalithit	Sodalith, vorw. Pyroxen	Maf. 10—50
Hauynit	Hauyn, vorw. Pyroxen	Maf. 10—50
Noseanit	Nosean, vorw. Pyroxen	Maf. 10—50
Olivinnoseanit	Nosean, Pyroxen + Olivin	Maf. 10—50
Melasodalithit	Vorw. Sodalith, vorw. Pyroxen	Maf. 50—90
Melahauynit	Vorw. Hauyn, vorw. Pyroxen	Maf. 50—90
Melanoseanit	Vorw. Nosean, vorw. Pyroxen	Maf. 50—90

Foid-Gesteine

Familie: Melilithfoidite: Nr. 31

Charakteristik: Feldspate 0—10% der hellen Gemengteile
Foide
Mafite ~ 40—90%; davon wesentlich
Melilith

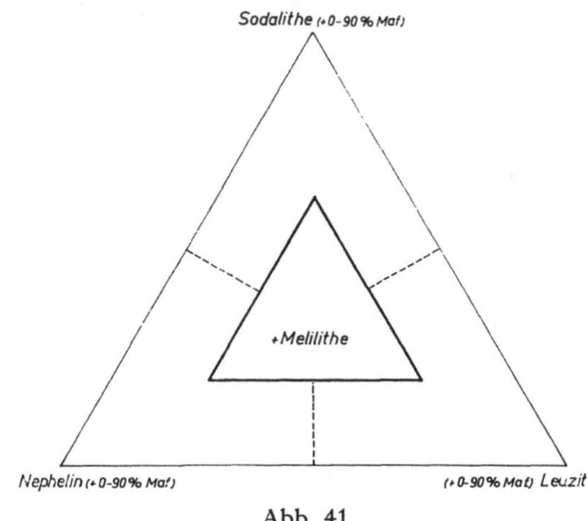

Abb. 41.

Abyssisch:

(Nephelin-) Turjait	(Nur) Nephelin, Melilith	Maf. 40—90
Leuzitnephelinturjait	Nephelin > Leuzit, Melilith	Maf. 40—90
Leuzitturjait	(Nur) Leuzit, Melilith	Maf. 40—90
Hauynnephelinturjait	Nephelin > Hauyn, Melilith	Maf. 40—90
Hauynturjait usw.	(Nur) Hauyn, Melilith	Maf. 40—90

Hypabyssisch:

porphyrartig:

Turjaitporphyr	(Nur) Nephelin, Melilith	Maf. 40—90

lamprophyrisch:
(Siehe auch S. 131)

Bergalith	
(Biotit-) Polzenit	
Monticellitpolzenit	
Nephelinalnöit	
Biotitnephelinalnöit	
Nephelinhauynalnöit	
Hauynnephelinalnöit	

Effusiv:

frisch:

Melilithnephelinit	Nephelin, Melilith, Pyroxen	Maf. < 65
Melilitholivinnephelinit	Nephelin, Melilith, Pyr. $+$ Olivin	Maf. < 65
Melamelilithnephelinit usw.	Nephelin, Melilith, Pyroxen	Maf. 65—90
Melilithleuzitit	Leuzit, Melilith, Pyroxen	Maf. < 65
Melilitholivinleuzitit	Leuzit, Melilith, Pyr. $+$ Olivin	Maf. < 65
Melamelilitholivinleuzitit	Leuzit, Melilith, Pyr. $+$ Olivin	Maf. 65—90

FAMILIENGRUPPE VII:
MAFITGESTEINE (ULTRABASICA)

Charakteristik: Mafite 90—100%

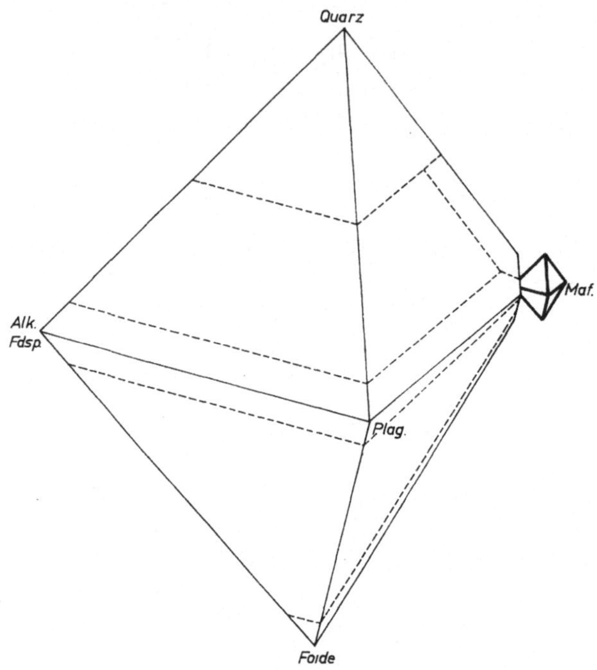

Abb. 42.

8 Familien:		Hauptcharakteristika:
Nr. 32	Peridotite	Vorw. Olivin
Nr. 33	Pyroxenite	Vorw. Pyroxen
Nr. 34	Amphibololithe	Vorw. Amphibol
Nr. 35	Glimmerite	Vorw. Glimmer
Nr. 36	Granatite	Vorw. Granat
Nr. 37	Melilitholithe	Vorw. Melilith
Nr. 38	Karbonatite	Vorw. Karbonat
Nr. 39	Silikotelite	Vorw. Oxyde oder Sulfide

Mafitgesteine (Ultrabasica)

Familie: Peridotite: Nr. 32

Charakteristik: Feldspate + Foide 0—10%
Mafite 90—100%; vorwiegend
Olivin

Abyssisch:

(Forsterit-) Dunit	(Nur) Olivin : Fayalit < 40
Hortonolith-Dunit	(Nur) Olivin : Fayalit 40—60
Fayalitdunit	(Nur) Olivin : Fayalit > 60
Magnetitdunit	Olivin $>$ Magnetit
Ilmenitdunit	Olivin $>$ Ilmenit
Pyrrhotinperidotit	Olivin $>$ Pyrrhotin
Chromitdunit	Olivin $>$ Chromit
Biotitperidotit	Olivin $>$ Biotit
Amphibolperidotit	Olivin $>$ Amphibol
Granatdiopsidperidotit	Olivin $>$ Diopsid $>$ Granat
Amphibolbronzitperidotit	Olivin $>$ (Bronzit + Amphibol)
Enstatitdunit	Olivin $\gg$ Enstatit
Saxonit	Olivin $>$ Enstatit
Harzburgit	Olivin $>$ Hypersthen
Diallagperidotit	Olivin $>$ Diallag
Lherzolith	Olivin $>$ Bronzit $>$ Diallag
Wehrlit	Olivin $>$ Diallag $>$ Erz $>$ Amphibol

Hypabyssisch:

Kimberlit	Olivin $>$ (Glimmer + Melilith)

lamprophyrisch:
(Siehe auch S. 131)

Garéwait	

Effusiv:

frisch: (auch oft in Grünsteinfazies)

Pikrit	Olivin $>$ mon. Pyroxen
Bronzitpikrit	Olivin $>$ (rhomb. + mon.) Pyroxen
Amphibolpikrit	Olivin $>$ Amphibol (+Pyroxen)

Mafitgesteine (Ultrabasica)

Familie: Pyroxenite: Nr. 33

Charakteristik: Feldspate + Foide 0—10%
Mafite 90—100%; vorwiegend
Pyroxene

Abyssisch:

Orthaugitite:

Enstatitit	(Nur) Enstatit
Bronzitit	(Nur) Bronzit
Hypersthenit	(Nur) Hypersthen
Ilmenithypersthenit	Hypersthen > Ilmenit
Amphibolhypersthenit	Hypersthen > Amphibol
Websterit	Hypersthen > mon. Pyroxen

Klinoaugitite:

Hypersthendiallagit	Diallag > Hypersthen
Olivindiallagit	Diallag > Olivin
Amphiboldiallagit	Diallag > Amphibol
Granatdiallagit	Diallag > Granat
Magnetitdiallagit	Diallag > Magnetit
Ilmenitdiallagit	Diallag > Ilmenit
Diallagit	(Nur) Diallag
Diopsidit	(Nur) Diopsid
Apatitdiopsidit	Diopsid ≫ Apatit
Olivindiopsidit	Diopsid > Olivin
Enstatitdiopsidit	Diopsid > Enstatit
Augitpyroxenit[1]	(Nur) Augit
Spinellaugitpyroxenit	Augit > Spinell
Biotitaugitpyroxenit	Augit > Biotit
Olivinaugitpyroxenit	Augit > Olivin

Alkalipyroxenite:

Titanopyroxenit	Titanaugit
Aegirinpyroxenit	Aegirin(augit)
Amphiboltitanopyroxenit	Titanaugit + Amphibol
Biotitmelanitaegirinpyroxenit	Aegirinaugit > Melanit > Biotit
Titanitaegirinpyroxenit	Aegirindiopsid > Titanit
Sphenetit	Titanit > Pyroxen
Biotitaegirinpyroxenit	Aegirinaugit + Biotit

[1] Besser Augitit, aber dieser Name wurde von DOELTER 1883 für ein essexitisches Effusivgestein verwendet.

Hypabyssisch:

       porphyrartig:

Pyroxenitporphyrit usw.	(Nur) Pyroxen

       lamprophyrisch:
       (Siehe auch S. 131)

Josefit	

Effusiv: nicht vorkommend

Mafitgesteine (Ultrabasica)
Familie: Amphibololithe: Nr. 34

Charakteristik: Feldspate + Foide 0—10%
Mafite 90—100%; vorwiegend
Amphibole

Abyssisch:

Hornblendit	(Nur) Hornblende
Biotithornblendit	Amphibol > Biotit
Pyroxenhornblendit	Amphibol > Pyroxen
Olivinhornblendit	Amphibol > Olivin
Biotitolivinhornblendit	Amphibol > Olivin > Biotit
Olivinpyroxenhornblendit	Amphibol > Pyroxen > Olivin
Biotitcalcithornblendit	Amphibol > Calcit > Biotit

Hypabyssisch:

porphyrartig:

Biotithornblenditporphyrit	Amphibol > Biotit

pegmatitisch:

Pyroxenhornblenditpegmatit	Amphibol > Pyroxen

lamprophyrisch:
(Siehe auch S. 131)

Issit	

Effusiv: nicht vorkommend

Mafitgesteine (Ultrabasica)

Familie: Glimmerite: Nr. 35

Charakteristik: Feldspate + Foide 0—10%
Mafite 90—100%; vorwiegend
Glimmer

Abyssisch:

Glimmerit	(Nur) Glimmer
Biotitit	(Nur) Biotit
Olivinphlogopitit usw.	Phlogopit > Olivin

Hypabyssisch:

pegmatitisch:

Glimmeritpegmatit	(Nur) Glimmer
Korundglimmerpegmatit	Glimmer > Korund

lamprophyrisch:
(Siehe auch S. 131)

Ouachitit	
Melanitouachitit	

Effusiv: nicht vorkommend

Mafitgesteine (Ultrabasica)
Familie: Granatite: Nr. 36

Charakteristik: Feldspate + Foide 0—10%
Mafite 90—100%; vorwiegend
Granate

Abyssisch:

Diopsidgranatit	Pyrop > Diopsid (magm. ?)
Enstatitdiopsidgranatit	Pyrop > Diopsid > Enstatit (magm. ?)
Diallaggrossularit	Grossular > Diallag (magm. ?)

Hypabyssisch: nicht vorkommend

Effusiv: nicht vorkommend

Mafitgesteine (Ultrabasica)

Familie: Melilitholithe: Nr. 37

Charakteristik: Feldspate + Foide 0—10%
Mafite 90—100%; davon wesentlich
Melilith

Abyssisch:

Melilitholith	vorw. Melilith
Pyroxenmelilitholith	Melilith > Pyroxen

Hypabyssisch:

lamprophyrisch:
(Siehe auch S. 131)

Alnöit	
Biotitalnöit	
Olivinalnöit	

Effusiv:

frisch:

Melilithit	Melilith > Pyroxen
Biotitmelilithit	Melilith + Pyroxen + Biotit
Olivinmelilithit	Melilith + Pyroxen + Olivin

Mafitgesteine (Ultrabasica)
Familie: Karbonatite: Nr. 38

Charakteristik: Feldspate + Foide 0—10%
Mafite 90—100%; vorwiegend
primäre Karbonate

Abyssisch: nicht vorkommend

Hypabyssisch:

Biotitkarbonatit	Calcit > Biotit
Pyroxenkarbonatit	Calcit > Pyroxen
Aegirinkarbonatit	Calcit > Aegirin
Calcitpegmatit usw.	Calcit > Alkali-Feldsp.[1]
Dolomitit (Dolomitkarbonatit)	(Nur) Dolomit
Biotitdolomitit (Biotitdolomitkarbonatit)	Dolomit > Biotit

Effusiv: nicht vorkommend

[1] Eigentlich zu Melaalkalisyeniten (Fam. 10).

Mafitgesteine (Ultrabasica)
Familie: Silikotelite: Nr. 39

Charakteristik: Feldspate + Foide 0—10%
Mafite 90—100%; vorwiegend
Oxyde oder Sulfide

Abyssisch:

Magnetitit	(Nur) Magnetit
Spinellmagnetitit	Magnetit > Spinell
Magnetitspinellit	Spinell > Magnetit
Korundmagnetitit	Magnetit > Korund
Magnetitkorundit	Korund > Magnetit
Olivinmagnetitit	Magnetit > Olivin
Erzperidotit	Erz $\cong$ Olivin
Ilmenitit	(Nur) Ilmenit
Rutil-Ilmenitit	Ilmenit > Rutil
Apatitilmenitit	Ilmenit > Apatit
Chromitit	(Nur) Chromit
Bronzitchromitit	Chromit > Bronzit
Uwarowitchromitit	Chromit > Uwarowit
Spinellit	(Nur) Spinell
Picotitit	(Nur) Picotit
Olivinsulfidit	Sulfide > Olivin

Hypabyssisch:

pegmatitisch:

Glimmerkorundpegmatit	Korund > Glimmer

Effusiv:

frisch:

Magnetitbasalt	Magnetit > (Plagioklas + Pyroxen)[1]

[1] Eigentlich zu Gabbromafititen (Fam. 22).

Lamprophyre

Lamprophyre mit Feldspaten

Kalifeldspat-Vormacht

mit Quarz:

Alk.-Granite Alk.-Kalk-Granite	Quarzminette (Jerseyit)	Orthoklas (+Plag.), Biotit, Quarz

ohne Quarz, ohne Foide

Alk.-Syenite	Natronminette	Alk.-Feldsp., vorw. Biotit Maf. $<$ 50
Kalk-Alk.-Syenite	Biotitminette (Kamperit)	Orthokl. $>$ Plag., nur Biotit Maf. $<$ 50
Kalk-Alk.-Syenite	Amphibolminette	Orthokl. $>$ Plag., Biotit + Amphibol Maf. $<$ 50
Kalk-Alk.-Syenite	(Augit-)*Minette*	Orthokl. $>$ Plag., Biotit + Augit Maf. $<$ 50
Kalk-Alk.-Syenite	Olivinminette	Orthokl. $>$ Plag., Biotit + Augit, viel Olivin Maf. $<$ 50
Kalk-Alk.-Syenite	(Amphibol-)*Vogesit*	Orthokl. $>$ Plag., vorw. Amphibol Maf. $<$ 50
Kalk-Alk.-Syenite	Augitvogesit	Orthokl. $>$ Plag., vorw. Augit Maf. $<$ 50
Kalk-Alk.-Syenite	Olivinvogesit	Orthokl. $>$ Plag., vorw. Augit + viel Olivin Maf. $<$ 50
Melaalkalisyenite Kalk-Alk.-Syenite	Melaminette (Prowersit)	Orthokl. (+Plag.), Biotit $>$ Pyr. Maf. $>$ 50
Melaalkalisyenite	Kalicamptonit (Cascadit)	Orthokl., Pyroxen $>$ Biotit Maf. $>$ 50
Kalk-Alk.-Syenite	Camptovogesit	Orthokl. $>$ Plag., Amph. (+Pyr.) Maf. $>$ 50

mit Foiden

Melafoidsyenite	Nephelinminette	Orthokl. $>$ Plag., vorw. Biotit, Neph. Maf. $>$ 50
Melafoidsyenite	Nephelinvogesit	Orthokl. $>$ Plag., vorw. Amph., Neph. Maf. $>$ 50
Melafoidsyenite	Nephelinaugit- vogesit	Orthokl. $>$ Plag., vorw. Augit, Neph. Maf. $>$ 50
Melafoidsyenite	Nephelinkali- camptonit	Orthokl., Pyroxen $>$ Biotit, Neph. Maf. $>$ 50
Melafoidsyenite	Leuzitalkali- camptonit	Alk.-Feldsp., Pyroxen $>$ Biotit, Leuzit Maf. $>$ 50

Lamprophyre mit Feldspaten

Plagioklas-Vormacht

mit Quarz:

Granodiorite Quarzdiorite	Quarzkersantit (Hamrongit)	Plagiokl. (+ KF), Biotit, Quarz

ohne Quarz, ohne Foide:

Mangerite Diorite	*Kersantit*	Plag. < An 50 (+ KF), Biotit Maf. < 50
Mangerite, Diorite Leukogabbrodiorite	Amphibolkersantit	Plag. < An 50 (+ KF) Plag. ~ An 50 (+ KF) Biotit > Amph. Maf. < 50
Mangerite, Diorite Leukogabbrodiorite	Augitkersantit	Plag. < An 50 (+ KF) Plag. ~ An 50 (+ KF) Biotit > Pyrox. Maf. < 50
Mangerite Leukogabbrodiorite Leukogabbro	Olivinkersantit	Plag. ~ An 50 (+ KF) Plag. > An 50 (+ KF) Biotit > Pyrox., Olivin Maf. < 50
Mangerite Diorite Leukogabbrodiorite	(Amphibol-) *Spessartit*	Plag. < An 50 (+ KF) Plag. ~ An 50 (+ KF) Amph. > Pyrox. Maf. < 50
Mangerite Diorite Leukogabbrodiorite	Augitspessartit	Plag. < An 50 (+ KF) Plag. ~ An 50 (+ KF) Pyrox. > Amph. Maf. < 50
Mangerite Diorite Leukogabbrodiorite	Hysterobas	Plag. < An 50 (+ KF) Plag. ~ An 50 (+ KF) Amph. ≧ Pyrox. ophit. Textur Maf. < 50
Mangerite, Diorite Meladiorite Leukogabbrodiorite Melagabbrodiorite	Olivinspessartit	Plag. ~ An 50 (+ KF), Pyrox. (+ Amph.) Olivin Maf. ~ 50
Mangerite Leukogabbrodiorite Melagabbrodiorite	Diabasspessartit	Plag. ~ An 50 (+ KF), Pyroxen ophit. Textur Maf. ~ 50
Mangerite Meladiorite Melagabbrodiorite	Mela-Amphibol-Kersantit	Plag. < An 50 (+ KF) Plag. ~ An 50 (+ KF) Biotit > Amph. Maf. > 50
Mangerite Meladiorite Melagabbrodiorite	Mela-Augit-Kersantit	Plag. < An 50 (+ KF) Plag. ~ An 50 (+ KF) Biotit > Pyrox. Maf. > 50
Mangerite Meladiorite Melagabbrodiorite	Camptospessartit	Plag. < An 50 (+ KF) Plag. ~ An 50 (+ KF) Pyrox. ≧ Amph. Maf. > 50
Mangerite Gabbros	(Augit-) *Camptonit*	Plag. > An 50 (+ KF), vorw. Pyrox. Maf. 50—65
Mangerite Gabbros	Amphibol-camptonit	Plag. > An 50 (+ KF), vorw. Amph. Maf. 50—65
Mangerite Gabbros	Biotitcamptonit	Plag. > An 50 (+ KF), Amph. + Biotit Maf. 50—65

Mangerite Gabbros	(Augit-) *Monchiquit*	Wie (Augit-)Camptonit, viel Glasbasis
Mangerite Gabbros	Amphibol-monchiquit	Wie Amphibolcamptonit, viel Glasbasis
Mangerite Gabbros	Biotitmonchiquit	Wie Biotitcamptonit, viel Glasbasis
Gabbromafitite, Mangerite	Melacamptonit	Wie Camptonit, aber Maf. > 65
Gabbromafitite, Mangerite	Melamonchiquit	Wie Monchiquit, aber Maf. > 65

mit Foiden:

Foidsyenomonzonite Essexite	Nephelin-camptonit	Plag. $\leqq$ Kali-Fdsp., vorw. Augit, Neph. Maf. > 50
Foidsyenomonzonite Essexite	Neph.-Amphib.-camptonit	Plag. $\leqq$ Kali-Fdsp., vorw. Amph., Neph. Maf. > 50
Foidsyenomonzonite Essexite	Nephelin-monchiquit	Wie Nephelincamptonit, viel Glasbasis
Foidsyenomonzonite Essexite	Neph.-Amphib.-monchiquit	Wie Nephelinamphibolcamptonit, viel Glasbasis
Foidsyenomonzonite Essexite	Leuzitmonchiquit	Plag. $\leqq$ Kali-Fdsp., vorw. Augit, Leuzit, viel Glasbasis Maf. > 50
Foidsyenomonzonite Essexite	Analcimleuzit-monchiquit	Plag. $\leqq$ Kali-Fdsp., vorw. Augit, Leuzit + Analc., viel Glasbasis Maf. > 50
Foidsyenomonzonite Essexite	Hauynmonchiquit	Plag. $\leqq$ Kalifdsp., vorw. Augit, Hauyn, viel Glasbasis Maf. > 50
Foidsyenomonzonite Essexite	Noseanmonchiquit	Plag. $\leqq$ Kali-Fdsp., vorw. Augit, Nosean, viel Glasbasis Maf. > 50
Foidsyenomonzonite Essexite	Sodalithmonchiquit	Plag. $\leqq$ Kali-Fdsp., vorw. Augit, Sodalith, viel Glasbasis Maf. > 50
Essexite	Leukoteschenit	Plag.(+ KF), Pyr. + Amph., Analc. > Neph. Maf. < 50
Essexite	Analcimteschenit	Plag.(+ KF), Pyr. + Amph., nur Analcim Maf. 50—65
Essexite	Amph.-Teschenit	Plag.(+ KF), Amph. > Pyr., Analc. > Neph. Maf. 50—65
Essexite	(Augit-) *Teschenit*	Plag.(+ KF), Pyr. > Amph., Analc. > Neph. Maf. 50—65
Essexite	Nephelinteschenit	Plag.(+ KF), Pyr. + Amph., Neph. > Analc. Maf. 50—65
Essexite	Olivinteschenit	Plag.(+ KF), Pyr. + Oliv., Analc. > Neph. Maf. 50—65
Essexite	Melateschenit	Plag.(+ KF), Pyr. + Amph., Analc. > Neph. Maf. > 65
Essexite	Melaolivin-teschenit	Plag.(+ KF), Pyr. + Oliv., Analc. > Neph. Maf. > 65

Lamprophyre ohne Feldspate

mit Quarz:

| Quarzmafitite | *Antsohit* | Quarz, Biotit + Amphibol   Maf. 50—90 |

mit Foiden (ohne Melilith):

| Nephelinite | Nephelinouachitit | Neph. + Analc., Biotit> Pyr. (+Amph.) Maf. < 90 |
| Analcimite (Leuzitite) | Analcimcalcit-ouachitit (Turjit) | Analcim, Biotit> Calcit (+Melanit) Maf. < 90 |

mit Foiden (mit Melilith):

Melilithfoidite	Bergalith	Melilith, Hauyn + Nepn., Biotit (*kein* Olivin) Maf. < 90
Melilithfoidite	(Biotit-)*Polzenit*	Melilith, Neph. (+ Hauyn), Oliv. + Biotit (*kein* Pyroxen) Maf. < 90
Melilithfoidite	Monticellitpolzenit	Melilith, Neph. + Hauyn, Oliv. + Biot. + Monticellit (*kein* Pyroxen) Maf. < 90
Melilithfoidite	Nephelinalnöit	Melilith, Neph., Pyr. + (Oliv.> Biot.) Maf. < 90
Melilithfoidite	Biotitnephelin-alnöit	Melilith, Neph., Pyr. + (Biot.> Oliv.) Maf. < 90
Melilithfoidite	Hauynnephelin-alnöit	Melilith, Neph.> Hauyn, Pyr. + (Oliv.> Biot.) Maf. < 90
Melilithfoidite	Nephelinhauyn-alnöit	Melilith, Hauyn> Neph., Pyr. + (Oliv.> Biot.) Maf. < 90

ohne Foide (mit Melilith):

Melilitholithe	*Alnöit*	Melilith, Biot.+Pyr.+Oliv. Maf. > 90
Melilitholithe	Biotitalnöit	Melilith, Biotit (+ Calcit) Maf. > 90
Melilitholithe	Olivinalnöit	Melilith, Biotit + Olivin Maf. > 90

ohne Foide (ohne Melilith):

Peridotite	*Garewait*	Vorw. Olivin Maf. > 90
Pyroxenite	*Josefit*	Vorw. Pyroxen Maf. > 90
Amphibololithe	*Issit*	Vorw. Amphibol Maf. > 90
Glimmerite	*Ouachitit*	Vorw. Biotit Maf. > 90
Glimmerite	Melanitouachitit	Biotit + Melanit Maf. > 90

Liste einiger Gesteins-Spezialnamen und deren Übersetzung in zusammengesetzte Namen, wie sie hier Verwendung finden

Spezial-Namen	*Fam.*	*Zusammengesetzte Namen*
Absarokit (IDDINGS 1895)	13	Trachybasalt
Aegirin-Felsit (SHAND 1906)	3	Natrongranitaplit
Ailsyt (HEDDLE 1897)	3	Natrongranitaplit
Akenobeit (KATO 1920)	6	Granodioritaplit
Alaskit (SPURR 1900)	3	Aplogranit
Alaskitaplit	3	Aplogranitaplit
Alaskitporphyr (SPURR 1900)	3	Aplogranitporphyr
Alaskitquarz (SPURR 1906)	1	Aplitperazidit
Albitenstatitgestein (ELSDEN 1905)	9	Alkalisyenitpegmatit
Albitit (TURNER 1896)	8	Albitaplit
Alboranit (BECKE 1899)	19	Leukobasalt
Aleutit (SPURR 1900)	18	Leukoaugitandesitbasalt
Alexoit (WALKER 1931)	39	Olivinsulfidit
Allivalit (HARKER 1908)	21	Calcigabbro
Allochetit (DOELTER 1902, IPPEN 1903)	26	Nosykombitporphyr
Alsbachit (CHELIUS 1892)	6	Granodioritaplit
Amphibol-Belugit	18	Leukoamphibolgabbrodiorit
Anabohitsit (LACROIX 1914)	33	Amphibolhypersthenit
Andradit-Syenit (LACROIX 1916)	10	Lusitanit
Ankaramit (LACROIX 1916)	22	Melaolivinbasalt
Ankaratrit (LACROIX 1916)	28	Melaolivinnephelinit
Antifenitpegmatit (BARTH 1927)	8	Antiperthitpegmatit
Apachit (OSANN 1896)	23	Amphibolphonolith
Arapahit (WASHINGTON u. LARSEN 1913)	39	Magnetitbasalt
Ariégit (LACROIX 1901)	33	Bronzitdiallagit
Arizonit (SPURR 1923)	1	Aplitperazidit
Arkit (WASHINGTON 1901)	29	Nephelinfergusit
Arsoit (REINISCH 1912)	12	Calcitrachyt
Assyntit (SHAND 1910)	23	Sodalithnephelinsyenit
Astrophyllit-Ekerit	3	Natronaplogranit
Atlantit (LEHMANN 1924)	27	Nephelintephrit
Avezacit (LACROIX 1901)	34	Pyroxenhornblenditpegmatit
Bahiait (WASHINGTON 1914)	33	Amphibolhypersthenit
Banakit (IDDINGS 1895)	26	Analcim(calci)trachyt
Bandait (IDDINGS 1913)	7	Quarzbasalt
Batukit (IDDINGS u. MORLEY 1917)	29	Melaolivinleuzitit
Bebedourit (TRÖGER 1928)	33	Biotitaegirinpyroxenit
Beerbachit (CHELIUS 1892)	21	Hyperitporphyrit
Bekinkinit (ROSENBUSCH 1907)	26	Analcimtheralith
Belugit (SPURR 1900)	18	Leukoaugitgabbrodiorit
Beresit (Rose 1837)	1	Muskovitaplitperazidit
Beringit (STARZYNSKI 1913)	10	Melaalkalitrachyt
Bermudit (PIRSSON 1914)	28	Biotitnephelinit
Berondrit (LACROIX 1920)	27	Melaessexit
Beschtauit (BAYAN 1866)	3	Leukoquarzdoreit
Birkremit (KOLDERUP 1903)	3	Aplogranit
Bjerezit (ERDMANNSDÖRFFER 1928)	27	(Leuko-)Nephelinteschenit
Blairmorit (KNIGHT 1905)	29	Analcimit
Bojit (WEINSCHENK 1897)	17	Meladiorit
Boninit (PETERSEN 1891)	19	Leukoorthaugitbasalt
Borolanit (HORNE u. TEALL 1892)	23	Orthoklasnephelinsyenit
Bostonit (HUNTER u. ROSENBUSCH 1890)	8	Mikroklinalbitaplit
Bostonitporphyr	8	Perthositporphyr
Bowralit (MAWSON 1906)	9	Alkalisyenitpegmatit
Braccianit (LACROIX 1917)	27	Leuzitleukosanidinbasalt
Brandbergit (CHUDOBA 1930)	3	Aplogranitaplit
Buchonit (SANDBERGER 1872)	27	Nephelintephrit
Campanit (LACROIX 1917)	27	Leuzitleukosanidinbasalt
Canadit (QUENSEL 1913)	24	Biotitalbitmalignit

Spezial-Namen	*Fam.*	*Zusammengesetzte Namen*
Cantalit (v. Leonhard 1821)	3	Rhyoalaskit
Carmeloït (Lawson 1893)	16	Iddingsitandesit
Cascadit (Pirsson 1905)	10	Kalicamptonit
Celilit (Cordier 1868)	31	Melilithleuzitit
Charnockit (Holland 1900)	3	Aplogranit
Chibinit (Ramsay 1898)	23	Perthitnephelinsyenit
Ciminit (Washington 1896)	12	Calcitrachyt
Cocit (Lacroix 1933)	25	Leuzitalkalicamptonit
Coloradoit (Niggli 1923)	5	Quarztrachyandesit
Comendit (Bertolio 1895)	3	Leukonatronrhyolith
Congressit (Adams u. Barlow 1913)	28	Leukoglimmerijolith
Coppaelit (Sabatini 1903)	37	Biotitmelilithit
Corcovadit (Scheibe 1926)	6	Granodioritporphyrit
Corsit (Zirkel 1866)	20	Leukoamphibolgabbro
Cortlandtit (Williams 1886)	34	Olivinpyroxenhornblendit
Covit (Washington 1901)	24	Amphibolalkalimalignit
Craigmontit (Adams u. Barlow 1908)	27	Nephelindiorit
Craignurit (Bailey u. Thomas 1924)	5	Quarztrachyandesit
Crinanit (Flett 1911)	27	Olivinteschenit
Cromaltit (Shand 1910)	33	Biotitmelanitaegirinpyroxenit
Cumberlandit (Wadsworth 1884)	39	Olivinmagnetitit
Cumbrait (Tyrrell 1917)	6	Rhyobasalt
Cuselit (Rosenbusch 1887)	9	Quarzporphyr
Dahamit (Pelikan 1902)	3	Alkaligranitaplit
Damkjernit (Brögger 1921)	25	Nephelinkalicamptonit
Dancalit (de Angelis 1925)	27	Analcimsanidinandesit
Davainit (Wyllie u. Scott 1913)	34	Hornblendit
Dellenit (Brögger 1895)	3	Leukoquarzdoreit
Ditroit (Zirkel 1866)	23	Cancrinitsodalithnephelinsyenit
Domit (v. Buch 1809)	5	Quarzplagitrachyt
Dorgalit (Amstutz 1925)	16	Olivinandesit
Dumalit (Loewinson-Lessing 1905)	27	Essexitporphyrit
Dungannonit (Adams u. Barlow 1908)	27	Nephelindiorit
Ekerit (Brögger 1906)	3	Natronaplogranit
Ekeritporphyr (Brögger 1906)	3	Natronaplogranitporphyr
Elvan	6	Leukogranodioritaplit
Engadinit (Niggli 1923)	3	Aplitgranit
Esmeraldit (Spurr 1906)	1	Muskovitperazidit
Esterellit (Michel-Lévy 1897)	7	Quarzdioritporphyrit
Etindit (Lacroix 1923)	28	Leuzitnephelinit
Eukrit (Rose 1835)	21	Calcigabbro
Eulysit (Erdmann 1849)	32	Fayalitdunit
Eustratit (Kténas 1928)	26	Nephelinmonchiquit
Farrisit (Brögger 1898)	26	Nephelinamphibolcamptonit
Farsundit (Kolderup 1903)	6	Leukogranodiorit
Fasibitikit (Lacroix 1915)	4	Natronalkaligranitporphyr
Fasinit (Lacroix 1916)	28	Melaijolith
Fenit (Brögger 1921)	9	Natronsyenit
Finandranit (Lacroix 1922)	9	Mikroklinsyenit
Forellenstein (v. Rath 1855)	(20) 21	(Leuko-)Augitolivingabbro
Fortunit (de Yarza 1893)	10	Melaalkalitrachyt
Fourchit (Williams 1891)	21	(Augit-) Monchiquit
Gabbrophyr (Chelius 1892)	16	Spessartit
Gaussbergit (Lacroix 1926)	24	Mesotrachyleuzitit
Gauteit (Hibsch 1898)	12	Syenitporphyr
Ghizit (Washington 1914)	27	Analcimandesit
Gibelit (Washington 1913)	9	Alkalitrachyt
Gladkait (Duparc u. Pearce 1905)	7	Quarzdioritaplit
Glimmergreisen	1	Lithonitperazidit
Gordunit (Grubenmann 1908)	32	Granatdiopsidperidotit
Greenhalghit (Niggli 1923)	3	Leukoquarzdoreit
Greisen	1	Lithionitperazidit
Grönlandit (Machatschki 1927)	34	Pyroxenhornblendit
Grorudit (Brögger 1890)	4	Natronalkaligranitporphyr

Spezial-Namen	*Fam.*	*Zusammengesetzte Namen*
Hakutoit (YAMANARI 1925)	4	Taurit
Hamrongit (v. ECKERMANN 1928)	7	Quarzkersantit
Harrisit (HARKER 1908)	22	Gabbroperidotit
Hatherlit (HENDERSON 1898)	9	Perthitsyenit
Hawaiit (DALY 1911)	21	Hawaiit
Hawaiit (IDDINGS 1913)	16	Olivinandesit
Hedrumit (BRÖGGER 1890)	9	Perthitsyenitaplit
Helsinkit (LAITAKARI 1918)	9	Albitsyenitpegmatit
Heptorit (BUSZ 1904)	27	Hauynmonchiquit
Heronit (COLEMAN 1899)	26	Analcimmonzonit
Heumit (BRÖGGER 1898)	25	Nephelinvogesit
Holyokeit (EMERSON 1902)	9	Albitsyenitpegmatit
Hortit (VOGT 1916)	13	Melamonzonit
Hurumit (BRÖGGER 1931)	5	Quarzmonzonitporphyrit
Husebyit (BRÖGGER 1933)	26	Nosykombit
Imandrit (RAMSAY u. HACKMAN 1894)	4	Albitgranit
Inninmorit (THOMAS u. BAILEY 1915)	6	Rhyobasalt
Italit (WASHINGTON 1920)	29	Leukofergusit
Itsindrit (LACROIX 1922)	23	Mikroklinnephelinsyenit
Jacupirangit (DERBY 1891)	33	Titanopyroxenit
Jumillit (OSANN 1906)	24	Mesotrachyleuzitit
Kaiwekit (MARSHALL 1906)	9	Natrontrachyt
Kajanit (LACROIX 1926)	29	Melabiotitleuzitit
Kaliakerit (BRÖGGER 1931)	5	Quarzmonzonitporphyr(it)
Kalialaskit (JOHANNSEN 1932)	3	Aplogranit
Kammgranit	4	Alkaligranit
Kamperit (BRÖGGER 1921)	12	Biotitminette
Kassaït (LACROIX 1918)	26	Hauynmonzonitporphyr(it)
Katzenbuckelit (OSANN 1903)	23	Sodalithnephelinsyenitporphyr
Kauaiit (IDDINGS 1913)	14	Mangerit
Kazanskit (DUPARC u. GROSSET 1916)	22	Plagiodunit
Kedabekit (FEDOROW 1901)	21	Calcigabbro
Kentallenit (HILL u. KYNASTON 1900)	13	Melamonzonit
Kenyit (GREGORY 1900)	23	Phonolith
Kersantitaplit (BARROIS 1902)	7	Quarzkersantit
Khagiarit (WASHINGTON 1913)	4	Pantellerit
Kiirunavaarit (RINNE 1921)	39	Magnetitit
Kivit (LACROIX 1923)	27	Leuzittephrit
Kjelsåsit (BRÖGGER 1933)	14	Mangerit
Kodurit (FERMOR 1907)	10	Lusitanit
Kohalait (IDDINGS 1913)	14	Sanidinandesit
Kongodiabas (TÖRNEBOHM 1877)	6	Rhyodiabas
Koswit (DUPARC u. PEARCE 1901)	33	Olivindiopsidit
Kragerit (BRÖGGER 1905)	16	Oligodioritaplit
Krageröit (BRÖGGER 1905)	16	Oligodioritaplit
Kulait (WASHINGTON 1894)	27	Nephelintephrit
Kullait (HENNING 1899)	14	Mangeritporphyrit
Kuselit (ROSENBUSCH 1887)	9	Quarzporphyr
Kvellit (BRÖGGER 1906)	34	Biotithornblenditporphyrit
Kylit (TYRRELL 1912)	27	Nephelinolivingabbro
Kyschtymit (MOROZEWICZ 1898)	21	Calcigabbro
Lakarpit (TÖRNEBOHM 1906)	23	Mikroklinalbitnephelinsyenit
Larvikit (BRÖGGER 1890)	9	Natronsyenit
Larvikitakerit (BRÖGGER 1933)	12	Quarzsyenit
Larvikitporphyr (BRÖGGER 1906)	9	Alkalisyenitporphyr
Laurdalit (BRÖGGER 1890)	23	Perthitnephelinsyenit
Laurvikit (BRÖGGER 1890)	9	Natronsyenit
Ledmorit (SHAND 1910)	24	Melanitmalignit
Leeuwfonteinit (BROUWER 1903)	12	Syenit
Leidleit (THOMAS u. BAILEY 1915)	6	Rhyodacit
Lestiwarit (ROSENBUSCH 1896)	8	Natronsyenitaplit
Lherzit (LACROIX 1917)	34	Biotithornblendit
Lindinosit (LACROIX 1922)	4	Riebeckitgranit
Lindöit (BRÖGGER 1894)	3	Alkaligranitaplit

Spezial-Namen	*Fam.*	*Zusammengesetzte Namen*
Litchfieldit (BAYLEY 1892)	23	Orthoklasalbitnephelinsyenit
Llanit (IDDINGS 1904)	4	Alkaligranitporphyr
Lugarit (TYRRELL 1912)	27	Analcimteschenit
Luhit (SCHEUMANN 1922)	31	Hauynnephelinalnöit
Lujavrit (BRÖGGER 1890)	23	Perthitnephelinsyenit
Lundyit (HALL 1915)	4	Taurit
Luscladit (LACROIX 1920)	27	Melaessexit
Macedonit (SKEATS 1910)	9	Alkalitrachyt
Madeirit (GAGEL 1913)	22	Tilaitporphyrit
Maenait (BRÖGGER 1898)	9	Alkalisyenitaplit
Mafraït (LACROIX 1920)	14	Melacalcimangerit
Malchit (OSANN 1892)	18	Amphibolgabbrodioritaplit
Marchit (KRETSCHMER 1917)	33	Enstatitdiopsidit
Mareugit (LACROIX 1917)	27	Hauyngabbro
Mariupolit (MOROZEWICZ 1902)	23	Albitnephelinsyenit
Markfieldit (HATCH 1909)	6	Granogabbroporphyrit
Marloesit (THOMAS 1911)	9	Alkalitrachyt
Marosit (IDDINGS 1913)	13	Melacalcimonzonit
Masanit (KOTO 1909)	5	Granitporphyrit
Melteigit (BRÖGGER 1921)	28	Melaijolith
Miaskit (ROSE 1839)	26	Leukonephelinmonzonit
Miharait (TSUBOI 1918)	19	Leukobasalt
Mijakit (PETERSEN 1891)	19	Leukobasalt
Minverit (DEWEY 1910)	10	Melaalkalitrachyt
Missourit (WEED u. PIRSSON 1896)	29	Melafergusit
Modlibovit (SCHEUMANN 1922)	31	Biotitpolzenit
Modumit (BRÖGGER 1923)	15	Bytownitit
Mondhaldeit (GRAEFF 1900)	13	Calcimonzonitporphyrit
Monmouthit (ADAMS u. BARLOW 1904)	28	Leukoamphibolijolith
Montrealit (ADAMS 1913)	22	Tilait
Moyit (JOHANNSEN 1920)	4	Kaligranit
Mugearit (HARKER 1904)	14	Sanidinandesit
Muniongit (DAVID 1901)	23	Nephelinsyenitaplit
Murit (LACROIX 1927)	25	Melaphonolith
Natronalaskit (MAURITZ u. VENDL 1923)	3	Alkaliaplogranit
Naujait (USSING 1912)	30	Nephelinanalcimtawit
Navit (ROSENBUSCH 1887)	18	Leukoaugitporphyritmelaphyr
Nelsonit (WATSON 1910)	39	Apatititmenitit
Nephelinhedrumit (BRÖGGER 1933)	9	Natronsyenitporphyr
Nevadit (RICHTHOFEN 1868)	3	Leukorhyolith
Nonesit (LEPSIUS 1878)	18	Leukoolivinandesitbasalt
Nordmarkit (BRÖGGER 1890)	9	Natronsyenit
Nordmarkitaplit (BRÖGGER 1906)	3	Aplogranitaplit
Northfieldit (EMERSON 1915)	1	Muskovitperazidit
Odinit (CHELIUS 1892)	16	Spessartit
Okait (STANSFIELD 1923)	31	Hauynturjait
Onkilonit (BACKLUND 1915)	28	Mesopikritnephelinit
Opdalit (GOLDSCHMIDT 1916)	6	Granodiorit
Orbit (CHELIUS 1892)	18	Amphibolgabbrodioritaplit
Ordanchit (LACROIX 1917)	27	Hauynsanidinandesit
Orendit (CROSS 1897)	23	Trachyleuzitit
Ornöit (CEDERSTRÖM 1893)	16	Oligodiorit
Ornöitaplit (HÖGBOM 1910)	8	Mikroklinalbitaplit
Orthoalaskit (JOHANNSEN 1920)	3	Aplogranit
Ortlerit (STACHE u. v. JOHN 1879)	14	Mangeritporphyrit
Ossipit (HITCHCOCK 1872)	20	Leukoolivingabbro
Ostrait (DUPARC 1913)	33	Spinellaugitpyroxenit
Ouenit (LACROIX 1911)	21	Calcigabbroporphyrit
Paisanit (OSANN 1893)	3	Natrongranitaplit
Palatinit (LASPEYRES 1869)	18	Leukoaugitandesitbasalt
Pawdit (DUPARC u. GROSSET 1916)	18	Amphibolgabbrodioritaplit
Peléeit (NIGGLI 1923)	7	Quarzbasalt
Pienaarit (BROUWER 1910)	25	Shonkinit
Pilandit (HENDERSON 1898)	9	Alkalisyenitporphyr

Spezial-Namen	*Fam.*	*Zusammengesetzte Namen*
Plagioklasgranit (HÖGBOM 1905)	7	Quarzdiorit
Plagioliparit (DUPARC u. PEARCE 1900)	3	Leukorhyolith
Plumasit (LAWSON 1893)	16	Oligodioritpegmatit
Pollenit (LACROIX 1907)	23	Phonolith
Ponzit (WASHINGTON 1913)	8	Leukotrachyt
porfido rosso antico	7	Quarzporphyrit
Prowersit (ROSENBUSCH 1908)	10	Melaminette
Puglianit (LACROIX 1917)	27	Melaleuzitessexit
Pulaskit (WILLIAMS 1891)	9	Natronsyenit
Pulaskitporphyr (ROSENBUSCH 1907)	9	Natronsyenitporphyr
Pyritosalit (BRÖGGER 1931)	1	Pyritperazidit
Pyromerid (HAUY 1814)	3	Rhyoalaskit
Pyterlit (WAHL 1925)	3	Aplitgranit
Quarzbostonit (ROSENBUSCH 1907)	3	Natrongranitaplit
Quarz-Nordmarkit (v. SZADECZKY 1900)	3	Alkaliaplogranit
Raglanit (ADAMS u. BARLOW 1908)	27	Nephelindiorit
Rapakiwiaplit (BRÖGGER 1906)	3	Aplogranitaplit
Ricolettait (JOHANNSEN 1920)	21	Calcigabbro
Riebeckit-Aplit (TRÖGER 1935)	3	Alkaligranitaplit
Riebeckit-Aplitgranit	3	Natronaplogranit
Riedenit (BRAUNS 1922)	30	Melanoseantawit
Rockallit (JUDD 1897)	4	Aegiringranit
Rongstockit (TRÖGER 1935)	14	Mangerit
Rougemontit (O'NEILL 1914)	21	Calcigabbro
Routivarit (SJÖGREN 1893)	15	Labradit
Rouvillit (O'NEILL 1914)	27	Leukonephelingabbro
Runit (PINKERTON 1811)	3	Aplogranitpegmatit
Sagvandit (PETTERSEN 1885)	33	Bronzitit
Sakalavit (LACROIX 1923)	17	Leukoaugitandesitbasalt
Salitrit (TRÖGER 1928)	33	Titanitaegirinpyroxenit
Sancyit (LACROIX 1923)	3	Leukorhyolit
Sannait (BRÖGGER 1921)	25	Nephelinvogesit
Santorinit (WASHINGTON 1897)	7	Dacit
Sanukit (WEINSCHENK 1890)	6	Rhyodacit
Särnait (BRÖGGER 1890)	23	Cancrinitnephelinsyenit
Scanoit (LACROIX 1924)	27	Analcimbasanit
Schönfelsit (UHLEMANN 1909)	22	Melaolivindiabas
Schorenbergit (BRAUNS 1922)	29	Noseannephelinfergusitporphyr
Schriesheimit (ROSENBUSCH 1896)	34	Olivinhornblendit
Scyelith (JUDD 1885)	34	Biotitolivinhornblendit
Sebastianit (LACROIX 1917)	21	Calcigabbro
Selagit (HAUY 1823)	10	Melaalkalitrachyt
Selbergit (BRAUNS 1922)	23	Sodalithleuzitsyenitporphyr
Shackanit (DALY 1912)	23	Analcimalkalitrachyt
Shastait (IDDINGS 1913)	7	Dacit
Shoshonit (IDDINGS 1895)	13	Trachyandesit
Skomerit (THOMAS 1911)	9	Alkalitrachyt
Sölvsbergit (BRÖGGER 1894)	9	Alkalisyenitaplit
Sommait (LACROIX 1902)	26	Leuzitmonzonit
Sörkedalit (BRÖGGER 1933)	14	Melacalcimangerit
Stavrit (v. ECKERMANN 1928)	34	Biotithornblenditporphyrit
Sudburit (COLEMAN 1914)	21	Calcidiabas
Suldenit (STACHE u. JOHN 1879)	6	Granogabbroporphyrit
Sussexit (BRÖGGER 1894)	23	Pyroxennephelinsyenitporphyr
Sviatonossit (ESKOLA 1920)	9	Natronsyenit
Tahitit (LACROIX 1917)	26	Hauynlatit
Taimyrit (CRUSTSCHOFF 1894)	23	Noseansyenit
Tamaraït (LACROIX 1918)	26	Nephelincamptonit
Tarantulit (JOHANNSEN 1920)	1	Aplitperazidit
Tautirit (IDDINGS 1918)	26	Nephelintrachyt
Tavolatit (WASHINGTON 1906)	26	Hauynnephelinleuzitcalcitrachyt
Tholeiit (STEININGER 1841)	18	Leukoolivinandesitbasalt
Tirilit (WAHL 1925)	5	Rapakiwigranit
Tjosit (BRÖGGER 1906)	25	Natronshonkinitporphyr

Spezial-Namen	*Fam.*	*Zusammengesetzte Namen*
Töienit (BRÖGGER 1931)	5	Granitporphyr
Tokéit (DUPARC u. MOLLY 1928)	22	Melaolivinbasalt
Töllit (PICHLER 1875)	6	Granodioritporphyrit
Tönsbergit (BRÖGGER 1898)	9	Natronsyenit
Tordrillit (SPURR 1900)	3	Rhyoalaskit
Toryhillit (JOHANNSEN 1920)	23	Albitnephelinsyenit
Toscanit (WASHINGTON 1897)	5	Quarztrachytbasalt
Troctolith (v. LASAULX 1875)	(20) 21	(Leuko-) Augitolivingabbro
Trondhjemit (GOLDSCHMIDT 1916)	7	Quarzdiorit
Trondhjemitpegmatit	7	Leukoquarzdioritpegmatit
Trondhjemitporphyrit (GOLDSCHMIDT 1916)	7	Quarzdioritporphyrit
Tsingtauit (RINNE 1904)	5	Granitporphyr
Tveitasit (BRÖGGER 1921)	10	Lusitanit
Ulrichit (MARSHALL 1906)	23	Pyroxennephelinsyenitporphyr
Umptekit (RAMSAY 1894)	9	Natronsyenit
Umptekitporphyr (ROSENBUSCH 1896)	9	Natronsyenitporphyr
Unakit (BRADLEY 1874)	4	Alkaligranitpegmatit
Uncompahgrit (LARSEN 1914)	37	Pyroxenmelilitholith
Ungait (IDDINGS 1913)	3	Leukorhyolith
Urbainit (WARREN 1912)	39	Rutil-Ilmenitit
Urtit (RAMSAY 1896)	28	Leukoijolith
Valbellit (SCHAEFER 1889)	32	Amphibolbronzitperidotit
Värnsingit (SOBRAL 1913)	9	Albitsyenitpegmatit
Vaugnerit (FOURNET 1836)	6	Melagranodiorit
Venanzit (CLERICI 1898)	31	Melamelilitholivinleuzitit
Verit (OSANN 1889)	9	Alkalitrachyt
Vesbit (WASHINGTON 1920)	31	Leuzitturjait
Vesecit (SCHEUMANN 1922)	31	Monticellitpolzenit
Vicoit (WASHINGTON 1906)	26	Leuzitlatit
Vintlit (PICHLER 1875)	7	Tonalitporphyrit
Viterbit (WASHINGTON 1906)	26	Leuzitcalcitrachyt
Vulsinit (WASHINGTON 1896)	12	Trachyt
Weiselbergit (ROSENBUSCH 1887)	7	Dacit
Wennebergit (SCHOWALTER 1904)	5	Quarztrachyandesit
Wesselit (SCHEUMANN 1922)	28	Melahauynnephelinit
Woodendit (SKEATS u. SUMMERS 1912)	13	(Leuko-) Trachybasalt
Wyomingit (CROSS 1897)	24	Mesoleuzitalkalitrachyt
Wiborgit (WAHL 1925)	5	Rapakiwigranit
Yamaskit (YOUNG 1906)	33	Amphiboltitanopyroxenit
Yatalit (BENSON 1909)	10	Lusitanitpegmatit
Yogoit (PIRSSON 1895)	14	Mangerit
Yosemitit (NIGGLI 1923)	3	Leukogranit
Yukonit (SPURR 1904)	7	Leukoquarzdioritaplit
Zwitter	1	Lithionitperazidit

Liste der angeführten Gesteine

Die bisherigen Systeme und kritische Stellungnahme

Erste Hälfte

Die qualitativen Systeme (und die Einteilungskriterien)

„... die historische Entwicklung unserer jetzigen Kenntnisse und Begriffe (ist) eine Seite der Wissenschaft, welche gegenüber dem Wunsch, Neues zu finden oder auszusprechen, vielfach ganz in den Hintergrund gedrängt zu sein scheint. Auf diesem Gebiet zeigt es sich manchmal, dass Thatsachen und Anschauungen, die als Gewinnst jüngstverflossener Zeit gelten, längst der Vergangenheit angehörigen Forschern nicht unbekannt waren."

F. Zirkel 1893, S. IV

> „Die Aufgabe einer Classification ist, diejenigen Gesteine zusammenzustellen, welche gleiche Eigenschaften haben, so daß sie einen gemeinsamen Namen bekommen können."
>
> W. Bruhns 1899, S. 55

I. Über Klassifikation von Gesteinen

1. Der Begriff Gestein

Jede Klassifikation bedingt, daß es eine genügende Anzahl von Dingen gibt, die nach gewissen Gesichtspunkten in eine Einteilung gebracht werden können. Daher ist es nicht verwunderlich, daß es bei einer so jungen Wissenschaft, wie es die Gesteinslehre ist (knapp 180 Jahre alt), erst spät zu Klassifikationsversuchen kam. Erst als A. G. Werner in Freiberg/Sachsen die *„Geognosie"*[1] von der Mineralogie trennte, wurde der Gesteinslehre mehr Augenmerk zugewandt. Werner war es auch, der 1786/87 eine erste, umfassende Klassifikation der Gesteine brachte. Bis dahin beschränkte man sich mehr oder minder auf Einzelbeschreibungen von Gesteinen, die meist der Notwendigkeit entsprangen, für praktische Zwecke eine Basis abzugeben.

Gesteinsdefinition

Nur langsam schälte sich die Definition des Begriffes „Gestein" heraus, die heute Gültigkeit hat. Diese Definition wurde erst durch H. Rosenbusch vollendet (in Punkt 4 der folgenden Definition):

Die Gesteine bauen die feste Erdkruste auf.
Sie sind überwiegend anorganisch.
Sie sind aus einem oder mehreren Mineralien zusammengesetzt (monomineralisch — polymineralisch).
Sie müssen eine geologische Selbständigkeit haben.

Sind die ersten drei der geforderten Punkte ziemlich klar und eindeutig, so ist der vierte äußerst schwierig zu erklären und abzugrenzen. „Nicht jedem beliebigen Raumtheile unserer Erdrinde kommt die Würde eines Gesteins zu." (H. Rosenbusch 1877, S. 1.)

Geologische Selbständigkeit

Zur geologischen Selbständigkeit sagt H. Rosenbusch 1877 (S. 1): „Ein Gestein ist nicht ein mineralogischer, sondern, wie das zumal Lossen mit Recht nachdrücklich hervorgehoben hat, ein geologischer Begriff, nicht lediglich ein Mineralaggregat, sondern ein geologischer Körper . . ."

---

[1] Das Wort „Geognosie" stammt von A. G. Werner, der es erstmalig 1780 für seine Vorlesung verwendete. „Geologie" wurde bereits zwei Jahre früher (1778) von J. A. de Luc geprägt.

1. Der Gesteinskörper „muß in seiner Abgrenzung von den umgebenden Massen deutlich erkennen lassen, daß er seine Entstehung einem eigenen und gesonderten geologischen Vorgang verdankt;

2. er muß stofflich nicht unmittelbar von den umgebenden Massen ableitbar sein;

3. die Natur der ihn aufbauenden Substanzen (mineralische Zusammensetzung), die Art ihrer Verbindung untereinander (Struktur) und der von ihm eingenommene Raum (geologische Erscheinungsform) müssen in ursächlicher Beziehung zu dem geologischen Vorgang stehen, dem er seine Entstehung verdankt".

Man könnte noch hinzufügen:

4. Er muß so weit selbständig sein, daß mit ihm geologisch (hauptsächlich tektonisch) etwas „passieren" kann[1]. Auf die Masse — das heißt das Volumen — des Gesteinskörpers kommt es dabei nicht an; so kann eine magmatische Schliere von Saalgröße noch kein Gestein darstellen, sondern nur eben eine Schliere (weil sie nicht durch einen eigenen geologischen Akt entstanden ist), dagegen ein millimeterdünnes Tuffband von viel geringerem Rauminhalt sehr wohl ein Gestein sein: weil es durch einen eigenen geologischen Akt (eine Eruption) entstanden ist und weil es geologisch — als stratigraphischer Leithorizont z. B. — von großer Wichtigkeit sein kann[2]. Desgleichen stellt Eis als Wintererscheinung noch kein Gestein dar, wohl aber sind das Inlandeis auf Grönland oder die Eiskappe auf den Polgebieten ein echtes Gestein.

Wie man sieht, liegen die Dinge nicht sehr einfach. Für die Frühzeiten der Gesteinsbestimmung jedoch war obige Definition noch ohne weiteres akzeptabel, da sich den Forschern für das unbewaffnete Auge (vor Einführung des Mikroskops) der ganze „Gesteinskörper" als homogene Einheit darstellte. Und diese Einheit (bzw. ein Stück davon) wurde nach verschiedenen Kriterien bestimmt und mit einem Gesteinsnamen belegt.

Gesteine als Körper und als Stoffe

Das änderte sich später und mit den „Erfahrungen, wie sie G. H. WILLIAMS" (1888) „machte, der Quarzglimmerdiorit und Peridotit als Teile ein und desselben Gesteinskörpers nachwies, begann die Umwandlung der Vorstellung von der Selbständigkeit einzelner Gesteinsarten". (K. H. SCHEUMANN 1925, S. 190.) „Es lassen sich also Gesteine als Körper und Gesteine als Stoffe nicht nach denselben Prinzipien eintheilen." (W. BRUHNS 1899, S. 55.)

Heute — und seit damals — ist bei jeder Klassifikation vorauszusetzen, daß das zu klassifizierende Individuum tatsächlich ein Gestein ist. Denn da wir bei der Definition „Gestein" die geologische Selbständigkeit fordern, würde nur die Gesamtheit des Gesteinskörpers in der Natur das Individuum darstellen, das zu einer Namensgebung und Klassifikation berechtigt. Weil jedoch diese Gesamtheit mit petrographischen Methoden nicht zu erfassen ist — keine chemische Analyse, keine mikroskopische Dünnschliffuntersuchung kann ein quantitatives Mittel eines ganzen Gesteinskörpers ergeben —, bliebe nur der Weg der ersten Geologen offen: ein Gestein nach dem Feldbefund und makroskopischen Eindruck zu bestimmen. Da wohl

---

[1] Vor H. ROSENBUSCH verlangte schon H. VOGELSANG 1872/73 vom Begriff Gestein die geologische Selbständigkeit; Gesteine seien „Mineralkörper, welche sich durch ihre gleichartige Constitution und ihre Abgrenzung nach Außen als mehr oder weniger selbständige Bestandsmassen der Erdrinde . . . darstellen". Und F. ZIRKEL sagte schon 1866 (S. 1), Gesteine seien „Mineralaggregate, welche zum Aufbau" der Erdkruste „in wesentlicher und hervorragender Weise beitragen".

[2] 1866 noch äußerte sich C. VOGT (Bd. I, S. 137): „. . . . man kann erst dann eine solche Mineralspecies als Felsart bezeichnen, wenn sie wirklich mit bedeutenden Massen in die Bildung der Erdrinde mit eingreift, sich über ansehnliche Räume verbreitet, eigene Gebiete bildet und somit in der That ein wesentliches Element der Erdrinde darstellt."

niemand einen solchen Rückschritt ernstlich in Erwägung ziehen will, muß eine mehr oder minder große Einbuße an „Natürlichkeit" der Klassifikation in Kauf genommen werden. (Über natürliche Systeme siehe S. 187 ff.)

Bis heute ist man über die obenerwähnte stillschweigende Voraussetzung, daß bereits ein Handstück (oder Dünnschliff oder eine Analysenprobe) ein Gestein darstellt, nicht hinausgekommen. Wohl wurden vereinzelte und schüchterne Versuche unternommen, den Gesteinsbegriff abzuwandeln, aber es blieb bei den Versuchen, und die entsprechenden Autoren begnügten sich mit Hinweisen (wie es auch hier geschieht), ohne ernstlich und mit Nachdruck zu versuchen, eine Änderung der Definition „Gestein" vorzunehmen.

Diese ist ohnehin schon nicht sehr befriedigend; durch Akzeptierung der genannten Einwände wären die Verwirrung und Unklarheit unermeßlich. Im Grunde genommen ist es so, daß wir heute weniger denn je überhaupt sagen können (und noch weniger wissen), was eben das einfache Ding „Gestein" ist. Die Vorschläge zu einer Änderung oder Besserung begannen mit F. LOEWINSON-LESSING 1897, über die L. MILCH 1898 in einem Referat sagt: „Sodann schlägt LOEWINSON-LESSING vor, Gestein und Gesteinskörper zu unterscheiden; ein selbständiges Gestein als petrographische Einheit ist jede Structur-Modification, jede auf eruptivem Wege gebildete Mineral-Association, wenn sie sich auch nur wenig von bekannten Gesteinen unterscheidet, ganz unbekümmert um die Art, die Häufigkeit, die Ausdehnung des Auftretens; der Gesteinskörper ist eine geologische Einheit, die aus mehreren verschiedenen Gesteinen sich aufbauen kann." Ähnlich äußert sich W. BRUHNS 1899 (in einem Referat über J. P. IDDINGS 1898 auf S. 54/55): „Betrachtet man das Gestein nicht als eine Masse von ganz bestimmter Zusammensetzung oder Structur, sondern als *Gesteinskörper* oder *geologische Einheit*, so zeigt sich, daß in einem solchen Gesteinskörper sowohl Structur, als auch Zusammensetzung nicht constant, sondern stets mehr oder weniger veränderlich ist. Es lassen sich also Gesteine als Körper und Gesteine als Stoffe nicht nach denselben Principien eintheilen."

1900 kommt W. H. HOBBS (S. 5) erstaunt und resigniert zu folgendem Schluß und erhebt die Forderung nach Anerkennung des Handstückes als Einheit, die einer Benennung und Klassifikation zugrunde liegen muß: "With the discovery that such masses are usually quite heterogeneous and frequently represent not only several rock species but sometimes include almost the whole gamut of rock families, it became necessary to adopt some other definition. No other course seems open under these circumstances than to consider the individual rock specimen as the unit of classification and describe it primarily as an object . . ."

L. MILCH stellte 1913 (S. 194) lakonisch fest: „. . . der Begriff: Gesteinsindividuum ist also ein anderer, je nachdem man die zu seiner Entstehung führenden Vorgänge oder die stoffliche Zusammensetzung zugrunde legt."

Diese Ansätze zu einer Reform des Gesteinsbegriffes um die Jahrhundertwende blieben unberücksichtigt, und W. E. TRÖGER ruft sie 1931 wieder in Erinnerung (S. 266/267): „Die dem Begriffe ‚Individuum' gleichzustellende petrographische Einheit ist bisher viel zu weit gefaßt worden. Nach ROSENBUSCH ist ein Gestein (also ein Individuum, wenn er dieses Wort auch nicht direkt ausspricht) ein geologisch selbständiger Teil der Erdrinde. Der höhere biologische Begriff ‚Art' ist dann in der Petrographie schwer zu umgrenzen. Man könnte ihn etwa mit der ‚Familie' nach ROSENBUSCHS Nomenklatur identifizieren. Diese Auffassung ist entstanden zu einer Zeit, als man die Gesteine noch im wesentlichen ‚makroskopisch' einteilte. Benützt man jedoch ‚ein modernes' klassifikatorisches Moment . ., so wird die oben angegebene Definition des Individuums direkt unmöglich. Wir wissen, daß schon zwei aus verschiedenen Teilen eines äußerlich einheitlichen Steinbruches entnommene Gesteinsproben nicht genau die gleiche . . . Zusammensetzung haben. Folglich müssen wir schon jedem einzelnen unserer Handstücke das Recht eines *Individuums* einräumen. Ein ganzer Gesteinskörper, z. B. der Hohentwiel im Hegau, würde sich schon mit dem *Art*begriffe decken. Die Gesamtheit aller Phonolithkuppen des Hegaus müßte man dem zoologischen Begriffe ‚*Gattung*' gleichsetzen, und schließlich würden alle Phonolithe der Welt zu einem Begriffe zusammenzufassen sein, der einer ganzen Tier*klasse* entspräche."

"It is assumed, that the rocks described in this chapter are crystallized from magmas. However, the fact that some igneous-looking rocks form by metamorphism and replacement of preexisting solid rocks should be kept constantly in mind."

E. E. WAHLSTROM 1950, S. 291

2. Genetische Systematik

Die drei Gesteinsstämme

Die Gesteine werden in drei große Stämme eingeteilt:
    Magmatische Gesteine (Eruptivgesteine, Massengesteine)[1].
    Sedimentgesteine (Absatzgesteine, Schichtgesteine).
    Metamorphe Gesteine (Umwandlungsgesteine, Schiefergesteine).

Diese Dreiteilung erscheint uns heute klar und selbstverständlich. Es war nicht immer so: Erst 1857 wurde von H. COQUAND erstmalig in „Roches d'Origine Ignée", „Roches d'Origine Aqueuse" und „Roches Métamorphiques" unterschieden, die ungefähr unserer Einteilung entsprechen. 1862 teilte B. v. COTTA in Eruptivgesteine, metamorphische und sedimentäre Gesteine. Es erscheint L. MILCH 1913 (S. 203/204) äußerst interessant und überraschend, daß „COQUAND's Einteilung der Gesteine . . . durchaus eindruckslos blieb, so daß eine entsprechende Einteilung . . . ein Vierteljahrhundert später völlig neu eingeführt und begründet werden mußte". „Es bedurfte noch einer gewaltigen Arbeit . . ., bevor es möglich war, für die Systematik . . . die geologische Entstehung . . . zur Geltung zu bringen." (S. 205/206.) Mit

---

[1] Als Definition für Magma mag gelten: Magma ist jede Silikatschmelze in der Natur, die nicht entgast ist (entgastes Magma ist Lava)[2]. (Siehe auch F. RONNER 1957.) Diese Definition entspricht der Meinung fast aller Petrographen und Geologen, doch nicht ohne Ausnahmen. H. LEITMEIER z. B. gebraucht 1950 (S. 25) den Term Magma „. . . nur für flüssige simatische Schmelzen von mild alkalibasaltischer Zusammensetzung (verflüssigtes Sima), so daß alle übrigen Schmelzlösungen nur als *Schmelzen* bezeichnet werden, und die Bezeichnung Magma nur für die simatische urbasaltische, in der Zusammensetzung beiläufig einem Olivinbasalt entsprechende Schmelze angewandt wird". LEITMEIERs Ansicht stellt einen großen Gegensatz z. B. zu P. NIGGLI dar, der 1936 184 verschiedene Magmentypen aufstellte. H. O. LANG 1877 rechnet jede flüssige Gesteinsmasse zum Magma, daher ist Wasser ein Magma, Eis ein Gestein. „*Erstarrung* einer flüssigen Gesteinsmasse (eines *Gesteinsmagmas*) in ihrer *Gesammtheit*; diese Erstarrung geschieht in Folge von Wärmeverlust; z. B. bei Eis, Lava." (H. O. LANG 1877, S. 79.)

Eine völlig abweichende Bedeutung für den Ausdruck Magma schlugen H. ROSENBUSCH (1872, S. 57) und H. VOGELSANG (1872, S. 47) vor: Als Magma seien die makroskopisch nicht auflösbaren Anteile der Grundmasse bei Vulkaniten zu benennen. F. ZIRKEL setzte dafür (1873, S. 268) das auch heute noch dafür geltende Wort Basis.

[2] Aber auch für *Lava* gibt es hiervon abweichende Ansichten, wie z. B. die von H. O. LANG 1877 (siehe oben) oder F. v. HAUER 1875 (S. 42), der sagt: „*Laven*, sind die bei vulkanischen Eruptionen in geschmolzenem Zustande an die Erdoberfläche gelangten und hier rasch erstarrten Massen." J. ROTH schreibt 1887 (S. 8): „Lava ist nicht ein petrographischer, sondern ein geologischer Begriff; Laven sind aus Vulkanen hervorgetretene Eruptivgesteine." K. KRÜGER schreibt noch 1954 (S. 81): „Lava ist rasch erstarrtes feurigflüssiges Gesteinsmagma." J. WALTER dagegen bezeichnete 1897 sogar Tiefengesteine als „Lavagesteine" und belegte damit den Begriff Magma mit dem Namen Lava, was große Verwirrung hervorzurufen imstande ist.

letzterem hat L. MILCH schon das Wesentliche dafür angedeutet, daß die magmatischen Gesteine nicht schon seit eh und je eine selbständige Position in der Klassifikation eingenommen haben:

Petrogenese und Systematik

Die *große Dreiteilung der Stämme* durch COTTA und COQUAND ist vornehmlich eine *genetische*, das heißt, sie beruht auf der Verschiedenheit der Entstehung der Gesteine. Da jedoch die Entstehungsart nicht von allem Anfang an (und überhaupt nicht) unmittelbar aus dem fertigen Produkt (nämlich dem Gestein) ersichtlich war und ist, so mußte die Genese, die Fragen über die Entstehung der verschiedenen Gesteine, ein Gegenstand der petrologischen Forschung sein und über den Umweg mancher Hypothesen erst zu mehr oder minder gesicherten Ergebnissen vorstoßen. Daß diese nicht gleich auf Anhieb erreicht wurden, kann niemanden verwundern, der versucht hat, auf indirektem Wege vom festgefrorenen starren Zustandsbild den ganzen Film der Gesteinswerdung zu rekonstruieren. Ein notwendiges Mittel für all diese Versuche (d. h. Forschung) liegt in der Handhabung *gesicherter* Begriffe, die unverrückbar feststehen. Und solche Begriffe sind Namen, die die einzelnen Gesteine repräsentieren. Daher ist es Aufgabe der systematischen Klassifikation der Gesteine, solche zweifelsfreien Begriffe der petrologisch-petrogenetischen Forschung zu liefern. In dieser Auffassung stellt die Nomenklatur und Systematik der Gesteine die Grundlage, den Grundstein dar, auf dessen sicherem, unverrückbarem Fundament die Forschung gedeihen kann[1]. Eine Auffassung, die nicht überall und von allen geteilt wird. Die systematische Klassifikation kann zum Selbstzweck werden, muß dann aber steril für die übrige Forschung bleiben. O. H. ERDMANNSDÖRFFER z. B. schreibt 1924 (S. V): „Systematik, die nicht Grundlage, sondern Ziel ist ...", womit er letztgenannten Standpunkt einnimmt.

Wie schwierig es ist, auf petrogenetischem Weg zu gesicherten Begriffen für eine Systematik zu gelangen, mag kurz durch den Granit erläutert werden: „Eine Anzahl von Forschern sieht aber in dem Granit ein umgewandeltes Sedimentärgestein, ein Product des Metamorphismus." (F. ZIRKEL Bd. II 1866, S. 338.) „So glaubte K e i l h a u (1826) in der Nachbarschaft von Christiania den Beweis führen zu können, daß der dortige Granit aus der Umwandlung von Thonschiefer hervorgegangen sei." (K. A. v. ZITTEL 1899, S. 748.) Für den ersten großen Petrographen A. G. WERNER (bis 1817) waren alle Gesteine — und damit auch der Granit — in oder aus dem Wasser entstanden[2]. Daher konnten die magmatischen Gesteine keine eigene Gruppe darstellen. Ihm folgten bis spät in die erste Hälfte des 19. Jahrhunderts die *Neptunisten*. Erst später setzte sich die Meinung der *Plutonisten* — an deren Anfang der Brite J. HUTTON stand — durch, daß der Granit magmatischer Entstehung sei[3]. Ein Analogieschluß aus der *beobachteten* Genese der vulkanischen Gesteine, unterstützt durch die verfeinerten Untersuchungsmethoden nach Einführung des Mikroskops.

Damit war die Grundlage für die Separatstellung der magmatischen Gesteine, wie sie v. COTTA und COQUAND anwandten, gegeben. Aber WERNERS und der Neptunisten Einfluß war noch so lange spürbar, daß ein Mißtrauen gegen diese genetische Einteilung blieb, da sie rein hypothetisch erschien.

---

[1] H. VOGELSANG 1872/73: „Wir leben der Überzeugung, daß das System um der Wissenschaft, nicht die Wissenschaft um des Systemes willen da ist, und verlangen zunächst nichts weiter, als eine einfache übersichtliche Eintheilung des Stoffes." (S. 509.)

[2] Vor WERNER faßten schon C. v. LINNÉ (1741—56) und J. J. WALC (1762) den Basalt als Sedimentgestein auf.

[3] Jedoch schreibt A. BRYSON noch 1861 eine Arbeit „Über den neptunischen Ursprung des Granites"

Bis zur endgültigen Abtrennung der Eruptivgesteine wurden diese zum Teil mit einer Anzahl der Sedimentgesteine, zum Teil mit metamorphen Gesteinen in der Klassifikation zusammengeworfen, und auch letztere beiden Stämme wurden vermischt. Die Basalte standen in vielen Systemen neben Salzen, Kalkstein und Quarzit; die Granite neben Glimmerschiefern usf. Doch endlich bildeten die Eruptivgesteine ab dem ausgehenden 19. Jahrhundert (der zweiten großen Blütezeit der Petrographie mit H. Rosenbusch und F. Zirkel) eine unbestritten festgefügte Gruppe, die durch ihre magmatische Entstehung deutlich von den anderen unterschieden war. Die petrologische Forschung erlebte hierauf einen Aufschwung sondergleichen, der in den kühnen Gebäuden der magmatischen Sippen und petrographischen Provinzen und den dadurch geklärten Verwandtschaftsbeziehungen und Magmen-Differentiationsfolgen seine Höhepunkte fand. Aber mitten in diesen scheinbar endlich gesicherten Genesezustand kamen die Beobachtungen der (vorwiegend) skandinavischen Forscher — verstärkt ab den zwanziger Jahren unseres Jahrhunderts — über nebulitische

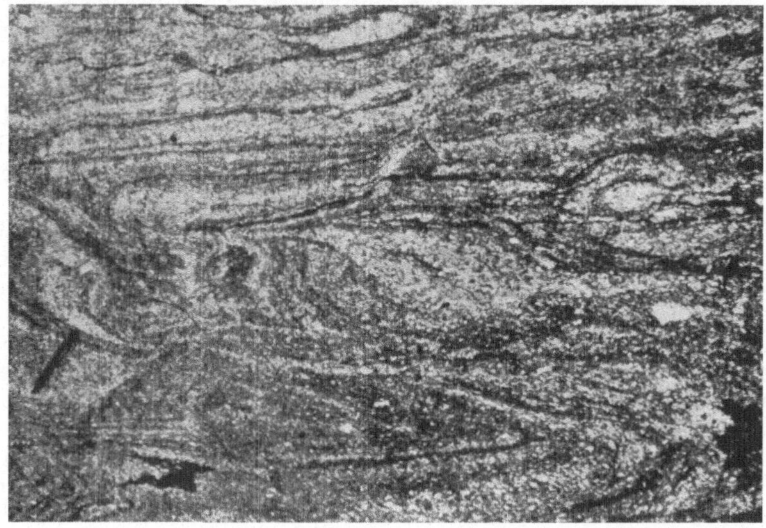

Abb. 43. „Granitgestein durch Granitisierung gefalteter Schiefer entstanden, die Feldspäte sind mehr oder weniger idiomorph. Nebelhaftes (nebulitisches) Reliktgefüge des Sedimentgesteins." Bodo bei Portö. Text von H. Leitmeier 1950 (S. 34) zu obigem Bild von Wegmann.

Nebulitische Reliktstrukturen, die noch deutlich die Schiefrigkeit und Faltung des ursprünglichen, jetzt „granitisierten" Gesteins abbilden, durchziehen den Aufschluß, während das Handstück oder der Dünnschliff nur einen scheinbar ungeregelten, körnigen Granit zeigt. Da diese Strukturen nicht durch primäre Auskristallisation aus einem flüssigen Magma entstehen können und auch bei einer Umschmelzung eines bereits festen Gesteins verschwinden müßten, blieb nur der Gedanke an eine Granitisation, an eine Granitwerdung eines beliebigen Gesteins durch Umbildungsprozesse und Reaktionen im festen Zustand der einzig zum Ziel führende Weg. Da bei diesen Reaktionen neues Material zum bereits vorhandenen gebracht wurde, nannte man die Endprodukte auch Migmatite, d. h. Mischgesteine.

Reliktstrukturen, Neusprossungen von Feldspaten und anderes, die bei einer Erstarrung aus einem Magma nicht auftreten können. Zweifel an der eruptiven Natur der Granite und Hypothesen über eine nichtmagmatische Entstehung waren die Folge. Viele tausende regionale Untersuchungen führten endlich zur „gesicherten" Ansicht, daß es mehrere Möglichkeiten der Granitwerdung gibt: magmatisch durch Differentiation aus einem juvenilen „Urmagma", migmatisch durch anatektisch (selektiv) aufgeschmolzenes „palingenes Magma" und durch „Granitisation" (Ultrametamorphose), d. h. durch Reaktionen im festen (nichtmagmatischen) Zustand. Hier stehen wir heute, und der Stamm *Eruptivgesteine* hat im Grunde für eine Systematik der Gesteine seine Berechtigung verloren. Trotzdem wird (ähnlich wie bei der Gesteinsdefinition) nicht daran gerührt, denn das Einschieben eines vierten Stammes *Migmatische Gesteine* mag für eine genetische Klassifikation nützlich, aber ohne diagnostischen Wert, ja sogar im höchsten Grade verwirrend sein. Wir sind heute auf einem ähnlichen Punkt angelangt wie vor rund 90 Jahren, als A. v. LASAULX 1872 (S. 3) über die COTTAsche Dreiteilung in Magmen-, sedimentäre und metamorphe Gesteine sagte: „Nur weniges ist von dem System COTTAS zu sagen, indem dort der Hauptgrund zur Eintheilung... für das Bestimmen eines Gesteines durchaus werthlos ist, indem man wohl selten ... seine genetischen Verhältnisse erkennen und es dann dem System einreihen kann."

Die Beziehungen der drei Gesteinsstämme zueinander

In der Tat ist durch die Annahme der Ultrametamorphose und Migmatese nicht nur die Stellung der Eruptivgesteine erschüttert worden, sondern auch die der beiden anderen Stämme. Die so sauber gesetzten Grenzen schwimmen ineinander. Eine einfache schematische Figur soll die Beziehungen der drei Gesteinsstämme zueinander veranschaulichen.

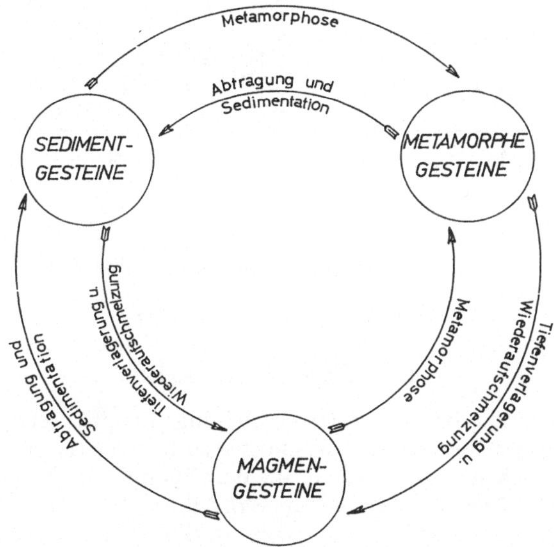

Abb. 44. Die Beziehungen der drei Gesteinsstämme zueinander.

Sehr anschaulich und vergnüglich zeichnet H. H. READ 1957 (und vorher schon 1944 — Zeichnung ausgeführt von G. WILSON) die Schwierigkeiten der Gesteinsabtrennung: Neptun, Vulkanus und Pluto herrschen in ihren Bereichen, und jeder formt die Produkte (Gesteine) seiner Mitgötter nach seinem Sinne um. Ungemütlich, weil verwirrend, wird die Situation für uns in größerer Tiefe, wo Pluto thront. Hier, im Migma-Magma-See, schwimmt der Akademiker und ruft um Hilfe. Es ist der

Übergangsbereich zwischen Metamorphose und Anatexis, über den uns so wenig bekannt ist und in dem gerade ein großer Teil der Granite seinen Ursprung hat.

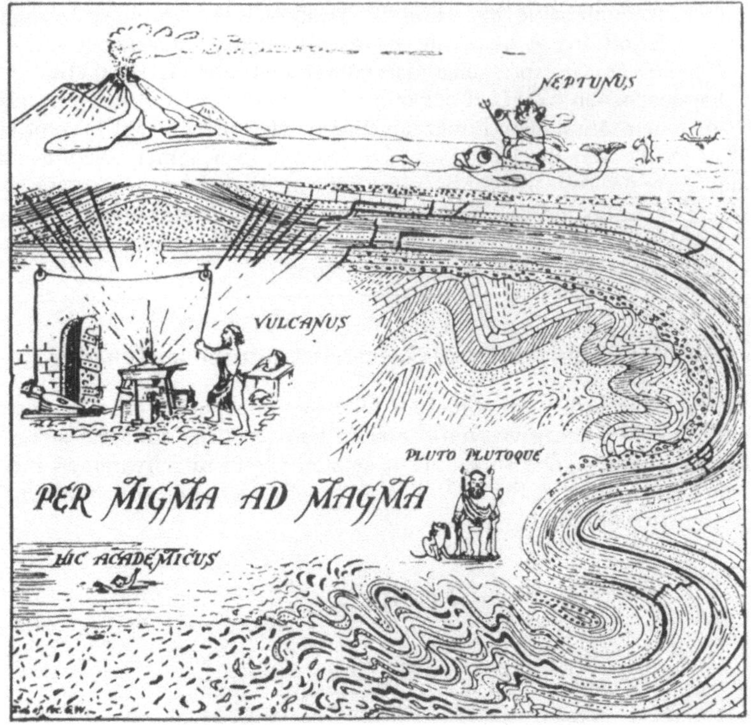

Abb. 45. Aus H. H. Read 1957: Die Gesteinsstämme in den Bereichen der antiken Götter.

"Petrography is essentially a descriptive science—petrology is interpretive."

E. E. Wahlstrom 1950, S. 324

3. Gefüge-Systematik

Wie man sieht, ist die Belassung der Dreiteilung: Eruptivgesteine, Absatzgesteine und Umwandlungsgesteine für eine diagnostische Systematik eigentlich unzulässig. Anders sieht es jedoch aus, wenn wir für die drei Stämme die Namen *Massengesteine*, *Schichtgesteine* und *Schiefergesteine* (oder Kristalline Schiefer) heranziehen. Denn waren es im vorigen *genetische* Bezeichnungen, so sind letztere *Gefüge*-Bezeichnungen. Und diese ermöglichen es, jedes Gestein durch methodisch erfaßbare Daten richtig einzustufen. Dabei sind die Grenzen zwischen den Stämmen relativ scharf, und nur schmale Übergangsstreifen bringen eine unwesentliche Überlappung mit sich. Es ist nicht verwunderlich, daß die endgültige Abtrennung der magmatischen Gesteine von den übrigen erst durchgeführt wurde, als von K. A. Lossen 1883 (S. 500) (und vorher schon 1872) die für alle Eruptivgesteine gemeinsame richtungslose Textur erkannt und als Einteilungsprinzip vorgeschlagen wurde: „Schichtung und Massigsein aus einem Guß sind *Eigenschaften der geologischen Körper*, welche uns aus der Natur, aus der Art und Weise ihres Gewordenseins erschließen, eine Eintheilung der Gesteine nach diesen Eigenschaften ist gerade darum ein natürliches System, weil sie genetisches Gepräge zeigt, ohne daß der Eintheilungsgrund in der Entstehungsart selbst gesucht wird."[1]

Danach stellte H. ROSENBUSCH 1877 die Massengesteine als selbständigen Stamm auf (die „Physiographie der massigen Gesteine"). Er sagte: „. . . massige oder eruptive Gesteine. Der erste Name ist vorzuziehen, weil er sich lediglich auf eine unläugbare Erscheinungsform bezieht und keinerlei irgendwie geartetes Präjudiz über die genetischen Verhältnisse involvirt." (H. ROSENBUSCH 1877, S. 2.) Dabei blieb es bis heute.

---

[1] Siehe auch H. VOGELSANG, der ebenfalls bereits 1872 von massigen Gesteinen im Sinne von Eruptivgesteinen spricht.

„Die Aufgabe einer geordneten Petrographie ist weiter zu
suchen, als in der Untersuchung und Benennung von Handstücken.“

H. Vogelsang 1872, S. 508

II. Die Gesteinsklassifikation auf makroskopischer Basis

„Sowie man Thiere, Pflanzen und Minerale nach gewissen Grundsätzen in Systeme bringt und Klassen, Familien, Gattungen und Arten unterscheidet, so erscheint
das auch bei den Gesteinen nötig, um ihre Übersicht zu erleichtern und den Zusammenhang derselben auszudrücken.“ In diesem Ausspruch von A. v. Lasaulx
(1886, S. 75) klingt noch der Einfluß Linnés durch, der in der „vorpetrographischen“
Zeit eine erste Gesteinseinteilung versuchte.

1. Die Anfänge der Gesteinsklassifikation in der Frühzeit der Petrographie: 1780—1824

“It was not until late in the eighteenth century that any need
was perceived for a systematic classification of . . . rocks.”
E. E. Wahlstrom 1950, S. 315

Nur wenige untersuchte und benannte Gesteinsarten standen den ersten Sy-
stematikern zur Verfügung; diese sind bei A. G. Werners Einteilung 1786/87 zu
ersehen. Werner selbst steuerte die Bezeichnungen Grünstein (1787) und Syenit
(1788) bei, und in den nächsten Jahrzehnten folgten unter anderen Gabbro von
L. v. Buch (1810), Pegmatit, Diorit, Trachyt, Aphanit, Euphotid, Leptinit von
J. R. Hauy (in den ersten 20 Jahren des 19. Jahrhunderts) und Diabas, Melaphyr,
Phyllade, Ophicalcit, Psammit, Psephit usw. von A. Brongniart (1813). Viele dieser
Gesteinsnamen haben auch heute noch große Bedeutung.

Stratigraphische Gesteinssysteme

„Was Linné für die Botanik und Zoologie gewesen ist, war
Werner für die Geologie.“
C. Ch. Beringer 1954, S. 42

A. G. Werner 1786/87

A. G. Werner „beseitigt“ 1786/87 „die herrschende Verwirrung durch Einführung einer präcisen Nomenclatur“. (K. A. V. Zittel 1899, S. 173.) Er unterscheidet eine Anzahl von „Gesteinsformationen“[1] und faßt diese, da sie sich zum
Teil zyklisch wiederholen, zu fünf „Formationssuiten“ zusammen:

---

[1] O. H. Schindewolf 1960 (S. 11): „Als Schöpfer des Formationsbegriffes gilt G. Chr.
Füchsel (1761 und 1773). Man sucht jedoch vergeblich nach diesem Terminus . . . Füchsel
scheint demnach gar nicht der Vater der Formation zu sein, wie in der Literatur immer wieder
behauptet wird, indem der eine Autor vom anderen übernimmt.“ — H. Hölder 1960 (S. 432):
„In der geologiegeschichtlichen Literatur pflegt man Füchsel (1762, 1773) die Begründung
des Begriffs ‚Formation‘ . . . zuzuschreiben, ohne daß er selbst dieses Wort verwendet hätte.“

Abb. 46. Kirchenfenster vom Freiburger Münster, aus dem 13. Jahrhundert, den Bergbau von Schauinsland im Schwarzwald darstellend. (Nach einem Bild der Bibl. d. Yale-Univ.)

Viele Mineral- und Gesteinsnamen sind aus der alten deutschen Bergmannssprache übernommen, wie Hornblende, Bleiglanz, Glimmer, Schiefer, Greisen usf.

1. Das *Urgebirge* mit: Granit, Gneis, Glimmerschiefer, Tonschiefer, Urkalk, Hornblendeschiefer, Quarzit, Grünstein, porphyrartiges Urtrappgestein, Porphyr, Syenit, Syenitporphyr, Pechstein, Perlstein, Obsidianporphyr, Serpentin, Chloritschiefer, Talkschiefer, Urgips, Topasfels, Schörlfels.

2. Das *Übergangsgebirge* mit: Tonschiefer, Kieselschiefer, Grauwacke, Übergangsgrünstein, Übergangsgips.

3. Das *Flötzgebirge* mit: alter Sandstein, (rotes Totliegendes), Steinkohle, alter Flötzkalk, Mergel, Zechstein, Rauchwacke, bunter Sandstein, Flötzgips, Steinsalz, Muschelkalk, Quadersandstein, Kreide, Wacke, Basalt, Mandelstein, Trapptuff, Porphyrschiefer, Pechkohle, Braunkohle.

4. Das *aufgeschwemmte Gebirge* mit: Nagelflue, Sand, Ton, Laimen, Gerölle, Grus, Seifengebirge, Kalktuff, bituminöses Holz, Alaunerde.

5. *Vulkanische Gesteine:* a) echt vulkanische mit: Lava, vulkanische Auswürflinge, Rapilli, Asche, Peperin, Bimsstein, Tuff, Trass; und b) pseudovulkanische mit: gebrannter Ton, Porzellanjaspis, Erdschlacken, Polierschiefer[1].

Es ist dies im Grunde genommen eine stratigraphische Einteilung und als solche auch gedacht: „Alle Gebürgsarten lassen sich in Rücksicht auf die Natur und Entstehung der Gebürge, die sie ausmachen, unter vier Hauptabteilungen bringen." (A. G. Werner 1786/87, S. 5.) Gebirgsarten ist ein früher oft gebrauchtes Wort für Gesteine. Die fünfte Formationssuite — die vulkanischen Gesteine — ist nur als (bedeutungsloser) Anhang gedacht, wie es ja Werners Ansicht entsprechen mußte.

Jedem Gestein (bis auf wenige, sich wiederholende Ausnahmen) kommt also ein genau definiertes Alter zu: Granit, Syenit (als heutige Tiefengesteine), Porphyre (als hypabyssische Gesteine) und glasartige magmatische Gesteine (Pechstein, Perlstein) stehen neben kristallinen Schiefern und „Urkalk" „uranfänglich" da. Ähnlich ist es bei den anderen Gruppen; Basalt, Trapptuff und Porphyrschiefer sind in einer Suite mit den meisten verfestigten Sedimenten und Kohlen (dritte Suite). Folgerichtig sind die Lockergesteine als vierte Formationssuite noch jünger, und dann kommen die echten und pseudovulkanischen Gesteine. Und die passen nicht ganz hinein und dazu:

Das Alter als Haupteinteilungsprinzip war für Werner ganz logisch und natürlich, da es genetische Probleme (magmatisch, sedimentär, metamorph) für ihn nicht gab. Als Neptunist sind für ihn alle Gesteine im Wasser abgelagert oder aus wäßrigen Lösungen entstanden. Da die stofflichen Gegebenheiten sich vom „Urmeer" an bis zur Gegenwart ständig änderten[2], mußten zu verschiedenen Zeiten verschiedene Gesteine gebildet werden. Doch die tätigen Vulkane mit ihren Produkten konnte Werner nicht hinwegleugnen und in seiner umfassenden Systematik nicht übergehen: Er erklärt die vulkanische Tätigkeit als durch brennende Kohlenflöze verursacht und die ausfließenden Laven als aufgeschmolzene „neptunische" Gesteine[3].

„Schwach in der Theorie . . . groß in der systematischen Ordnung, . . . die der Geologie noch fehlte" (C. Ch. Beringer 1954, S. 41), begnügte sich Werner nicht mit obiger altersmäßiger Einteilung, sondern nimmt eine echte Klassifikation der Gesteine nach diagnostischen Mitteln vor.

---

[1] Die Aufzählung wurde deshalb so ausführlich gehalten, damit ein allgemeiner Überblick über die damaligen Begriffe, Namen und Vorstellungen gewährt wird.

[2] Der Aktualismus drang erst nach Ch. Lyells „Principles of Geology" (1830—33) durch.

[3] Auch Goethe war als Werner-Schüler Neptunist: „Alles eilt wieder zu den Fahnen des Vulkanismus zu schwören, und weil einmal eine Lava sich säulenförmig gebildet hat, sollen alle Basalte Laven sein, als wenn nicht alles Aufgelöste durch wäßrige, feurige, geistige, luftige oder irgends eindringende Mittel in Freiheit gesetzt, sich so schnell als möglich zu gestalten suchte." (Brief an v. Leonhardt vom 8. 1. 1819, Sophienausgabe IV., Teil 31, S. 52, 1905.)

WERNER teilt erstmals in *einfache* und *gemengte* Gesteine; was auch heute noch in der Gesteinsdefinition ausgedrückt wird: *monomineralisch* und *polymineralisch.*

a) Einfache Gesteine sind: Quarzfels, Kalkstein, Kreide, Kalktuff, Serpentin, Hornstein (Petrosilex), Gips, Steinsalz, Tonschiefer, Dachschiefer, Chloritschiefer, Talkschiefer, Topfstein, Hornblendeschiefer, Steinkohle, Pechkohle, Braunkohle, Graphit[1].

b) Gemengte Gesteine sind: Granit, Syenit, Topasfels, Gneis, Glimmerschiefer, Porphyr, Pechsteinporphyr, Perlsteinporphyr, Grünstein (Trapp); Basalt, Dolerit, Klingstein (Phonolith), Hornschiefer, Graustein (= Trachyt), Grauwacke, Sandstein, Nagelflue, Puddingstein, Laimen, Ton, Mergel, Toneisenstein; Lava, Peperino, Rapilli, Asche, Tuff, Trass.

In vielem ist A. G. WERNER damit seiner Zeit schon weit voraus, wenn man bedenkt, daß er die Mergel bereits zu den gemengten Gesteinen zählt, während sie H. CREDNER noch 1883 zu den einfachen Gesteinen, „die aus *einer* Mineralsubstanz bestehen und zum großen Theile krystallinische Aggregate von Individuen *einer einzigen* Mineralspecies sind", stellt, obwohl sie „innige Gemenge von Kalkstein oder Dolomit mit Thon" sind, deren „Thongehalt zwischen 20 bis 60 pCt. der ganzen Gesteinsmasse beträgt".

Als weiteres Einteilungskriterium zieht WERNER noch das Gefüge herbei; er unterscheidet bei den „gemengten Gesteinen":

a) „gemengte, mit untereinander verwachsenen Theilen" — also körnige Struktur — und zählt dazu Granit, Gneis u. a.; und

b) „gemengte mit einer Hauptmasse" — also porphyrische Struktur —, dazu stellt er Porphyrschiefer, Porphyr, Basalt, Mandelstein usw. Texturelemente, wie Schichtung, gebraucht WERNER wohl zur Diagnostizierung der einzelnen Gesteine, nicht jedoch als Einteilungsprinzipien. WERNER war auch der erste, der unter den (oft) vielen Komponenten zwischen „wesentlichen" und „accessorischen" Bestandteilen unterschied und die Gesteine lediglich nach den wesentlichen charakterisierte, ein Vorgang, der noch heute unumschränkte Gültigkeit hat.

> „Die HAIDINGER'sche Eintheilung der Gesteine wurde 1875 . . . mit einem Preise gekrönt."
> K. A. v. ZITTEL 1899, S. 174

K. HAIDINGER 1887

Unabhängig von WERNER und fast gleichzeitig mit diesem (nur wenige Monate später) brachte K. HAIDINGER 1787 in Wien eine „Systematische Eintheilung der Gebirgsarten" heraus, nachdem dieses System schon 1785 von der Petersburger Akademie mit einem besonderen Preis ausgezeichnet worden war. Erfolg war HAIDINGER wenig beschieden, da sich WERNERs Klassifikation entscheidend durchgesetzt hatte: Auch nach HAIDINGER kommt den Gesteinen stratigraphische Bedeutung zu; es ist also ebenfalls eine Alterseinteilung, aber diese stimmt noch viel besser als bei WERNER mit der tatsächlichen, beobachtbaren Zusammensetzung überein. HAIDINGER teilt in „saxa aggregata" und „saxa conglutinata": das sind die beiden Hauptklassen, die in Ordnungen und Geschlechter unterteilt werden. Hier äußert sich zum erstenmal ganz stark das Bestreben, die Gesteine genauso wie Tiere oder Pflanzen[2] in ein „natürliches" System zu bringen, ein Vorhaben, das nie erreicht wurde und auch nicht erreicht werden kann, da die Gesteine keine phyllogenetische Ent-

---

[1] Es ist interessant, daß WERNER schon den doch meist mehrfarbig getönten Serpentin mit freiem Auge als monomineralisch angesehen hat.

[2] Einfluß C. v. LINNÉs, der 1770 in seinem „Systema Naturae" die Gesteine in derselben Art und Weise wie Pflanzen und Tiere einzuteilen versucht hat.

wicklungsreihe darstellen. „Bei den *Gesteinen* besteht nun keine Beziehung, die, wie der Begriff Verwandtschaft in der belebten Welt, unbedingt und selbstverständlich einem natürlichen System zugrunde gelegt werden kann und muß . . .“ (L. MILCH 1913, S. 191.)

Die Klasse „saxa aggregata“ HAIDINGERs bilden die ältesten drei Ordnungen:
1. Ordnung „Montes primarii“ (Grundgebirge) mit dem Geschlecht Granit.
2. Ordnung „Montes secundarii“ (Ganggebirge) mit den Geschlechtern Gneis, Tonschiefer, Hornschiefer, Gestellstein, Graustein, Porphyrfels, Mandelstein, Trapp, Grünstein, Schneidestein, Serpentinfels, Kieselfels (Hornfels).
3. Ordnung „Montes tertiarii“ (Kalkgebirge).

Die Klasse „saxa conglutinata“ umfaßt als jüngste erdgeschichtliche Abteilung die Geschlechter Breccia und Sandstein.

Neben dem Alter der Gesteine, dem vor allem stratigraphischer Wert zukommt, liegt das diagnostische Hauptgewicht bei HAIDINGER auf der Struktur: die (feinst- bis grob-) körnigen Gesteine bilden eine Klasse, die verkitteten die andere. Es ist leicht ersichtlich, daß das HAIDINGERsche System die gleichen Mängel wie WERNERS Klassifikation aufweist, nämlich das stratigraphische Altersmoment, jedoch bei den rein phänomenologischen Gesichtspunkten weit hinter WERNER zurücksteht: keine Einteilung in einfache und gemengte Gesteine nach der Mineralzusammensetzung, keine so weitgehende Strukturerfassung körnig und porphyrisch, sondern nur Abtrennung der klastischen Sedimentgesteine. Auch in der Erfassung des damals bekannten Gesteinsbestandes klaffen bei HAIDINGER große Lücken: keine Lockergesteine, kein Basalt (oder steckt dieser im Trapp?), kein Glimmerschiefer, kein Dolerit, Phonolith, keine Gläser usw.

> „Der Streit . . . entbrannte in Deutschland so heftig, daß die Fehde zwischen *Neptunisten* und *Plutonisten* eine Zeit lang fast alle anderen Interessen in Hintergrund drängte.“
>
> K. A. v. ZITTEL 1899, S. 91

Der Streit Neptunismus — Plutonismus

Der zu weit getriebene, überspitzte Neptunismus WERNERs wirkte sich leider auch schädlich für die Gesteinssystematik aus. Schon Jahrzehnte früher hatten J. E. GUETTARD 1756, N. DESMAREST und B. FAUJAS DE SAINT-FOND 1778 den Basalt als vulkanisches Gestein erkannt, und der Schotte J. HUTTON hatte 1785 (und erweitert 1795)[1] in seiner „Theory of the Earth“ den Plutonismus entwickelt. Darin erkannte er nicht nur richtig den Basalt (und andere Effusiva) als vulkanische Gesteine, sondern spricht bereits vom Granit als einer unter der Erdoberfläche auskristallisierten Schmelze. Leider ging er ebenso wie WERNER zu weit, indem er auch den Kalkstein als umgeschmolzenes Sediment erklärte, wie überhaupt alle Sedimente durch vulkanische Wärme verfestigt wurden. Der Streit zwischen Neptunisten und Plutonisten währte lange und kostete der geologischen Wissenschaft viel vergeudeten Kraftaufwand. Die Neptunisten wiesen nach, daß körnige Gesteine (Granit) nur aus wäßrigen Lösungen entstehen können, da jedes Experiment mit abgekühlten Granitschmelzen nur glasige Produkte liefert[2]; die Plutonisten wiesen nach (J. HALL 1806 und 1808), daß Kalkschlamm unter 52 Atmosphären Druck (= 1700 Fuß

---

[1] 1785 hielt HUTTON einen Vortrag „Theory of the earth“ vor der „Royal Soc. of Edinburgh“. Gedruckt wurde seine „Theory of earth“ erst 1788.

[2] MITSCHERLICH hatte noch 1859 „die Ansicht, daß alle plutonischen Silikatgesteine ursprünglich als Gläser erstarrten und dann durch molekulare Umlagerung — ähnlich wie geschmolzener Schwefel — krystalline Beschaffenheit annahmen . . .“ (J. ROTH 1887, S. 58).

Abb. 47. Titelabbildung von F. BERGES (1855) „Conchylienbuch".

Abb. 48. Die „Schichtigkeit" mancher Granite wie der im nebenstehenden Bild gezeigte Granitgang in dunkler Umgebung trug viel zu der Vorstellung WERNERS bei, daß alle Gesteine im oder aus dem Wasser kristallisierten, und führte zum „Neptunismus". Aus H. CLOOS 1947: „Gespräch mit der Erde" (Abb. 47; „ein Bach von hellem Granit in dunkler Umgebung").

Abb. 49. (Nach G. Poulette Scrope 1825.)

Im Jahre 79 nach Christi wurde der römische Admiral und Naturforscher Plinius im Hafen von Pompeji durch giftige Dämpfe und Gesteinsbomben getötet, als er ein unerhörtes Schauspiel beobachten wollte. Ein scheinbar ganz gewöhnlicher Berg, der Vesuv, schoß Feuergarben, Asche und Bomben in den Himmel und ließ glühenden Gesteinsbrei aus seinem geöffneten Gipfel die Hänge und Flanken des Berges herabfließen. Eine ganze Stadt, Pompeji, wurde im wahrsten Sinne des Wortes eingeäschert.

1631 wiederholte sich das Schauspiel und überraschte die Menschheit in genau demselben Maße wie vordem, denn der Vesuv war seit ca. 1100, also über ein halbes Jahrtausend, ruhig und galt als erloschen. Seine Gefährlichkeit war aus dem Volksgedenken geschwunden.

Diesen riesigen Ausbruch von 1631 erlebte ein deutscher Jesuitenpater, der vor dem Dreißigjährigen Krieg nach Italien geflohen war, und er war davon so beeindruckt, daß dieses Ereignis ihm Grund und Nahrung für ein bisher noch nie versuchtes Gedankengebäude gab, das er in dem 1664 erschienenen Werk „Die unterirdische Welt" schriftlich niederlegte. Das Buch ließ die Welt aufhorchen und brachte es auf drei Auflagen; sein Autor war Athanasius Kircher, Erfinder der Camera obscura und der ersten internationalen Sprache.

Die 1631 neu erwachte Tätigkeit des Vesuvs beeindruckte ihn derart, daß er zu der abgebildeten Vorstellung des Erdinneren gelangte. Diese Vorstellung gibt zwar dem Vulkanismus

Meerestiefe) durch Hitze zu festem Kalkstein wird (und bei höherem Druck = größerer Meerestiefe zu Marmor), und so wogte der Kampf lange unentschieden hin und her. Solange WERNER lebte (er starb 1817), konnte seine Autorität und Persönlichkeit den Neptunismus noch am Leben erhalten, obwohl schon 1800 (und 1805) J. HALL aus Granitschmelze durch langsame Abkühlung ein körniges Gestein erzeugt

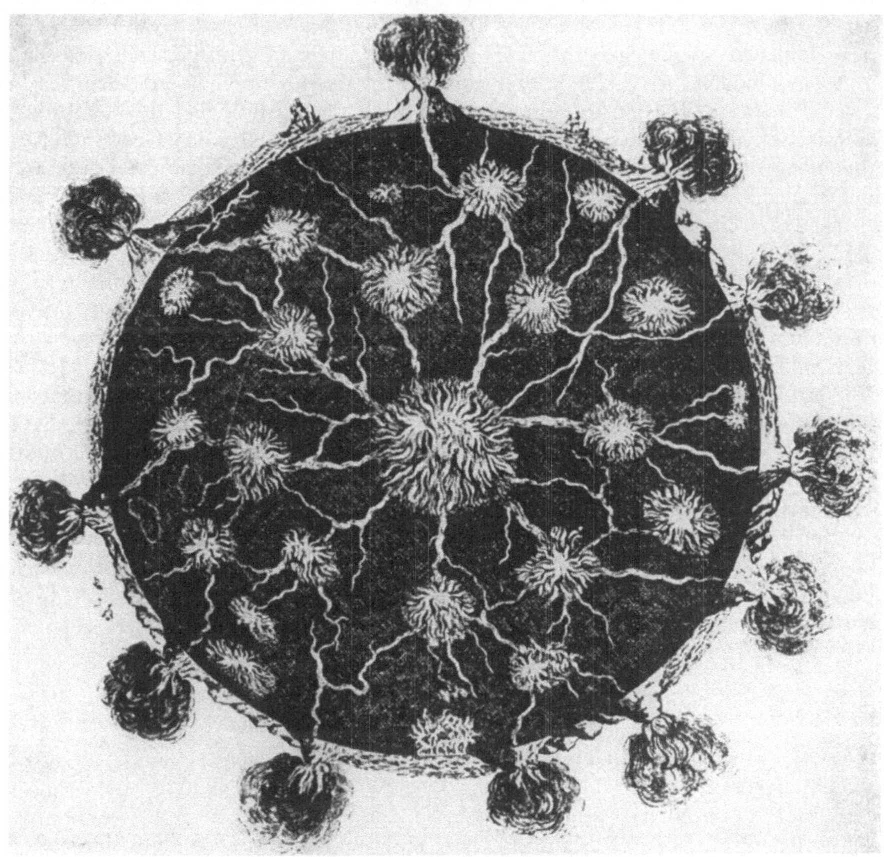

Abb. 50. (Nach A. KIRCHER 1664.)

Fortsetzung zu Abb. 49 und 50.

eine maßlos übertriebene Wichtigkeit, ist aber im grundsätzlichen von erstaunlicher Richtigkeit. Von einzelnen Lavaherden führen schmale Zufuhrswege zu den Extrusionsstellen an der Erdoberfläche, den Vulkanen. Eine schlackenartige, lichte und leichte Erdkruste ist vorhanden, die der Sialschicht entspricht; die Weltmeere reichen bis zur Unterschale (dem Sima). Ein „Zentralfeuer" als Kern ist vorhanden.

Diese Vorstellung bedingt ein Wärmerwerden gegen das Erdinnere, eine geothermische Tiefenstufe, die KIRCHER auf diesem rein spekulativen Weg postulierte. Er fand seine Ansicht durch das Experiment bestätigt in den tiefen Bergbauen (gleich, welcher geographischer Breiten), wo die Temperatur tatsächlich mit der Tiefe zunimmt. Zahlreiche Bergleute aus verschiedenen Ländern teilten ihm diese ihre Beobachtungen mit.

A. KIRCHER war Philosoph und Mathematiker, aber kein Naturwissenschaftler, und so wurden seine brauchbaren Vorstellungen von vielen abergläubischen, unsinnigen und märchenhaften Schilderungen verdrängt, bis J. HUTTON (in den Jahren 1785—1795) ihnen in seinem Plutonismus eine fundierte Form verlieh.

hatte. Erst als L. v. Buch[1] nach Werners Tod sich offen auf die Seite eines gemäßigten Plutonismus stellte, den er früher fast gegen eigene bessere Überzeugung bekämpft hatte, mußte sich der Neptunismus langsam geschlagen geben. „L. v. Buch galt mit vollem Recht für den größten Geologen seiner Zeit." (A. v. Zittel 1899, S. 95.) Er veröffentlichte (um 1810) verschiedene Arbeiten über Granit, Leucitlava, Trapp-Porphyr (= Trachyt) und Gabbro, den er damit in die geologische Wissenschaft einführte[2].

War damit der große Streit auch im großen und ganzen zuungunsten des Neptunismus entschieden, so wirkte dieser ungeachtet dessen noch lange nach: E. Kalkowsky schrieb noch 1886 in seinen „Elementen der Lithologie" die Gabbros und ultrabasischen Tiefengesteine den „katogenen" (= sedimentären) Gesteinen zu. Er wußte zu sagen, „daß die Gabbros mit völliger Gewißheit als Glieder der archäischen Schichtensysteme auftreten" (S. 229). „Bei den Peridotiten ist in sehr vielen Fällen auf das Unzweifelhafteste nachgewiesen worden, daß ... sie geschichtet sind" (S. 242), und sie „können direkte chemische Niederschläge in einem Urmeer sein." (S. 244.) So lebte also nicht nur Werners Neptunismus, sondern auch seine längst überholte stratigraphische Einteilung auf petrographischer Grundlage (Werner negierte den Wert von Petrefakten für eine Alterseinstufung) fort. Außer vorigem sagte Kalkowsky noch: „Sämtliche Pyroxenite sind archäischen Alters." (S. 234.)

Verständnis für die Lage der Geologie zu jener Zeit und den verhängnisvollen Streit zwischen Neptunismus und Plutonismus ist nötig, um die plötzlich völlig andersgeartete Entwicklung der Gesteinsklassifikation in den ersten Jahrzehnten des 19. Jahrhunderts verstehen zu können. Es wäre sonst nicht einzusehen, warum auf der immerhin soliden und gutgefügten Grundlage, die Werner (und Haidinger) geschaffen hatte, nicht weiter aufgebaut wurde. Die genetischen und Altersprobleme standen zu sehr im Vordergrund und waren so ungeklärt und unsicher, daß neue Impulse nur von einer ganz anderen Seite herangetragen werden konnten. Und sie kamen auch: von der Mineralogie.

Mineralogische Gesteinssysteme

J. R. Hauy, „der geniale Mineraloge".
K. A. Lossen 1883, S. 504

J. R. Hauy 1822

Hauy war Professor in Paris und erhielt einige neue Räume für die Vergrößerung seiner Sammlungen im Mineralogischen Cabinet. Seiner Beschäftigung mit dem Problem einer Neuaufstellung der Gesteine entsprangen „jene für die Ausgestaltung der Petrographie so folgenschweren Worte" (K. A. Lossen 1883, S. 504), die er am 30. Oktober 1811 an C. C. v. Leonhard schrieb: «J'ai conçu l'idée de classer cette suite (de roches) minéralogiquement.» (C. C. v. Leonhards Taschenbuch für die

---

[1] L. v. Buch war neben Humboldt vielleicht Werners bester und treuester Schüler und verehrte diesen so aufrichtig, daß er lange versuchte, die Beobachtungen, die er an den Vulkanen Süditaliens und der Kanarischen Inseln machte, in einen Neptunismus einzubauen. Erst mit der „Physikalischen Beschreibung der canarischen Inseln" entwickelte er 1826 seine großartige Hypothese über die Erhebungskratere. Er wurde sogar als Vater und Begründer des Plutonismus angesehen: „L. v. Buch zog von da aus ... nach den canarischen Inseln und den Süden Europas ... um in der Anschauung der großartigsten Vulkangebilde seinen ‚Plutonismus' zu entwickeln ..." (K. F. Peters 1880, S. 17.)

[2] Die Bezeichnung Gabbro entstammt einem Ausdruck der Toskana, den florentinische Steinmetzen für dunkle Gesteine verwandten. Ferdinand von Medici soll diese Gesteine erstmals 1604 von Korsika für den Bau der Laurenziana nach Florenz gebracht haben (Diabase). In der Literatur wird Gabbro zum ersten Male von T. Tozzetti 1768 für toskanische Vorkommen gebraucht. L. v. Buch wendet ihn 1810 auch für andere Fundorte an.

gesamte Mineralogie. Bd. 6, 1812, S. 323.) „Dies war der Beginn *der petrographischen Systeme auf mineralogischer Grundlage.*" (L. MILCH 1913, S. 212.) „Nicht die Fülle geognostischer Beobachtungen gab dem großen Zeitgenossen A. G. WERNERS jene Idee ein, nicht vom Centralplateau, vom Vesuv, vom Rhonethale oder von Predazzo her, wie die Briefe LEOPOLD V. BUCHs datiren seine Zeilen; bezeichnenderweise vielmehr ist das mineralogische Cabinet in Paris ihr Ausgangspunkt und . . . die nähere Veranlassung zur Anregung der in dem Briefe mitgetheilten Idee." (K. A. LOSSEN 1883, S. 504.)

Die mineralogische Betrachtungsweise der Gesteine durch HAUY ist nun keineswegs mit einer Einteilung auf Grund des Mineralbestandes, der mineralogischen Zusammensetzung (wie z. B. bei A. G. WERNER 1786/87) nach dem Zusammenauftreten von wesentlichen Gemengteilen gleichzusetzen; sie bezog sich vielmehr auf eine Anpassung des petrographischen Systems an das mineralogische. Er wollte klare, sichtbare, unumstößliche Einteilungsprinzipien an Stelle der wuchernden Alters- und Genese-Spekulationen als Hauptgewicht bei der Systematik setzen, die seit WERNER und HAIDINGER so sehr im Vordergrund standen. Er „fühlte sich gedrängt, die Gesteine nach ihren *natürlichen Eigenschaften* (d'après les caractères, qui leur sont propres et qui suivent par toute methode géologique) zu ordnen. Die sachliche Nothwendigkeit einer solchen systematischen Ordnung ist für eine beschreibende Naturwissenschaft so einleuchtend, und kam so sehr den bereits üblichen Gesteinsbeschreibungen entgegen, daß ihr auf die Dauer auch die Anhänger der WERNERschen Schule keinen Widerstand entgegenzusetzen vermochten. Selbst LEOPOLD V. BUCH kämpfte vergeblich dagegen an." (K. A. LOSSEN 1883, S. 504/505.) Wieder erschallt der ewig unerfüllte Ruf nach einer *natürlichen* Systematik. Zehn Jahre nach seiner Idee ordnet J. R. HAUY 1822 (in der zweiten Auflage seiner „Traité de Minéralogie"; die erste war 1801 geschrieben) die Gesteine in Klassen, Ordnungen, Genera, Spezies, Varietäten und Modifikationen. Er konnte selbstverständlich eine so strenge und genaue Klassifizierung nicht konsequent durchführen, jedoch "HAUYs classification was based essentially on mineral content, and in this respect has much in common with many of more recent vintage". (E. E. WAHLSTROM 1950, S. 316.) HAUY teilt die Gesteine nach dem Hauptmineral ein, das aber keineswegs immer prozentuell dominierend sein muß, und kommt damit zu roches feldspathiques, diallagiques, micacées, quarzeuses, alcalines, carbonatées, sulphatées usw. Diese Mineralien ordnet er in das übliche mineralogische System ein und kommt so zu seinen Klassen, wie substances pierreuses et salines, métalliques, combustibles (non métalliques). Stellt diese Betrachtungsweise bestimmt einen Fortschritt dar, so liegt doch ein gewaltiger Nachteil darin, daß keinerlei geologische Gesichtspunkte in das System aufgenommen sind: keine Struktur, Textur, Lagerungsform usw. „Als Mineraloge sah HAUY die Gesteine lediglich als massenhafte Mineralvorkommen an und theilte sie *ohne Rücksicht auf ihre geologischen Eigenschaften* nur nach mineralogisch-chemischen Unterschieden ein. Er machte die Petrographie thatsächlich zum Appendix der Mineralogie und so war es ganz correct, daß er sein petrographisches System . . . anhangsweise im vierten Bande seines Traité de Minéralogie veröffentlichte." (K. A. LOSSEN 1883, S. 505.)

> „ALEXANDER BRONGNIART und CARL CAESAR V. LEONHARD gelten mit Recht als die Väter unserer Wissenschaft."
> K. A. LOSSEN 1883, S. 504

A. BRONGNIART 1813 und 1827 (und P. L. A. CORDIER 1815/16)

A. BRONGNIART fußt zwar ganz auf J. R. HAUYs 1811 geäußerter „mineralogischen Idee", brachte aber bereits vor HAUY (1822), nämlich 1813 eine für damalige Verhältnisse äußerst umfangreiche und eingehende Systematik der *gemengten* Gesteine heraus («essai d'une classification minéralogique des roches melangées»). Aus dem Titel ersieht man bereits, daß er zwischen einfachen und gemengten Gesteinen unterscheidet, was gegenüber HAUY einen großen Fortschritt bzw. ein Übernehmen der bewährten WERNERschen Einteilung bedeutete. Vor allem legt er aber auf die Strukturverhältnisse großes Gewicht. Er unterscheidet drei Hauptklassen: „1. die isomeren (körnigen) Felsarten, bei denen sich die einzelnen Bestandtheile lediglich durch krystallinische Aggregation verbinden und bei denen eine vorherrschende Basis oder ein Cement fehlt, 2. die anisomeren Felsarten, bei denen die wesentlichen Mineralbestandtheile in einer Basis oder einem Cement eingebettet liegen, und 3. die Aggregatsteine, welche auf mechanischem Wege entstehen und deren Bestandtheile in einem später gebildeten Bindemittel liegen." (K. A. v. ZITTEL 1899, S. 726/727.)

Auch damit fußt er unzweifelhaft auf A. G. WERNER (1786/87) mit dessen „gemengten, miteinander verwachsenen Theilen" und den „gemengten mit einer Hauptmasse". Zuzüglich jedoch nimmt er als dritte Hauptklasse K. HAIDINGERS (1787) saxa conglutinata und bringt damit zweifellos eine sehr gute Systematik (der gemengten Gesteine) zuwege, um so mehr, als er die genetischen und Altersspekulationen rigoros beiseite schiebt.

Zur ersten Klasse, den isomeren Gesteinen zählt A. BRONGNIART: Granit, Protogin, Pegmatit, Mimose, Syenit, Diabas, Grünstein (Hemithren);

zur zweiten Klasse, den anisomeren Gesteinen: Greisen, Gneis, Glimmerschiefer, Phyllade, Kalkschiefer, Talkschiefer, Serpentin (Ophiolit), Cipolin, Ophicalcit, Calciphyr; Variolit, Wacke, Amphibolit, Trapp, Melaphyr; Porphyr, Ophit, Amygdaloid (Mandelstein), Euphotid; Eukrit, Leptinit (Hornfels), Trachyt; Thonargilophyr (Tonporphyr), Domit; Pechstein, Obsidian; Lava;

und zur dritten Klasse, den Aggregatsteinen: Psammite (Sandstein, Grauwacke, Mimophyr), Psephite, Puddingsteine und Breccien.

1827 bringt A. BRONGNIART mit seiner „Classification et Charactères Minéralogiques des Roches Homogènes et Hétérogènes" eine umfassende, vollständige Systematik heraus. Nun wird die Einteilung in *homogene* und *heterogene* Gesteine vor allem anderen betont (1813 hießen seine roches hétérogènes noch roches melangées). Und hier bevorzugt er besonders die gleichartigen (einfachen) Gesteine. Inzwischen war nämlich 1822 HAUYs Systematik erschienen, die einseitig nach *einem* Hauptmineral geordnet war. Das scheint BRONGNIART stärkstens beeinflußt zu haben, denn jetzt teilt auch er viele polymineralische Gesteine *einem* Mineral „principe dominant" zu. Zum Beispiel bezeichnet er den Granit als Feldspatgestein, der bei den roches feldspathiques seine Stellung findet, den Gneis als Glimmergestein (roches micacées) usw.; ganz wie bei HAUY. Auch bei BRONGNIART wird wie bei HAUY der geologische Faktor in der Systematik vermißt. Es war die Zeit, „welche nicht nur den Statuenmarmor und Steinsalze, sondern auch den Mergel, Thonschiefer und die Basalt- und Porphyr-Grundmassen" (K. A. LOSSEN 1883, S. 506) in eine Klasse zusammenwarf, daß BRONGNIART das Bestreben, das petrographische System dem mineralogischen organisch anzugliedern, mit den Worten äußerte: «L'histoire minéralogique des roches simples ou homogènes, ou du moins de celles, qui nous paraissent telles, doit être faite dans les traités de minéralogie proprement dits.»

Ähnlich wie A. BRONGNIARTs sieht auch P. L. A. CORDIERS System (1815/16) aus, das auf Mineralbestand und Struktur der Gesteine basierte. Wichtiger waren CORDIERS Arbeiten (1815) über vulkanische Gesteine, in denen er nachweisen konnte, daß z. B. dichte Basalte nicht monomineralisch, sondern aus mehreren Kornsorten zusammengesetzt sind. Er kam zu dieser interessanten Feststellung durch Verwendung eines einfachen Mikroskops, mit dem er Splitter eines pulverisierten Basaltes betrachtete. Kann man dies auch noch nicht als den Beginn einer neuen Ära in den diagnostischen Untersuchungsmethoden bezeichnen (diese ließ noch rund ein halbes Jahrhundert auf sich warten), so war doch damit erwiesen, daß auf optischem Wege das freie, unbewaffnete Auge für die Gesteinserkennung höheren Ansprüchen nicht genügt.

> „. . . BRONGNIART's ebenbürtiger Fachgenosse CARL CAESAR v. LEONHARD . . .“
>
> K. A. LOSSEN 1883, S. 506

C. C. v. Leonhard 1823/24

1823/24 brachte C. C. v. LEONHARD seine berühmte „Charakteristik der Felsarten“ heraus. Diese gibt erstmalig eine Übersicht über die bis dato erschienenen Klassifikationen und anschließend die bislang beste Einteilung der Gesteine. A. v. LASAULX sagt 1872 (S. 1): „Der Beachtung werth ist erst das System von C. v. *Leonhard*“; und A. JOHANNSEN (1939, S. 117) stellt ihn in seiner Bedeutung auf die gleiche Stufe neben A. G. WERNER: "While Werner has the distinction of being the first petrographer, von Leonhard was the first to give a detailed and elaborate system of classification." Auch LEONHARD kann sich nicht den WERNERschen Alters-Genese-Vermutungen anschließen, aber er teilt neben dem Mineralbestand auch und vor allem nach Struktur und erstmalig auch konsequent nach Textur. Er sagt (1823, S. 39): „Die mineralogische Klassifikation . . . bietet eine bleibendere Norm, denn der Bestand und Struktur sind keinen so veränderlichen Ansichten unterworfen als die Meinungen über Lagerungsbedingnisse. Die mineralogische Klassifikation sollte in jedem Falle der geognostischen Anordnung vorangehen.“ Dies ist ein so überzeugend klarer und richtiger Ausspruch, daß er es wert gewesen wäre, in den nächsten hundert Jahren mehr Beachtung gefunden zu haben. C. C. v. LEONHARD unterscheidet vier Abteilungen (endlich einmal keine *Klassen!*) von Gesteinen:

1. ungleichartige (heterogene bzw. melangées BRONGNIARTS, gemengte WERNERS),
2. gleichartige (homogene BRONGNIARTS, einfache WERNERS),
3. Trümmergesteine,
4. lose Gesteine.

Die ungleichartigen werden nach dem Gefüge in körnige, porphyrische und schiefrige unterteilt.

Die gleichartigen werden a) in „einfache“ (echt monomineralische), und diese wieder in körnige, schiefrige und dichte; und b) in „scheinbar gleichartige, nicht als Glieder oryktognostischer Gattungen zu betrachtende Gesteine“, und diese wieder in dichte, schiefrige, porphyrische, glasartige und schlackenartige unterteilt.

Obwohl die Unterscheidung rein makroskopisch war, wird mit den *scheinbar* gleichartigen Gesteinen schon ausgedrückt, daß es sich nicht um echt monomineralische Gesteine handelt; wenn es wohl auch vieler Übung und Scharfsinns bedurfte, diese Gesteine mit freiem Auge richtig zu erkennen. Diesbezüglich kann A. v. LASAULX nicht ganz unwidersprochen bleiben, wenn er sagt (1872, S. 1): „Diese Eintheilung basirte also im wesentlichen auf äußeren, leicht erkennbaren Merkmalen und war insofern wenigstens ihrer Einfachkeit wegen nicht ohne Vorzüge.“

„ALEXANDER BRONGNIART und CARL CAESAR v. LEONHARD gelten mit Recht als die Väter unserer Wissenschaft.“ Mit diesen Worten würdigt K.A. LOSSEN 1883 (S. 504) diese beiden großen Forscher und berichtet (S. 506/507) über deren Einfluß auf spätere Klassifikationen (denn eine Epoche hat mit diesen beiden ihren Abschluß gefunden): „Wenn BRONGNIART's ebenbürtiger Fachgenosse CARL CAESAR v. LEONHARD und seine Nachfolger in Deutschland es vermieden, so sichtlich binär, ternär oder quarternär gemengte Mineralaggregate, wie diejenigen der meisten deutlich krystallinisch-körnigen Massengesteine und krystallinischen Schiefer dem mineralogischen Princip zu lieb unter den Gesichtspunkt nur *einer* Mineralspezies als•eines *principe dominant* zu stellen, ... wenn wir in dem Vaterlande A. G. WERNER's die Ordnungen und Familien der Gesteine vielmehr nach der *Structur* des *Mineralaggregats*, insbesondere nach der körnigen, porphyrischen, dichten und schiefrigen Structur abgegrenzt finden, so ging doch gerade jene BRONGNIART'sche Klasse der *homogenen, gleichartigen* (C. C. v. LEONHARD) oder *einfachen* Gesteine, als besondere Verkörperung des mineralogisch verstandenen Gesteinsbegriffs in die Systeme vieler deutscher Petrographen über.''

"Indeed, the number of different classifications closely approaches the number of outstanding petrographers that have appeared since the start of the science."

E. W. M. HEINRICH 1956, S. 19

2. Die Entwicklung der Systeme nach verschiedenen Prinzipien 1841—1866

Feldspat-Einteilungen

"ABICH (1841) was the first to propose a classification of ingneous rocks based on the composition of their feldspars."

F. LOEWINSON-LESSING 1954, S. 31

H. ABICH 1841 (und É. DE BEAUMONT 1846/47)

,,H. ABICH ..., dessen Bedeutung für die Petrographie ganz allgemein, wenigstens in den gedruckt vorliegenden Übersichten, zu gering angenommen wird ... Und doch eilen seine Anschauungen, die er im Jahre 1841 zuerst veröffentlicht hat, der Zeit weit voraus.'' (L. MILCH 1914, S. 177.) Er war vielgereist und vielseitig interessiert. Er kannte die Faunen von Persien und Rußland, schrieb über Vulkane von Italien und den Liparischen Inseln, kannte den Ararat und den Kaukasus, befaßte sich mit dem Erdöl in Baku, erklärte das Steinsalz als plutonisch entstanden und fertigte als einer der ersten (oder als erster?) Bauschanalysen von magmatischen Gesteinen an. Er war Professor in Dorpat und starb 1886 in Graz. Er kennt die Plagioklase als Mischungsreihe und kann sie nach ihrer Isolierung aus dem Gestein auf Grund chemischer Analysen bestimmen. ABICH gibt sich mit einer bloßen Einteilung der Gesteine nach den Feldspaten nicht zufrieden, sondern sucht Gesetzmäßigkeiten zwischen den Feldspalten einerseits und den Gesteinen bzw. Magmen andererseits zu finden: Wir ,,dürfen die pyrogenen kristallinischen Gesteine als Erstarrungsprodukte einer ursprünglich entweder basischen, oder neutralen oder sauren kieselsauren Lösung verschiedener Kieselverbindungen betrachten[1] und sind berechtigt, die jedesmalige physikalische und chemische Natur der das Gestein zusammensetzenden Mineralien von derjenigen Säurungsstufe anhängig zu glauben, welche in der ursprünglichen Lösung in ihrem Erstarrungsmomente vorwaltete[2]. Verbinden wir mit dieser Voraussetzung die Betrachtung der verschiedenen Feldspatglieder, ...'' (von den ,,Trisilicaten'' Orthoklas und Albit über Oligoklas usw. bis zum ,,Singulosilicat'' Anorthit) ... ,,so liegt die Vermutung nahe, daß sich auch

---

[1] Eine Einteilung, wie sie später oft und auch heute noch mit Erfolg angewandt wird, ja sogar die (bestandsmäßigen) drei Hauptgruppen der Massengesteine darstellen; z. B. als untersättigte, gesättigte und übersättigte Gesteine.

[2] Nach diesen Gedanken stellt auch (über 80 Jahre später) P. NIGGLI seine Magmentypen auf.

bei den kristallinischen . . . Gesteinen von seiten ihres Kieselerdegehaltes . . . konstante Merkmale gewinnen lassen werden, um von der Gebirgsart sogleich auf die eingeschlossene Feldspatgattung, wie umgekehrt von dieser auf jene schließen zu können." (H. Abich 1841, I. Bd., S. 12/13.) In vielen guten Systemen ist es heute tatsächlich so, daß die Gruppen- und Familieneinteilung nach den Feldspaten vorgenommen wird, z. B.: nur Alk-Feldspat (ohne Quarz, ohne Foide) = Alkalisyenite; Kalifeldspat $\simeq$ Plg. = Monzonite; nur Plagioklas mit An > 50% = Gabbros usw. Abich erahnte oder erkannte schon damals den diagnostischen Wert und die Bedeutung der Feldspate für die Gesteinsklassifikation, als er sagte (1841, S. 6): „In dem Maße, als tiefer eindringende petrographische Forschungen die verschiedenen Feldspatgattungen als charakteristische Unterscheidungsmerkmale für ganze Gesteinsreihen kennen lehren, scheint es möglich zu werden, diese Fossilien" (damals auch für Mineralien gebraucht)[1] „auf eine ähnliche Weise für die Charakteristik der endogenen Felsarten zu benutzen, wie die versteinerten Reste organischer Wesen als die bestimmenden Merkmale der auf *neptunischem* Wege gebildeten Felsarten mit so vielem Erfolge angewendet worden sind."

„Die Einteilung der vulkanischen Gesteine, die Abich . . . gibt, liegt vielfach den späteren zugrunde und hat somit zu den heute gültigen Systemen entscheidend beigetragen; durch die Berücksichtigung der chemischen Zusammensetzung des Gesamtgesteins und deren maßgebenden Einflusses auf die Gesteinskomponenten, die zur Einteilung in Trachyte, Trachydolerite und Dolerite führt, durch die Betonung des Reihencharakters der Gesteine und der vorhandenen Übergänge steht sie der heutigen Auffassung der Ergußgesteine theoretisch viel näher als jede andere und eilt trotz vielfacher Unvollkommenheiten und Übertreibungen ihrer Zeit weit voraus." (L. Milch 1913, S. 214/215).

Ähnlich wie H. Abich teilt auch Élie de Beaumont 1846/47 die magmatischen Gesteine in *roches basiques*, zu denen er die meisten Effusivgesteine stellt, in die *roches neutres* und in scharfem Gegensatz dazu die *roches acidifères*, zu denen unter anderem der Granit, Quarzporphyr, Diorit, Syenit und andere gehören. Auch die Feldspate werden bei ihm chemisch bestimmt und zur Einteilung herangezogen.

> „Die Übersicht der Abteilungen, welche seit dem Winter 1852
> Gustav Rose . . . unterscheidet."
> A. v. Humboldt, Kosmos IV, 1858, S. 468

G. Rose (und A. v. Humboldt 1845)

Auf H. Abich fußt auch die Systematik G. Roses 1852, der bei den Effusivgesteinen vor allem nach den Einsprenglingen die Einteilung vornimmt und die Grundmasse mehr oder minder vernachlässigt (eine auch heute noch durchaus gebräuchliche Vorgangsweise). Er stellt Abteilungen nach den Phenokristen auf:

1. Abteilung: Mit *Sanidin* („glasigem Feldspat"), Glimmer und Hornblende selten bis fehlend.

2. Abteilung: Mit *Sanidin* und *Oligoklas* („einzelne glasige Feldspat-Kristalle und eine Menge kleiner, schneeweißer Oligoklas-Kristalle").

3. Abteilung: Mit *Oligoklas* (ohne Sanidin), Biotit und Hornblende („enthält viele kleine Oligoklas-Kristalle mit schwarzer Hornblende und braunem Magnesia-Glimmer").

4. Abteilung: Mit *Oligoklas*[2] und Augit.

---

[1] Das Wort Fossil (von fodere = graben) wurde erstmalig von G. Agricola 1546 für alles im Boden Vergrabene verwendet.

[2] Oligoklas galt damals noch für Andesin mit. Erst nach J. Roth 1861 wurde der Andesin mit eigenem Namen benannt.

5. Abteilung: Mit *Labrador* und Augit („ein Gemenge von Labrador und Augit, ein doleritartiger Trachyt").

6. Abteilung: Mit *Leucit* und Augit ($\pm$ Olivin) („eine oft graue Grundmasse, in der Kristalle von Leucit und Augit mit sehr wenig Olivin liegen") (S. 449—472).

Hier bei ROSE sehen wir zum ersten Male ein echt mineralogisches, d. h. auf dem Mineralbestand fußendes System. Ganz klar wird nach den Feldspat-Arten bzw. Foiden gegliedert, und zwar auch so, daß das Nebeneinandervorkommen von Kalifeldspat und Plagioklas berücksichtigt wird, und ferner nach der Natur der Mafite (Biotit, Hornblende, Augit, Olivin). Letzteres ein Vorgehen, das damals als Fortschritt gelten konnte, da die Kenntnis der Effusiva noch relativ beschränkt war, das aber in den folgenden Jahrzehnten — und bis heute — einen ungünstigen Einfluß auf die Systematik bei den „qualitativen mineralogischen" Klassifikationen ausüben sollte. Immerhin war es in den fünfziger Jahren des vorigen Jahrhunderts so gut, daß es A. v. HUMBOLDT in seinem Lebenswerk „Kosmos" (IV. Bd.) übernahm. A. v. HUMBOLDT nannte erstmalig 1845 (I. Bd., S. 457) die magmatischen Gesteine *endogene* Gesteine und die Sedimentgesteine *exogene* Gesteine. Diese Einteilung sollte als *massige* und *geschichtete* Gesteine durch H. ROSENBUSCH 1877 verewigt werden. v. HUMBOLDT stellte sich — obwohl WERNER-Schüler — schon frühzeitig (lange vor L. v. BUCH) gegen die petrographische Klassifikation nach dem Alter — und überhaupt gegen jede „geognostische" — und schrieb (in seinem geognostischen Versuch S. 13): „Eine rein oryktognostische Methode, die Gebirgs-Gesteine ausschließlich betrachtend nach dem Übereinstimmenden ihres Bestandes, ist die wahrhafte Klassifikationsweise; sie führt zu wichtigen Ergebnissen über das Beständige in der Verbindung, im Zusammenseyn gewisser Mineralien."

Erstes Eindringen genetischer Gesichtspunkte in die Klassifikation

> "In 1850 C. F. NAUMANN . . . defined the term *petrography* for the first time."
>
> E. E. WAHLSTROM 1950, S. 317

C. F. NAUMANN 1857/58 (und 1849/50)

C. F. NAUMANNs Stellung in der Petrographie ist recht umstritten. Verschiedene Autoren sehen seine Einteilung unter völlig konträren Gesichtspunkten. Er bringe eine Klassifikation, „wobei er weniger das morphologische, als das genetische Princip berücksichtigt". So schreibt K. A. v. ZITTEL 1899 (S. 729), während L. MILCH 1913 (S. 202) das Gegenteil sagt; nämlich, „daß noch in der zweiten Auflage von K. F. NAUMANNs Geologie (1858) . . . die Entstehungsweise der *Gesteine* für die ‚Synopsis' gar keine Rolle spielt". NAUMANN hat sich in seinem „Lehrbuch der Geognosie" (1. Auflage 1849/50, 2. Auflage 1857/58) sehr eingehend mit der „Genesis der Gesteine" befaßt, aber in seiner „Synopsis der Gesteine" „grundsätzlich keinerlei geologische Beziehungen" (L. MILCH 1913, S. 197) berücksichtigt. C. F. NAUMANN teilt 1857/58 wohl genetisch in seiner obersten Gruppierung, aber diese zwei Gruppen sind doch so umfassend, daß man seine Gesamtklassifikation deshalb nicht eine genetische nennen kann: 1. *protogene Gesteine*, das sind solche, „deren vorwaltendes Material, so wie es gegenwärtig erscheint, ursprünglich zu seiner dermaligen Ausbildung und Aggregation gelangt ist"; und 2. *deuterogene Gesteine*, „deren vorwaltendes Material, so wie es gegenwärtig erscheint, von anderen präexistenten Gesteinen geliefert worden ist". (C. F. NAUMANN 1857/58, S. 498.) 1849/50 hatte NAUMANN seine protogenen Gesteine noch kristallinisch und die deuterogenen als klastisch bezeichnet (dazu auch noch hyaline, porodine, zoogene und phytogene — vielleicht kommt ZITTEL deshalb zur Ansicht, daß NAUMANN das genetische Prinzip bevorzugt). Zu den protogenen Gesteinen zählt NAUMANN die Unterabteilungen: Eisgesteine, Haloid-, Kiesel-, Silikat-, Erz- und Kohlengesteine. Zu den deuterogenen die klastischen Sedimentgesteine.

Daraus ist natürlich leicht ersichtlich, daß NAUMANN tatsächlich *keine* genetische Einteilung bringt. Denn wenn er die klastischen Sedimente allein allen chemischen Sedimenten, Kohle- und Eisgesteinen, kristallinen Schiefern und magmatischen Gesteinen gegenüberstellt, weil nur sie „aus zerstörtem Material präexistierender Gesteine gebildet sind", so stimmt das weder (chemische Sedimente, kristallene Schiefer), noch ist das Unterscheidungskriterium glücklich gewählt. NAUMANN wird deshalb auch heftig angegriffen, obwohl er andererseits auch wegen des „Fortschritts" gelobt wird, die bis dahin dominierende Einteilung nach dem vorherrschenden Material, den „einfachen Gesteinen", überwunden zu haben. Die Kritik aber überwiegt: „Daß in die Klasse der protogenen Gesteine auch solche gerechnet werden, die durch Metamorphose aus anderen Gesteinen hervorgegangen, vielleicht sogar aus deuterogenen Gesteinen, und die daher nicht mit Bestimmtheit einer oder der anderen dieser beiden Klassen zugetheilt werden können, zeigt wie wenigstens die Bezeichnung der beiden großen Klassen nur mit Beschränkung und nicht im wörtlichen Sinne des Namens gelten kann. Auch dürfte es bei gewissen Conglomeraten doch wohl schwer zu entscheiden sein, ob sie wegen der Bruchstücke älterer Gesteine als deuterogene oder wegen des doch oft entschieden überwiegenden protogenen Gesteinscämentes auch als protogene anzusehen seien." (A. v. LASAULX 1872.) Bei dieser Stellungnahme blickt im zweiten Teil noch stark der Gedanke des „vorwaltenden Materials" durch, wegen dessen Überwindung NAUMANN von anderer Seite belobt wurde. Es liegt uns heute eine solche Anschauungsweise schon zu fern, um sie recht begreifen zu können, denn niemand würde heute ein Konglomerat zu den chemischen Sedimenten zählen, nur weil mehr Volumprozente an chemisch ausgefälltem Bindemittel vorhanden sind. K. A. LOSSEN geht 1883 bei seiner Kritik von grundsätzlicheren Erwägungen, von einem höheren Stand- und Sichtpunkt aus (S. 503/504): Wenn NAUMANN und später ZIRKEL (1866) „die schichtweise niedergeschlagenen Producte des chemischen und z. Th. durch die Organismen vermittelten Aufbereitungsprocesses, wie Kalkstein, Gyps, Steinsalz, mit den massigen Erstarrungsgesteinen, wie Granit, Porphyr, Basaltlava usw. in ein und dieselbe Hauptklasse der *protogenen* (*krystallinischen*) oder *ursprünglichen* Gesteine zusammenordnen und beide den Producten des mechanischen Aufbereitungsprocesses . . . als den *deuterogenen* (*klastischen*) oder *Trümmer-Gesteinen* gegenüberstellen, so geben sie darin deutlich zu erkennen, daß ihr Gesteinsbegriff im massenhaft vorkommenden Mineralaggregate (Stoffaggregate) aufgeht . . . Dem gegenüber wird der Petrograph, der sich der vollen Natur des Gesteins als einer . . . Verkörperung geologischer Bildungsgesetze bewußt ist, stets betonen, daß die krystallinischen Schichtgesteine ebensowenig ursprünglich heißen können, als die klastischen Schichtgesteine oder Trümmergesteine. Er wird stets im Auge behalten, daß der Rohstoff der Massengesteine durch ein und denselben Aufbereitungsprocess chemisch zerlegt und mechanisch gesondert wird, und die allergewöhnlichsten Schichtgesteine, wie z. B. die Mergel, als natürliche Verkörperungen dieser untrennbaren Einheit der Schichtgesteine hervorheben.".

Natürlich, K. A. LOSSEN hat recht, aber er spricht dies ein Vierteljahrhundert nach C. F. NAUMANN aus, der noch mit anderen Problemen zu kämpfen hatte, und folgender Ausspruch NAUMANNs ist nicht von der Hand zu weisen: Die Systematik der Gesteine „hat die Verhältnisse der Gesteine nur in so weit zu berücksichtigen, als sie sich in einzelnen Handstücken oder an einzelnen Beobachtungspunkten zu erkennen geben und darstellen lassen" (1857, Bd. I., S. 383).

„Gegenüber Naumann hat Senft in seiner Charakteristik der
Felsarten ein anderes Eintheilungsprincip gewählt."

F. ZIRKEL, I. 1866, S. 172

F. SENFT 1857

„Den Mangel einer Classifikation, die leicht handlich und auf in die Augen fallen-
den Unterscheidungsmerkmalen basirte, suchte *Senfft* (1857) zu heben", sagte
A. v. LASAULX 1872 und fährt fort: „Seine Classification sollte ein Mittel sein, die
Felsarten richtig und sicher bestimmen zu können, wie er selbst im Vorwort sagt.
Damit scheint in der That der einzige und wirkliche Zweck jeder Classification ausgesprochen." (A. v. LASAULX 1872, S. 2.) Tatsächlich ist diese Erkenntnis von grund-
legender Bedeutung, die Systematik von F. SENFT jedoch stellt keinerlei Fortschritt
dar. Die sichere Diagnostizierung der Gesteine versucht er mit nicht gerade glücklich
gewählten Kriterien vorzunehmen und muß daher eine Unhandlichkeit bzw. sehr
ungleich große und an Wichtigkeit stark variierende Gruppierung der Gesteine in
Kauf nehmen. In dieser Hinsicht ist das NAUMANNsche System dem SENFTschen weit
überlegen.

Er unterscheidet zwei Hauptklassen: die Anorganolithe und die Organolithe:

Die *Anorganolithe* sind „Felsarten, deren Hauptmasse aus wahren Mineralsub-
stanzen besteht und beim Erhitzen weder mit Flamme brennt, noch sich ganz oder
theilweise verflüchtigt".

Die *Organolithe* sind „Felsarten, deren Hauptmasse aus Kohle oder organischen
Verwesungsstoffen besteht".

Das ist eine Einteilung, wie sie auch später oft noch herangezogen wurde, die sich
aber nicht bewähren konnte: „Leicht läßt sich gewiß ein Gestein der einen oder
anderen Klasse einreihen, aber damit ist nicht viel gewonnen, denn die Klasse der
Organolithe ist wohl kaum an Bedeutung mit der anderen Klasse einigermaßen vergleichbar." (A. v. LASAULX 1872, S. 2.)

Die Organolithe interessieren hier nicht; die *Anorganolithe* werden weiters in
krystallinische und *klastische* Gesteine geteilt.

Die klastischen Gesteine fallen außerhalb dieser Betrachtung. Die krystallinischen
Gesteine zerfallen wieder in zwei Gruppen:

1. die *einfachen* krystallinischen und
2. die *gemengten* krystallinischen Gesteine.

Die einfachen krystallinischen Gesteine, d. h. die aus *einer* Mineralart bestehenden,
zerfallen noch weiter in *Hydrolite*, das sind in Wasser lösliche, und in *Anhydrolite*,
das sind in Wasser unlösliche Gesteine. Die Anorthosite und ein Teil der Pyroxenite,
Peridotite (Dunite), Amphibololithe usw. würden also in dieser Gruppe der Anhydrolite der einfachen krystallinischen, anorganolothischen Gesteine ihren Platz
haben. Die Hauptgruppe der Massengesteine fällt jedoch in die zweite Gruppe, die
gemengten krystallinischen Gesteine.

Und hier ist die Unterteilung bei SENFT schon sehr mangelhaft. Er unterscheidet
nur mehr *Labradorite* und *Alabradorite*. Dies ist doch etwas zu kümmerlich, noch
dazu, wo doch die Feldspate zu dieser Zeit (1857) schon recht gut — auf chemischem
Analysenweg — bearbeitet und bekannt waren. (Denken wir nur an H. ABICH 1841.)
SENFT findet auch in A. v. LASAULX (1872) einen scharfen Kritiker: „In der That
... muß sie doch (diese Einteilung; d. Verf.) nunmehr durch die fortgeschrittene
Kenntniss der Feldspathverbreitung ... als vollkommen unhaltbar erscheinen."
Auch über die verschiedenen Schwierigkeitsgrade der diagnostischen Mittel beschwert
sich LASAULX: „Auch ist das (die Feldspaterkennung; d. Verf.) ein beispielsweise
gegenüber der Löslichkeit im Wasser, die für die einfachen Gesteine den Eintheilungsgrund abgab, ganz unverhältnissmäßig schwieriges Erkennungsmittel." Und „über-

haupt sehen wir, daß *Senfft* wenig einheitlich verfährt, selbst zu den Hauptabtheilungen geben physikalische, chemische, mineralogische Kennzeichen durcheinander den Grund ab. Ein einheitliches System aber muß, wenigstens für die Hauptabtheilungen möglichst ein und dasselbe eintheilende Princip festhalten." Immerhin aber spricht Lasaulx Senft nicht alle Verdienste ab und fügt abschließend gleichsam tröstend hinzu: „Vor allem aber erscheint es als ein schon jetzt hervorzuhebender Vorzug der *Senfft*'schen Classification, daß sie von genetischen Verhältnissen ganz abstrahirt und ersichtlich bemüht ist, eben nur das zu sein, was eine Classifikation sein soll, ein Erleichterungsmittel zum Erkennen und Bestimmen jedes einzelnen Gesteines." (Alles A. v. Lasaulx 1872, S. 3.) Diesem Gedanken ist nur zuzustimmen.

Genetische Teilung in drei Gesteinsstämme und Wiedereinführung des Altersgedankens

„Der geistvolle und feurige Provencale Henri *Coquand*."
K. A. v. Zittel 1899, S. 696

H. Coquand 1857

Über H. Coquand und B. v. Cotta wurde schon im ersten Kapitel auf S. 152 f. gesprochen. Sie waren die ersten (1857 und 1862), welche die Dreiteilung in die großen Gesteinsstämme vornahmen. 1855, in der ersten Auflage seiner „*Gesteinslehre*", fußt B. v. Cotta noch ganz auf C. F. Naumann 1850, erst in der zweiten Auflage 1862 kommen seine neuen Gedanken zum Durchbruch. Allerdings war ihm da bereits H. Coquand 1857 vorangegangen, wenn dieser auch mit seiner Einteilung nicht durchdrang („durchaus eindruckslos blieb" — L. Milch 1913, S. 203) und in den Unterabteilungen sich beide sehr unterscheiden.

H. Coquand teilte 1857 in seiner „*Classification des Roches*" die Gesteine in drei Familien: 1. Roches d'Origine Ignée, 2. Roches d'Origine Aqueuse und 3. Roches Métamorphiques. Die hier interessierende erste Familie, die Roches d'Origine Ignée, teilt er weiter in drei groupes:

A: Roches Granitiques: Granite, Syenite;
B: Roches Porphyriques;
C: Roches Volcaniques.

Zu diesen drei Gruppen kommt Coquand weniger aus der Vorstellung der geologischen Position der Gesteine, weniger wegen der Lagerungsverhältnisse und auch nur beschränkt aus Gefügeerwägungen, sondern es bricht hier wieder stark die Wernersche Vorstellung von der Altersverschiedenheit und den dadurch bedingten stofflichen und strukturellen Unterschieden durch. Interessant dabei ist aber vor allem, daß die Zuteilung der einzelnen Gesteine (vor allem bei den Untergruppen der „Roches feldspathiques") zu den Gruppen B und C — Roches Porphyriques und Roches Volcaniques — zum ersten Male bereits die später so oft und gern geübte Zweiteilung in alte und junge Effusivgesteine durchblicken läßt.

Coquand teilt seine Roches Porphyriques a) in die Porphyres magnesiennes, zu denen er unter anderem den Diorit und Diabas stellt („Amphibolite Granitoide"), und b) in die Porphyres feldspathiques, die im großen und ganzen den späteren alten „paläovulkanischen" Gesteinen entsprechen. Die Unterteilung dieser Feldspatgesteine geschieht nach der Natur des Feldspats, folgt also hierin H. Abich 1841 und G. Rose 1852:

Ortophyre,
Albitophyre,
Oligophyre,
Labradophyre.

Ist mit dieser COQUANDschen Klassifikation auch ein ganz großer Schritt nach vorn getan, so ist sie doch in zwei Kriterien rückständig: 1. in der bereits erwähnten Altersteilung nach WERNER (die sich allerdings in neuem und geradezu richtung-weisendem Gewand präsentiert) und 2. in der Art der Feldspateinteilung, wobei wiedei das alte Prinzip des „vorwaltenden Materials" zum Zuge kommt. Denn G. ROSI hatte bereits 1852 Abteilungen mit zwei verschiedenen, gemeinsam vorkommender Feldspaten gekannt.

COQUAND zeigt sich darin als echter Franzose, denn er folgt HAUY 1822 und BRONGNIART 1827 mit den „meisten Systemen französischer oder belgischer Autorer der drei ersten Viertel" des vorigen Jahrhunderts, bei denen „in der Regel ein mehi oder weniger auffälliges, keineswegs aber stets procentisch vorwaltendes Mineral . . . die Grundlage" des Systems bildet. „Kaum schien jene Klasse der Einfachen Ge-steine in der petrographischen Eintheilung C. F. NAUMANN's überwunden, als sie von Neuem aufgestellt wurde." (K. A. LOSSEN 1883, S. 505/506 und 507.)

> „Bernhard v. *Cotta*, . . . Nachfolger Naumann's in Freiberg."
> K. A. ZITTEL 1899, S. 489

B. v. COTTA 1862

B. v. COTTA nahm 1862 ähnlich wie COQUAND als oberstes Einteilungsprinzip ein genetisches und kommt zu den drei Stämmen:

1. Eruptivgesteine,
2. Metamorphische Gesteine,
3. Sedimentäre Gesteine.

Dabei macht er sich vor allem um die Abtrennung der kristallinen Schiefer ver-dient, eine Abtrennung, die noch ROSENBUSCH negierte und die vor allem K. A. LOSSEN 1883 heftig bekämpfte. v. COTTA erkennt schon völlig richtig, daß Meta-morphose zu allen Zeiten (also auch gegenwärtig) Gesteine ergreifen kann, die eine mehr oder minder mächtige Bedeckung aufweisen. Die Umwandlung selbst wird nach v. COTTA durch Druck- und Temperaturzunahme, „vielleicht" in Verbindung mit Wasser hervorgerufen (einen Teil des Gneises hält er allerdings für eruptiv). Diese Umwandlungsprozesse hält er für wichtig genug, um die eigene Gruppe dei „metamorphischen Gesteine" von den zwei anderen Stämmen abzutrennen. K. A. LOSSEN sagt 1883 dazu: Gewisse Schwierigkeiten, vor allem beim Gneis, „lasser sich nicht dadurch umgehen, daß eine dritte Klasse der *Metamorphischen Gesteine* neben den beiden der . . . Massengesteine (Plutonite) und der Schichtgesteine (Neptunite) als gleichberechtigt aufgestellt wird. Eine solche, beispielsweise in dem petrographischen Systeme v. COTTAS ausgeführte Klassenbildung scheint mir aus theoretischen, wie aus praktischen Gründen wenig empfehlenswerth. Viel richtiger und der Weiterentwicklung der Wissenschaft und speciell auch der noch vielfach der Abklärung bedürftigen Lehre vom Metamorphismus viel dienlicher erscheint es, alle diejenigen krystallinischen oder halbkrystallinischen Gesteine, welche zuverlässig als Schicht- oder aber als Massengesteine erkannt sind, unbe-schadet jeder genetischen Theorie diesen beiden Klassen zuzuweisen . . . Bleiben so-nach Schichtgesteine und Massengesteine die einzig möglichen Haupt-Klassen eines natürlichen petrographischen Systems . . ." So reagierte K. A. LOSSEN 1883 (S. 499 bis 502), und obwohl heute der Stamm Metamorphe Gesteine ganz natürlich er-scheint, ist sein Standpunkt zu verstehen, wenn wir an die Migmatischen Gesteine denken, die heute eine ähnlich unsichere — und vor allem für eine Systematik nur hinderliche — Position einnehmen.

Die Klasse 1, die Eruptivgesteine, teilt v. COTTA in zwei Unterklassen: a) die *vulkanischen* und b) die *plutonischen* Gesteine. Dazu stellt er ganz richtig fest, daß

die vulkanischen Gesteine „an der Oberfläche" und die plutonischen Gesteine „unter vielfachem Atmosphärendruck . . . im abgeschlossenen Raume" erstarrt seien (S. 299). Hier tritt wieder das genetische Prinzip (wie schon bei der großen Dreiteilung in die drei Klassen) zutage, mit ganz richtigen Erkenntnissen, dazu jedoch auch noch die geologische Stellung, das Auftreten der Gesteine. „An der Oberfläche" für Ergußgesteine ist klar; „unter großem Atmosphärendruck . . . im abgeschlossenen Raume" heißt eigentlich (und ganz richtig) unter einer Dachbedeckung — nicht an die Oberfläche ausgetreten. Aber v. COTTA spricht dies nicht aus, anscheinend deshalb, weil als drittes Prinzip das geologische Alter kommt und v. COTTA die paläovulkanischen Vulkanite zu den Plutoniten zählt. Das Folgende wird diese komplizierte Vermengung deutlich machen, wenn auch die von COTTA ebenfalls herangezogenen *Gefüge*-Kriterien die Sachlage noch verwirrender gestalten: „Offenbar war die Zeit für ein System, das alle zur Beurteilung eines Gesteins erforderlichen Gesichtspunkte zu vereinigen vermochte, noch nicht gekommen." (L. MILCH 1913, S. 205.) Die Genese der *vulkanischen* Gesteine ist für v. COTTA klar, denn es „läßt sich durch viele Umstände sehr deutlich nachweisen, daß sie sich im Schmelzzustande befanden; sie gehen z. T. noch jetzt beobachtbar, als Laven an tätigen Vulkanen, aus diesem Zustande hervor" (S. 66). Zum Teil noch jetzt beobachtbar heißt, daß es auch erloschene Vulkane gibt, an deren Vulkannatur nicht zu zweifeln ist und deren Lava-Produkte man daher auch als vulkanische Gesteine ansprechen muß. Also sind alle an die Erdoberfläche ausgeflossenen Schmelzgesteine der Gegenwart und jungen Vergangenheit (Tertiär) vulkanisch. Der Alters- und Genesebegriff in Verbindung mit der geologischen Position vereinigen sich zwanglos zu einer (scheinbar) *natürlichen* Gruppe. Bestärkt wird diese Ansicht noch durch Gefügebeobachtungen. So kommt v. COTTA 1862 zu folgender Charakteristik der Vulkanite, die durch „ursprüngliche Verschiedenheiten" (S. 299) von den Plutoniten getrennt erscheinen:
„Bei den vulkanischen Gesteinen:
    Vorherrschend dichte, porphyrartige, blasige oder glasartige Zustände.
    Fast nie schiefrige Textur.
    Häufige Tuffbildungen." (S. 299.)
„Bei anderen ist der einst heißflüssige Zustand nicht so deutlich erkennbar, und es scheint derselbe mit ihrer Zusammensetzung, und ihrem Verhalten hie und da sogar einigermaßen in Widerspruch zu stehen. Man glaubt, daß diese in der Tiefe erstarrten, oder daß es die im Erdinneren, unter hohem Druck erstarrten Teile von Lavaergießungen sind, und nennt sie deshalb *plutonische Eruptivgesteine.*" (S. 66.) Hier kommt zum Ausdruck, daß bei allen nicht einwandfrei aus Vulkanen geflossenen Eruptivgesteinen (die jung sein müssen — s. o.) die Genese nicht mehr so klar ist. Weil die Genese nicht unmittelbar ableitbar, stehen sie als zweite Gruppe, als *alte* Gesteine den *jungen* gegenüber. So kommt es, daß v. COTTA die echten Tiefengesteine und die alten Ergußgesteine unter dem Begriff *plutonisch* zusammenfaßt. Das ergibt naturgemäß Schwierigkeiten bei der geologischen Position und dem Gefüge, da zwei verschiedene Erscheinungsformen zu einer Gruppe zusammengefaßt sind. Daher spricht v. COTTA nicht von einer Dachbedeckung, sondern von „in der Tiefe erstarrt" oder „unter hohem Druck erstarrte Teile von Lavaergießungen", also von zentralen Partien mächtiger Decken: „Ihr oberer . . . Teil ist längst zerstört . . ." (S. 277.)
Die Kennzeichen sind: „Bei den plutonischen Gesteinen:
    Vorherrschend kristallinisch körnige und porphyrartige, zuweilen auch schiefrige Textur, selten glasartige oder blasige.
    Selten Tuffbildungen." (S. 299.)
Diese Zusammenfassung erscheint gezwungen und ist es auch, wird aber durch das oben Gesagte notwendig und verständlich.

Die Zweiteilung Cottas in obere und untere plutonische Formationen erschein als willkommene und einzige Lösung dieser erzwungenen plutonischen Gruppe. Di ,,*oberen plutonischen Formationen* (sind) die ursprünglich unterirdischen Fort setzungen vulkanischer Eruptionen während" des Paläozoikums; ,,ihr oberer .. Teil ist längst zerstört, mit ihm fehlen natürlich alle lockeren Auswurfsprodukte un echt vulkanischen Formen" (S. 277). Das sind die späteren paläovulkanischen Ge steine: v. Cotta stellt dazu unter anderen den Quarzporphyr, quarzfreien Porphy und Melaphyr, wie das auch noch von vielen heutigen Petrographen angenomme wird.

Zu den ,,*unteren plutonischen Formationen*" sagt v. Cotta 1862: ,,Blasige Varia tionen fehlen ihnen gänzlich, ebenso Tuffbildungen, weil diese sich im Erdinnere nicht ablagern konnten ..." und sie ,,bilden vielfach gangförmige Verzweigungen die nicht nur die benachbarten Gesteine, sondern auch die älteren Varietäten de Eruptivmassen durchsetzen. Wo die Erstarrung ... schneller erfolgte, ..., da habe sie sich zu Granit- oder Quarzporphyren mit dichter Grundmasse entwickelt.' (S. 278.) Hier treten erstmalig Beobachtungen und Gedanken auf, die 1887 durcl H. Rosenbusch zur Aufstellung der Ganggesteine als mehr oder minder gleichwertig Gruppe neben die Tiefen- und Ergußgesteine führten. Auch die (oft) porphyrisch Struktur hat v. Cotta richtig erklärt.

Aber ,,das *eigentliche System* jedoch leidet ... an einer viel zu streng und schema tisch durchgeführten Zweiteilung in saure und basische Gesteine, ... an einer Unter schätzung der mineralogischen Zusammensetzung" (was z. B. Abich nicht getan hat! ,,und an zahlreichen Irrtümern bei der Auffassung und Bewertung der einzelner Gesteinsfamilien" (L. Milch 1913, S. 205).

Genese — Alter — Mineralbestand

,,Roth, der trefflichste Kenner der krystallinischen Gesteine.'

A. v. Lasaulx 1872, S. 4[1]

J. Roth 1861 (und 1887)

J. Roth schrieb 1861 seine berühmte Arbeit ,,Die Gesteinsanalysen in tabellari scher Übersicht und mit kritischen Erläuterungen", was schon besagt, daß er sein Augenmerk vor allem auf den Chemismus der Gesteine und die sich daraus er gebenden Folgerungen richtet. Es ist hier nicht der Ort (jedoch siehe S. 259 f.), nähe darauf einzugehen. Welchen Wert er selbst den Gesteinsanalysen für eine Systematil zuerkennt, bezeugen am besten seine eigenen Worte, ,,daß *chemische Reihung* und *mineralogische Anordnung nie zusammenfallen*" (J. Roth 1861). ,,Die Schwierigkeit der Anordnung und Abgrenzung der Gebirgsarten wird also durch die chemische Analyse nicht gehoben ... Demgemäß stellt er kein chemisches System auf." (L. Milch 1914, S. 184/185.)

Sein System, das ,,1866 durch F. Zirkel ... schärfere Betonung des Alters und der Struktur erhalten hat (...), diente ... lange Zeit als Ausgangspunkt für die weitere Forschung und gab zunächst die Richtlinien für die mikroskopischen Stu dien" (L. Milch 1913, S. 216). Es ist schon sehr eigenartig, daß gerade J. Roth, der von der Chemie her an die Petrographie herantrat, diese Seite bei seiner Syste matik ausschaltete und die Grundlage für mikroskopische Studien (die andere Seite der modernen Petrographie) schuf. Er hat die geologische Betrachtensweise in den Vordergrund gestellt, er ,,hat sich in deutlicher Weise darüber ausgesprochen (...), wie die geologische Betrachtung, eine Betrachtung höherer Ordnung, gestützt auf

---

[1] J. Roth gehörte zu den Gründern der Deutschen Geologischen Gesellschaft.

die Gesamtanschauung der Gesteine, diese zu ganz anderen Gruppen zusammenfügt, als die rein petrographische Betrachtung. Jene vereinigt als geologisch zusammengehörig, was diese rein descriptiv geschieden hat." (A. v. LASAULX 1872, S. 4.) Hier taucht also erstmalig der Gedanke auf, daß Gesteine *geologisch betrachtet* etwas anderes bedeuten als *petrographisch betrachtet*. Ein Gedanke, der später dazu führte, daß mit der geologischen Betrachtensweise, mit der Forderung nach geologischer Selbständigkeit des Gesteins, eine Systematik nicht gut aufstellbar ist. Aber J. ROTH (1861) „theilt dennoch seine krystallinischen Gesteine in drei Klassen: krystallinische Schiefer, ältere plutonische und jüngere plutonische Gesteine und berücksichtigt also dabei wieder wesentlich geologische, genetische Grundsätze". Es ist so, „daß der wesentlichste Eintheilungsgrund erst aus einer Gesammtanschauung der geologischen Verhältnisse sich herleiten läßt, daß also eine Betrachtung höherer Art dazu nothwendig ist, die einfache Einreihung eines Gesteins in das System zu ermöglichen". (A. v. LASAULX 1872, S. 4.) Daß J. ROTH die kristallinen Schiefer nicht wie H. COQUAND und B. v. COTTA von den magmatischen Gesteinen abtrennte (allerdings brachte v. COTTA seine diesbezügliche Systematik in Lehrbuchform erst ein Jahr nach J. ROTH — nämlich 1862 — heraus), ist auf seine genetischen Vorstellungen über die kristallinen Schiefer zurückzuführen. Er bekämpft — noch 1890 — „alle Hypothesen, welche die krystallinischen Schiefer durch chemische oder mechanische Metamorphose oder Diagenese hervorgehen lassen, und erklärt dieselben als Bestandtheile der ursprünglichen Erstarrungskruste. Die ganze Reihe der krystallinischen Schiefer ist nach *Roth* als eine geologisch einheitliche, wenn auch petrographisch theilbare, in gleicher Weise entstandene Bildung aufzufassen." (K. A. v. ZITTEL 1899, S. 767.) Hier zeigt sich neben dem obersten Einteilungsprinzip, der Genese, gleich das zweitwichtigste, die Altersstellung: Die krystallinischen Gesteine werden eingeteilt in „krystallinische Schiefer", die der ersten Erstarrungskruste entsprechen, in „ältere plutonische Gesteine" und in „jüngere plutonische Gesteine". Vulkanische, Effusivgesteine werden nicht abgetrennt — ein weiterer Nachteil gegenüber v. COTTA.

Die weitere Einteilung geschieht nach dem Mineralbestand — und da vor allem nach den Feldspaten, aber auch in zweiter Linie nach Quarz und den dunklen Gemengteilen.

Folgende Aufstellung soll kurz seine Systematik zeigen; und auch, wie er Granit, Gneis und Liparit in eine Groß-Klasse bringt:

Tabelle von J. ROTH 1861:

I. Orthoklas-Gesteine
  A. Mit Quarz
    1. Granit
    2. Gneis
    3. Felsit-Porphyr
    4. Liparit
    5. Syenit
  B. Ohne Quarz
    1. Orthoklas-Porphyr
    2. Sanidin-Trachyt
    3. Sanidin-Oligoklas-Trachyt
    4. Phonolith
    5. Leucitophyr

II. Oligoklas-Gesteine
  A. Mit Hornblende
    1. Diorit
    2. Porphyrit
    3. Amphibol-Andesit

B. Mit Augit
  1. Oligoklas-Augit-Porphyr
  2. Melaphyr und Spilit
  3. Pyroxen-Andesit
  4. Nephelinit
  5. Hauynophyr

III. Labradorit-Gesteine
  1. Labradorit-Porphyr
  2. Gabbro
  3. Hypersthenit
  4. Diabas
  5. Dolerit
  6. Normaler Pyroxen-Fels (BUNSEN)
  7. Basalt

IV. Anorthit-Gesteine
  A. Mit Augit — Eukrit
  B. Mit Hornblende

1887 (im II. Band seines Werks „Allgemeine und chemische Geologie") variiert
J. ROTH diese Systematik von 1861 etwas. Dabei werden die Begriffe kristalline
Schiefer, Eruptivgesteine und plutonische Gesteine in etwas abweichender und ver-
wirrender Weise angewendet (Effusivgesteine scheinen als selbständiger Begriff über-
haupt nicht auf).
Seine Tabelle auf S. 42 (1887) sieht folgendermaßen aus:

„A. Gesteine, wesentlich aus Mineralien bestehend
  I. Plutonische Gesteine
    1. Eruptivgesteine: Andere Gesteine durchbrechend
      a) Ältere: Bis zur Kreideformation einschließlich auftretend
      b) Jüngere: Vom Tertiär ab bis in der Jetztzeit auftretend
    2. Krystallinische Schiefer
  II. Neptunische Gesteine
    1. Zum Theil fossilhaltig; aus Mineralien, Verwitterungs-, Zersetzungs- und Zer-
       malmungsproducten von Mineralien zusammengesetzt
       a) Aus Lösungen abgesetzt
       b) Aus Aufschlämmung abgesetzt
    2. Aus Gesteinstrümmern gebildete klastische Gesteine

  B. Gesteine, wesentlich aus organischen Resten gebildet

  C. Contaktgesteine."

Dem Inhalt nach behandelt er jedoch die Gesteine wiederum in einer etwas
anderen Einteilung. J. ROTH schien sich, trotz seiner Verdienste, der seinem System
anhaftenden Mängel bewußt gewesen und mit seiner Klassifikation selbst nicht ganz
zufrieden gewesen zu sein, als er schrieb: „Jedes System wird ... eine Summe indi-
vidueller Anschauung darstellen, und schwerlich wird jemals ein allgemein angenommenes System zustande kommen." (J. ROTH 1887, S. 42.) Womit er bis in die
heutige Zeit recht behielt.

C. VOGT, der Schüler E. DE BEAUMONTS an der Bergwerkschule
in Paris.

C. VOGT 1866

C. VOGT bringt 1866 in der dritten Auflage seines „*Lehrbuchs der Geologie und
Petrefactenkunde*" zwar eine Vielzahl von guten Gedanken, Beschreibungen und
grundsätzlichen Erwägungen, aber eine eigentliche geordnete Klassifikation der Gesteine bringt er im Abschnitt Gesteinslehre (Bd. I., S. 136—203) nicht. Wohl spricht
er von Mineralbestand und davon, daß „die *Structur der Felsarten* äußerst wichtige

Handhaben zur Unterscheidung und Erkennung derselben bietet", aber wichtig ist vor allem, „daß der praktische Geologe indess leicht einen sicheren Takt erlangt, der ihn nach gewissen empirischen Kennzeichen leitet, so daß er oft auf der Stelle Felsarten erkennt, die ein Anderer nur mühsam durch lange Untersuchungen auseinanderklaubt. Diese Kennzeichen lassen keine wissenschaftliche Classifikation zu, sie sind meist rein empirisch und oft auf unbedeutende Merkmale begründet, aber so gut wie der Tischler das Holz einer jeden Baumart, der Köhler die Kohlen eines jeden Holzes erkennt, ohne daß diese Leute darum die Bäume, welche die Hölzer oder Kohlen liefern, classifizieren könnten, eben so gut muß auch der Geologe durch häufigen Umgang mit den Gesteinen die Felsarten auf der Stelle erkennen können, wenn ihn auch keine wissenschaftlich geordneten Merkmale leiten." (Bd. I, S. 144.)

Dieser Ausspruch ist der Schlüssel zu seiner faktisch systemlosen Aneinanderreihung und bloßen Beschreibung der Gesteine, wobei er — was damals sicher als rückständig galt — auch das *Alter* der Eruptivgesteine nicht berücksichtigt; ja sogar nicht einmal erwähnt, daß der Basalt jung und der Melaphyr alt ist.

Seine „specielle Beschreibung der Felsarten" beginnt mit

1. *Granitische Gesteine*, wozu unter anderem auch der Pegmatit, Schörl- und Topasfels, Syenit, Gneis und sogar „Kaolin-Porzellanthon" gestellt werden; und setzt fort mit

2. *Porphyrgesteine*, dazu unter anderen Felsit, Minette, Pechstein und Spilit neben Granitporphyr u. a.

3. *Hornblendegesteine* mit (unter anderen) Grünstein, Diorit und Dioritporphyr, Amphibolit, Aktinolith, Kersanten, Hornfels und Eklogit.

4. *Gabbrogesteine*.

5. *Serpentingesteine*.

6. *Augitgesteine* mit Diabas und Diabasporphyr, Lherzolit, Kalktrapp, Schalstein, weiters Trapp, Basalt und Dolerit, Melaphyr, Augitporphyr, Nephelit, Leucitophyr, Hauynophyr u. a.

7. *Trachytische Gesteine* mit Trachyt, Andesit und Trachydolerit, Rhyolith, Perlit, Obsidian und Bimsstein, Phonolith, Konglomerate und Laven.

8. *Metamorphische Gesteine* mit Glimmerschiefer und Granitschiefer (Gneis siehe bei Gruppe 1!), Chlorit-, Talkschiefer usw.

9. *Quarzgesteine*.

10. *Kalkgesteine*, und weiters 11. Gypsgesteine, 12. Steinsalz, 13. Eisensteine, 14. Fossile Brennstoffe, 15. Sandgesteine (dazu Konglomerate, Breccien, Molasse) und 16. Thongesteine.

Es stellt dies eine bunte Reihe dar, die nur durch obige Ansicht C. Vogts verständlich erscheinen kann.

> „Die heutige Blüte der petrographischen Forschung ist zunächst Zirkel . . . zuzuschreiben."
> K. A. v. Zittel 1899, S. 219

3. Der Höhepunkt und Abschluß der makroskopischen Klassifikationen: F. Zirkel 1866

Mit F. Zirkels Klassifikation 1866 kommt die große Periode des Tastens und Ringens um ein System und um Einteilungsprinzipien zu ihrem Höhepunkt und Abschluß. Bei Zirkel werden „*alle* Faktoren, die für ein System der Eruptivgesteine in Betracht kommen können, ähnlich wie es Abich wollte, berücksichtigt; nur die Bewertung der einzelnen Faktoren kann noch zu Verschiedenheiten führen." (L. Milch 1913, S. 216.)[1]

---

[1] Die Bewertung der Einteilungsfaktoren wird im nächsten Kapitel behandelt.

Von ZIRKEL „wurde als Haupteintheilungsprincip der Unterschied zwischen ursprünglichen (krystallinischen) und klastischen Gesteinen zum Zweck einer Gruppierung nach ganz allgemeinen Gesichtspunkten festgehalten" (F. ZIRKEL 1866, I. Band, S. 173). Dieses Prinzip schließt an K. F. NAUMANN 1849/50 und 1857/58 an, der in protogene (1849/50 krystallinisch genannt) und deuterogene geteilt hat und „findet sich wohl zum letzten Male" (L. MILCH 1913, S. 202) hier bei ZIRKEL 1866:

A. Ursprüngliche (krystallinische) Gesteine.
B. Klastische Gesteine.

Diese *ursprünglichen (krystallinischen) Gesteine* werden in

I. *Einfache (krystallinische) Gesteine* und
II. *Gemengte (krystallinische) Gesteine* weitergeteilt.

Zu den einfachen stellt ZIRKEL: Eis, Haloidgesteine (zu denen er unter anderen auch Kalkstein, Dolomit, Mergel, Schwerspat zählt!), Kieselgesteine, Siliatgesteine (dazu Chlorit- und Talkschiefer und viele Skarne, wie Augitgesteine, Hornblendegesteine, Epidosit usw. und auch Smirgel!), Erzgesteine (Erze als Gesteine aufgefaßt!) und Kohlengesteine.

Die *gemengten (krystallinischen) Gesteine* werden nach Textur und Struktur zweigeteilt:

1. gemengte krystallinisch-körnige und Porphyr-Gesteine;
2. gemengte krystallinisch-schiefrige Gesteine.

Sowohl B, klastische Gesteine, als auch A/II.2, gemengte krystallinisch-schiefrige Gesteine, brauchen hier in diesem Rahmen keine Besprechung finden, es kann gleich auf A/II.1 eingegangen werden, die

gemengten krystallinisch-körnigen und *Porphyr-Gesteine:*

F. ZIRKEL (1866, Bd. I, S. 440 ff.) nimmt hier nach seinen eigenen Worten eine „mineralogische und chemische Gruppirung" vor: „Die gemengten krystallinischkörnigen Gesteine sind weitaus der Mehrzahl nach *Feldspathgesteine.* In letzterer Zeit hat man begonnen, die Classification und Gruppirung derselben auf die Natur der in ihnen vorkommenden Feldspathe zu begründen ..." (ZIRKEL 1866, S. 440), wie dies vor allem bei H. ABICH 1841, G. ROSE 1852 und J. ROTH 1861 „in zweckmäßiger Weise geschehen ist ... Es war bei diesen Versuchen fast durchgehends nicht nothwendig, den Begriff, welchen man bisher mit den einzelnen Gesteinsarten verband, eine Änderung erleiden zu lassen: indem die herkömmlichen Definitionen derselben bereits größtentheils die Beschaffenheit der in ihnen eingeschlossenen Feldspathe betonten, brauchten ihre Grenzen weder erweitert noch verengt zu werden, sondern man konnte die Gesteinsarten ihrer gewöhnlichen Bedeutung nach ohne weiteres nach jenem Princip classificiren." (F. ZIRKEL 1866, S. 440.) Diese Vorrede führt F. ZIRKEL gleichsam als Rechtfertigung für die Feldspateinteilung an und zitiert dazu lange H. ABICH 1841. Anscheinend war er sich der Berechtigung einer solchen Einteilung nicht ganz sicher, denn später (1873) läßt er sie weitgehend auf (siehe S. 239 f.) und versucht sie auch bereits (1866) eingehend zu begründen, wobei er für den Stand der damaligen petrographischen (eigentlich mineralogischen) Forschung äußerst aufschlußreich wird: „Die Feldspathe kann man sondern in *Alkalienfeldspathe,* zu denen *Orthoklas* (und *Sanidin*) und *Oligoklas,* und in *Kalkfeldspathe,* zu denen *Labrador* und *Anorthit* gehören. Legt man die Natur der Feldspathe zu Grunde, so lassen sich bei den Feldspathgesteinen *Orthoklas- (Sanidin-) Gesteine, Oligoklasgesteine, Labradorgesteine* und *Anorthitgesteine* unterscheiden. Alkalienfeldspathe und Kalkfeldspathe scheinen nicht zusammen in den Gesteinen vorzukommen, dagegen ist es eine sehr häufige Erscheinung, daß Orthoklasgesteine zugleich Oligoklas enthalten. Wo die Trennung durchführbar ist, da wird man die durch Orthoklas characterisirten Gesteine in Orthoklas- und Orthoklas-Oligoklasgesteine eintheilen. Ob auch Labrador und Anorthit zusammen vorkommen, ist unbekannt; jedenfalls ist die Lösung dieser Frage mit großen Schwierigkeiten verbunden." (F. ZIRKEL 1866, S. 441.)

Daraus geht hervor, daß von einer Mischungsreihe zwischen dem Natronfeldspat Albit und dem Kalkfeldspat Anorthit noch nicht viel bekannt war. Er verteidigt seine Teilung in Oligoklas- und Labradorgesteine[1] mit dem Hinweis, „daß selbst, wenn durch weitere Forschungen Oligoklas und Labrador sich als intermediäre Verwachsungen oder Mischungen zweier extremen Endglieder erweisen sollten, dennoch eine weitere Eintheilung der Gesteine mit triklinen Feldspathen, je nachdem diese letztern mehr oder weniger basisch sind, sich als höchst zweckmäßig darstellen wird und so die Oligoklasreihe und die Labradorreihe immerhin ihre Geltung — wenn auch in etwas erweiterter Bedeutung — bewahren können. Diejenigen aber, welche alsdann auf die innige Verknüpfung aller triklinen Feldspathe unter einander großes Gewicht legend, etwa alle Gesteine, welche dieselben wesentlich enthalten, zusammenzufassen gedenken, brauchen nur die beiden Schranken, welche hier zwischen Oligoklas-, Labrador- und Anorthitgesteinen gezogen sind, niederzuwerfen, um die hier versuchte Gruppirung auch ihrer Anschauungsweise anzupassen." (Weiters siehe S. 196 f.) Die weitere Einteilung nimmt er nach der An- oder Abwesenheit von Quarz vor und endlich nach den Mafiten Hornblende, Augit und Biotit (auf Olivin wird nur sekundär Wert gelegt). Es *tritt uns hier erstmalig* — wenn auch nur bei einer Untergruppe — *eine Einteilung nach dem Mineralgehalt*, und zwar auf *qualitativer Grundlage*, entgegen. Eine Einteilung, die lange (und zum Teil bis heute) in der Blütezeit der Petrographie, auf mikroskopischer Grundlage, unter Führung von F. ZIRKEL und H. ROSENBUSCH die vorherrschende war. F. ZIRKEL sagt 1866 (S. 442) zu dieser Einteilung: „Ein Theil der Feldspathgesteine ist *quarzhaltig*, ein anderer, umfangreicherer ist *quarzfrei*. Hauptsächlich sind es nur die Orthoklas- (Sanidin-) und die Oligoklasgesteine, von denen ein Theil Quarz führt; Combinationen von Quarz und den basischern Feldspathen, Labrador und Anorthit sind nur in höchst spärlicher Anzahl bekannt." Das ist eine äußerst scharfsinnige Bemerkung, die auf sehr genaue und gewissenhafte Beobachtungen und große Erfahrung schließen läßt. (F. ZIRKEL wurde 1838 geboren und war damals also 28 Jahre alt, als sein Lehrbuch in zwei Bänden mit insgesamt ca. 1275 Seiten herausgebracht wurde!)

Zur weiteren Unterteilung nach den Mafiten schreibt ZIRKEL (S. 442/443): „Außer dem Quarz bilden *Hornblende* und *Augit* die Hauptgemengtheile der Feldspathgesteine; obschon beide Mineralien ... nebeneinander vorkommen ..., so lassen sich dennoch gewisse Gesteine leicht in hornblende- und augitführende trennen. Besonders empfiehlt sich für die Oligoklasgesteine diese Sonderung in hornblende- und augithaltende ... da die Orthoklasgesteine keinen Augit, sondern nur Hornblende führen, so fällt die Eintheilung derselben nach ihrem Gehalt an dem einen oder andern Mineral von selbst weg. In dem weitaus größten Theile der Labradorgesteine erscheint nur Augit, in einigen tritt Hornblende neben vorwiegendem Augit in das Gemenge ein; die nach unsern jetzigen Kenntnissen ganz unverhältnismäßig kleine Zahl der Fälle, wo Hornblende allein den Labrador begleitet, verschwindet vollständig, daher läßt sich vorderhand bei den Labradorgesteinen keine Sonderung in Hornblende- und Augitgesteine durchführen ...

---

[1] Es ist nicht ganz verständlich, warum er nicht auch von Andesin-Gesteinen spricht, da doch Andesin seit 1861 durch J. ROTH erwiesen war.

Hornblende und *Magnesiaglimmer* scheinen sich gegenseitig zu vertreten; man wird daher innerhalb derjenigen Gruppe der Oligoklasgesteine, welche man als die hornblendeführende abgetrennt hat, auch noch auf die größere oder geringere Glimmermenge Gewicht legen können; dasselbe läßt sich in zweckmäßiger Weise bei den quarzfreien Orthoklasgesteinen vornehmen." Ein Kommentar dazu ist wohl nicht nötig; es mischt sich Richtiges mit weniger Richtigem, bzw. besser ausgedrückt — denn die Beobachtungen sind zweifelsohne gut fundiert —, es wird soviel Wert auf die *Art*, eigentlich auf die *vorherrschende Art* der Mafite gelegt, wie es uns als nicht mehr wesentlich erscheint. Aber es ist nicht zu vergessen, daß ZIRKEL damals noch in einer Zeit stand, die sich vor allem bemühen mußte, erstmals Daten und Fakten zu sammeln.

Dann werden noch die Foidgesteine mit Nephelin, Hauyn und Leucit kurz behandelt: „. . . die sie enthaltenden Gesteine lassen sich, zumal da sie selbst meistentheils feldspathhaltig sind, ungezwungen mit den Feldspathgesteinen vereinigen". (F. ZIRKEL 1866, S. 443.)

Bei der Zuordnung der Gesteine zu den einzelnen Gruppen richtet sich ZIRKEL betont „nach ihrer mineralogischen Ausbildung" (S. 444).

Orthoklas- (Sanidin-) Gesteine:

a) mit Quarz: „Granit (Syenitgranit), Granitporphyr, Felsitporphyr (Petrosilex), Quarztrachyt";

b) ohne Quarz: „Syenit (Foyait, Miascit), quarzfreier Orthoklasporphyr (Minette), Sanidintrachyt, Sanidin-Oligoklastrachyt, Phonolith (Noseanphonolith)".

Oligoklasgesteine:

a) mit Hornblende: Hornblende- und Glimmer-Diorit, Porphyrit, Hornblende-Andesit;

b) mit Augit: Melaphyr, Augit-Andesit.

Interessant ist, was F. ZIRKEL (1866, Bd. I, S. 444) über den Diorit[1] sagt und wie er diesem Gestein eine ganz neue Auffassung gibt: „Bei dem Diorit pflegte man bisher das Hauptgewicht auf die Hornblende zu legen und unter ihm ein solches Gestein zu verstehen, in welchem diese überhaupt mit einem triklinen Feldspath verbunden ist; daher kommt es, daß auch z. B. hornblendehaltige Anorthitgesteine den Dioriten zugezählt wurden. Bei der Classification der Gesteine nach ihren Feldspathen wird man also den bisherigen Begriff des Diorit in seinem ganzen Umfange nicht mehr festhalten können und die bereits mit dem Diorit vereinigten Labrador- und Anorthitgesteine ausscheiden müssen, damit aus dem Diorit nunmehr ausschließlich ein Oligoklasgestein werde."

Labradorgesteine: Diabas, Labrador-Gabbro, Hypersthenit, Labradorporphyr, Augitporphyr, Basalt.

Über Diabas sagt er (S. 444/445): „Unter den Diabasen verstand man Combinationen von Augit mit einem triklinen Feldspath, indem man namentlich die Gegenwart des erstern Gemengtheils betonte. Vergleicht man indessen die Diabase, deren Mineralelemente genauer untersucht wurden, so ergibt sich, daß sie fast sämmtlich Labradorgesteine sind; die so constituirten Gesteine bilden nun unsern Diabas, dessen Umfang daher kaum wesentlich von dem des frühern Diabas verschieden ist; die sehr spärlichen oligoklasführenden sog. Diabase müssen mit dem Diorit vereinigt werden." (F. ZIRKEL 1866, S. 444/445.)

Anorthitgesteine: „Von den *Anorthitgesteinen* sind bis jetzt nur wenige Vorkommnisse genauer bekannt; ihr Kreis erweitert sich aber stets mehr und mehr." (ZIRKEL 1866, S. 445.)

---

[1] Die Bezeichnung Diorit stammt vom griechischen Verbum für trennen und wurde von HAUY Anfang des 19. Jahrhunderts eingeführt. — HAUY publizierte den Namen erstmals 1822, jedoch erwähnt D'AUBUISSON schon 1819, daß die Bezeichnung *Diorit* von HAUY stammt.

Nach der nun (nach dem Mineralbestand) folgenden Struktureinteilung — kristallinkörnig und porphyrisch — folgt die Alterseinteilung, obwohl die Gesteine „unter sich eine übereinstimmende mineralogische Zusammensetzung besitzen". „Mit mehr oder weniger bewußter Absicht hat man Unterschiede im *geologischen Alter* bei gewissen Gesteinen zum Grunde ihrer Abtrennung von denjenigen benutzt, welche mineralogisch gleich oder höchst ähnlich zusammengesetzt sind; die jüngern während oder nach der Tertiärformation zur Ablagerung gekommenen körnigen Eruptivgesteine hat man sammt und sonders auf Grund dieser Altersbeziehungen mit andern Namen belegt, als die verwandten ältern Gesteine ... Diejenigen dieser krystallinisch-körnigen Gesteine, deren Entstehung mit der Tertiärformation anhebt, kann man als *jungeruptive* bezeichnen, im Gegensatz zu den übrigen *alteruptiven* Gesteinen; jene pflegt man auch vulkanische Gesteine zu benennen, weil einige ihrer Glieder mit Vulkanen im Zusammenhang stehen; doch scheint es gerathener, eben nur diese letztern als Laven ausgebildeten Vorkommnisse derselben als vulkanische Gesteine aufzuführen." (F. Zirkel 1866, Bd. I, S. 446 und 447.)

Eine weitere Alterseinteilung der „alteruptiven Gesteine" in „altplutonische" und „mittelplutonische (mesoplutonische)" lehnt F. Zirkel ab. (Näheres über Alterseinteilung siehe im IV. Kapitel ab S. 210.)

Die *jüngeren* — tertiären und posttertiären — Feldspatgesteine sind:

a) Orthoklasgesteine: Quarztrachyt, Sanidintrachyt, Sanidin-Oligoklastrachyt, Phonolith.

b) Oligoklasgesteine: Hornblende- und Augit-Andesit.

c) Labradorgesteine: Basalt.

d) Bei den Anorthitgesteinen „sind die jüngeren Glieder noch nicht besonders unterschieden".

„Die in jeder Abtheilung übrigbleibenden Gesteine gehören alsdann den *älteren* an." (F. Zirkel 1866, Bd. I, S. 446.) Damit werden die plutonischen und die altvulkanischen Gesteine wieder zusammengeworfen, wie es schon B. v. Cotta tat, und nur nach der Struktur unterschieden: „Selbst nun, nachdem die jungeruptiven Gesteine abgetrennt sind, ergeben sich unter den alteruptiven innerhalb der verschiedenen durch die Feldspathe characterisirten Abtheilungen noch Gesteine, welche ihrer mineralogischen Zusammensetzung nach unter einander übereinstimmen; hier sind es aber Verschiedenheiten in der *Texturausbildung*, welche die Sonderung zu Wege bringen. Ein Theil der alteruptiven Gesteine ist nämlich *phanerokrystallinisch* und mehr oder weniger gleichmäßig körnig gemengt, ein anderer Theil zeigt eine *kryptokristallinische* oder *porphyrische* Textur; für eine jede der oben erwähnten Mineralcombinationen gibt es einen körnigen und einen krystallinisch-dichten oder porphyrischen Typus und glücklicherweise sind alle diese Typen bereits mit eingebürgerten Namen bedacht." (F. Zirkel 1866, Bd. I, S. 447.)

Nach dieser Besprechung und Aufzählung der Gruppen und Gesteinstypen wird all dies nochmals tabellarisch zusammengestellt gebracht (F. Zirkel 1866, Bd. I, S. 450), da Zirkels System „in der tabellarischen Gestalt ... lange Zeit als Ausgangspunkt für die weitere Forschung diente und zunächst die Richtlinien für die mikroskopischen Studien gab" (L. Milch 1913, S. 216; — Zeitwörter vom Verf. umgestellt).

„In dieser Gruppierung der Feldspathgesteine sind nur die Haupttypen derselben aufgeführt." (F. Zirkel 1866, Bd. I, S. 449.)

Tabelle von F. Zirkel 1866, S. 450

<table>
<tr>
<th rowspan="3">Alter</th>
<th rowspan="3">Textur</th>
<th colspan="4">Orthoklasgesteine</th>
<th colspan="2" rowspan="2">Oligoklasgesteine mit und ohne Quarz</th>
<th rowspan="2">Nephelin- und Leucit-Gesteine</th>
<th rowspan="2">Labrador-Gesteine</th>
<th colspan="2">Anorthit-Gesteine</th>
</tr>
<tr>
<th colspan="2">mit Quarz</th>
<th colspan="2">ohne Quarz</th>
<th rowspan="2">mit Hornbl.</th>
<th rowspan="2">mit Augit</th>
</tr>
<tr>
<th>ohne Hornbl.</th>
<th>mit Hornbl.</th>
<th>mit oder ohne Oligoklas</th>
<th>mit Elaeolith oder Nephelin</th>
<th>mit Hornbl.</th>
<th>mit Augit</th>
</tr>
<tr>
<td rowspan="2">Ältere Gesteine</td>
<td>phanero-krystallinisch</td>
<td>Granit</td>
<td>Syenit-Granit</td>
<td>Syenit (Hornblende- und Glimmer-Syenit)</td>
<td>Foyait Zirkonsyenit Miascit Ditroit</td>
<td>Diorit (H.- u. Gl.- Diorit)</td>
<td></td>
<td></td>
<td>Diabas Labrador-Gabbro Hypersthenit</td>
<td rowspan="4">Corsit</td>
<td rowspan="4">Eukrit nach dem Alter noch nicht getrennt</td>
</tr>
<tr>
<td>porphyrisch u. kryptokrystall.</td>
<td>(Granitphorphyr) Felsitporphyr Petrosilex Felsit-Pechstein</td>
<td colspan="2">Quarzfreier Orthoklasporphyr (Minette)</td>
<td>Orthoklas-Liebernitporphyr</td>
<td>Porphyrit (H.u.Gl.-Porph.) (Kersanton)</td>
<td>Melaphyr (Augit-porphyr z. Th.)</td>
<td></td>
<td>Labrador-porphyr Augitporph. Diabas-aphanit</td>
</tr>
<tr>
<td rowspan="2">Jüngere Gesteine</td>
<td>krystallinisch</td>
<td>Quarztrachyt (Liparit, Rhyolith z. Th.)</td>
<td>Sanidin-Trachyt</td>
<td>Sanidin-Oligoklas-Trachyt (Oligoklas-Phonolith ?)</td>
<td>Hornblende-Andesit</td>
<td>Augit-Andesit</td>
<td>Nephelinit Leucitophyr</td>
<td>Dolerit Basalt</td>
</tr>
<tr>
<td>glasig und schaumig</td>
<td colspan="6">Obsidian, Perlit, Trachytpechstein, Bimsstein</td>
<td></td>
<td>Tachylyt (Basaltglas)</td>
</tr>
</table>

III. Über natürliche und systematische Klassifikation

1. Die natürliche Klassifikation

„Es entsteht nun die Frage: wie muß das petrographische System eingerichtet sein, damit sich der Stoff und das Ziel der Wissenschaft, die substantielle und formelle Karakteristik der Gesteinsmassen ... in anregender, einfacher und übersichtlicher Form darstelle?" Diese Frage von H. Vogelsang, die er 1872 (auf S. 513) stellte, ist der Kern aller Klassifikationsprobleme.

Immer wieder wurde und wird die *natürliche* Klassifikation der Gesteine erstrebt oder von den jeweiligen Autoren gefunden geglaubt. Selbstverständlich ist eine natürliche Einteilung die erstrebenswerteste und beste, aber so einfach auch die Forderung danach erscheint — „Die Aufgabe einer Classification ist, diejenigen Gesteine zusammenzustellen, welche gleiche Eigenschaften haben, so daß sie einen gemeinsamen Namen bekommen können" (W. Bruhns 1899, S. 55)—, so schwierig ist es, diese Forderung auch zu erfüllen, wie die vorigen Abschnitte gelehrt haben. Was wird denn eigentlich von einer *natürlichen* Einteilung verlangt, wie soll sie aussehen, was soll sie berücksichtigen; was heißt bei Gesteinen überhaupt *natürlich*? Gesteine sind Naturprodukte, gewiß, künstlich hergestellte Stoffe werden nicht als Gesteine bezeichnet (höchstens als *Kunststeine*), aber damit läßt sich für eine Klassifikation nichts anfangen.

"... *a natural classification, is meant one expressing all the relationships of rocks* ..." Das sagt W. Cross 1898 (S. 84) in aller Kürze, und kein anderer Forscher drückt es besser aus, vor allem keiner, der die natürliche Klassifikation gefunden zu haben glaubt. Cross setzt erklärend und einschränkend fort: "The nearer it approaches to a natural system the better, but the character of the rock precludes the hope of securing a fully natural system."

Anlehnung an die Biologie

Warum macht der Charakter der Gesteine alle Hoffnung, ein wirklich natürliches System zu finden, zunichte? Im organischen Naturreich, bei den Pflanzen und Tieren war eine natürliche Klassifikation gefunden, also suchte man die Prinzipien, oder wenn das nicht ging, wenigstens den Weg zu übernehmen oder zumindest anzugleichen. Das Ergebnis waren die recht unglücklichen Bezeichnungen: Klasse, Gattung, Spezies, Art usw. „Der ... biologische Begriff ‚Art' ist ... in der Petrographie schwer zu umgrenzen ..." sagt z. B. W. E. Tröger 1931 (S. 266). Warum wird dann immer ein solcher Vergleich angestrebt? Weil sich in der Gesteinswelt von sich aus kein natürliches Einteilungsprinzip anbietet.

„Die Schwierigkeit der Systematik der Gesteine ist durch die Bezeichnung Aggregat vollständig ausgedrückt und damit alle Anlehnung an Gattung und Spezies ausgeschlossen", schreibt J. ROTH 1887 (auf S. 41), und es ist so, da eben die Gesteine Mineralaggregate sind — wenn sie es auch nicht ausschließlich sind. H. VOGELSANG hatte schon 1872 (auf S. 514) näher erläuternd ausgeführt, „daß die petrographischen Benennungen umfassende Sammelbegriffe darstellen, die dem Begriff der Species in anderen naturwissenschaftlichen Systemen durchaus nicht entsprechen. In diesem Sinne sind die Ausdrücke ‚Felsart' oder ‚Gebirgsart' schon als unglückliche Synonima für ‚Gestein' zu bezeichnen."[1]

Viele Einteilungsprinzipien wurden herangezogen — wie dies in den kommenden Abschnitten noch geordnet ausgeführt wird — und fast für jedes wurde die „Natürlichkeit" zur Bekräftigung herangezogen. Ein Beispiel (ein besonders anschauliches) mag für viele dastehen:

„Wenden wir uns zu den Systematiken, wie sie in den beiden andern Reichen der Natur, dem Thier- und Pflanzenreiche zur Geltung gekommen sind, so finden wir hier bei beiden eine in den Grundprincipien der Eintheilung basirende fortlaufende, steigende Entwicklungsreihe vom weniger organisirten zum vollkommneren Organismus oder umgekehrt, was gleichbedeutend ist. Darin beruht einmal die Natürlichkeit, andererseits die Einheit in diesen Systemen. Das ist der Punct . . ., der mir von hohem Gewicht scheint und der in keiner der . . . Classificationen der Gesteine nur im geringsten Berücksichtigung gefunden hat. Sollte man denn nicht für die Gesteine auch ein Kriterium größerer oder geringerer Vollkommenheit finden können und worin würde das zu beruhen haben? Ich glaube, daß wohl kaum darüber ein Zweifel bestehen kann, daß die krystallinische Entwicklung und Ausbildung eines Gesteins, demselben einen höheren oder geringeren Grad von Vollkommenheit verleihen kann . . . Wenden wir also den Grundsatz, daß die krystallinische Entwicklung bei den Gesteinen mehr oder weniger vollkommen sein kann, bei einer Systematik der Gesteine an, so würden wir hier mit dem nichtkrystallinen, dem amorphen, beginnen und bis zum vollkommen krystallisirten fortschreiten."

So schreibt A. v. LASAULX 1872 (S. 5/6). Was für ein Unterschied zu der nüchternen und illusionslosen Feststellung VOGELSANGS vom gleichen Jahre, „daß die petrographischen Benennungen Sammelbegriffe darstellen", die dem belebten Naturreich nicht entsprechen (s. o.). Wenn man daher von einem Vergleich mit der Biologie abrückt und mit W. CROSS definiert, daß eine *natürliche* Klassifikation so zu verstehen ist, daß sie *alle* Beziehungen und Relationen zwischen den Gesteinen ausdrückt, so muß man abschließend auch seiner zwölf Jahre später geäußerten Meinung zustimmen (W. CROSS 1910, S. 972):

"Truly natural classification of igneous rocks is certainly to be desired by all petrographers. But many of us seem to forget, or fail to appreciate, that calling a system 'natural' does not make it so."

> "The petrologist must classify rocks from every standpoint. He must apply many material facts, all of which cannot possibly be used in the systematic classification of petrography, so many sided is the rock."
>
> W. CROSS 1898, S. 84

2. Die systematische Klassifikation

Da es bei den Gesteinen also eine *natürliche* Klassifikation, d. h. eine Einteilung, die *alle* Relationen und Beziehungen zwischen den verschiedenen Gesteinen aus-

---

[1] „Wir sind gewohnt, von Gesteins-‚Arten' (früher Gesteinsspezies genannt) zu sprechen und werden dadurch unwillkürlich verleitet, diesen Begriff mit den Mineral-, Tier- und

drückt, nicht geben kann, drängt sich sofort die nächste Frage auf: Welche Klassifikation ist für eine Ordnung der Gesteine die nützlichste, d. h. grundlegendste und für alle petrographisch-petrologisch-petrogenetische Probleme zu gebrauchende Einteilung; welche Klassifikation ist so geschaffen, daß die *Nomenklatur* der Gesteine (möglichst lange) ihre Gültigkeit bewahren kann. Wie muß sie aussehen, daß die dabei verwendeten Gesteinsnamen nicht Inhalte besitzen (der Begriff „Gestein" selbst ist ja schon ein nicht definiertes Axiom), die bei der Lösung von Fragen und Problemen der Petrologie hinderlich sind, bzw. die Lösung der Fragen a priori unmöglich machen.

Beschreibendes und erklärendes Prinzip

Zwei Wege eröffnen sich für die Klassifikation, die K. H. Scheumann 1925 (S. 189) präzise beschrieb: „Die Gesteinssystematik kann ihren Erfahrungsschatz nach einem zweifachen Princip ordnen; beschreibend und erklärend. Im ersten Falle ordnet sie Tatbestände an sich. Im zweiten ordnet sie die Tatbestände in Beziehung auf Zustände und Vorgänge, die ihre Genesis bedingen, ja sogar eigentlich diese selbst."

Diese „Tatbestände an sich" und die „Tatbestände in Beziehung auf ..." erklärt er (auf S. 194) in kristallklarer Exaktheit: „Wie das beschreibende Prinzip die Gesteine als definierte Substanzen ordnet, so ordnet das erklärende Prinzip die Gesteine als Produkte von definierten Vorgängen." (Im Original alles gesperrt.)

Da die Vorgänge, die zu den definierten Substanzen, nämlich zu den Gesteinen geführt haben, in ihrer überwiegenden Mehrzahl der Vergangenheit oder unbeobachtbaren Gegenwart angehören, sind unmittelbare, unumstößliche Aussagen darüber unmöglich. Sie (diese Vorgänge) gehören fast samt und sonders in die Bereiche der Hypothesen. Solche können zwar Grundlage für eine Klassifikation nach dem *erklärenden* Prinzip, dürfen es aber niemals für eine Klassifikation nach dem *beschreibenden* Prinzip sein. Daher ist für diese Zwecke die *systematische Klassifikation* die einzig zulässige. W. Cross drückt dies treffend so aus (1898, S. 81/82):

"... the most important of all classifications is the systematic classification. The question is as to the criteria to be applied to produce this system. Here there must be general agreement with Mr. Jackson in the proposition, often enunciated before, that a uniform and stable nomenclature must be based on facts and laws, not on theories and hypotheses. Other classifications may use theoretical criteria and they will often serve useful purposes, nay, they are indeed distinctly necessary to the progress of petrology, but such arrangements must always be considered as subject to revision."

Und der schon so oft zitierte, leider allzu jung verstorbene geniale H. Vogelsang sagte bereits 1872 (auf S. 516) in lakonischer Kürze[1]: „Die praktischen Rücksichten müssen vorwiegen in der Systematik, zumal wenn die theoretischen Gesichtspunkte an sich so unbestimmt und wechselnd sind ..." Jede Systematik also ist *künstlich*, weil es eine *natürliche* bei den Gesteinen nicht geben kann; aber sie muß natürliche Gegebenheiten soweit heranziehen, als es für eine übersichtliche und zweifelsfreie (von Hypothesen) Einteilung möglich ist. Diese Beschränkung heißt Verzicht auf die erklärenden Prinzipien. Solche wurden, wie die vorigen Abschnitte bis F. Zirkel 1866 gezeigt haben, oft und gern für die Klassifizierung herangezogen und werden es auch noch heute. Ein Verzicht ist ein Mangel, aber „ein in jeder Beziehung voll-

---

Pflanzen-‚Arten' auf eine Stufe zu stellen. Naumann ... hat doch schon erkannt und ausführlich begründet, daß dies nicht zulässig sei." (W. E. Tröger 1948, S. 131.)

[1] Hermann Vogelsang wurde 1838 in Minden geboren, studierte gemeinsam mit F. Zirkel, der später sein Schwager wurde, erhielt einen Ruf nach Delft, wo er 36jährig 1874 starb.

kommenes Gesteinssystem gibt es nicht. Jedes System hat seine Vorzüge und Mängel.'
(F. v. WOLFF 1951, S. V.)

Die folgenden Seiten werden zu untersuchen haben, worauf das System verzichten kann und muß — und auf welche beschreibende Faktoren Wert zu legen ist

> The "variability" of the classifications "depends . . . in par
> upon the difficulties arising from the characters of the rock:
> themselves."
> A. JOHANNSEN 1939, S. 51

3. Einteilungskriterien, die sich aus der Gesteinsdefinition ergeben

Abb. 51. (Aus R. THIEL 1959: „Teufelsrutschbahn im
Utahgebirge. Die doppelte Quarzmauer durchschneidet
den ganzen Berg bis hinunter auf das Grundgebirge.")
Auch alle pneumatolytischen und hydrothermalen Gangfüllungen werden unverständlicherweise nicht als Gesteine
angesprochen. Man umschreibt sie als „taube Erzgänge",
wenn sie erzfrei sind. Die riesenhaften Quarzgänge auf
obenstehendem Bild bestehen nicht aus einem Gestein,
sondern aus „Gangquarz", selbst wenn sich solche
Gänge — wie der „Pfahl" im Böhmerwald — auf über
150 km Länge verfolgen lassen. (Was denn ist dieser
Gangquarz eigentlich, wenn er *kein* Gestein ist?)

Eine gute Definition müßte die Einteilungskriterien in sich selbst enthalten; umgekehrt kann man aus der Brauchbarkeit der Kriterien, die sie enthält, auf die Güte der Definition schließen. Wie aus den Untersuchungen in Abschnitt I (S. 150 f.) hervorgeht, ist die Gesteinsdefinition aus anderen Gründen nicht befriedigend. Dieses Kapitel wird zeigen, daß sie es auch nach den hier besprochenen Fakten nicht ist:

Feste Erdkruste

1. *Die Gesteine bauen die feste Erdkruste auf.* Das ist eine zu allgemeine Aussage, um ein Einteilungsprinzip zu liefern; und andererseits durch die Einschränkung „fest" wieder zu bestimmt. Früher hieß es bloß: Sie bauen die Erdkruste auf; und dazu konnte noch H. O. LANG 1877 (auf S. 3) einteilend und einschränkend sagen: „Herkömmlicher Weise scheidet man zwei Gesteine von dem petrographischen Arbeitsfelde aus, die sich durch ihren flüssigen Aggregatzustand von den anderen Gesteinen sondern, nämlich die *atmosphärische Luft* und das *Wasser* der Erdoberfläche; ihrer großen Bedeutung wegen ist die Erfor-

schung der Verhältnisse dieser beiden Gesteine zur Aufgabe besonderer naturwissenschaftlicher Disciplinen geworden, der Meteorologie und Okeano- oder Hydrologie." Da wir jetzt aber die Gesteine nur auf die *feste* Erdkruste beziehen, scheiden Wasser und Luft aus.

Anorganisch — organisch

2. *Sie sind überwiegend anorganisch.* Hier ist bereits ein echtes Unterscheidungsmerkmal vorhanden. F. SENFT nimmt es als oberstes Prinzip und stellt 1857 (und auch später) danach seine zwei Hauptgruppen auf:

A. *Anorganolithe* und B. *Organolithe.* Es ist dies eine absolut korrekte, richtige Einteilung, aber wegen der überaus großen Ungleichheit in der Häufigkeit und Bedeutung der beiden Gruppen kaum zu gebrauchen. In diesem Jahrhundert gibt es kein einziges System mehr, das dieses Kriterium als oberstes Prinzip anwendet, wohl aber wird es für die Sedimentgesteine angewendet: Es kommt zum Ausdruck bei den *organischen Sedimenten.* Doch auch hier ist keine Konsequenz zu beobachten: Erzgänge gelten nicht als Gesteine, obwohl sie oft in jeder Hinsicht der Definition Gestein entsprechen[1], Kohlenschmitzen jedoch werden als Gestein bezeichnet, wenn ihnen auch die geologische Selbständigkeit abgeht.

Mono- — polymineralisch

3. *Sie sind aus einem oder mehreren Mineralien zusammengesetzt* (monomineralisch — polymineralisch). Dieser Punkt stellt ebenfalls ein richtiges Einteilungsprinzip dar, wenn auch dafür das oben (bei vorigem Punkt) Gesagte in gleicher Weise gilt: Die ungleiche Gewichtigkeit in bezug auf die Menge der Gesteine drückt den Wert seiner Brauchbarkeit sehr herab; allerdings nicht so kraß. Jedoch kommt noch ein anderer Gesichtspunkt hinzu, der den Wert dieses Punktes ganz beträchtlich vermindert und ihn sogar in seiner Brauchbarkeit hinter jenem der Organolithe rangieren läßt: Die Unterscheidung *monomineralisch-polymineralisch* trennt eng verwandte Gesteine, wie Kalkstein und Mergel, und stellt völlig verschiedene Gesteine, wie Anorthosit (oder Dunit) und Quarzit (oder Talkschiefer) bzw. Granit und Mergel (oder Lehm), in ein und dieselbe Gruppe. Trotzdem ist es ein morphologisches Kriterium und als solches für eine systematische Klassifikation zulässig; nur die Brauchbarkeit dafür ist gering. Es wird im folgenden noch näher behandelt werden.

Geologische Selbständigkeit

4. *Sie müssen eine geologische Selbständigkeit haben:* Wie diffizil dieser Punkt ist, zeigte bereits das einleitende Kapitel; mehrere Erklärungen waren dazu notwendig. Die wichtigste davon hieß (nach ROSENBUSCH): Die Natur der den Gesteinskörper aufbauenden Substanzen, die Art ihrer Verbindung untereinander und der von ihm eingenommene Raum müssen in ursächlicher Beziehung zu dem geologischen Vorgang stehen, dem er seine Entstehung verdankt.

Da sind in einem einzigen Teil der Erklärung zu dem Definitionspunkt „Geologische Selbständigkeit" gleich fünf Einteilungsprinzipien enthalten:

a) Die Natur der den Gesteinskörper aufbauenden Substanzen ist das Einteilungskriterium mineralogische Zusammensetzung oder kurz *Mineralbestand.*

b) Die Art ihrer (der Mineralien) Verbindung untereinander ist das *Gefüge.*

---

[1] H. ROSENBUSCH schrieb dazu 1898 (auf S. 1): „Daß man die Erzgänge nicht zu den Gesteinen rechnet, obschon sie in manchen Fällen wohl der gegebenen Definition entsprechen würden, ist historisch zu erklären." Wie aber, führt er nicht aus.

c) Der von ihm (vom Gesteinskörper) eingenommene Raum ist die geologische Erscheinungsform oder die *geologische Position*.

d) Der geologische Vorgang, dem der Gesteinskörper seine Entstehung verdankt
ist seine *Genese*.

e) Da ein geologischer Vorgang „vor sich geht", ist darin ein (geologischer) Zeit-
begriff enthalten, das Kriterium des *geologischen Alters* der Gesteine.

Im folgenden Kapitel werden die Einteilungsprinzipien der Reihe nach besprochen
Über Punkt 1 (Die Gesteine bauen die feste Erdkruste auf) und Punkt 2 (Sie sind
überwiegend anorganisch) ist nichts mehr zu sagen. Punkt 3 (Sie sind mono- oder
polymineralisch) ist ein Teil des Kriteriums Mineralbestand und wird dort mit
besprochen. Bleiben also die fünf Kriterien des Punktes 4: Geologische Selbständigkeit, die in oben angeführter Reihenfolge abgehandelt werden.

IV. Die Einteilungskriterien

«Très important est le caractère de la constitution minéralogique; même, puisque les roches résultent de la réunion de
minéraux, il semblerait naturel que ce caractère doive devenir
fondamental pour la classification des roches.»
F. Sacco 1900, S. 117

1. Der Mineralbestand

„Wie zum Lesen der Wörter die Kenntniss der Buchstaben, so ist für den Petrographen die Kenntniss der Mineralien unerlässlich." Aus diesem Ausspruch F. Zirkels (1866, Bd. I, S. 17) geht die Wichtigkeit des Mineralbestandes für die Gesteinskunde deutlich hervor.

Einfache — gemengte Gesteine

Das erste und früheste Unterscheidungsmerkmal nach dem Mineralbestand war
das nach dem Definitionspunkt *monomineralisch-polymineralisch*. In Wahrheit wird
es wohl so gewesen sein, daß diese Einteilung so häufig gebraucht wurde, daß sie als
grundlegend angesehen und deshalb in die Gesteinsdefinition aufgenommen wurde.
Dort ist sie nämlich eigentlich gar nicht notwendig: Denn wenn die Gesteine aus
einem oder genau so gut aus mehreren Mineralien bestehen können, genügt es völlig,
zu sagen, daß die Gesteine eben aus Mineralien zusammengesetzt sind (was auch nur
bedingt stimmt).

Werner war es 1786/87, der *einfache* und *gemengte* Gesteine unterschied. Daß
dies damals tatsächlich ein ganz neuer Gesichtspunkt für die Gesteinsklassifikation
war, wird dadurch wahrscheinlich, daß Haidinger fast gleichzeitig (1787) wie Werner
stratigraphisch (nach Alters-Suiten) und auch zum Teil nach der Struktur teilte
(woraus geschlossen werden kann, daß dies die damals üblichen Klassifikations-
elemente darstellten), aber nicht einfache und gemengte Gesteine trennte.

Als später die auf hauptsächlich geologischen Gesichtspunkten aufgebauten Klassifikationen durch den neptunisch-plutonistischen Streit in Mißkredit gekommen
waren und die mineralogisch betonten Systeme aufgestellt wurden, war es nur selbstverständlich, daß die Einteilung monomineralisch-polymineralisch stark in den
Vordergrund trat. Es blieb nicht bei Werners Bezeichnung einfach und gemengt:
Im gleichen Sinne wurde von A. Brongniart 1827 *homogen* und *heterogen* herangezogen; 1813 stand bei Brongniart noch *melangé* für heterogen. C. C. v. Leonhard sagte 1823/24 *gleichartig* und *ungleichartig* dazu.

Scheinbar gleichartige Gesteine

Bei dieser rein mineralogischen Auffassung der Gesteine traten sofort
Schwierigkeiten auf: Gesteine, die makroskopisch wohl gleichartig aussahen, aber

es jedoch aller Wahrscheinlichkeit nach nicht waren, bezeichnete Leonhard als *scheinbar gleichartig*. Das brachte einen großen Unsicherheitsfaktor in die Einteilung monomineralisch-polymineralisch: Denn wenn ein Gestein makroskopisch[1] homogen aussieht, ist es zu den einfachen oder gleichartigen Gesteinen zu stellen; ist es aber aus mehr als einer einheitlichen Substanz erkennbar zusammengesetzt, gehört es zu den gemengten oder ungleichartigen. Der Begriff *wahrscheinlich* hat bei einer Einteilung nach morphologischen Gesichtspunkten kein Bestandsrecht. Für die heutige Zeit, beim jetzigen Stand der Petrographie, da mit dem Mikroskop und Elektronenmikroskop eine vorzügliche optische Auflösung gewährleistet ist, hat diese Einstufung in *scheinbar* gleichartige Gesteine keine Berechtigung, ja diese ganze Problematik existiert gar nicht mehr[2].

Fast homogene Gesteine

Andersgeartet waren die Schwierigkeiten, denen sich vor allem die französischen Systematiker gegenübergestellt sahen: Soll ein Gestein, das *fast* gänzlich aus einem Mineral mit nur sehr wenig Akzessorien besteht, noch zu den einfachen (homogenen) oder bereits zu den gemengten (heterogenen) gerechnet werden? Die Franzosen und später auch die Deutschen entschieden sich für *homogen*, da sie alle auf Hauy fußten und dieser die Petrographie als ein Appendix der Mineralogie betrachtete. Die Mineralien hatten ihre feste Ordnung, sie waren in einem starren (chemischen) System fixiert. Damit war die Einordnung der monomineralischen Gesteine leicht und gegeben — wenn man den Mineralbestand allein als Einteilungskriterium heranzieht und z. B. auf die Struktur und Textur verzichtet, was auch weitgehend geschehen ist.

Vorwaltendes Material — ein qualitatives Element

Die *gemengten* Gesteine dagegen lassen sich viel schwerer in eine mineralogische Klassifikation bringen. So konnte es nicht ausbleiben, daß mehr oder minder bewußt nach einem *einzigen* Mineral zur Gesteinseinstufung gesucht wurde und sich das „principe dominant" herausschälte, das zur Einteilung nach dem *vorwaltenden Material* führte. Hauy, Brongniart (1827 noch viel stärker als 1813) und Coquand waren die Hauptvertreter dieser Richtung. War damit aber auch eine — oft sogar bewußte — Verfälschung des Begriffes monomineralisch eingetreten, so wurde doch dadurch ein — anfänglich — echter Fortschritt erzielt. Von der bloßen *zahlenmäßigen* Trennung (*ein* Mineral — *mehrere* Minerale) wurde das Gewicht auf die *Art* des Minerals verlagert. Es tritt damit ein *qualitatives* Element in die Systematik, das in den qualitativ mineralogischen Systemen (vor allem bei H. Rosenbusch) zum Durchbruch kam. Aber so weit war es noch lange nicht, und der Leitgedanke

---

[1] A. Johannsen befürwortet 1939 (S. 31) den Gebrauch von megaskopisch an Stelle von makroskopisch, da *mega-* groß, *makro-* lang heißt.

[2] Wohl wird immer wieder — und bis in die letzten Jahre, worauf näher einzugehen sich in dieser Arbeit erübrigt — versucht, eine Gesteinssystematik mit bloß makroskopischen Hilfsmitteln aufzustellen. Aber da (bei den Massengesteinen) die heutigen Systeme fast durchwegs auf die Natur der Feldspate aufgebaut sind und sich diese mit freiem Auge, vor allem die Plagioklase, nicht unterscheiden lassen, ist jeder dieser Versuche von vornherein zum Scheitern verurteilt. Ja, eine solche Einteilung ist sogar schädlich, da eine fixe Bestimmung vorgetäuscht wird, die es gar nicht geben kann. Der oft gebrauchte Einwand, daß eine klare Benennung der Gesteine für den Feldgebrauch des Geologen notwendig ist, erscheint ebenfalls nicht stichhaltig. Entweder müssen die Gesteine mit bereits eindeutig definierten Namen bezeichnet werden, dann kommt es zu vielen Fehlbestimmungen; oder es muß eine neue Nomenklatur eingeführt werden, wodurch die bereits bestehende nur kompliziert wird. „Granitisches Gestein" als Feldbezeichnung ist genau so gut wie eine Neubenennung „Granitoid", was als Beispiel noch den einfachsten Fall darstellt.

war noch immer die Einteilung monomineralisch-polymineralisch, wozu K. A. LOSSEN 1872 (S. 784/785) schrieb: „Systeme, in welchen Kalkstein von Mergel getrennt, neben Granit, Talkschiefer vom Glimmerschiefer getrennt, neben Kieselguhr und Kohle, Obsidian getrennt von dem zugehörigen Obsidianporphyr und Trachyt neben Kreide und Opal in dieselben Hauptabtheilungen eingereiht sind, lösen nicht sowohl die Aufgabe der Charakteristik der Massen, handeln nicht vom geologischen Stoff, wie er sich körperlich uns als Kalkschichte, Obsidianstrom, Granitstock nach Form und Inhalt darstellt, sie sind vielmehr wohlgeordnete Appendices zur Mineralogie."

Diese richtige Kritik scheint lange nicht beachtet worden zu sein, denn elf Jahre später (1883, S. 507) beklagt er sich richtiggehend über das Fortleben des Kriteriums monomineralisch-polymineralisch: „Kaum schien jene Klasse der einfachen Gesteine in der petrographischen Eintheilung C. F. NAUMANNs überwunden, als sie von Neuem aufgestellt wurde: anfänglich wie in den petrographischen Lehrbüchern R. BLUMs und F. ZIRKELs (1866) nur als Unterabtheilung der krystallinischen (protogenen) Gesteine NAUMANNs, seit 1872 aber wieder als Hauptklasse in den Systemen v. LASAULXs (auch 1875) HERM. CREDNERs (1872—83) und O. LANGs" (1877).

Mineral-Löslichkeit im Wasser

Ein Kriterium mag hier im Anschluß gebracht werden, das heute für die Massengesteine nicht mehr, aber noch bei den chemischen Sedimenten angewandt wird. Es ist die *Löslichkeit im Wasser.* F. SENFT teilt 1857 seine einfachen krystallinischen Gesteine in *Hydrolite*, die in Wasser löslich, und in *Anhydrolite*, die in Wasser unlöslich sind. Später wurde die Löslichkeit, vor allem in Salzsäure (zum Teil in verdünnter, zum Teil in konzentrierter), noch oft zur Unterscheidung von Gesteinen herangezogen, aber nur selten als Einteilungsprinzip verwendet. Dagegen wurde mit Recht geltend gemacht, daß die Löslichkeit von zu vielen Faktoren, z. B. von der Temperatur, Zeitdauer und Klüftigkeit des Gesteins usw. abhängig ist, um gute Resultate zu gewährleisten. Als Unterteilung der chemogenen Sedimente, wie es heute geschieht, mag sie als Kriterium gelten; es heißt hier bei diesen ebenfalls monomineralischen Gesteinen auch nicht löslich und unlöslich, sondern unbedingt löslich und bedingt löslich. Wobei durch letzteres bereits zum Ausdruck gebracht ist, daß diese ganze Einteilung nur eine sehr *bedingte* ist.

Qualitativer Mineralbestand — Mineralkombinationen

Aus dem Kriterium des „vorwaltenden Materials" entwickelte sich allmählich und geradezu zwangsläufig das für mehr als ein halbes Jahrhundert wichtigste Einteilungsprinzip: nach dem qualitativen Mineralbestand. Die einzelnen Gesteinsgruppen (vor allem bei den hier interessierenden Massengesteinen) wurden nach dem vorherrschenden Mineral benannt; dabei wurden bald die *Feldspatgesteine* („roches feldspathiques" nach H. COQUAND 1857) als überaus wichtig erkannt. Als durch chemische Analysen die Verschiedenheit der Plagioklase bekannt wurde, teilte man die Feldspatgesteine nach der *Art* der Feldspate weiter: F. SENFT (1857) in Labradorite und Alabradorite, eine noch sehr ungenügende Unterteilung; H. ABICHs (1841) und H. COQUANDs Gruppierungen waren schon weitergehend: Orthophyre, Albitophyre, Oligophyre, Labradophyre (nach H. COQUAND 1857). G. ROSE ging noch weiter: Er erkannte, daß oft in *einem* Gestein *zwei* verschiedene Feldspate enthalten sein können, und berücksichtigt dies in seiner Einteilung der Effusivgesteine (1852) bei seiner 2. Abteilung: Mit Sanidin *und* Oligoklas. Damit verließ er das Prinzip des vorwaltenden Materials und brachte den Begriff der Mineralkombination in die

Klassifikation der Gesteine. Von hier war es nur mehr ein Schritt, auch die anderen
im Gestein vorkommenden Minerale zur Einteilung heranzuziehen und das Hauptgewicht auf das (anscheinend) gesetzmäßige Neben- und Miteinander bestimmter
Mineralien in bestimmten Gesteinstypen zu verlegen. G. Rose selbst begann 1852
bereits damit; so unterschied zwischen seiner 3. und 4. Abteilung (siehe hier S. 171),
den beiden Oligoklas-Gesteinen, einmal die Anwesenheit von „schwarzer Hornblende
und braunem Magnesia-Glimmer" bei Abteilung 3 und „Augit" bei Abteilung 4.
J. Roth brachte bei einzelnen Unterabteilungen seiner Alters- und strukturellen
Gruppen 1861 die erste echte qualitative mineralogische Klassifikation: Er teilt
1. nach der Art des vorherrschenden Feldspats, 2. nach An- oder Abwesenheit von
Quarz bei den Orthoklas-Gesteinen; und nach der Art der Mafite (Hornblende oder
Augit) bei den Plagioklas-Gesteinen. F. Zirkel führt 1866 diese Systematik zu einer
vorläufigen Blüte, wie bereits auf S. 181 ff. dargelegt wurde.

Feldspate (vor allem Plagioklase) als Kriterium

Die Klassifizierung der Gesteine nach dem Feldspat, besonders jedoch nach den
Plagioklasen, war eine ganze Zeit, nachdem sie schon mit Erfolg durchgeführt
wurde, umstritten. Das ist nicht zu verwundern, denn die damals noch primitiven
mikroskopischen Methoden erlaubten eine optische Unterscheidung der Plagioklase
noch nicht und machten mühsame chemische Analysen nach einer ebenso mühsamen Sonderung der Feldspate aus dem Gesteinsverband erforderlich. Daß man
deshalb lieber auf einfachere diagnostische Mittel zur Einteilung zurückgriff, ist
verständlich. Es ist nicht so, daß man die Wichtigkeit der Feldspate für die Massengesteine nicht erkannt hätte, aber die Art-Feststellung war zu umständlich. Und
auch aus einem anderen Grund wollte man das System nicht auf die Plagioklas-Natur
gründen: Die Plagioklase waren lange nicht eindeutig als isomorphe Mischreihe
zwischen dem Na- und Ca-Feldspat erkannt. G. Tschermak hat 1865 zum ersten
Male ausgesprochen, die „kalknatronhaltigen Feldspathe seien isomorphe Gemische
(nicht lamellare Verwachsungen) von Albit und Anorthit . . .; was man Oligoklas,
Andesin, Labrador genannt habe, seien nur einzelne Glieder einer continuirlichen
Reihe, jene Feldspate, die man bisher nicht unterzubringen wußte, seien eben die
bisher noch nicht berücksichtigten Zwischenglieder". Vor Tschermak hat D. Gerhard
(1861 und 1862)[1] „durch gesonderte Analyse gezeigt, daß der als Perthit beschriebene
Feldspath . . . eine Verwachsung von Orthoklas und Albit ist und hat für mehrere
andere Feldspathe die gegründete Vermuthung ausgesprochen, daß bei ihnen Ähnliches der Fall sein möge." (F. Zirkel 1866, Bd. I, S. 29.) F. Zirkel kann sich 1866
nicht so ohne weiteres Tschermak anschließen und sagt über die Feldspate (Bd. I,
S. 30): „Wir haben in Übereinstimmung mit den meisten Petrographen Anorthit,
Labrador, Oligoklas und Orthoklas als feste Feldspathspecies angenommen. Wenn
sich die Zusammensetzung der letzteren auch in der von . . . Tschermak scharf-
sinnig durchgeführten Weise erklären läßt, so ist doch andererseits ihre Unselbständigkeit dadurch allein noch keineswegs erwiesen. Anstatt alle triklinischen Feldspathe
zwischen Anorthit und Albit als Gemische dieser beiden Endglieder anzusehen,
scheint es nicht weniger gestattet, an der Selbständigkeit von Labrador und Oligoklas
festhaltend, die Feldspathe, welche sich nicht ihren Formen anpassen lassen, als
Verwachsungen oder Vermischungen von Anorthit mit Labrador, von Anorthit mit

---

[1] 1859 schon spricht Dufrenoy in seinem „Traité de Minéralogie" (IV. Bd., S. 29/30),
„geleitet durch eine Beobachtung Haidingers" (H. Fischer 1868, S. 55), daß Perthit aus zwei
verschiedenen Feldspatarten zusammengesetzt ist. Und 1861 berichtet A. Breithaupt selbst
über seine von ihm schon vorher nur mündlich geäußerte Beobachtung über die enge Verwachsung von zwei Feldspaten im Perthit.

Oligoklas, von Labrador mit Oligoklas, Labrador mit Albit usw. zu betrachten." ZIRKEL war aber wohl die Ansicht TSCHERMAKs nur noch zu neu und zu wenig fest begründet (die Veröffentlichung TSCHERMAKs war erst während seines Arbeitens an seinem Lehrbuch erschienen), doch zeigen folgende Zeilen, daß er die Tragweite der Entdeckung TSCHERMAKs erfaßt hatte und auch dazu tendierte: „Sollten indessen selbst spätere Untersuchungen darthun, daß diejenigen Verbindungen, welche wir Labrador und Oligoklas nennen, keine ausgezeichneten Species, sondern Mischungen zweier Endglieder sind, und daß jedes Zwischenglied mit beliebig gefundener Zusammensetzung dieselbe Berechtigung hätte, als eigene Species angesehen zu werden, so dürfte dadurch dennoch die einmal übliche Nomenclatur keine wesentliche Änderung zu erfahren brauchen, denn man wird es zum Zweck bestimmterer Bezeichnung immerhin füglich nicht vermeiden können, zwischen Anorthit und Orthoklas noch andere Namen einzuschalten, um damit in der langen Reihe einige feste Punkte zu gewinnen, welche alsdann einzig und allein dazu dienen, daß die anderen sich herumschaarend und an sie anlehnend nicht geradezu in der Luft schweben; dazu werden aber die gebräuchlichen Namen Labrador und Oligoklas die besten sein, denen damit ein etwas erweiterter Begriff zu Theil würde." (F. ZIRKEL 1866, Bd. I, S. 30/31.)

Trotzdem konnte sich F. ZIRKEL 1873 nicht mehr zu seiner Feldspateinteilung der Massengesteine, die er 1866 so gut durchgeführt hatte, entscheiden. Er faßte alle Plagioklasgesteine zu einer Gruppe ohne Plagioklasgrenzen zusammen, vermutlich seinem eigenen Vorschlage von 1866 (I. Bd., S. 441/442) folgend: „Diejenigen aber, welche alsdann auf die innige Verknüpfung aller triklinen Feldspathe unter einander großes Gewicht legend, etwa alle Gesteine, welche dieselben wesentlich enthalten, zusammenzufassen gedenken, brauchen nur die beiden Schranken, welche hier zwischen Oligoklas-, Labrador- und Anorthitgesteinen gezogen sind, niederzuwerfen, um die hier versuchte Gruppirung auch ihrer Anschauungsweise anzupassen." Warum er das selbst 1873 tut, ist nicht leicht eruierbar; vielleicht wegen der Schwierigkeit, die Plagioklase mikroskopisch zu unterscheiden, da er seine Systematik 1873 auf mikroskopischer Basis aufbaute. In diesem Licht zeigt sich auch die Bemerkung H. VOGELSANGs 1872 (S. 529): „Eine Unterscheidung bestimmter Species oder Varietäten von Klinoklas ist für die Eintheilung nicht zu verwerthen; denn wenn es sich auch herausstellen sollte, daß dem einen oder anderen dieser Mischlinge, z. B. dem Labrador eine constante Zusammensetzung zukommt, so wird die sichere Diagnose bei den Kryptomeren Gesteinen doch vorläufig unausführbar bleiben."[1]

Der Mineralbestand als Einteilungskriterium

Abschließend läßt sich zu der Einteilung nach dem Mineralbestand sagen: Es war ein weiter und langer Weg der Entwicklung von genau 80 Jahren von WERNER 1786/87 bis ZIRKEL 1866, bis zu einem Stande, der die verschiedenen Systeme rund 60 Jahre beherrschte und teilweise auch heute noch Anklang und Anwendung findet. *Das Einteilungsprinzip Mineralbestand hat sich entscheidend durchgesetzt und stellt ein echtes, brauchbares, auf morphologischen Gegebenheiten fußendes Kriterium dar.*

Doch müssen auch da Einschränkungen beherzigt werden, die einer Überbetonung des mineralogischen Standpunktes steuern sollen: J. ROTH spricht 1891 (auf S. 2) „vom rein mineralogischen Standpunkt . . ., der so lange berechtigt ist, als er nicht die alleinige Berechtigung für sich in Anspruch nimmt". Und K. A. LOSSEN sagt

---

[1] H. VOGELSANG schlägt 1872 die Bezeichnung *Klinoklas* an Stelle von *Plagioklas* vor: „Für die triklinoedrische Feldspathreihe habe ich von jeher die Bezeichnung *Klinoklas*, nicht Plagioklas verwendet, weil mir in dem ersteren Worte der Gegensatz zu *Orthoklas* kürzer und in der allgemein gebräuchlichen Weise ausgedrückt erscheint." (S. 529.)

1872 (S. 784). Die „allgemeingiltige Definition des Gesteinsbegriffes spricht es deutlich aus, daß das Mineralaggregat an sich das Gestein keineswegs ausmacht".

> „Für die Erkennung und Unterscheidung der Gesteine ist die Struktur ein kaum minder wichtiges Hülfsmittel, als es die mineralogische Definition der einzelnen Bestandtheile ist."
>
> A. v. LASAULX 1875, S. 99

2. Das Gefüge

Gegen den Mineralbestand als oberstes und wichtigstes Einteilungskriterium wandte sich K. A. LOSSEN (1883/84, S. 512): „Die Structur, nicht die chemisch mineralische Durchschnittzusammensetzung ist in erster Linie die Trägerin der geologischen Verwandtschaft der Gesteine." (Orig. alles gesperrt.) Das Gesteinsgefüge (petro-*fabric* im englischen Sprachgebrauch) wird aus den beiden Begriffen *Struktur* und *Textur* zusammengesetzt, die auch heute noch, wie seit Beginn der Gesteinswissenschaften, in verschiedenster Bedeutung erscheinen.

Definition und Abgrenzung Struktur — Textur im Deutschen

Wir, wie fast im ganzen von der deutschsprachigen Literatur beeinflußten Raum, verstehen heute unter

Struktur: die Ausbildung der Gesteinskomponenten,
Textur: die räumliche Anordnung der Gesteinskomponenten.

Diese Definitionen gehen auf F. RINNE 1921 und ROSENBUSCH-OSANN 1922 zurück, die sagten: „Mit gutem Recht wird bezüglich des Gefüges unterschieden die Textur (welche durch die räumliche Anordnung der Gemengteile gekennzeichnet ist) und die Struktur, bei der die Größe und Gestalt der Bestandteile in Betracht kommt." (F. RINNE 1921, S. 444.) Und: „Unter der Struktur faßt man alle die Verhältnisse zusammen, die auf der Ausbildungsweise der Gemengteile nach Form und Größe beruhen. Die Textur ist bedingt durch deren räumliche Anordnung und die mehr oder weniger vollkommene Raumerfüllung, also die Art und Weise, wie sie sich zum Gestein zusammenfügen. Die beiden Begriffe lassen sich nicht scharf trennen, gewisse Strukturen bedingen z. T. auch gewisse Texturen und manche der letzteren sind nur mit bestimmten Strukturen verbunden." (ROSENBUSCH-OSANN 1922, S. 55.) Wie recht letzterer hat, daß Struktur und Textur nicht klar begrenzte Begriffe sind, ergibt sich schon aus seiner Definition: „Weniger vollkommene Raumerfüllung" ist Porosität oder Löchrigsein; das erscheint uns als eine *Struktur*- und nicht als *Textur*-Eigenschaft. Eine Gesteinslücke ist quasi ein Gesteinsbestandteil (der z. B. mit Erdöl, Wasser, Eis oder Gas ausgefüllt sein kann). Erst die *räumliche Anordnung* der Poren und Löcher, z. B. in parallelen Flächen oder Zonen, wäre eine Textureigenschaft. Aber natürlich gibt es noch viel unklarere Fälle: Sind z. B. Sphärulithe als Struktur- oder Texturbegriff zu bezeichnen? Sie sind sowohl eine Ausbildungsform *eines* Minerals als auch, wenn man die Einzelstrahlen als Individuen auffaßt, eine räumliche Anordnung von vielen Komponenten. Nicht viel anders ist es bei granoblastisch. Ist dies eine Pflaster-*Struktur* oder -*Textur*? Die Einzelkomponenten (meist eines Minerals) sind wie Pflastersteine geformt, legen sich aber auch — zwangsweise — räumlich wie Pflastersteine ganz ohne Verzahnung oder Verschränkung aneinander an.

Entwicklung der Termini Struktur und Textur

Es ist eigenartig, daß zwischen Struktur und Textur als Gefügeelemente erst so spät (noch keine 40 Jahre) ein deutlicher und gut definierter Unterschied gemacht wird. Denn alle drei Bezeichnungen (Gefüge, Struktur, Textur) sind schon älter als unsere Wissenschaft und von dieser von allem Anfang an entlehnt und zur Unterscheidung der Gesteine herangezogen. Wer der erste war, der diese Begriffe bewußt anwandte, läßt sich nicht genau eruieren. Jedenfalls gebrauchte schon C. C. v. LEONHARD 1823 die Wörter Struktur und Gefüge und führt dafür an: körnig, schiefrig, dicht, porphyrisch u. a. BRONGNIART macht 1827 bereits Unterschiede zwischen Struktur und Textur, aber nicht im heutigen Sinne[1]. Es würde zu weit gehen, alle Definitionen bzw. Anwendungen der drei Terme zu diskutieren; einige gute (und frühe) Beispiele mögen genügen. F. NAUMANN sagt 1849 (S. 433): „Unter der Structur der Gesteine verstehen wir das durch die Form, die Größe, die Lage, die Vertheilung und die Verbindung der Gesteins-Elemente und gewisser accessorischer Bestandmassen bedingte innere Gefüge derselben." B. v. COTTA nimmt fast dieselben Kriterien 1862 für die *Textur* in Anspruch, wenn er (S. 31 f.) schreibt: „Unter Textur oder innerem Gefüge der Gesteine versteht man vorzugsweise die durch die Größe, Form und Verbindungsweise der einzelnen Mineraltheilchen hervorgebrachten Erscheinungen. Daran reihen sich aber auch noch einige andere Eigenschaften an, welche nicht streng der so eben gegebenen Definition entsprechen." F. ZIRKEL gebraucht 1866 alle drei Bezeichnungen, Gefüge, Struktur und Textur, als Synonyma (und ebenso H. O. LANG 1877). Diese Unklarheiten erscheinen gleich viel weniger verwunderlich, wenn man bedenkt, daß A. JOHANNSEN 1939 in einer Zusammenstellung („Definitions of textural and structural terms", S. 201—237) nicht weniger als rund 375 Gefügebezeichnungen anführt und erläutert.

Struktur und Textur im Englischen

Im englischen Sprachgebrauch wird Struktur und Textur in einem vom Deutschen völlig anderen Sinne gebraucht: "In this country the term *structure* is generally applied to the megascopic features of a rock, such as parting, jointing, porosity etc. *Texture* is reserved for microscopic features." (A. JOHANNSEN 1939, S. 197.) Es geht dieser Gebrauch auf W. O. CROSBY 1881 zurück, der Textur auf Gefügeelemente anwandte, die in Handstücken beobachtet werden können (wie Form, Größe und Anordnung der Gesteinskomponenten) und Struktur für Gefügeelemente im Aufschlußbereich, wie Bankung, Faltung, Brüche usf. J. J. H. TEALL folgte ihm 1888: "The texture of a rock depends upon the shape, size, physical condition, and mode of arrangement of the individual constituents. The term structure is sometimes used in the same sense, but it is more frequently employed with reference to the behaviour of rocks in large masses." (S. 51.)

Anwendung der Textur und Struktur als Einteilungskriterien

Interessant ist, daß die *Textur*, die uns heute, wenn schon nicht wichtiger als die Struktur, so doch als übergeordnetes Prinzip erscheint — wie gleich weiter ausgeführt wird —, erst wesentlich später als die Struktur als Unterscheidungsmerkmal für die Gesteine herangezogen wurde. A. G. WERNER unterschied 1786/87 schon die

---

[1] Zu Struktur und Textur bei BRONGNIART ". . . the term 'structure', which he applied to the large-scale features of rock masses, reserving the term 'texture' for the fine features or, more precisely, the granularity of the rock: 'La texture s'applique à la forme non géométrique à la grosseur et à l'aspect des parties qui composent une roche.' (1827, S. 237.)" (LOEWINSON-LESSING 1954, S. 28.)

Strukturen kristallin körnig und porphyrisch („mit einander verwachsene Theile" und „mit einer Hauptmasse"), ähnlich auch HAIDINGER und BRONGNIART, aber erst bei LEONHARD (1823) tritt das Texturelement *schiefrig* neben die Strukturen körnig, porphyrisch, dicht, glasig usw. Wir haben gesehen, daß Struktur- und Texturelemente bis in dieses Jahrhundert immer wieder bunt zusammengewürfelt wurden, bis der fundamentale Unterschied zwischen den beiden definitionsmäßig erfaßt werden konnte. So ist es nur folgerichtig, daß die Bedeutung der Textur für die Gesteinssystematik auch erst viel später als die der Struktur erfaßt wurde: Die heute überall eingeführte Dreiteilung in massige Gesteine, schichtige Gesteine und schiefrige Gesteine, die obersten Grundabteilungen, beruht auf texturellen Unterschieden — und sie wurde erst sehr viel später geschaffen als z. B. die Unterteilung der Massengesteine, die auf Strukturunterschieden beruht: kristallinkörnige Gesteine, porphyrische Gesteine, dichte und glasige Gesteine. Daß lange Zeit auch die Schiefergesteine zu den „krystallinischen" gestellt wurden, ist nur logisch und richtig, da man die Schieferung als Texturelement lange nicht als Teilungsprinzip erkannte. So standen früher Granit und Gneis fast immer in einer Gruppe nebeneinander. Ja, die Teilung in die drei großen Stämme, wie sie heute (s. o.) gegeben ist, basierte *nicht* auf der Textur, sondern auf der Genese und wurde deshalb gerade von den kritischesten und einsichtigsten Forschern bekämpft: K. A. LOSSEN stellt sich dagegen und A. V. LASAULX schrieb über die genetische Dreiteilung 1872 auf S. 3: „Nur wenig ist (darüber) zu sagen, indem dort der Hauptgrund zur Eintheilung für das Bestimmen eines Gesteins durchaus werthlos ist, indem man wohl selten . . . seine genetischen Verhältnisse erkennen und es dann dem System einreihen kann." H. CREDNER schrieb 1873 (S. 2): „Dem oft betonten Grundsatze, ihre Eintheilungsprincipien ausschließlich dem Bereiche morphologischer Erscheinungen zu entnehmen, sind die vorhandenen Versuche einer Classification der Gesteinsarten, wie bekannt, nicht consequent treu geblieben. Am weitesten weicht der Geologe von demselben ab, wenn er die Gesteine in Erstarrungsgesteine (und zwar Vulkanite und Plutonite), sedimentäre und metamorphische theilt, also z. Th. hypothetische und vollkommen individuelle Anschauungen zu Classificationsprincipien erhebt." Als jedoch die Genese der Sedimente und Magmatica gelöst schien, wußte man mit den Schiefergesteinen nichts anzufangen und sie wurden je nach Auffassung der einzelnen Autoren einmal zu dieser und das andere Mal zu jener Gruppe gestellt. Erst nachdem erkannt wurde, daß den kristallinen Schiefern eine gleichzuwertende Entstehungsweise zukommt, faßte man sie als eigene Gruppe auf. Texturell einzustufen wäre einfacher gewesen, oder genauer, Struktur *und* Textur gemeinsam hätten die Abtrennung schon frühzeitig deutlich gemacht: texturell sind die Schiefergesteine wie die Schichtgesteine Parallelflächner, strukturell wie die körnigen Massengesteine (makro-) kristallin. Natürlich ist jetzt (heute) leicht zu kritisieren, da ja die Genese, wenn schon nicht die Entscheidung, so doch die Anregung zu dieser gefügebedingten Teilung gab und *vor* der Erkennung der Genese diese Anregung eben nicht vorhanden war. Wer sollte entscheiden, ob der Unterschied massig (richtungslos)—parallelflächig, bei beiderseits kristallinkörniger Ausbildung, wichtiger war als der Unterschied kristallin-körnig—porphyrisch, wenn auch bei den körnigen die Textur unterschiedlich war. Daß man die Hauptunterscheidung lange nach der *Struktur* machte, geht z. B. aus A. v. LASAULXs Worten (1872, S. 7) hervor: „Die Gesteine zerfallen nach ihrer morphologischen Ausbildung in nichtkrystalline oder amorphe, halbkrystalline, krystalline, klastische." Kein Wort, anscheinend nicht einmal ein Gedanke, wird an die Textur verloren. „Morphologische Ausbildung" eines Gesteins wird mit der Struktur gleichgesetzt. Und obwohl im vorigen Jahrhundert noch nicht zwischen Struktur und Textur unterschieden wurde und beide synonym angewendet werden konnten, mag es vielleicht doch mehr als ein Zufall sein, daß der *Term* Struktur viel öfter und häufiger gebraucht wurde als der *Term* Textur, als ob damit, wenn auch unbewußt, die einseitige Bevorzugung des *Begriffes* Struktur (im heutigen Sinne) vor dem *Begriff* Textur dokumentiert werden sollte.

Wichtigkeit des Gefügekriteriums für die Systematik

Wie schon aus dem bisher Gesagten hervorgeht, wurde an der Wichtigkeit des Gefügekriteriums für die Gesteinserkennung und Einordnung zu keiner Zeit gezweifelt. Nur die frühen Franzosen mit HAUY an der Spitze glaubten bei ihren Klassifikationen mit dem Mineralbestand allein auskommen zu können, da sie die Gesteine als bloße Mineralaggregate auffaßten. Doch diese Systeme, so wertvoll sie für die Entwicklung der Klassifikationen waren, weil sie die Genese und das Alter der Gesteine auszuschalten suchten, mußten bald den gefügebetonten wieder das Feld räumen, da diese insofern überlegen waren, als sie mehr als *ein* Prinzip anwandten und dadurch dem Wesen der Gesteine besser entsprachen.

Nicht auf das Gefüge griffen auch die extremen Petrographen zurück, die eine Einteilung auf rein chemischer Basis versuchten. Das ist nur natürlich: Glaubten die frühen Chemiker noch aus der Bauschanalyse den Mineralbestand berechnen zu können[1], so war das mit fortschreitenden Erkenntnissen nicht mehr möglich, und es fiel um so leichter, das *Gefüge* bei einer Klassifikation nicht zu berücksichtigen, wenn auch der *modale* Mineralbestand unbekannt ist. So entstanden die Einteilungen nach den verschiedenen Magmentypen (worauf später — S. 269 u. 277 — noch näher eingegangen wird). CIPW wollten bei dem unwiederbringlichen Verlust der Gefügedaten bei der chemischen Analyse wenigstens auf den Mineralbestand als Klassifikationskriterium nicht verzichten; da jedoch der modale Bestand nicht eruierbar ist, berechneten sie einen *normativen* und bauten darauf ihr System auf. Die Schwächen eines solchen sind nach dem über die Wichtigkeit des Gefüges Gesagten augenscheinlich. (Über CIPW siehe S. 266 ff.)

So können abschließend die Worte F. ZIRKELS 1866 (S. 56) gebracht werden: „Fast von derselben Wichtigkeit für die Bestimmung eines Gesteins, wie die Kenntniss der Natur seiner wesentlichen Gemengtheile ist die seiner *Textur* (Structur) oder seines *Gefüges*." Oder ist die Wichtigkeit des Gefüges für die Einteilung der Gesteine noch höher zu bewerten? A. V. LASAULX (1875, S. 144) ist dieser Ansicht: „Daß ... die Structurverhältnisse die Unterabtheilungen, die Mineralgemengtheile dagegen die Hauptgruppen bedingen, ist gerade das umgekehrte einer praktischen Eintheilung", denn „ein Granit und ein daraus hervorgegangener glimmerführender Arkose- oder Feldspathsandstein können in ihren chemisch-mineralischen Bestandtheilen annähernd oder völlig übereinstimmen, dennoch sind sie für den Petrographen ganz verschiedene geologische Körper, weil sie eine verschiedene Grundstructur besitzen." (K. A. LOSSEN 1883/84, S. 512.)

---

[1] Aber auch H. ROSENBUSCH war noch 1889, als er gegen den Satz J. ROTHS (1861, S. 21) auftrat, „daß feurigflüssige Massen von gleicher oder sehr naher chemischer Zusammensetzung in verschiedene Mineralien auseinander fallen können", der Meinung, aus der Bauschanalyse die mineralische Zusammensetzung eines Gesteins berechnen zu können: „Die letzte Consequenz desselben wäre, daß wir aus der Bauschanalyse eines Gesteins seine mineralogische Zusammensetzung nicht erkennen könnten, und diese Consequenz wird heute kein Petrograph mehr zugestehen." (H. ROSENBUSCH 1889, S. 152.) Und P. NIGGLI sagt noch 1920 (S. 162) geradezu nonchalant: „Dem Chemismus nach habe ich die Tiefengesteine in Familien zusammengefaßt ... Kennt man einige wenige chemische Beziehungen zwischen den Mineralien, so lassen sich die möglichen Mineralbestände daraus leicht ableiten." Daß dem nicht so ist, hat schon H. VOGELSANG 1872 erkannt (S. 508): „In Betreff der verschiedenen Methoden, um aus der Bauschanalyse die mineralische Constitution der ... Gesteine zu berechnen, regten sich sehr bald gewichtige Zweifel, die sich im Fortschritt der Beobachtungen als durchaus berechtigt erwiesen."

> „. . . eine geordnete Petrographie kann und darf nicht daran
> denken, die Lagerungs- und Verbandverhältnisse . . . von ihrer
> Aufgabe auszuschließen."
> H. Vogelsang 1872, S. 511

3. Die geologische Position

Klassifikationen ohne Positionskriterium bis v. Cotta 1862

Schon 1785[1] hatte J. Hutton erkannt, daß die vulkanischen Gesteine auf die Erdoberfläche ausgeflossen sind, der Granit jedoch unter der Erdoberfläche auskristallisiert ist. Er selbst stellte keine Gesteinssystematik auf und andere Forscher, die sich
mit der Klassifikation der Gesteine befaßten, machten von dieser Entdeckung keinen
Gebrauch. Die Stellung der Gesteine innerhalb der Erdrinde schien von keiner Bedeutung für die Stellung der Gesteine im System. Auch war Werners Neptunismus
noch so stark, daß man Hutton nicht einmal die Entstehungsart aus einer Schmelze
glaubte, geschweige denn die Entstehungsposition. Man kam ohne geologische Stellung bei den Gesteinseinteilungen aus. Später wandte man sich wegen des plutonisch-
neptunistischen Streites ganz von der geologischen Betrachtungsweise der Gesteine
ab. Nachdem der Streit beigelegt war und jede der Parteien recht behielt, indem man
erkannte, daß es sedimentäre (= neptunische) *und* magmatische (= plutonische) Gesteine gibt, sollte eigentlich das Bewußtsein der Positionsunterschiede und deren
Bedeutung für die Gesteinsklassifikation schnell aufgetaucht sein. Es dauerte jedoch
bis 1862, daß B. v. Cotta erstmalig in vulkanische Gesteine als „an der Oberfläche"
und plutonische Gesteine als „im abgeschlossenen Raum" auskristallisiert einteilte.
Vorher wurde schon viel von vulkanischen Gesteinen gesprochen (H. Abich 1841,
G. Rose 1852 u. a.), jedoch entweder nur strukturell oder genetisch von anderen
Gruppen unterschieden. A. v. Humboldt sprach 1845 bereits von endogenen und
exogenen Gesteinen (Magmatica und Sedimente), aber das wurde auch nur genetisch
ausgewertet; z. B. von K. F. Naumann (1857/58), der aus *endogen* protogen (bei
F. Zirkel 1866 ursprünglich) und aus *exogen* zum Teil deuterogen (Zirkel klastisch)
machte. Sogar H. Coquand, der 1857 bereits in „Roches Granitiques", „Roches
Porphyriques" und „Roches Volcaniques" schied und damit die verschiedenen
Positionen der Massengesteine geradezu in den Namen ausgedrückt hat, faßte diese
Einteilung nicht nach der Stellung der Gesteine in der Erdrinde auf. Er stellt unter
anderem den Diorit zu den porphyrischen Gesteinen. Selbst v. Cotta, der nach der
Position in vulkanisch und plutonisch schied (s. o.), bog die von ihm ausgesprochenen
Positionswerte zugunsten einer Alterseinteilung der Gesteine so weit zurecht, daß sie
verfälscht und damit wertlos wurden (siehe hier auf S. 176 f.).

„Räumliches Vorkommen" bei K. A. Lossen 1872

J. Roth (1861) und alle Nachfolgenden bis zu Zirkel (1866) stellten dann das
geologische Alter in den Vordergrund. Erst danach wurde man sich wieder der
Wichtigkeit der geologischen Position für ein System bewußt. Neben H. Vogelsang
(siehe Motto) und gleichzeitig mit diesem trat K. A. Lossen 1872 energisch mit der
Forderung auf, daß die Gesteine auch als geologische *Körper* in den Klassifikationen
Berücksichtigung finden müssen: „Darum dürfen Untersuchungen, welche die
Natur der Gesteine betreffen, sich nie auf die Untersuchung des Mineralaggregates
beschränken, müssen vielmehr stets sein räumliches Vorkommen mit einbegreifen."
(K. A. Lossen 1872, S. 784.)

---

[1] 1785 hielt Hutton einen Vortrag „Theory of the earth" vor der „Royal soc. of Edinburgh". Gedruckt wurde seine „Theory of the earth" erst 1788; 1795 kam sie erweitert heraus.

Aber was macht Lossen aus dieser schönen Erkenntnis! Er geht am Kern vorbei, wenn er aus seiner Forderung folgert: „Ich kann mir keine natürliche petrographische Gesteinsbeschreibung denken, in welcher nicht *das Verhältnis des geologischen Stoffes zur geologischen Raumbildung* als *gesetzmäßiger Ausdruck der Natur* … oben angestellt wird und theile demnach ein in *Massen-Gesteine* und *Schicht-Gesteine*, je nachdem der Stoff *multiplicativ den Raum wie eine Masse aus einem Guss erfüllt* oder je nachdem derselbe *additiv den Raum aufbaut.*" (K. A. Lossen 1872, S. 785.)

Der geologische Raum wird damit nicht als Position in der Erdrinde, sondern als bloßes Mittel, als ein Nichts, ein Loch für die Auffüllung mit Gesteins-Material betrachtet: er wird „multiplicativ" oder „additiv" vom Stoff erfüllt. Falsch verstandene und angewandte Ausdrücke der „exakten" Naturwissenschaften. Schade um den guten Ansatz! Aber zu dieser Zeit war eine andere Betrachtung wohl kaum möglich. H. Vogelsang weicht noch weiter ab. Damals war es eben so, wie K. A. Lossen (1872, S. 784) sagte: „Wir sind gewohnt, die Gesteine mit Naumann zu definiren als *‚Mineral- oder Fossilaggregate, welche in bedeutenden Massen auftreten und daher einen wesentlichen Antheil an der Zusammensetzung grösserer Theile der Erdfeste haben'.*"

Die Masse (Menge) als Einteilungsprinzip bei H. Vogelsang 1872

Vogelsang ist gleichsam fasziniert von dem Gedanken, daß Gesteine in *Massen* auftreten müssen, um Gesteine benannt werden zu können, und will in einer Klassifikation die *Menge* an bevorzugter Stelle berücksichtigt finden: „… wollte man aber … anerkennen, daß man den Greisen etwa mit dem Granit auf gleiche Stufe stellte, so würde dadurch die Bedeutung der Massen verdunkelt …" und er fährt weiter fort über die nur in geringen Mengen vorkommenden Gesteine: „… ich will sie … durchaus nicht aus der Gesteinslehre verbannen, aber ich wünsche, daß der Unterschied zwischen denjenigen Felsarten, welche in mächtigen Ablagerungen vielorts sich wiederfinden, und den vereinzelten untergeordneten Vorkommnissen auch in dem System zur Anschauung gebracht werde. Dies kann aber am wirksamsten dadurch geschehen, daß das allgemeine Princip der Klassifikation zunächst nur die massenhaft verbreiteten Gesteine berücksichtigt, daß die fremdartigen untergeordneten Massen eben auch gewissermassen nur als Anhang auftreten, und zwar da, wo sie der Analogie gemäß am wenigsten fremd erscheinen." (H. Vogelsang 1872, S. 512/513.) Das ist ein vorzüglicher Gedanke, um der Überbewertung der seltenen „*interessanten*" Gesteinstypen Einhalt zu gebieten, der aber in einer Gesteinsklassifikation, die keinerlei Bevorzugung, überhaupt keinerlei Bewertung kennen darf, keinen Platz hat.

Begriff der Position ab H. Rosenbusch 1887

Erst mit H. Rosenbusch, dem wir die heute noch gebräuchliche Definition des Terms Gestein verdanken, kam die Auswertung des Positionsbegriffes. Er stellte über die „Masse" fest: „Die Größe eines Mineralaggregats ist in keinem Falle ein … entscheidendes Merkmal. Ein kaum centimetermächtiger Lamprophyrgang ist ein Gestein; die zufällige Ausfüllung einer Kluft … wird nie ein Gestein und wäre sie noch so mächtig." (H. Rosenbusch 1898, S. 1.) Ferner sagt er und schafft damit den Durchbruch: „Da ein Gestein nicht ein mineralogischer, sondern, wie das zumal Lossen mit Recht nachdrücklich hervorgehoben hat, ein geologischer Begriff, nicht lediglich ein Mineral-Aggregat, sondern in erster Linie ein geologischer Körper ist, so muß man sämmtliche Felsarten zuerst nach der Stellung ins Auge fassen, welche sie in dem Aufbau der festen Erdrinde einnehmen." (H. Rosenbusch 1877, S. 1.) Konsequent befolgt er diesen Satz bei seiner Klassifikation: „Aus dem Begriff des

Eruptivgesteins als eines zu geologischer Gestaltung gelangten Theils des Erdmagmas ergiebt sich, daß ein natürliches System der Eruptivgesteine sich auf die geologische Erscheinungsform ... gründen muß." (H. Rosenbusch 1898, S. 65.) Als erster teilt er nun die Massengesteine in Tiefengesteine[1], Ganggesteine und Ergußgesteine ein; aber auch das erst 1887 — in seiner 1. Auflage 1877 macht er diese Unterscheidung nach der Position noch nicht. Wir sehen also, wie spät erst die geologische Stellung eines Gesteins in der Erdrinde für die Gesteinsklassifikation herangezogen wurde: Über hundert Jahre (1785—1887) liegen zwischen J. Hutton und H. Rosenbusch. Die Unterscheidung Tiefengesteine (Plutonite)—Ergußgesteine (Effusiva) wird widerspruchslos anerkannt; das stellt ja auch nichts Neues dar. Aber die Einführung der Ganggesteine als verbindendes Glied zwischen den Positionen Oberfläche und Tiefe wird sofort bekämpft:

Ganggesteine: Zirkel contra Rosenbusch

„Eine andere dritte Kategorie als Tiefengesteine oder Ergußgesteine kann es a priori gar nicht geben. Das Gangmaterial ist entweder überhaupt *auch* an die Oberfläche gekommen und dann gehört es zu den Ergußgesteinen, oder überhaupt *nicht* und dann gehört es zu den Tiefengesteinen. Das Princip des Unterschiedes zwischen Tiefengesteinen und Ergußgesteinen ist das Niveau; der Begriff Ganggestein bringt ein ganz *fremdes* Princip, eine abweichende Kategorie in diese Classification, indem er überhaupt gar kein *Niveau*verhältniss, sondern ein *Ablagerungs*verhältniss ausdrückt, wie Stock, Kuppe, Strom." (F. Zirkel 1893, S. 639.)

Und tatsächlich kann F. Zirkel 1893 (S. 639) feststellen: „Man kann nicht sagen, daß die Aufstellung der Ganggesteine als einer besonderen, den Tiefen- und Ergußgesteinen coordinirten Kategorie, weiten Anklang gefunden habe." Zirkel hat mit seinen Einwänden sicherlich recht und wohl auch mit seiner Feststellung bezüglich des Anklangs der Ganggesteine bei seinen Zeitgenossen, aber er war wie viele andere ein schlechter Prophet; die Ganggesteine haben sich bis auf den heutigen Tag durchgesetzt[2]. Rosenbusch mußte zu diesen Ausführungen Zirkels Stellung nehmen, wollte er nicht seine Ganggesteine fallenlassen. In der Tat ist die *Erscheinungsform* der Ganggesteine ja kein sehr glücklich gewähltes Einteilungsprinzip, aber die Ganggesteine haben dennoch oft eine eigene Struktur, die sich von derjenigen der Tiefen- und Ergußgesteine deutlich abhebt.

Die geologische Position ist dem Gestein im Handstück nicht anmerkbar, ja bei den Tiefen- und Ergußgesteinen kaum im Gelände. Um dem Geologen sichtbar zu sein, müssen beide an der Erdoberfläche aufgeschlossen sein; die Entscheidung, ob ein Massengestein effusiv oder intrusiv entstanden ist, ist daher (vorwiegend) nur nach im Gestein selbst liegenden Merkmalen zu treffen. Und diese Merkmale liegen im Gefüge. Das Gefüge der Ergußgesteine ist nach beobachteten Effusionen klar; durch Analogieschluß auch das der Tiefengesteine. Daher ist das *primäre Unterscheidungsmerkmal* das Gefüge; das *wichtigere Einteilungskriterium* ist jedoch die geologische Position des Gesteins während seiner Entstehung. Man sieht, daß hier eine innige Vermengung von Genese-, Gefüge- und Positionsbegriffen die Sicht erschwert. Rosenbusch hat dies klar erkannt und, um das Einteilungsprinzip geologische Position zu retten, folgendes ausgesprochen: „Die geologische Erscheinungsform ... ist von so maaßgebendem Einfluß auf die Entwicklung der Hauptstructurformen, daß damit zugleich auch der Structur Rechnung getragen wird." (H. Rosenbusch 1898, S. 66.) K. A. v. Zittel spricht dasselbe ein Jahr später (1899, S. 742) so aus:

---

[1] Den Ausdruck Tiefengesteine verwendet erstmalig E. Reyer (in seinen „Beiträgen zur Fisik der Eruptivgesteine") 1877.

[2] Über Rosenbuschs Ganggesteine und deren Bekämpfung siehe auch S. 248 ff.

„Für die Struktur eines Eruptivgesteins ist aber seine geologische Erscheinungsform fast ausschließlich maßgebend."

Das stimmt vollinhaltlich bei den Intrusiv- und Effusivgesteinen, nicht jedoch bei den Ganggesteinen, um die es ja gerade ging. Hier gibt es porphyrische, aplitische, pegmatitische u. a. Strukturen. Aber, und das ist schwerwiegend, porphyrische Struktur kann wie bei Ganggesteinen auch bei Tiefen- und sogar bei Ergußgesteinen auftreten. H. ROSENBUSCH schränkte daher ein (1898, S. 66): „Daß die Bestimmung des geologischen Charakters aus der Structur unsicher werden kann, ist ... einleuchtend. Auf die Gesteinsbenennung pflegt diese Unsicherheit ohne Einfluß zu sein. Ein Granitporphyr ist ein Granitporphyr, ob er in der normalen Gangfoim, oder als Grenzfacies eines Granitstocks, oder endlich als centrale Facies eines Quarzporphyrs auftrete ..."

Bröggers Terminus „hypabyssisch"

Ein einfaches Ausweichen auf einen Terminus, der damals bereits geprägt war, hätte diese Ausflüchte ROSENBUSCHs überflüssig gemacht: *hypabyssisch* ist ein Begriff, den W. C. BRÖGGER bereits 1886[1] eingeführt hat und der alle Schwierigkeiten löst: Ein Festwerden, Erkalten eines Gesteinsmagmas in einer Position zwischen abyssisch (W. C. BRÖGGER 1890) und effusiv, also in einer Zone mittelschnellen Abkühlens, bringt porphyrische Strukturen mit makrokristalliner Grundmasse hervor. Strukturen, wie sie sowohl bei Ganggesteinen als auch bei Randfazies von Tiefengesteinen und bei zentralen oder subvulkanischen Partien von Ergußgesteinen auftreten. Es wird damit deutlich, daß *hypabyssisch* der überlegene Begriff ist, indem er tatsächlich die geologische Position — nämlich zwischen der Erdoberfläche und der „abyssischen" Erdtiefe — ausdrückt; und nicht wie ROSENBUSCHs Term *Ganggesteine* ein bloßes *Lagerungsverhältnis*, dem ähnliche Bedeutung wie Stock, Kuppe, Strom (F. ZIRKEL 1893), Schicht, Bank, Lakkolith, Batholith usw. zukommt.

> „Beruht auch die ... Klassifizirung der Gesteine in drei große Gruppen zum Theil auf den Verhältnissen ihrer Struktur und Zusammensetzung, so ist ... die Grundlage der Eintheilung selbst doch in einem anderen Momente zu suchen, in dem ihrer Bildung."
>
> F. v. HAUER 1875, S. 49

4. Die Genese

„Zur Gruppirung im Großen eignet sich ganz entschieden am meisten die ungleiche Art der Entstehung." Das sprach B. v. COTTA 1874 (S. 35/36) aus, und auch in dieser Arbeit steht eingangs (S. 152): „Die Gesteine werden in drei große Stämme eingeteilt: Magmatische Gesteine ... Sedimentgesteine ... Metamorphe Gesteine ..." Es ist dies in der Tat die heute gebräuchliche Einteilung und der Stoff der Petrographie wird streng danach geschieden; so streng, daß in einem Buch drei verschiedene Autoren die drei Stämme behandeln (in BARTH - CORRENS - ESKOLA 1939: Die Entstehung der Gesteine). Das geht recht gut, nur die Granite werden sowohl bei den Eruptiv- wie auch bei den metamorphen Gesteinen, also doppelt besprochen. Die

---

[1] H. ROSENBUSCH spricht 1891 davon, daß BRÖGGER „hypabyssisch" gebraucht und W. C. BRÖGGER selbst sagt 1894, daß er diesen Term 1886 eingeführt hat. F. LOEWINSON-LESSING setzt 1899 für hypabyssisch den Ausdruck abanitisch und spricht von abanitischen Intrusivgesteinen, worunter er Gänge, Intrusivlager und Lakkolithen verstanden wissen will.

schematische Figur auf S. 155 und READS Zeichnung auf S. 156 zeigten schon die Schwierigkeiten der Abtrennung der drei Gesteinsstämme.

Die Komplikationen werden noch größer, wenn man sich folgendes vor Augen hält:

Der Genesebegriff im Gesteinsnamen

Die allgemeine Gesteinsdefinition beinhaltet den Genesebegriff bei der Forderung nach geologischer Selbständigkeit. Ein Gestein „muß deutlich erkennen lassen, daß es seine Entstehung einem eigenen und gesonderten geologischen Vorgang verdankt." (H. ROSENBUSCH 1877, S. 1.) Bringt man jedoch den Genesebegriff in die Definition des Einzelgesteins, betrachtet man „die *Gesteine als Produkte von definierten Vorgängen*" (K. H. SCHEUMANN 1925, S. 194), so wird jede Nomenclatur, ja jede *Wissenschaft* der Petrographie unmöglich. Hätte A. G. WERNER, sich völlig im Recht glaubend, den Granit als *aus dem Wasser gebildetes* Gestein definiert, so dürfte es kein Gestein „Granit" mehr geben, da sich diese Genese als unrichtig erwies. Und hätte man in der zweiten Hälfte des vorigen Jahrhunderts den Granit als pyrogenplutonisch *definiert* und nicht nur bezeichnet, so wäre die Wirkung die gleiche[1]. Glücklicherweise ist der Granit von allem Anfang an nur „wesentlich ein grobkörnig- bis feinkörnig-krystallinisches Aggregat von Orthoklas (und Oligoklas), Quarz und Glimmer" (F. ZIRKEL 1866, S. 475) gewesen und ist es heute noch. Eine solche Definition ist rein phänomenologisch und frei von Genesespekulationen. Daher ist es auch bei wechselnden Entstehungshypothesen möglich, dieses Gestein in einem System unterzubringen.

> „Es ist eine der auffallendsten Erscheinungen in der Geschichte der Wissenschaften, daß *die Entstehungsweise der Gesteine* erst sehr spät für die *Systematik* berücksichtigt wurde, obwohl Petrographie und Geologie zunächst überhaupt nicht getrennt waren und obwohl die Entstehung bestimmter Gesteine zeitweilig sogar im Mittelpunkt der geologischen Forschung gestanden hat."
>
> L. MILCH 1913, S. 202

Genesekriterium erst (spät) ab H. Abich 1841

Vor dem plutonisch-neptunistischen Streit gab es keine Geneseprobleme und daher auch kein genetisches Klassifikationsprinzip, wenn wir von K. HAIDINGER (1787) „saxa conglutinata" absehen wollen, die als *verkittet* sowohl einen Zustand (oder Aussehen) als auch eine Entstehungsart ausdrücken. Ähnlich wie bei HAIDINGER ist es auch bei A. BRONGNIARTS (1813) 3. Gruppe, den „Aggregatsteinen, welche auf mechanischem Wege entstehen und deren Bestandtheile in einem später gebildeten Bindemittel liegen" (K. A. v. ZITTEL 1899, S. 726/727). Da ist der Genesebegriff noch nicht *bewußt* angewandt, er ist hier gleichsam rückschauend hineingebracht worden. Erst in der zweiten Epoche der Petrographie, geraume Zeit nach dem plutonisch-neptunistischen Streit, ab H. ABICH 1841, gewinnt die Entstehungsart in den Klassifikationen an Gewicht. ABICH spricht zum erstenmal von „pyrogenen kristallinischen Gesteinen als Erstarrungsprodukten einer . . . kieselsauren Lösung" (H. ABICH 1841, I. Bd., S. 12). Diese Gesteinsgruppe teilt er dann konsequent weiter. Damit was das genetische Prinzip geboren und behauptete sich (fast)

---

[1] Über den Ursprung des Namens *Granit* sagt F. ZIRKEL 1866 (I. Bd., S. 475): „Nach Scipio Breislak wurde der Name Granit schon 1596 von Caesalpinus (de metallicis II. cap. 11) angewandt, nach Emmerling findet er sich zuerst 1698 bei Pitton de Tournefort (Rélation d'un voyage du Levant). Doch verstand man unter ihm wohl im Anfang jedes grobkörniggemengte Gestein, bis erst Werner ihn auf diejenigen Gesteine beschränkte, denen er jetzt noch beigelegt wird."

ohne Auslassung bis auf den heutigen Tag. Bei G. Rose 1852 ist es bereits Selbstverständlichkeit, A. v. Humboldt spricht sogar schon 1845 von endogenen und exogenen Gesteinen — was allerdings auch als Positionsbegriff aufgefaßt werden kann (siehe S. 202).

Noch waren die genetischen Einteilungen aber bloß bei Untergruppen verwendet worden, das Hauptprinzip war meist noch ein mineralogisches: einfache (monomineralische) — gemengte (polymineralische) Gesteine. Der genetische Gedanke wurde jedoch beherrschend und sollte auch die erste Rolle bei den Klassifikationen spielen. Es wurden Wege gesucht und gefunden, wenn sie auch manchmal am Ziel (wie es uns heute erscheint) vorbeiführten und vorbeiführen mußten. Gerade die ernstesten und verantwortungsbewußten Forscher durften ja nicht leichtfertig vorgehen, und vor der Einführung des Mikroskops in die Petrographie waren die Entstehungsprobleme *noch* schwieriger zu lösen als später. Daher wurden Genesegesichtspunkte als Einteilungsprinzipien gesucht, die nicht problematisch, nicht umstoßbar waren. Sie wurden gefunden, erwiesen sich jedoch im Laufe der Zeit als nicht oder nur beschränkt brauchbar.

Genese als beherrschendes Einteilungsprinzip

C. F. Naumann nahm 1857/58 als Hauptgruppen *protogene* und *deuterogene* Gesteine, „deren vorwaltendes Material, so wie es gegenwärtig erscheint, ursprünglich zu seiner dermaligen Ausbildung und Aggregation gelangt ist" und „deren vorwaltendes Material, so wie es gegenwärtig erscheint, von anderen präexistenten Gesteinen geliefert worden ist" (C. F. Naumann 1857/58, S. 498). Bei genauerer Betrachtung ist das gar nichts Neues und stellt nur eine Umbenennung der *kristallinen* und *klastischen* Gesteine dar. Naumann selbst hatte sie 1849/50 noch so benannt, aber die genetische Bezeichnung war jetzt die modernere und dem Wesen der Gesteine viel gemäßere, da sich die Petrographie wieder von der Mineralogie ab und der Geologie zugewandt hatte. Wegen des sehr unterschiedlichen Umfangs der beiden Gruppen war das aber kein echter Fortschritt.

F. Senft brachte 1857 eine andere genetische Einteilung: *Anorganolithe* und *Organolithe*. Diese Gruppen können sowohl nach dem Material*bestand* als auch nach der Material*herkunft*, der Material*entstehung*, aufgefaßt werden. Es wurde darüber bereits hier auf S. 191, bei den Einteilungsprinzipien, die sich aus der Gesteinsdefinition ergeben, gesprochen: Ein echtes Kriterium, aber wie das Naumanns schlecht brauchbar, wegen des großen Unterschieds im Umfang der Gruppen. J. Roth stellt 1861 (präzisiert 1887) drei Hauptgruppen auf, das System F. Senfts erweiternd: „A. Gesteine, wesentlich aus Mineralien bestehend; B. Gesteine, wesentlich aus organischen Resten gebildet, und C. Contaktgesteine" (1887, S. 42). Die Gruppe A wird geteilt in *plutonische* und *neptunische* Gesteine. Also wieder eine genetische Klassifikation, doch recht umständlich und ebenfalls sehr ungleich in der Bewertung. H. Coquand 1857 (Roches d'Origine Ignée, Aqueuse und Métamorphiques) und B. v. Cotta 1862 brachten mit der Dreiteilung in Eruptivgesteine, Metamorphische und Sedimentäre Gesteine (B. v. Cotta) die genetische Einteilung auf einen Stand, der sich hundert Jahre lang bis heute gehalten — und man kann sagen, auch bewährt hat.

Bekämpfung der genetischen Einteilung

Schon diese oberste Gruppierung nach dem genetischen Prinzip wurde scharf bekämpft. Das ist verständlich; die Genese der einzelnen Gesteine war noch mehr hypothetisch als heute. Bekämpft auf dreierlei Art: Erstens, weil manche Petrographen einzelne Gesteine in eine andere genetische Gruppe gestellt haben wollten, was sogar heute noch verständlich erscheint — wenn auch nicht immer gerade für die damals betroffenen Gesteine[1]: So stellt E. KALKOWSKY noch 1886 die Gabbros, Peridotite, Pyroxenite und alle anderen ultrabasischen Tiefengesteine „mit völliger Gewißheit" (S.229) zu den Sedimenten. Zweitens wurde bestritten, daß die metamorphen Schiefer eine eigene Gruppe sind; auch das ohne Konsequenz, denn bald zählte man sie den eruptiven und bald den sedimentären Gesteinen zu. Dazu als Beispiele: „Ich rechnete damals (1869) wie noch heute die krystallinischen Schiefer zu den plutonischen Gesteinen." (J. ROTH 1891, S. 7.) Und das Gegenteil: H. ROSENBUSCH 1877 (S. 2): „Man trennt die Gesammtheit aller Gesteine in zwei große Abtheilungen. Die einen, die geschichteten Gesteine ... Die Anderen ... heißen ... massige oder eruptive Gesteine." Und daß die metamorphen Schiefer tatsächlich zu den Sedimenten gezählt werden, sagt er auf S. VII; dort spricht er über die „Behandlung der geschichteten Gesteine, zumal der krystallinen Schiefer ...". Und drittens — und das ist der wesentliche und in den Kern der Sache eindringende Punkt, wurde die Berechtigung einer genetischen Einteilung *überhaupt* abgelehnt. So wendet A. v. LASAULX 1875 (S. 143) dagegen ein: „Eine Eintheilung, die auf den genetischen Verhältnissen der Gesteine beruht, ... erscheint für den Zweck der Klassifikation deshalb nur wenig brauchbar, weil der Grund der Eintheilung, für eine ganze Reihe von Gesteinen wenigstens, als vollkommen hypothetisch gelten muß und weil die Bestimmung eines Gesteines durch einen solchen Eintheilungsgrund wohl kaum ermöglicht wird." Er setzt treffend hinzu: „Man wird sich dann immer in einem circulo vitioso bewegen, weil man, um ein Gestein zu klassificiren, schon seine Genesis kennen muß, die doch erst als letztes Resultat, in gewissem Sinne erst aus der Stellung im Systeme sich erschließen kann." Schon drei Jahre vorher sagte er — nach obigem (S. 207) nicht ganz zu Recht — über die Einteilung von F. SENFT (1857): „Vor allem aber erscheint es als ein jetzt schon hervorzuhebender Vorzug der SENFT'schen Classification, daß sie von genetischen Verhältnissen ganz abstrahirt und ersichtlich bemüht ist, eben nur das zu sein, was eine Classification sein soll, ein Erleichterungsmittel zum Erkennen und Bestimmen jedes einzelnen Gesteines." (A. v. LASAULX 1872, S. 3.) H. CREDNER spricht 1873 (auf S. 4) sehr aufgebracht „von genetischen Fragen, die ja überhaupt mit der Systematik der Petrographie nichts zu thun haben". Und „schließlich kommt MICHEL-LEVY 1889 zu dem Ergebniss, daß die Classification und Benennung der Gesteine von jeder genetischen Hypothese frei sein und darum Struktur und mineralogische Zusammensetzung ausschließlich die Grundlage einer rationellen Systematik bilden müssen." (K. A. v. ZITTEL 1899, S. 745.)

Die Reaktion auf diese Angriffe blieb nicht aus, man ging von den genetischen Einteilungen ab; nur H. ROSENBUSCH, gerade die stärkste Persönlichkeit, ignorierte diese Angriffe. Daher gewann das kritisierte Genesekriterium langsam wieder an Gewicht. Andere aber wichen aus. Überwiegend wurde die auf altbewährten Prinzipien zurückgegriffen: einfache — gemengte Gesteine, kristalline — klastische Gesteine. Konsequenterweise natürlich vor allem von A. v. LASAULX (1872, 1875), aber auch von H. CREDNER (1872/73 und später), O. LANG (1877) u. a. m., die einfach — gemengt als Haupteinteilung bevorzugten, oder F. ZIRKEL u. a., die kristallin und klastisch heranzogen.

Aber wesentlich interessanter als das völlige Abgehen von einer genetischen Hauptgruppierung ist das Heranziehen von morphologischen Kriterien, denen ein genetisches Mäntelchen umgehängt wird.

---

[1] Verständlich ist die umstrittene Stellung des Gneis, um den sich gegenwärtig wegen der Granitisation wieder heftige Debatten angesponnen haben. So wurde z. B. von K. A. LOSSEN 1872 (S. 735) „das Wort Gneiss selbstverständlich nicht für schiefrigen plattigen Granit in Anwendung gebracht, für welches mir dasselbe, soll die Wirrnis in der Petrographie aufhören, allein zulässig erscheint".

Genetische Einteilung auf morphologischer Basis
(Morphologische Kriterien mit genetischer Fassade)

K. A. v. Lossen z. B. greift 1883 wieder auf C. F. Naumann zurück, der schon 1857/58 seine kristallinen Gesteine von 1849/50 (Struktur-Benennung) auf protogen umgetauft hatte (s. o.): „Das gute System ... wird ... die Bezeichnung ‚protogen‘ oder ‚ursprünglich‘ auf den Rohstoff der Massengesteine im Gegensatz zu dem aufbereiteten Stoff der Schichtgesteine anwenden." (K. A. Lossen 1883, S. 503.) Einen völlig neuen Genesebegriff sucht J. W. H. Adam 1909 einzuführen, auf Grund einer Idee, die vor ihm noch niemand hatte — der nach ihm allerdings auch niemand folgte: Nicht einfache und zusammengesetzte Gesteine nimmt er als Hauptkriterium, sondern *einfache* und *zusammengesetzte* Entstehungsart: „Wir unterscheiden zuerst zwei Hauptgruppen: I. Gesteine einfacher Entstehungsart, zu deren Bildung in der Hauptsache nur ein Prozess am Orte, wo sich das Gestein befindet, gewirkt hat, II. Gesteine zusammengesetzter Entstehungsart, zu deren Bildung mehrere oder zusammengesetzte Prozesse gleichzeitig oder nacheinander am Orte, wo sich das Gestein befindet, gewirkt haben." (J. W. H. Adam 1909, S. 5.) Daß sich diese Systematik *nicht* durchgesetzt hat, ist nicht zu verwundern. Hat z. B. zur Entstehung der Sedimentgesteine nur *ein* Prozeß am Bildungs- bzw. Auffindungsort gewirkt oder nicht? Praktisch erhebt sich auch bei allen anderen Gesteinsgruppen dieselbe Frage.

E. Kalkowsky ging 1886 noch anders vor: Bei ihm gibt es *anogene* und *katogene* Gesteine: „Gesteine entstehen ... entweder, indem das Material dazu sich von unten nach oben bewegt oder umgekehrt von oben nach unten; erstere Gesteine wollen wir *anogene*, die letzteren *katogene* nennen." Das bedeutet nur ein Ausweichen von einem, allerdings *bekämpften* Genesebegriff auf einen anderen, nicht einmal besonders originellen, aber noch nicht angefochtenen. Denn gleich im nächsten Satz muß er zugeben: „Dieselben Gruppen der Gesteine hat man auch mit anderen Namen belegt, von denen *eruptiv* und *sedimentär* so ziemlich dasselbe bedeuten." Seine Rechtfertigung für die Neueinführung seiner Namen ist „dasselbe bedeuten, aber nicht den Ursprung des Materiales, den Anlaß zur Bildung, sondern nur die äußeren Vorgänge bei der Bildung andeuten." (Alles E. Kalkowsky 1886, S. 29.) Wie schwach seine Argumente sind, braucht nicht besonders erklärt zu werden; und wo bleiben die Metamorphica? Zu dieser besonders genetischen Anwendung einer Geneseeinteilung sagt er sieben Seiten weiter (S. 36): „In der Lithologie erweist sich das *genetische Princip* für die Eintheilung sehr unfruchtbar."

Morphologische Einteilung auf genetischer Basis
(Beziehungen Genese — Gefüge)

Alle diese neuen oder neu wiedergefundenen Geneseprinzipien konnten die gewichtigen Gegenstimmen nicht neutralisieren oder gar zum Schweigen bringen. Andererseits waren aber die Erkenntnisse der neuen petrogenetischen Forschungen zu fundamental und überzeugend, als daß sie ganz ohne Auswirkungen auf die systematische Gesteinsklassifikation bleiben konnten. Wurde im eben Besprochenen der Weg versucht, aus morphologischen Einteilungskriterien genetische zu machen, so folgte in späterer Zeit eine Schwenkung um 180 Grad: Die Geneseeinteilung auf morphologischen Kennzeichen führt nicht zum Ziel — um so gewisser aber die morphologische Systematik auf genetischer Basis. Genese und Struktur verwischen sich und ersetzen einander oft, z. B. protogen (ursprünglich) und kristallin (siehe C. F. Naumann 1857/58 und 1849/50). Intrusiv ist gleich kristallinkörnig und effusiv porphyrisch (mit nicht makroskopischer Grundmasse): Genese und Gefügebegriffe decken sich! Erfolgt die Einteilung also nach *Gefügemerkmalen*, aber nach *genetischen*

Gesichtspunkten, so ist ein Einwand dagegen nicht möglich. H. O. Lang hat dies schon sehr frühzeitig erkannt: „Eine . . . allgemein übliche Eintheilung der Gesteine fußt auf der *Entstehungs-Art* des Gesteins, soweit sich letztere in dem *Gesteins-Gefüge* offenbart." (H. O. Lang 1877, S. 5.) Völlig richtig! Aber Lang war zu bescheiden, denn wo war dieser Gesichtspunkt vor ihm schon angewendet und durchgeführt?

Wenn man die Dinge von dieser Schau her betrachtet, kann man unter Umständen auch F. v. Wolff verstehen, der noch 1951 (völlig überraschend) über die Gesteinssystematik sagt (auf S. IV): „Irgendwelche weitere Fortschritte sind nunmehr nur durch Heranziehung genetischer Beziehungen zu erzielen."

1960 schlug E. Szádeczki-Kardoss ein genetisches System vor, das sich als Hauptkriterium der Erstarrungstemperatur bedient. — Er kommt dabei zu vier Gruppen:

1. Orthomagmatite: Kristallisationstemperatur   1300° bis 700°
2. Hemiorthomagmatite: „   1000° bis 400°
3. Hypomagmatite: „   1200° bis 50°
4. Metamagmatite: Rekristallisationstemperatur   250° >

> „Es war eine Zeit, wo man ziemlich allgemein in dem Vorurtheil befangen war, daß das geologische Alter eines Eruptivgesteines in hervorragender Weise für den Bestand und die Structur desselben bedingend sei."
>
> H. Rosenbusch 1891, S. 351

5. Das geologische Alter

Das Motto über diesem Kapitel unterscheidet sich in einem wesentlichen Punkt von allen bisher vorausgegangenen: Es ist negierend. Das ist kein Vorurteil, ja nicht einmal ein Urteil; sagt doch schon L. Milch 1913 über den Wert des geologischen Alters als Einteilungsprinzip: „. . . in den Systemen der Gegenwart kommt es *direkt* wohl von allen möglichen Gesichtspunkten am wenigsten in Betracht." (E. Milch 1913, S. 196.)

Hier soll untersucht werden, wie das geologische Alter überhaupt für eine Gesteinsklassifikation herangezogen werden konnte, welche Argumente dafür ins Treffen geführt wurden; wie dann diese Argumente widerlegt wurden und das Alter als Einteilungskriterium abgetan wurde. Wie kam es also dazu?

Altersteilung von Werner

Wie so oft steht A. G. Werner am Anfang und die Ausstrahlung seiner mächtigen Persönlichkeit wirkt auch in diesem Punkt bis in die Gegenwart: „Nach seiner Theorie ist die gesammte feste Erde durch Ablagerung aus Wasser entstanden. Alle Gesteine sind danach wesentlich gleichen Ursprungs; sie sind in einer bestimmten Reihenfolge nach einander durch Wasser abgelagert . . . Die periodischen Unterbrechungen der Wasserbedeckung und die Änderungen der Natur des abgelagerten Materials gaben Veranlassung zu der Unterscheidung sogenannter Formationen, von deren jeder *Werner* aber voraussetzte, daß sie sich überall gleichzeitig und petrographisch ähnlich abgelagert hätte, dergestalt, daß man nach den Gesteinsarten die ungleich alten Formationen unterscheiden und erkennen könne." (B. v. Cotta 1874, S. 4.) „Die Gesteine sind verschieden wegen des jeder Periode eigentümlichen Zustandes der Erde ... Der Nachweis, daß die WERNER'sche Voraussetzung unrichtig ist, hatte für die Systematik der Gesteine verhängnisvolle Folgen." (L. MILCH 1913, S. 196.) Das wurde hier schon öfters dargelegt. Trotzdem lebte der Alters-Gedanke, wenn auch unter der Oberfläche, weiter. Es war zu verlockend, die Gesteine wie Leitfossilien verwenden zu können[1]. So konnte es nicht ausbleiben, daß das geologische Alter wieder in die Gesteins-Systematik hineingezogen wurde.

> „In erster Linie muß bei der Namengebung das geologische Alter, erst in zweiter die mineralogische und chemische Beschaffenheit entscheiden."
> J. ROTH 1891, S. 2

Renaissance der Altersteilung ab Coquand 1857

Eingeleitet wird diese Renaissance des Altersgesichtspunktes merkwürdigerweise durch einen Franzosen, obwohl Frankreich mit J. R. HAUY (1811 und 1822) als erstes Land die Alterseinteilung der Gesteinsarten ablehnte. Es war H. COQUAND 1857 mit seinen Roches Porphyriques und Roches Volcaniques, welche die Grundlage für die *älteren* und *jüngeren* Ergußgesteine abgaben. Außerhalb der Altersspekulationen standen die Roches Granitiques als spätere Tiefengesteine (Plutonite). Geradezu begierig wurde diese erste Anregung aufgenommen, als hätte man auf einen Mann gewartet, der es wagte, WERNERS Altersidee wieder zu Ehren zu bringen. B. v. COTTA versucht sich 1862 darin: Er trennt die vulkanischen Gesteine als jung ab und teilt seine *plutonischen* Gesteine in oberplutonische, welche die späteren paläovulkanischen darstellen, und untere plutonische, welche die echten Plutonite sind.

Von da ab fehlte die Alterseinteilung praktisch in keiner Systematik. Es war so, „... daß sich die Einteilung in zwei durch das Alter verschiedene Gruppen wie von selbst ergab — sie bedurfte offenbar, wie beispielsweise ihre Einführung in die Systematik von JUSTUS ROTH ... zeigt, als selbstverständlich gar keiner besonderen Erläuterung." (L. MILCH 1913, S. 197.) Ein Verdienst ist der Alterseinführung jedoch nicht hoch genug anzurechnen; die Abwendung von den rein mineralogischen Gesichtspunkten: „Die mit dem geologischen Alter tatsächlich oder angeblich in Zusammenhang stehenden Eigenschaften waren es, die lange nach A. G. WERNER wieder die Mitwirkung der Geologie an der petrographischen Systematik herbeiführte." (L. MILCH 1913, S. 197.)

Der Bann war gebrochen, die Alterszweiteilung der Effusivgesteine war unumstößliche Tatsache. So schrieb F. ZIRKEL 1866 (Bd. I, S. 447): „Diejenigen dieser krystallinisch-körnigen Gesteine, deren Entstehung mit der Tertiärformation anhebt, kann man als *jungeruptive* bezeichnen, im Gegensatz zu den übrigen *alteruptiven* Gesteinen." Und auch H. ROSENBUSCH vermerkt 1877 (auf S. 4): „Es ist eine althergebrachte und wohl begründete Gewohnheit, daß man bei der Charakteristik eines massigen Gesteines nicht nur seine mineralogische Zusammensetzung und seine Structur, sondern auch sein geologisches Alter, soweit dieses mit Sicherheit festzustellen ist, berücksichtigt." Er unterscheidet danach Granit als alt und Liparit als jung, was insofern bemerkenswert ist, als er die Altersunterschiede auf Tiefen- und Ergußgesteine (und nicht auf diese allein) ausdehnt.

Die zwei größten Petrographen für lange Zeit — F. ZIRKEL und H. ROSENBUSCH — bedienten sich des Altersprinzips in ihren Gesteinsklassifikationen; so konnte es nicht ausbleiben, daß ganze Arbeiten darüber geschrieben wurden; C. FRENZEL 1882:

---

[1] 1898 noch bringt M. FIEBELKORN (S. 172) eine stratigraphische Einteilung der Gesteine. Unter anderem stellt er drei Gruppen auf: 1. Archäische Schiefer: Gneis, Glimmerschiefer, Phyllit, Granulit, Eklogit, Quarzit. — 2. Vortertiäre massige Gesteine. — 3. Tertiäre und rezente massige Gesteine.

„Über die Abhängigkeit der mineralogischen Zusammensetzung und Struktur de Massengesteine vom geologischen Alter."

Was führte nun aber eigentlich zu dieser „althergebrachten und wohlbegründete: Gewohnheit" ? Es mußte doch Anhaltspunkte dafür geben:

Argumente für die Alterszweiteilung bei Effusiven

a) „Geschiebe von Basalt mußten sich in Conglomeraten eben so gut erhalten al solche von Quarzporphyren oder Granit, und doch ist mir wenigstens noch kein vor tertiäres Conglomerat bekannt, welches erkennbare Geschiebe von echtem Basal enthielte. Dieser Umstand verdient jedenfalls in hohem Grade die Aufmerksamkei aller beobachtenden Geologen, da aus ihm zunächst hervorzugehen scheint, daß di älteren vulkanischen Gesteine von den neueren wirklich etwas verschieden waren.' (B. v. COTTA 1874, S. 9.)

Dieses Argument ist heute durch zahlreiche regionale Beobachtungen widerlegt Aber wie wurde es damals zu erklären versucht ? Die Begründung dazu stellt zugleic] ein zweites Argument für die Alterseinteilung dar:

b) Die Verschiedenheit der Gesteine ist durch das Alter bedingt; und zwar sind di Unterschiede um so größer, je größer die Altersverschiedenheit; „die bedeutungs volleren (Gesteinsunterschiede) hängen mit der Entwicklung und den daraus hervor gegangenen physikalischen Veränderungen der Erde zusammen" (C. FRENZEL 1882 S. 63).

Welche physikalischen Veränderungen konnten und sollten sich auf die Gesteins bildung so entscheidend auswirken ?

c) „Eine Erklärung dafür würde eben nicht schwer fallen, wenn man voraussetze] darf, daß die Atmosphäre sich nach und nach mit der Verminderung der Gesammt temperatur des Erdkörpers, durch Abgabe von Stoffen an die feste Erde verdünn hat, und folglich die Erstarrung auch der vulkanischen Gesteine anfangs unter eine etwas dichteren und schwereren Atmosphäre mehr plutonisch erfolgte, als gegen wärtig." (B. v. COTTA 1874, S. 10.)

1913 stellt L. MILCH zu den Unterschieden der Lufthülle fest (S. 201): „tatsäch lich sind aber derartige primäre Verschiedenheiten niemals nachgewiesen worden und wirklich beobachtete Unterschiede" (bei den Gesteinen) „ließen sich stets al sekundär erkennen und auf den Erhaltungszustand zurückführen."

Erklärung für die Alterszweiteilung

Eine zusammenfassende — wenn auch rückschauende Erklärung gab H. ROSEN busch 1898 (S. 61):

„Eruptivvorgänge begleiten die und folgen den großen geotektonischen Be wegungen. Nun fanden diese für Deutschland und einen großen Theil des nörd lichen Europa, wenn wir von frühpaläozoischen absehen, vorwiegend gegen den Schlu[der paläozoischen und in der Tertiärzeit statt. Daher finden wir in den deutscher Gebirgen vorwiegend carbonische und permische und dann tertiäre Eruptivgesteine die sich ganz natürlich bis zu den recenten Lavaergüssen fortsetzen. Die ganze meso zoische Zeit war für Deutschland und seine außeralpinen Nachbarländer eine Zei vulkanischer Ruhe. Hierdurch gewöhnte man sich daran, zwischen den Erguß gesteinen der paläozoischen Zeit einerseits, der tertiären und recenten andererseit eine Scheidelinie zu ziehen."[1]

---

[1] Welch frühe und für den *Petrographen* ROSENBUSCH geradezu visionäre Vorwegnahme de epochalen Erkenntnisse H. STILLES im ersten Satz!

„Aus der Thatsache, daß die Gesteinslehre zunächst in Deutschland und den anderen europäischen Ländern nördlich der Alpen geschaffen und ausgebaut wurde, erklären sich" (H. Rosenbusch 1898, S. 61) diese Altersunterscheidungen, die dann über die ganze Welt verbreitet wurden.

Aber H. Vogelsang rief schon 1872 (auf S. 518) warnend aus: „. . . wie weit sind wir davon entfernt, das Phänomen in obiger Fassung als unumstößliche Wahrheit hinstellen zu dürfen! Wie klein ist nicht im Verhältnis zur Gesammtoberfläche unseres Planeten das Beobachtungsgebiet, welches unseren generellen Folgerungen zur Grundlage dient!" Und er stellt ergänzend dazu mit Genugtuung fest: „Es hat also einen guten Grund, wenn man in England nicht so eilig ist, den gemeinsamen Namen trap, welcher für die älteren wie für die jüngeren Basalte gebraucht wird, aufzugeben, und zwei oder drei unsichere Bezeichnungen gegen eine einzige einzutauschen." (H. Vogelsang 1872, S. 518.)

Altersdrei- und -vierteilung

In Deutschland selbst trieb man jedoch die Altersteilung noch weiter: „Man hat auch versucht, das Sonderungsprincip des geologischen Alters einzig und allein zur Anwendung zu bringen und die Gesteine in drei Abtheilungen, in altplutonische, mittelplutonische (mesoplutonische) und neuplutonische einzutheilen, wobei man zu den altplutonischen vorwiegend die älteren körnigen, zu den mittelplutonischen die älteren porphyrischen rechnete." (F. Zirkel 1866, Bd. I, S. 448.) F. Zirkel ist zwar 1866 *gegen* die Dreiteilung, aber *ganz* sicher ist er sich seiner Ablehnung nicht. Die Zeitströmung einer „theoretisch noch stärkeren Betonung des geologischen Alters in Verbindung mit Vorstellungen, die sich gewissermaßen an A. G. Werner anschließen" (L. Milch 1913, S. 198), war anscheinend zu mächtig. Zirkel sagt gegen die Dreiteilung: „Namentlich werden aber die Bestrebungen, . . . noch weitere Altersdifferenzen hervortreten zu lassen dadurch vereitelt, daß so zahlreiche Übergänge und enge Verknüpfungen der körnigen und der porphyrischen Gesteine vorliegen, Erscheinungen, welche auf eine gleichzeitige Ablagerung des Materials schließen lassen." Aber er schränkt sofort anschließend ein: „Dennoch kann man . . . daran festhalten, daß durchschnittlich unter den älteren Gesteinen die körnigen die ältesten sind, denen die porphyrischen folgten." (F. Zirkel 1866, Bd. I, S. 448/449.)

Diese Dreiteilung ist, mit heutigen Termina ausgedrückt, also folgende:

Am ältesten sind die Tiefengesteine.
Mittlere Stellung nehmen die hypabyssischen Magmatica ein.
Am jüngsten sind die Effusivgesteine.

F. v. Richthofen verwendet dafür noch genau H. Coquands (1857) Nomenklatur und trennt 1868 granitische, porphyrische und vulkanische Gesteine. Er stellt dazu fest, "that the three great classes of eruptive rocks are geologically separated and represent three successive and distinct phases of the manifestation of subterranean agencies" (F. v. Richthofen 1868, S. 19). F. v. Hochstetter ging 1862 noch weiter: Er nahm eine *Vier-Teilung* der Eruptivgesteine nach dem Alter vor. Und innerhalb jeder der ersten drei Gruppen wird nochmals eine Altersvierteilung vorgenommen, so daß Hochstetter eigentlich auf 13 Altersstufen bei den Massengesteinen kommt. 1863 „bespricht F. v. Hochstetter die Eintheilung und Anordnung der Eruptivgesteine . . . Nach dem geologischen Alter ergeben sich vier Reihen: eine *altplutonische, mittelplutonische, neuplutonische* und *vulcanische Gesteinsreihe*. Jeder dieser Reihen kommen vier typische Gesteine zu, wovon zwei als saure oder kieselerdereiche Gemenge, die zwei anderen als basische oder kieselerdearme Gemenge charakterisirt sind. Die altplutonische Reihe ist demgemäß gebildet durch:

1. Granit, 2. Syenit, 3. Diorit und 4. Diabas; die mittelplutonische durch: 1. Quarzporphyr, 2. Porphyrit, 3. Melaphyr, 4. Augitporphyr; die neuplutonische durch:
1. Quarztrachyt, 2. Trachyt, 3. Andesit, 4. Basalt; die vulcanische Gesteinsreihe durch
Rhyolith-, Trachyt-, Andesit- und Basaltlaven. Die durch die gleichen Nummern be-
zeichneten Gesteine der verschiedenen Reihen sind ihrer mineralogischen und chemischen Zusammensetzung nach übereinstimmend und der Reihenfolge der Zahlen
entspricht die Reihenfolge des geologischen Alters der Gesteine." (Referat über die
Sitzung am 20. Jänner 1863; Verhandl. d. K. k. geol. Reichsanstalt Wien, S. 1.)

Aber ZIRKELS Zweifel setzten sich durch: „In solcher Weise aber die nach Abtrennung der jüngeren Gesteine übrig bleibenden älteren nochmals in uralte und
mittlere einzutheilen, erscheint weder zweckmäßig, noch wenn man die Eruptions-
epochen der einzelnen ins Auge faßt, consequent durchführbar. Wenn nämlich auch
in der That die meisten der porphyrischen Gesteine jüngerer Entstehung sind, als
die in mineralogischer Hinsicht übereinstimmend zusammengesetzten körnigen, die
meisten Ablagerungen des Granit z. B. denen des Felsitporphyr . . . vorangehen, so
lassen sich doch keineswegs diese Altersbeziehungen in der Weise verallgemeinern,
daß man innerhalb des Kreises dieser älteren Gesteine zwei Reihen, eine alte und
eine junge aufstellt, denn der Ausnahmen sind allzuviele." (F. ZIRKEL 1866, Bd. I,
S. 448.) Bald wurden die Altersverschiedenheiten zwischen den porphyrischen und
kristallin-körnigen Massengesteinen (den „altvulkanischen" und den Tiefengesteinen)
fallengelassen, aber der Gedanke einer Dreiteilung blieb; er konnte nicht mehr aus-
gerottet werden! Die Dreiteilung wurde eben auf die Effusivgesteine allein beschränkt:
„In vollem Gegensatz hierzu tritt K. A. LOSSEN, allerdings ohne für seine Auffassung
Anhänger zu finden, für eine noch schärfere Hervorhebung des *Alters der Ergußgesteine* ein." (L. MILCH 1913, S. 199/200.) LOSSEN nimmt „mindestens drei zeitlich
verschiedene Eruptionsreihen; die *Paläo-Porphyr . . .-Diabas-Reihe*, die *Meso-
Porphyr-Melaphyr-Reihe* und die *Trachyt-Basalt-Reihe*" an (K. A. LOSSEN 1886,
S. 924).

Ganz unverständlich ist, daß diese Dreiteilung, die — wie überhaupt jede Alterstrennung in einer Systematik — tausendmal widerlegt ist, auch heute noch nicht
ausgemerzt ist. Wenn H. LEITMEIER 1950 (auf S. 57) über „Die Familie der Basalte
im engeren Sinne, Melaphyre und Diabase" schreibt: „Von diesen drei Namen,
ursprünglich zur Unterscheidung tertiärer bis rezenter, mesozoischer und paläo-
zoischer Glieder verwendet, wird von manchen heute der Name Melaphyre ausgeschaltet und alle alten, vortertiären Basaltgesteine Diabase genannt", so bedeutet
das *manche* in seiner Feststellung, daß die *meisten* noch an der Dreiteilung festhalten;
und der Titel („Die Familie der Basalte im engeren Sinne, Melaphyre und Diabase"),
daß er selbst ebenso denkt.

> „Ohne Frage hat man bei der Anordnung der massigen Ge-
> steine . . . stets auf eine Analogie mit der chronologischen
> Ordnung der Formationslehre losgesteuert . . . Es wäre un-
> gefähr gleichbedeutend, wenn man die Abgrenzung der geo-
> logischen Formationen auch zur Grundlage für die allgemeine
> Systematik des Thier- und Pflanzenreiches machen wollte."
>
> H. VOGELSANG 1872, S. 517

Auftreten gegen Altersteilung

1873 konnte F. ZIRKEL (auf S. 291) bereits schreiben[1]: „Die Thatsachen häufen
sich immer mehr, welche die gewohnte Eintheilung der Eruptivgesteine in ältere (vor-

---

[1] Trotzdem teilt er — und sogar noch 20 Jahre später — selbst in zwei Altersklassen!

tertiäre) und jüngere (nachtertiäre) und die darauf gegründete Benennung der einzelnen als wenig empfehlenswerth erscheinen lassen." Aus seinen Zeilen spricht eine gewisse Genugtuung, die begreiflich ist, da F. ZIRKEL *bereits 1866 als erster* hinsichtlich der Altersteilung gewisse Zweifel hegte und Einwendungen erhob[1]. „Daß es jedoch bei diesen jüngeren Gesteinen weniger die mineralogische Ausbildung als vielmehr eben das geologische Alter ist, welches zu ihrer Abtrennung Veranlassung gegeben hat und gibt, möge aus einigen Beispielen erhellen. Zwischen manchem schwarzwälder oder sächsischen sog. Hornsteinporphyr mit eingesprengten Quarzen und manchen der bekannten Gesteine aus der Umgebung von Schemnitz, welche gleichfalls in einer splitterigen hornsteinähnlichen Grundmasse Quarz enthalten, ist in Handstücken auch nicht der mindeste Unterschied nachzuweisen, und dennoch wird das eine Gestein Felsitporphyr, Quarzporphyr, das andere Liparit, Rhyolith, Quarztrachyt genannt, nur auf Grund des sehr verschiedenen Alters." „In Island erscheinen grobkörnige Gesteine, bestehend aus Labrador und Augit, welche Jedermann in Handstücken den Diabasen zuzählen würde; die geologischen Verhältnisse ihrer Heimat machen sie indessen zu Doleriten." (F. ZIRKEL 1866, Bd. I, S. 446 und 447.)

Völlig überraschend ist daher seine Schlußfolgerung nach seinen Feststellungen: „Bekannt ist die Schwierigkeit, olivinfreien Basalt von anderen dunkelgefärbten dichten Eruptivgesteinen zu trennen; sie ist gehoben, sobald das tertiäre oder posttertiäre Alter erwiesen ist." (F. ZIRKEL 1866, Bd. I, S. 447.) Sein Erklärungsversuch dazu klingt nicht sehr überzeugend und sogar so, als wäre er selbst nicht recht überzeugt worden — was man nach seinen obigen Worten von 1873 wohl verstehen könnte: „Wenn, wie es keinem Zweifel unterworfen ist, zu allen Zeiten während der Ablagerung der sedimentären Schichten eruptive krystallinische Massengesteine zur Ausbildung gelangt sind, so müssen letztere ein verschiedenes Alter zur Schau tragen. Mit mehr oder weniger bewußter Absicht hat man diese Unterschiede im *geologischen Alter* bei gewissen Gesteinen zum Grunde ihrer Abtrennung von denjenigen benutzt, welche mineralogisch gleich oder höchst ähnlich zusammengesetzt sind; die jüngeren während oder nach der Tertiärformation ... hat man sammt und sonders auf Grund dieser Altersbeziehungen mit anderen Namen belegt, als die verwandten älteren Gesteine." (F. ZIRKEL 1866, Bd. I, S. 446.)

1898 aber konnte H. ROSENBUSCH (auf S. 61) bereits von Anschauungen sprechen, „deren Erlöschen schon heute vorauszusehen ist, obschon sie noch immer eine starke historische Nachwirkung ausüben. Zu diesen gehört die Vorstellung von der Abhängigkeit gewisser Gesteinsbildungen von dem geologischen Zeitalter."

Ihm war eine große Zahl von Petrographen vorausgegangen, die mit einer ganzen Anzahl mehr oder minder treffender und gewichtiger Argumente *gegen* die Altersteilung auftraten; zur „Ausführung jenes Wunsches, welcher wie es scheinen will, zur Zeit von vielen Forschern in mehr oder weniger offen ausgesprochener Weise getheilt wird" (F. ZIRKEL 1873, S. 92). Die Argumente der Ablehnung waren:

---

[1] Anscheinend aus zu großer Bescheidenheit sagt er (F. ZIRKEL) 1873 (auf S. 292) über die Forderung nach Ausschaltung des Alters bei der systematischen Gesteinsklassifikation: „Zuerst trat mit jenem Wunsch wohl Samuel Allport hervor in Geol. Mag. VIII. Nro. 6. Juni 1871." L. MILCH gibt H. VOGELSANG (1872) das Prioritätsrecht dafür und schreibt mit einiger Vehemenz (1913, S. 199, Fußn. 1): „Ein Jahr früher hatte S. ALLPORT im Geological Magazine, Bd. 8, S. 249 die Weseneinheit karbonischer und tertiärer basischer Eruptivgesteine erkannt und ihre Vereinigung im System gefordert; da er aber auch in der zusammenfassenden Abhandlung von 1874 (On the Mikroskopic Structure and Composition of British Carboniferous Dolerites, Quarterly Journ. of the Geol. Soc., Bd. 30, S. 529 ff.) es nur für diese basischen Gesteine als unvermeidliche Notwendigkeit ausspricht, ... so geht die VOGELSANGsche Forderung von 1872 mithin entschieden weiter. Wenn daher (nach W. CROSS, Petrographical Review, 1. c. 57) 'ALLPORT considered it premature to suggest any great changes either in classification or nomenclature', so gilt dies von VOGELSANG erst recht."

Argumente gegen die Altersteilung

A. *Inkonsequenz bei der Durchführung* der Alterstrennung:

H. CREDNER „abstrahirt vollständig davon, das geologische Alter der Gesteine
... heranzuziehen, ... statt wie in anderen Classifikationen geschehen, gewisse
ältere von den entsprechenden jüngeren Gesteinen zu scheiden und gesondert zu
behandeln, ohne daß jedoch dieses Eintheilungsprincip mit Consequenz bei allen
Gesteinsabtheilungen durchgeführt wäre, — trennt doch kein petrographisches
System z. B. die laurentischen von den devonischen Gneissen und die Conglomerate
in ältere (d. h. vortertiäre) und jüngere (d. h. tertiäre und posttertiäre), wie es mit
den massigen Feldspathgesteinen geschehen ist". (H. CREDNER 1873, S. 5.)

Weist CREDNER darauf hin, daß es bei den kristallinen Schiefern und den Sedimenten die Alterseinteilung nicht gibt, so zeigt F. ZIRKEL dieselbe Inkonsequenz auch
bei gewissen Massengesteinen: „Und dazu ist die augenblickliche Bezeichnungsweise
nicht einmal consequent: Die Combination von Plagioklas und Diallag nebst oder
ohne Olivin heißt mit gänzlicher Verläugnung des Altersprincips Gabbro, mag sie
zur Steinkohlenformation gehören oder ... das Eocän durchsetzen oder ... nur
eine geologische Dependenz der miocänen Basalte darstellen." (F. ZIRKEL 1873,
S. 272.)

Über die Inkonsequenz sogar innerhalb der Ergußgesteine spricht H. ROSENBUSCH
1908 (Bd. II/2, S. 724) von der „Tatsache, daß es keinem Geologen eingefallen ist,
den paläovulkanischen Phonolithen, Leucittephriten usw. einen eigenen Namen zu
geben".

B. *Verwendung eines theoretischen Gesichtspunktes* bei einer Systematik:

H. VOGELSANG wendet sich mit beißender Schärfe gegen das Einteilungsprinzip
Alter: „Dass es unlogisch ist, daß die Einheit des Princips dadurch gebrochen wird,
wenn man einen rein theoretischen, genetischen Gesichtspunkt, wie die Altersbestimmung ist, neben den einfach äußerlichen unzweifelbaren Kennzeichen als
faktisch gleichberechtigtes Princip in das System einführt, dies bedarf wohl keiner
weiteren Ausführung und Illustration. Es ist mir immer vorgekommen, als ob die
Petrographen in dieser Beziehung ihr fühlendes Gewissen dadurch hätten zum
Schweigen bringen wollen, daß sie die ungleich-alterigen, aber mineralisch gleichartigen Gesteine nun auch möglichst weit durch Abschnitte und Bände auseinander
gerückt und die einfache Übereinstimmung der mineralischen Constitution durch alle
erdenklichen stylistischen Künste verdunkelt hätten, um nur jene unglückliche Vermischung der Principien faktisch aufrecht erhalten zu können." (H. VOGELSANG 1872,
S. 515.)

C. *Schwierigkeit einer sicheren Altersstufung:*

H. VOGELSANG 1872 (S. 516): „Wie schwierig ist es nicht bei den meisten Vorkommnissen, das geologische Alter mit genügender Sicherheit festzustellen, ganz
abgesehen davon, daß man über den Begriff des relativen Alters sehr verschiedener
Ansicht sein kann ..." F. ZIRKEL schreibt 1873 (S. 92) von „einer Schwierigkeit, die
sich ... einstellt: der Unsicherheit der Altersbestimmung überhaupt ...". Ist das
Alter unbestimmt, so „sind wir, da das Alter keine oder nur minimale petrographische
Verschiedenheit bedingt, völlig im Ungewissen, ob" ein Gestein „Diabas, Melaphyr
oder Basalt[1] zu heißen sei. — Übrigens würde alsdann der petrographischen Nomenclatur eine wesentliche Vereinfachung zuteil werden, indem eine Anzahl weiterhin
nutzloser Namen wegfiele, die freilich auch kein besseres Schicksal verdienen ..."

D. *Abhängigkeit der Struktur* (und des Mineralbestandes) vom Alter:

H. O. LANG sagt 1877 (auf S. 100) dazu: „Die Structur aber als ein Zeichen be-

---

[1] Plötzlich taucht wieder die Altersdreiteilung auf.

stimmten geologischen Alters aufzufassen, wie es schon versucht worden ist (isomerkörnige: dem Granite gleichaltrig, porphyrische: paläo- und mesozoisch, porose und blasige oder glasige [trachytische] Ausbildung: tertiär), muß jetzt ganz verworfen werden: dieselbe ist eben nur abhängig von den Modificationen der Gesteinsbildung (Erstarrung), nicht vom Alter selbst."

H. ROSENBUSCH schreibt über die Massengesteine: „Ihre" (Zeit-) „Bestimmung ist von der größten Bedeutung für die Geschichte der Erde; nur muß man sich nicht zu der Ansicht verleiten lassen, daß eine Beeinflussung der stofflichen und structurellen Natur der Eruptivgesteine durch ihr Alter statthabe. Die Gesteinslehre liefert zur Stütze einer solchen Ansicht keine einzige Thatsache." (H. ROSENBUSCH 1898, S. 62.)

E. *Gesteinsveränderungen in der Zeit:*

ROSENBUSCH schrieb: „Man wurde in der Vorstellung von der Verschiedenheit dieser Gruppen bestärkt . . . durch gewisse äußerliche und sekundäre Unterschiede im Habitus." (H. ROSENBUSCH 1898, S. 61/62.)

Die Zeit als solche kann natürlich keine Veränderungen an Gesteinen hervorrufen, sondern nur *in der Zeit* ablaufende Vorgänge: Diese werden jedoch in ihren Wirkungen (Diagenese, Metamorphose, Metasomatose usw.) ohnehin im System der Gesteine berücksichtigt.

Schon 1879 schrieb dazu T. G. BONNEY (auf S. 1): "Lapse of time of course will bring about certain mineralogical changes, such as the formation of epidote, viridite, chloritic minerals, and various carbonates, or of hornblende in augitic rocks . . . Some geologists, I have observed, seem to forget that igneous rocks, as well as sedimentary, have their metamorphic representatives . . ."

F. *Unterscheidbarkeit von alten und jungen* Ergußgesteinen:

Nach F. ZIRKEL (1866) kam eine große Zahl von Forschern zur Überzeugung, daß alte und junge Ergüßgesteine gleiche Zusammensetzung und Struktur haben können und daher nicht unterscheidbar sind. Einige Beispiele seien hier gebracht:

S. ALLPORT stellte 1871 und 1874 (S. 566) fest, "that eruptive rocks of very widely separated geological periods have been formed precisely similar substances, under like conditions, and that they should, in accordance with sound principles of classification, be placed in one group".

Im Jahre 1872 hielten VOGELSANG im September und v. LASAULX im Dezember Vorträge, wobei sie dieses Thema ebenfalls berührten[1].

An H. VOGELSANGS Vehemenz erkennt man seine Empörung über die Altersteilung und den Eifer, mit dem er diese auszuschalten versuchte: „Es sollte mich doch wundern, wenn nicht den meisten Docenten der Petrographie der Fall bekannt wäre, daß ein Student harmlos mit ein Paar Handstücken von Quarzporphyr und Rhyolith, oder von Melaphyr und Basalt oder von Diorit und Grünsteintrachyt herantritt, und bittet, man möge ihm doch gütigst den Unterschied zwischen den betreffenden Stücken klar machen. Und wenn man ihm dann von Altersverhältnissen spricht und dergleichen, dann bekommt er entweder eine solche heilige Scheu vor den Stücken, daß er sie in Zukunft ein für alle Mal in Ruhe und Frieden läßt, oder er versenkt sich gehörig in die Sache, und dann hat er ganz sicher die Absicht und auch entschiedene Anlage — demnächst Professor zu werden. Scherz bei Seite, in solchem Vorgange kommt das Verkehrte, ich möchte sagen das Sündhafte eines zweiköpfigen Systems am besten zum Ausdruck. Der junge Mann hat gemäß der herrschenden Systematik ein Recht zu verlangen, daß ihm der Unterschied zwischen Quarzporphyr und Rhyolith in derselben Weise demonstrirt werde, wie der Unter-

---

[1] VOGELSANG in Bonn bei der Versammlung der Deutschen Geol. Gesellsch., v. LASAULX in der Niederrhein. Gesellsch. f. Natur- u. Heilkunde, Sitzung der chem. Section.

schied zwischen Granit und Gabbro, zwischen Phonolith und Basalt usw." (H. VOGEL-
SANG 1872, S. 524/525.)

A. v. LASAULX sagt zwei Monate später: „Wenn z. B. manche Diorite und gewisse trachytische Gesteine geologisch zu trennen sind, so erscheinen sie petrographisch doch als identisch. Es gibt vollkommen übereinstimmende Gesteine aus
sehr verschiedenen geologischen Perioden . . .

Wohin würden wir bei einer Classification, die geologische Verhältnisse wesentlich
berücksichtigen wollte, solche Gesteine stellen ? In getrennte Abtheilungen gehören
sie ebenso wenig, wie man etwa bei einer einzelnen Mineralklasse diese nach geologischen oder genetischen Verhältnissen zerreissen wollte. Wie soll aber ein Nach-
folgender die Definition eines Gesteins mit einiger Sicherheit machen, wenn solche
eigentlich idente Gesteine in getrennte geologische Klassen gebracht werden . . .
Ein Beispiel, wie dann eine solche Gesteinsklasse geradezu chaotisch werden kann,
zeigt uns doch die Melaphyrgruppe in ihrer heutigen Gestalt." (A. v. LASAULX 1872,
S. 4/5.)

Ab jetzt mehren sich die Stimmen gegen die Altersteilung in geradezu regel-
mäßigen Zeitabständen. Nur wenige Proben seien hier noch gebracht:

F. ZIRKEL gibt seine Gegnerschaft 1873 schon deutlicher als 1866 zu erkennen:
Es „ist in der That kein makroskopischer oder mikroskopischer Unterschied zwischen
den älteren Quarzporphyren . . . und den jüngeren Lipariten . . ., abgesehen von der
mehr oder weniger eingetretenen molecularen Alteration keiner zwischen vielen alten
Melaphyren und jungen Basalten, weder in der Zusammensetzung noch Structur . . .
Es wäre zu wünschen, daß diejenigen Gesteine, welchen identische mineralogische
Zusammensetzung und in den Hauptzügen übereinstimmende Structur eigen ist,
auch nur einen einzigen gleichen Namen besitzen."

Aus Österreich hört man 1875 von F. v. HAUER (S. 40): „. . . der tüchtigste Petrograph wird, so lange er über das relative Alter einer derartigen Felsart im Unklaren
sich befindet, oft zweifelhaft bleiben, ob er dasselbe als Trachyt oder aber als Porphyr
zu bezeichnen hat."

Und 1879 sagt BONNEY, er stimme völlig mit E. S. DANA 1878 überein bezüglich
". . . the impossibility of drawing hard and fast lines of distinction between rocks
belonging to different geological ages . . . For instance, I have examined rhyolites,
felsites, basalts and serpentines of very different geological ages, and have found it
impossible to draw any important lines of distinction between them." (T. G. BON-
NEY 1879, S. 1.)

Roths (und seiner Anhänger) Beharren auf der Altersteilung

Die erste Epoche der Bekämpfung von Altersunterschieden in der Gesteinssystematik war vorbei und man sollte glauben, daß niemand mehr daran festhielt.
Fast war es auch so, aber „wie diese Einteilung nach dem Alter zunächst als selbstverständlich hingenommen wurde, so konnte sie sich auch später trotz richtiger
Erkenntnis der an sich geringen Bedeutung des Alters für das Wesen der Erstarrungsgesteine überraschend lange behaupten . . ." (L. MILCH 1913, S. 197.)

Ein Mann[1] nahm die Alterstrennung nach anfänglichem Schweigen wieder auf
und verteidigte sie verbissen: J. ROTH. Einige wenige schlossen sich ihm an. Vorsichtig sagt er: Es „gehen darüber, ob man die vortertiären Eruptivgesteine als ältere
von den jüngeren, tertiären und nachtertiären scheiden soll, die Meinungen auseinander" (J. ROTH 1891, S. 2). Vorerst gibt er noch alles, was dagegen gesagt wurde, zu:
„Nach dem geologischen Alter . . . theilt man die Eruptivgesteine in ältere vortertiäre
und in jüngere, tertiäre und nachtertiäre, welche erst in der Tertiärzeit oder noch später

---

[1] Neben K. A. LOSSEN, über den schon auf S. 214 gesprochen wurde.

an die Erdoberfläche kamen ... Absolut scharf ist diese Zweitheilung nicht, insoferne einige zu den älteren gerechnete Eruptivgesteine auch noch in der älteren Tertiärzeit vorkommen." (J. ROTH 1887, S. 68[1].) Gleich darauf fährt er fort: „Die Association derselben Gemengtheile wiederholt sich in den älteren und jüngeren Eruptivgesteinen in der Art, daß für die Mehrzahl vollständige Parallelen sich finden und im Handstück die Unterscheidung älterer und jüngerer Eruptivgesteine oft kaum möglich ist. Für die Bezeichnung entscheidet das durch geologische Beobachtung festgestellte Alter." (1887, S. 69/70.) Und sofort folgt der kühne Sprung: „Wollte man der Consequenz zu Liebe die Unterscheidung älterer und jüngerer Eruptivgesteine aufgeben, so verlöre man den Vortheil mit einem einfachen Namen neben der mineralogischen Zusammensetzung das Alter des Gesteins zu bezeichnen und würde die ohnehin schwierige und schleppende Nomenklatur noch vermehren." Dazu als Fußnote: „Sie wird auch dadurch nicht besser, daß man die Ähnlichkeit eines älteren Eruptivgesteins mit einem jüngeren durch ein vorgesetztes Paläo- ausdrückt." (J. ROTH 1887, S. 70.)

Aus welchen Gründen er eine solche Nomenklatur, die für *ein* Gestein *zwei* oder *drei* und mehr Namen verwendet, für *einfacher* hält, ist unverständlich. 1891 versucht er wenigstens eine Begründung, wenn er auch kein neues Argument bringt, sondern auf die der fünfziger und sechziger Jahre zurückgreift. „Sobald man die Gesteinsmassen als Ganzes an Ort und Stelle untersucht, sieht man, daß der Verband der älteren und jüngeren Eruptivgesteine mit ihrer Umgebung ein anderer ist, daß ihre Spaltungsgesteine verschiedene sind, daß ihre Ausbildungsformen, im Großen betrachtet, voneinander abweichen, daß z. B. glasige Gesteine (die ich schon 1861 als bloße Ausbildungsformen gemengter Eruptivgesteine bezeichnet habe) bei den jüngeren Eruptivgesteinen viel häufiger und mannichfaltiger vorkommen als bei den älteren ..." (J. ROTH 1891, S. 2.)

Weil dauernde Wiederholung die Argumente stärkt, schreibt er wie 1887, „daß in beiden Gruppen dieselbe mineralogische und dementsprechend dieselbe chemische Zusammensetzung wiederkehrt, daß einige ältere Eruptivgesteine mit unverändertem Habitus im Tertiär auftreten, daß daher bisweilen die Entscheidung nicht leicht ist, darf als bekannt vorausgesetzt werden, aber alles dieses wird aufgewogen durch den Vortheil mit einem einfachen, schon vorhandenen und allgemein verständlichen Namen neben der mineralogischen Zusammensetzung das geologische Alter zu bezeichnen, ohne die vielfach mit unnöthigen Namen überhäufte Nomenklatur noch weiter zu belasten". (J. ROTH 1891, S. 2.)[2]

Das Unglaubliche trat ein, er fand Gleichgesinnte:

A. v. LASAULX, der 1872 als einer der ersten so energisch *gegen* die Altersteilung auftrat (siehe hier S. 218), schreibt völlig unverständlich 1886: „ganz besonders sind bei den Silicatgesteinen die älteren und jüngeren ... auseinanderzuhalten". (A. v. LASAULX 1886, S. 76.)

Ebenfalls 1886 sagt E. KALKOWSKY (auf S. 37): „Ein fernerer Eintheilungsgrund ist das *Alter*. Obwohl zu jeder Zeit Eruptivgesteine an die Erdoberfläche gedrungen sind, so macht sich doch mit dem Beginne des Tertiärs ein Abschnitt geltend: Die tertiären und posttertiären Gesteine haben zwar, aber eben auch nur zum Theil, in vortertiären gleichsam ihre Vorfahren, aber sie sind von diesen doch durch gewisse Eigenschaften gesondert, die der einfachen Anschauung stets bedeutend genug erschienen sind, um die Gesteine verschieden zu benennen ... Wollte man diese jüngeren und die älteren Eruptivgesteine nach einem anderen Eintheilungsgrunde

---

[1] Bemerkenswert ist, daß er die Gleichheit der jungtertiären und rezenten *nicht* zugibt!

[2] J. ROTH wurde ausführlich zitiert, um zu zeigen, daß er *wirklich* keine neuen Argumente vorbringt.

zusammenziehen, so würde der natürliche Zusammenhang der Gesteine zu sehr aufgehoben."

Trotz Gegnerschaft „Gewöhnung an einen alten Brauch"

Immer noch und immer wieder wurde das Alters-Teilungsprinzip bekämpft. ZIRKEL, ROSENBUSCH[1] traten in Deutschland dagegen auf, beim VII. Internationalen Geologenkongreß 1897 in St. Petersburg (Rußland) sprach J. WALTER (auf S. 23) aus, „daß Melaphyr und Basalt nur geologisch zu unterscheiden sind", in Amerika nahm J. E. SPURR[2] dagegen Stellung und viele andere mehr.

Aber die Gegner der Altersteilung waren müdegeredet. Bezeichnend dafür ist F. D. ADAMS, der zwar dagegen ist, aber *den alten Brauch* übernimmt: "In many cases rocks of these two classes cannot be distinguished from one another, but . . . as geologists have been accustomed to give special names to rocks possessing these special characters, the distinction may for the present at least be retained as convenient. Thus although Liparite may be identical in all essential respects with Quartz Porphyry, geologists are not yet prepared to abandon either term." (F. D. ADAMS 1891, S. 468.)

Selbst ROSENBUSCH gab nach: „Bei den Ergußgesteinen unterscheidet man noch gegenwärtig nach dem geologischen Alter eine vortertiäre Reihe von einer tertiären und nachtertiären Reihe." (H. ROSENBUSCH 1898, S. 67.)

F. ZIRKEL wurde schließlich das ewige Hin und Her zu bunt: „Wie dem aber auch sei, der Zwiespalt zwischen den beiden Eintheilungsprincipien, von welchen eins zum Opfer fallen muß, dürfte dadurch auf die wenigst schwierige Art zum Austrag gebracht werden, daß man sich entschließt, das Hauptgewicht auf die mineralogische Zusammensetzung zu legen und das geologische Alter nur die zweite Rolle spielen zu lassen." Aber auch er resignierte: „Doch liegt es diesem Werke fern, mit der angedeuteten Reformation hervorzutreten." (F. ZIRKEL 1893, S. 293.)

„Endgültige" Ausschaltung des Altersprinzips um die Jahrhundertwende — und Zitate 50 Jahre später (1951—1960)

Endlich, 1908, hält H. ROSENBUSCH „die Zeit reif zur Vereinigung der paläo- und neovulkanischen Ergußgesteine" (Bd. II/2, S. 724), und 1913 kann L. MILCH abschließend feststellen:

„Gegenwärtig kann überhaupt jedes die Altersunterschiede der Eruptivgesteine in den Vordergrund rückende System auch in der deutschen (und französischen) Petrographie als endgültig beseitigt bezeichnet werden." (L. MILCH 1913, S. 201.)

---

[1] H. ROSENBUSCH 1898, S. 61/62: „Wir begegnen z. B. ‚gewissen' porphyrischen Ergußgesteinen . . . im Cambrium von Wales, im Silur Schwedens, im Devon Australiens, im Carbon des nördlichen Englands, im Perm des Saar-Nahe-Gebiets, in der Trias der Südalpen . . ., in der Kreide des Libanon, im Miozän Deutschlands, unter den recenten Laven zahlreicher Vulkane, und nennen sie nach ihrem . . . Alter Olivindiabase, Melaphyre, Basalte und basaltische Laven . . . Man muß anerkennen, daß ein Braunkohlenbasalt nicht etwas specifisch Verschiedenes ist von einem cretacischen, triadischen, permischen, carbonischen Basalt, den wir Melaphyr, von einem devonischen, silurischen und cambrischen Basalt, den wir Olivindiabas nennen."

[2] J. E. SPURR 1900, S. 217: "Age as a factor in rock nomenclature and classification is entirely omitted in this system, the writer's experience in the Alaskan rocks showing it to be without tangible application here, or indeed in any other district that he is acquainted with . . . Geologically, it is important to know the age of an igneous rock . . . but it seems very plain that the rock must be classified, first as a rock and subsequently its age and form of occurence must be specially stated. The very conception of a rock is expressed thoroughly by the accepted definition,—an aggregate of minerals . . ."

1951 schreibt F. v. WOLFF (S. 21) über das Teilungsprinzip Alter: „Diese Trennung ist nicht zu rechtfertigen ... Da aber diese Begriffe sich eingebürgert haben, lassen sie sich nicht mehr völlig beseitigen."

1957 schreibt H. SCHUMANN: „In der deutschen Literatur werden die entsprechenden Gesteine nur dann als Quarzporphyre bezeichnet, wenn sie vor der Tertiärzeit ausgebrochen sind; die tertiären und nachtertiären nennt man dann Rhyolithe."

1958 schreibt H. SÄRCHINGER (5. Aufl., S. 72): „Als Basalte bezeichnet man die dunklen Ergußgesteine des Tertiärs, als Melaphyre die modal entsprechenden ... Gesteine des Oberkarbons und Rotliegenden, als Diabase die ... altpaläozoischen Äquivalente[1]."

1959 schreibt R. KETTNER: „Bei Ergußgesteinen zieht man in der Systematik auch das *Alter des Gesteins* in Erwägung. Gewöhnlich unterscheiden wir *paläovulkanische* (vortertiäre) und *neovulkanische* (tertiäre bis rezente) Gesteine."

1960 trennt KUKUK (3. Aufl.) *alte* und *junge* Vulkanite.

1960 schreiben W. BRUHNS - P. RAMDOHR (S. 52): „Die Unterscheidung z. B. Basalt-Melaphyr-Diabas ... ist noch so allgemein üblich (...), daß sie auch hier beibehalten sein soll."

1960 schreibt W. S. LEHMANN (S. 25): „Das Alter ist kein Charakteristikum", teilt in einer Übersicht jedoch in „Junge Oberflächengesteine" und „Alte Oberflächengesteine"[2].

---

[1] SÄRCHINGER selbst schlägt eine Zweiteilung vor: Basalt — neovulkanisch, Melaphyr — paläovulkanisch (Diabas ist Basalt in Grünsteinfazies).

[2] Auf S. 40 und 41 nimmt LEHMANN (1960) sogar eine Altersdreiteilung vor: „Diabas ist das alte Ergußgestein ...", erwähnt danach Melaphyr und schreibt weiter: „Basalt ist das jüngste Ergußgestein der gabbroiden Magmenreihe."

„Jeder Versuch, ein System zu begründen, muß sich über die zwischen den verschiedenen Eigenschaften eines Gesteins bestehenden Zusammenhänge klar werden und sich weiter, da nicht alle gleichmäßig berücksichtigt werden können, für einen oder mehrere, den anderen überzuordnende Eigenschaften und Zusammenhänge entscheiden."

L. MILCH 1913, S. 192

V. Die Verwertbarkeit und Wertigkeit der Einteilungskriterien für eine systematische Klassifikation

1. Nach dem beschreibenden Prinzip

Es „kann wohl im Allgemeinen als Princip einer Klassifikation der Gesteine aufgestellt werden, daß dieselbe möglichst auf einfachen, bestimmt erkannten und leicht nachweisbaren morphologischen Kennzeichen basiren muß".

A. v. LASAULX 1875, S. 143

Im vorigen Kapitel wurden die fünf Einteilungskriterien besprochen:
1. Der Mineralbestand.
2. Das Gefüge.
3. Die geologische Position.
4. Die Genese.
5. Das geologische Alter.

Mineralbestand und Gefüge als diagnostisch allein verwertbare Kennzeichen

Nach obigem Satz von LASAULX, dem ohne Einwand zuzustimmen ist, kommen als *morphologische Kennzeichen, die im Gestein selbst liegen,* nur die beiden ersten Kriterien, der Mineralbestand und das Gefüge, in Betracht. Die drei anderen sind dem Gestein im Handstück oder im Dünnschliff *nicht* anzusehen.

„Bei dem Versuche einer Classification müssen dem Wesen eines Gesteines nach, welches auf dessen mineralischer ... Constitution und auf dessen Structur beruht, diese beiden rein morphologischen Kennzeichen die ausschließlichen Criteria der gesammten Systematik bilden, der petrogenetischen und historischen Geologie hingegen bleibt die Aufgabe, die Entstehungsweise und das geologische Alter der Gesteine zu ermitteln.

Der Systematik liegen diese beiden letzteren Fragen fern, sie ist es vielmehr, welche durch descriptive Belehrung über das Wesen der Gesteine auf die mehr hypothetischen Betrachtungen speculativer Geologie vorbereitet." (H. CREDNER 1873, S. 1/2.)[1]

----

[1] Immer wieder betont auch A. v. LASAULX diesen Standpunkt, er schrieb schon 1872, dann 1875 und auch noch 1886: „Es scheint daher wohl zweckmäßig, daß man die geologischen und genetischen Gesichtspunkte bei einer Gesteinsclassification durchaus bei Seite lassen und es mit einer rein morphologischen Eintheilung versuche. Nur dann wird der circulus vitiosus vermieden, daß um den Theil zu erkennen, wir das Ganze kennen müssen, welches uns aber ohne Kenntniss der Theile wieder verschlossen bleiben muß." (1872, S. 5.) „Genetische Verhältnisse erscheinen daher nicht geeignet, als Basis einer Eintheilung benutzt zu werden, und

Wenn man ohne Einschränkung als *verwertbare* Kriterien den *Mineralbestand* und das *Gefüge* als morphologische, leicht zu diagnostizierende Kennzeichen erkannt hat, so erhebt sich sofort die Frage nach der *Wertigkeit* der einzelnen Kriterien[1].

Die Wertigkeit des Mineralbestandes

Der Mineralbestand ist das *einzige* Unterscheidungsmerkmal, nach dem *allein* eine Gesteinssystematik aufgebaut werden kann. Vor allem R. HAUY (1811 und 1822) und A. BRONGNIART (1813 und 1827), wie überhaupt vorwiegend die Franzosen, haben das versucht. Bei den monomineralischen Gesteinen war das evident, bei den polymineralischen weniger. Es wurde bei dieser zahlen- und mengenmäßig weit überwiegenden Gruppe daher nach dem *vorwaltenden* Mineral „principe dominant" geordnet. Ist wirklich *ein* Mineral dominierend, liegt der Fall noch relativ einfach, bei anderen Gesteinen mußte eben das charakteristische genommen werden; so wurde der Granit zu den Feldspatgesteinen, der Gneis zu den Glimmergesteinen usw. gezählt: Es war eine Zeit, „welche nicht nur den Statuenmarmor und Steinsalze, sondern auch den Mergel, Thonschiefer und die Basalt- und Porphyr-Grundmassen" (K. A. LOSSEN 1883, S. 506) zusammenstellte. Waren die Gesteine so nach *einem* Mineral charakterisiert, fiel es nicht schwer, sie in ein System zu bringen; dieses System war ja schon bei der Mineralogie vorhanden. So wurde die „Petrographie thatsächlich zum Appendix der Mineralogie" (K. A. LOSSEN 1883, S. 505). Ein solches System kann natürlich nicht befriedigen. In der Mineralogie ist das anders: „Ob man von den großen Klassen die Sulfide vor oder nach den Oxyden, die Silikate vor oder nach den Sulfaten anordnet, ist gleichgültig, und wird tatsächlich verschieden gemacht, ohne daß ein Streit darüber denkbar wäre ... Bei *Gesteinen* ... kann und will sich der menschliche Geist hier mit einer Nebeneinanderstellung kleiner zusammengehöriger und dann nach irgendeinem Gesichtspunkt zu größeren Verbänden vereinigter Gruppen nicht begnügen, während bei den Mineralien das systematische Bedürfnis durch diese Art der Anordnung vollkommen befriedigt ist." (L. MILCH 1913, S. 190/191.)

Daß dieser eben dargelegte Sachverhalt durch ein Aufgeben des „principe dominant", ein Abgehen von einer *monomineralischen* Auffassung und Einteilung der Gesteine nicht einfacher wird, ist ohne weiteres einleuchtend. Die Auffassung der Gesteine als *Mineralkombinationen* und *nicht* als einfache *Mineralaggregate* erschwert eine Einteilung *nur* nach dem Mineralbestand ganz wesentlich und macht eine solche noch unbefriedigender. Man kann also sagen: Der Mineralbestand ist als Einteilungsmittel vorzüglich geeignet, da dem Gestein direkt ablesbar, aber als *einziges* oder auch nur *oberstes* Prinzip nicht zu verwenden.

Die Wertigkeit des Gefüges

Das Gefüge wurde bis in die zwanziger Jahre unseres Jahrhunderts als synonym mit Struktur und Textur verwendet. Da aber diese beiden letzteren Termina klar zu trennende Begriffe darstellen, sollen beide untersucht werden: *Beide* sind morphologische Merkmale und als solche also — wie hier schon dargelegt — vorzüglich als

---

aus demselben Grund können auch die relativen Altersverhältnisse, die geognostische Stellung eines Gesteines hierfür nicht dienen." (1875, S. 143.) „Umso mehr aber wird eine Classification der Gesteine auf die Mineralbestandtheile in Verbindung mit den ... Strukturunterschieden zu begründen sein." (1886, S. 76.)

[1] Was A. v. LASAULX 1875 (S. 143) schon andeutete: „Wenn aber auf innere morphologische Kennzeichen eine Klassifikation der Gesteine gegründet werden soll, so müssen hierzu die praktischsten, eine gewisse übersichtliche und logische Sonderung der Gesteine bewirkende Kennzeichen ausgewählt werden."

Unterscheidungskriterien geeignet. Hiermit haben wir also (mit dem Mineralbestand) drei echt morphologische Kennzeichen, die allein diagnostisch erfaßbar sind.

Die *Struktur* ist oft als oberstes Kriterium verwendet worden; man braucht nur an die Einteilungen glasig, dicht, porphyrisch, kristallin-körnig und klastisch zu denken. Solche Trennung ist absolut korrekt; wird dann weiter nach Textur und Mineralbestand unterschieden, kommt man ungefähr zu den heute gebräuchlichen Gesteinsgruppen. Nur werden bei dieser Struktur-Obereinteilung die Gruppen der Sedimentgesteine, Metamorphica und Magmatica zerrissen:

glasig .... Vulkanite
dicht .... Vulkanite und Sedimente
porphyrisch ..... Vulkanite, hypabyssische Gesteine, metamorphe Gesteine
kristallin-körnig . Tiefengesteine, metamorphe Gesteine, Sedimente
klastisch .... Sedimente, Vulkanite.

Diese Einteilung, obwohl korrekt und oft angewandt, kann heute nicht mehr befriedigen.

Die *Textur* wurde erst spät zur Unterscheidung und Einstufung der Gesteine herangezogen: Es ergeben sich da zwei große Gruppen:

massig .... (fast nur) Magmatica (Tiefengesteine, hypabyssische Gesteine, Vulkanite)
parallelflächig ... Sedimente, Metamorphica.

Für den Ausdruck parallelflächig wurde früher der Term *geschichtet* gesetzt, doch wird heute zwischen geschichtet und *geschiefert* unterschieden, obwohl *kein* morphologischer Unterschied zwischen beiden besteht. So sehr sind wir heute an eine genetische Denkungsweise gewöhnt.

Diese Textureinteilung kommt den gegenwärtigen Anschauungen am nächsten, aber sie allein ist auch noch unvollständig; abgesehen davon, daß sie nur eine Zweiteilung der gesamten Gesteinswelt erlaubt.

> „Gerade diese *lediglich auf Grund der Struktur* durchgeführten Klassifikationsversuche hatten gezeigt, daß eine schematisch strenge Einteilung nach der Struktur unmöglich sei, da sie genetisch Zusammengehöriges trennen und genetisch in gewissem Gegensatze Stehendes vereinigen mußte."
>
> L. Milch 1913, S. 209

Kombination der Kriterien Mineralbestand, Struktur und Textur

Keiner der drei morphologischen Gesichtspunkte allein erlaubt nach vorhergehendem also eine befriedigende systematische Klassifikation der Gesteine:

Weder die nach dem Mineralbestand: *einfach — gemengt,*
noch die nach den verschiedenen Strukturmerkmalen,
noch die nach den Texturelementen *massig — parallelflächig.*

Dennoch kann aber durch *Kombination* aller drei eine allen systematischen Ansprüchen gerecht werdende Einteilung der Gesteine erzielt werden. Es ist dabei nur die „Frage, was ist auf unserem Gebiet Hauptsache, was ist Nebensache?" (H. Vogelsang 1872, S. 511).

Nach dem heutigen Stande der Petrographie wird dem *Gefüge* der Vorzug gegeben; einer Kombination von Textur und Struktur, wobei die Textur der noch übergeordnete Begriff ist:

Nach der Textur:

Massige Gesteine
Geschichtete Gesteine
Geschieferte Gesteine.

Zwischen geschichtet und geschiefert wird mittels Strukturelementen unterschieden: Paralleltextur mit granoblastischer (körniger) oder porphyroblastischer (porphyrähnlicher) Struktur ist geschiefert. Paralleltextur mit klastischer Struktur ist geschichtet[1].

Hier interessieren nur die Massengesteine: Nach dem übergeordneten Texturprinzip folgt als erste Unterteilung das Kriterium Struktur:

Nach der Struktur:

Glasig, dicht, porphyrisch[2] .. Vulkanische Gesteine
Phorphyrartig[2] .... Hypabyssische Gesteine
Kristallin-körnig .... Tiefengesteine.

Nach dem Mineralbestand wird dann noch weitergeteilt, wobei die Reihenfolge der Mineralkombinationen keine wesentliche Rolle mehr spielt.

> „Für mich ist die Petrographie immer in erster Linie eine geologische Wissenschaft gewesen; jede Klassificirung der Eruptivgesteine, welche auf diese grundlegende Auffassung der Bedeutung der geologischen Verwandtschaft der Gesteinstypen keine Rücksicht nimmt, kann deshalb auch meiner Ansicht nach nie eine genügende Systematik werden."
>
> W. C. Brögger 1906, S. 116

2. Nach dem erklärenden Prinzip

Die Einteilungskriterien nach dem *erklärenden* Prinzip sind:
Die geologische Position
Die Genese
Das geologische Alter.

Geologisches Alter ist auszuschließen

Das geologische Alter ist nach allem bisher Besprochenen als Einteilungskriterium auszuschließen: diagnostisch ist es *nicht* verwertbar. Weder gibt es dafür den geringsten Beweis, daß die Magmenzusammensetzung im Laufe der geologischen Epochen sich so verändert hat, daß zu *irgendeiner* Zeit sich ein Massengestein bilden konnte, das zu anderen Zeiten *nicht* entstand, noch haben sich die *Bildungsbedingungen* so geändert, daß zeitbestimmende Mineral- oder Gefügekombinationen aufgetreten sind. Daher ist auch eine Anregung zu einer bestimmten, durch morphologische Kennzeichen unterscheidbare Anordnung der Massengesteine nicht gegeben. Veränderungen an Gesteinen, die gewisse Einstufungen ermöglichen, sind nicht durch die *Zeit selbst*, sondern durch Faktoren, die *in der Zeit* gewirkt haben, hervorgerufen. Nach all dem ist das *geologische Alter für eine systematische Klassifikation auszuschließen.*

---

[1] Weniger gut stimmt das bei den chemogenen Sedimenten.
[2] porphyrisch = (hier) mit mikrokristalliner bis glasiger Grundmasse; porphyrartig = mit makrokristalliner Grundmasse.

Geologische Position: Verwertbarkeit und Wertigkeit

Zur geologischen Position schreibt H. Credner 1873 (S. 1):

„Der Charakter eines Gesteines beruht erstens auf der mineralischen Beschaffenheit seiner Bestandtheile (auf seiner mineralischen Constitution), zweitens auf der Weise, wie diese zum Gesteine verbunden sind (auf seiner Structur) und endlich auf der Art seiner Betheiligung am Erdbau (auf seiner Lagerungsform)."

Über die geologische Position wurde auf S. 202 ff. gesprochen. Als *beschreibendes* Einteilungsprinzip kommt sie selbstverständlich nicht in Betracht, da sie *direkt* dem Gestein im Handstück nicht ankennbar ist. Selbst im Gelände oder im Verband ist sie nicht immer (leicht) feststellbar[1]. Trotzdem ist sie für die systematische Klassifikation *hervorragend geeignet*. Wie des öfteren dargelegt, wird die *Wertigkeit der diagnostischen Kennzeichen* nach der Stellung innerhalb der Erdkruste angeordnet: effusiv[2], hypabyssisch und abyssisch bedeuten *Tiefenverhältnisse*. Aber nicht nur die Gruppen innerhalb der Massengesteine werden zwar nach den morphologischen Kriterien Gefüge und Mineralbestand bestimmt, jedoch nach der geologischen Position geordnet, sondern auch die Einteilung in die beiden anderen Gesteins-Stämme deutet auf die geologische Position[3]: parallelflächige Textur mit granoblastischer (porphyroblastischer usw.) Struktur ist metamorph — also in bestimmter Erdtiefe gebildet; parallelflächige Textur mit klastischer Struktur ist sedimentär — also an der Oberfläche der festen Erdkruste gebildet. Daher: Obwohl kein diagnostisches Merkmal, ist die geologische Position in *erster Linie* für die oberste (und bei den Massengesteinen auch weitere) Einteilung der Gesteine heranzuziehen.

Genese: Verwertbarkeit und Wertigkeit

Gegen die Genese als Kriterium bei einer *systematischen* Klassifikation der Gesteine wurde hier schon viel geschrieben: Die Entstehung des Gesteins ist aus dem Handstück morphologisch nicht ablesbar, daher kommt sie als diagnostisches Erkennungsmerkmal nicht in Frage. (Keine Verwertbarkeit nach dem beschreibenden Prinzip.) Die Genese ist auch im Gelände aus dem *fertigen Gestein* nicht eruierbar, sondern nur durch Analogieschlüsse nach dem Aktualitätsprinzip aus den gegenwärtigen Bildungsvorgängen zu erschließen. Obwohl also keine *Verwertbarkeit* gegeben ist, ist die *Wertigkeit* der Genese als Kriterium doch nicht auszuschließen. Die Entstehungsart ist soweit für die Systematik wertvoll, „soweit sie sich in dem *Gesteins-Gefüge* offenbart" (H. O. Lang 1877, S. 5). Es ist damit ähnlich wie bei der geologischen Position: Die Stellung, die Beteiligung am Erdbau ist dem Geländegeologen weniger hypothetisch als die Entstehung des Gesteins, aber *das Werden* bei den Massengesteinen, das *Fest*-Werden des Gesteins ist maßgeblich für seine Stellung, seine geologische Position. Daher ist letzten Endes die *Genese* eines Gesteins *ausschlaggebend* für seine *Reihung* in seiner systematischen Klassifikation. Dabei spielt es nur eine geringe Rolle, ob die Genese auch auf eine andere Entstehungsweise erklärt werden kann (siehe Granit). Ein Gestein kann, definiert durch sein Gefüge und seinen Mineralgehalt, ohne Schaden auch in eine andere Gruppe

---

[1] „Da nun aber in sehr vielen Fällen die geologische Erscheinungsweise eines Gesteins unsicher oder überhaupt unbekannt ist, so zum Beispiel in schlecht aufgeschlossenem Gelände, bei Geröllen oder einzelnen Handstücken (Unterricht!), so wird in praxi meist stillschweigend der geologische Formenunterschied zwischen Tiefen- und Ergußgesteinen in einen Strukturunterschied körnig/dicht umgedeutet, der aber doch keine direkte Funktion des Erstarrungsniveaus ist, sondern noch von anderen Faktoren abhängt." (W. E. Tröger 1948, S. 133.)

[2] Effusiv ist kein sehr glücklicher Name, da *ausgeflossen* sowohl einen Genesebegriff (als Participium perfectum eines Verbums) als auch einen Positionsbegriff (als Adjektiv) darstellt.

[3] Mit der Ausnahme chemogene Sedimente.

überstellt werden, oder durch zweifache Entstehungsart, die *dasselbe* Gefüge bei *gleicher* Mineralkombination bewirkt, in zwei Gruppen eingeteilt werden.

Abschließend kann daher gesagt werden: Die Gesteine sind nach ihren morphologischen Merkmalen — dem Mineralgehalt und ihrem Gefüge — zu diagnostizieren und dann in ein System zu ordnen, das nach höheren Gesichtspunkten — soweit diese für die morphologischen Kennzeichen maßgeblich sind — aufgestellt ist (geologische Position, die weitgehend von der Genese der Gesteine bedingt ist).

> „Das Mikroskop des Petrographen hat nicht nur über das
> Wesen vieler Gesteine und der sie zusammensetzenden Mine-
> ralien, sondern auch über ihr Werden und ihre Umbildung
> neues Licht verbreitet."
>
> H. Credner 1887

VI. Das Mikroskop in der Petrographie

Mit F. Zirkels Lehrbuch war 1866 der Höhepunkt, aber auch das Ende der
Entwicklung der Petrographie mit makroskopischen Methoden erreicht. Die offenen
Fragen waren ohne verfeinerte Hilfsmittel nicht mehr zu lösen, die dichten Gesteine
erschlossen sich dem menschlichen Auge nicht unmittelbar, auch Feinstrukturen
mußten verborgen bleiben. Aber das Mittel, aus diesem unbefriedigenden Zustand
zu entkommen, war bereits seit einiger Zeit vorhanden. F. Zirkel sagte 1870 (S. 198):
„Das Mikroskop scheint hier einzig im Stande, den Schleier zu lüften." Und 1873
konnte er bereits berichten: „Nachdem Jahre hindurch nur ein spärliches Häuflein
von Forschern, verhältnismäßig wenig von den Übrigen beachtet, mit der mikroskopischen Untersuchung von Gesteinen und Mineralien beschäftigt war, hat dieselbe allmählich in ihrer vollen Bedeutung für Petrographie, Mineralogie und Genetik
die verdiente Würdigung gefunden, und ist es erfreulich zu gewahren, wie die Theil-
nahme an derlei Arbeiten trotz der Neuheit des Gegenstandes und der manichfachen
Schwierigkeit immerfort wächst." (F. Zirkel 1873, S. 1/2.)

1. Die frühe Entwicklung bis ca. 1850

P. L. A. Cordier gilt ziemlich allgemein als der erste, der 1815/16 das Mikroskop
für petrographische Untersuchungen heranzog. Er benutzte „freilich ohne sonder-
lichen Erfolg das Mikroskop . . ." (K. A. v. Zittel 1899, S. 175). Dabei konnte er
sich auf zwei (ebenso erfolglose) Vorgänger stützen: Dolomieu de la Métherie
(1794) und Fleuriau de Bellevue (1800). „Cordier hatte, . . ., nach dem Vorgang
von Floriau de Bellevue und Dolomieu im Jahre 1815 vorgeschlagen, die scheinbar
homogenen Felsarten zu pulverisieren, und die durch Schlemmen nach ihrer Schwere
getrennten Theilchen theils unter dem Mikroskop, theils mit dem Magnet, theils
chemisch zu prüfen." (K. A. v. Zittel 1899, S. 728.). Die mikroskopische Beschäftigung mit Gesteinen und Mineralien reicht jedoch viel weiter zurück.

Die Vorläufer und die Frühzeit bis P. L. A. Cordier 1815/16

Im ersten oder zweiten Jahrzehnt des 17. Jahrhunderts war das Mikroskop
(von einem nicht bekannten Manne) erfunden worden[1], und 1663 (2. Aufl. 1670)
schon berichtet R. Boyle (auf S. 164) von mikroskopischen Studien über das
Gefüge eines Diamanten, die allerdings wenig erfolgreich verliefen. A. v. Leeuwenhoek gibt etliche Schriften zwischen 1685 und 1709 (1685, 1703, 1705, 1709)

---

[1] In manchen Lexika wird die Erfindung des Mikroskops den Brüdern Joh. u. Zach.
Janssen im Jahre 1590 zugeschrieben.

Abb. 52. Mikroskop von R. HOOKE, als Abbildung in seinem Buch „Micrographia" 1665 erschienen.

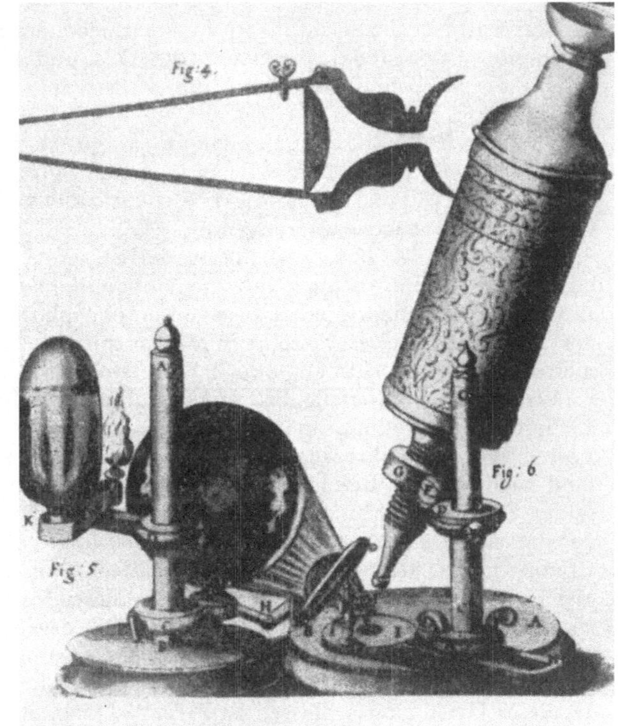

Die ersten Linsen waren bereits den Griechen und Römern, jedoch nur als Brenngläser, bekannt. Als Lesegläser, also als Lupen, kamen sie in der Zeit um 1270 auf. Das erste zusammengesetzte Mikroskop (Objektiv und Okular) wurde zwischen 1608 und 1618 von einem unbekannten Erfinder gebaut. Trotz anfänglicher Erfolge und Verbesserungen konnte sich das Mikroskop nicht entscheidend durchsetzen, da die Optik-Fehler bei stärkeren Vergrößerungen zu störend waren. Erst im 19. Jahrhundert wurden Mikroskope mit achromatischen Objektiven konstruiert und erstmals auch Gesteinssplitter damit betrachtet. So konnten viele dichte Gesteine, die bislang für homogene Substanzen gehalten wurden, als Gemenge verschiedener Mineralien entlarvt werden. Noch waren Vorrichtungen zur Erzeugung von linear polarisiertem Licht zu erfinden und Methoden zu entwickeln, um eine Gesteinsplatte auf die Hälfte der Stärke eines Frauenhaars zu schleifen, bis es zu einer Durchlichtmikroskopie der Gesteine mit polarisiertem Licht kommen konnte und die moderne Petrographie ihre Geburt erlebte. SORBY war 1850 der erste, der den Weg dieser Untersuchungsmethoden beschritt.

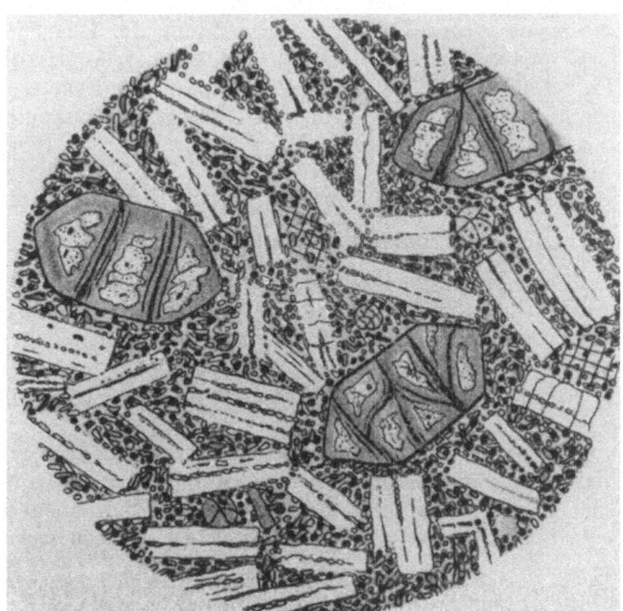

Abb. 53. Dünnschliffbild eines Olivinbasaltes (aus M. NEUMAYR 1887 nach F. ZIRKEL).

heraus, worin er Beobachtungen an verschiedenen Kristallen mit dem Mikroskop beschreibt. Es folgten J. J. Scheuchzer 1723 und H. Baker 1743, 1744, 1754 und 1764, die sich ebenfalls mit der Mikroskopie von verschiedenen Kristallen beschäftigten.

Zu dieser Zeit fehlt es auch nicht an „vergnüglichen" und „ergötzlichen" Titeln: So schreibt H. Baker (1754) „Beiträge zum nützlichen und vergnüglichen Gebrauch" des Mikroskops und M. F. Ledermüller (1761) über „Mikroskopische Gemüths- und Augenergötzungen".

1764 war es M. F. Ledermüller, der das erste Mal ein Gestein mikroskopisch beschrieb — wenn es auch nur ein monomineralisches war: „Physikalisch-mikroskopische Beschreibung eines besonderen phosphorescirenden und faserichten Steines"[1]. Ledermüller setzte seine Studien fort und berichtete 1775 über „Physikalisch-mikroskopische Abhandlung von Asbest, Amianth . . .".

1774 nun wird bereits das erste Mal die Methode beschrieben, die Cordier 1815/16 anwandte: ein anonymer Franzose (?) D. F. empfiehlt die mechanische Zerreibung und mikroskopische Untersuchung der polymineralischen Gesteine. Er fand noch weniger Beachtung als sein Lehrer Dolomieu de la Métherie 1794 mit seiner Schrift „Mikroskopische Untersuchungen des gröblichen Gesteinspulvers", auf den sich Cordier zum Teil stützt. 1800 folgte der zweite bekanntere Vorgänger Cordiers, Fleuriau de Bellevue, der Laven vom Capo di Bove bei Rom auf die gleiche Art und Weise untersucht; „allein dieses Verfahren, welches zwar den Basalt als zusammengesetztes Gestein erkennen ließ, erwies sich wegen der Schwierigkeit, die kleinen Mineralsplitterchen richtig zu bestimmen, nicht als sonderlich entwicklungsfähig und wurde auch nicht weiter verfolgt" (K. A. v. Zittel 1899, S. 728). In dieses Urteil eingeschlossen ist P. L. A. Cordier, der 1815 (im Oktober und November) vor der Académie des Sciences zu Paris eine Abhandlung „Über die mechanische Zerreibung und mikroskopische Untersuchung der plutonischen und vulkanischen Gebirgsarten" vorliest, die 1816 gedruckt wird. A. Boué will 1820 die Aufmerksamkeit der Petrographen besonders darauf lenken, blieb aber wegen der von Zittel (s. o.) aufgezeigten Mängel ebenfalls erfolglos.

Inzwischen waren wieder etliche Schriften über mikroskopische Untersuchungen von Mineralien erschienen, die ja die Grundlage für die Erkennung der Gesteins-Gemengteile liefern mußten: C. A. Gerhard 1776, 1784 und 1814, d'Aubenton 1782, J. Gautieri 1800, R. Hauy 1801 (1804—10), 1817 und 1822 und D. Brewster 1813 und 1814; weiters beschäftigten sich in der Folge mit Mineralmikroskopie: H. Davy 1822, F. S. Beudant 1824, J. F. Ch. Hessel 1827, J. Senff 1829, N. Nordenskiöld 1830 u. a. m.

Das Polarisationsmikroskop bis ca. 1850

Von fundamentaler Bedeutung war die Entdeckung der Polarisationserscheinungen des Lichtes im Jahre 1808 durch Malus; und D. Brewster war 1817 der erste, der das polarisierte Licht mit dem Mikroskop zu Studienzwecken an verschiedenen (anorganischen und organischen) Objekten verwendete. 1813 hatte Brewster schon ein goniometrisches Mikroskop beschrieben, was von historischem Interesse erscheint und deshalb hier vermerkt wird.

1828 folgte eine weitere fundamentale Erfindung: W. Nicol entwickelte das nach ihm benannte „Nicol'sche Prisma", das aus zwei in bestimmtem Winkel angeschnittenen und mit Canadabalsam gekitteten isländischen Doppelspat-Rhomboedern (Calcit) besteht und eine sowohl einwandfreie als auch farbfreie Linearpolarisation

---

[1] H. Fischer mutmaßt 1868 (auf S. 6), daß es „wohl zum Theil Faserbaryt, sog. Bologneserspath, zum Theil Phosphorit (Apatit), welche beide bei Amberg vorkommen" gewesen sei.

des Lichtes liefert, was mit den dunkelgefärbten Turmalin-Zangen bislang nicht gewährleistet war. NICOL wendet sein Polarisationsprisma in Verbindung mit dem Mikroskop auch sofort zur Untersuchung von Mineralien an: 1828, 1829, 1830.

In der Folge wendet sich das Interesse der Polarisationsmikroskopie den verkieselten Hölzern zu, was immerhin auch von petrographischem Interesse erscheint, um so mehr, als diese Kieselhölzer in möglichst dünne Scheiben geschnitten, poliert und im durchfallenden Licht unter dem Mikroskop untersucht wurden. WITHAM erwähnt 1831, daß er diese Methode von NICOL empfohlen bekam, womit dieser auch als Initiator der Dünnschliffe gelten kann, wo er doch auch schon Canadabalsam bei seinem Prisma verwendete. Auch NICOL selbst untersucht 1833 und später zahlreiche fossile Hölzer. In Deutschland begann A. SPRENGEL 1828 und B. v. COTTA 1832 mit der Untersuchung verkieselter Hölzer — doch nur im Auflicht, da bloß von angeschliffenen Flächen gesprochen wird. Aber auch verkieselte Tierschalen werden mikroskopisch untersucht, z. B. von SOWERBY 1823, A. BRONGNIART 1827, L. v. BUCH 1828, 1831, 1832. Jedoch „Auffallender Weise fand die Construction des Polarisationsmikroskops durch den Schotten W. NICOL bei den Petrographen ebenso wenig Beachtung wie seine Methode, Dünnschliffe von fossilen Hölzern bei durchfallendem Licht zu untersuchen . . ." (K. A. v. ZITTEL 1899, S. 729.) Bereits 1832 schrieb A. PRITCHARD über sein „Microscopic cabinet" in London, wo er Dünnschliff-Präparate in „A List of 2.000 microscopic objects" zum Verkauf anbot (1842 erwähnt dies auch UNGER in Deutschland).

D. BREWSTER arbeitet in den dreißiger und vierziger Jahren weiterhin fruchtbar mit dem Mikroskop an Mineralien. W. H. F. TALBOT verwendete 1834 bis 1836 zum ersten Male ein zusammengesetztes Mikroskop mit Polarisiereinrichtung.

In Deutschland fertigte v. VOITH 1836 Dünnschliffe von silifizierten Muschelschalen an, die er mikroskopisch untersuchte, die Gesteins-Dünnschliffuntersuchung blieb jedoch nach wie vor unbekannt.

DUFRÉNOY mikroskopierte 1837/38 und 1842 lockere vulkanische Aschen, und durch C. G. EHRENBERG wurde „in der Mitte der dreißiger Jahre . . . gewissermaßen eine neue Welt im Gebiete der Petrographie erschlossen . . ." (K. A. v. ZITTEL 1899, S. 728). Er machte mit dem Mikroskop die Entdeckung, daß eine Vielzahl von Sedimentgesteinen fast vollständig aus Hartteilen von Kleinlebewesen zusammengesetzt ist (1831/32, 1834, 1836, 1837, 1838, 1839 usf.)[1].

EHRENBERG untersuchte in Canadabalsam eingebettete Splitter von meist weichen Sedimentgesteinen, doch „machte man von seiner Methode für die harten und namentlich für die krystallinischen Gesteine keinen Gebrauch, weil dünne Splitterchen auch durch Einbetten in Canadabalsam nicht genügend aufgehellt wurden und keine optischen Methoden zur Erkennung der Mineralfragmente vorhanden waren" (K. A. v. ZITTEL 1899, S. 728/729)[2].

J. B. READE schrieb 1839 über „die Nothwendigkeit, daß der Mineraloge das Mikroskop so gut als den Hammer zur Hand habe" (H. FISCHER 1868, S. 23), CRAIG verwendet erstmalig 1840 ein Fadenkreuz (aus Haar), DUROCHER untersucht 1841 Gesteine nach der altbekannten Methode in pulverisiertem Zustand. UNGER greift 1842 auf die NICOLsche Erfindung der Dünnschliffe zurück — aber wieder nur für fossile Hölzer und nicht für polymineralische Gesteine.

J. PHILLIPS 1842, A. PETZOLD 1842, G. ROSE 1842, D. BREWSTER 1843, 1845 und 1849, K. MÜLLER und A. SOUTHBY 1843 und TH. SCHEERER 1845 (a) befassen sich weiterhin mit der mikroskopischen Untersuchung von Einzelmineralien. 1845 (b) gibt TH. SCHEERER auch eine „Mikroskopische Untersuchung verschiedener Minera-

---

[1] Andere, die sich ebenfalls mit Mikrofossilien beschäftigten, bleiben hier unerwähnt.
[2] Die englischen Erfindungen und Erfahrungen machte man sich nicht zunutze.

lien" heraus. Weiters beschrieben noch Mineralien: WÖHLER 1846, W. v. HAIDINGEI 1847 und 1849, J. DAVY 1847, T. S. HUNT 1851; und 1849 erschien die wichtige Arbei von A. BREITHAUPT: Die Paragenesis (das Zusammenvorkommen) der Mineralien „eine Schrift voll der werthvollsten Winke bezüglich der Entstehungsgeschichte dei Mineralien" (H. FISCHER 1868, S. 30).

Mikroskopische Gesteinsuntersuchungen zwischen 1840 und 1850 beschriebei QUATREFAGES 1842 (Konzentrisches Gefüge bestimmter Kalksteine), CACARRIE 184: (Hyperitartige? Gesteine), TH. SCHEERER 1845 (a) („Sonnenstein"), A. DELESSE 184: bis 1853 („roches des Vosges"), J. PHILLIPS 1847 (Gesteine von York), K. LIST 185: (Schiefer des Taunus), A. KENNGOTT 1853 (u. a. wieder über den Sonnenstein) ANDREWS 1852/53 (Basaltische und metamorphe Gesteine), C. G. EHRENBERG 1853/5< (Süßwassermergel). Damit war ein Entwicklungsgang abgeschlossen, und ab hiei werden Einzelarbeiten, sowohl mineralogischen als auch petrographischen Inhalts nur mehr in besonders wichtigen Fällen angeführt.

> „Die ersten Dünnschliffe eigentlicher Felsarten wurden, wie es scheint, von H. C. SORBY in Sheffield 1850 angefertigt (on the microscopical structure of the calcareous grit of the Yorkshire coast im Quart. journ. of the geol. soc. VII. 1851. 1)."
>
> F. ZIRKEL 1873, S. 8[1]

2. Der Durchbruch der Dünnschliff-Mikroskopie (1850—1877)

Mit der Anwendung der NICOLschen Erfindung, so dünne Platten zu schleifen, daß sie unter dem Mikroskop bei polarisiertem Licht eine Durchsich erlauben, war der Weg für neue Erkenntnisse in der Petrographie gebahnt. Bislang waren, da die Gesteine grob gepulvert werden mußten, die Struktur- und Textur- eigenheiten verlorengegangen, und diese waren für die Systematik und Petrogenesi: von mindest ebenso großer Bedeutung wie der Mineralbestand, über den ebenfalls bei der alten Methode der Zertrümmerung wegen der stark wechselnden Dicke dei Splitter nur sehr schwer und ungenaue Angaben gemacht werden konnten.

Von H. C. Sorby bis F. Zirkel (1850—1870)

Wie schon im Motto erwähnt, war es H. C. SORBY 1850/51, der das erste Mal übei mikroskopische Dünnschliffuntersuchungen von Gesteinen schrieb. Er blieb lange Zeit fast allein; wenige Petrographen nur erkannten die ungeheuer weitreichendei Aussichten, die sich aus dieser Kombination der beiden grundlegenden Erfindungei NICOLS ergaben. H. C. SORBY befaßte sich 1853 (a) mit kristallinen Schiefern unc stellte Betrachtungen über die Entstehung der Transversalschieferung an. Er ver- glich ungeschieferte und geschieferte Gesteine ähnlicher mineralogischer Zusammen- setzung und führte die Schieferung auf Umwandlungsvorgänge mechanischer Ar zurück, dergestalt, daß die Richtung der Schieferung in einer Ebene der größter Verlängerung liegt, und zwar senkrecht zur größten Kompression. Die Schieferung selbst ist durch eine Parallelstellung verschiedener Mineralien — vor allem der blätt- rigen Glimmer — abgebildet. Ebenfalls 1853 (b) schreibt H. C. SORBY über Merge und Sandsteine. Sein Interesse wendet sich jedoch eindeutig den metamorpher Gesteinen zu und wird hier nur kurz gestreift. 1856 schreibt SORBY über die Dolomit-

---

[1] „Unabhängig von SORBY war in Deutschland von dem Privatgelehrten OSCHATZ in Berlir die Wichtigkeit von Dünnschliffen zur Ermittlung der feineren Strukturverhältnisse von Mine- ralien und Gesteinen erkannt worden." K. A. v. ZITTEL 1899, S. 731

Metasomatose von Kalkstein und über die Struktur von Glimmerschiefern, die er in zwei verschiedene Arten trennt. 1858 berichtet er über die Strukturen (Gefüge) von neptunischen und magmatischen Gesteinen, 1859 über die Metamorphosefaktoren Druck und Temperatur, unter welchen manche Mineralien und Gesteine entstehen. 1860 schreibt H. C. Sorby bereits „über die vortheilhafteste Benützung des Mikroskops für Lithologie und physikalische Geologie" (H. Fischer 1868, S. 58).

Nur sehr wenige Petrographen folgten Sorby in den fünfziger Jahren auf seinem Weg, *Gesteine* unter dem Polarisationsmikroskop zu untersuchen, das Interesse der Mineralogen und Paläontologen ist viel reger. „In Deutschland brachte diese Methode der Untersuchung wohl Oschatz zuerst ... in Anwendung". (F. Zirkel 1873, S. 8.) Er „hatte in einer Sitzung der deutschen geologischen Gesellschaft am 7. Januar 1852 eine Sammlung von ca. 50 Mineraldünnschliffen ausgestellt und dieselbe auch später (1854) auf der Naturforscherversammlung in Göttingen gezeigt, ohne jedoch damit besonderes Interesse zu erwecken. Auch die gelegentlichen Versuche von Deicke, Jenzsch und Keibel, mittels Dünnschliffen die Struktur und mineralogische Zusammensetzung von Gesteinen zu prüfen, lieferten keine ermuthigenden Resultate." (K. A. v. Zittel 1899, S. 731.) Gar so negativ, wie Zittel die Situation sieht, war sie jedoch keineswegs; wenn es auch nicht viele waren, die sich die Methoden Sorbys und Oschatz' zunutze machten, so finden wir doch klangvolle Namen darunter.

E. Deicke untersuchte 1853 Rogenstein-Strukturen unter dem Mikroskop und veröffentlichte auch Abbildungen davon. Oschatz selbst hatte schon 1852 „Über die Wichtigkeit der mikroskopischen Untersuchung der Mineralien" geschrieben und 1854 teilt er mit, daß er Dünnschliffe „bis zu 1/100 Linie herunter" angefertigt und zum Verkauf habe. J. G. Bornemann (1852) legt Oschatzsche Schliffe der Deutschen Geol. Gesellschaft zur Ansicht vor. Oschatz befaßt sich hauptsächlich mit Mikrostrukturen von Gesteinen und Mineralien und beschreibt etliche davon 1855 und 1856. 1854 hatte C. G. Ehrenberg sein großes Werk „Mikrogeologie" herausgebracht und schreibt 1857 über harte Tuffe. G. Jenzsch untersucht vor allem Effusivgesteine, wie Melaphyr 1855 (a), Pechstein 1855 (b), Phonolith 1856 sowie auch Gneis 1864. Carius mikroskopiert 1855 Tonschiefer, G. Rose nimmt sich des Mikroskops an und legt 1856 der Deutschen Geol. Gesellschaft 73 Dünnschliffpräparate von Gesteinen und Mineralien vor, die Oschatz in Berlin geschliffen hat[1].

F. v. Richthofen verwendete schon in seiner Dissertation 1856 das Mikroskop zur Untersuchung von Melaphyren; ebenso ging P. A. H. Keibel 1857 in seiner Dissertation über Grünsteine vor. M. Websky schreibt 1858 über Serpentin, G. Rose 1859 (a) über Aragonit und Kalk und im gleichen Jahr 1859 (b) noch über Melaphyre, A. Daubrée 1857/58 und 1859 über metamorphe Gesteine. A. Knop mikroskopiert 1858 Ganggesteine, Girard im gleichen Jahr (1858) Melaphyre und A. Wedding (1858) die Vesuvlava des Ausbruchs von 1631. A. Bäntsch untersucht 1858 ebenfalls Melaphyre in Dünnschliffen, die Oschatz hergestellt hatte. F. v. Richthofen schreibt 1859 „über die Trennung von Melaphyr und Augitporphyr", J. W. Dawson beschrieb 1859 die Mikrostruktur von kanadischen Kalksteinen.

1858 stellt J. Müller bereits Mikrophotographien her und H. Fischer macht 1868 auf die Möglichkeit der Anwendung dieser Methode und ihren möglichen Nutzen für die Mineralogie und Petrographie aufmerksam. 1860 mikroskopiert G. v. Rath Phonolithe und Dolerite, 1861 Trachyte Siebenbürgens, die auch M. Deiters im gleichen Jahre beschrieb. A. Bryson nimmt 1861 nach eingehenden mikroskopischen Vergleichen mit Pechstein, Obsidian und glasigen Schlacken *gegen* eine magmatische und *für* eine *neptunische* Entstehungsweise der Granite Stellung.

---

[1] Ein Schliff kostete zwischen 6 Silbergroschen und 1 Thaler, alle 73 Präparate zusammen fast 36 Thaler.

1862 war ein entscheidendes Jahr. Der 24jährige F. Zirkel traf in Bonn mit dem Schotten Sorby zusammen, der ihm seine Dünnschliffuntersuchungsmethoden darlegte. Zirkel war sehr beeindruckt und stürzte sich mit wahrem Feuereifer auf dieses neue Gebiet. Schon 1863 schrieb er in Wien über „Mikroskopische Gesteinsstudien" und vor allem vier Arbeiten bis 1870 (1867 [a und b], 1868 und 1870) hatten großen Anteil, daß sich die Mikroskopie endgültig in der Petrographie durchsetzte.

Im Laufe „des siebten Dezenniums hatte die mikroskopische Untersuchungsmethode auf allen Linien gesiegt. An Stelle der früheren Gleichgültigkeit gegen das Mikroskop trat nunmehr namentlich in Deutschland ein wahrer Feuereifer für die neu erschlossene Disciplin. Gesteine aus allen Welttheilen wurden geschliffen, untersucht und beschrieben; die geologischen Zeitschriften füllten sich mit petrographischen Abhandlungen." (K. A. v. Zittel 1899, S. 734.) Es ist richtig, daß sich die mikroskopischen Untersuchungsmethoden durchsetzten, aber Zittel übertrieb unzweifelhaft, wie aus dem einleitenden Zitat von F. Zirkel hervorgeht, der noch 1873 sagen mußte, daß bis vor kurzem (vor 1873) „nur ein spärliches Häuflein von Forschern, verhältnismäßig wenig von den Übrigen beachtet, mit der mikroskopischen Untersuchung von Gesteinen . . . beschäftigt war". Natürlich waren es von 1860 bis 1870 mehr als in den Dezennien zuvor, aber die Arbeiten sind noch erfaßbar, während für die Zeit von 1870 bis 1880 Zittel (S. 736) bereits über 70 Petrographen als kleine Auswahl anführen kann, die nicht nur Gesteine aus aller Welt untersuchten, sondern selbst „in aller Welt" zuhause waren.

Kurz sei eine Auswahl von bedeutenden Namen oder bedeutenden Arbeiten zwischen 1860 und 1870 angeführt:

G. v. Rath mikroskopierte 1862 Nosean-Melanitgesteine und 1864 berichtet er über mikroskopische Studien von E. Weiss an Trachyten; F. Zirkel beschreibt (wie schon erwähnt) 1863 Granite, Trachyte, Quarzporphyre, Felsitporphyre, Quarztrachyt, Rhyolith, Basalt, Dolerit und eine Anzahl von glasigen Effusivgesteinen, H. Vogelsang nimmt sich bereits der Mikroskopie an und veröffentlicht 1864 eine Arbeit über die Beziehungen des Mikrogefüges der Magmatica zu ihrer Genese. Sogar E. Suess mikroskopiert 1865 den Wiener Sandstein und G. Tschermak schreibt 1866 seine erste mikroskopische Veröffentlichung über Pikrite, welchen Namen er selbst prägt, und setzt 1867 mit einer Arbeit über Quarz-Andesit (a) und im gleichen Jahre (b) über Serpentin fort. 1866 kommt F. Zirkels großes Lehrbuch der Petrographie heraus, das die bisherigen mikroskopischen Ergebnisse zwar noch nicht berücksichtigt, aber bereits den Stand der mikroskopischen Untersuchungsmethoden zur damaligen Zeit und die Herstellung von Dünnschliffen ausführlich bespricht.

1867 folgt wieder G. v. Rath, der über Untersuchungen an Leucitophyr, Pechsteintrachyt und quarzführendem Trachyt schreibt.

G. Rose schreibt im selben Jahr 1867 über Gabbros, F. Zirkel (ebenfalls 1867 [a]) die schon angeführte Arbeit über die mikroskopische Zusammensetzung der Phonolithe, ferner 1867 (b) über glasige Gesteine, wie Obsidian, Bimsstein, Perlit, Pechstein, Trachytpechstein und Felsitpechstein. Es ist verständlich, daß damals gerade die dichten und glasigen bis mikrokristallinen Gesteine interessieren mußten, denn gerade diese waren es, die den alten Methoden der Eruierung des Mineralbestandes mit dem freien Auge bzw. der Lupe einen unüberwindlichen Widerstand entgegensetzten und daher dem forschenden Mikroskopiker den größten Anreiz boten, weil er sich dabei auf absolutem Neuland bewegte. Gleichfalls noch 1867 (c) schrieb Zirkel über „Dünnschliffe ächter Basalte". H. Vogelsang ist 1867 der erste, der sich in seiner „Philosophie der Geologie und mikroskopischen Gesteinsstudien" mit theoretischen und grundsätzlichen Fragen der Mikroskopie ausführlich beschäftigt. Inzwischen hatten sich 1863 G. Gerlach und 1865 L. S. Beale wieder mit der Mikrophotographie befaßt und in obgenannten Jahren darüber berichtet.

Weiters seien an Namen für diese Jahre angeführt: CH. E. WEISS 1863 (Serpentin), H. LASPEYRES 1864 (Porphyre und Quarzporphyre), G. JENZSCH 1864 (Gneise) und 1867 (Gneis und „Gneissit"), B. KOSMANN 1864 (Trachyte) und 1869 (Basalt), H. BLANCK 1865 (Grünsteine). 1867 berichtete D. FORBES über „The microscope in Geology" und 1868 H. FISCHER: „Chronologischer Überblick über die allmählige Einführung der Mikroskopie in das Studium der Mineralogie, Petrographie und Paläontologie". F. ZIRKEL schrieb 1868 (a), 1868 (b) und auch 1869 über Leucitgesteine, ferner über Nephelingesteine 1868 (c) und 1870 die berühmte Arbeit „Untersuchungen über die mikroskopische Zusammensetzung und Structur der Basaltgesteine", in der er je nach den felsischen Komponenten eine Dreiteilung der Basalte in Feldspatbasalte, Nephelinbasalte und Leucitbasalte vornimmt; eine Einteilung, die heute noch — wenn auch selten — gehandhabt wird. 1871, 1872, 1874, 1875 usw. folgen von F. ZIRKEL weitere mikroskopische Studien über Einzelgesteine.

Von G. TSCHERMAK kam 1869 (a) in Wien eine wichtige Arbeit über die „Mikroskopische Unterscheidung der Mineralien aus der Augit-, Amphibol- und Biotit-Gruppe" heraus und ebenfalls 1869 (b) ein Überblick über „die Porphyrgesteine Österreichs . . .".

Das Mikroskop als Grundlage aller Petrographie

So waren im Laufe der Zeit in vielen Einzelarbeiten die Grundlagen für eine allgemeinere Anwendung der Mikroskopie geschaffen. Das Mikroskop gelangte zu solchem Ansehen, daß eine Überbewertung geradezu unausbleiblich war. 1872 wandte sich K. A. LOSSEN gegen eine solche und schreibt (auf S. 701): „A. v. LASAULX . . . hat in seiner jüngsten Arbeit (1872, d. Verf.), wie ich gleich hier aussprechen will, meines Erachtens zu sehr das Mikroskop in den Vordergrund gestellt und der geognostischen Grundlage zu wenig Rechnung getragen . . ."

1873 ist wieder ein Markstein: F. ZIRKEL gibt zum ersten Male eine Zusammenfassung der bisherigen Arbeiten und Kenntnisse der mikroskopischen Gesteinsuntersuchungen in Buchform heraus: „Die mikroskopische Beschaffenheit der Mineralien und Gesteine." Im gleichen Jahr 1873 erscheint H. ROSENBUSCHS erster Teil seines großangelegten Werkes „Die mikroskopische Physiographie der Mineralien und Gesteine; ein Hülfsbuch bei mikroskopischen Gesteinsstudien. Bd. I. Mikroskopische Physiographie der petrographisch wichtigen Mineralien." F. ZIRKEL schreibt zu seinem Buch (1873, S. V): „In dem vorliegenden Werke wurde zum ersten Mal der Versuch gemacht, Alles das, was überhaupt über die mikroskopische Structur und Zusammensetzung der Mineralien und Gesteine bekannt geworden ist und sich in sehr zahlreichen Abhandlungen und Einzelwerken zerstreut findet, zu sammeln und systematisch zu verarbeiten." Und über die Bedeutung des Mikroskops stellt F. ZIRKEL fest (1873, S. 289): „Dem Mikroskop fällt bei der Untersuchung der Felsarten eine dreifache Rolle zu: erstens die mineralogische Natur der zusammensetzenden einzelnen Gemengtheile festzustellen, sodann die mikroskopische Beschaffenheit der letztern, namentlich mit Rücksicht auf Structurbeziehungen zu erforschen, endlich die Mikrostructur der Gesteine als solcher zu ermitteln." Daß die Gesteinssystematik in seinem Werk von 1873 gegen die von 1866 einen Rückschritt bedeutet, ist dadurch erklärlich, daß die mikroskopischen Untersuchungsmethoden noch zu neu waren und noch zu wenig ausgefeilt; die makroskopischen Beobachtungen, nach denen man eine so sicher gefügte Klassifikation durchgeführt hatte, erwiesen sich durch das Mikroskop als sehr unvollständig, mangelhaft oder überhaupt falsch. Sie waren als Einteilungskriterien nur mehr sehr beschränkt verwendbar. Man mußte neue und bessere suchen; aber die waren noch nicht vorhanden, die Neuheit der Untersuchungsmethoden bedingte noch andere, weit weniger theoretische Aufgaben[1]. So gelang z. B. erst 1879 nach weitgehenden methodischen Verbesserungen der Mikroskopie (besonders durch E. BERTRAND 1878)[2] M. SCHUSTER der Nachweis, daß die Plagioklase sich in optischer Hinsicht je nach ihrem Anorthitgehalt unterscheiden, so daß diese von G. TSCHERMAK 1865 als isomorphe Mischungsreihe erkannten Feldspatmineralien nun auch mit dem Mikroskop bestimmt werden konnten. Und gerade die Feldspate sind es, nach denen jede moderne Systematik der Magmatica ausgerichtet ist. 1876 folgten zwei weitere zusammenfassende Werke: „Die Bestimmung der petrographisch wichtigeren Mineralien durch das Mikroskop" von C. DOELTER (Wien) und „Die mikroskopische Untersuchung der Gesteine" von O. FRIEDRICH (Dresden). 1877 erscheint von H. ROSENBUSCH der 2. Teil seiner „Mikroskopischen Physiographie . . .", die „Mikroskopische Physiographie der massigen Gesteine". Dazu schreibt er (S. V/VI): „Als ich im Jahre 1873 meine ‚Mikroskopische Physiographie der petrographisch wichtigen Mineralien‘ herausgab, wurde ich von einigen befreundeten Collegen vorwurfsvoll gefragt, warum nicht auch die Gesteine mit in den Kreis der Betrachtungen gezogen seien. Der Grund für dieses Verfahren war, . . . daß die mikroskopischen Untersuchungen über Gesteine, seien es fremde oder eigene, noch nicht auf hinreichend breiter Basis ausgeführt seien, um eine zusammenfassende Darstellung mit Aussicht auf Erfolg und allgemeinen Nutzen zu gestatten. Mittlerweile hat sich nun das Material, gutes und schlechtes, derart gehäuft, und meine eigenen Erfahrungen haben sich soweit gemehrt, daß ich wohl hoffen darf, diese ‚Mikroskopische Physiographie der massigen Gesteine‘ werde für die Fachgenossen und zumal für die Studirenden der Petrographie nicht ganz ohne Nutzen sein."

Mit ZIRKEL und ROSENBUSCH waren die mikroskopischen Untersuchungsmethoden in der Petrographie endgültig zum Durchbruch gekommen und ab nun war eine rein makroskopische Gesteinsbeschreibung oder auch Systematik ganz undenkbar. F. ZIRKEL konnte erleichtert und freudig ausrufen: „Jetzt ist für diese Wissenschaften nach langem Zwischenraum endlich die Zeit angebrochen, daß jenes unscheinbare Geräth, welches dem Histologen, Anatomen und Physiologen, dem Botaniker und Zoologen längst als unentbehrlich gilt, auch in ihrem Dienste allgemeiner thätig ist." (F. ZIRKEL 1873, S. 1.)

ZITTEL konnte für die Zeit von 1870 bis 1880 feststellen: „Die reiche wissenschaftliche Ernte, welche durch die mikroskopische Gesteinsuntersuchung der Geologie zufiel, veranlaßte eine fast unübersehbare Menge von petrographischen Arbeiten, deren Aufzählung Druckbogen füllen würde." (K. A. v. ZITTEL 1899, S. 736.)[3]

---

[1] So schreibt z. B. F. ZIRKEL 1873, S. 265: „Nur kurze Zeit ist verstrichen, seit man zu der Überzeugung gelangt ist, es sei in der Ermittelung der mikroskopischen Structur der Felsarten eine große und wichtige Aufgabe zu lösen, und es gelte hier ein langes und unheilvolles Versäumnis endlich einzuholen. Blicken wir auf die früheren, zum Theil noch immer wiederkehrenden petrographischen Beschreibungen der Gesteinsstructur zurück, welche bloss den makroskopischen Befund zum Ausdruck brachten, so begreift man in der That kaum, wie man sich durch dieselben befriedigt erachten und mit denselben Alles für abgethan halten konnte. Welche Farbe die ‚Grundmasse‘ eines Porphyrs besaß, ob sie hart oder weich war, ob sie mit Säuren brauste oder nicht, ob sie, beim Anhauchen thonig roch‘, das wurde ausführlich und getreulich berichtet; aber aus welchen kleinsten Theilchen sie besteht, und wie dieselben denn eigentlich zusammengefügt und verbunden sind, diese wesentlichste aller Fragen schien entweder gleichgültig oder wurde der Spielball bei der Discussion deutungsreicher chemischer Analysen. Dünnschliffe und Mikroskop unternehmen es nunmehr, die eigentlichen, d. h. die kleinsten Structurverhältnisse in klares Licht zu stellen."

[2] 1876 berichtet z. B. H. ROSENBUSCH („Ein neues Mikroskop für mineral. und petrogr. Untersuchungen") über von ihm angeregte Verbesserungen am Polarisationsmikroskop; so wurde nach seinen Ideen von FUESS (Berlin) ein drehbarer Objekttisch gebaut.

[3] Davon „dürften reichlich zwei Drittel der mikroskopisch-petrographischen Publicationen auf Deutschland und Österreich fallen". (K. A. v. ZITTEL 1899, S. 736.)

Eine neue Welt war erschlossen, es gab einen Weg für ganz neue Erkenntnisse und Einsichten: „Die kaum geahnte merkwürdige Mikrostructur der Mineralien und Gesteine, ... die unerwartet reichliche Verbreitung bisher für sehr selten gehaltener Mineralien in mikroskopischer Winzigkeit, die Zusammensetzung der scheinbar homogenen Steinmassen aus oft zahlreichen fremdartigen Gemengtheilen, die Verwerthung und Deutung endlich dieser Ergebnisse für die Lösung der wichtigsten genetischen Fragen, das sind vornehmlich die Punkte, um welche es sich hier handelt." (F. ZIRKEL 1873, S. 1.)

Der wesentlichste Ausspruch jedoch stammt von H. VOGELSANG 1872 (auf S. 509): „Der große Gewinn welcher für die Wissenschaft in dieser Verbesserung der Bestimmungsmittel gelegen ist, muß in der That viel weniger in einzelnen wichtigen Entdeckungen gesucht werden, deren hohen Werth ich übrigens gewiß nicht verkleinern will, als vielmehr in der größeren Zuversicht, in dem erhöhten Vertrauen in die eigenen wie in fremde Arbeiten, in dem Bewußtsein eines gegenseitigen Verständnisses, welches die Möglichkeit eröffnet, die Resultate wie die Zweifel und Bedenken freimüthig auszutauschen und so durch einheitliche Arbeit den gemeinsamen Fortschritt zu beschleunigen."

„Der Einfluß der mikroskopischen Forschungen auf die Systematik der Petrographie machte sich am entschiedensten bei
den massigen Gesteinen bemerkbar. Daß hier die mineralogische Zusammensetzung zunächst Berücksichtigung fand,
ist begreiflich, hatte doch das Mikroskop gerade auf diesem
Gebiet die wichtigsten Enthüllungen gebracht.“

K. A. v. ZITTEL 1899, S. 737

VII. Die qualitative mineralogische Klassifikation

Mit F. ZIRKELs Lehrbuch 1866 wurde hier die eingehende Darlegung der historischen Entwicklung der Gesteinsklassifikationen zu einem vorläufigen Abschluß
gebracht[1]; ein Abschluß, der durch die neuen mikroskopischen Untersuchungsmethoden bedingt war, ohne die kein modernes, ernst zu nehmendes System mehr
nach 1870 auskommen konnte. Hier sollte jetzt die Schilderung der diversen aufgestellten Klassifikationen fortgesetzt werden. Das würde aber den Rahmen dieser
Arbeit weit sprengen und würde zu einer „Geschichte der Gesteinseinteilungen“
führen. („Eine *Nebeneinanderstellung* der Systeme müßte im wesentlichen auf eine
ermüdende Folge von Tabellen hinauskommen.“ L. MILCH 1913, S. 189.) Daher
wird nur auf die für die *Entwicklung* der Klassifikation wesentlichen Punkte und auf
zwei Petrographen eingegangen: ZIRKEL und ROSENBUSCH. Viele andere haben sich
ebenfalls als Systematiker versucht oder haben in Lehrbüchern und Abhandlungen
bestehende Systeme übernommen bzw. leicht abgewandelt. Einige werden auch zu
bestimmten Fragen zu Wort kommen, ausführlicher abgehandelt werden aber nur
die wirklich bedeutenden Erkenntnisse und Anregungen von ZIRKEL und ROSEN-
BUSCH.

Welche Bedeutung diesen beiden Forschern tatsächlich zukommt, mag ein Wort
von W. E. TRÖGER, dem vielleicht bedeutendsten deutschsprachigen Magmatiker
unseres Jahrhunderts, erhellen: „Keines der verschiedenen petrographischen Lehrbücher, die sonst noch in der zweiten Hälfte des 19. Jahrhunderts erschienen, . . .,
hat auch nur im entferntesten die Bedeutung und Verbreitung der beiden Werke von
ROSENBUSCH und ZIRKEL erreichen können.“ Und für das 20. Jahrhundert: „In
Deutschland sind seit der Jahrhundertwende keine neuen Systeme der Eruptivgesteins-Petrographie vom Format eines ROSENBUSCH oder ZIRKEL aufgestellt worden.“
(Beides W. E. TRÖGER 1948, S. 133 und 134.) Obwohl TRÖGER mit seinem „Kompendium“ 1935 weit über ROSENBUSCH fortgeschritten ist, sagt er doch (auf S. 13)
daß er „sich in großen Zügen dem altbewährten Einteilungsprinzip von ROSEN-
BUSCH“ anschließt, und in noch jüngerer Zeit schreibt z. B. H. LEITMEIER 1950 (S. 53),
seine „hier gewählte Einteilung und Charakterisierung der Gesteine stützt sich auf
ROSENBUSCH“.

---

[1] Die Klassifikationen bis 1866 wurden deshalb eingehender dargelegt, weil faktisch jede
für die Entwicklung wichtig war. Jede brachte Anregungen, neue Erkenntnisse oder auch nur
Irrwege, die jedoch ebenfalls gegangen werden mußten. 1866 waren alle Gesichtspunkte für
ein gutes System bereits da; sie wurden als Einteilungskriterien eigens besprochen. Auch waren
die Klassifikationen bis 1866 zahlenmäßig erfaßbar, während später die Zahl der einschlägigen
Arbeiten und Lehrbücher derart groß wird, daß eine Einzelbesprechung die Geduld des
Lesers überfordern würde und trotzdem keine auch nur annähernde Vollständigkeit zu erlangen wäre.

Noch 1951 läßt F. v. WOLFF (S. 21) seine „Gesteinsbeschreibung dem alten qualitativen ROSENBUSCH-ZIRKELschen System folgen". Worin liegt nun die Bedeutung der Systeme ZIRKELS und ROSENBUSCHS? Es sei hier versucht, die Wege dieser beiden Petrographen in ihren Werken kurz darzulegen.

1. Die Mineralkombinationen

F. Zirkel 1873 und 1893

F. ZIRKEL verdankt die petrographische Forschung den ungeheuren Aufschwung, der durch die mikroskopischen Dünnschliffuntersuchungen hervorgerufen wurde. 1862, nach einem Zusammentreffen mit SORBY, erkannte ZIRKEL die enorme Bedeutung des Mikroskops für Gesteinsuntersuchungen und riß mit seinem Enthusiasmus viele andere mit. Nach mehreren Arbeiten ab 1863 kam 1873 sein Buch „Die mikroskopische Beschaffenheit der Mineralien und Gesteine" heraus. Obwohl er darin schreibt: „Eine systematische Gruppirung der hier mit Bezug auf ihre mikroskopischen Verhältnisse behandelten Felsarten ist für den vorliegenden Zweck von viel geringerer Bedeutung als etwa in einem Lehrbuche der Petrographie" (ZIRKEL 1873, S. 289/290), ist die darin verwendete Systematik dennoch von größtem Interesse, weil sie die *erste auf rein mikroskopischer Grundlage ist.* Das zeigt sich schon in seiner obersten Gruppierung, bei der er *klastische* und *nicht-klastische* Gesteine gegenüberstellt. 1866 hatte er die „nicht-klastischen" Gesteine noch krystallinisch genannt. Es mußte jedoch „der freilich mißliche Name ‚nicht-klastisch‘ gewählt werden", weil er „wenigstens die ganze Gesteinsabtheilung wirklich deckt" (F. ZIRKEL 1873, S. 290). Denn das Mikroskop hatte erwiesen, daß viele Grundmassen der „krystallinischen" vulkanischen Gesteine gar nicht kristallin (nicht einmal mikro- oder kryptokristallin) sind, sondern amorph, nämlich glasig. Nach einer Trennung der „nicht-klastischen" in einfache und gemengte, trennt er letztere in „massige (nicht geschieferte, z. gr. Th. körnige) und schiefrige Gesteine" (F. ZIRKEL 1873, S. 290). 1866 hat er die nicht-klastischen-massigen Gesteine noch „krystallinisch-körnige" (und Porphyr-) Gesteine benannt. Aber nach vorher eingehend besprochenen mikroskopischen Gefügestudien scheint diese Bezeichnung von 1866 auch nicht mehr tragbar. 1873 wird ein Texturbegriff dem früheren (1866) Strukturbegriff vorgezogen! Die massigen Gesteine werden nach ihrem Feldspatgehalt (oder Feldspatvertreter oder Fehlen von Feldspat) weiter unterteilt in: I. Orthoklas-Gesteine und II. Plagioklasgesteine.

Die Orthoklasgesteine werden wie 1866 behandelt[1]. Neu aufgestellt ist die Gruppe der *Plagioklasgesteine:* Sie faßt die drei Gruppen von 1866, die „Oligoklasgesteine", „Labradorgesteine" und „Anorthitgesteine" zusammen. Das scheint ein plötzlicher Rückschritt gegenüber 1866 zu sein, aber er ist ganz folgerichtig: Es waren noch keine Methoden entwickelt, die eine mikroskopische Erkennung der einzelnen Plagioklasglieder ermöglicht hätten. Daher werden sie in der Systematik nicht berücksichtigt. Natürlich konnte man in der „vormikroskopischen" Zeit die Plagioklase auch nicht optisch trennen, aber da die optischen Erkennungsmittel auf keinen Fall ausreichten, separierte man einzelne Kristalle und untersuchte sie chemisch. So konnte man die einzelnen Plagioklasarten auseinanderhalten und danach wegen ihrer gesteinsbildenden Wichtigkeit für eine Gruppeneinteilung verwenden. Wegen der ersichtlich großen Schwierigkeit und Umständlichkeit dieses Verfahrens ist leicht einzusehen, daß diese Systematik auf Plagioklas-Art-Grundlage mehr von theo-

---

[1] 1. Mit Quarz („oder Kieselsäure-Überschuß"),
2. ohne Quarz, mit oder ohne Plagioklas, und
3. ohne Quarz mit Nephelin (oder Leucit).

retischem Interesse und ziemlich wertlos für den praktischen Gebrauch war. Denn die chemisch analysierte Menge der gesammelten Handstücke bzw. auf Karten ausgeschiedenen Gesteinstypen läßt sich kaum in Promille ausdrücken[1]. Daher war die Möglichkeit der *sicheren* Unterscheidung von Kalifeldspat und Plagioklas (Zwillingslamellierung!) auf so einfache und leichte Art durch polarisiertes Licht unter dem Mikroskop ein so großer Fortschritt, daß ZIRKEL 1873 leichten Herzens dafür die Plagioklas-Gruppen-Trennung aufgeben konnte. Daß er damit auch noch eine Einteilung schuf, die heute allgemein ist — nämlich (Al-) Kalifeldspatgesteine — Plagioklasgesteine — hat er sicher nicht beabsichtigt und gewollt, ja nicht einmal geahnt, da er diese Vereinfachung seines Systems selbst als Rückschritt empfand.

Noch einen weiteren gewaltigen Fortschritt brachte ZIRKELs System 1873: In seiner „Gruppirung der Feldspathgesteine sind geologische Altersverhältnisse wenigstens nicht tabellarisch zum Ausdruck gekommen ... Die Thatsachen häufen sich immer mehr, welche die gewohnte Eintheilung der Eruptivgesteine in ältere (vortertiäre) und jüngere (nachtertiäre) und die darauf gegründete Benennung der einzelnen als wenig empfehlenswerth erscheinen lassen." (F. ZIRKEL 1873, S. 291.) (Über die Bedeutung des geologischen Alters siehe hier S. 210 ff.)

Wenn man ZIRKELS 1873 aufgestellte Klassifikation einer zusammenfassenden Beurteilung unterziehen will, muß man wohl als erstes seine strenge Folgerichtigkeit hervorheben und die sachliche Unbestechlichkeit, womit er alle Spekulationen und Hypothesen beiseite stellte, für die das Mikroskop keine bestätigenden Hinweise lieferte[2]. Das Mikroskop brachte so viele unwiderlegbare und unbestechliche Fakten zutage, daß diese für eine Systematik völlig ausreichten; und daran und *nur* an diese hielt sich ZIRKEL. Er wurde damit der erste bis heute noch *moderne* Systematiker: „Viele der heute außerhalb Deutschlands gültigen petrographischen Systeme sind modernisierte, aber kaum abgewandelte Nachkommen seines Schemas." (W. E. TRÖGER 1948, S. 134.)

1893, in der großangelegten zweiten Auflage seines Lehrbuches der Petrographie bleibt F. ZIRKEL seiner Systematik von 1873 in großen Zügen treu; sie findet jetzt zwar eine weit- und durchgehende Ausarbeitung und Erweiterung, beruht aber auf denselben Prinzipien: „Die beiden hauptsächlichsten Gesichtspunkte ... sind zunächst die *mineralogische* Zusammensetzung und die *Structur*, beides Momente vor positiver Art, unabhängig von jeder Hypothese, an jedem isolirten Handstück festzustellen." (F. ZIRKEL 1893/I, S. 829.) Die Effusivgesteine teilt er noch nach dem Alter weiter und wird dabei leider seinem Grundsatz der „Momente positiver Art ... an jedem isolirten Handstück festzustellen", untreu. Seine Argumentation ist schwach: „Wenn man einwendet, daß sich an einem Handstück ... das Alter nicht bestimmen lasse, so muß ... erwidert werden, ... daß die ... Aufgaben (der Petrographie) weder in der Bestimmung von Handstücken ... liegen, noch durch solche gelöst werden können." Und: „Sofern nun ... eine Trennung nach dem Alter gemacht werden *kann*, scheint es auch nützlich, sich ihrer zu *bedienen*." (Beides F. ZIRKEL 1893/I, S. 840.) Wie das Effusivgestein benannt werden soll, wenn das Alter unbekannt ist, sagt er nicht.

---

[1] Daher rührt auch der immer wieder unternommene Versuch, Systeme auf makroskopischer Grundlage *allein* aufzustellen bzw. die petrographische Systematik so zu vereinfachen, daß sie vom Feldgeologen ohne Hilfsmittel verwendbar ist (z. B. K. A. LOSSEN 1884 „Über die Anforderungen der Geologie an die petrographische Systematik"). Beim Int. Geol. Kongreß 1897 in St. Petersburg wurden ähnliche Forderungen von den Geologen gestellt „von den anwesenden Petrographen unter Führung von ZIRKEL und BROEGGER aber einmütig und endgültig zurückgewiesen worden" (L. MILCH 1913, S. 200).

[2] „ZIRKEL enthält sich also, wie man sieht, aller zur Spekulation verleitenden Kennzeichen und kommt so mit seinem System den praktischen Bedürfnissen der Gesteinsbestimmung entgegen." (W. E. TRÖGER 1948, S. 134.)

H. Rosenbusch 1877

itig mit F. Zirkels Buch „Die mikroskopische Beschaffenheit der Mine-
Gesteine", nämlich 1873, kam H. Rosenbuschs „Mikroskopische Physio-
Mineralien und Gesteine" heraus. Jedoch nur der 1. Band: „Die mikro-
hysiographie der petrographisch wichtigen Mineralien". Er selbst sagt
S. III): „Man erwartet von diesem Instrumente (Mikroskop, d. Verf.)
Aufklärung über die verwickelten Verhältnisse und über die Natur der
enge", aber „mit immer wachsender Unwiderstehlichkeit drängte sich
rzeugung auf, daß ein wahrhaft nutzbringendes mikroskopisches Studium
e erst dann möglich sei, wenn man eine mikroskopische Diagnose der-
ieralien geschaffen habe, welche gesteinsbildend auftreten." Dieser Aus-
1 noch 1954 von Loewinson-Lessing (S. 30) untermauert: "The study
iing minerals is much more difficult than that of textures and structures.
pment of this study has been determined throughout by the progress of
: technique." Erst vier Jahre später, nämlich 1877, bringt Rosenbusch
roskopische Physiographie der massigen Gesteine" heraus, da ihm jetzt
imfangreiches Beobachtungsmaterial an mikroskopischen Gesteinsunter-
vorzuliegen schien[1]. Rosenbusch gewann mit diesem Buch einen ungeheu-
, so daß noch Tröger 1948 schreiben konnte: Rosenbuschs „Werk ist in
iflagen, die es bis zum Jahre 1924 erlebte, das unübertroffene Handbuch
·aphen geblieben." (W. E. Tröger 1948, S. 130.) Dieser Einfluß machte
icht erst später bemerkbar, sondern Adams schrieb bereits 1891: "Of all
roposed from time to time by various authors for the classification of the
icks, that by Prof. Rosenbusch of Heidelberg is the one which has met
eatest favour, and is now adopted by almost all petrographers throughout
' (F. D. Adams 1891, S. 463.)

jsch nimmt 1877 eine große Zweiteilung der Gesteine vor: Er trennt in
e und massige Gesteine, faßt diese beiden Begriffe jedoch nicht als Textur-
:, sondern schreibt: „Nach der Art der geologischen Raumerfüllung trennt
esamtheit aller Gesteine in zwei große Abteilungen." (S. 2.) Die zweite
mmt er nach dem Mineralbestand vor: 1. nach der Art der Feldspate
patvertreter oder dem Fehlen beider), 2. plus oder minus Quarz und 3. nach
r Mafite. Danach folgt, dem Einteilungsrang nach ungefähr gleichwertig,
ing nach dem Alter. Als letzte Unterteilung verwendet er die Struktur-
·rnig, porphyrisch und glasig. Er begründet seine Einteilungsprinzipien
iaßen: „In einem Buche, welches sich wesentlich oder ausschließlich die
ische Charakteristik der krystallinen Massengesteine zur Aufgabe gestellt
: man füglich zur Gewinnung der größeren Gruppen in einer Gesteinsreihe
·r mineralogischen Zusammensetzung und den structurellen Eigenschaften
iusgehen." (H. Rosenbusch 1877, S. 316.) Zu dieser richtigen Begründung
ziehung von Mineralbestand und Struktur als Einteilungsprinzipien gibt
e Erklärung für die Heranziehung des geologischen Alters als Trennungs-
„Es ist eine althergebrachte und wohl begründete Gewohnheit, daß man
iarakteristik eines massigen Gesteines nicht nur seine mineralogische Zu-
:zung und seine Structur, sondern auch sein geologisches Alter, . . .
tigt." (H. Rosenbusch 1877, S. 4.)

3uschs Zitat siehe hier auf S. 236.

TABELLE VON

Structur	Alter	Mit vorwiegendem Alkalifeldspath			Mit vorwiegendem Kalknatron-					
		+ Quarz	− Quarz		ohne Nephelin oder					
			− Nephelin	+ Nephel. od. Leucit	+ Hornblende		+ Biotit		+ rhomb. Pyroxen	÷
					+ Quarz	− Quarz	+ Quarz	− Quarz		÷
gleichmäßig körnig nicht-porphyrisch (vorwiegend plutonische Gesteine)	jeden Alters	Granite	Syenite (Hornbl.-syenit) Glimmersyenit Augitsyenit	Elaeolith-syenit Cancrinit-Aegirin-syenit Sodalith-syenit Litchfieldit Leucit-Elaeolith-syenit Borolanit	Quarz-Hornblende-diorit	Hornblende-diorit	Quarz-Glimmer-diorit	Glimmer-diorit Kersantit	Norit Olivin-norit	− Olivin: Diabas Quarzdiabas (Proterobas, Leukophyr, Salitdiabas, Enstatit-diabas) Uralitdiabas Epidiabas Ophit Teschenit
porphyrisch u. glasig (paläovulkanisch) vortertiär — porph. (nicht glasig)		Granitporphyr Quarzporphyr Felsitporphyr Quarzkeratoph. Felsitfels	Quarzfreier Orthoklas-porphyr (Rhomben-porphyr) Keratophyr Syenit-porphyre Minette Vogesit Syenit-aphanit	Elaeolith-Syenit-porphyr (Liebe-nerit-porphyr) Leucit-syenit-porphyr	Dioritischer Plagioklasporphyrit — Quarz-Hornblende-por-phyrit	Hornblende-por-phyrit Camptonit	Quarz-Glimmer-por-phyrit	Glimmer-por-phyrit	Norit-porphyrit	Diabasischer Plagioklas-porphyrit, Diabasporphyrit, Augitporphyrit, Uralitporphyrit, Diabas-aphanit, Diabas-mandelstein, Variolit
glasig u. halbglasig		Felsit-Pechstein			Glasige und halbglasige Ausbildung der-					
(vorwiegend vulkanische Effusivgesteine) (neo-vulkanisch) tertiär und posttertiär — porph. (nicht glasig)		Rhyolith	Trachyte (Hornbl.-trachyt, Glimmer-trachyt, Augit-trachyt)	Phonolith Hauyn-trachyt Leucit-phonolith Leucit-trachyt	Quarz-pro-pylit Dacit (Pan-tellerit)	Pro-pylit Horn-blende-andesit	Glimmer-andesit		Enstatit-andesit, Hyper-sthen-andesit, Hyper-sthen-basalte	Augit-andesit Quarz-Augit-andesit — Pyroxenandesit
glasig u. halbglasig		Obsidiane, Bimssteine, Pechsteine, Perlite	Glas-glieder		Obsidiane, Bimssteine, Pechsteine					

F. Zirkel 1893 (S. 834/835)

		FELDSPATH UND KALKFELDSPATH				OHNE EIGENTLICHEN FELDSPATH					
Leucit		+ Nephelin		− Leucit		+ Nephelin		+ Leucit		Melilith +	auch ohne feldspathähnl. Gemength.
Pyroxen		+ Olivin	− Olivin	+ Olivin	− Olivin	+ Olivin	− Olivin	+ Olivin	− Olivin		
Augit +Diallag · Olivin · Olivin-diabas	Gabbro Olivin-gabbro	Theralith				Ijolith					Olivin-Gesteine: Dunit, Pikrit, Wehrlit, Enstatit-Olivingest.: Lherzolith, Amphibol-Olivingest. (Cortlandtit) Biotit-Olivingest. Pyroxen-Gesteine: Pyroxenit, Websterit
Mela-phyr		Mon-chiquit									
selben											
Dolerit Anamesit Feld-spath-basalt	Diallag-andesit	Nephe-lin-basanit	Nephe-lin-tephrit	Leucit-basanit	Leucit-tephrit	Nephe-lin-dolerit Nephe-lin-basalt	Nephe-linit	Leucit-basalt	Leucitit	Meli-lith-basalt	mit Olivin: Magma-basalt. Verit ohne Olivin: Augitit

Basaltobsidian, Tachylyt, Hyalomelan u. s. w., Bimssteine

ZIRKEL

| | ORTHOKLAS-GESTEINE | | | | PLAGIOKLAS- | |
	+ Quarz	− Quarz	− Quarz + Nephelin (od. Leucit)	+ Hornbl. (± Quarz)	+ Augit	+ Diallag
körnig	Granit	Syenit		Quarz-Diorit Diorit	Diabas	Gabbro
por-phyrisch	Granit-porphyr Quarzporph. (alt)	quarzfreier Orthoklas-porphyr (alt)		Porphyrit Hornblende-Porphyr (alt)	Augit-porphyr Melaphyr (alt)	(Palatinit) (alt)
	Liparit (Rhyolith, Quarz-trachyt) (jung)	Trachyt (jung)	Phonolith	Dacit Andesit (jung)	(Augitandesit) Feldspath-basalt (+Anamesit + Dolerit) (jung)	(Diallag-Andesit) (jung)
glasig ×						

× In einigen Familien treten Gläser auf, die hier nicht eigens eingetragen sind.

ROSENBUSCH

| | | ORTHOKLAS-GESTEINE | | ORTHOKLAS-NEPH. oder LEUCIT-GESTEINE | PLAGIOKLAS- | | |
		+ Quarz	− Quarz		+ Glimmer (± Quarz)	+ Hornbl. (± Quarz)	Augit − Olivin
ältere	körnig	Granit	Syenit	Eläolith-Syenit	Glimmer-Diorit	Amphibol-Diorit	Diabas
	porph.	Quarz-porphyr	quarzfreier Porphyr	Eläolith-Porphyr	Glimmer-Porphyrit	Amphibol-Porphyrit	Diabas-porphyrit
	glasig ×						
jüngere	körnig + porph.	Liparit	Trachyt	Phonolith	Glimmer-Andesit	Amphibol-Andesit	Augit-Andesit
	glasig ×						

× In einigen Familien treten Gläser auf, die hier nicht eigens eingetragen sind.

1873

GESTEINE			NEPHELIN-GESTEINE △	LEUCIT-GESTEINE △	FELDSPATH-FREIE GESTEINE △
+ Hypersthen	+ Glimmer	+ Olivin (Serpentin)			
Hypersthenit	Glimmer-Diorit	Forellenstein			
(Hypersthen-andesit) (jung)					

△ Die letzten Gruppen sind als weniger wesentlich hier nicht behandelt.

1877

GESTEINE					PLAG.-NEPH.- oder LEUCIT-GESTEINE △	NEPH.-GEST. △	LEUCIT-GEST. △	PERI-DOTITE △
Augit + Olivin	+ Diallag		+ Enstatit (rh. Pyr.)					
	− Olivin	+ Olivin	− Olivin	+ Olivin				
Olivin-Diabas	Gabbro (aber auch tertiär)	Olivin-Gabbro-	Norit	Olivin-Norit				
Melaphyr								
Basalt	körniger Diallag-Andesit	körniger Diallag-Basalt	Hyper-sthen-Norit					

△ Die letzten Gruppen sind als weniger wesentlich hier nicht behandelt.

Ähnlichkeit der Systeme Zirkels 1873 und Rosenbuschs 1877: Mineralkombinationen

Vergleicht man nun die Systeme Zirkels 1873 und Rosenbuschs 1877, so bemerkt man sofort eine frappante Ähnlichkeit. Zur besseren Übersicht werden die beiden Klassifikationen in Tabellenform gebracht, die jedoch nicht im Original vorhanden sind, sondern aus den entsprechenden Büchern zusammengestellt wurden (siehe S. 244/245). Die Ähnlichkeit fällt sofort auf. Johannsen schrieb 1939: "There is considerable similarity between the systems of these two men." (Johannsen I, S. 119.) Und Tröger erklärte dies 1948 (auf S. 133): „Beide Forscher bauten den von G. Rose im Jahre 1849 zuerst beschrittenen Weg, die Mannigfaltigkeit der Mineralkombination eines jeden Gesteinstypus für die Nomenklatur auszunützen, in immer vollkommenerer Art aus."

In der Verwendung der Mineralkombinationen mit ihren verschiedenen mannigfaltigen Möglichkeiten liegt der größte Fortschritt der Systeme Zirkels und Rosenbuschs. Das gemeinsame Auftreten gewisser Mineralien, bei Fehlen anderer, schien zur damaligen Zeit so charakteristisch zu sein, daß man danach Gesteinstypen aufstellte und diese in ein System brachte. Vor allem bei den Plagioklasgesteinen schien dies besonders schön zu stimmen, so daß es unausbleiblich war, daß den Mafiten (den dunklen Gemengteilen) eine weit über Gebühr dominierende Rolle in den Klassifikationen zufiel:

Es gab (Rosenbusch 1877):   1. Die Plagioklas-Glimmer-Gesteine
                            2. „   „   -Hornblende- „
                            3. „   „   -Augit-   „
                            4. „   „   -Diallag-   „
                            5. „   „   -Enstatit-   „
und dazu noch (Zirkel 1873): 6. „   „   -Hypersthen- „   und
                            7. „   „   -Olivin-   „

Daß diese Mafite nicht immer, ja eigentlich nur recht selten, allein neben Plagioklas auftraten, war nicht erbaulich und bereitete einige Ungelegenheiten. Diese wurden jedoch großzügig nach dem altbewährten (und schon in Vergessenheit geratenen) Prinzip des „vorwaltenden Materials" der alten Petrographen französischer Schule, die *nur* nach dem Mineralbestand die Gesteine einteilten (und nicht nach Gefüge usw.), beseitigt. F. Zirkel stellt 1893 (S. 645/646) sogar Betrachtungen an über „eine Gruppirung der häufigsten die Erstarrungsgesteine bildenden Mineralien", die „von verschiedenen Gesichtspunkten aus unternommen werden" kann.

„Man könnte sie zerfällen ... in 1. eisenfreie: wie Quarz ... 2. eisenhaltige: wie Pyroxene ... Oder je nach dem Gehalt an Kieselsäure und Thonerde in 1. reine Kieselsäure: Quarz ... 2. Silicate: a) thonerdehaltig: Feldspathe ... b) thonerdefrei: Olivin ... 3. ohne Kieselsäure (auch ohne Thonerde): Magnetit ..." Diese Einteilungen sind jedoch unbefriedigend. „Eine natürliche Gruppirung indessen ... ist die folgende ...:

1. *Feldspathige Silikate* (Feldspate und Foide; d. Verf.) ...
2. *Magnesia- und Eisenhaltige Silikate* ...
3. *Freie Kieselsäure:* ...
4. *Erze* und *accessorische Gemengtheile:* ...

Eine Hauptregel der *Mineralcombination* beruht darin, daß infolge des chemischen Gegensatzes in erster Linie ein Glied der ersten Gruppe (oder mehrere) neben einem Gliede (oder mehreren) der zweiten Gruppe zur Ausbildung gelangen, wobei alsdann in spärlicherer Begleitung Glieder der vierten Gruppe sich einzustellen pflegen und das Glied der dritten Gruppe entweder vorhanden ist, oder fehlt ...

Schon in frühen Zeiten war man bestrebt, auf Grund der damaligen Erfahrungen die Verhältnisse der gegenseitigen *Association* der Mineralgemengtheile zu ergründen und namentlich auch die Wahrnehmungen über das gegenseitige Sichausschließen als Gesetze hinzustellen ... es hat sich ergeben, daß die meisten jener Gesetze so häufig durchbrochen werden, daß sie nicht als solche gelten, sondern bestenfalls nur den Rang von Regeln beanspruchen können ... Immerhin aber lassen sich hinsichtlich der gegenseitigen Association der vorwaltendsten oder charakteristischsten krystallinischen primären Gemengtheile der Erstarrungsgesteine folgende ... Sätze aussprechen:

1. Der Quarz begleitet häufiger kieselsäurereiche als kieselsäurearme Feldspathe;
2. Quarz tritt nicht auf neben vorwaltendem Leucit oder Nephelin oder Melilith ..."

Weiters bespricht ZIRKEL (1893, S. 647) „3. Das Verhältniss von Orthoklas und Plagioklas ... 4. Die ... Plagioklase ... untereinander ... 5. Nephelin und Leucit ..." und weiter noch das Auftreten einzelner Mineralien wie Melilith, Amphibol, Pyroxen, Glimmer, Feldspate, Olivin usw. bis Punkt 18.

Nach all den vielen Kombinationsmöglichkeiten von gesteinsbildenden Mineralien wurden im Laufe der nächsten Jahre und Jahrzehnte Gesteine der ganzen Welt untersucht und viele neue Gesteinstypen wurden gefunden und in das Schema der qualitativ-mineralogischen Systeme eingefügt. Es war eine ungemein fruchtbare Zeit: Nach W. E. TRÖGER (1948) kannte

NAUMANN 1849 ..... 48 Massengesteinstypen (+ 14 unwesentliche oder synonyme)
ZIRKEL 1866 .... 97 und
ROSENBUSCH 1898 bereits 242.

Seither werden (ebenfalls nach TRÖGER 1948) durchschnittlich pro Jahr 20 neue Typen aufgestellt, so daß wir heute bei ungefähr fast 1500 Namen stehen dürften[1]. ROSENBUSCH war mit 88, ZIRKEL mit 20 neuen Namen beteiligt (nach TRÖGER 1948).

1882 gab ROSENBUSCH erstmals eine tabellarische Übersicht seiner Klassifikation: Es hat sich gegenüber 1877 nicht viel verändert. Auf das geologische Alter wird vielleicht noch mehr Gewicht gelegt, und bei den Plagioklasgesteinen werden die Glimmer- und Amphibolgruppen zu einer einzigen zusammengezogen. Eigenartig ist, daß bei dieser Gruppe ein „Augitdiorit" aufscheint, gleich daneben bei der Plagioklas-Augit-Gruppe jedoch der „Diabas" als körniges Gestein. (Die ganze Tabelle ist unter anderem bei A. JOHANNSEN 1939, Bd. I, S. 122 nachzuschlagen.)

> ZIRKEL und ROSENBUSCH, "they differ in some respects, perhaps most markedly in the subdivisions of the dike (resp. hypabyssal) rocks."
>
> A. JOHANNSEN 1939, S. 119

2. Die Ganggesteine

Trotz der augenscheinlichen Ähnlichkeit zwischen den Systemen ZIRKELs und ROSENBUSCHs war „die Lage der petrographischen Systematik in den folgenden drei Jahrzehnten ... durch den Wettstreit der beiden divergierenden Lehrmeinungen von ZIRKEL und ROSENBUSCH gekennzeichnet, der um die Jahrhundertwende wenigstens im deutschen Sprachgebiet mit dem endgültigen Siege ROSENBUSCHs endete." (W. E. TRÖGER 1948, S. 133.) Wodurch wurde diese Meinungsverschiedenheit hervorgerufen? ZIRKEL blieb, wie wir gesehen haben, auch noch 1893 seinem Ein-

---

[1] Mit veralteten Namen, Synonyma, Varietäten und verschiedenen Schreibweisen dürften es an die 4000 sein.

teilungsschema treu, ROSENBUSCH jedoch brachte 1887 in der 2. Auflage seiner „Physiographie" bedeutende Änderungen:

Einführung der „Classe" Ganggesteine durch H. Rosenbusch 1887
Eine genetische Einteilung

ROSENBUSCH geht gänzlich von seiner bisher geübten Einteilung der Massengesteine nach Mineralbestand und Alter und erst in zweiter Linie nach Struktur ab und teilt 1887 zuvörderst in drei große „Classen":

1. Tiefengesteine,
2. Ganggesteine,
3. Ergußgesteine (und ihre Tuffe).

Als zweites Kriterium nimmt er den Mineralbestand und als letztes das geologische Alter.

Diese Systematik war wahrhaft revolutionierend: Der Mineralbestand und in noch viel stärkerem Maße das geologische Alter werden zurückgedrängt, die Struktur als Teilungsprinzip verschwindet (scheinbar) überhaupt und an die erste Stelle rückt die „geologische Erscheinungsform", was einen völlig neuen Gesichtspunkt in die Klassifikation bringt. Dazu zieht ROSENBUSCH noch verwandtschaftliche Beziehungen seiner drei Klassen herein: Die Effusivgesteine seien die Ergußäquivalente der Tiefengesteine und die neugeschaffene Klasse der Ganggesteine sei von den Tiefengesteinen ableitbar (1892, S. 386).

Die bisher durch den gleichen Mineralbestand gemeinsam behandelten Gesteine verschiedener Struktur werden durch diese oberste Klassenteilung auseinandergerissen und von ROSENBUSCH gesondert behandelt.

Wodurch ist diese plötzliche Sinnesänderung ROSENBUSCHs hervorgerufen? Der Schlüssel dazu liegt gleich zu Beginn seines Vorwortes 1887 (S. VIII): „Die Petrographie ... ist im wahrsten Sinne des Wortes eine historische, nicht eine lediglich beschreibende Wissenschaft. — Hierin liegt es bedingt, daß eine natürliche Systematik der Gesteine historisch, d. h. genetisch sein muß. Die Erkenntniss dieses Verhältnisses macht die neue Auflage dieses Buches zu einer Neubearbeitung."

Die großen Fortschritte, die das Mikroskop für die Klärung der Genese gebracht hatte, mußten sich auswirken; und die stärkste Persönlichkeit war dazu berufen, ohne Kompromisse, mit einem Schnitt die Klassifikation der Massengesteine auf eine neue Grundlage zu stellen. Klar spricht er aus (1887, S. 5): „Es ergiebt sich, daß eine natürliche Systematik (der Eruptivgesteine) in erster Linie die geologische Erscheinungsform ... betonen muß. In zweiter Linie wäre alsdann die ... mineralogische Zusammensetzung, zuletzt erst das geologische Alter zu berücksichtigen."

Wie stark das genetische Moment bei ROSENBUSCH beherrschend geworden ist, zeigt sich bereits bei der Benennung der magmatischen Gesteine überhaupt. Für ROSENBUSCH standen zwei Terme zur Wahl: *massig* und *eruptiv*.

1877 schrieb er (auf S. 2): „Massige oder eruptive Gesteine: der erste Name ist vorzuziehen, weil er sich lediglich auf eine unläugbare Erscheinungsform bezieht und keinerlei irgendwie geartetes Präjudiz über die genetischen Verhältnisse involvirt."

1887 läßt er bereits beide Bezeichnungen als gleichberechtigt nebeneinanderstehen: Diese Gesteine „heißen ... *massige* oder *eruptive* Gesteine." (S. 2.) Jedoch tendiert er bereits zu eruptiv, dem genetischen Begriff, und spricht (fast) ausschließlich von *Eruptivgesteinen*.

1898 (in seinen Elementen der Gesteinslehre) hat er sich entschlossen (S. 31): „Wir nennen sie ... *eruptive Gesteine*, weniger passend vielleicht auch *massige Gesteine*."

Die Beziehungen Genese : Position : Alter bei Rosenbusch

Die geologische Erscheinungsform (geologische Position; siehe auch hier S. 202 ff.) ist bedingt von der Genese, daher wird sie als oberstes Trennungsprinzip verwendet; wie aber konnte ROSENBUSCH die Struktur ausschalten? Er legt die Begründung dafür 1887 auf S. 3 dar: „Das ungeheure Material von Beobachtungen, . . . läßt mit großer Sicherheit erkennen, daß die *geologische Erscheinungsform* nahezu ausschließlich bedingend ist für die *Structur* eines Eruptivgesteins. Eruptivmassen von derselben chemischen und mineralischen Zusammensetzung besitzen durchaus verschiedene Structur, je nachdem sie in Form von Laven sich über die Erdoberfläche ergossen, oder in tieferen Regionen der festen Erdrinde sich zu Gesteinen entwickelten. Es ist jedoch selbstverständlich nicht eigentlich die mathematische Form des Gesteinsraums, sondern es sind vielmehr die hierdurch und durch die örtliche Lage (der Tiefe nach) desselben bedingten Temperatur- und Druckverhältnisse während der Gesteinsbildung, welche eine bestimmte Structur nothwendig machen." ROSENBUSCH schießt jedoch über das Ziel hinaus, wenn er darlegt, daß „die geologische Erscheinungsform . . . für Structur *und Mineralbestand* (im Original nicht kursiv) bestimmend" ist (H. ROSENBUSCH 1887, S. 5). Seine Begründung dafür ist sehr schwach und er muß selbst eingestehen (S. 3): „Eine Abhängigkeit des *chemischen* und *mineralogischen* Bestandes eines Eruptivgesteines von seiner geologischen Erscheinungsform scheint in voller Strenge und Allgemeinheit nicht zu bestehen."

Zum geologischen Alter als Einteilungskriterium sagt ROSENBUSCH 1887 (S. XI): „Von einer Darlegung meines persönlichen Standpunktes gegenüber der Frage der Trennung oder Vereinigung der paläo- und neovulkanischen Ergußgesteine . . . im jetzigen Zeitpunkte möchte ich Abstand nehmen." Aber er nimmt doch, wenn auch vorsichtig, Stellung. Zur Beziehung Struktur — Alter: „Den directen Nachweis für die Unabhängigkeit der Structur von dem geologischen Alter der Eruptivgesteine haben wir in dem Umstande, daß die für sehr alte plutonische Eruptivgesteine charakteristischen Structurformen unter geeigneten Bedingungen auch an paläo- und neovulkanischen Gesteinen auftreten und umgekehrt." (ROSENBUSCH 1887, S. 5.) Und zur Beziehung Mineralbestand — Alter: „Die Unabhängigkeit der mineralogischen Zusammensetzung von dem geologischen Alter dürfte heutzutage kaum noch bezweifelt werden." (ROSENBUSCH 1887, S. 4.) 1891 ist er schon deutlicher: „Es war eine Zeit, wo man ziemlich allgemein in dem Vorurtheil befangen war, daß das geologische Alter eines Eruptivgesteines in hervorragender Weise für den Bestand und die Structur desselben bedingend sei." (ROSENBUSCH 1891, S. 351.)

1898 sprach er bereits von „Anschauungen, deren Erlöschen schon heute vorauszusehen ist . . . Zu diesen gehört die Vorstellung von der Abhängigkeit gewisser Gesteinsbildungen von dem geologischen Zeitalter." (H. ROSENBUSCH 1898, S. 61.)

1908 endlich hält er „die Zeit reif zur Vereinigung der paläo- und neovulkanischen Ergußgesteine" (H. ROSENBUSCH 1908, Bd. II, S. 724).

Es berührt eigenartig, daß sich ROSENBUSCH selbst bis zuletzt zu dieser Vereinigung nicht entschließen konnte; er trennt weiter nach dem Alter. Vielleicht bringen folgende Sätze die Erklärung dafür, die ROSENBUSCH selbst (1887, S. IX) schrieb: „Der Wunsch nach Thunlichkeit . . . nicht durch tiefschneidende Neuerungen den Widerspruch herauszufordern, vielleicht auch halbunbewußte Abhängigkeit von eingewurzelten Vorurtheilen und der den höheren Lebensjahren natürliche Zug ängstlicher Vorsicht . . . — möge manche auffällige Inconsequenz erklären und womöglich entschuldigen."

Die Ganggesteine: Zirkel contra Rosenbusch

Zur Abtrennung der *Ganggesteine* und als Begründung dafür führt ROSENBUSCH (1887, S. 6/7) aus: „Es giebt . . . eine gewisse Classe von Eruptivgesteinen, die man bis dahin niemals oder doch nur ganz ausnahmsweise in anderer als in Gangform angetroffen hat. Diese mögen als *Ganggesteine* schlechthin bezeichnet werden. Wir kennen keine Tuffe derselben; dieser Umstand, sowie gewisse Structureigenthümlichkeiten nähern die Ganggesteine den plutonischen. Andererseits finden sich bei denselben gewisse Ausbildungsformen, die wir sonst nur an vulkanischen Gesteinen beobachten. Die Ganggesteine haben somit eine Mittelstellung zwischen den beiden großen Gruppen der plutonischen und vulkanischen Eruptivgesteine."

Diese neue Systematik von ROSENBUSCH mußte einen Sturm der Ablehnung hervorrufen; das war unausbleiblich. F. ZIRKEL nahm 1893 sofort dazu Stellung, und ab dieser Zeit rührte der große Streit. Gegen die *geologische Erscheinungsweise* als oberstes Prinzip schreibt er (1893, S. 830):

„a) In erster Linie ist zu betonen, daß diese als Basis erwählte genetisch-geologische Erscheinungsform im Grunde genommen doch weiter nichts als eine structurelle, im übrigen aber ganz hypothetischer Natur ist . . .; die Classification beruht thatsächlich auf dem in seiner Ausschließlichkeit nicht zu adoptirenden Satz, daß einerseits Tiefengesteinsnatur und gleichmäßig-körnige (‚hypidiomorph-körnige‘) Structur, andererseits Ergußgesteinsnatur und porphyrische Structur sich vollkommen decken und gibt sich dem Kreisschluß hin: weil ein Gestein zu dieser geologischen Gruppe gehört, deshalb hat es diese bestimmte Structur, und weil es diese bestimmte Structur hat, deshalb gehört es zu dieser geologischen Gruppe." Wenn ZIRKEL gegen die „genetisch-geologische" Einteilungsweise Stellung nimmt, ist er nicht konsequent, denn er selbst wählt eine Einteilung, „welche in erster Linie auf geologischen Rücksichten beruht" (F. ZIRKEL 1893, Bd. I, S. 634). Danach stellt er seine „Massigen eruptiven Erstarrungsgesteine" auf, denn ein Gestein „ist nicht nur ein Aggregat dieser und jener Mineralien, versehen mit dieser oder jener Structur und chemischer Zusammensetzung, sondern auch zugleich ein Stück Erdrinde, welches an dem Platz, dem es entnommen wurde, eine bestimmte geologische Rolle gespielt hat" (F. ZIRKEL 1893, Bd. I, S. 840). Auch sagt er selbst zu den umstrittenen Beziehungen geologische Erscheinungsform — Struktur: „Im Großen und Ganzen wird die Structur eines Erstarrungsgesteins bedingt durch die geologische Erscheinungsform desselben, insofern die letztere ihrerseits zusammenhängt mit Verhältnissen des Festwerdungsortes, des Drucks und der Temperatur, wodurch die Gesteinsbildung in verschiedener Weise modificirt werden konnte." (F. ZIRKEL 1893, Bd. I, S. 816.)

ZIRKEL kann nicht umhin, bei seiner Systematik 1893 dem Zug der Zeit zu folgen; er nimmt zwar weiterhin die Struktur als Einteilungskriterium, setzt aber dazu in Klammern: zu körnig — „vorwiegend plutonische Gesteine" und zu porphyrisch und glasig — „vorwiegend vulkanische Effusivgesteine" (siehe Tabelle auf S. 242/243). Wenn man nun die tatsächlichen Unterschiede zwischen ROSENBUSCH und ZIRKEL zusammenstellt, so sind diese nur scheinbare:

ROSENBUSCH:	ZIRKEL:
Nach geologischer Position, die die Struktur bedingt	Nach Struktur, die „meist" einer geologischen Position entspricht
Getrennte Besprechung der Positionen	Gemeinsame Besprechung der Strukturen

Der wirkliche Streitpunkt blieb daher die Aufstellung der Ganggesteine als selbständige Klasse durch ROSENBUSCH, die ZIRKEL bekämpft. Darüber wurde schon ausführlich berichtet. Natürlich kennt ZIRKEL magmatische Gangfüllungen, aber eine systematische Wichtigkeit spricht er ihnen ab: „*Gänge* sind eine geologische Lagerungsform, in welcher *sowohl* Tiefengesteine *als* Ergußgesteine auftreten; für die ersteren sind es Apophysen größerer plutonischer Intrusionen, für die letzteren Zufuhrscanäle zu den Oberflächenausbreitungen." (F. Zirkel 1893, Bd. I, S. 638.)

Stimmen gegen die Ganggesteine

Die Stimmen *gegen* die Ganggesteine als eigene Klasse verstummten bis auf den heutigen Tag nicht mehr. Zirkel führt bereits an: Lossen (1889), Michel-Levy, Iddings (1892) und Derby (1891). Ferner ist in dieser frühen Zeit auch Roth dagegen. Er stellt 1887 die Gänge zu den Effusivgesteinen. Zwei große Petrographen sollen hier noch zu Wort kommen. L. Milch (1913, S. 211): „Mit Recht wurde von hervorragenden Petrographen (. . .) geltend gemacht, es sei nicht möglich, ,die Ganggesteine als · eine *koordinierte* geologische Erscheinungsform mit den beiden anderen Klassen zu parallelisieren'. (Zirkel, Petrographie, Bd. I, S. 639, 1893.)"

W. E. Tröger 1948 (S. 133/134): „Rosenbuschs ,Ganggesteine', die zu allem Unglück auch noch nur einen bestimmten Teil der in Gangform auftretenden Eruptivgesteine umfassen, hängen . . . ziemlich sinnlos zwischen den . . . Gruppen (Intrusiva — Effusiva, d. Verf.). Daß unter ihnen meist Modalbeständige auftreten, die sonst nur selten oder überhaupt nicht zu finden sind . . ., war für Rosenbusch der Grund für die Aufstellung des neuen Begriffs. Die dabei auftretenden Kontradiktionen wie ,Gang'granit und ,Gang'porphyr, Bezeichnungen, die in den früheren Systemen ihren logischen Platz hatten, aber bei Rosenbusch nicht zu den ,Ganggesteinen' zählen, führen die Dreiteilung nach der geologischen Erscheinungsweise ebenfalls ad absurdum. Die Gruppe der Ganggesteine kann nicht als gleichwertiger dritter Partner anerkannt werden; außerhalb des deutschen Sprachkreises hat sie sich tatsächlich auch trotz des ungeheuren Einflusses, den Rosenbusch in allen anderen Fragen der petrographischen Systematik dort ausgeübt hat, kaum eingeführt."

S. J. Shand will 1929 (S. 4) die Ganggesteine überhaupt beiseite lassen: "The practice of giving separate names to dyke-rocks is undesirable. That a particular rock occurs in the form of a dyke is a fact of some dyke-rocks are as truly plutonic as any granite while others cannot be distinguished from lavas. If one whishes to indicate that a given rock occures in the form of a dyke, this is most easily done by calling it a dyke-granite, dyke-basalt, etc., instead of coining a new name for it." Dem ist nicht unbedingt zuzustimmen, denn es trifft nur für die aschisten Gangfüllungen zu, nicht aber für die Spaltungsprodukte von Tiefengesteinen, den diaschisten Gesteinen. Diesen müssen eigene Namen gegeben werden, da sie sich entweder im Mineralbestand oder in der Struktur von den Tiefen- und Ergußgesteinen unterscheiden[1].

Genesebegriffe in der Nomenklatur

Es liegt hier die Gefahr nahe — und es ist auch geschehen —, daß bei neuen Namen für die diaschisten Ganggesteine Genesebegriffe in die Nomenklatur hineingetragen werden. (Über Genesebegriffe in der Nomenklatur siehe auch hier S. 206.) Schon Zirkel warnte davor, blieb aber leider unbeachtet. Er schrieb (1893, Bd. I, S. 640): Die „Aufstellung der Ganggesteine hat aber nicht blos eine theoretische, sondern leider auch eine praktische Bedeutung, indem unter Anerkennung der Selbständigkeit der Ganggesteine sich örtlich zur Bezeichnung derselben im Gegensatz zu den beiden anderen Classen eine besondere Nomenclatur mit einer ganzen Menge von neuen Namen herausgebildet hat, welche für denjenigen, der diese Selbständigkeit läugnet, in ihrer specifischen Bedeutung unannehmbar sind."

Wesentlicher aber als die bloße Angst vor neuen Namen ist die Verwirrung der Begriffe, wenn eine Einzelgesteinsdefinition in ihrem Namen bereits einen Genese-

---

[1] Die Terme aschist und diaschist stammen von W. C. Broegger 1894.

begriff enthält. Denn die Genese (oder fast jede sonstige geologische Prämisse) ist fast stets hypothetisch und kann sich mit neuen Erkenntnissen wandeln. Ein anschauliches Beispiel soll das erläutern: der Name Aplit. *„Aplit* . . . hat man denjenigen (feinkörnigen) Granit genannt, in welchem der Glimmer sehr zurücktritt und welcher nur oder fast nur aus Orthoklas und Quarz besteht."

(„Granit ist wesentlich ein *grobkörnig-* bis *feinkörnig-krystallinisches* Aggregat von *Orthoklas* [und *Oligoklas*], *Quarz* und *Glimmer* . . .") So schrieb F. Zirkel 1866, Bd. I, S. 495 und 475.) Das sind Bezeichnungen, die sich *ausschließlich* auf den Mineralbestand und die Struktur stützen, welche an jedem Handstück feststellbar sind und frei sind von veränderlichen Spekulationen oder geologischen Geländeerkenntnissen.

Als durch Rosenbusch die Klasse der Ganggesteine aufgestellt war, änderte sich die Definition:

„Aplit ist ein panidiomorph-körniges *Ganggestein*, welches aus . . . besteht" (im Original alles gesperrt). So schrieb H. Rosenbusch 1898, S. 206. Jetzt war auf einmal der geologische Positions- und Genesebegriff *Ganggesteine* in die Definition aufgenommen worden. Bei jedem Handstück Aplit mußte vorausgesetzt werden, daß er aus einer granitischen Restschmelze entstand und in einem Gang auskristallisierte. Natürlich handelte Rosenbusch in gutem Glauben, aber trotz seiner von ihm betonten Vorsicht gegenüber Hypothesen vorschnell.

Denn in den letzten Jahrzehnten stellte sich heraus, daß aplitische Gesteine auch auf nicht magmatische Weise entstehen können und auch keineswegs *nur* an Gänge gebunden sind, sondern auch ganze Partien in Normalgraniten einnehmen können. Solange man an die magmatische Entstehung *glaubte, sah* man Aplite nur in Gängen oder konstruierte Gänge.

Sollte man neue Namen für die „Nicht-Gang-Aplite" wählen? Die Nomenklatur wäre auf diese Weise und bei vielen Gesteinen im Laufe der Zeit überaus bereichert worden. Man wählte einen anderen Weg: Man sprach nicht mehr von Aplit als Gestein, sondern von *aplitisch* als *Strukturbegriff* (feinkörnig, panxenomorph). Da Aplit jetzt nicht mehr ein *Gesteinsbegriff* mit einem definierten Mineralbestand war, konnte eine *Begriffserweiterung* vorgenommen werden: jetzt sprach man von aplitischem Granit, aplitischem Quarzdiorit, ja von aplitischem Syenit (in dem kein Quarz mehr ist!) usw.

Auf diesem Umweg — weil man dies bereits lange geübt hatte — konnte man auch wieder langsam zu dem Wort *Aplit* selbst zurückfinden: Heute sprechen wir wieder vom Aplit — nur in Verbindung jedoch mit einem Gesteinsnamen, wie Granit-Aplit (oder Granitaplit), Syenit-Aplit (Syenitaplit) usw. Aplit stellt heute keinen *Gesteinsbegriff*, sondern einen *Strukturbegriff* dar. Womit ein alter Gesteinsname zu Grabe getragen wurde, nur weil ein Genesebegriff im Laufe der Zeit in die Gesteinsdefinition eintrat. Ganz analog und ähnlich erging es dem Pegmatit — und fast wäre es dem Granit selbst so ergangen, denn des öfteren findet man in Lehrbüchern die Definition: Granit ist ein magmatisches Tiefengestein, bestehend aus . . . Doch glücklicherweise hat sich dies bei den Tiefen- und Ergußgesteinen nicht allgemein durchgesetzt, wie es bei manchen Ganggesteinen geschehen ist. F. Zirkel schrieb schon 1893 zu Rosenbuschs genetischer Klassifikation (Bd. II, S. 831/832):

„Unserer gesammten petrographischen Nomenclatur ist dasjenige genetisch-geologische Moment, welches gemäß dem in Rede stehenden Classifications-Vorschlag damit verknüpft werden soll, vollständig fremd, auf den genetischen Contrast zwischen Tiefengesteinen und Ergußgesteinen ist sie überhaupt nicht eingerichtet. Historisch liegt die Sache so, daß man z. B. Granit ein richtungslos struirtes, gleichmäßig körniges Gemenge von Feldspath, Quarz und Glimmer genannt hat, ohne damit etwas über seine geologische Erscheinungsform aussagen zu wollen . . . Dasselbe Princip, einen neuen Gesteinsnamen zu begründen auf eine neuerkannte

Mineralcombination oder Structur, *ohne* besondere Abhängigkeit von der geologischen Rolle, ist bis in die letzte Zeit maßgebend geblieben (z. B. Foyait, Dunit, Pikrit). Wenn es nun im Verlauf erkannt wurde, daß die Granite größtentheils geologisch zu der Abtheilung der plutonischen oder Tiefengesteine gehören, so darf man nicht vergessen, daß der anfänglich und bisher festgehaltene Begriff ‚Granit' davon nichts weiß.“

> „Von einer (Gesteins-) Klassifikation darf eine so genaue Feststellung des Begriffes Species, wie es in der Mineralogie geschehen konnte, nicht erwartet werden.“
>
> A. v. Lasaulx 1875, S. 142

3. Gesteins-Übergänge und -Zwischenglieder

Bereits F. Zirkel kannte 1866 Gesteinsübergänge (S. 6: „Häufig wird durch das vermehrte Auftreten“ von Accessorien „der Übergang eines Gesteins in ein anderes vermittelt“), aber erst Rosenbusch brachte 1877 eine genauere Definition und Unterscheidung zwischen Gesteinsübergängen und Zwischengliedern.

Er sagt: „Gesteine, welche nicht genau sich dem einen oder anderen Typus anschließen, sondern an den wesentlichen Eigenschaften mehrer Typen participiren, nennt man Zwischenglieder.“

„Von einem Gesteinsübergang“ wird gesprochen, „wenn an ein- und demselben geologischen Körper durch allmähliche Veränderung der mineralogischen Zusammensetzung oder der Struktur nebeneinander mehrere Typen zur Erscheinung gelangen.“ (H. Rosenbusch 1877, S. 2/3 und 3.)

Das sind zwei wesentlich verschiedene Dinge, und es soll hier untersucht werden, welchen Einfluß diese Zwischenglieder und Übergänge auf die Klassifikation der Gesteine ausgeübt — und welche Probleme und Schwierigkeiten sie gebracht haben. „Es gab eine Zeit in der man glaubte, alle die Mineralaggregate d. h. Gesteine, aus denen die feste Erdkruste besteht, ließen sich als scharf umgrenzte Species von einander unterscheiden ... Diese Zeit ist vorüber“, schrieb B. v. Cotta 1874 (S. 33), und dem mußte Rechnung getragen werden.

Gesteins-Zwischenglieder

Die Erfahrung, daß es Zwischenglieder zwischen allen bekannten Gesteinssorten gibt, wurde durch die Einführung mikroskopischer Untersuchungsmethoden allgemeines Gut. Rosenbuschs Systematik zeigt dies besonders deutlich: 1877 unterschied er noch Plag.-Glimmer-, Plag.-Amphibol-, Plag.-Augit-, Plag.-Diallag-, Plag.-Enstatit-Gesteine und noch weitere, 1882 zog er die Plag.-Glimmer- und Amphibolgesteine schon zu einer Gruppe zusammen und 1907 schreibt er (S. 277): „Es wird nur sehr wenige hornblendefreie Glimmerdiorite oder glimmerfreie Diorite geben und insofern sind diese Reihen wohl am innigsten miteinander verknüpft. Ebensowenig dürfte es reine Augitdiorite geben, in denen nicht neben dem Pyroxen auch Hornblende oder Glimmer aufträten ...“

(Daher läßt A. Johannsen 1939, S. 124 bei einer tabellarischen Zusammenstellung der Rosenbuschschen Klassifikation von 1907/08 die Mafite überhaupt als für die Einteilung unwesentlich weg.) Waren diese Schwierigkeiten der kontinuierlichen Zwischenglieder erkannt, so bot sich die Lösung für die Gesteinsklassifikation auch schon von selbst an: Waren die einzelnen Gesteine nicht „scharf umgrenzte Species“, so mußten eben einzelne Typen ausgewählt werden: „Es lassen sich ... unstreitig einige sehr charakteristische und überall sehr ähnlich wiederkehrende

Mineralverbindungen als bestimmte Gesteine hervorheben und ziemlich schar:
charakterisiren, an die sich dann aber zahlreiche besondere Abweichungen an·
schließen . . ." (B. v. COTTA 1874, S. 33.)

H. ROSENBUSCH drückt dies 1877 so aus (auf S. 2/3): „Man muß indessen dabei
nicht aus den Augen lassen, daß die massigen Gesteine nicht so und so viel schar:
von einander abgegrenzte Arten bilden, sondern daß sie nach ihrer mineralogischer
. . . Zusammensetzung . . . eine ziemlich continuirliche Reihe darstellen. Aus diesei
Reihe greift man gewisse, häufiger vorkommende und schärfer charakterisirte Typer
hervor und belegt diese mit bestimmten Namen."

Gesteins-*Typen* bedingen, daß ein untersuchtes Einzelgestein mit einerr
Namen zu belegen ist, auch wenn es mit dem entsprechenden *Typus* nicht genau
übereinstimmt. Das gilt hauptsächlich für den Mineralbestand, aber ebenso auch füı
das Gefüge, doch hat man sich seit jeher damit abgefunden, beim Gefüge keine sc
genaue Übereinstimmung zu verlangen wie beim Mineralbestand. Beim *Gefüge* ha1
man sich immer schon mit *Typen* begnügt.

Gesteins-Typus

Was ist nun so ein Typus, wie soll er aus der Vielfalt der Glieder gewählt werden
und wie soll er beschaffen sein? H. O. LANG hat 1877 (auf S. 90/91) sehr präzise auf
diese Fragen geantwortet:

„*Der Gesteins-Typus ist der Innbegriff der genau bestimmten (charakteristischen)
Eigenschaften der Gesteinsart;* er kann real sein, d. h. man kann ein Gesteinsvorkommen
als Norm für die ganze Gruppe aufstellen, oder nur ideal, wenn die Eigenschaften,
welche die Verwandtschaft und Zusammengehörigkeit der ganzen Gesteinsgruppe
bedingen, bei keinem einzelnen Vorkommnisse in wünschenswerther Vollkommenheit (Reinheit) und Vollzähligkeit ausgebildet vorhanden sind oder überhaupt nur
ein Theil der bei jedem Gestein nothwendig vorauszusetzenden Eigenschaften (z. B.
nur der Mineralbestand) den Typus bestimmt, für die anderen in diesem Falle als
unwesentlicher betrachteten Eigenschaften Mannigfaltigkeit zugelassen wird."

Im Wesen von Typen und Zwischengliedern liegt es, daß wir „im Systeme der
Gesteine Reihen" finden, „die in ihren äußeren Gliedern zwar deutliche Differenzen
zeigen, nach der Mitte zu aber ohne irgend eine scharfe Trennung ineinander ver-
laufen" (A. v. LASAULX 1886, S. 75).

Daher ist es wichtig, daß die zu benennenden Gesteine sich „einem *Gesteins-Typus*
in ihren wichtigsten Eigenschaften so nähern, daß ihre Abweichungen davon nur
innerhalb bestimmter Schranken bleiben". (H. O. LANG 1877, S. 90.)

Das heißt, daß *künstliche* Grenzen zwischen den einzelnen Schwerpunkten, den
Typen, gezogen werden müssen, genauso wie auch die Typen selbst nicht von Natur
aus gegeben sind, sondern *künstlich* geschaffen werden müssen. („Einen dergleichen
Typus festzustellen ist dem Tacte des Gesteinsforschers überlassen." H. O. LANG
1877, S. 91.) Ist das geschehen — wobei die Grenzen sowohl den Mineralbestand als
auch das Gefüge betreffen müssen —, so ist eigentlich jede Schwierigkeit behoben
und die Zwischenglieder können nach einer Konvention jeweils bestimmten Typen
zugeordnet werden.

Gesteins-Übergänge

Es wäre einfach, wenn es nur Gesteins-*Zwischenglieder*, aber keine *Übergänge*
gäbe. Die Schwierigkeiten gehen von letzteren aus. Es gäbe keine Übergänge und
daher auch keine Probleme, wäre nicht vom Begriff *Gestein* von ROSENBUSCH 1877
die geologische Selbständigkeit verlangt worden. Eine geologische Selbständigkeit
kann einem Handstück nicht zukommen, sondern nur einem geologischen Körper,

darüber wurde bereits hier auf S. 150 f. ausführlich gesprochen. Akzeptiert man die Forderung nach geologischer Selbständigkeit in der Gesteinsdefinition, so stellt *nur der gesamte Gesteinskörper* das Gestein dar, das mit *einem* Namen belegt werden muß. Leider jedoch bleiben weder das Gefüge, noch der Mineralbestand in einem solchen Körper konstant: Es „ist in einem und demselben Gesteinskörper die Ausbildung nicht nothwendig überall dieselbe: Krystalline, halbkrystalline und amorphe Ausbildung kommen neben einander vor. Auch die Größe des Korns und die Gleichmäßigkeit der mineralogischen Zusammensetzung bleibt nicht überall gleich, ebensowenig die Struktur und die Raumerfüllung." (J. ROTH 1887, S. 68.)

Gesteine als Körper und als Typen

Wenn ROTH sagt (1887, S. 68), daß „durch örtliches Überhandnehmen ... oder Hinzutreten neuer Gemengtheile ein abweichender Gesteinstypus sich herausbilden ... kann", so entspricht sein Begriff „Gesteinstypus" nicht mehr der damals allgemein angenommenen Definition, da *ein* Gesteinskörper nur *ein* Gestein sein und nicht aus mehreren Typen bestehen kann. Aber selbst ROSENBUSCH sprach ja im selben Jahr 1877, in dem er die geologische Selbständigkeit für den Gesteinsbegriff postulierte, von Übergängen und mehreren Gesteinstypen in ein und demselben geologischen Körper. Daß ROSENBUSCHs Gesteinsdefinition von *allen* Petrographen so bedingungslos akzeptiert wurde, war das große Übel für die Klassifikation der Gesteine.

Haben wir auf S. 150 bis 152 die unüberbrückbare Diskrepanz *Gesteine als Körper* und *Gesteine als Stoffe* kennengelernt, so stehen wir hier vor der gleichen Situation bei den Begriffen Gesteine als *Körper* und als *Typus*. Nun wäre es wohl das einfachste gewesen (was auch heute stillschweigend geschieht), die geologische Selbständigkeit als rein theoretische Forderung zu betrachten und der Geologie zu überlassen, aber anscheinend galt diese präzis formulierte Definition als so große Errungenschaft, daß man sich fest daran klammerte. Selbst ZIRKEL, der ROSENBUSCH in vielem bekämpfte, stellte 1893 zwar fest: „Das Quantitätsverhältniss der einzelnen wesentlichen Gemengtheile ist innerhalb einer und derselben Eruptivmasse nicht constant, es findet ein allmähliches Zurücktreten, ja Verschwinden einzelner Hauptgemengtheile, auch ein Eintreten neuer statt", aber er lehnte sich nicht gegen den Begriff der geologischen Selbständigkeit auf, sondern sprach sich lieber gegen das Markieren scharfer Grenzen aus: „Aus der Vielseitigkeit der Übergänge geht mit Klarheit die große Schwierigkeit hervor, ... daß die Entscheidung, wozu man ... (derartige Übergangsgesteine) zu rechnen habe, in den meisten Fällen ... nahezu unmöglich ist ... Die Definitionen der einzelnen Gesteinsarten dürfen daher einer gewissen Elasticität nicht entbehren." Auch heute noch wird darauf hingewiesen: "Several contrasting rocks may occur within a single intrusion, and yet the transition from one texture or one grouping of minerals to another may be so gradual that it is impossible to mark their separation." (L. E. SPOCK 1962, S. 52.)

Schwimmende Grenzen — Zusammenbruch der qualitativen Klassifikation

Die Zwischenglieder und Übergänge brachten eine solche Verwirrung in die Gesteinsklassifikationen, daß man sich außerstande fühlte, Grenzen (oder zumindest *scharfe* Grenzen) zu ziehen. K. A. LOSSEN, der sonst so scharfe Denker, resignierte (1883, S. 508): „Das Wort ‚allzuscharf macht schartig' kann in der Petrographie kaum genug beherzigt werden, nachdem wir erkannt, daß *der Übergang zum Wesen des Gesteins* gehört."

R. Hoernes wollte 1889 (in der 4. Auflage von G. Leonhards Grundzügen der Geognosie usw. — S. 40) einen Ausweg einschlagen: Es ist „unmöglich, scharf abgegrenzte Gesteins-Arten oder Species zu unterscheiden, die Petrographie muß sich daher darauf beschränken, die wichtigsten Gesteinstypen zu charakterisiren." Mit dem Aufstellen der Typen ist es selbstverständlich nicht getan; wohin sind die Zwischenglieder zu stellen?! A. v. Lasaulx, der scharfe Polemiken mit Rosenbusch wechselte, stellte sich in dieser Causa nicht gegen letzteren, sondern brachte deutlich zum Ausdruck, „daß manche Species von Gesteinen gemeinsame Vertreter besitzen". (A. v. Lasaulx 1875, S. 142.) Ist es so, dann ist natürlich jede Gesteinsklassifikation überflüssig. Kann in einem System ein bestimmtes Gestein sowohl dem einen wie auch einem anderen Typus zugezählt werden, so ist der Zweck der Klassifikation, nämlich eine Einreihung und Namengebung zu ermöglichen, nicht erreicht. Daran kranken nicht nur die alten Systeme aus dem vorigen Jahrhundert, sondern auch noch viele Einteilungen moderner und modernster Autoren, wie es z. B. F. Ronner 1956 am Beispiel Andesit-Basalt aufgezeigt hat: (Rosenbusch-Osann 1923, F. Rinne 1923 und 1928, R. Verbrugge 1949, S. J. Shand 1949, H. Leitmeier 1950). Als Beispiel mag Turner und Verhoogen 1951 und A. Harker 1954 gelten: „Labradorit kann sowohl im Andesit als auch im Basalt sein. Ebenso seien in beiden Gruppen Pyroxen und oft Olivin. Weitere Charakteristika sind nicht angegeben." (F. Ronner 1956, S. 107.)

Die qualitativ-mineralogische Klassifikation wollte eine „*natürliche*" Systematik sein — und „Ein System, das sich den natürlichen Verhältnissen nähern will, muß somit vielfach auf scharfe Grenzen verzichten und der Einordnung einen gewissen Spielraum lassen." (L. Milch 1913, S. 194.)

In jüngster Zeit schrieb W. E. Tröger (1948, S. 132): „Die Entscheidung, ob bei der Definition eines Gesteinstypus der Schwerpunkt oder scharfe Grenzen maßgebend sein sollen, ist leider auch heute noch nicht entschieden."

Die unscharfen Grenzen, das Verschwimmen und Zusammengleiten der einzelnen Gesteinsspezies, die gemeinsamen Zwischenglieder zweier Gesteinstypen brachten Unsicherheit in die petrographische Wissenschaft. Wie konnte man sich verständlich machen, um welches Gestein es sich handelte, wenn die einzelnen Gesteine nicht genau abgegrenzt oder definiert waren! Wenn die einzelnen Typen nur durch das *Was* und nicht durch ein *Wieviel* bestimmt waren? Das heißt, daß nur die Art der Gemengteile maßgebend war, aber nicht die Mengenverhältnisse, so daß ein Mineral fast ganz zurücktreten konnte und das Gestein doch dasselbe blieb — wenn die beiden Stücke nur aus demselben Gesteinskörper stammten. Frühzeitig schon kamen die Einwände und die Kritik: So schrieb H. O. Lang bereits 1891 (auf S. 201) über die qualitativ-mineralogische Klassifikation: „Eine der Hauptschwächen derselben liegt nämlich darin, daß sie die Mengenverhältnisse der Gesteinsbestandtheile zu wenig berücksichtigt."

1923 sagt P. Niggli dazu (S. 88/89): „Auf die *wechselnden quantitativen Verhältnisse*, in denen Mineralien Gesteine zusammensetzen, ist bei der Namengebung oft zu wenig Rücksicht genommen worden. Dem nur spärlichen Auftreten gewisser Mineralien ist oft eine etwas zu große Bedeutung für die Nomenklatur zugeschrieben worden."

Trocken und treffend stellte W. Cross (1910a, S. 972) fest: "As a matter of fact no petrographer using the old qualitative system can have a clear idea of what he himself includes in any given unit of that system."

Die quantitativen Systeme
(und die Nomenklatur)

„... die Probleme und Streitfragen, die sich mit der *Systematik der Gegenwart* beschäftigen, sind ... ein getreuer Spiegel des Standes unserer Wissenschaft überhaupt."

L. MILCH 1914, S. 249

> „Es kann nicht bestritten werden, daß die chemische Analyse
> in ihrer allgemeinen Verwendung und rationellen Interpreta-
> tion zu einer streng wissenschaftlichen Behandlung der Ge-
> steinslehre den ersten und schon deshalb den bedeutsamsten
> Anstoß gegeben hat, aber die Versuche, welche dahin gerichtet
> waren, die chemische Charakteristik allein zur Grundlage einer
> allgemeinen Eintheilung der Gesteine zu verwerten, sind be-
> kanntlich gescheitert."
>
> H. VOGELSANG 1872, S. 508

I. Die chemische Klassifikation

Die großen Nachteile der qualitativ-mineralogischen Systeme, wie Gesteinsübergänge, Zwischenglieder, gemeinsame Glieder zweier Gesteinstypen, wie überhaupt die ungenügenden Quantitätsverhältnisse der Mineralien, die mangelnde Faß-
barkeit dessen, was man unter einem bestimmten Gestein, das einen ebenso bestimmten Namen trägt, verstehen soll, führten zur Suche nach exakteren Einteilungsmetho-
den. Und den unbestechlichsten Ausdruck jeden Materials bietet die Chemie: „Das
Mittel zur Feststellung der Gesteinszusammensetzung ist die *quantitative chemische*
oder *Bauschanalyse.*" (O. H. ERDMANNSDÖRFER 1924, S. 3.)

1. Die Bauschanalysen — ein Analysenkatalog

Die Frühzeit (1815—1861)

Schon frühzeitig wurden chemische Methoden zu Gesteinsuntersuchungen herangezogen: 1815 bereits hatte CORDIER Salzsäure verwendet, um gewisse Gesteine oder
Gesteinskomponenten zu unterscheiden, GMELIN hat 1828 ebenfalls Salzsäure zur
Unterscheidung der Phonolith-Gemengteile herangezogen (so bestimmte man Nephelin) und 1841 wurden die ersten chemischen Bauschanalysen magmatischer Gesteine von H. ABICH veröffentlicht. H. ABICH zog auch gleich Schlüsse (1841, S. 132),
nämlich, „daß die vulkanischen Bildungen als Ganzes betrachtet, eine von den kiesel-
reichsten Gesteinen zu den kieselärmsten in allmählichen Übergängen fortschreitende
Reihe darstellen, die in gewisse bestimmte Gruppen zerfällt". 1848—55 bringt G.
BISCHOF zahlreiche Bauschanalysen heraus, aber er „will nicht nur neue Thatsachen
sammeln, sondern dieselben auch zu wissenschaftlichen Schlußfolgerungen verwerthen, geräth aber … infolge seiner Untersuchungsmethode zu unhaltbaren,
ultraneptunistischen Hypothesen". (K. A. v. ZITTEL 1899, S. 730.)

R. BUNSEN folgte 1851 mit genetisch-chemischen Untersuchungen über Magmatica
in Island und rief damit großes Interesse hervor, was sich in einem sprunghaften An-
steigen der vorgenommenen Analysen äußerte. Weiters seien noch erwähnt, aber
nicht kommentiert[1]: ELIE DE BEAUMONT (1846/47), W. SARTORIUS v.WALTERSHAUSEN
(1853), J. DUROCHER (1857), TH. SCHEERER (1862), A. DAUBRÉE (1866). (Eine schöne
Übersicht bis 1866 gibt F. ZIRKEL in der ersten Auflage seines Lehrbuches auf S.
453 ff.) J. ROTH konnte 1861 bereits in Tabellenform an die 1000 Gesteinsanalysen

---

[1] Obwohl manche der Genannten, vor allem BISCHOF, BUNSEN und SCHEERER, großen Einfluß in der Petrographie ausübten, werden sie als minder wichtig für die Klassifikation hier
nicht näher erläutert.

veröffentlichen. Aber ROTH, „der trefflichste Kenner der krystallinischen Gesteine" (A. v. LASAULX 1872, S. 4) erkennt, „daß *chemische Reihung und mineralogische Anordnung nie zusammenfallen*" (J. ROTH 1861). „Damit wird erstmalig erkannt, daß ein petrographisches System auf rein chemischer Grundlage immer ein Analysenkatalog bleiben wird." (W. E. TRÖGER 1948, S. 140.) „Demgemäß stellt er kein chemisches System auf." (L. MILCH 1913, S. 185.) Die Worte ROTHs hatten solches Gewicht, daß fast 30 Jahre keine neuen Klassifikationsversuche auf chemischer Grundlage unternommen wurden. Erst infolge der wachsenden Unzufriedenheit mit den qualitativ-mineralogischen Systemen traten die chemischen um 1890 wieder schlagartig auf: durch H. ROSENBUSCH (1890), F. LOEWINSON-LESSING (1890) und H. O. LANG (1891).

Noch in seiner letzten Publikation 1891 (auf S. 7) warnte J. ROTH: „Daß niemals auf rein chemische Grundsätze ein befriedigendes petrographisches System sich aufbauen läßt, habe ich schon 1861 nachgewiesen." Er konnte die einsetzende Entwicklung nicht aufhalten.

Es werden hier nicht die chemischen Systeme der verschiedenen Forscher selbst besprochen, das würde den Rahmen dieser Arbeit weit sprengen. Es sei auf L. MILCH verwiesen, der diese Seite 1914 vorbildlich abgehandelt hat, sowie für jüngere Zeit auf A. JOHANNSEN 1939, F. v. WOLFF 1951 und A. N. SAWARIZKI 1954 (— um nur einige zu nennen). Für die einzelnen Methoden werden die Originalarbeiten der entsprechenden Autoren empfohlen: z. B. A. OSANN ab 1900, A. MICHEL-LEVY ab 1903, F. BECKE ab 1903, H. WARTH 1913, W. HOMMEL ab 1919, F. v. WOLFF ab 1923 sowie P. NIGGLI ab 1923 und CIPW ab 1902.

Hier soll nur untersucht werden, welche Ziele durch die Verfechter der chemischen Klassifikation erreicht werden und welche Wege dazu führen sollten.

Objektivität der Bauschanalyse?

F. LOEWINSON-LESSING sagte 1900 (auf S. 291): „Vor allem will ich . . . betonen . . ., daß die *chemische Zusammensetzung als erste Basis der Gesteinsclassification zu betrachten ist.*" Das ist einfach gesagt, aber weniger einfach durchzuführen: sind doch sogar schon gegen die Objektivität und Unbestechlichkeit der Bauschanalyse selbst Zweifel erhoben worden, obwohl A. N. SAWARIZKI 1954 (S. 4) sagt: „Die Bauschanalyse eines Gesteins ist ein ganz bestimmter, objektiver Ausdruck seiner Zusammensetzung."

„Daß der chemische Bestand in den meisten Fällen schon durch eine einzige Bauschanalyse bestimmt sei, bezweifle ich, und theilen diesen Zweifel in Betreff grobkörniger Mineralgemenge wohl alle Fachgenossen." (H. O. LANG 1891, S. 208.)

„Endlich ist auch zu berücksichtigen, daß ja oft wenige Meter voneinander entfernte Handstücke Differenzen zeigen können." (C. DOELTER 1906, S. 65.)

„Den mittleren chemischen Bestand eines Gesteinsindividuums *genau* zu ermitteln, ist uns verwehrt, einmal dadurch, daß bei Eruptivgesteinen alle einzelnen Theile uns nicht zugänglich sind, und dann dadurch, daß falls wir auch alle faciellen Abarten desselben chemisch bestimmt hätten, doch wegen Unkenntnis der Massenverhältnisse derselben sie nicht in sichere Rechnung bringen können." (H. O. LANG 1891, S. 207.)

Aber schließlich kann dieser Vorwurf mangelnder Objektivität auch den mikroskopischen Untersuchungsmethoden — wenn auch in nicht so krassem Ausmaß — gemacht werden, da auch ein Dünnschliff (wie sogar ein Handstück) keinen Durchschnittsrepräsentanten eines Gesteins garantiert.

Ziele und Wege der chemischen Klassifikation

Das Ziel

Was war nun das Ziel, was sollte mit der chemischen Bauschanalyse erreicht werden? (Denn sie sollte ja nicht immer ein Analysenkatalog bleiben.) Darüber gibt L. Milch 1914 (S. 176) Auskunft: „Ganz allgemein sind *zwei Arten der Verwertung der chemischen Zusammensetzung für die Systematik der Eruptivgesteine denkbar:*

Sie kann *für sich allein* dem System zugrunde gelegt werden, so daß für dieses zunächst ausschließlich die chemische Natur der Gesteine oder richtiger, das Ergebnis der Analyse maßgebend ist.

Man kann aber auch die mittlere chemische Zusammensetzung jeder *auf geologisch-mineralogischer, teilweise auch struktureller Grundlage begründeten Art (oder Familie)* feststellen, um die Arten nach *ihren chemischen Beziehungen* wieder zu Familien zu vereinigen und diese nach größeren chemischen Gesichtspunkten zu einem System anzuordnen."

Mit anderen Worten, das Ziel kann sein: erstens eine rein chemische Klassifikation ohne Rücksicht auf die geologisch-petrographischen Verhältnisse und zweitens eine chemische Klassifikation auf geologisch-petrographischer Grundlage. Beide Arten versuchte man zu erreichen.

Die Bauschanalyse als Weg (der Kieselsäuregehalt)

Aus der reinen Bauschanalyse war nicht viel zu ersehen; praktisch wurde sie schon von H. Abich, dem Ersten, der sich damit befaßte, ausgeschöpft: Der Kieselsäuregehalt führte zur Aufstellung der *sauren, intermediären* und *basischen* Gesteine. Obwohl daran immer wieder Kritik geübt wurde, hat sich diese Einteilung bis auf den heutigen Tag erhalten:

H. O. Lang 1891, S. 199: „Obwohl die Kritik aller älteren Vergleichs- und Classificationsmethoden lehrte, daß dieselben hauptsächlich daran scheiterten, daß sie auf den Kieselsäuregehalt als oberstes Eintheilungsprincip zu großes Gewicht legten, haben doch auch die Nachfolger bis auf Loewinson-Lessing und Rosenbusch hin (bei welchem sich die bevorzugte Rücksichtnahme auf die Kieselsäure in seinen ‚Gesetzen' ausspricht) sich davon nicht frei machen können."

E. Weinschenk 1913, S. 44: „Man nennt Gesteine mit über 65% SiO_2 *saure*, solche mit 65—52% *intermediäre* oder *neutrale*, und diejenigen, deren Gehalt unter ca. 52% herabgeht, *basische* Gesteine . . ."

M. Stark 1914, S. 307: „Jedenfalls würde eine Systematik der Gesteine nach saurem, neutralem und basischem Charakter, wie dies erst vor ganz kurzem wieder vorgeschlagen wurde, einem Rückschritt um $\frac{1}{4}$ Jahrhundert gleichzustellen sein."

H. Leitmeier 1950, S. 18: „Nach dem Chemismus, dem SiO_2-Gehalt, bezeichnet man Gesteine: mit mehr als 65% SiO_2 als saure, mit 65 bis 52% SiO_2 als intermediäre, mit weniger als 52% SiO_2 als basische." Diese Einteilung sagt zwar kaum etwas aus, ist aber recht praktisch.

2. Die Umrechnungsverfahren (1890—1900)

Umrechnung und Verringerung der Analysendaten

Der *erste Weg* zum Ziel der Gesteinsklassifikation auf chemischer Grundlage, die *Bauschanalyse,* erwies sich also als unbrauchbar und wurde bald als ungenügend ausgeschieden. H. O. Lang, mit Rosenbusch und Loewinson-Lessing ein Erneuerer der chemischen Bemühungen, sagte 1891 (auf S. 199):

„Seit BISCHOF (1849) und BUNSEN (1851) hat man bekanntlich die Bauschanalysen der Eruptivgesteine auf verschiedenen Wegen miteinander zu vergleichen gesucht, jedoch hat keiner derselben zum gewünschten Ziele geführt[1]."

Was war der Grund dafür, daß aus den Bauschanalysen so wenig zu ersehen war und daß sie für eine Systematik untauglich waren? v. WOLFF versucht 1951 (S. 3) zu erklären: „Die chemische Bauschanalyse, die in Gewichtsprozenten die Bestandteile als Oxyde angibt, spricht nicht an und bedarf für Zwecke der Petrographie der Umrechnung, um die gesteinsbildenden Molekülgruppen deutlicher hervortreten zu lassen." Aber weshalb spricht die chemische Bauschanalyse nicht an? A. N. SAWARIZKI drückt dies 1954 (S. 72) wesentlich deutlicher aus: „Die Hauptschwierigkeit in der Beurteilung der unmittelbaren Analysenziffern besteht darin, daß in ihnen Reihen von Verhältnissen zu vieler Größen gegeben werden."

Daher war die Aufgabe der um eine chemische Klassifikation Bemühten eine zweifache:

„1. Aus den Analysendaten gewisse neue Verhältnisse zu finden, die die Grundzüge des Gesteinschemismus in klarerer Form zeigen, als man sie unmittelbar aus den Analysenziffern ersehen kann.

2. Die Anzahl der Verhältnisse zu verringern, welche die chemische Zusammensetzung des Gesteins charakterisieren, um sie bequemer vergleichen zu können." (A. N. SAWARIZKI 1954, S. 105.)

Die Massengesteine setzen sich aus nur neun Elementen, die mit über 1% vertreten sind, zusammen. Da die Bauschanalyse Oxyde angibt, verringert sich die Zahl auf acht; und wenn das Wassermolekül beiseite gelassen wird, sind es nur mehr sieben: Si, Al, Fe, Mg, Ca, Na und K.

Die „Kerne" Rosenbuschs (1890)

Um die Oxyde in eine „natürliche" Ordnung zu bringen, rechnet ROSENBUSCH (1890) die Gewichtsprozente in Molekularprozente um. (Die Gewichtsprozente dividiert durch Molekulargewichte sind gleich Molekularquotienten. Diese werden auf die Endsumme 100 berechnet und ergeben dann die Molekularprozente.) ROSENBUSCH untersucht nun die einzelnen Eruptiv-Familien und kommt zum Schluß, daß sie aus Magmen entstanden seien, die durch bestimmte Metall-„*Kerne*" gekennzeichnet sind. (Zum Beispiel die Herrschaft des Kerns $(NaK)AlSi_2$ ist typisch für das Foyaitmagma, dem er das Symbol φ beilegt; daraus kristallisieren die Nephelinsyenite, Phonolithe und Leucitophyre.) Da die Kerne *metallisch* sind, zieht er auch die Metallatomprozente zu Vergleichen herbei. ROSENBUSCHs Untersuchungen führten zwar zu guten Ergebnissen über Magmen-Reihen, aber die Art der Berechnung und die Aufstellung von Kernen erwiesen sich als unpraktisch bzw. unhaltbar. Aber etwas anderes ist interesssant: Die Umrechnung in Molekular- bzw. Metallatomprozente zeigt schon die Gefährlichkeit aller Umrechnungsverfahren: Die Mengenverhältnisse der erhaltenen Werte werden ganz andere und man wird unsicher, welche Werte man nun eigentlich mit gutem Gewissen vergleichen darf.

Gewichtsprozente (I), Molekularprozente (II) und Metallatomprozente (III) sind jeweils ganz verschieden:

---

[1] K. A. LOSSEN schrieb schon 1883, S. 491: „Niemand hat eingehender die Resultate der quantitativen Analyse der plutonischen Gesteine gesammelt und abgewogen, als J. ROTH . . ., je mehr aber die Zahl der Analysen gewachsen ist, um so mehr hat sich das Ergebniss herausgestellt, ‚daß man Gemengen, wie sie in den plutonischen Gesteinen vorliegen, chemische Formeln nicht beilegen kann'."

Granit von Hauzenberg bei Passau (nach E. WEINSCHENK 1913, S. 88)

	I	II	III
SiO_2	73,83	82,1	70,4
Al_2O_3	12,30	8,1	13,9
Fe_2O_3	4,18	1,7	2,9
CaO	0,94	1,1	1,0
Na_2O	2,22	2,3	3,9
K_2O	6,35	4,7	7,9

Man hätte natürlich auch den umgekehrten Weg gehen können und nicht die Molekularprozente aus den Gewichtsprozenten ausrechnen müssen, sondern hätte auch die Molekularverhältnisse in Gewichtsprozenten angeben können, aber das wurde unterlassen.

ROSENBUSCHS Weg fand nach vorher Gesagtem wenig Anklang. Die Vergleichbarkeit der Analysenergebnisse war praktisch nicht besser geworden und reichte für eine Klassifikation nicht aus. Auch wurden die zu vergleichenden Werte in ihrer Anzahl nicht verringert.

Einen ähnlichen Berechnungsweg finden wir bei A. MICHEL-LÉVY 1897, wenn er auch von gänzlich anderen Voraussetzungen als ROSENBUSCH ausgeht und zu anderen Schlußfolgerungen kommt. Als minder wichtig wird hier nicht näher darauf eingegangen (siehe aber L. MILCH 1914, S. 198 ff.).

Der „Acidität-Coefficient" Loewinson-Lessings (1890)

F. LOEWINSON-LESSING (ab 1890) ging einen anderen Weg. Hat ROSENBUSCH seine Kerne nach einer bereits bestehenden mineralogischen Klassifikation eruiert, so verwirft LOEWINSON-LESSING „jede auf der mineralogischen Zusammensetzung oder der Structur oder dem geologischen Auftreten beruhende Eintheilung und schlägt eine Classification auf chemischer Grundlage vor. Als charakteristisch für die chemische Beschaffenheit eines Gesteines gilt der Acidität-Coeficient". (L. MILCH 1898.) Die Oxyde werden in Molekularmengen umgerechnet[1] und zu Gruppen nach der *Valenz der* Metalle zusammengefaßt:

$$R_2O = K_2O + Na_2O \qquad RO = CaO + MgO + FeO$$
$$R_2O_3 = Al_2O_3 + Fe_2O_3 \qquad RO_2 = SiO_2$$

Durch Zusammenziehung von R_2O und RO zu $\overline{RO}$ wird das Gestein durch die Formel $m \cdot \overline{RO} \cdot n \cdot R_2O_3 \cdot p \cdot SiO_2 (= RO_2)$ ausgedrückt. Der Aziditätskoeffizient α ist gleich

$$\frac{2p}{m+3n}$$

Die Zusammenfassung zu Gruppen fußt auf der Wertigkeit der Metalle. „Diese Besonderheit der Elemente drückt jedoch keineswegs ihre Rolle im Chemismus der Gesteine aus." (A. N. SAWARIZKI 1954, S. 75.) Daher ist die Wertigkeit nur ein formales Merkmal der Elemente und damit des Gesteins — und also um nichts besser zu gebrauchen als die Bauschanalyse selbst.

LOEWINSON-LESSING fand auch nicht viel Anklang; nur J. S. FEDOROW folgte ihm und verbesserte sein System etwas (ab 1900)[2].

---

[1] Erst ab 1897; 1890 verwendete er noch die Gewichtsprozente.

[2] Er stellt das Verhältnis $R_2O : R_2O_2 : R_2O_3 : R_2O_4$ auf, wodurch eine bessere Vergleichbarkeit erzielt wird.

Kalk : Natron : Kali — Vergleich Langs (1891)

H. O. LANG, der dritte Erneuerer des chemischen Gedankens neben ROSENBUSCH und LOEWINSON-LESSING, bringt trotz eines Rückfalls in die Vergleichung der bloßen Gewichtsprozente[1] einen bedeutenden Fortschritt: Er versucht zum ersten Male, *natürliche* Beziehungen der Elemente zueinander herzustellen und zu vergleichen: „In Anbetracht der Thatsache, daß allen Eruptivgesteinen von irgend welcher Bedeutung ein Gehalt an Feldspathsubstanz gemeinsam ist, halte ich diese für den geeignetsten Vergleichspunkt jener Gesteine nach ihrem materiellen Bestande." (H. O. LANG 1891/92, Bull. soc. Belge de Geol. Tom V, S. 126/127.) Daher beschränkt er sich auf die Alkalien und Kalk zur Vergleichung:

„Ich halte also

$$CaO : Na_2O : K_2O$$

für das den materiellen Bestand eines Eruptivgesteins zunächst bestimmende Moment.

Erst in zweiter Linie benutze ich als Vergleichspunkt und Ordnungsmittel die Kieselsäuremenge der Gesteine." (H. O. LANG 1891/92, S. 127.) Danach stellt er vier Hauptklassen auf, die in Ordnungen und Gesteinstypen weiter geteilt werden. Die Gruppen sind:

I. Kalivormacht: $K_2O \geq (CaO + Na_2O)$

II. Natronvormacht: $Na_2O \geq (CaO + K_2O)$

III. Alkalienvormacht: $(Na_2O + K_2O) \geq CaO$

IV. Kalkvormacht: $CaO > (Na_2O + K_2O)$

LANGS Systematik setzte sich nicht durch, denn „in den Gruppentypen sind sehr verschiedene Gesteine vereinigt, eine Folge des Umstandes, daß eben nur das Alkalienverhältnis berücksichtigt wird". (L. MILCH 1914, S. 193.)

Die „Parameter" Osanns (1900)

A. OSANN bringt ein Jahrzehnt nach ROSENBUSCH, LOEWINSON-LESSING und LANG eine weitere Modifikation der Analysenauswertung ab den Jahren 1900—1903. OSANN geht ursprünglich von ROSENBUSCHS „Kernen" aus, wird aber durch seine Methode viel unparteiischer und weitgreifender. Er sucht wie LANG natürliche Beziehungen der Elemente in den Eruptivgesteinen zu erfassen, geht aber nicht wie jener von Gewichtsprozenten der Oxyde aus, sondern von den daraus errechneten Molekularprozenten. Auch nimmt er für die Vergleichung nicht nur die Alkalien und den Kalk, sondern zieht *alle* Metalloxyde heran.

Er stellt auf eine Basis von 20 (nicht 30 oder 100, wie es später gehandhabt wurde) ein Molekularverhältnis a : c : f, wobei a das auf die Gesamtsumme 20 umgerechnete Alkali-Alumat A (entspricht dem Alkalifeldspat), c das Kalk-Alumat C (entspricht dem Kalkfeldspat) und f den FeMgCa-Alumaten (entsprechen den Mafiten) bedeuten. Den Kieselsäuregehalt SiO_2 zieht er erst in zweiter Linie heran.

„Die OSANNsche Berechnungsart fand binnen Kurzem im ganzen deutschen Sprachgebrauch vollste Anerkennung und Benützung, weil das Verfahren bei aller Einfachheit ungleich aufschlußreicher ist als alle früher geübten Betrachtungsweisen." (W. E. TRÖGER 1948, S. 136.)

(Eine geringe Variation von OSANN brachte F. BECKE ab 1903.) Eine gute und praktische Berechnungsart ist aber noch lange keine gute, ja überhaupt keine Syste-

---

[1] „Die Oxyde CaO, Na_2O und K_2O benutze ich für das Alkalienverhältnis nur deshalb, weil ihre Procentmengen in den Analysen unmittelbar gegeben, umständliche Umrechnungen also unnöthig sind; mit vielleicht besserem Rechte (und Erfolge :) könnte man aber auch die Mengen der ihnen entsprechenden Metalle Calcium, Natrium und Kalium zum Vergleich bringen." (H. O. LANG 1891, S. 206.)

matik. Konnte bis Lang tatsächlich noch von mehr oder minder chemischen Systemen gesprochen werden, so führten Osanns Versuche, eine möglichst große „Natürlichkeit" der chemischen Beziehungen zu erreichen, zwar zu Gesteins-*Formeln*, aber zu keiner Gesteins-*Klassifikation*. (Als Beispiel für eine solche Formel sei die für einen Hornblendegranit vom Ilsetal im Harz gebracht:

$$S_{63,5} \, a_{10} \, c_5 \, f_{15} \, n_{5,7}$$

wobei S gleich Mol.% SiO_2 und n der Koeffizient $\dfrac{10 \cdot Na_2O}{Na_2O + K_2O}$ ist.)

Solche Formeln müssen erst in ein Schema eingebaut werden, das sich aber aus den Formeln selbst nicht anbietet. Osann greift für die Einteilung auf Rosenbuschs qualitativ-mineralogische Klassifikation zurück, um danach die zu einer Familie gehörigen Gesteine mit Formeln zu belegen. Innerhalb der Familie stellt er nur einzelne Typen auf, die nach dem Fundort bezeichnet werden.

Mit der für lange Zeit besten deutschsprachigen Methode der chemischen Gesteinsberechnung offenbarte sich also zugleich der völlige Bankrott der Klassifikationen auf *rein chemischer* Basis.

Die sechs Wege zur chemischen Klassifikation

Mit Osann war ein ganzer Entwicklungsabschnitt in prinzipieller Beziehung abgeschlossen. Sechs Wege waren eingeschlagen worden, die zum Ziel, der chemischen Klassifikation der Massengesteine, führen sollten:

Gewichtsprozente der Oxyde (Bauschanalyse direkt),
Molekularprozente der Oxyde,
Atomprozente der Metalle,
Molekularprozente nach Wertigkeit der Oxyde zusammengefaßt,
Gewichtsprozente nach „natürlichen" Gruppen,
Molekularprozente nach „natürlichen" Gruppen (= Parameter).

3. Moderne Wege

Die „natürlichen" Parameter v. Wolffs (1922)

F. v. Wolff will 1922 (und auch noch 1951) vermeiden, daß die errechneten Gesteinsformeln quasi in der Luft hängen. Daher sucht er andere Parameter als Osann und glaubt diese mit den drei Symbolen L, M und Q gefunden zu haben. Er kommt dazu mit umständlichen Umrechnungsmethoden[1], mit denen er aus der Bauschanalyse die Molprozente errechnet; dieselben zu Gruppen, die Standardmineralien entsprechen, zusammenlegt und diese dann zu den drei Symbolen L, M und Q zusammenfaßt. „Der Parameter L faßt die leukokraten, hellen und leichten Bestandteile, nämlich die Na-, K-, Ca-Feldspäte, zu einer Gruppe zusammen, der Parameter M die dunklen, melanokraten, schweren Bestandteile, weil diese beiden Gruppen sich bei der Kristallisation im Schwerefeld der Erde durch Differentiation trennen. ... Die dritte Veränderliche ist der Kieselsäurefaktor Q, der positiv einen Kieselsäureüberschuß, der als Quarz gewöhnlich auskristallisiert, und negativ einen Kieselsäurefehlbetrag anzeigt, der sich in einem Gehalt an Feldspatvertretern oder Olivin äußert." (F. v. Wolff 1951, S. IV.)

---

[1] Kurz zusammengefaßt z. B. in A. N. Sawarizki 1954, S. 89.

Wie umständlich man zu diesen drei Parametern kommt, zeigt schon die Beziehung:

$$L = 8A + 4C + t$$
$$M = 2F + Mt + F\cdots + 6e(+6e' + 2e'')$$
$$Q = S - (6A + 2C + F)^1$$

v. WOLFF preist als Fortschritt und sein Verdienst, daß er die vier Variablen OSANNs auf drei Variable reduziert hat. Welchen Erfolg bringt das? Eine Systematik läßt sich darauf nicht aufbauen und auch für eine bloße Gesteinscharakteristik sind sie zu nichtssagend und zu wenig; also muß er sie ergänzen, d. h. die zusammengefaßten Parameter wieder zerlegen. Er „benutzt... zwecks Vergleichs und Klassifikation der Gesteine folgende: L; M; Q; A; C; K_2O; MgO; C'; Fe$\cdots$; Mt." (A. N. SAWARITZKI 1954, S. 89.) Nun sind aus den ursprünglich sieben Werten der Bauschanalyse zehn geworden, wodurch an Übersichtlichkeit sichtlich nichts gewonnen wurde. Daher — „um einen gangbaren Ausweg für das Lehr- und Lernbedürfnis zu finden" — folgt seine „Gesteinsbeschreibung dem alten qualitativen ROSENBUSCH-ZIRKELschen System". (F. v. WOLFF 1951, S. 21.) Für die Systematik war nichts gewonnen, aber die Verwirrung wurde größer, da Modus (tatsächlicher Mineralbestand) und Norm (errechnete Parameter) so gar nicht übereinstimmen. v. WOLFF bringt 1951 (auf S. 85) selbst einen Vergleich der Norm aus 236 Analysen (nach DALY) und dem ungefähren modalen Bestand (nach JOHANNSEN) von Granit.

Modus: Feldspate (gleich L) = 60%; Mafite (gleich M) = 20%; Quarz (gleich Q) = 20%.

Norm: L (gleich Feldspate) = 61,68%; M (gleich Mafite) = 6,52%; Q (gleich Quarz) = 31,80%.[2]

Der Unterschied bei der Farbzahl (% Mafite) ist so groß, daß die charakterisierten Gesteine in gänzlich verschiedene Familiengruppen fallen müßten.

Das künstliche „Norm"-System von CIPW (1903)

v. WOLFFs Berechnungsweise stellte für die Klassifikation (zumindest) keinen Fortschritt dar, sondern bewies nur die Fruchtlosigkeit der Versuche, auf rein chemischer Basis eine Systematik der Gesteine aufstellen zu wollen.

Dieses vergebliche Bemühen erkannten schon frühzeitig, nämlich 1903[3], die Amerikaner W. CROSS, J. P. IDDINGS, L. V. PIRSSON und H. S. WASHINGTON. Ebenfalls mit den qualitativen mineralogischen Klassifikationen unzufrieden, suchten sie in selten fruchtbarer Zusammenarbeit einen Ausweg. Der damaligen Zeitströmung entsprechend glaubten auch sie, diesen nur in einer chemischen Klassifikation finden zu können. Charakteristisch ist, daß die über die schwimmenden qualitativ-mineralogischen Einteilungen unbefriedigten vier Forscher Schüler von ROSENBUSCH und ZIRKEL waren (CROSS und WASHINGTON waren Schüler von ZIRKEL; IDDINGS und PIRSSON Schüler von ROSENBUSCH). Von der Überlegung ausgehend, daß aus der chemischen Analyse nie Gefügedaten zu gewinnen sind und damit ein Hauptcharakteristikum der Gesteine verloren ist, verzichteten sie bewußt auf jede „Natürlichkeit" ihres Systems und auf eine Anlehnung an irgendwelche Klassifikationen, die geologische Daten berücksichtigen. Andererseits waren die bisherigen chemischen Klassifikationen mit ihren Gruppenzusammenfassungen und Parametern gescheitert;

---

[1] Die hier gebrachten Symbole werden als für unsere Zwecke unbedeutend nicht erläutert.
[2] Der Modus in Vol.%, die Norm in Gew.%.
[3] 1912 modifizierten und verfeinerten CIPW ihr System.

konstruierte Molekülgruppen ergaben kein befriedigendes System. Die Geologen und Petrographen dachten stets in Mineralkombinationen, wenn von Gesteinen die Rede war. Und wenn auch das Gefüge bei der Analyse verlorenging, so war der Mineralbestand aus der Bauschanalyse zwar *nicht rekonstruierbar*, aber doch *konstruierbar*. Der *modale* Bestand ging verloren, der *normative* Bestand läßt sich errechnen. „Der wirkliche Mineralbestand eines Gesteins wird als ‚Modus' bezeichnet. Unter ‚Norm' versteht man dagegen die theoretische Zusammensetzung eines Gesteins in Mol.% ausgedrückt durch einfache Grundmineralien, sogenannte Standardmineralien, wie Quarz, Orthoklas (Or), Albit (Ab), Anorthit (An), Augit, Nephelin, Leuzit, Olivin, Magnetit usw. Die normative Zusammensetzung ist kurz gesagt die Übersetzung der chemischen Sprache der Bauschanalyse in die mineralogische." (F. v. WOLFF 1951, S. 14.) Wie groß die Unterschiede im modalen Mineralbestand sein und daher auch von der Norm abweichen können, mögen die folgenden Beispiele zeigen, die P. NIGGLI 1923 (auf S. 89) und F. v. WOLFF 1951 (auf S. 14) anführen. Dazu sagt v. WOLFF (1951, S. 14): „Zahlreiche Mineralkombinationen können sich gegenseitig ersetzen, ohne daß der Stoff sich ändert."

Biotit = Orthoklas + Enstatit + Magnetit
      = Leuzit   + Enstatit + Magnetit + SiO_2
Biotit + Quarz = Orthoklas, Orthaugit, Magnetit (oder statt Orthaugit Olivin)
      = Leucit, Orthaugit, Magnetit
Orthoklas   + Biotit = Leuzit + Olivin + Magnetit + SiO_2
Hornblende + Biotit = Leuzit, Olivin, Magnetit, Anorthit
Plagioklas   + Biotit = Kalifeldspat, Nephelin, Augit, Erz
Hornblende = Augit + Enstatit
      = Enstatitaugit + Olivin + Plagioklas oder Nephelin
      = Hornblende + Plagioklas + Magnetit
Augit   = Diopsid + Plagioklas + Olivin + Magnetit
      = Anorthit + Olivin
Augit + Magnetit = Melanit + Olivin
Alkaliaugit + Anorthit + Hornblende = Plagioklas + Diopsid + Magnetit
Nephelin + Anorthit + Hornblende = Plagioklas + Olivin + Diopsid
Orthoklas + Nephelin + Augit = Leuzit + Plagioklas + Melilith + Olivin usw.

Hat man also richtig erkannt, daß Modus und Norm zwei verschiedene Dinge sind, die nichts gemeinsam haben außer den Bauschanalysenwerten, so ist gegen eine Einteilung nach Norm-Mineralien nichts einzuwenden. CIPW führten eine solche Klassifikation mit großer Konsequenz durch; es ist eine echte *systematische* Klassifikation — nur natürlich nicht von Gesteinen; denn diese sind Mineralaggregate mit einem bestimmten Gefüge. Die CIPW-Einteilung ist eine Systematik von Analysenzahlen und als solche perfekt. Aber bringt uns eine *Analysen*-Systematik weiter, ist sie von Wert für die Gesteins-Systematik? A. N. SAWARIZKI wirft 1954 (S. 91) eine ähnliche Frage auf. „Die Anwendung des CIPW-Systems ist ein künstliches Verfahren, welches das Ziel einer bestimmten Systematik der chemischen Gesteinsanalyse verfolgt, und die einzige Frage, die aufgeworfen werden kann, ist die, inwieweit die auf die Umrechnung der Analysen verwandte Arbeit durch die erzielten Ergebnisse gerechtfertigt erscheint." Eine Antwort kann man in einem Vergleich finden, den 1931 (auf S. 249) W. E. TRÖGER brachte: „Man kann diese typisch amerikanische Methode wohl am besten mit der bergmännischen Siebaufbereitung vergleichen, bei der die allerverschiedensten Erze durch ein und dieselbe Maschenweite hindurchgehen, wenn sie nur die gleiche Korngröße besitzen: Das CIPW-System gibt sich damit zufrieden, daß es nach ‚Korngrößen' ordnen kann." Die CIPW-Methode hat also auch keine Lösung gebracht.

Fehlkritik an CIPW

Die Kritik an der CIPW-Einteilung beschränkte sich jedoch keineswegs auf die eben angeführten Punkte. Das System fand solche Verbreitung und Anhängerschaft (die Lösung sah man ja zu jener Zeit *nur* in einer chemischen Klassifikation!), daß die Gegner mehr lautstark als treffend ihre Stimme erhoben, nur um sich Gehör zu verschaffen. Es wurden oft Argumente gegen Dinge angeführt, die nie behauptet oder auch nur beabsichtigt waren: „Einige Petrographen drückten ihre negative Einstellung zum Analysenumrechnungsverfahren nach dem CIPW-System aus. In den meisten Fällen bestehen die Einwände in Hinweisen auf die Abweichung der Norm von der wirklichen mineralogischen Zusammensetzung. Dieser Einwand beruht auf einem offensichtlichen Mißverständnis, und es liegt ihm der logische Fehler zugrunde, der unter der Bezeichnung ‚ignoratio elenchi‘ (von der zu beweisenden Behauptung abweichender Schluß) bekannt ist, da die Autoren des Systems niemals diese zwei verschiedenen Dinge verwechselten, und zur Vermeidung dieses Mißverständnisses von Washington sogar später der früher benutzte Ausdruck ‚Standardmineralien‘ durch den Ausdruck ‚Mineralmoleküle‘ ersetzt wurde. Nichtsdestoweniger kann man noch heute diesen Einwänden begegnen." (A. N. Sawarizki 1954, S. 91.)

In diese verfehlte Kritik fiel auch — und vor allem — P. Niggli ein. Er sagt über CIPW: „Diese Klassifikation muß von uns . . . abgelehnt werden. Die Norm besitzt auch nicht die Bedeutung, die man ihr etwa zuschreibt. Die wichtigsten dunklen Mineralien wie Biotite, Augite, Hornblenden, Melanite, weisen so komplizierte Zusammensetzungen auf, daß gegenüber dem aktuellen Mineralbestand (*modaler Mineralbestand*) große Differenzen entstehen. Der Heteromorphismus, der viel allgemeiner verbreitet ist, als man bis vor kurzem annahm, zeigt ebenfalls das künstliche eines normativen Mineralbestandes. *Molekularwerte*, nicht gewichtsprozentische Werte bestimmter Standardmineralien, müssen die Vergleichsbasis sein und bleiben." (P. Niggli 1923, S. 94.) Dabei hatte doch Cross schon 1910 mit aller Deutlichkeit erklärt: "The norm is in itself only a standard form of expressing the chemical analysis a rock in terms of mineral molecules which also express approximately the various substances actually in magmatic solution." (W. Cross 1910a, S. 973.) Außerdem nimmt es wunder, daß Niggli 1923 so plötzlich die Diskrepanz Modus—Norm betont. („Selbst der absolut gleichen Norm entsprechen verschiedene modale Ausbildungsmöglichkeiten" — P. Niggli 1923, S. 94), da er noch 1920 schrieb (auf S. 162): „Kennt man einige wenige chemische Beziehungen zwischen den Mineralien, so lassen sich die möglichen Mineralbestände daraus leicht ableiten[1]." Trotz der schroffen Ablehnung der Norm schreibt P. Niggli in derselben Arbeit (1923, S. 197): „Will man zu mineralogischen Übersichtszwecken eine Art *normativen* Mineralbestand (Zusammensetzung nach Standard-

---

[1] Zu diesem Thema siehe auch hier S. 201 Fußnote, wo J. Roth 1861, H. Vogelsang 1872 und H. Rosenbusch 1889 zitiert werden. Als weitere Beispiele seien noch J. Roth 1887, H. O. Lang 1892 und A. N. Sawarizki 1954 angeführt:

J. Roth 1887, S. 58: „Schlüsse auf die chemische Zusammensetzung der Gemengtheile, auf die Anwesenheit oder das Fehlen gewisser Mineralien, auf das Mengenverhältnis der Gemengtheile sind aus der Bauschanalyse nur bedingt zu ziehen."

H. O. Lang 1892 (S. 128) kommt zum Schluß, „daß wir zur Zeit den *Mineralbestand eines Gesteines nicht nach jeder Beziehung und in allen Fällen mit Sicherheit aus der Bauschanalyse bestimmen können*".

A. N. Sawarizki 1954, S. 4: „Da wir in den meisten Fällen einerseits nicht die Bedingungen kennen, unter denen sich ein gegebenes Eruptivgestein bildete, und wir andererseits sehr wenig darüber wissen, wie diese Bedingungen das Auftreten der einen oder anderen Mineral-Kombination im Gestein beeinflussen, so können wir — mit wenigen Ausnahmen — auf Grund der Kenntnis der chemischen Zusammensetzung eines Gesteins nicht Schlüsse auf seine mineralogische Zusammensetzung ziehen."

mineralien) berechnen, so kann man ähnlich vorgehen wie die amerikanischen Petrographen"[1]. Was beabsichtigt Niggli eigentlich?

Die „Magmentypen" Nigglis (1923)

Es sei hier versucht, Nigglis (bis auf obige Inkonsequenz) klaren Gedankengängen zu folgen. Er stellt fest:

a) „Die *stoffliche Zusammensetzung* findet ihren Ausdruck im *Chemismus* und im *Mineralbestand*. Daß beide in keiner eindeutigen Beziehung zueinander stehen, ist ... ausführlich dargetan worden." (P. Niggli 1923, S. 93.)

b) „Obgleich ... der Mineralbestand das Erstbeobachtbare ist, kann die Basis der Klassifikation, das liegt im Wesen der magmatischen Gesteine, nur eine *chemische* sein." (P. Niggli 1923, S. 88.)

c) Da das Gefüge und der modale Mineralbestand bei der Analyse verlorengingen und der normative Mineralbestand nur zu Irreführungen verleitet, sind in den Analysenwerten keinerlei Daten mehr vorhanden, die ein *Gestein* charakterisieren.

d) Die Analysenziffern sind daher nicht für ein *Gestein*, sondern für das *Magma* kompetent, aus dem das Eruptivgestein entstanden ist.

Damit glaubt Niggli alle Schwierigkeiten, welche die bisher besprochenen Systeme scheitern ließen, umgangen zu haben. Er klassifiziert nicht Gesteine, sondern *Magmentypen*. Seine Berechnungsmethode bringt wesentliche Fortschritte (aber auch Nachteile). Er erwägt: Es „erweist sich als besonders zweckmäßig, zu untersuchen, in welcher Weise der Einzelgehalt an den übrigen Bestandteilen von dem SiO_2-Gehalt die Summe der übrigen Bestandteile von sich aus abnehmen muß, da die Gesamtsumme immer gleich 100 ist. Die einander gegenübergestellten Größen sind also an sich nicht unabhängig voneinander. Macht man jedoch, wie das hier geschehen ist, die Summe der molekularen Metalloxydwerte zu 100, so bleibt die si-Zahl, wie das für die Veranschaulichung sein soll, etwas Außenstehendes, von den Einzelwerten al, fm, c, alk, im gewissen Sinne Unabhängiges." (P. Niggli 1923, S. 57.) Er sagt also, die übrigen Metalloxyde (vor allem K_2O, Na_2O, CaO) lassen sich wesentlich besser vergleichen, wenn man ihre Summe auf 100% bringt und den SiO_2-Gehalt als unabhängige Größe beiseite läßt. Im übrigen schließt sich seine Methode eng an die von Osann an. Der Nachteil gegenüber v. Wolff ist, daß er vier Veränderliche (gegenüber drei von v. Wolff) zu vergleichen hat. Aber auch die vier Veränderlichen genügen noch nicht zur genauen Charakterisierung der Magmentypen: Zur näheren Erklärung fügt Niggli zu den Standard-Molekularwerten si, al, fm (FeO + MnO + MgO + NO + CuO) und c (CaO + SrO + BaO) noch die Ergänzungen alk, k, mg und qz, wobei letztere die Quarzzahl bedeutet, die positiv oder negativ sein kann, je nachdem die übrigen Werte durch Si abgesättigt sind oder nicht[2]. Summa summarum ergibt das acht zu vergleichende Werte — also um einen Wert mehr als die Bauschanalyse. Die oberste Gruppierung nimmt Niggli folgendermaßen vor: 1. saure (oder an si übersättigte Magmen), 2. neutrale oder intermediäre (oder an si gesättigte) Magmen, 3. basische (oder an si untersättigte) Magmen. Dazu

---

[1] Später (1933 und 1936) brachte er sogar eine eigene Berechnungsmethode für die von ihm abgelehnte Norm: „In Anlehnung an das CIPW-Verfahren hat Niggli endlich noch 1933 und 1936 eine Berechnung von ‚Molekularnormen' geschaffen, die es gestattet, leicht und in anpassungsfähiger Weise den Mineralbestand aller möglichen Gesteine angenähert quantitativ modal zu berechnen." (E. W. Tröger 1948, S. 138.)

[2] „Hat das Gestein eine höhere si-Zahl, als dem berechneten si' entspricht, so wird im allgemeinen freies SiO_2 als Quarz auftreten, hat es eine kleinere si-Zahl, so darf man niedriger silifizierte Verbindungen als die genannten Mineralien, nämlich Olivin, Biotit, Feldspatvertreter, Erze erwarten. si — si' ist die Quarzzahl qz, die in Größe und Vorzeichen Anhaltspunkte über den mutmaßlichen Mineralbestand gibt." (T. F. W. Barth 1939, S. 13.)

siehe hier S. 261. Nach weiteren Unterteilungen nach dem si-Sättigungsgrad (alles siehe P. NIGGLI 1923, S. 56) kommt NIGGLI schließlich zu den Familien und den einzelnen Gesteins- bzw. Magmentypen:

„Dem Chemismus nach habe ich die Tiefengesteine in Familien zusammengefaßt." (P. NIGGLI 1923, S. 162.)

„Der eigentliche Gesteinsname behält seinen mineralogischen Inhalt, zur Präzisierung gehört aber eine Magmenbezeichnung." (P. NIGGLI 1923, S. 93.)

Die Inkonsequenz des Niggli-Systems

Welch ein Eingeständnis des Zusammenbruchs der chemischen Klassifikation, wenn man folgende Aussagen NIGGLIs gegenüberstellt, die nur wenige Seiten auseinanderliegen:

„Die Klassifikation, das liegt im Wesen der magmatischen Gesteine, (kann) nur eine *chemische* sein." (P. NIGGLI 1923, S. 88.)

„In der üblichen mineralogischen Bezeichnung können Glimmersyenite ähnlichen Chemismus aufweisen wie Leucitbasalte, Kersantite wie Shonkinite, Leucitmonozite oder Analcimleucitbasalte, Spessartite wie Olivinbasalte; Minetten wie Leucitbasalte" usw. (P. NIGGLI 1923, S. 90.)

„Der eigentliche Gesteinsname behält seinen mineralogischen Inhalt ..." (P. NIGGLI 1923, S. 93.)

Ja nicht nur der Gesteinsname bleibt, NIGGLI belegt auch seine Magmentypen mit den altgewohnten Gesteinsnamen (Tiefengesteinsnamen) und schafft damit eine nur noch größere Verwirrung[1]. Bis 1936 waren 183 Magmentypen aufgestellt (W. E. TRÖGER hatte 1935 auch etliche beigetragen), und W. E. TRÖGER schreibt 1948 (S. 138): „es ist wahrscheinlich, daß ihre Zahl sich noch um einige weitere vermehren wird." NIGGLI gibt 1936 (S. 339) eine Anweisung für die Neuaufstellung eines Magmentypus: „Bei größeren Abweichungen handelt es sich um einen neuen Magmentypus, der jedoch nur dann zu schaffen ist, wenn offensichtliche Einschmelzungen oder spätere Veränderungen fehlen. Denn es wäre zwecklos, für alle in einem letzten Stadium deutlich veränderten, chemisch beeinflußten Eruptivgesteine Magmentypen aufzustellen." Offensichtliche Einschmelzungen oder spätere Veränderungen des Gesteins ersieht man aber nicht aus der chemischen Analyse. Also muß NIGGLI wieder auf morphologische Kennzeichen zurückgreifen, die er sonst nicht sehr achtet. Viel wurde und ist P. NIGGLI vorzuwerfen:

a) die Inkonsequenz, den Mineralbestand und das Gefüge einerseits zu mißachten und andererseits chemisch ermittelten Magmentypen Gesteinsnamen beizulegen;

b) zu sagen, die Klassifikation („das liegt im Wesen der magmatischen Gesteine") kann nur eine chemische sein, aber der Gesteinsname behält seinen mineralogischen Inhalt;

c) einen Magmentypus (also eine chemische Formel) mit einem Gesteinsnamen zu benennen, aber gleichzeitig festzustellen, daß aus *einem* Magmentypus („selbst der absolut gleichen Norm") verschiedene Gesteine („modale Ausbildungsmöglichkeiten") entstehen, da „Chemismus und Mineralbestand ... in keiner eindeutigen Beziehung zueinander stehen"[2].

Über die Berechtigung, aus einer *Gesteins*analyse die *Magmen*zusammensetzung folgern zu wollen, wird noch auf S. 277 f. gesprochen. Jedenfalls war der Erfolg NIGGLIS

---

[1] „Zur Namensbildung wurde stets die Tiefengesteinsform verwendet, so daß z. B. die basaltische Schmelze als gabbroid bezeichnet wurde." (H. LEITMEIER 1950, S. 27.)

[2] „Immer aber wird es Fälle geben, die dadurch ausgezeichnet sind, daß statt des für den Magmentypus normierten Mineralbestandes ein anderer auftritt." (P. NIGGLI 1923, S. 93.)

geteilt. Neben großer Anhängerschaft fand er auch viele Gegenstimmen, so daß er selbst die Bedeutung seines Systems für die Gesteinsklassifikation etwas abschwächt: „Die vom Mineralbestand unabhängige Klassifikation der Magmentypen wurde seinerzeit geschaffen, um Vergleiche zu ermöglichen und Heteromorphiebeziehungen zu erkennen." (P. NIGGLI 1936, S. 339.)

A. JOHANNSEN schreibt 1939 über sein Kapitel „The System of NIGGLI" (Bd. I, S. 103): „Hier soll ich finden, was mir fehlt?"

Die „Formel-Gleichungen" Hommels (1919)

O. H. ERDMANNSDÖRFFER stellt 1924 (S. 89) zu den bisherigen Versuchen fest: „*Allein* aus dem chemischen Verhältnis ist ein ‚natürliches System' nicht ableitbar", und W. HOMMEL kommt 1919 (und später 1922) zu dem Schluß: „Eine chemische Formel allein kann niemals für ein Eruptivgestein eindeutig bestimmend sein, sondern lediglich für das zur Erstarrung gelangte *Magma* ... Umgekehrt kann uns aber eine rein mineralische Formel auch nicht genügen." (W. HOMMEL 1919, S. 1.) Er zieht daraus die Konsequenz: „So werden wir ganz von selbst auf die Forderung geführt, *zweierlei verschiedene Formeln* aufzustellen, nämlich:

1. eine *chemische Formel*, welche auf der chemischen Analyse beruht und die Zusammensetzung des zur Erstarrung gelangten Magmas, bzw. die *elementaren Grundstoffe* des Gesteins angibt.

2. Eine *Mineralformel*, welche die *Struktur* des Gesteins und die Art der konstituierenden *Minerale* angibt.

Beide Formeln müssen natürlich miteinander korrespondieren und ineinander überführbar sein, so daß sich die eine aus der anderen leicht ableiten läßt." (W. HOMMEL 1919, S. 2.) HOMMELS Formeln bestehen aus zwei Teilen, links die „molekulare Formel", rechts die „Konstitutionsformel", die die vereinfachte normative Zusammensetzung des Gesteins darstellt. Jedoch werden auch durch Buchstaben die modalen Bestände, aber nicht quantitativ, sondern nur qualitativ, angegeben. Auch genetische Daten und Gefügebezeichnungen in großer Zahl werden durch Buchstaben ausgedrückt. Die linke Formel, die „molekulare", wird ähnlich wie bei OSANN berechnet, die Norm (rechte Formel) ist ähnlich wie bei v. WOLFF. Näheres darüber möge bei HOMMEL selbst oder z. B. bei SAWARIZKI nachgelesen werden. Um von der Vielfalt der Symbole einen Eindruck zu geben, seien einige wenige Beispiele gebracht:

Ein Granit aus dem Brockenmassiv hat folgende HOMMEL-Formel:

$$80 \cdot 2 \cdot \sum_{1 \cdot 2}^{3 \cdot 3} 4 \cdot 1 \cdot \dot{F}e_2\, \ddot{e}\, \overset{\cdot\cdot}{m}\, c\, 2 \cdot 6 = +\, 31\, [\dot{O}_{33}\, \dot{O}\, 1^{0}_{31}]\, \dot{\beta}\, 5$$

Oder ein Leuzitit von Capo di Bove, Rom:

$$52 \cdot O \cdot \sum_{2 \cdot 1}^{2 \cdot 4} 6 \cdot 4 \cdot C_2 \cdot \ddot{M}\, Fe\, 26 \cdot 2 = -\, 31\, R\, f\, [\ddot{L}_{38}\, Ne_{10}\, \bar{A}n_9]\, \ddot{\delta}\, \lambda\, \iota'\, 43$$

Die allgemeine Formel für den linken Teil, die molekulare Formel, lautet:

$$\sigma \sum_{\alpha c}^{\alpha n} \alpha_k\, fem\, c\, \rho \quad \text{bzw.} \quad \sigma \bigwedge_{\alpha f}^{\alpha n} \alpha_k\, fem\, c\, \rho^1$$

---

[1] Der linke Teil der Granitformel (aus dem Brocken) bedeutet (nach A. N. SAWARIZKI 1954, S. 103), „daß im Gestein 80.2 Mol-% SiO_2; 3.3 = $Na_2O \cdot Al_2O_3$; 4.1 = $K_2O \cdot Al_2O_3$; 1.2 = $CaO \cdot Al_2O_3$; 2.6 Mol-% $(FeO + Fe_2O_3 + MgO + CaO)$ enthalten sind, wobei Fe_2O_3 etwa

HOMMELS Formel ist so „vollkommen", daß jegliche Systematik und alle Nomenklatur überflüssig wird: „Man vermißt diese letztere nicht mehr, denn die Formel nicht mehr der Name, ist nun die Hauptsache für die Characterisierung der Gesteine, aus ihr tritt sofort der Typencharacter zum Vorschein. Es ist nicht mehr von so großem Belang, wohin in der Nomenclatur der Grenzschnitt zwischen zwei Gesteinstypen verlegt wird, da ja auch in der Natur die einzelnen Gesteinstypen ineinander verfließen." (V. HACKMANN 1920, S. 4.)

W. E. TRÖGER (1948, S. 137) schrieb zu HOMMELS Verfahren: „... die entwickelten Symbole wirken aber durch ihr Gemisch aus Ziffern, großen und kleinen, lateinischen und griechischen Buchstaben mit Indexpunkten, Strichen und anderem kabbalistischen Beiwerk derart abschreckend, daß sich das Verfahren trotz aller inneren Logik, die man ihm nicht absprechen kann, nicht durchsetzen konnte."

Somit sind wir am Ende der Versuche angelangt, auf chemischer Basis (Gesteinsanalysen) eine Systematik der Massengesteine aufzubauen. Einige Worte der Kritik an den einzelnen Verfahren und fernerhin eine allgemeine Kritik über die chemischen Klassifikationen mögen hier abschließend folgen.

4. Kritische Besprechung der chemischen Klassifikationen

Verfahrens-Kritik

A. N. SAWARIZKI sagt 1954 im ersten Satz des Vorwortes: „Der Hauptinhalt dieses Buches ist die Darlegung eines Verfahrens, mit dessen Hilfe man meines Erachtens am einfachsten und zugleich am genauesten und genügend vollständig zur Erforschung derjenigen objektiven Tatsachen gelangen kann, wie sie uns durch die Analyse beim Studium der chemischen Zusammensetzung der Eruptivgesteine gegeben

---

6mal so groß ist als CaO, und MgO doppelt so groß als CaO. Die Ausrechnung aus der Analyse ergibt 1.5 FeO, 0.5 Fe_2O_3, 0.4 MgO, 0.2 CaO oder ihre Verhältnisse sind:

$$FeO : Fe_2O_3 : MgO : CaO = 7 : 2.5 : 2 : 1".$$

Der rechte Teil (die Konstitutionsformel) wird so dargestellt (nach A. N. SAWARIZKI 1954, S. 103/104): „Ganz vorn wird der Überschuß oder Fehlbetrag an Kieselsäure $\sigma - \sigma_0$ geschrieben, dahinter ein großer Buchstabe, der die Natur des Gesteins (welche nach der Struktur bestimmt wird) bezeichnet: P — plutonisch, R — Ergußgestein, K — kristalliner Schiefer. Durch Zusatz folgender kleiner Buchstaben kann man die Strukturen bezeichnen: Pc — grobkörnig, Pff — sehr feinkörnig, oder Rf — felsitisch und Rff mikrofelsitisch, Rv — glasig. Hinter der Bezeichnung der Natur des Gesteins werden in eckigen Klammern in vereinbarten Bezeichnungen aufgeführt die Alumosilikate: O — Orthoklas, Ab — Albit, Ad — Andesin, Lb — Labrador, Bt — Bytownit, An — Anorthit, Ne — Nephelin, L — Leuzit. Die Indizes unten bezeichnen die Mengen dieser Mineralien, die aus der molekularen Formel auf folgende Weise errechnet werden: für Orthoklas O ist dieser Index gleich $8\alpha_k$, für Ab $= 8\alpha_n$, für An $= 2\alpha_c$ usw. Die Zusammensetzung von Oligoklas wird aus dem Verhältnis Ab : An errechnet, und der Index, der die Menge von Oligoklas Ol bezeichnet, ist gleich $8\alpha + 2\alpha_c$.

Ferner erscheinen in der Formel griechische Buchstaben, welche farbige Mineralien bezeichnen: β — Biotit, π — Pyroxen, φ — Hornblende, δ — Diopsid, μ — Muskovit, ι — Erzmineralien, λ — Melilith usw. Am Ende steht eine Ziffer, welche die Gesamtmenge der farbigen Mineralien bezeichnet. Hierbei werden alle Ziffern der Konstitutionsformel auf ganze Einheiten abgerundet. Gut ausgebildete Kristalle von Mineralien werden mit dem Zeichen + gekennzeichnet, das über ihnen angebracht wird; das Zeichen „—" wird über Mineralien gesetzt, die gemäß der Ausrechnung (in der Norm) erhalten wurden, aber in Wirklichkeit nicht auftreten.

Zur Bezeichnung hypidiomorpher Körner wird ein Punkt über der Bezeichnung des Minerals benutzt; undeutlich ausgebildete Mineralien werden durch zwei Punkte gekennzeichnet; zur Bezeichnung sphärolithischer Bildungen wird ein kleiner Kreis darüber gesetzt usw."

werden." Das ist nicht neu; seit jeher schreibt jeder Vertreter der chemischen Klassifikation wie H. O. Lang 1891 (S. 199): „Aufgabe dieser Abhandlung soll nur sein, eine taugliche Vergleichungsweise der Eruptivgesteine in chemischer Beziehung zu ermitteln und deren Ergebnisse in einer entsprechenden Anordnung der Gesteine zum Ausdruck zu bringen."

Wie wir bereits gesehen haben, hat keiner dieses Ziel erreicht, weil es ganz einfach nicht möglich ist, auf chemischer Basis eine Systematik der Massengesteine zu erstellen. Daher dienten die verschiedenen Aus- und Umrechnungsverfahren auch nicht einer steten Weiterentwicklung der Klassifikation wie die mineralogischen Systeme, sondern nur der Verwirrung der Begriffe. Denn die auf so verschiedenen Wegen erhaltenen Daten wurden jeweils verglichen und weitreichende Schlüsse daraus gezogen, wie noch weiter unten besprochen wird. Wie schon dargelegt, sind die erhaltenen Prozentwerte — die Basis der Überlegungen — aber jeweils nach jeder Methode verschieden und die gleichen Ausgangswerte (Bauschanalyse) müssen zwangsläufig je nach der Umrechnungsart zu verschiedenen und andersgearteten Ergebnissen führen. Da das Ziel — die chemische Klassifikation der Gesteine — nicht erreicht wurde und auch nicht erreicht werden konnte, sind auch alle Versuche dazu mehr oder minder ebenbürtig; und jedes neue Verfahren mußte eine Überlegenheit den anderen gegenüber bekunden, die meist nicht vorhanden war. Dazu seien anschließend einige Stimmen gebracht:

H. O. Lang 1891 (S. 200): „Ich für meinen Theil möchte" (meinen Vorgängern) „nicht folgen; nach meiner Meinung ist zunächst ein gangbarer Weg zu schaffen, um die Eruptivgesteine nach ihrem chemischen Bestande zu vergleichen; erst wenn anerkannt ist, daß solcher Weg zum Ziele führe, finde ich es an der Zeit, Hypothesen über die Verwandtschaftsbeziehungen aufzustellen; bis dahin erlaube ich mir solche Speculationen für verfrüht zu halten und ihren Wert zu bezweifeln."

A. Harker für CIPW 1903 (S. 173): "Our authors start from the proposition, which will scarcely be disputed, that existing methodes of classification are illogical and in many respects unsatisfactory."

CIPW 1902/03: "The present systems are to a certain extent founded on theory or hypotheses, while classification in order to be stable must eschew all such bases, and be founded only on ascertained facts."

J. H. L. Vogt 1905: „Die bisherigen Versuche, wie diejenigen von Loewinson-Lessing, von Osann und von Cross-Iddings-Pirsson-Washington, einer chemischen Klassifikation der Eruptivgesteine sind ‚künstlicher' Natur."

P. Niggli 1923 (S. 51): „Manche der bereits bestehenden Methoden sind für ihren Sonderzweck recht brauchbar, versagen aber für andere Zwecke."

P. Niggli 1923 (S. 59/60 und S. 57): „durch Osanns Formeln werden bisweilen Gesteine zusammengeschlossen, die nicht so nahe miteinander verwandt sind, wie es scheinen möchte." „Nun wird man wohl nicht in Abrede stellen können, daß dieser Zusammenfassung . . . etwas Willkürliches anhaftet."

F. v. Wolff 1951 (S. III): „Auf verschiedenen Wegen hat man versucht, eine quantitative (chemische; d. Verf.) Gesteinssystematik zu gewinnen."

A. N. Sawarizki 1954 (S. 88) über Niggli: „Alle diese Berechnungen sind im ganzen zu umfangreich, und man kann kaum anerkennen, daß die für sie aufgewandte Mühe durch die erhaltenen Ergebnisse gerechtfertigt erscheint."

A. N. Sawarizki 1954 (S. 73): „Auf Grund solcher ‚Formeln' und ‚Parametern' versuchten sie irgendwelche ‚Klassifikationen der Magmen' oder ‚chemische Klassifikationen der Gesteine' zu geben."

Wenn dann Sawarizki (1954, S. 88) noch schreibt: „Wie wir sehen werden, kann man alle Eigenschaften des Chemismus der Gesteine . . . viel einfacher und anschaulicher ausdrücken", so ist der Kreis zu H. O. Langs Worten von 1891 (S. 199)

— s. hier S. 273 oben — über 63 Jahre hinweg geschlossen. Es ist ein circulus, der uns nicht vorwärtsgebracht hat. „Die Mannigkeit der Analysenumrechnungsverfahren zeigt, daß, wenn sich auch viele Petrographen über die Notwendigkeit der Anwendung mathematischer Methoden zur Analysenauswertung klar sind, die Meinungen doch darüber auseinandergehen, was für Berechnungen hierbei vorzunehmen sind und ob man irgendwelche allgemeine Regeln für solche Berechnungen geben soll." (A. N. Sawarizki 1954, S. 105.)

Allgemeine Kritik der chemischen Gesteinsklassifikation

Im bisherigen wurden die Ziele und Wege der chemischen Klassifikationsversuche beschrieben und aufgezeigt, daß keines der Ziele erreicht wurde und kein einziger Weg sich als gangbar erwies. Im folgenden seien noch einige allgemeine Bedenken und Kritiken gebracht, die gegen die chemische Klassifikation als solche überhaupt vorgebracht werden können und vorgebracht wurden.

Umständlichkeit der chemischen Analysen

Das Wesentliche an der *Definition* des Begriffes *Gestein* ist, daß dieses ein *Mineralaggregat* mit einem bestimmten *Gefüge* darstellt. Nun sagt A. N. Sawarizki (1954, S. 90): „Jedes Gestein stellt ein Gemenge von Mineralien dar, und wenn die Zusammensetzung jedes dieser Mineralien bekannt wäre, und man die Menge der Mineralien wüßte, so würde man auch die Zusammensetzung des Gesteins kennen." So könnte man sich die umständliche chemische Analyse ersparen, über die W. E. Tröger 1935 (S. 9) schreibt: „Die chemische Analyse ist zwar die exakteste Methode einer quantitativen Gesteinsbeschreibung, sie ist aber für die Praxis in den meisten Fällen viel zu zeitraubend und kostspielig."

Nun kann man zwar mittels Integrationstischmessungen die Prozentmengen der einzelnen Gesteinskomponenten mit annähernder und damit genügender Genauigkeit auszählen[1], aber mit den heutigen optischen Methoden kann bis auf geringe Ausnahmen (z. B. die Plagioklase) die genauere chemische Zusammensetzung vieler Mineralien von Mischungsreihen nicht ermittelt werden[2]. Es wäre ein Weg denkbar, die chemische Zusammensetzung zu erfahren: alle Mineralien, deren genaue Zusammensetzung nicht bekannt ist, einzeln zu analysieren. C. Vogt vertrat 1866 (Bd. I, S. 142) energisch diese Forderung: „Es versteht sich von selbst, ... daß man nur die mechanisch zerlegten Bestandtheile, jeden einzelnen für sich, der Analyse unterwerfen darf." Was wäre das Resultat? Daß man auf dem Umweg vieler Einzelanalysen von Mineralien und zusätzlich den in Gewichtsprozente umgerechneten Mineralien, die man optisch erkannt (und deren Volumprozente man ausgezählt hat), eine Gesamtanalyse bekäme. Dasselbe erreicht man auch durch die Bauschanalyse. Diese ist weniger kompliziert — und dennoch gilt für sie das oben von Tröger 1935 Gesagte, oder wie H. O. Lang schon 1891 (S. 200) schrieb: „Ein System der Eruptivgesteine, das zur Gesteinsbestimmung allemal erst der Bauschanalyse bedürfte, würde seiner Umständlichkeit halber schon ... nicht taugen. Der Mineralbestand ist auf anderem Wege viel leichter zu ermitteln." Dabei gibt sich Lang noch der trügerischen Hoffnung hin, daß aus der Bauschanalyse die *wahre* (modale) Mineralzusammensetzung zu errechnen ist. Wie aus dem Vorherigen hervorgeht, reichen die Umrechnungsmethoden aber nur zu einem *normativen*, d. h. fiktiven Mineralbestand.

---

[1] Aber in Volumsprozenten, die erst in Gewichtsprozente umzurechnen wären.

[2] „Der Chemismus der Vulkanite kann auch bei vollkristallinischer Ausbildung nur annähernd aus dem Mineralbestand errechnet werden, da die meisten Mineralien Mischkristalle sind, deren Mischungsverhältnisse oft nicht auf optischem Wege ermittelt werden können." (A. Rittmann 1960, S. 115.)

Die Diskrepanz Modus—Norm

Die Diskrepanz Modus—Norm ist es, welche die chemischen Klassifikationen von vornherein zum Scheitern bringt. Das haben viele erkannt und gerade deshalb vielleicht das CIPW-System so angefeindet, weil es als einziges ehrlich Norm-*Mineralien* berechnet. Alle anderen wichen dem aus und berechneten ihre Normen nicht als Mineralien, sondern als *Molekülgruppen*, die sie dann *Parameter* benannten, als wenn dadurch das *Normative* ganz einfach aus der Welt geschafft worden wäre. Aber im Grunde sind alle derartigen Verfahren eine Umsetzung der Analyse in die *Gesteinswirklichkeit*, nämlich den Mineralbestand; oder wie W. E. TRÖGER (1938, S. 50) statt Umsetzung sagt, eine Übersetzung: „Jede Übersetzung aus der einen in die andere Darstellungsart wird aber mehr oder weniger unter Zwang geschehen, weil eben Chemismus und Modalbestand nicht auf einfache Weise gesetzmäßig gekoppelt sind, ja in manchen Einzelheiten überhaupt unübersetzbar bleiben müssen.“

Es hat lange gedauert, bis man zu dieser Erkenntnis kam, wie hier schon einige Male dargelegt wurde. Sogar NIGGLI glaubte 1920 noch an eine Übersetzbarkeit, wo doch schon 1874 (auf S. 43) B. v. COTTA schrieb: „Aus quantitativ gleicher Zusammensetzung sind unter ungleichen Umständen verschiedenartige Mineralien auskrystallisirt, und aus ungleichen Zusammensetzungen zuweilen dieselben.“ 1887 erinnerte J. ROTH wieder daran, wenn auch in weniger exakter Form (S. 50): „Chemisch idente Gesteine gewinnen durch die verschiedene Reihenfolge der Krystallisation makroskopisch ein ganz verschiedenes Aussehen.“

Schöne Beispiele dafür bringt F. v. WOLFF: „Gabbro und Norit besitzen die gleiche normative Zusammensetzung, aber eine verschiedene modale, indem der rhombische Augit in den Noriten an Stelle des Diallag tritt.“ (1951, S. 113.) Ist hier der Fehler auch nicht so schlimm, weil Norit und Gabbro immerhin noch in dieselbe Gesteinsfamilie gehören, so ist WOLFFs nächstes Beispiel schon schwerwiegender: „Die mittlere Zusammensetzung von 20 Dioriten und 32 Gabbroanalysen ergeben nach einer Zusammenstellung von KLEMM (1926) folgendes Bild:

Mittelwerte

	L	M	Q	A	C	K₂O
Diorit	57,84	47,88	−5,72	3,89	6,68	0,86
Gabbro	58,32	48,44	−6,76	2,96	8,66	0,60

Die Übereinstimmung der Mittelwerte beweist, daß Diorit und Gabbro die gleiche stoffliche, aber eine verschiedene modale Zusammensetzung haben.“ (F. v. WOLFF 1951, S. 109/110[1].)

Allgemein durchgesetzt hat sich die Unübersetzbarkeit von der Analyse in den Modus erst, als H. ROSENBUSCH 1898 mit dem ganzen Gewicht seiner Persönlichkeit feststellte: „Ein und dasselbe Eruptiv*magma* kann je nach der Art seiner Verfestigung verschiedene Eruptiv*gesteine* liefern.“ Wie hartnäckig und lange anhaltend jedoch der Glaube einer Übersetzbarkeit der Bauschanalyse in den modalen Bestand, der wohl einem tiefen Wunsch entspricht, anhält, zeigt sich darin, daß noch 1954 A. N. SAWARIZKI betonen muß (auf S. 4): „Wenn ein und dasselbe Magma unter verschiedenen Bedingungen kristallisiert, kann es Gesteine bilden, die

---

[1] Äußerst aufschlußreich ist die mangelnde Logik und Konsequenz, mit der die Verfechter der chemischen Klassifikation vorgehen: Immer wieder bringen sie Vergleiche chemisch errechneter Mittelwerte von Gesteinen, die nach *mineralogischen* Gesichtspunkten bestimmt wurden! Sie nehmen also die mineralogische Bestimmungsweise als kompetent hin und verdammen sie im nächsten Augenblick, indem sie sagen: „Die Klassifikation, das liegt im Wesen der magmatischen Gesteine, (kann) nur eine *chemische* sein.“ (P. NIGGLI 1923, S. 88.)

zwar die gleiche chemische Zusammensetzung, aber verschiedene mineralische Zusammensetzung haben."

Verlust aller Gesteins-Merkmale durch die chemische Analyse

P. Niggli drückt 1923 (S. 89) ähnliches wie oben Sawarizki aus, wird aber durch
seine Formulierung allgemeiner: „Infolge der Beziehungen, die zwischen den einzelnen
Mineralien herrschen, können unter verschiedenen physikalischen Bedingungen bei
gleichem Gesamtchemismus voneinander verschiedene Mineralbestände auftreten..."
Das beschränkt sich nicht mehr auf magmatische Gesteine allein, sondern auf *alle*
Gruppen von Gesteinen, da eben alle diese unter verschiedenen physikalischen Bedingungen entstehen. B. v. Cotta hat schon 1874 (auf S. 19) daran gerührt, wenn auch
nicht so bewußt, da er Granit und Gneis noch die gleiche — eruptive — Entstehung zu-
schrieb: „aus den Resultaten einer, wenn auch noch so genauen Analyse für sich
allein, kann man nicht einmal Granit von Gneiss, Quarzporphyr, Felsitfels, Trachyt,
Trachytporphyr oder Obsidian und Bimsstein bestimmt unterscheiden ..." Ganz
klar war J. F. Spurr 1900, S. 218: "Chemically, many of these igneous rocks may
be identical with certain sedimentary rocks or metamorphic schists, but there are
distinguishing features which separate the igneous rocks into a distinct class, and
these features depend upon the character and habit of the minerals and upon the
structure of the rock."

Damit wurde unmerklich ein anderes Kriterium der Gesteinsdefinition gegen die
chemische Klassifikation herbeigezogen, das *Gefüge*. Struktur und Textur eines Gesteins gehen bei der Durchführung der chemischen Analyse unwiederbringlich verloren und machen damit eine Systematik auf *rein* chemischer Basis unmöglich.

Aber auch die geologische Selbständigkeit wurde beachtet; und zwar schon sehr
frühzeitig durch H. Vogelsang 1872 (S. 522): „Wer sagt dem Chemiker, daß das
betreffende Mineralaggregat beträchtliche gleichartige Massen bildet, daß es in
diesem Sinne wirklich den Gesteinen zuzurechnen ist, wer belehrt ihn über die
eigentlich geologische Bedeutung jener physikalisch-chemischen Operationen? Es
wäre eine Kleinigkeit, aus unseren Sammlungen hunderte verschiedener Mineralaggregate auszusuchen, deren Analysen die seltsamsten Stoff- und Mengenverhältnisse ergeben könnten, ohne daß der Gesteinslehre aus ihrer Untersuchung irgend
erheblicher Gewinn erwüchse."

Eine chemische *Gesteins*-Klassifikation ist unmöglich

Aus all diesen Einwänden heraus — Verlust des Mineralbestandes, der Struktur,
Textur und dem Erkennen der geologischen Selbständigkeit — gab B. v. Cotta
bereits 1874 (auf S. 19) folgendes zu bedenken: „Wollte man die Gesteine nach
ihrer chemischen Zusammensetzung trennen und benennen, so würde man jedenfalls erst eine ganz neue Unterscheidung und Benennung einführen müssen, die von
der mineralogischen Zusammensetzung und Textur vollständig unabhängig wäre."
Noch genau 80 Jahre später mußte A. N. Sawarizki feststellen: „Noch vor kurzem
stritten sich die Petrographen darüber, was das wesentliche Kennzeichen eines Gesteins ist — seine mineralische oder seine chemische Zusammensetzung. Aus dem
Gesagten ergibt sich, daß dieser Streit im Grunde genommen nutzlos ist, da es sich
hier um verschiedene und nicht voll vergleichbare Kennzeichen des Gesteins handelt:
die mineralische Zusammensetzung ist eine Funktion der Zusammensetzung des
Magmas und der Erstarrungsbedingungen; die chemische Zusammensetzung eines
Gesteins hängt weniger von den Erstarrungsbedingungen des Magmas ab." (1954,
S. 5.) „Daher können wir beim Vergleich der chemischen Zusammensetzung von
Gesteinen (nicht der Gesteine selbst) in den meisten Fällen nicht von ihrer wirklichen
(realen) mineralogischen Zusammensetzung ausgehen." (1954, S. 90.)

„Wie die vorstehenden Ausführungen zeigen, ist trotz der gewaltigen, auf die Erforschung der chemischen Beziehungen der Eruptivgesteine verwendeten Mühe die Zahl der *ausgearbeiteten rein chemischen Systeme* gering, und diese wenigen sind mehr oder minder *Klassifikationen der Gesteinsmagmen* und nicht der Gesteine; sie sind ferner fast immer ganz oder in erheblichen Teilen *künstlich.*" (L. Milch 1914, S. 226.)

> „Die Berechnung der Gesteinsmagmen ist von besonderer Wichtigkeit bei der Klassifikation der Eruptivgesteine."
>
> C. Doelter 1906, S. 64

Kritik der chemischen Magmenklassifikation

P. Niggli wollte (ab 1920 bis 1923) all den oben geschilderten Schwierigkeiten (Verlust des modalen Mineralbestandes, der Struktur und Textur, und der geologischen Selbständigkeit) ausweichen und sprach bei seiner Klassifikation nicht mehr von Gesteinen, sondern von *Magmen*. Er stellte Magmentypen auf. Das war aber weder neu, noch erwies sich diese Idee als Ausweg. Denn Niggli nimmt für seine Magmentypen Gesteinsnamen, obwohl Magma kein *Gestein* ist und ferner auch aus gleicher chemischer Magmenzusammensetzung daraus noch lange kein Gestein des mit einem Gesteinsnamen benannten Magmentypus entstehen muß (wie obiges [S. 275] Beispiel von Diorit und Gabbro zeigte).

Gesteinschemismus ist nicht Magmenchemismus

Schon 1906, also rund 15 Jahre vor Niggli, stellte C. Doelter (auf S. 58) fest: Schwierig ist „der theoretische Rückschluß von der Bauschanalyse zu dem Magma... Streng genommen kann man daher das Wort Magma nicht mit der chemischen Zusammensetzung, wie sie die Bauschanalyse eines Gesteins gibt, identifizieren; denn aus dem Magma kann sich z. B. wie bei der Aplitbildung ein saurer Rest nachträglich erst abscheiden." Wollte P. Niggli diese Grundregel nicht sehen, um der offenkundigeren Schwierigkeit des Verlustes des Gefüges und des modalen Bestandes auszuweichen? Er begeht damit einen grundsätzlichen Fehler: Im Wesen der Differentation liegt es, daß jedes magmatische (zumindest Tiefen-) Gestein aus einem saureren Magma auskristallisiert, als es seinem Chemismus entspricht. Vor allem in neuester Zeit wurde immer wieder auf die Diskrepanz Bauschanalyse—Magmenzusammensetzung hingewiesen:

H. Leitmeier 1950 (S. 27): „Die 179 (183, d. Verf.) errechneten ‚Magmentypen' lassen aber keinen Schluß auf die Stammschmelze eines Tiefengesteinsverbandes zu, wenn nicht das relative Mengenverhältnis bekannt ist. Aber auch dann kann nicht auf die Zusammensetzung der Schmelze in tieferen Differentiationsräumen geschlossen werden, weil dies nur unter der Annahme möglich wäre, daß die nach oben dringenden differenzierten oder differenzierenden Schmelzen durch keinerlei Reaktion mit dem Nebengestein verändert worden wären, eine Annahme, die nicht gemacht werden darf, wenn nicht sehr rascher Aufstieg wahrscheinlich ist. Man errechnet also keineswegs die Schmelze, aus der ein Gestein entstanden ist, sondern nur dessen Bestandteile; die Typen geben also nur ein anschauliches Bild der Gesteinszusammensetzung und dienen nur zum Vergleich[1]."

F. v. Wolff 1951 (S. 14): Die Analyse „erfaßt nur die festen Mineralphasen, den Kristallisationsrest, der flüchtige Anteil des Magmas und die Zustandsbedingungen bleiben unbekannt; diese aber beeinflussen die Mineralgleichgewichte. Das

---

[1] Dieser Einwand scheint etwas am Ziel vorbeizugehen, denn Niggli *will* gar nicht auf die „Stamm-", d. h. die Ur-Schmelze schließen.

Anorthit- und Ägirinmolekül z. B. sollten sich gegenseitig ausschließen, tatsächlich kommt aber Ägirin mit Plagioklas zusammen vor. Oder Kalktonerdesilikate bilden nicht nur das Anorthitmolekül, sondern gehen auch in den Augit oder in die Hornblende ein[1]."

A. N. Sawarizki 1954 (S. 6): „Die chemische Zusammensetzung eines Gesteins ... bringt aber auch nur annähernd die stoffliche Zusammensetzung des (Magmas) zum Ausdruck. Wie sowohl Vulkanausbrüche der Gegenwart als auch das Studium der Erscheinungen der Kontaktmetamorphose und der Metallogenese zeigen, sind im Magma außer den Bestandteilen, die wir in dem aus ihm entstandenen Gestein finden, noch gelöste Gase eingeschlossen, die bei der Erstarrung und Kristallisation ausgetrieben werden. Nur mit einer gewissen Annäherung gibt die chemische Bauschanalyse eines Gesteins die chemische Zusammensetzung des Magmas wieder, aus dem es entstanden ist. Die chemische Zusammensetzung eines Gesteins ist eins der wesentlichen Merkmale nicht des Magmas, sondern des Gesteins, in der Form, wie es vorliegt."

W. Schreyer 1960 (S. 506) bringt dasselbe in ganz konkreten Beispielen: „Ultrabasite, wie Peridotite, Pyroxenite und Anorthosite, können aus einer Anzahl von Gründen *nicht* aus Magmen ihrer Zusammensetzung kristallisiert sein, sondern entstanden durch Kristallakkumulation (z. B. gravitatives Absaigern) während der Erstarrung des basaltischen Stamm-Magmas. Es gibt also kein Peridotit- usw. Magma. Die scharfe Unterscheidung zwischen Gestein und Magma ist gegenüber P. Niggli hervorzuheben[2]."

Verwitterung und Umbildungen fertiger Gesteine

Wurde zuletzt die Unhaltbarkeit einer Gleichsetzung von Gesteinsanalyse mit einem Magmentypus aufgezeigt, so geht die Kritik noch weiter: Die Analyse muß überhaupt nichts über den Chemismus des Magmas Verbindliches aussagen, denn die Verwitterung kann die Analysenziffern beeinflußt und damit verändert haben: „Unfrische Granite z. B. können mit alk um 25—30 sehr hohes al und c < 10 aufweisen, bei al—alk ganz erheblich > 10. Man könnte sie als rapakiwitisch bestimmen, doch sagt dies über den ursprünglichen Chemismus (Auslaugung von CaO und Alkalien!) wenig aus." (P. Niggli 1936, S. 338.)

Diese Veränderungen sind aus den Analysenwerten nicht zu ersehen. Aber man weiß darum, und deshalb schließt man alle nicht in die vorgefaßte Arbeitshypothese hineinpassenden Analysen und damit Gesteine aus: „. . . ich habe alle untauglichen ausgeschlossen, *deren es sehr viele gibt* . . . (kursiv v. Verf.), weil das Analysenmaterial in geologischen Beziehungen verdächtig ist (als von Verwitterung oder Zersetzung verändert oder als anormal)." (H. O. Lang 1891, S. 204.) Aber andere, genauso fragliche, die für das bestimmte System tauglich sind, werden verwendet. Natürlich ist Umbildung der Gesteine für eine gute Systematik hinderlich, aber *Umbildungen* werden nur optisch sicher erfaßt.

Die Unterschiede von Modus — Norm — Magmentypus

Abschließend sei noch ein instruktiver Vergleich der drei besprochenen Hauptfaktoren gebracht:

---

[1] Hier bei v. Wolff wird das Hauptgewicht des Einwandes von der richtigen Erkenntnis wieder auf den Zwiespalt Modus — Norm gelenkt und geht damit ebenfalls am Kern vorbei.

[2] Verfasser konnte in Zentral-Anatolien (Raum Eskişehir—Polatlı) Differentiationsreihen feststellen, die von Peridotiten über Diabase, Gabbrodiorite zu Graniten, Turmalinaplograniten bis zu reinen Quarzgängen reichten.

Die Diskrepanz zwischen Modus — (CIPW-) Norm — und (NIGGLI-) Magmentypus ein und desselben Gesteins; des „Augitsyenits von Gröba, Sachsen"[1].

JOHANNSEN-Modus: Vol.%

        Quarz 2
        Orthoklas 5
        Andesin 60
        Biotit 10
        Hornblende 10
        Diopsid 10
                              97

CIPW- (WASHINGTON-) Norm: Mol.%

        Orthoklas .... or = 20,02
        Albit .... ab = 30,92
        Anorthit .... an = 20,29
        Nephelin .... ne = 1,99
        Diopsid .... di = 12,31
        Olivin .... ol = 3,01
        Magnetit .... mt = 6,73
        Ilmenit .... il = 2,28
        Hämatit .... hm = 1,44

NIGGLI-Werte:

si	al	fm	c	alk	k	mg	qz
137,9	27,5	34,5	20,4	17,6	0,3	0,45	—32,5

„Das Gestein reiht sich demnach dem normalmonzonitischen Typus NIGGLIS ein." (F. v. WOLFF 1951, S. 18.)

Danach stimmt das Gestein nach TRÖGER (geradezu ideal) mit einem *Diorit* überein, die CIPW-Norm läßt (ins Modale übersetzt) auf einen *Mangerit* schließen, während der NIGGLI-Magmentypus für einen Normal-*Monzonit* bezeichnend ist.

Abschließend für dies ganze Kapitel sei nochmals SAWARIZKI zitiert: „... man muß beachten, daß, indem man die Analysendaten durch Formeln oder Parameter ersetzt, man nicht nur nichts Neues erhält, in der Kenntnis über die chemische Zusammensetzung der Gesteine nichts gewinnt, sondern man im Gegenteil bewußt oder unbewußt einige Besonderheiten unberücksichtigt läßt, die in den ursprünglichen Ziffern ausgedrückt sind. Damit nach der Umrechnung der Inhalt unserer Kenntnisse über den Chemismus des Gesteins in seinem ganzen Umfang erhalten bleibt, muß man eine ebensolche Anzahl neuer Verhältnisse erhalten, wie sie in den Analysenziffern gegeben wird." (A. N. SAWARIZKI 1954, S. 73.)

"... a purely chemical classification presents many difficulties. A knowledge of the exact chemical composition of many rocks is wanting, while for practical purposes it would be impossible to adopt any method of classification which requires a complete chemical analysis of a rock before its name and proper position could be ascertained. Mineralogical composition and structure must still be important factors in any scheme which is to be generally adopted." (F. D. ADAMS 1891, S. 464.)

---

[1] Für die Verwirrung der Nomenklaturbegriffe bezeichnend ist die Benennung *Augitsyenit*. Weder nach dem Modus noch nach der Norm noch nach dem Magmentypus gehört dieses Gestein zu der Familie der Syenite!

> „Die *Projektion* oder graphische Darstellung kann als *Steno-graphie* der Wissenschaft bezeichnet werden. Sie ist so kurz und prägnant, daß sie eine ganze Reihe von Einzeldarstellungen dem Bewußtsein *gleichzeitig* übermitteln kann und somit für Vergleichs- und Übersichtszwecke unschätzbare Dienste leistet."
>
> W. Hommel 1919, S. 1

II. Die graphische Darstellung chemischer Daten

1. Die Notwendigkeit graphischer Darstellung

Daß aus der Bauschanalyse direkt nicht viel zu ersehen war, wurde weiter oben ausführlich dargelegt. Daher war man bemüht, Wege zu finden, die klare Ergebnisse bringen sollten. Die Aufgabe war eine zweifache:

„1. Aus den Analysendaten gewisse neue Verhältnisse zu finden, die die Grundzüge des Gesteinschemismus in klarerer Form zeigen, als man sie unmittelbar aus den Analysenziffern ersehen kann."

„2. Die Anzahl der Verhältnisse zu verringern, welche die chemische Zusammensetzung des Gesteins charakterisieren, um sie bequemer vergleichen zu können." (A. N. Sawarizki 1954, S. 105.)

Wie aus den vorigen Abschnitten hervorgeht, sind beide Forderungen so eng verquickt, daß sie meist gemeinsam in Angriff genommen wurden. Die Verringerung der Analysendaten brachte selbstverständlich Vergröberungen (wenn nicht gar Verfälschungen) mit sich, aber diese mußten in Kauf genommen werden, um eine bessere Vergleichbarkeit der Daten zu erreichen. W. E. Trögers Ausspruch 1931 (S. 256) trifft genau den Kern der Sache: „Die besten chemischen Analysen nützen uns aber noch nichts, wenn wir nicht geeignete statistische Methoden besitzen, sie zu vergleichen und auszuwerten. Wir müssen uns zu diesem Behufe in der Petrochemie nach brauchbaren graphischen Darstellungsmöglichkeiten umsehen, denn nur auf graphischem Wege läßt sich ein so umfangreiches Analysenmaterial ... überhaupt noch handhaben."

F. Becke schrieb 1903 (S. 211): „Die Übersicht über die chemische Zusammensetzung ... von Gesteinen zu geben, ist immer eine etwas schwierige Aufgabe. Selbst wenn man ... sich auf die ‚sieben petrographischen Elemente‘ beschränkt[1], hat man die Verhältnisse und Änderungen von sieben Größen gleichzeitig zu überblicken. Die Aufgabe drängt zur ... graphischen Darstellung."

2. Dimensionale Darstellung von Einzelgesteinen

P. Niggli stellte 1923 (S. 56) fest: Sieben, „das ist eine Zahl, die für übersichtliche graphische Vergleichsstudien zu groß ist". Doch das war erst eine späte Erkenntnis. Anfänglich wollte man *alle* Analysendaten graphisch darstellen[2]; das war auch nicht schwer, wenn man nur ein *Einzelgestein* betrachtete; für Vergleichszwecke waren diese Methoden nicht geeignet.

---

[1] SiO_2, Al_2O_3, $FeO(+ Fe_2O_3)$, MgO, CaO, K_2O, Na_2O.
[2] Wie es auch Sawarizki in neuester Zeit (1954) wieder versuchte (siehe S. 236 f.).

Lineare Figur bei Rosenbusch

H. ROSENBUSCH entwickelte die einfachste Methode. Als Beispiel sei der Granit von Hauzenberg bei Passau gebracht, dessen Analysenergebnisse schon (hier) auf S. 263 in Zahlen wiedergegeben sind:

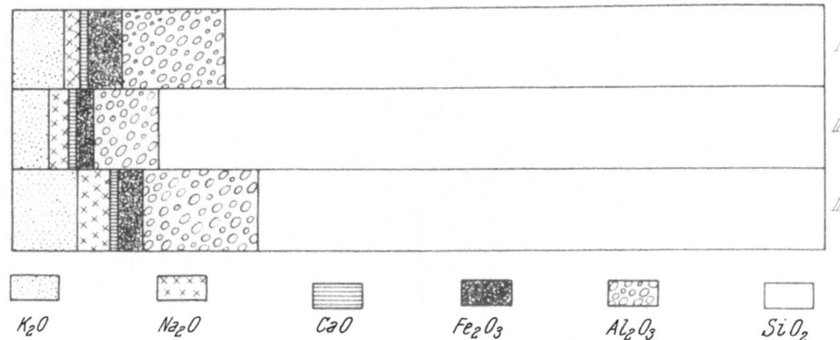

I Gewichtsprozente, II Molekularprozente, III Metallatomprozente

Abb. 54. Lineardarstellung von Einzelgesteinen nach H. ROSENBUSCH (Granit von Hauzenberg bei Passau).

Es können hier nicht alle graphischen Darstellungsverfahren gebracht werden. Hingewiesen sei auf C. DOELTER 1906 (S. 66 ff.), der die Projektionen bis 1906 anschaulich bringt (MICHEL-LÉVY, BROEGGER, OSANN, BECKE), dann E. WEINSCHENK 1913 (S. 87 ff.) und neuerdings A. N. SAWARIZKI 1954 (S. 134 ff.).

Doppeldreiecke bei Michel-Lévy

A. MICHEL-LÉVY wählte eine ganz andere Darstellungsart als ROSENBUSCH. Er geht von der *linearen* auf die *zweidimensionale* Figur über. Er bringt in Form eines weißen Dreiecks die salischen (lichten) Gemengteile zum Ausdruck; die femischen (Mafite) als strichlierte Dreiecke[1].

Ohne weitere Erklärung sei hier ein Beispiel (von drei Gesteinen) dieser Projektion gebracht — worin, wie bei ROSENBUSCH, sechs Veränderliche zum Ausdruck gebracht werden:

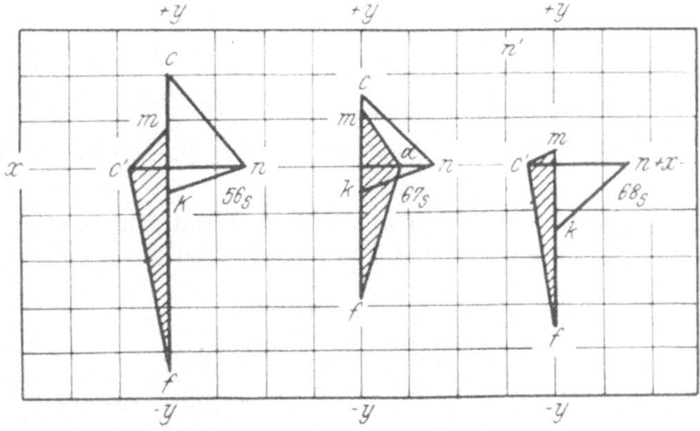

Abb. 55. Doppeldreieckdarstellung von Einzelgesteinen nach A. MICHEL-LÉVY.

---

[1] Hier fanden also schon „Parameter" ihre graphische Darstellung.

Sternbilder bei Brögger

W. C. Broegger verwendete alle sieben Analysenwerte für seine Projektion. Da er aus Gründen der Symmetrie aber acht benötigte, teilte er den SiO_2-Gehalt und trug ihn symmetrisch verteilt links und rechts als Halbwerte auf. Seine „Sternbilder" sahen so aus:

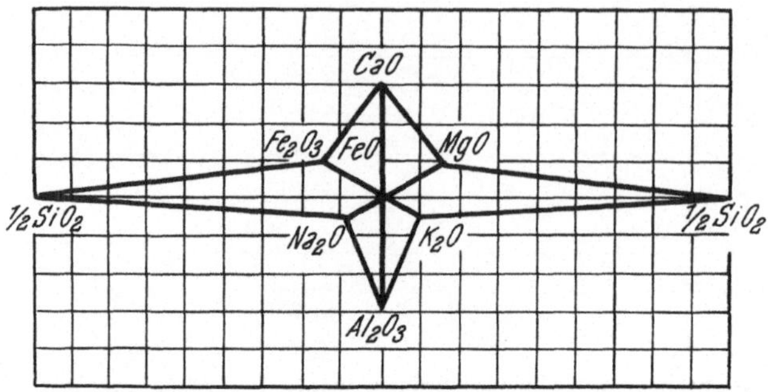

Abb. 56. „Sternbilder" von Einzelgesteinen nach W. C. Brögger.

J. P. Iddings wählte wieder eine andere Form, die hier nicht dargelegt wird. Es sei auf A. N. Sawarizki 1954, S. 140 verwiesen.

Knicklinie bei Fedorow

E. S. Fedorow ging einen anderen Weg; er brachte die Analysenergebnisse als geknickte Linie, wie folgende Figur eines Leuzit-Absarokit zeigt:

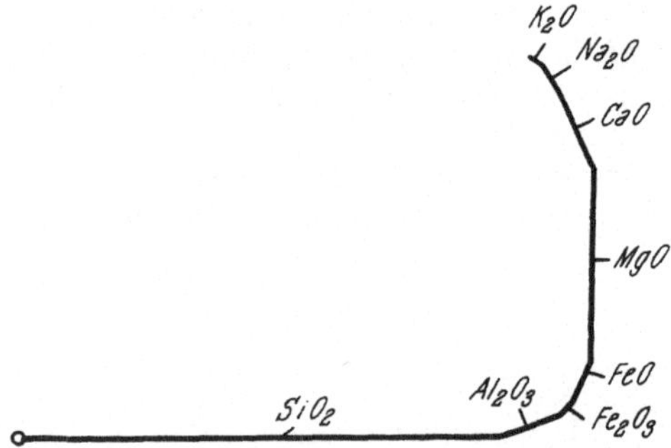

Abb. 57. Einzelgestein, als „geknickte Linie" dargestellt. (Nach E. S. Fedorow.)

Daß all diese Figuren jeweils anders aussehen, wenn man die Gewichtsprozente oder die Molekularprozente darstellt, ist klar, hat aber mit der Darstellungs-*Art* nichts weiter zu schaffen.

3. Einpunktdarstellungen

Plötzlich kam der Umschwung. Die optimale Vergleichbarkeit wurde gefordert; und die ist nur gegeben, wenn jedes Gestein nur durch jeweils einen Punkt dargestellt ist. Das bedarf einer ganz einschneidenden Zusammenraffung der sieben Analysenwerte.

Zwei Veränderliche im Koordinatensystem bei Grout

Rigoros ging F. F. GROUT vor: Er reduzierte auf die zwei Veränderlichen Kieselsäure und Alkalien, um eine Darstellung in einem zweidimensionalen Koordinatensystem zu erreichen. Die mittleren Zusammensetzungen der Eruptivgesteine (nach R. A. DALY) haben in diesem Diagramm folgendes Aussehen:

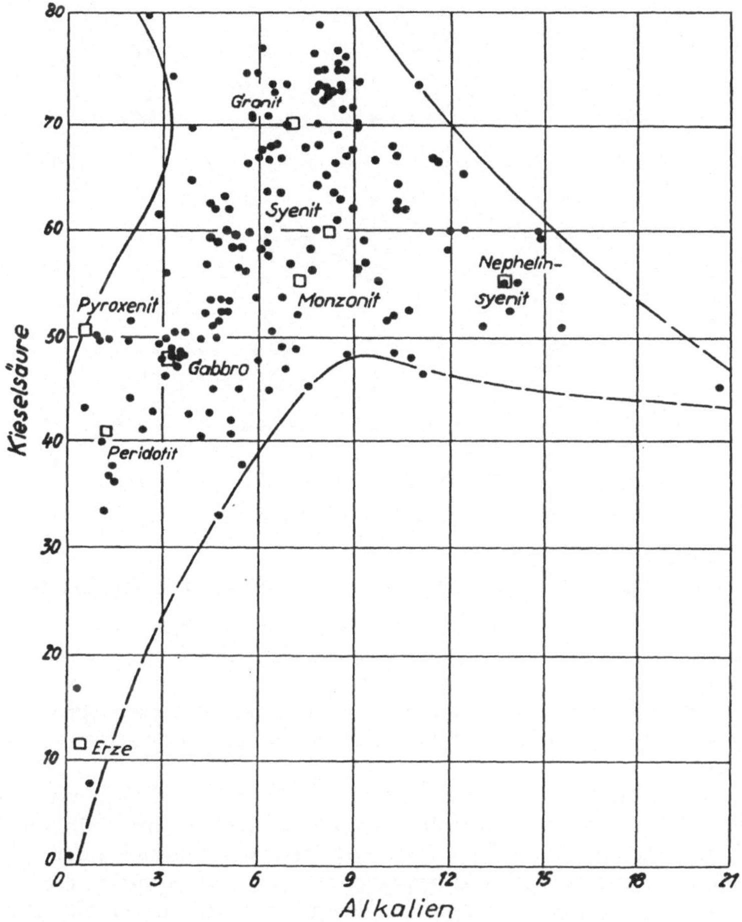

Abb. 58. Punktdarstellungen von Gesteinen mit 2 Veränderlichen nach F. F. GROUT.

Drei Veränderliche im Dreieck: Osann

Zwei Veränderliche waren allerdings zu wenig, um ein Gestein wirklich zu charakterisieren. A. OSANN (und später F. BECKE) zog drei heran. Er nahm als Projektionsgrundlage nicht das (zweidimensionale) Ordinatenkreuz, sondern das gleichseitige Dreieck, das die Darstellung von drei Variablen als Punkt in der Ebene gestattet. Diese drei Variablen sind: a (Alkalialumat), c (Kalkalumat) und f (FeMgCa-Alumat) — siehe auch S. 264. Die Kieselsäure findet bei dieser Darstellungsart keine Berücksichtigung, was eine große Schwäche ist.

Als Beispiel für ein OSANNsches Dreieck siehe Abb. 59, wo er die durchschnitt-
lichen Werte der verschiedenen Massengesteinstypen darstellt.

1 Alkaligranit
2 Alkalisyenit
3 Eläolithsyenit
4 Essexit
5 Theralith
6 Shonkinit
7 Fergusit
8 Missourit
9 Ijolith
10 Melteigit
11 Bekinkinit u. Fasinit
12 Urtit
13 Naujait
14 Pedrosiι

15 Alkalikalkgranit
16 Alkalikalksyenit
17 Quarzdiorit
18 Diorit
19 Gabbro
20 Hornblendit
21 Pyroxenit u. Peridotit
22 Dunit
23 Anorthosit
24 Oligoklasit
M Mittlere Zusammen-
setzung der Eruptiv-
gesteine

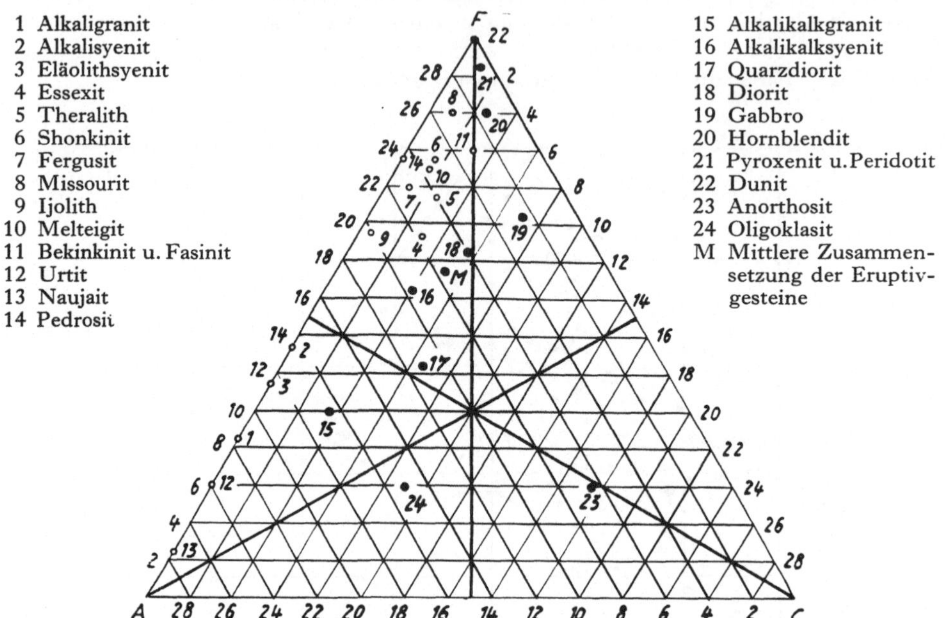

Abb. 59. Die mittleren Zusammensetzungen der Massengesteine im OSANNschen Dreieck.
3 Veränderliche

Vier Veränderliche im Dreieck durch Si-Beizahlen: Escher

Nach A. N. SAWARIZKI (1954) erkannte ESCHER den Mangel der fehlenden Kiesel-
säurezahlen im OSANNschen Dreieck und schlug vor, zu jedem Projektionspunkt die
si-Zahl (Mol.% SiO_2) als vierte Variable in Ziffern zu setzen. Nun war zwar jedes
Gestein durch einen einzigen Punkt dargestellt, aber die Beifügung der si-Zahl über-
steigt doch die menschliche Vorstellungsgabe, so daß die Vergleichbarkeit stark vermindert wurde.

Nun entspricht ein Projektionspunkt, dem eine (si) Zahl beigeordnet ist, gleichsam
zwei Projektionspunkten — und dazu (sowohl wie auch zu den früheren Figuren)
sagt W. E. TRÖGER 1931 (S. 257): „Die Darstellung eines Gesteins oder einer Serie
darf sich nicht auf *mehrere Projektionspunkte* verzetteln, sei es nun in einem einzigen
oder in verschiedenartigen Diagrammen, da es sonst dem Leser oft schwer wird,
zusammengehörige Projektionspunkte zu erkennen."

Vier Veränderliche im Tetraeder: Niggli

P. NIGGLI behielt die vier Veränderlichen bei und überlegte, daß sich diese auch
noch durch einen einzigen Punkt darstellen lassen: „Vier Variable verlangen zu ihrer
Darstellung den Raum." (F. v. WOLFF 1951, S. 19.) Daher konstruierte er ein Pro-
jektionstetraeder[1]. Leider ist die Darstellung eines solchen Tetraeders in der Ebene
sehr kompliziert, so daß W. E. TRÖGER 1931 (auf S. 259) folgendes Urteil fällte: „Daß
das Tetraeder ... vollkommen ungeeignet ist, war NIGGLI von Anfang bekannt[2]."

---

[1] Vor NIGGLI hatte schon FEDOROW ein Doppeltetraeder verwendet.
[2] Dieser Ausspruch mag bezweifelt werden, denn hätte sonst NIGGLI das Tetraeder gebracht?

4. Mehrpunktdarstellungen im Koordinatensystem

Parameterpunkte von Niggli

Niggli fand keinen anderen Ausweg, als die Forderung nach *einem* Projektionspunkt wieder aufzugeben und wieder ein flächenhaftes Ordinatensystem mit mehreren Projektionspunkten zu bringen:

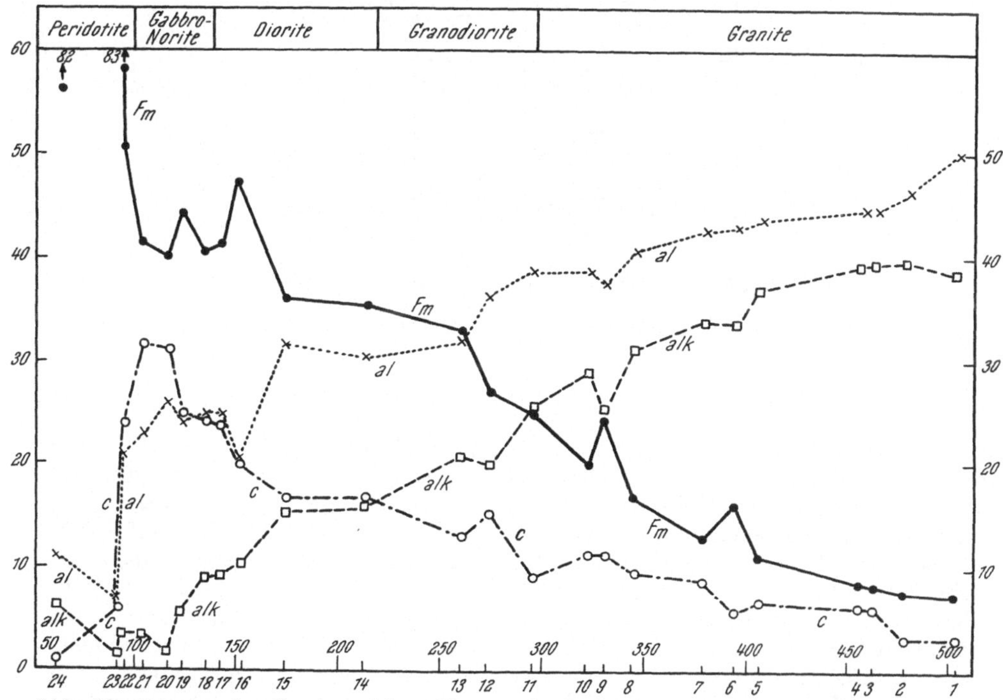

Abb. 60. Gesteine des Brockengebiets; Nigglische Projektionsmethode. 5 Veränderliche im Koordinatensystem.

Er geht gleich von vier auf fünf Variable über und nähert sich so wieder alten Darstellungsweisen, wie sie schon früher von A. Harker und J. P. Iddings gebracht wurden[1].

Metalloxydpunkte und Kurvenausgleich (Iddings und Harker)

Harker verwendete die Gewichtsprozente der Metalloxyde, Iddings aber bereits die Molekularprozente.

Als Beispiel sei ein Variationsdiagramm von Iddings gebracht, das die Gesteine des Vulkans Electric Peak darstellt:

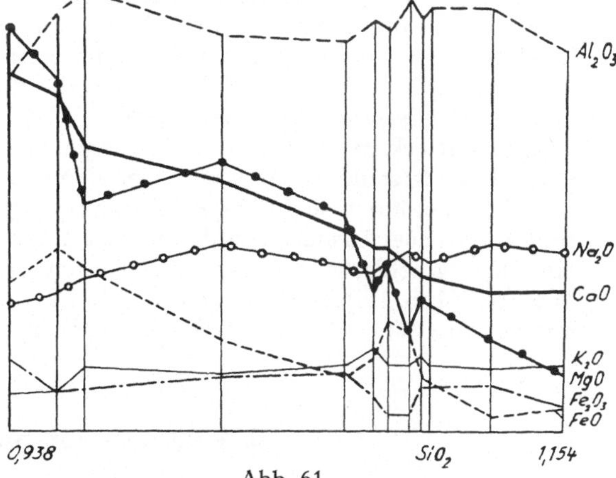

Abb. 61.
Geknickte Metall-Oxyd-Kurven nach J. P. Iddings.

---

[1] 1932 schrieb G. Kathrein „Zur graphischen Darstellung von Fünfstoffsystemen“, war jedoch wenig erfolgreich.

„Gewöhnlich ersetzt man hierbei die gebrochenen Linien durch ihnen angenäherte ausgeglichene Kurven" (A. N. SAWARIZKI 1954, S. 134/135), wie es schon
A. HARKER gemacht hat. Ein Diagramm zeigt diesen Ausgleich.

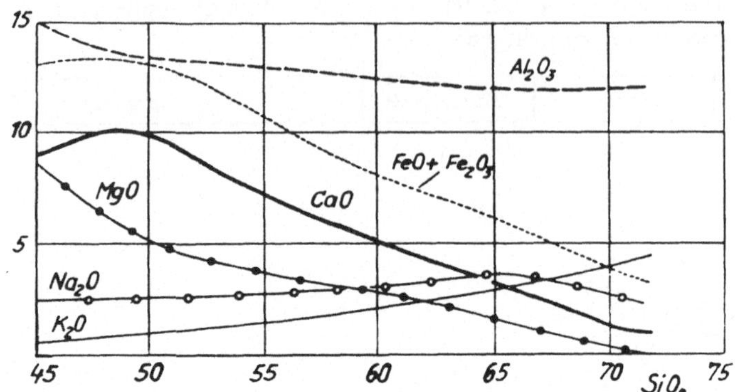

Abb. 62. Reihe von der Insel Mull nach A. HARKER. Kurvenausgleich.

Verschiedene Stellungnahmen und Vorschläge

Zu NIGGLIS Mehrpunkt-Darstellung sagte W. E. TRÖGER 1931 (S. 259): „Er
benützte ... das leistungsfähigere ‚Differentiationsdiagramm‘, in dem über der Abszisse
si die Metallzahlen als Ordinaten aufgetragen werden. Diese Lösung ist bei weitem
die glücklichste von allen." O. H. ERDMANNSDÖRFFER stellt 1924 dazu fest (auf S. 82):
„Diese Projektionsart zeichnet sich durch große Klarheit aus und erlaubt die stoffliche Beziehung auch in komplizierten Fällen sehr deutlich zu überblicken." W. E.
TRÖGER meinte (1931, S. 259) dazu: „Immerhin ist das Differentiationsdiagramm
noch kein Idealinstrument ... In ihm gehören zu jedem Gestein vier übereinanderliegende Projektionspunkte." „... Es wird die oben aufgestellte Forderung" (nach
einem Darstellungspunkt) „ganz und gar nicht erfüllt." Sogleich schlägt er „ein
neues Projektionssystem, den Differentiationswürfel", vor. (E. W. TRÖGER 1931, S. 328.)
In ihm wird jedes Gestein durch einen einzigen Punkt dargestellt. Ein Würfel jedoch
ist wieder ein dreidimensionales Gebilde — und „eine bildliche Darstellung in der
Ebene ist aber jeder räumlichen Darstellung an Übersichtlichkeit weit überlegen".
Das schreibt F. v. WOLFF (1951, S. IV) und reduziert daher die vier Veränderlichen
OSANNS und NIGGLIS auf drei: „Drei ..." (Daten) „lassen sich noch im gleichseitigen Dreieck in der Ebene unterbringen. Die Darstellung in der Ebene hat vor
jeder Raumdarstellung den Vorzug größerer Anschaulichkeit." (F. v. WOLFF 1951,
S. 19.) „So eröffnen sich für die Lösung petrogenetischer Fragen mit der Dreiecksprojektion neue Ausblicke, während vier Raumparameter des NIGGLI-Systems für
eine petrographische Systematik sicherlich empfindlicher sind als drei." (F. v.
WOLFF 1951, S. 19.) Es braucht hier wohl nicht mehr eigens erwähnt zu werden, daß
mit nur drei Veränderlichen die Generalisierung bereits zu weit getrieben wurde.

5. Vektoren von Sawarizki

A. N. SAWARIZKI glaubt nun darin den Ausweg gefunden zu haben, daß er Vektoren
einführt, um die chemische Gesteinszusammensetzung auszudrücken. Mit diesen
Vektoren bringt er zwar sechs Veränderliche unter — aber die Anschaulichkeit und

damit Vergleichbarkeit geht wieder verloren: Grund- und Aufriß, und dazu die Richtung und Länge der Vektoren, sind auf *einen* Blick nicht erfaßbar. Dazu Abb. 63.

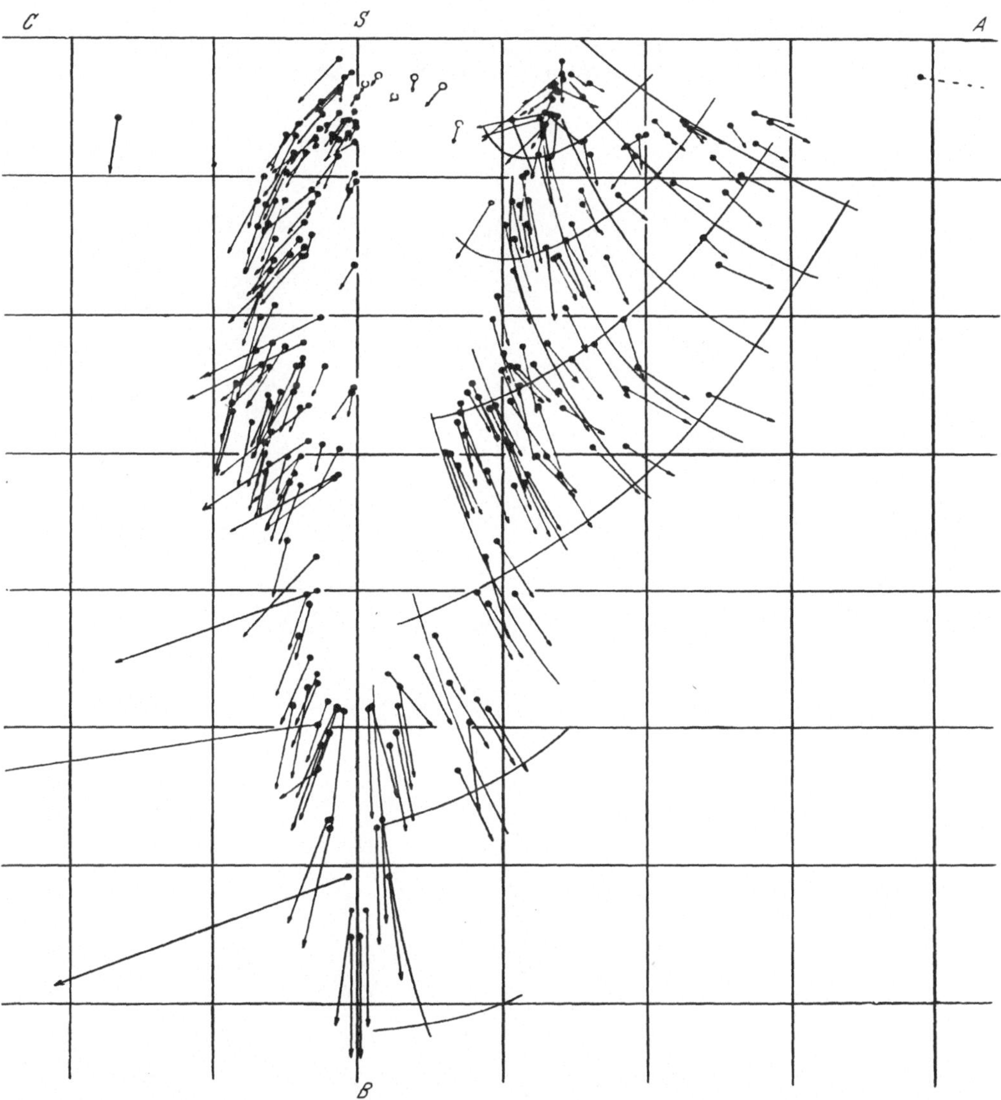

Abb. 63. Vektorendarstellung nach A. N. SAWARIZKI. „Diagramm der von DALY errechneten mittleren Zusammensetzungen von Eruptivgesteinen. Die dünnen, krummen Linien in der Projektion BSA drücken die Gesetzmäßigkeit in der Änderung der Richtung und Länge der Vektoren aus." (Nach SAWARIZKI 1954.)

So hat also keine der vorgeschlagenen Projektionen der Analysedaten in die Ebene befriedigt, d. h. das vorgenommene Ziel erreicht. W. E. TRÖGER beklagt diesen Zustand (1948, S. 137): „Ein nicht geringer Teil der Schwierigkeiten . . . ist für den Petrographen darin begründet, daß er mindestens vier Systeme der petrographischen Nomenklatur und drei petrochemische Darstellungsverfahren beherrschen möchte.

Da er dies nicht immer kann . . ., entstehen immer wieder Mißverständnisse, die die petrographische Wissenschaft noch komplizierter erscheinen lassen, als sie infolge der Sprödigkeit ihres Stoffes ohnehin schon ist[1]."

---

[1] „Es ist kein Ruhmesblatt für die internationale Zusammenarbeit in der Petrographie daß heute noch, nach einem halben Jahrhundert, in drei der vier wichtigsten Sprachgebiete jeweils nur das eine ‚angestammte' System ganz ausschließlich benützt wird." (W. E. TRÖGER 1948, S. 137.)

„Es ist offensichtlich, daß beliebige Umrechnungen nur dann
von Wert sind, wenn sie zu gewissen neuen Schlußfolgerungen
führen können. Die Ausrechnung irgendwelcher Parameter
oder Formeln nur deshalb, um sie neben der Analyse anführen
zu können, ist ein ganz sinnloses Unterfangen. Der Wert des
einen oder anderen Umrechnungsverfahrens hängt vor allem
davon ab, inwieweit es als Ausgangspunkt für weitere Schlußfolgerungen dienen kann."

A. N. SAWARIZKI 1954, S. 73

III. Chemische Gesteinsverwandtschaften

Wie aus dem bisher Gesagten hervorgeht, war und ist eine befriedigende systematische Klassifikation der Massengesteine auf chemischer Grundlage nicht zu erreichen. Sollten aber deshalb die mühsamen und zeitraubenden chemischen Proze-
duren sinnlos sein? Keineswegs; es gibt eine ganze Reihe von formalen, genetischen
und anderen Klassifikationen, die auf chemischer Basis gegründet werden und die
petrologisch von großem Wert sein können.

1. Formale Einteilungen und Verwandtschaften

O. H. ERDMANNSDÖRFFER unternimmt es 1924, die Variationsbreite bzw. die
Mengenverhältnisse bestimmter Metalloxyde aus einer großen Anzahl von Analysen
zu errechnen und darzustellen. So zeigt ein einfaches Diagramm, daß rund ein Drittel
aller Massengesteine einen SiO_2-Gehalt zwischen 50 und 60 Gew.% aufweisen und
die Variationsbreite praktisch nur von 30 bis 80% reicht.

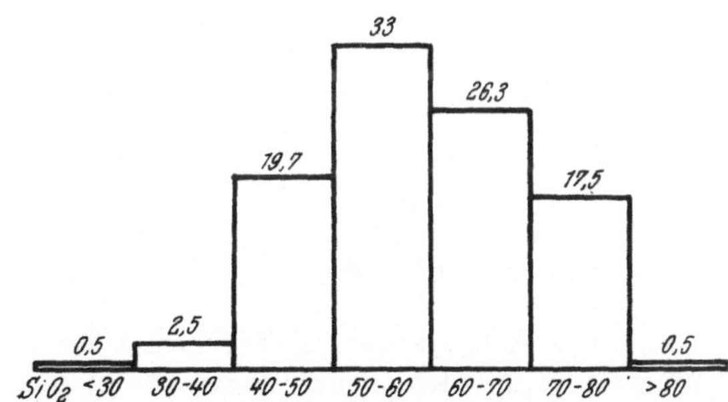

Abb. 64. „Relative Häufigkeit von SiO_2 in Erstarrungsgesteinen. Abszisse = SiO_2 in Gew.%;
Ordinate = Häufigkeit in % der berechneten Analysen; 10 mm² = 1%." (Nach O. H. ERD-
MANNSDÖRFFER 1924.)

Gewiß eine wertvolle Aussage, doch für eine Gesteinsklassifikation kaum zu
gebrauchen. Aber der SiO_2-Gehalt ist doch oft zu einer Einteilung herangezogen
worden (siehe hier S. 261):
Gew.% SiO_2 > 65% = sauer, 65—52% intermediär und < 52% basisch.
Auf ähnlicher Grundlage fußt auch z. B. P. NIGGLI, nämlich auf übersättigten,
neutralen und untersättigten Magmen: „Wichtig ist . . . die ‚Quarzzahl' $qz = si$ —
— $(100 + 4\,alk)$, die, wenn positiv, das Auftreten von Quarz, wenn negativ, die Bildung

von Feldspatvertretern, Nephelin, Leuzit oder von Olivin andeutet." (O. H. ERDMANNSDÖRFER 1924, S. 82.) Damit ist schon wesentlich mehr ausgesagt: Es ist dies ein Parameter, der die Norm dem Modus gleichzusetzen vermag.

O. H. ERDMANNSDÖRFFER untersucht auch (aus der gleichen Vielzahl von Analysen) das Verhältnis MgO : CaO in den Massengesteinen (1924, S. 86): „Es zeigt sich, daß 72% aller Erstarrungsgesteine ‚Kalkvormacht' besitzen; das Häufigkeitsmaximum liegt bei mittleren Ca-Mg-Werten."

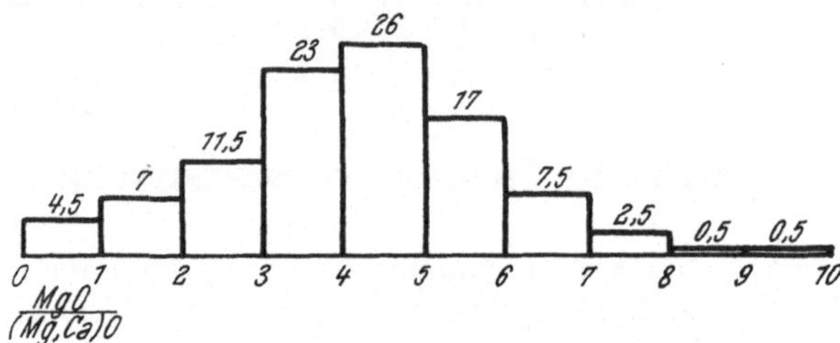

Abb. 65. „Verteilung von CaO und MgO in den Erstarrungsgesteinen." (Nach O. H. ERDMANNSDÖRFFER 1924.)

Auch die Beziehungen Natron (Na_2O) zu Kali (K_2O) vergleicht O. H. ERDMANNSDÖRFFER (1924, S. 83/84):

„Man erkennt auf den ersten Blick, daß die Gesteine mit vorherrschendem Na_2O (‚Gesteine der Natronvormacht') mit 86% sehr stark über die ‚Gesteine der Kalivormacht' mit 14% überwiegen."

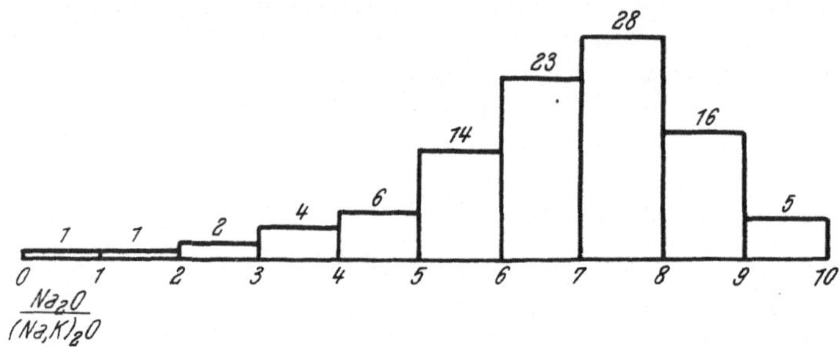

Abb. 66. „Verteilung der Alkalien in den Erstarrungsgesteinen." (Nach O. H. ERDMANNSDÖRFFER 1924.)

Gerade das Verhältnis der Alkalien untereinander und zum Kalk sollte in der chemischen Betrachtungsweise der Massengesteine eine dominierende Rolle spielen.

Als man über die ersten Schwierigkeiten der Gesteins-Erkennung und -Benennung hinweg war, fiel es zuerst einigen wenigen und später immer mehr Forschern auf, daß Massengesteine eines Areals trotz verschiedener Zusammensetzung (z. B. verschiedenem Kieselsäuregehalt) oft gemeinsame Züge und Merkmale aufwiesen, die eine Verwandtschaft andeuteten. Lange Zeit geschah dies mehr oder minder gefühlsmäßig oder doch zumindest nur tastend und unbestimmt, in der Art, wie es z. B. noch H. O. LANG 1892 ausdrückte (S. 164/165): „Die Bedingungen der Verwandtschaftsbande, die Causalität dieser Beziehungen werden uns wohl noch lange ein Geheimnis bleiben, dessen dichte Schleier zu zerreissen angestrengter Forschung aber hoffentlich doch noch gelingen wird. An dem einen Schleierzipfel, den ich im folgenden empfehlen möchte, zu diesem Zwecke anzufassen, ist mir selbst allerdings nicht gelungen, die Hülle wegzuziehen und Licht in das Dunkel eindringen zu lassen, was aber mir fehlgeschlagen, wird kenntnisreicheren Fachgenossen vielleicht ein Leichtes sein, denn trotz meiner Erfolglosigkeit habe ich doch den Eindruck gewonnen, daß der Versuch ... gelingen könne."

Diese Verwandtschaft wurde im Laufe der Zeit mit vielen Namen belegt, wie Consanguinity, Gauverwandtschaft, Gesteinsserie, comagmatische Region, Gesteinsprovinz, Sippe usf. Da sich viele dieser Begriffe nicht genau decken und am Anfang die Definition der Verwandtschaftsart oft sehr unklar war, ja sogar das Wesen des Verwandten nicht einmal genau bestimmt werden konnte, gehen auch die Meinungen darüber auseinander, wer als Erster diese fruchtbare Entdeckung machte.

2. Die Verwandtschaftsbegriffe

Geognostischer Bezirk

Geognostischer Bezirk von H. VOGELSANG 1872.

L. MILCH schreibt 1914 (auf S. 210): „Der Begriff der *Gesteinsserie* geht zurück auf die Feststellung VOGELSANGs von 1872, ‚daß gleichartige Vorkommnisse so häufig in größerer Zahl zusammengedrängt sind'." Nun, das stimmt fast, aber nicht ganz. Denn erstens stammt der Ausdruck Gesteins-*Serie* nicht von H. VOGELSANG, sondern von W. C. BRÖGGER (1890) — und zweitens ist es mehr als zweifelhaft, ob man VOGELSANGs *geognostische Bezirke* den BRÖGGERschen Gesteinsserien gleichsetzen kann. H. VOGELSANG schreibt 1872 (auf S. 524/525):

„Es ist doch eine sehr bemerkenswerthe Thatsache, die, wie mir scheint, bisher nicht die gebührende Beachtung gefunden hat, daß gleichartige Vorkommnisse so häufig in größerer Zahl zusammengedrängt sind; und dabei zeigen die Gesteine, ... eine deutliche Übereinstimmung oder lassen doch eine einfache Gruppirung hervortreten. Man kann also in Wirklichkeit, abgesehen von allen geographischen oder orographischen Verhältnissen, allein nach den petrographischen Merkmalen der Massen *geognostische Bezirke* abgrenzen, die untereinander verschieden, innerhalb der einzelnen Gebiete eine große Übereinstimmung oder Analogie der Vorkommnisse darbieten ... Es bedarf meistens keiner minutiösen Untersuchungen, um für die gleichartigen Gesteine desselben Bezirks ... gewisse Gemeinsamkeiten aufzufinden, ... die ... für jene Vorkommnisse außer der topographischen und allgemein geognostischen auch eine eigentlich petrographische Zusammengehörigkeit oder einfache Gruppirung erkennen lassen." (Vgl. BRÖGGERS Gesteinsserie hier auf S. 294.) VOGELSANG fand also, daß in *einem* Bezirk verwandte Gesteine auftreten können. Es handelt sich hier also um einen *regionalen, geographischen* Begriff. Er zeigte, daß in einer Region die Gesteine verwandt und andersgeartete ausgeschlossen sind.

VOGELSANG selbst hält sich aber nicht für den ersten, der dies entdeckte, wenn er es auch schärfer formulierte, sondern beruft sich auf J. ROTH. Er sagt: „Was ich ... wünsche, ist nichts Anderes, als eine weitere Entwicklung und allgemeinere Anwendung der durch ROTH eingeführten Reihung der Vorkommnisse und ihrer *Gruppirung nach geognostischen, oder, sofern dies weniger praktisch, nach einfach geographischen Bezirken.*" (H. VOGELSANG 1872, S. 523.)

W. E. TRÖGER bezeichnet 1948 B. v. COTTA als den Ahnherrn, der als erster diese Verwandtschaftsbeziehungen erkannte, und sogar „schärfer, als zum Beispiel nach ihm H. VOGELSANG im Jahre 1872" (S. 141).

„Den Grundstein zu dem theoretischen Gebäude der *magmatischen Sippenforschung* legte schon im Jahre 1864 der Freiberger Geologe B. v. COTTA, indem er den leichtest greifbaren Begriff daraus, die magmatische Gesteinsprovinz (ohne allerdings diesen Namen selbst zu gebrauchen) folgendermaßen definierte: ‚Ich verstehe, unter Banatit kein Gestein von bestimmter Zusammensetzung oder Textur, sondern den Inbegriff aller Eruptivmassen, welche im Banat und in den angrenzenden Ländern ... ungefähr gleichzeitig emporgedrungen sind!' Nach den heutigen Nomenklaturregeln ist die Benützung des neugebildeten Namens natürlich unzulässig, aber sachlich hat er mit der Abgrenzung einer Banater Provinz, deren Serie nach seinen eigenen Worten von den Basiten bis zu den Aziditen durchläuft, ein wichtiges Faktum als erster erkannt ..." (W. E. TRÖGER 1948, S. 141.) Hier kommt zur geographischen noch die zeitliche Einengung.

Man kann noch weiter zurückgehen: 1851 fand R. BUNSEN, daß sich die vulkanischen Gesteine Islands von zwei verschiedenen Gesteinsmagmen ableiten lassen, einem normaltrachytischen (oxylitischen) und einem normalpyroxenitischen (basilitischen)[1].

Das bedeutet faktisch die Vorwegnahme der „petrographischen Reihen" H. ROSENBUSCHs 1896 (siehe hier S. 297). Hier bei BUNSEN handelt es sich nicht wie bei v. COTTA und VOGELSANG um geographische Begriffe der Gesteinsverwandtschaften, sondern um genetische Verwandtschaft. So sind die beiden polaren Begriffe geschaffen, die so oft vermengt wurden — weil eben genetisch verwandte Gesteine auch stets in einem begrenzten Areal auftreten — und damit eine große, bis zum heutigen Tage noch anhaltende Verwirrung schufen, wie die folgenden Seiten zeigen werden.

Bis einschließlich H. VOGELSANG (1872) waren die Verwandtschaftsbeziehungen noch recht allgemein gedacht; erst nach Überwindung des Einflusses von J. ROTH, der sich (1861) strikt gegen chemische Klassifikationsversuche aussprach, begann um 1890 das rege Interesse an den chemischen Verwandtschaften und damit ein ungeahntes Anschwellen von termini, das allmählich zu größter Verwirrung führte. Eine Auslese davon — geordnet nur zum Teil nach historischen Gesichtspunkten, mehr dagegen nach übergeordneten Ausdrücken — sei im folgenden gebracht.

Provinzen

Petrographische Provinz von W. JUDD 1886 (nach M. STARK, 1914, bereits 1876 von W. JUDD eingeführt):

"The rocks erupted during any particular geological period present certain well-marked peculiarities in mineralogical composition and microscopical structure, serving at once to distinguish them from the rocks belonging to the same general group, which were simultaneously erupted in other petrographical provinces." (W. JUDD 1886, S. 54.)

Bei JUDD wird also das Hauptgewicht auf den regionalen Begriff gelegt, wenn auch erwähnt wird, daß innerhalb einer solchen Provinz die Gesteine nur dann verwandt sind, wenn sie auch in einem einzigen geologischen Akt zur Ausbildung gelangten. Eine betonte temporäre Einschränkung, die in der Folge oft vernachlässigt wurde. Von den chemischen Beziehungen ist noch nicht die Rede — es war ja auch noch nicht die Zeit von 1890 gekommen. Sehen wir uns noch eine moderne Definition von JUDDs petrographischer Provinz an; und zwar ebenfalls von einem Amerikaner, E. E. WAHLSTROM (1950, S. 311): "Petrographic provinces are more or less sharply defined regions or areas in which diverse rock types show certain constant characteristics indicating a genetic relationship in both space and time."

Gesteinsprovinz von P. NIGGLI 1923.

NIGGLI setzt diesen Ausdruck völlig synonym für petrographische Provinz und schreibt dazu: „In regional-geographischem Sinne ist mit dem Begriff der natür-

---

[1] Durch Mischung dieser beiden Magmen denkt er sich die verschiedensten Gesteine entstanden.

lichen Gesteinsassoziation der Begriff der *petrographischen Provinz* oder *Gesteins-provinz* verknüpft.

Wir können als natürliche Gesteinsassoziation dasjenige Zusammenvorkommen von Gesteinen definieren, das seine Bildung und Vergesellschaftung der gleichen geologischen Einheit verdankt. Und wir sagen dann: *Die bei ihrer Entstehung einer geologischen Einheit angehörigen Gesteine bilden eine natürliche Assoziation, eine petrographische Provinz.*" (P. Niggli 1923, S. 2.)

Eruptionsprovinz von W. C. Brögger 1906. Diese Bezeichnung verwendet Brögger völlig im gleichen Sinne wie die obgenannten Ausdrücke petrographische Provinz Judds und Gesteinsprovinz Nigglis.

Gauverwandtschaft

Die regionale oder Gauverwandtschaft von H. O. Lang 1892 ist in gleichem Sinne wie W. Judds petrographische Provinz (und Nigglis Gesteinsprovinz) aufzufassen, wie Langs Erklärung dazu zeigt: „Es wird nämlich einem aufmerksamen Beobachter der Verwandtschaftsbeziehungen wohl schon aufgefallen sein, daß die Gesteinsvorkommen eines beliebigen Landstriches, einer besonderen Region, auch wenn sie verschiedenen Gesteinstypen entsprechen, sich doch meist verwandt zu einander erweisen und so die Verwandtschaft der Typen selbst vermitteln. Ich will diese Erscheinung als *regionale* oder *Gauverwandtschaft* bezeichnen." (H. O. Lang 1892, S. 165.) Hier bei Lang vermissen wir allerdings die zeitliche Einschränkung, wie auch nicht mit völliger Klarheit hervorgeht, ob das Hauptgewicht auf den regionalen Begriff *Gau* oder den genetischen Begriff *Verwandtschaft* gelegt wird. Ein Übel, das schon die Komplizierung, hervorgerufen durch die Vermischung dieser beiden verschiedenen Begriffe in den Folgezeiten, ahnen läßt. Der Ausdruck Gauverwandtschaft ist seither oft verwendet worden, z. B. von M. Stark 1914 oder von F. v. Wolff 1951, der ihn mit Sippe (siehe hier S. 298) und noch anderen Begriffen gleichsetzt. (Siehe hier S. 307.)

Comagmatische Region

Comagmatische Region von H. S. Washington 1906.

Ebenfalls noch einen regionalen, geographischen Begriff stellt Washington bei seiner Bezeichnung in den Vordergrund, aber das erscheint doch mehr oder minder nur mehr formal. 1906 war das Erstaunen über die Neuentdeckung der letzten Jahrzehnte des vergangenen Jahrhunderts schon weitgehend geschwunden, nämlich, daß verwandte Gesteine stets auf ein Gebiet zusammengedrängt sind. Inzwischen erwies sich die *Art* der Verwandtschaft als das Interessantere; und da die Verwandtschaft eng mit der *Genese* verbunden ist und die Massengesteine eben aus *Magmen* entstanden sind, empfand Washington den Ausdruck comagmatische Region passender als petrographische Provinz. Neues brachte er damit nicht. Und wie aus der folgenden Erklärung dieses Terminus von Wahlstrom hervorgeht, legte auch Washington bereits mehr Gewicht auf die Genese als auf den regionalen Begriff: "Washington (1906) placed emphasis on magmas rather than rocks and suggested that the expression *comagmatic region* be used instead of *petrographic province.* These expressions imply that all igneous rock types are derived from a single more or less uniform source magma." (E. E. Wahlstrom 1950, S. 311.)

Consanguinity

Consanguinity von J. P. Iddings 1892.

Bei Iddings kommt schon durch die gewählte Bezeichnung, die wohl am besten mit *Blutsverwandtschaft* zu übersetzen ist, zum Ausdruck, daß die Art der Gesteinsverwandtschaft innerhalb einer Provinz das Entscheidende ist. Das Fehlen des regionalen Begriffes in seiner Bezeichnung deutet auch schon die damals (und über ein Jahrzehnt) herrschende Tendenz an, daß nun *nur mehr* die chemischen und genetischen Beziehungen von Wert schienen und das geographische Zusammenauftreten verwandter Gesteine als sekundär angesehen wurde; quasi eine Erleichterung für die chemisch-genetischen Untersuchungen, indem man die zu erforschenden Gesteinstypen bequem in einem Areal beisammen hat. "IDDINGS (1892) used the term *consanguinity* to express a genetic relationship among rocks in a region or area." (E. E. WAHLSTROM 1950, S. 311.)

Welch großer Umschwung zur Zeit VOGELSANGS, der noch sagte (1872, S. 524/525): „Es bedarf meistens keiner minutiösen Untersuchungen, um für die gleichartigen Gesteine desselben Bezirks ... gewisse Gemeinsamkeiten aufzufinden."

Blutsverwandtschaft

Blutsverwandtschaft von H. LEITMEIER 1950.

LEITMEIER verwendet diesen Ausdruck im Inhaltsverzeichnis für die Überschrift eines Abschnittes, den er dann (auf S. 27) mit „Gesteinsverwandtschaften (Gesteinsprovinzen, Gesteinsstämme, Gesteinssippen)" betitelt. Daher kann hier auch keine Definition gegeben werden; es kann nicht einmal gesagt werden, ob er IDDINGS' Consanguinity oder einen der anderen Begriffe darunter verstanden hat. Ein Beispiel, wie weit die Verwirrung der verschiedenen Ausdrücke heute fortgeschritten ist — was man LEITMEIER keineswegs anlasten kann.

Serien

Gesteinsserie von W. C. BRÖGGER 1890.

Er versteht darunter „die Gesamtheit einer Anzahl durch alle Übergänge miteinander verbundener Gesteinstypen, welche derselben Hauptstrukturklasse angehören". (W. C. BRÖGGER 1894, S. 169.)

Nicht ganz zugestimmt kann W. E. TRÖGER werden, der 1948 (auf S. 142) sagt, die BRÖGGERsche Gesteinsserie sei „ein Unterbegriff der Provinz". Das Zusammenvorkommen in einem begrenzten Areal — einer Provinz — ist bei BRÖGGER sekundär geworden, ist eine bloße Gegebenheit, das Hauptgewicht wird auf die Verwandtschaftsbeziehungen der Gesteine gelegt, die alle aus einem gemeinsamen Magma stammen. Etwas neutraler urteilt M. STARK 1914 (S. 253): „So waren insbesondere C. BRÖGGERs Forschungen im Christianiagebiet und dem vergleichsweise herangezogenen Gebiet von Predazzo hochbedeutsam (1890 und 1897; d. Verf.); sie haben die Anschauungen über Differentiationsprozesse ungemein erweitert ... BRÖGGER hat durch die Feststellung strenger Gesetzmäßigkeit des Verlaufs der Differentiation im Christianiagebiet ein klares Bild einer petrographischen Provinz geschaffen."

BRÖGGER trennt sehr scharf zwischen einer Gesteins-*Familie* und einer Gesteins-*Serie*:

„Den verschiedenen *Gesteinsfamilien*" kommt „in erster Linie eine *chemische* Begrenzung" zu: „Die Granitfamilie z. B. umfaßt bei derartiger Begrenzung alle massigen Gesteine mit der chemischen Zusammensetzung der Granite." (W. C. BRÖGGER 1894, S. 177.)

„Die *Gesteinsserie* zeigt ... über die Grenzen der Familie hinaus, sie verbindet die verschiedenen Familien miteinander." (W. C. BRÖGGER 1894, S. 178.)

L. MILCH hebt die Bedeutung dieser Begriffs-Zweiteilung für die Klassifikation der Massengesteine hervor und sagt (hier kurz zusammengefaßt) 1914 (auf S. 238): „Die Glieder einer BRÖGGERschen *Gesteinsserie* ... können ... *verschiedenen Gesteinsfamilien* angehören ...; die Serien sind mithin charakteristisch für bestimmte Gebiete und kommen zunächst bei der systematischen Behandlung einer geologischen

Einheit, einer petrographischen Provinz, zur Geltung, während die *Familien*, auch in der ihnen von Brögger zugewiesenen Bedeutung, die Glieder eines *allgemeinen* Systems sind."

Eigenartig ist, daß Brögger seine Gesteins-*Serien* so weit einschränkt, daß er ihnen entweder nur Tiefengesteine *oder* nur Ergußgesteine zurechnet („Gesteins-typen, welche derselben Hauptstrukturklasse angehören"), während er in einer Gesteins-*Familie* alle Erscheinungsformen zusammenfaßt („also Tiefengesteine ... hypabyssische Gesteine ... superfusive Gesteine ...; sie sind alle nur Faziesbildungen ... einer innerhalb gewisser Grenzen der Hauptsache nach chemisch gleichartig zusammengesetzten ... Magmamischung." — W. C. Brögger 1894, S. 177/178.)

Magmatische Serie von W. E. Tröger 1931.

Tröger dehnt die Gesteinsserie Bröggers auf alle Struktur- bzw. Erscheinungs-formen der Massengesteine aus, die auch den Gesteinsfamilien Bröggers zukommen (also abyssisch, hypabyssisch, effusiv). Das ist eine erfreulich logische Begriffs-erweiterung. Denn ist auch ein großmagmatischer Vorgang örtlich und zeitlich ge-wissen Beschränkungen unterworfen, so doch gewiß nicht geologischen Positions-beschränkungen. W. E. Tröger sagt 1948 (auf S. 142) von seiner „Magmatischen Serie", daß sie „alle Differentiationsprodukte eines zeitlich und örtlich begrenzten Magmasystems in allen auftretenden Strukturformen umfaßt und ... durch einen knickfreien einfachen Verlauf der Kurven im Differentiationsdiagramm gekenn-zeichnet ist." 1931 — bei Aufstellung des Begriffes — waren seine Anforderungen noch nicht ganz so weitreichend: „Unter *magmatischer Serie* verstehe ich die Reihe aller Teilschmelzen, die unabhängig von ihrer späteren geologischen Gestaltung in einem eng begrenzten Magmaherde durch einen einzigen einheitlichen Differentiations-vorgang entstanden sind." (W. E. Tröger 1931, S. 266[1].)

Alkali-Serie (Monzonit-, Kalk-Alkali-Serie) von F. H. Hatch 1909.

Da, wie schon erwähnt, bei dem *Begriff* der Gesteins-Serie weitgehend von der regionalen Betonung abgegangen und das Schwergewicht auf die *stofflich-chemische* Seite gelegt wurde, war es nicht weiter verwunderlich, daß die Provinz-Idee ganz aufgegeben und der *Ausdruck* Serie auch in die *allgemeine* Systematik (im Sinne Milchs 1914; siehe oben) eingeführt wurde. So trat die chemische Verwandt-

---

[1] Problematisch scheint Trögers Vergleich der magmatischen Serien mit den Konvergenz-erscheinungen bei Tieren. Tiere verschiedenster Abstammung weisen ähnliche morpho-logische Merkmale auf — wenn sie nur gleichen Lebensbedingungen ausgesetzt sind. Eine magmatische Serie muß eine gemeinsame Abstammung haben, ganz gleich, welche „Lebens-bedingungen" (abyssisch, hypabyssisch, effusiv) sie vorfand. Konvergenzerscheinungen — morphologische Übereinstimmung — dagegen zeigen alle Effusiva (oder Intrusiva), ganz gleich, welcher magmatischen Serie sie entstammen; nämlich gleiche (oder ähnliche) struk-turelle Ausbildung. Tröger wird hier in aller Ausführlichkeit und wörtlich zitiert, um Miß-verständnisse auszuschließen: Ziehen wir „Vergleiche mit der Zoologie, so muß man den Begriff der magmatischen Serie etwa dem zoologischen Begriffe der ökologisch bedingten *Fauna* gleichsetzen: Wie Tiere aller möglichen Klassen unter bestimmten Lebensbedingungen eine scharf umrissene Fauna bilden, so finden wir auch Eruptivgesteine ganz verschiedener chemischer Zusammensetzung zu einer magmatischen Serie vereinigt. Die petrographische Sippentendenz ist also etwa dem gleichzusetzen, was man in der Zoologie mit ‚Konvergenz-erscheinung' bezeichnen würde: die Herausbildung gleicher morphologischer Merkmale bei den verschiedensten Tiergruppen, die denselben Lebensbedingungen unterworfen sind; und genau wie wir an bestimmten morphologischen Eigenheiten einzelner Tiere ohne Schwierig-keit die Umwelt erkennen, der sie entstammen, während andere Tiere unter den verschieden-sten Lebensbedingungen immer die gleichen Formen entwickeln, so gibt es auch in der Petro-graphie neben Gesteinen, die ihre Differentiationsbedingungen auf den ersten Blick verraten, solche, die unter allen möglichen magmatischen Bedingungen nahezu die gleichen chemischen Charakterzüge tragen." (W. E. Tröger 1931, S. 267.)

schaft die Herrschaft an und sprengte die regionalen Fesseln, womit der Begriff Serie im ursprünglichen Sinne verfälscht wurde[1].

Vormacht

Vormacht von H. O. LANG 1891/92.

Schon 1891/92 (S. 127) hatte LANG die regionale Beschränkung ganz fallengelassen und *nur* die natürlichen chemischen Beziehungen zwischen verschiedenen Massengesteinen darzustellen versucht. Er bediente sich dabei (neben dem erst in zweiter Linie in Betracht gezogenen Kieselsäuregehalt) des Verhältnisses der Alkalien, Kalium und Natrium, und des Kalkes. So kommt er zu vier „Vormachtgruppen": Kalivormacht, Natronvormacht, Alkalienvormacht, Kalkvormacht. (Genaueres siehe hier S. 264 und später S. 307.)

Desgleichen sprach A. OSANN (ab 1900) von *Vormacht*; ebenfalls auf eine allgemeine Systematik bezogen, meint er doch ganz andere Mengenverhältnisse als LANG, wenn er von Natronvormacht oder Kalivormacht spricht (dazwischen liegen intermediäre Gesteine).

Gleichfalls *Vormacht* verwendet auch G. LINCK 1909; und zwar im selben Sinne wie seine beiden Vorgänger LANG und OSANN. Aber seine Einteilung in Alkalivormacht, Kalivormacht, Natronvormacht und alkalische Erden-Vormacht[2] wird wieder ganz anders gehandhabt.

Die *Vormacht* O. H. ERDMANNSDÖRFFERS 1924 ist genauso rein chemisch aufgefaßt, aber die Ausdrücke Kalkvormacht, Natronvormacht und Kalivormacht haben wieder eine gänzlich andere Bedeutung als bei seinen Vorgängern.

Das waren vier Beispiele vom Gebrauch der *Vormacht*; es wird nochmals (auf S. 307 ff.) darauf zurückzukommen sein.

Diverse

Im ähnlichen Sinne wie *Vormacht* wurden auch andere Ausdrücke gebracht, die ebenfalls auf ein Vorherrschen der Alkalien Natron und Kali bzw. von Kalk basieren. Sie seien im folgenden nur kurz angeführt:

Alkali-Group (bzw. *Subalkali-Group*) von J. P. IDDINGS 1892. Begriffe, die sich weitgehend mit den „Reihen" ROSENBUSCHs decken. (Siehe hier weiter unten S. 297 f.)

Alkalische Magmen (bzw. *erdalkalische und intermediäre Magmen*) von LOEWINSON-LESSING 1899. Seine komplizierte Teilung ist z. B. bei L. MILCH 1914 auf S. 196/197 ersichtlich.

Betonung von H. LEITMEIER 1950. LEITMEIER spricht (auf S. 53) von „alkalibetont mit überwiegend Kali-Natronfeldspat und ... kalkbetont mit Überschuß an Kalknatronfeldspat." Dazwischen gäbe es die „entsprechenden Zwischenglieder", die anscheinend den früher erwähnten intermediären Gliedern entsprechen.

Charakter von H. LEITMEIER 1950. LEITMEIER verwendet den Ausdruck Charakter im Sinne von „Gesteinen der Alkalikalkreihe" ROSENBUSCHs: Er sagt z. B. „Von der Riesenmenge der Tiefen-Erstarrungsgesteine des Sials mit vorwiegend Alkalikalkcharakter dürfte aber nur ..." usw. (H. LEITMEIER 1950, S. 28). In derselben Weise verwendet auch z. B. A. N. SAWARIZKI 1954 den Ausdruck Charakter.

Typ von A. N. SAWARIZKI 1954. SAWARIZKI schreibt (z. B. auf S. 266) von „Kaliumtyp" und „Kalkalkalityp" im gleichen Sinne wie sein Vorgänger; also von Ge-

---

[1] HATCH teilte 1909 seine Alkali-Serien noch unter: Feldspathoid-Serie, Soda-Serie, Potash-Serie.

[2] Meist sagt LINCK statt Vormacht: mit *herrschenden* Alkalien, mit *herrschenden* alkalischen Erden usw.

steinen mit einer Kali-Vormacht zum Beispiel. Ungünstig wirkt sich nur aus, daß
er gleichzeitig auch von „Typ Tahiti" oder „Typ der Hawaii-Inseln" (z. B.) spricht,
so daß er unter Typ 2 ganz verschiedene Dinge unter einer Bezeichnung vereinigt:
Typ wie Vormacht, Vorherrschen eines Elements, und Typ für ein Gestein, das
charakteristisch für eine bestimmte Örtlichkeit oder ein Areal ist.

Reihen

Petrographische Reihe von H. Rosenbusch 1896.

Ebenfalls auf rein genetische Verwandtschaft stellt Rosenbusch seine petrographischen Reihen. Von regionalen oder temporären Einschränkungen ist nicht mehr die
Rede. Seine *Reihen* sind daher eigentlich gleichbedeutend den Ausdrücken Vormacht,
Group, Charakter, Typ usw., aber da Rosenbusch zu seiner Zeit die stärkste Forscher-
persönlichkeit war und seine „Reihen" auch begrifflich am besten formulierte und
wissenschaftlich untermauerte, gewannen sie die größte historische Bedeutung. In
Verbindung mit seiner Kerntheorie (siehe hier S. 262) stellte er 1896 drei petrographische Reihen auf:

1. *die granito-dioritische* Reihe,
2. *die gabbro-peridotitische* Reihe,
3. *die foyaitisch-theralitische* Reihe.

Diese petrographischen Reihen sind nicht wie die vorigen Bezeichnungen ab Lang
1891/92 nach der Vormacht eines Elementes benannt (z. B. Alkali-Serie von F.
Hatch), sondern nach *Gesteins*-Namen. Daß die chemischen Unterschiede die bestimmenden waren, ist selbstverständlich, aber sie waren es nicht allein.

Rosenbusch „betont ... wiederholt nachdrücklich, daß die chemische Zusammensetzung *allein* nicht immer maßgebend für die Zuweisung des Gesteins zu
einer der ... Reihen sein kann (Physiographie, 4. Aufl., II, 1, S. 3/4), sondern verweist stets neben dieser auf die mineralogische Ausbildung und die geologische Vergesellschaftung, die bisweilen beide zur sicheren Einreihung eines Gesteins erforderlich sind (l. c. S. 13—15)." (L. Milch 1914, S. 213.) Was bei chemischen Verwandtschaften, eigentlich bei genetischen Magmenverwandtschaften, die mineralogische Ausbildung für eine Rolle spielen soll, erscheint nicht ganz klar.

Zu der Berechtigung, diese drei Reihen gleichwertig bzw. gleichsinnig neben-
einanderzustellen, schreibt W. E. Tröger 1931 (auf S. 251): „... ‚Granitodioritisch'
und ‚gabbro-peridotitisch' stehen nach unseren heutigen Begriffen nur im Gegensatze
verschiedener Azidität, während die dritte Gruppe ‚foyaitisch-theralitisch', die bei
ihm den andern beiden Gruppen gleichgestellt ist, in Wahrheit durch die Sippentendenz von ihnen getrennt ist und damit einem übergeordneten Einteilungsprinzip
entspringt."
1898 nahm Rosenbusch selbst schon die Vereinigung der beiden ersten Reihen
vor, die er zur Granit-Diorit-Gabbro-Peridotit-Reihe zusammenfaßt. Dafür stellt
er 1907 neuerlich eine dritte Reihe auf, die Charnockit-Mangerit-Anorthosit-Reihe.

Alkalireihe — Alkalikalkreihe von H. Rosenbusch 1910[1].

1910 geht Rosenbusch — der Zeitströmung folgend — von seiner Gesteins-
Benennung der Reihen ab und zu einer rein chemischen über. Damit wird natürlich
auch seine nachdrückliche Wiederholung, daß die chemische Zusammensetzung nicht
allein maßgebend für die Einreihung ist (siehe oben), hinfällig. Er setzt für die Granit-
Diorit-Gabbro-Peridotit-Reihe die Bezeichnung Alkalikalkreihe und für die Foyait-

---

[1] H. Rosenbusch gebraucht 1910 auch synonym dafür die Ausdrücke „*Reihe* der *Alkaligesteine*" und „*Reihe* der *Kalk-Alkaligesteine*".

Theralith-Reihe Alkalireihe. Bemerkenswert ist, daß er die Charnockit-Mangerit-Anorthosit-Reihe 1910 weder umbenennt noch ausdrücklich erwähnt.

W. E. Tröger schreibt 1948 (auf S. 143): „E. Tröger hat im Jahre 1930 statistisch nachgewiesen, daß Analysenreihen der Charnockite und Anorthosite gar keine besondere Sippentendenz (= Reihentendenz; d. Verf.) besitzen, sondern ohne Zwang in die pazifische (Alkalikalk-; d. Verf.) Tendenz eingefügt werden können." Das Fallenlassen der Charnockit-Mangerit-Anorthosit-Reihe 1910 ist sicher bereits dem Dualismus der Beckeschen Sippen (atlantisch-pazifisch) zuzuschreiben, die damals großes Aufsehen erregten und allgemeine Anerkennung gefunden hatten. Über die Sippen soll im folgenden berichtet werden.

Sippen

Sippe von F. Becke 1903[1].

Becke stellte zwei Sippen einander gegenüber: die *atlantische* und die *pazifische*. Damit hat er den Schlüssel zur Lösung des Fragenkomplexes „Gesteinsverwandtschaft" gefunden. Worin liegt das Neue seines Sippenbegriffes? Es gelang ihm, mit den Ausdrücken *atlantische* und *pazifische Sippe* alle die widersprechenden oder auch nur nebeneinander herlaufenden Begriffe der regionalen, temporalen, genetischen und chemischen Beziehungen zusammenzufassen und zu vereinigen. Das Wort Sippe beinhaltet sowohl den genetischen als auch den chemischen Verwandtschaftsbegriff, und die Bezeichnungen atlantisch—pazifisch bringen einen regionalen Gesichtspunkt, der weit über die örtlich zu beschränkte Bedeutung der Provinz hinausgeht. Die Sippe ist nicht mehr auf *eine* Provinz beschränkt, sondern ist weltweit verbreitet; aber die Zugehörigkeit zu einer der Sippen sagt weit mehr aus als die zu einer Reihe im Sinne Rosenbuschs. Sie ist nicht unabhängig von geographischen Gesichtspunkten, sondern atlantisch und pazifisch bringen sie in eine örtliche Beziehung. Eine Beziehung, die wieder weit über die Provinz hinausgeht; die an einen morphologischen und damit in weiterem Sinne auch geologischen Typus gebunden ist. Atlantisch und pazifisch wurde von Becke nach den von E. Suess erkannten und aufgestellten Küstentypen gewählt. Der Atlantische Ozean ist von (alten) Mittelgebirgsküsten umgeben, der Pazifik von (jungen) Faltengebirgen. (Im nächsten Abschnitt wird noch einiges zu den Sippen zu sagen sein.)

Synonyma und Ähnliche

Sippschaft von A. Osann 1913.

Osann verwendete Sippschaft in völlig gleichem Sinne und an Stelle von Sippe.

Fazies von A. Harker 1896.

Vor Becke hatte schon Harker von atlantisch und pazifisch gesprochen. Statt Sippe verwendete er dafür Fazies, der Bedeutung nach meinte er aber praktisch das gleiche wie Becke. Über die Priorität wird im nächsten Abschnitt geschrieben.

Gesellschaft und Vergesellschaftung von H. Rosenbusch 1896 und 1907.

Diese Ausdrücke betreffen nicht eine ganze *Reihe* oder *Sippe*, sondern Einzelgesteine innerhalb einer solchen Gemeinschaft. Man sagt, wie z. B. W. E. Tröger 1935, ein bestimmtes Gestein ist *vergesellschaftet* mit anderen atlantischen Gesteinen, bzw. die Vergesellschaftung eines Einzelgesteines ist atlantisch (oder pazifisch usw.). A. N. Sawarizki setzt 1954 jedoch — unterschiedlich zu Rosenbusch und Tröger — den Ausdruck Vergesellschaftung der *Reihe* (im Sinne Rosenbuschs) gleich. Ein

---

[1] 1902 berichtete Becke darüber bereits in einem Vortrag auf der Tagung der deutschen Naturforscher und Ärzte in Karlsbad.

Beispiel mag dies verdeutlichen; SAWARIZKI schreibt über die „Alkalivergesell-
schaftungen der vulkanischen Gesteine des pazifischen Raumes der Erdkugel."
(1954, S. 266.)

Tendenz von W. E. TRÖGER 1931.

TRÖGER spricht z. B. von „pazifischer Tendenz" oder „atlantischer Tendenz"
oder überhaupt nur von „Sippentendenz". Ausdrücke, die wohl keiner näheren Erläuterung bedürfen. Ebenfalls von Tendenz schreibt A. N. SAWARIZKI 1954.

> „Es handelt sich . . . hier um recht komplizierte Verhältnisse,
> die nicht leicht auf eine einfache Formel gebracht werden
> können."
>
> H. SCHUMANN 1957, S. 78, zu den Sippen

3. Die Sippen

Beckes „atlantisch und pazifisch" und die Prioritätsfragen

F. BECKE untersuchte um die Jahrhundertwende zwei räumlich weit voneinander
getrennte petrographische Provinzen, nämlich Nordböhmen und die Andengebiete
Amerikas. Er verglich den Chemismus der Massengesteine mit der (von ihm leicht
abgewandelten) OSANN-Methode (siehe hier S. 264) und fand, daß die Richtungen der
Differentiate beider Provinzen einen völlig andersgearteten Verlauf nahmen. Er fand
darin grundsätzliche Unterschiede und berichtete darüber 1903 in seiner Arbeit
„Die Eruptivgebiete des böhmischen Mittelgebirges und der amerikanischen Andes":
„Die Andesgesteine unterscheiden sich von den Mittelgebirgsgesteinen:

1. durch den höheren Gehalt an Si . . .,
2. durch den *relativ* größeren Gehalt an Al."

Da die Anden dem pazifischen und das böhmische Mittelgebirge dem atlantischen
Küstentypus E. SUESS' entsprechen, spricht BECKE von pazifischer und atlantischer
Sippe. Er nimmt damit gleich eine weitestgehende Verallgemeinerung vor, da er
eine noch völlig unbewiesene chemische Verwandtschaft aller Massengesteine
„atlantischer" und „pazifischer" morphologischer Typen voraussetzt.

BECKES Gedankengänge lagen um die Jahrhundertwende gleichsam in der Luft.
Schon 1896 hat A. HARKER ebenfalls von atlantisch und pazifisch gesprochen, sich
gleichfalls an E. SUESS' Küstenformen anlehnend; und im selben Jahr wie BECKE,
nämlich 1903, verwendet auch G. PRIOR die Ausdrücke atlantisch und pazifisch.

BECKE hat (nach übereinstimmender Ansicht) von HARKERS Verwendung der Ausdrücke atlantisch—pazifisch nichts gewußt; ob sie PRIOR bereits bekannt waren, ist
ungewiß, aber doch recht wahrscheinlich, da ihm die englischsprachige Literatur
wohl eher zugänglich war.

A. HARKER stützt sich auf Untersuchungen J. P. IDDINGS von 1892, der fand, daß
seine „alkali group" im Osten Amerikas überwiegt, während im Westen Amerikas
seine „subalkali group" vorherrscht, und macht aufmerksam auf "the very general
correspondence of the areas of the alkali and subalkali groups respectively with the
areas of the Atlantic and Pacific types of coast line as defined by SUESS." Danach stellt
er "an Atlantic and a Pacific facies of eruptive rocks" auf (A. HARKER 1896, S. 12 ff.).
„Auch G. PRIOR ist bei dem Vergleich der ostafrikanischen Gesteine, dann der
vulkanischen Produkte von St. Helena, Pantelleria, Asuncion, der Canaren usw.

gleichzeitig zu ähnlichen Resultaten wie Becke gelangt.“ (C. Doelter 1906, S. 70/71[1].)

Über die Priorität der Bezeichnungen atlantisch—pazifisch (im Sinne von Gesteinsreihen) und über den Wert und Einfluß der einzelnen Arbeiten sagt W. E. Tröger 1931 (auf S. 252/253): „Wenn auch Harker das Recht der Priorität für sich in Anspruch nehmen kann, so ist doch Beckes Arbeit für die Petrographie von weitaus größerem Werte, da nur sie einen *quantitativ* chemischen Beweis zu erbringen versucht, während Harker (vorwiegend an amerikanischen Beispielen) und Prior (vorwiegend für Afrika und Südeuropa) sich mit einer mehr allgemeinen mineralogisch-petrographischen Beweisführung begnügen.“

Fehlkritik an den Bezeichnungen atlantisch und pazifisch

Man bewunderte Beckes glänzende Ergebnisse und übersah dabei ganz, daß atlantisch und pazifisch von morphologischen bzw. tektonischen Begriffen hergeleitet sind — und vergaß das immer mehr bis zur heutigen Zeit, obwohl der Irrtum doch auf der Hand liegt. Man gewöhnte sich daran, in atlantisch und pazifisch geographische Begriffe zu sehen. Aus dieser Fehlansicht heraus wurden im Laufe der Zeit noch etliche andere Sippen mit echt geographischen Bezeichnungen aufgestellt, wie weiter unten noch dargelegt wird. Die Unklarheit begann schon mit M. Stark 1914, der eine „predazzische Sippe“ einführte, obwohl er das ungeographische Wesen der Beckeschen Sippen noch gut erfaßte, da er schreibt: „Während, wie Becke aufmerksam gemacht hat, die längs den jungen Kettengebirgen aufgereihten Gesteine pacifisch sind, gehören die Vulkanausbrüche längs Schollenbrüchen der atlantischen Serie zu.“ (M. Stark 1914, S. 307.)

O. H. Erdmannsdörffer drückt sich 1924 (auf S. 17) bereits unklarer aus; er tendiert schon stark zur geographischen Auffassung von atlantisch—pazifisch: Es „umrahmt den pazifischen Ozean in den gefalteten Inselbögen Ostasiens und den Gebirgsketten der nord- und südamerikanischen Anden ein Kranz von Vulkanen, die vorwiegend, wenn auch mit anderen Typen lokal gemischt, jene leichteren Magmen fördern, während die Einbruchsbecken der Ozeane u. a. Bruchgebiete reich an schweren Eruptiven sind[2]. Becke stellt diese als ‚atlantische Sippe‘ der ‚pazifischen‘ vom Andentypus gegenüber.“

Bei T. F. W. Barth 1939 geht das Mißverständnis noch weiter und er spricht sich gegen die falsch verstandenen Bezeichnungen atlantisch—pazifisch aus.

Auf S. 62: „Die Tatsache, daß die Umrandung des Stillen Ozeans — ‚der feuerspeiende Gürtel‘— aus stark kalkbetonten Ergußgesteinen besteht,während die Küstengebiete und Inseln des Atlantischen Beckens aus Gesteinen bestehen, die oft alkalischen Charakter aufweisen, wurde von Harker im Jahre 1896 bemerkt, später von Becke und anderen . . .

Für alkalibetonte Stammestypen wurde deshalb der Name ‚Atlantisch‘ eingeführt und für kalkbetonte ‚Pazifisch‘. Die Wahl dieser Namen war aber nicht glücklich, denn später fand man mehrere Beispiele von pazifischen Gesteinen an den atlantischen Ozean und atlantische Gesteine an den Pazifik geknüpft.“

---

[1] „Im gleichen Jahre wie Beckes Arbeit erschien eine Studie von Prior“ (1903) „Über gauverwandtschaftliche Beziehungen der Gesteine von Britisch-Ostafrika und Abessinien zu jenen von Pantelleria, von den Canaren, St. Helena, Ascension und Aden. Prior wies weitgehende chemische und mineralogische Übereinstimmung nach und wählte nach einem kurzen Überblick über die tätigen Vulkangebiete der Erde zur Bezeichnung der zwei verschiedenartigen Gesteinsreihen gleichfalls die Namen atlantisch und pacifisch.“ (M. Stark 1914, S. 259).

[2] „Die Gesteine einer atlantischen Provinz werden hergeleitet von einem atlantischen, jene einer pacifischen Provinz von einem pacifischen Stammagma.“ (M. Stark 1914, S. 258.)

Auf S. 65: „Das Variationsdiagramm der intrapazifischen Gesteine zeigt, daß ...
der Gesteinsstamm von mildem atlantischem Charakter ist (dies ist noch ein Beispiel
für die Nachteiligkeit der geographischen Namen)".

Auch H. Leitmeier nimmt dagegen Stellung (1950, S. 28): Die „Bezeichnungsweise" atlantisch—pazifisch „beruht auf der Verteilung dieser Gesteinssippen, sie
ging von der Annahme aus, daß Alkalikalkgesteine besonders im Bereich des Pazifik,
Alkaligesteine im Bereich des Atlantik vorherrschen ... was aber mit den Tatsachen
nicht ganz übereinstimmt".

Sogar A. Rittmann, der führende Vulkanologe, ist in diesem Irrtum befangen.
Er schreibt 1960 (auf S. 118): „Die geographischen Bezeichnungen wurden eingeführt, da die ersten, als Beispiele dienenden Provinzen, die am Pazifik gelegenen
Anden" und „die vulkanischen Inseln im Atlantik ... waren ... Wir wollen hier die
in Deutschland üblichen Sippenbezeichnungen beibehalten, obschon sie mit der
fortschreitenden Erkenntnis ihre geographische Bedeutung völlig eingebüßt haben.
So hat sich zum Beispiel ergeben, daß die Vulkaninseln im Pazifik ‚atlantische' Provinzen darstellen."

Acht neue Sippen von 1911 bis 1954

Wenn man die Sippen geographisch auffaßt, geht ihnen ein Großteil ihres In-
haltes verloren und man degradiert sie zu Provinzen. Und dazu schrieb P. Niggli
1923 (auf S. 29): „In der Tat, es gibt nicht zwei magmatische petrographische Provinzen, die in allen Einzelheiten miteinander übereinstimmen." Und als jetzt noch
Becke in seinem eigenen Untersuchungsgebiet Fehler nachgewiesen wurden[1] — so
mußte das Folgen zeitigen. Diese traten ein, einmal in Form von Aufstellen neuer,
nun meist geographisch oder petrographisch benannter Sippen und Untersippen —
womit eigentlich Provinzen und Reihen gebracht wurden —, und das andere Mal im
Abwenden vom Sippenbegriff überhaupt und im Zuwenden zu Serien.

W. E. Tröger schrieb 1948 (S. 142): „Die bloße Zweiteilung des Sippenbegriffes
erwies sich in der Folgezeit als zu wenig anpassungsfähig." Und T. F. W. Barth
sagte 1939/1960: „Versucht man einen Überblick über alle Eruptivgesteinsstämme
zu gewinnen, so findet man in der Wirklichkeit keinen Grund, eine Zweiteilung
vorzunehmen. Sie ist in der Tat nur ein Produkt der dualistischen Tendenz des
menschlichen Geistes. Wohl hat man stark kalkbetonte und auch stark alkalibetonte
Stammestypen, aber je mehr das Gesteinsreich bekannt geworden ist, desto deutlicher erkennt man, daß die beiden extremen Typen durch unzählige Übergänge miteinander verknüpft sind." (S. 62.)

„... Nichts steht deshalb einer Dreiteilung, wie sie Niggli anwendet, entgegen.
Auch eine Vierteilung wie die nach Peacock genügt den natürlichen Gesteinen sehr
gut." (S. 63.)

Es ist nicht bei einer Dreiteilung und auch nicht bei einer Vierteilung geblieben:

1911 stellten H. Dewey und J. S. Flett eine *spilitische* Sippe auf.
1914 stellte F. v. Wolff   eine *arktische* Sippe auf.
1914 stellte M. Stark   eine *predazzische* Serie auf[2].
1920 stellte P. Niggli   eine *mediterrane* Sippe auf.
1931 stellte W. E. Tröger   eine *antimediterrane* Sippe auf.

---

[1] W. E. Tröger (1931, S. 273): „*Nordböhmen*, das klassische Gebiet der atlantischen Sippe,
ist nicht so einfach differenziert, wie Becke angenommen hat. Die Streuung der Projektions-
werte ist so groß, daß wir den Komplex wahrscheinlich in vier Sondertendenzen auflösen
müssen."
[2] Stark spricht von Serie in völlig gleichem Sinne wie von Sippe.

1931 stellte W. E. Tröger eine *anorthositische* Sippe auf[1].
1954 stellte A. N. Sawarizki eine *Pantellerit*-Tendenz auf[2].
1954 stellte A. N. Sawarizki eine *trachydoleritische* Tendenz auf[2].

Im Laufe der Zeit wurden also aus den zwei Sippen von Becke zehn, was sicherlich nicht der Klarheit und Übersichtlichkeit des Sippenbegriffes zuträglich ist. Nicht ohne Interesse erscheint auch, daß sich *keine* der späteren Sippen restlos durchgesetzt hat und daß nur die atlantische und pazifische Sippe Beckes von allen anerkannt wurden. "Other branches ... have been proposed, but the addition of new branches or categories does not clarify a concept that has been very misleading, and perhaps based on a false initial assumption." (E. E. Wahlstrom 1950, S. 311.)

Spilitische Sippe: „Dewey und Flett (1911), die sich mit der Bearbeitung südwestenglischer Diabase usw. befaßten, schlugen vor, eine aus Pikriten, Diabasen und Keratophyren zusammengesetzte Reihe als *,spilitische Sippe'* zu bezeichnen. Ihr Vorschlag hat sich, da er nicht glücklich definiert war, in der Petrographie nicht einbürgern können." (W. E. Tröger 1931, S. 254.)

Arktische Sippe: „Im Bereich des nördlichen atlantischen Ozeans über Island, Grönland bis Labrador, bis in hocharktische Gebiete hinauf sind im Tertiär ungeheure Massen *basaltischer* Gesteine von sehr gleichartigem Habitus aufgedrungen. v. Wolff faßt sie als ,Arktische Sippe' zusammen." (O. H. Erdmannsdörffer 1924, S. 18.)

„Sie erscheinen im Verbande mit pazifischen, aber auch mit atlantischen Gesteinen und besitzen selbst nicht selten charakteristische Eigenschaften einer dieser Reihen ... weisen aber häufig keinerlei Merkmale einer Zugehörigkeit zu einer der beiden Sippen auf." (L. Milch 1914, S. 244.)

Dazu W. E. Tröger: „Das negative Kennzeichen dieser Gesteine, die nicht beobachtete Differenzierung, schließt aber die Benützung eines jeden Sippenbegriffs zu ihrer Kennzeichnung a priori aus, denn das Wesen jeder Sippe ist ja gerade die vorhandene Differentiationstendenz." (1948, S. 143.)

„In der Tat lassen sich alle von v. Wolff hierzu gerechneten Serien zwanglos bei den verschiedenen andern Tendenzen einreihen, so daß sich die Aufrechterhaltung einer besonderen arktischen Sippe vollkommen erübrigt ... Eine arktische Sippe im Sinne einer Differentiationstendenz gibt es bestimmt nicht." (1931, S. 324.) 1951 erwähnt F. v. Wolff die arktische Sippe mit keinem Wort.

Predazzische Sippe: „Gebiete ohne einheitlichen Sippencharakter enthalten entweder nicht extrem differentierte Gesteine, deren Merkmale zwischen jenen der Gesteine der beiden Sippen schwanken, oder solche Gesteine zusammen mit typisch atlantischen und pazifischen Gesteinen. — Von solchen Eruptivgebieten wird, wenn deren Gesteine in engem zeitlichen und räumlichen Konnex stehen, gesagt werden, daß sie predazzische Gesteinsserie besitzen. Diese Serie wird abgeleitet von einem intermediären Urmagma." (M. Stark 1914, S. 258.)

„Der Begriff ,predazzisch' wurde von Niggli nicht weiter benützt[3], als offenbar für überflüssig gehalten ... Wie E. Tröger später nachwies, könnte man aber sehr wohl im Bedarfsfalle eine Zwischentendenz, die in ihrer ,Marschrichtung' genau die

---

[1] Tröger spricht allerdings nur von einer Untersippe, worüber weiter unten noch kurz zu berichten sein wird.

[2] Von Tendenz spricht Sawarizki im Sinne von Sippe, verwendet letzteren Ausdruck aber nicht, weil er ihn ablehnt: „Solche Begriffe (wie z. B. Sippe; d. Verf.) sind bereits eine Verallgemeinerung der faktischen Daten." (1954, S. 209.) Dasselbe kann man selbstverständlich auch von seiner Tendenz sagen.

[3] Übrigens auch von sonst niemandem — außer von Tröger.

Mitte zwischen den pazifischen und atlantischen Tendenzen innehält, ... als predazzisch bezeichnen." (W. E. Tröger 1948, S. 143/144.)

Mediterrane Sippe: „Nicht allzu häufige Serien mit extrem hoher K-Zahl, die im übrigen in ihrem basischen Teil meist Anklänge an die atlantische, im sauren Teil an die pazifische Tendenz aufweisen." (1948, S. 144.) „Die mediterrane Reihe verliert damit ihre Gleichberechtigung und wird als eine durch die Alkaliverhältnisse *allein* bedingte, aber wohlumrissene Unterabteilung der andern drei Sippen (atl., paz., predazzisch; d. Verf.) gekennzeichnet." (1931, S. 310; beides W. E. Tröger.)

Selbst Niggli mußte 1923 (auf S. 104) zugeben: „Im übrigen zeigt diese Gruppe besonders deutlich einen Mittelcharakter; geologische Selbständigkeit kommt ihr kaum zu."

Antimediterrane Sippe: „Man könnte auf logischem Wege die Bildungsmöglichkeit einer weiteren Sippe ableiten, die ... eine *unternormale*, mit steigendem si noch weiter abnehmende K-Zahl aufweisen würde." Tröger bezeichnet sie „vorläufig als ‚antimediterran' ..., bis sich durch weitere Untersuchungen zugleich mit der besseren Kenntnis ein besser passender Name finden wird." (Beides W. E. Tröger 1931, S. 310/311.)

1948 hat sich noch kein besserer Name gefunden, da Tröger immer noch von antimediterran spricht. Diese Sippe hat sich nicht durchgesetzt.

Anorthositische Sippe: „Das starke Zurücktreten der femischen Moleküle ... ist der *einzige* Unterschied gegenüber den entsprechenden ... dioritischen Gliedern rein pazifischer Serien, so daß die Aufstellung einer gesonderten Hauptsippe, wie es Rosenbusch plante, auf keinen Fall zulässig erscheint. Man kann nur von einer *anorthositischen Untersippe* sprechen." (W. E. Tröger 1931, S. 316.)

1948 erwähnt Tröger die anorthositische Sippe nicht mehr.

Pantellerit-Tendenz: A. N. Sawarizki zeigt 1954 dazu ein Vektoren-Diagramm (auf S. 325) und schreibt nur kurz dazu (S. 326), daß es sich um vulkanische Gesteine handelt, „welche sogenannte Pantellerit-Tendenz aufweisen, d. h. stark mit Alkalien übersättigte saure Gesteine in sich schließen."

Trachydoleritische Tendenz: A. N. Sawarizki erklärt 1954 (auf S. 271/272), „daß die sauren Derivate des Basaltmagmas in der postglazialen Zeit und in der Neuzeit reicher an Alkalialumosilikatkomponenten ausfallen, als dies früher ... in der Tertiär- und Quartärzeit der Fall war ... Hierin kommt die sog. ‚trachydoleritische Tendenz' der isländischen Laven zum Ausdruck."

Beziehungen, Abstufungen und Übergänge

W. E. Tröger bringt 1931 ein Schema zur Stellung der einzelnen Sippen zueinander (S. 311): „Die inneren Beziehungen aller besprochenen Sippen gehen verhältnismäßig klar aus der beigegebenen einfachen Fig. ... hervor." (S. nächste Seite.)

Sind die Beziehungen und bereits die Bedeutungen der hier aufgezählten Sippen schon nicht sehr einfach zu überschauen, so treten noch weitere Komplizierungen ein:

das dauernde Ersetzen des Ausdruckes Sippe durch ein anderes Wort, wie z. B. Serie, Reihe, Tendenz, Sippentendenz, Provinz usw.;

die Unterscheidungen in Hauptsippe, Zwischensippe und Untersippe (Tröger 1931);

die Einteilung der Sippe in ultra-, stark-, mittel- und schwach- (atlantisch, pazifisch usw.), wie es in dieser Form z. B. TRÖGER 1931 tut. Er steht nicht allein da. Begonnen hat damit A. OSANN 1914. L. MILCH sagt dazu (1914, S. 243): „... auch die wichtige von OSANN durchgeführte Zerlegung der atlantischen Sippe in *starke Alkaligesteine* und *schwache Alkaligesteine* ist für eine strenge Durchführung der beiden Hauptreihen im System nicht ermutigend."

Auch A. RITTMANN teilt noch 1960 in schwach, mittel, stark und extrem und spricht z. B. von einer „Vulkanitsippe" als „schwach mediterran bis mittelatlantisch" (S. 120).

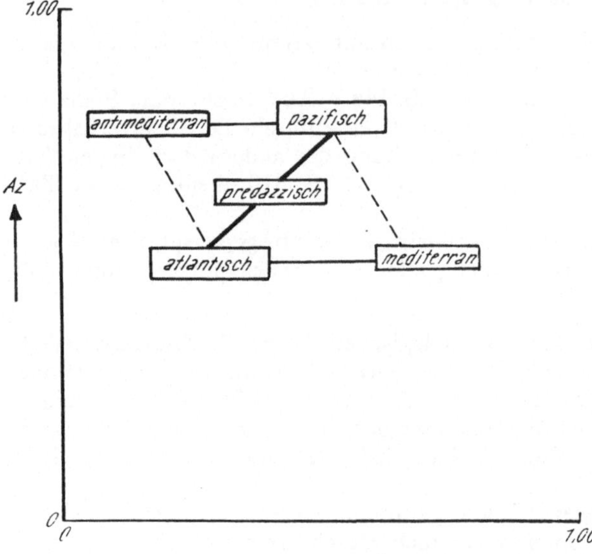

Abb. 67. Differentiationsschema der magmatischen Sippen[1].
(Nach W. E. TRÖGER 1931.)

[1] Trotz der von TRÖGER 1931 abgelehnten mediterranen Sippe und seine Vorschläge über zwei neue Sippen (bzw. Untersippen; antimediterran und anorthositisch) und der Anerkennung von STARKs predazzischer Sippe verwendet TRÖGER 1935 in seinem Kompendium weiterhin nur mediterran neben atlantisch und pazifisch und läßt alle anderen Sippen beiseite.

„Neben den geographischen Namen haben deshalb jetzt die Bezeichnungen ‚alkalisch‘ und ‚subalkalisch‘, denen etwa die ‚Alkali- und Alkalikalkreihe‘ ROSENBUSCHs entsprechen, Verwendung gefunden. In der Namengebung herrscht aber große Verwirrung. In der englischen Sprache gebraucht man auch die Adjektive ‚calcic‘ und ‚alkalic‘; auch zusammengesetzte Wörter wie Alkalicalcic u. a. werden benutzt, was wir mit ‚Gesteine der Alkali-Kalkreihe‘ übersetzen müssen. Anstatt des geographischen ‚pazifisch‘ gebrauchen jetzt verschiedene Verfasser Ausdrücke wie ‚subalkalisch‘, ‚calcic‘ oder ‚kalkalkalisch‘.“

T. F. W. BARTH 1939/60, S. 62

IV. Verwirrungen und Fehlschlüsse bei chemischen Gesteinsverwandtschaften

1. Sippen-, Reihen- und Vormacht-Auffassungen und Gleichsetzungen

Schon das einleitende Motto zeigt, wie groß die Verwirrung der Begriffe durch die verschiedenartigsten Begriffsgleichsetzungen ist. Es ist ein unmögliches Unterfangen, die bis zum heutigen Tage vorgenommenen Namensvertretungen zu entwirren. Einige markante Beispiele jedoch seien angeführt:

Sippenauffassung

Über atlantisch—pazifisch sagt schon 1914 L. MILCH (S. 211) (als es außer der völlig unbedeutenden spilitischen Sippe von DEWEY und FLETT noch keine weiteren Sippen gab): „Selbstverständlich decken sich die beiden Abteilungen nicht bei allen Forschern vollständig; ebensowenig ist von vornherein strenge Übereinstimmung in den von den verschiedenen Forschern als charakteristisch erachteten chemischen Merkmalen in beiden Reihen zu erwarten.“

Bereits im selben Jahr wird MILCH durch die Ansicht M. STARKs bestätigt, der schreibt (1914, S. 255—257): „Im folgenden wird der Begriff atlantisch etwas weiter gefaßt, indem unter die atlantische Sippe auch die im Mittelgebirge seltenen SiO_2-reichen Gesteine einbezogen werden, welche in anderen atlantischen Gesteinsprovinzen auftreten (Alkaligranit und -syenit usw.) im Sinne ROSENBUSCHs nebst den zugehörigen Gg.- und Eg.-Gesteinen. Der Begriff pacifisch wiederum wird in dem Sinne erweitert, daß er auch die basischesten Differentiationsglieder der gabbroiden Magmen (Peridotite, Pyroxenite usw. nebst ihren Effusiven) umfaßt.“ Und zu allen Zeiten verstanden die einzelnen Petrographen unter atlantisch und pazifisch etwas anderes (was natürlich auch genauso für die anderen vorgeschlagenen Sippen gilt), da jeder seine eigene, von den anderen Forschern verschiedene, „verbesserte“ Umrechnungs- und graphische Darstellungsmethode hatte, die natürlich zu anderen Ergebnissen führen mußte. Darüber wurde in den vorigen Kapiteln ab S. 261 ausführlich berichtet. „Wie wir aus den angeführten Beispielen ersehen, wenden die verschiedenen Autoren ganz künstliche, in erheblichem Maße willkürliche Verfahren an. Sie müssen das eben deshalb tun, weil die Variationsdiagramme in der von HARKER, NIGGLI u. a. vorgeschlagenen Form sehr wenig zu einem Vergleich geeignet sind.“ So schreibt 1954 A. N. SAWARIZKI (auf S. 211) und wendet wieder ein anderes Verfahren an. Ebenso wie SAWARIZKI war natürlich jeder Sippenforscher vor (und auch nach) ihm davon überzeugt, daß *seine* Methode die optimalste sei.

Damit nicht genug. Die Verwandtschaften innerhalb der Sippen wurden durch chemische Beziehungen aufgefunden — wie *sie ja überhaupt nur chemische Verwandt-*

schaften sind. („Die Gesteinsserie zeigt … über die Grenzen der Familie hinaus, sie verbindet die verschiedenen Familien miteinander." — W. C. BRÖGGER 1894, S. 178.) Trotzdem fehlte es nicht an Versuchen, die Sippen rein mineralogisch zu identifizieren. — Als Beispiel sei M. STARK 1914 (S. 257/258) gebracht:

„Mineralogische Unterschiede.

Atlantisch	Pacifisch
Die Alkalifeldspate reichen weit gegen das femische Ende der Gesteinsreihe zu.	Die Alkalifeldspate reichen nicht so weit gegen das femische Ende der Gesteinsreihe zu wie bei den atlantischen Gesteinen.
Mikro- und krypto-perthitische Verwachsung im Feldspat ist häufig.	Häufige Zonarstruktur am Feldspat.
Feldspatvertreter sind nicht selten (Leucit, Nephelin, Sodalithgruppe, primärer Analcim, Melilith).	Feldspatvertreter fehlen.
Quarz trifft man nur in den sauersten Gesteinen.	Quarz findet sich in sauren und vielen neutralen Gesteinen.
Pyroxene und Amphibole sind gern alkalihaltig.	Pyroxen tritt als rhomb. Pyroxen, als gemeiner Augit, als Diopsid auf. Der Amphibol ist gemeine Hornblende.
Glimmer und Granat ist nicht selten.	Glimmer ist häufig nur in den mehr sauren Gesteinen."

> „Ein Teil der Schwierigkeiten geht zurück auf die vielfach geübte restlose Gleichstellung der Begriffe: *atlantische und pazifische Sippe* mit den ROSENBUSCHschen Hauptreihen," Alkali-Reihe und Kalkalkali-Reihe.
>
> L. MILCH 1914, S. 242

Gleichsetzung von Sippen und Reihen

Schon F. BECKE, der Begründer der Sippen, warnte bereits in seiner ersten Arbeit vor dieser Gleichsetzung atlantisch mit alkalisch (1903): „Die Figur lehrt uns deutlich, daß man Unrecht hat, wenn man die Gesamtheit der Mittelgebirgssteine als Alkaligesteine bezeichnet. Ja, nicht einmal für die Mehrzahl der unterhalb der Linie Si—Al liegenden Gesteine ist diese Bezeichnung in höherem Maße statthaft als für die Rhyolithe und einen Teil der Dacite aus der Andesreihe." Und auch M. STARK hob 1914 das Bedenkliche einer Gleichstellung hervor. Er sagt über die atlantische und pazifische Sippe (S. 255): „Die Feststellung des Verhältnisses von Na + K zu Fe + Mg + Ca und zum Rest Si + Al läßt erkennen, daß die Ausdrücke Alkali- und Alkalikalk-Gesteine keine oder nur sehr beschränkte Berechtigung besitzen. (Übrigens besitzen auch viele typische Alkaligesteine sehr hohe Ziffern für CaO.)"

Alle diese Warnungen haben nichts genützt. Bereits 1920 und dann 1923 verquickt P. NIGGLI hoffnungslos die Begriffe Provinz, Reihe, Sippe, Charakter, Vergesellschaftung und Typus (Magmentypus, Sippentypus, Provinzialtypus):

P. NIGGLI 1920 (S. 162):

„I. *Kalk-Alkalireihe* = gabbrodioritische Reihe (pazifischer Provinzialtypus s. str.).

II. *Natronreihe* = foyaitisch-theralithische Reihe (atlantischer Provinzialtypus s. str.).

III. *Kalireihe* = syenitisch- (monzonitisch-) shonkinitische Reihe (mediterraner Provinzialtypus s. str.)."

P. Niggli 1923 (S. 96): „Aus Gründen physikalisch-chemischer und provinzialer Natur hat sich mir eine Einteilung der Magmentypen in drei Hauptreihen ergeben. Es sind die folgenden:

I. Kalk-Alkalireihe,
II. Natronreihe,
III. Kalireihe.

Provinzen mit vorwiegend Gesteinen der Kalk-Alkalireihe sind von *pazifischem* Charakter (s. str.); Provinzen, die hauptsächlich Gesteine der Natronreihe umfassen, heißen *atlantisch* (s. str.). Überwiegen Gesteine der Kalireihe, so hat man es mit Vergesellschaftungen vom *mediterranen* Typus zu tun."

1951 gebraucht F. v. Wolff Sippe mit Reihe, Hauptreihe und Gauverwandtschaft synonym und setzt die pazifische Gauverwandtschaft (Sippe) mit Kalkalkalireihe und Alkalikalkmagma gleich (das gleiche gilt für atlantisch-alkalisch). Zusätzlich spricht er noch von Kali- und Natronvormacht.

T. F. W. Barth bringt 1939/1960 eine — keineswegs vollständige — Gegenüberstellung von verschiedenen Bezeichnungen (S. 62).

Barth: „Tabelle 20. *Verschiedene Bezeichnungen von Gesteinsstämmen*

Harker Becke	Verschiedene deutsche und englische Verfasser		Tyrell	Peacock	Niggli
Pazifisch	sub- alkalisch	calc- alkalic	calcic	calcic	Kalk-Alkali- reihe = pazifisch
				calc-alkalic	
Atlantisch	alkalisch	alkalic	alkalic	alkali-calcic	Natronreihe = atlantisch
				alkalic	Kalireihe = mediterran"

Es bleibt kaum etwas anderes übrig, als die Gleichsetzung der Sippen atlantisch, pazifisch (usw.) mit den Reihen alkalisch und kalkalkalisch (usw.) als gegeben hinzunehmen und zu sehen, was unter letzteren Ausdrücken verstanden wird.

> „Der Ausdruck ‚Alkaligestein' wird jetzt in der Petrographie verschiedenartig gebraucht, häufig derart, daß man kaum weiß, was man darunter verstehen soll."
>
> T. F. W. Barth 1939/60, S. 88

Verschiedene Auffassungen von Alkali-Vormacht — Kalk-Vormacht

1. H. O. Lang spricht 1891 von Vormacht und erklärt (auf S. 215):

„I. Gesteine der Kali-Vormacht: $\Sigma K_2O \geqq \Sigma CaO + Na_2O$
II. Gesteine der Natron-Vormacht: $\Sigma Na_2O \geqq \Sigma CaO + K_2O$
III. Gesteine der Alkalien-Vormacht: $\Sigma Na_2O + K_2O \geqq \Sigma CaO$
IV. Gesteine der Kalk-Vormacht: $\Sigma CaO > \Sigma Na_2O + K_2O$
(in Gew.%)."

2. A. Osann (ab) 1900. Für Osanns Vormacht ist der Faktor n bestimmend:
n = Wert für Na_2O, wenn die Summe von $Na_2O + K_2O$ 10 ist (in Molekularprozentzahlen).

Reihe α, Gesteine mit n $> 7,5$ $\left.\right\}$ Natronvormacht
„ β, „ „ n $7,5—5,5$
„ γ, „ „ n $5,5—4,5$ intermediär
„ δ, „ „ n $4,5—2,5$ $\left.\right\}$ Kalivormacht
„ ε, „ „ n $< 2,5$

3. W. C. Bröggers Kalk-Alkaligesteine 1906: „Er faßt Gesteine wie die ältesten Differentiationsprodukte des gemeinsamen natronreichen Stammagmas der Eruptivgesteine des Kristianiagebietes, Glieder der Familie der Essexite und der Akerite, unter diesem Namen zusammen." (L. Milch 1914, S. 212.)

4. G. Linck 1909: mit
a) herrschenden Alkalien: $\qquad$ $Na_2Al_2O_4 + K_2Al_2O_4 \geq CaAl_2O_4$
b) herrschenden alkalischen Erden: $Na_2Al_2O_4 + K_2Al_2O_4 < CaAl_2O_4$
   a) untergeteilt in Kali- und Natronvormacht.

5. H. Rosenbuschs Reihen, ab 1910 als Alkali- und Alkali-Kalkreihe bezeichnet, werden durch Kerne charakterisiert, die aus Metalloxyd-Molekularprozenten oder auch Metallatomprozenten errechnet werden. Der Foyaitkern z. B. (Na, K) $AlSi_2$ ist kennzeichnend für die Alkalireihe.

6. F. Loewinson-Lessing spricht 1911 von Magmenreihen und gebraucht dabei die Ausdrücke alkalisch—erdalkalisch. Seine Berechnungsmethode ist wieder anders. (Wird aber hier nicht näher ausgeführt; über Loewinson-Lessing siehe auch hier S. 263.)

7. P. Niggli beschreibt 1923 seine Reihen:

Kalkalkali-Reihe: al $>$ alk

Natron-Reihe: „Die Magmen der *Natronreihe* unterscheiden sich zunächst, grob gesprochen, von denen der Kalk-Alkalireihe dadurch, daß bei gleicher si-Zahl alk größer oder die Differenz al—alk kleiner oder gar negativ ist. Natron herrscht in fast allen Gesteinen über Kali vor und spielt bei dem absolut höheren Alkaligehalt eine wesentliche Rolle." (S. 100.)

Kali-Reihe: Es „steht eine dritte Reihe von Magmen zum großen Teil intermediär zwischen Kalk-Alkali- und Natronreihe. Es ist sehr bemerkenswert, daß dies Hand in Hand geht mit höheren k-Werten in den si-armen Gliedern. Eine wenigstens lokal vorhandene provinziale Selbständigkeit sowie physikalisch-chemische Erwägungen sprechen für eine Abtrennung dieser Magmentypen von den zwei erstgenannten Reihen. Ich habe daher die Glieder in eine dritte Reihe zusammengefaßt, die *Kalireihe*. Zweierlei unterscheidet sie besonders von ihnen: Entweder ist bei gleichem si-Gehalt fm sehr viel größer, oder es ist c kleiner, alk größer ... Die Differenz al — alk ist nicht groß und nimmt mit sinkendem si nicht zu ... bei relativ hohem k eine verhältnismäßig kleine Differenz al — alk ..." (S. 103/104.)

8. O. H. Erdmannsdörffer spricht 1924 wieder von Vormacht:

Kalkvormacht ist, wenn das Verhältnis von MgO : (Mg, Ca)O kleiner als 50 ist;
Natronvormacht ist, wenn das Verhältnis von Na_2O : $(Na, K)_2O$ größer als 50 ist;
Kalivormacht ist, wenn das Verhältnis von Na_2O : $(Na, K)_2O$ kleiner als 50 ist;
(alles in Gew.%).

9. A. Peacock stellt 1931 einen Alkali-Kalk-Index auf und teilt in vier Gruppen: alkalisch, Alkali-Kalk, Kalk-Alkali, Kalk:

Gew.% $Na_2O + K_2O$ auf Ordinate
Gew.% CaO $\qquad$ auf Ordinate
Gew.% SiO_2 $\qquad$ auf Abszisse

Wo Alkali- und Kalklinie einer Serie sich schneiden, dort $SiO_2\%$ auf Abszisse ablesen.

($< 51\%$ SiO_2 = alkalisch, $51—56\%$ SiO_2 = Alkali-Kalk, $56—61\%$ SiO_2 = Kalk-Alkali, $> 61\%$ SiO_2 = Kalk)

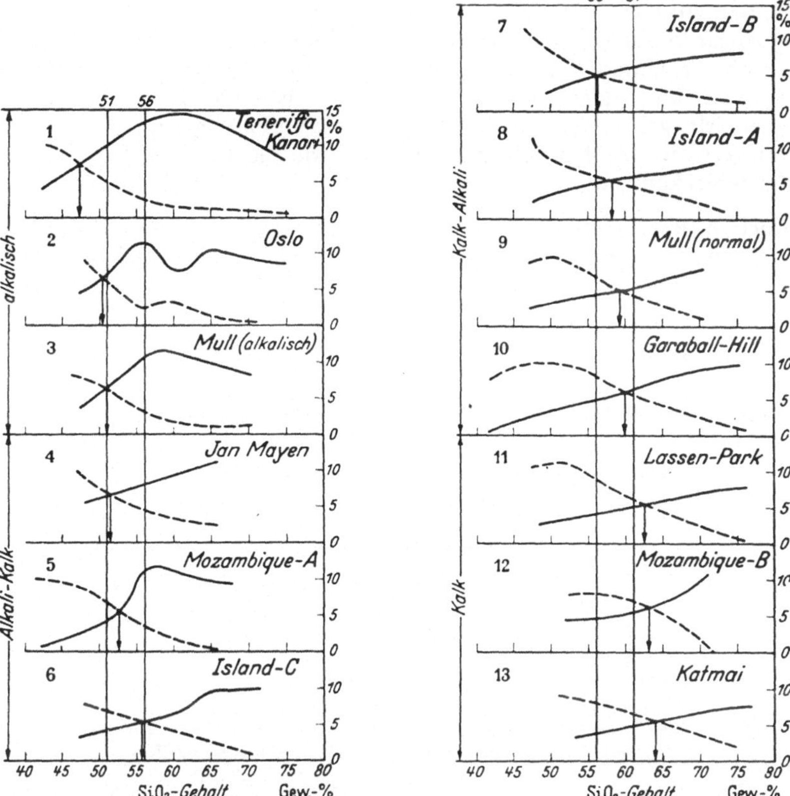

Abb. 68. Aus T. F. W. Barth 1939, S. 63: „Variationsdiagramm für $Na_2O + K_2O$ (voll gezogene Linien) und für CaO (gestrichelte Linien) von 13 Gesteinsserien, die nach ihrem ‚Alkali-Kalkindex' (d. h. dem SiO_2-Wert bei dem $Na_2O + K_2O = CaO$) in vier Gruppen aufgeteilt sind. Abszisse = Gewichtsprozent von SiO_2, Ordinate = Gewichtsprozent von CaO und von $K_2O + Na_2O$ (Nach Peacock.)."

10. T. F. W. Barth sagt 1939 (S. 64) zur Peacock-Einteilung: „Durch Darstellung der Niggli-Werte ‚c' und ‚alk' in ihrer Abhängigkeit von ‚si' erhält die Peacocksche Klassifikationsmethode eine andere Form. Dieser hat sich v. Eckermann bedient und den Begriff des c-alk-Index eingeführt."

11. S. J. Shand schreibt über Alkaligesteine 1933: „In den verbreitetsten Abarten der Eruptivgesteine sind die Alkalioxyde an Tonerde und Kieselsäure gebunden, mit denen sie Feldspat und Glimmer bilden. Im Feldspat besteht zwischen Alkali, Tonerde und Kieselsäure das Verhältnis 1 : 1 : 6; im Glimmer variiert dieses Verhältnis von 1 : 1 : 6 im Phlogopit bis 1 : 3 : 6 im Muskovit. Danach definiere ich ein Alkaligestein als ein Gestein, in dem die Alkalien das Verhältnis 1 : 1 : 6 überschreiten, wobei entweder ein Defizit an Al_2O_3 oder an SiO_2 auftreten kann."

12. H. LEITMEIER schließt sich 1950 (ebenso wie T. F. BARTH 1939) der SHAND-schen Anschauung an, verwendet aber noch die Ausdrücke *alkalibetont* und *kalkbetont*, wozu er sagt (S. 54): „Alkalibetont und kalkbetont deckt sich nicht mit den großen Reihen der Alkaligesteine und Alkalikalkgesteine[1].“ Er erklärt (auf S. 53): „Dann wurde in alkalibetont mit überwiegend Kali-Natronfeldspat und in kalkbetont mit Überschuß an Kalknatronfeldspat mit entsprechenden Zwischengliedern unterteilt.“

13. H. SÄRCHINGER 1955 (S. 18): „Nach ihrer chemischen Zusammensetzung nennt man diese Bildungen *Kalkalkaligesteine*; in ihnen sind die Alkalioxyde Na_2O und K_2O zusammengenommen an SiO_2 und Al_2O_3 im Verhältnis von etwa $1:1:6$ gebunden (z. B. im Feldspat). Dem gegenüber stehen die *Alkaligesteine*, in denen durch einen Mangel an SiO_2 und Al_2O_3 dieses Verhältnis zugunsten der Alkalioxyde verlagert wird, so daß Feldspatvertreter sowie alkalireichere Hornblenden und Augite entstehen können.“

14. Auch A. RITTMANN setzt 1960 die Reihen (Kali-, Natron-, Kalkalkali-) mit den Sippen (mediterran, atlantisch, pazifisch) gleich und kennzeichnet sie durch die Größe eines Faktors

$$\sigma = \frac{(Na_2O + K_2O)^2}{SiO_2 - 43} \text{ (alles in Gewichtsprozenten),}$$

den er *Sippenindex* nennt. Danach stellt er folgendes Schema auf:

σ-Wert	Gew.% Alkali	Sippencharakter
< 4	$Na_2O \gtreqless K_2O$	*pazifisch* (Kalkalkalireihe)
< 1	$Na_2O \gtreqless K_2O$	extrem
1 bis 1,8	„	stark
1,8 bis 3	„	mittel
3 bis 4	„	schwach
> 4	$Na_2O > K_2O$	*atlantisch* (Natronreihe)
4 bis 5	$Na_2O > K_2O$	Übergang
5 bis 7	„	schwach
7 bis 17	„	mittel
17 bis −6	„	stark
−6 bis 0	„	extrem
> 4	$Na_2O < K_2O$	*mediterran* (Kalireihe)
4 bis 6	$Na_2O < K_2O$	schwach
6 bis 14	„	mittel
14 bis ∞	„	stark
negativ	„	extrem

Mit dieser kleinen Auswahl sei es genug. Die Beispiele ließen sich fast beliebig erweitern, doch ist das Wesentliche angedeutet worden, daß nämlich fast jeder Petrochemiker unter „Alkali“-Vormacht, -Betonung, -Reihe usw. etwas anderes meint.

---

[1] „Reihen Alkaligesteine und Alkalikalkgesteine“ setzt LEITMEIER synonym für atlantische und pazifische Sippe.

Kritik an den Gleichsetzungen

Es ist grundsätzlich falsch, ein Gestein mit einer Vormacht (z. B. Natronvormacht) mit einem Gestein einer Sippe (z. B. atlantische Sippe) gleichzusetzen. Denn oft und oft wurde die Vormacht nur aus der Analyse des Einzelgesteins eruiert, während ein Gestein einer Sippe nur ein *Einzelglied* einer Gesteinsgesellschaft ist und als solches der Sippe gegenüber sogar gegenläufige Tendenz aufweisen kann. Für die Sippe maßgeblich ist eine ganze Anzahl (um nicht die Wörter Reihe oder Serie zu gebrauchen, die besser passen würden, aber zu speziell und damit falsch verstanden werden könnten) von Einzelgesteinen eines regional und temporal begrenzten Bereiches. Der Sippenbegriff beschränkt sich umgekehrt aber nicht auf *einen* Gesteinskörper, sondern auf eine ganze magmatische Provinz (Eruptionsprovinz, Gesteinsprovinz, petrographische Provinz), an der mehrere Gesteinskörper beteiligt sind. Erst die durch Untersuchungen ermittelte Differentiationsrichtung bestimmt den Sippencharakter. Die Differentiationsrichtung wieder wird sichtbar gemacht in einem Differentiationsdiagramm, für das als anschauliches Beispiel auf PEACOCK (hier S. 309) hingewiesen wird[1]. Die Kurven in einem solchen Diagramm sind die Verbindungslinien einzelner Punkte, die Projektionen gewisser Werte darstellen, die letzten Endes aus Gesteinsanalysen gewonnen werden. Daher ist die Grundlage aller petrochemischen Sippenforschungen die chemische Bauschanalyse. Über Zahl und Tauglichkeit der Analysen wird im folgenden gesprochen.

2. Anzahl und Tauglichkeit von Analysen als Grundlage für Gesteinsverwandtschaften

Anzahl der notwendigen Analysen

A. RITTMANN schrieb 1960 (auf S. 119—121): „PEACOCK, NIGGLI, TRÖGER u. a. haben Rechnungsmethoden und Diagramme vorgeschlagen, die eine Bestimmung des Sippencharakters ermöglichen, wenn genügend Analysen verschiedener Gesteine vorhanden sind, um die Konstruktion eines Variationsdiagramms zu erlauben ... Solche Konstruktionen werden jedoch unsicher, wenn nicht unmöglich, wenn nur wenige Analysen vorliegen oder wenn sich das Variationsdiagramm nicht bis zu den kritischen Werten erstreckt." Wieviel Analysen sind nun genug, um einwandfrei eine Sippe aufstellen oder erkennen zu können?

F. BECKE verwendete 1903 zur Aufstellung seiner Sippen 41 Analysen aus dem Böhmischen Mittelgebirge und 27 Analysen aus den amerikanischen Anden.

W. E. TRÖGER schreibt 1931 (auf S. 269): „... so daß im Durchschnitt jede Serie 15 Analysen zur Unterlage hat, während schon aus vier bis fünf günstig verteilten einwandfreien Analysen sich ein zuverlässiges Seriendiagramm konstruieren ließe[2]."

Demgegenüber stellte K. R. MEHNERT 1960[3] fest, daß das Alkalienverhältnis innerhalb eines magmatischen Körpers so stark wechselnd ist (ca. 1 : 2), daß einzelne oder wenige Analysen ohne jeglichen diagnostischen Wert sind. Außerdem hänge der K- und Na-Wert stark von der Tiefenposition im Gesteinskörper ab, da die Alkalien eine starke Tendenz zum Aufstieg hätten. Und weiters stellten sich beim Auftreten

---

[1] Es sei nochmals erwähnt, daß praktisch jeder Petrochemiker seine eigene, von allen anderen verschiedene Methode entwickelt hat, die keine Vergleichbarkeit mit anderen erlaubt.

[2] Danach ist es nicht verwunderlich, daß sogar Sippeneinteilungen überhaupt *ohne* eine einzige Analyse vorgenommen wurden; wie z. B. von L. WALDMANN 1926/27, der „*atlantische* Gesteine" beschreibt und dazu sagt: „Für chemische Untersuchungen ist das Material teils zu wenig frisch, teils in zu geringer Menge vorhanden."

[3] In einem Vortrag auf der Jubiläumstagung der geol. Ver. 1960 in Würzburg „Das Problem des Alkalihaushalts im Orogen".

von Mobilisationen plötzliche Änderungen in der K- und Na-Verteilung ein, dergestalt, daß in Räumen niederer Temperaturen eine kräftige Verschiebung zugunsten des Na eintritt (Albitisierung, Albitsäume). Daher seien für Zwecke der Vergleichung nur *große Anzahlen von Analysen* verläßlich und zulässig[1].

Diesen modernen Erkenntnissen ist eigentlich nichts hinzuzufügen.

Auswahl und Tauglichkeit von Analysen

Suspekt ist aber nicht nur die geringe Zahl von Analysen, mit der in der Sippenforschung meist gearbeitet wurde, sondern auch die Auswahl der Analysen, die dabei getroffen wurde. M. STARK fiel 1914 (S. 304) „auf, daß öfters Analysen an durchaus nicht einwandfreiem Material zur Klärung in zweifelhaften Fällen, ob atlantisch oder pacifisch, durchgeführt worden sind. In solchen Fällen erweckt zwar eine Analyse den Anschein größter Exaktheit, sie führt aber bei nicht einwandfreiem Material eher zum Irrtum als zur richtigen Erkenntnis." Sehr deprimierend ist es, wenn er weiter feststellt (auf S. 305): „Wirklich einwandfrei unveränderte Eruptivgesteine sind verhältnismäßig sehr selten."

Woran erkennt man nun, ob Analysen einwandfrei und daher zulässig sind? W. E. TRÖGER gibt 1931 darauf Antwort (auf S. 266): „Analysen, die zu einer magmatischen Serie zusammengehören, sind daran zu erkennen, daß sich im Differentiationsdiagramm alle Projektionspunkte knickfreien Kurvenzügen einfügen, deren Form dann erlaubt . . ., Rückschlüsse zu ziehen." Ein solcher Rat *muß* dazu führen, alle Daten, die (einer vielleicht vorgefaßten Arbeitshypothese) nicht entsprechen, ganz einfach zu negieren; ein Verfahren, das in manchen Wissenschaften sehr häufig, wenn auch vielleicht oft unbewußt, angewandt wird: „. . . ich habe alle untauglichen (Analysen; d. Verf.) ausgeschlossen, deren es sehr viele gibt", sagte z. B. schon H. O. LANG 1891 (S. 204). Natürlich kann man durch solche Ausscheidungsverfahren einen knickfreien Verlauf der Kurven in einem Differentiationsdiagramm erzielen, aber was macht man, wenn es sehr viele nicht passende Werte gibt, wie LANG sagte? Auch dafür weiß wieder W. E. TRÖGER (1931, auf S. 268) einen Ausweg: „Handelt es sich aber nicht nur um einzelne unpassende Analysenwerte, sondern streut das ganze Diagramm, so sind entweder alle Analysen unbrauchbar, oder es liegt ein Gemisch von Analysen mehrerer magmatischer Serien vor, die man aussuchen muß." Anscheinend hält auch A. RITTMANN dieses Verfahren nicht für den richtigen Weg, denn er schreibt 1960 (S. 122/123): „Es sei noch nachdrücklich darauf hingewiesen, daß . . . nur gute Analysen von frischen Gesteinen benützt werden dürfen."

Ursachen für „unbrauchbare" Analysen

Was ist die Ursache für schlechte, unbrauchbare Analysen, welche Gesteine liefern so geartete? W. E. TRÖGER zählt kurz und bündig auf (1931, S. 268): „Sekundärdifferentiate, pneumatolytisch oder hydrothermal angegriffenes Gestein, Verwitterungs- oder Resorptionsprodukte."

---

[1] „Als Beispiel für dieses Verhalten wurde die Alkaliverteilung in einem Granitpluton (Malsburger Granit im Südschwarzwald) vorgeführt. Bei diesem Pluton wurden an Hand von 131 Proben (zu je etwa 3 bis 5 kg) die K_2O- und Na_2O-Werte flammenphotometrisch bestimmt. Dabei stellte sich heraus, daß die Verteilung der Alkaligehalte viel heterogener ist, als wohl im allgemeinen angenommen wird. Der K_2O-Gehalt schwankt z. B. von 3,67 bis 6,50 Gew.%, der Na_2O-Gehalt von 2,81 bis 4,92 Gew.%. Das zeigt bereits deutlich, wie stark schon die *Probenahme* den Analysenwert beeinflussen kann. Hier liegt zweifellos ein erhebliches Problem, das . . . das ganze Ergebnis in Frage stellen kann. In den meisten Fällen ist die Streuung der Einzelwerte erheblich größer als die zu errechnenden Unterschiede der Mittelwerte, auf denen ja die geochemische Aussage beruht. Die Probenahme kann also nur nach statistischen Gesichtspunkten erfolgen." (K. R. MEHNERT 1960[b], S. 125.)

M. STARK sagt 1914 (auf S. 304): „Es ist bekannt, daß insbesondere CaO und die Alkalien leicht ausgelaugt werden."

Und P. NIGGLI schildert 1936 (auf S. 338) die Folgen davon: „Unfrische Granite z. B. ... könnte man ... als rapakiwitisch bestimmen, doch sagt dies über den ursprünglichen Chemismus (...) wenig aus."

Zusätzlich wird durch Auslaugung „sehr oft ... auch das Verhältnis von K_2O : Na_2O verschoben (...). Gerade diese genannten Substanzen sind aber für die hier angestrebte Deutung von größter Wichtigkeit." (M. STARK 1914, S. 304/305.)

Neben diesen *Auslaugungsprozessen*, die wohl nur selten — und bei fremden Untersuchungen fast nie — feststellbar sind, können auch noch andere Faktoren eine große Rolle bei der „Verfälschung" einer Analyse spielen.

Resorptions- und Assimilationsprozesse: „Auch kann folgender Umstand noch ein scheinbar atlantisches resp. auch pacifisches Gestein hervorrufen. In manchen Fällen werden Einschlüsse vom Magma völlig resorbiert ... Sind die Einschlüsse nicht mehr nachweisbar, so wird unter Umständen ein Herausspringen aus der Sippe vorgetäuscht." (M. STARK 1914, S. 305.)

Veränderungen durch pneumatolytische und hydrothermale Prozesse, wie sie TRÖGER (s. o.) angeführt hat. Auch sie können zu „Verfälschungen" der Analysenwerte und damit zu einem „Herausspringen aus der Sippe" führen.

Durch Mobilisationen, die Anreicherungen gewisser Elemente in verschiedenen Bereichen eines Gesteinskörpers durch Verdrängung mit sich bringen und daher ebenfalls einen falschen Gesamtchemismus vortäuschen.

Durch Anatexis, d. h. durch selektive Aufschmelzung in Tiefenbereichen, die so geartet ist, daß *nur* gewisse (saure) Minerale flüssig werden. Durch Festwerden dieser rheomorphen Schmelzen wird ein Gesteinschemismus vorgetäuscht, der mit dem Ausgangsgestein kaum mehr etwas gemein hat.

3. Die Ursachen für die Analysenverfälschungen sind gleich den Ursachen für die verschiedenen Sippen!

Ursachen für die verschiedenen Sippen

Sehen wir uns diese letzten vier Punkte, die zur Verfälschung führen, einmal von einer anderen Seite an:

Assimilation: „Die Assimilation von Kalkstein hat in der petrographischen Literatur eine große Rolle gespielt. Einige Petrographen[1] haben sogar behauptet, daß dieser Prozeß eine notwendige Voraussetzung der Bildung von alkalischen Gesteinen sei." (T. F. W. BARTH 1939/1960, S. 104.)

„Ein ausgezeichnetes Beispiel (für Einschmelzungen; d. Verf.) sind die in Italien verbreiteten Leuzitgesteine, die, wie RITTMANN gezeigt hat, durch Kalkaufnahme sich erklären lassen. Derartige Gesteine faßt man als ‚mediterrane Sippe' zusammen." (F. v. WOLFF 1951, S. 77.)

Pneumatolyse: „Was auch immer die Zusammensetzung des sich differenzierenden Ausgangsmagmas sein mag, immer nimmt in den durch Zufuhr von pneumatophilen Verbindungen betroffenen, leichtesten Differentiaten der atlantische Sippencharakter zu." (A. RITTMANN 1960, S. 205.)

Mobilisationen: „Es muß als wahrscheinlich angesehen werden, daß stark kalireiche Gesteine sekundären Verdrängungsprozessen ihre Entstehung verdanken." (T. F. W. BARTH 1939/1960, S. 101.)

---

[1] Unter vielen z. B. SHAND 1930, DALY 1933.

Anatexis: A. Rittmann stellt 1960 (auf S. 228) fest, „daß *pazifische Magmen* sich in größeren Mengen nur durch Anatexis sialischer Gesteine und Hybridismus von anatektischen Magmen bilden können."

Welch plötzliche, neueröffnete Perspektiven bringen diese Aussagen! Dieselben Faktoren, die zu einer Verfälschung der Analysenergebnisse führen sollen — und die daher für die Sippenforschung nicht verwendet werden dürfen —, sind auf einmal dafür verantwortlich, daß es überhaupt zu Magmen und Gesteinen der verschiedenen Sippen kommt! Hier scheint der wahre Wert der petrochemischen und der Sippen-Forschung zu liegen; daß nämlich durch die Analysen- (nicht Differentiations-) Diagramme die Genese und überhaupt das Gesamtgeschehen in einem Massengesteins-Komplex gedeutet und damit sichtbar gemacht werden kann: Gute Ansätze davon sind schon vorhanden. So wurde H. Stilles Lehre vom Initial-, Synorogen-, Subsequent- und Final-Magmatismus damit in Verbindung gebracht — mit bestem Erfolg!

Sippencharakter und Orogenese

Initial: „Jeder Gebirgsbildung geht das geosynklinale Stadium voraus. In diesem Stadium mit sinkender Tendenz der davon betroffenen Krustenteile werden basische Laven, zumal submariner Entstehung, gefördert." (F. v. Wolff 1951, S. 66.) A. Rittmann erläutert präzise (1960, S. 228): „*Atlantische Magmen* aller Schattierungen können nur da auftreten, wo das primäre olivinbasaltische Magma längs abyssalen Spalten zur Erdoberfläche vordringen kann und Gelegenheit zur Differentiation findet. Dies muß der Fall sein in Geosynklinalen und kontinentalen und ozeanischen Bruchzonen, die tatsächlich die Verbreitungsgebiete atlantischer Vulkanite sind." Also *atlantische* Sippe meist *initial.*

Synorogen bis subsequent: Die „pazifische Reihe . . . umfaßt die Alkalikalkmagmen, die . . . im Anschluß an die Faltengebirge aufgedrungen sind. Der subsequente Vulkanismus trägt auch noch pazifischen Charakter." (F. v. Wolff 1951, S. 73.)

A. Rittmann erläutert wieder (1960, S. 228): „*pazifische Magmen* (können) sich in größeren Mengen nur durch Anatexis . . . bilden . . . Diese Vorgänge können jedoch in großem Maßstab nur in den tiefen Zonen der Orogene stattfinden, wodurch das Gebundensein pazifischer Sippen an Faltengebirgen erklärt ist."

Final: „Die *mediterranen Magmen* . . . können nur da auftreten, wo dem aufsteigenden primären Magma oder seinen Differentiaten die Gelegenheit geboten ist, mit sedimentären Karbonatgesteinen oder magmatischen Karbonatiten in Kontakt zu treten. Das ist vor allem in einsinkenden Bruchländern mit viel karbonatischen Sedimenten . . . möglich." (A. Rittmann 1960, S. 228.) Dazu F. v. Wolff 1951, S. 74: „Diese Gesteinssippe tritt in Verbindung mit einer Bruchtektonik auf und ist für den finalen Vulkanismus charakteristisch[1]."

Es ist gar nicht notwendig, in jedem Falle aus Analysenreihen einer Provinz so großartige Schlüsse zu ziehen; es genügt schon, wenn man Differentiationsart, eventuelle Einschmelzungen, Assimilationen, Verdrängungsvorgänge oder ähnliches erkennen kann. Für die Genese der Gesteine und den Ablauf des Gesamtgeschehens ist das oft von ausschlaggebender Bedeutung. Aber meist wurde daran nicht gedacht. Man wollte unbedingt eine Sippenzugehörigkeit herausfinden und konstruierte — oder man blieb objektiv, war enttäuscht und kam zu negativen Ergebnissen:

---

[1] v. Wolff führt zwar 1951 für den finalen Vulkanismus die atlantische Sippe als charakteristisch an, was allerdings wenig bedeutet, da er die mediterrane nicht von dieser abtrennt. Nur in einem einzigen Fall spricht er von der „Mediterranen Sippe" (auf S. 77) und beruft sich dabei auf Rittmanns Untersuchungen der Vesuvlaven — also doch final.

4. Sippenwechsel und -übergänge

Mischprovinzen und Sippenwechsel

„Schwierigkeiten erwachsen, wie schon Rosenbusch betonte, aus dem *Zusammen-vorkommen von Gesteinen*, die nach ihrer chemisch-mineralogischen Beschaffenheit nicht derselben Hauptreihe angehören; derartige Fälle sind seit 1907 ... in sehr verschiedenen Gebieten der Erde in größerer Zahl gefunden worden und haben Bresche in die Lehre von der strengen *geographischen Trennung* der atlantischen und pazifischen Magmengebiete gelegt." (L. Milch 1914, S. 243.) Schon F. Becke selbst kam bereits 1903 (auf S. 248) zu der Auffassung, „daß es naturgemäß Eruptivgebiete geben muß, welche zwischen den beiden typischen Grenzreihen den Übergang vermitteln, da zwischen den oben erwähnten höheren, leichteren und tieferen, schwereren Schichten alle möglichen Übergänge von der Hypothese postuliert werden." Er führt dafür als Beispiele das Rheinische Siebengebirge, Gleichenberg[1], Predazzo und Monzoni an. „Es gibt zahlreiche ‚*Typenvermischungen*‘, indem sich z. B. im lamprophyrischen Gefolge von Kalkalkaligraniten stofflich atlantische oder mediterrane Typen zeigen." (O. H. Erdmannsdörffer 1924, S. 202.) Auch P. Niggli sagt bereits 1920 (auf S. 166): „Es ist überhaupt nicht zu folgern, daß die Gesteine der drei Provinzen immer getrennt vorkommen müssen ... Alle möglichen Übergänge lassen sich an Beispielen belegen." Solche Zitate ließen sich seitenlang fortführen; als interessante, weil frühe Stimme wird noch M. Weber 1910 zitiert (S. 43): „Es finden sich also auch im Fichtelgebirge wieder Gesteine aus beiden petrographischen Sippen miteinander vergesellschaftet ...; 1909 habe ich auf diese ‚gemischte Provinzen‘ hingewiesen ... man wird nicht umhin können, anzunehmen, daß hier von der Alkali- zur Alkalikalkreihe Übergänge vorhanden sind." Und als Beispiel für den englischen Sprachkreis E. E. Wahlstrom (1950, S. 312): "Many examples of areas which contain both lime-alkalic and alkalic rocks may be cited."

Aus all den Bezeichnungen Typenvermischung, Übergänge, gemischte Provinzen usw. hebt sich ein Ausdruck hervor: Sippenwechsel; denn dieser zeigt nicht so unbestimmt ein bloßes Nebeneinander von verschiedenen Sippen in einer Provinz an, sondern drückt aus, daß eine zeitliche Folge der Sippen aufeinander vorliegen muß, daß also genetisch im Ablauf des Geschehens etwas vor sich gegangen sein muß. Damit kommt der Terminus *Sippenwechsel* den positiven Feststellungen und Folgerungen nahe: „... Beger wies im Jahre 1913 auf die Tatsache hin, daß auch innerhalb einer einzigen Gesteinsserie ein Sippenwechsel stattfinden könne." (W. E. Tröger 1948, S. 144.)

Sippenübergänge

Mischprovinzen müssen sich in einem Differentiationsdiagramm durch plötzliche Kurvenknicke äußern — oder durch Projektionspunkte, die sich nicht durch eine „glatte" Linie verbinden lassen. Es treten aber häufig auch Fälle ein, wo man aus einem Diagramm *überhaupt nicht* beurteilen kann, welcher Sippe man die analysierten Gesteine einer Provinz zuordnen soll. Es wird dann meist von „schwachen Vertretern" gesprochen (siehe auch hier S. 304): „Je mehr das Gesteinsreich bekannt geworden ist, desto deutlicher erkennt man, daß die beiden extremen Typen durch unzählige Übergänge miteinander verknüpft sind. Man hat Gesteinsstämme von mild alkalischem Charakter oder von mild pazifischem Charakter oder aber auch solche, die weder pazifisch noch atlantisch genannt werden können." (T. F. W. Barth 1939/1960, S. 62/63.) F. v. Wolff sagt 1951 (S. 230): „Es muß noch einmal betont werden,

---

[1] Mit der Eruptivprovinz von Gleichenberg hat sich vor allem A. Winkler v. Hermaden ab 1913 eingehend befaßt.

daß alle Glieder der Reihen I bis IV untereinander und miteinander durch kontinuierliche Übergänge verbunden sind."

„Eine scharfe *chemische Charakteristik* der beiden Reihen läßt sich, wie diese Ausführungen zeigen, infolge der verschiedenartigen Beziehungen der chemischen Gesteinskomponenten zueinander kaum aufstellen ... Unterschiede ... beider Reihen werden bei *schwachen* Vertretern unscharf und müssen ganz allgemein mit der Annäherung an die leukokraten (sauren) und melanokraten (basischen) Endglieder undeutlich werden." (L. Milch 1914, S. 214/215.)

P. Niggli wollte die Einordnung auf jeden Fall erzwingen und versuchte es mit einer „Idealkonstruktion" (über Idealtypen siehe auch hier S. 254): „*Die Einteilung entspricht einem idealen Fall.* Dabei wird die stoffliche Natur zugehöriger Magmen eindeutig festgelegt. Provinzen, deren Gesteine nicht in den Rahmen *einer* dieser Assoziationsreihen fallen, sind Provinzen von Mischungscharakter ... Je geschickter die Idealkonstruktion ist, umso zweckmäßiger wird die Systematik sein." (P. Niggli 1923, S. 92.)

Sind Idealtypen für eine Einzelgesteins-Systematik noch angängig, weil es eben Einzelstücke betrifft, die aus dem natürlichen Gesteinsverband gerissen sind, so erscheint eine „Idealkonstruktion" einer Sippe völlig abwegig, da es sich dabei um natürliche Gesteinsassoziationen handelt.

5. Sippen und Gesteinssystematik

Ablehnung einer Gesteinseinteilung auf Sippenbasis

Eine Einteilung in Sippen (Gruppen, Reihen, Serien) ist eine Klassifikation. Wie aus den bisherigen Ausführungen hervorgeht, erscheint eine solche weder tunlich noch zulässig. Die einzelnen Magmen-Provinzen haben jede für sich ihre eigene Geschichte erlebt, und es kann nur sinnvoll sein, jede dieser Entstehungsgeschichten zu verfolgen — ja auch noch untereinander zu vergleichen. Es ist noch berechtigt, von Charakter oder Tendenz zu sprechen, aber eine Gesteinseinteilung darauf zu gründen, scheint zu weit gegangen. L. Milch lehnt eine Systematik und auch sogar Klassifikation schon 1914 ab — gleich zweimal innerhalb weniger Seiten:

„die Unklarheit, welche ... noch herrscht, verbietet die streng durchgeführte Klassifikation der Eruptivgesteine mit Zugrundelegung der beiden großen Magmengruppen." (S. 241.)

„... die erwähnten Ausnahmen lassen es jedoch zunächst nicht ratsam erscheinen, ein auf der angegebenen Zweiteilung der Magmen beruhendes System einer *systematischen* Petrographie zugrunde zu legen." (S. 244.)

Sippe und Einzelgestein

Völlig abwegig ist die Zuteilung eines Einzelgesteins zu einer Sippe und eine darauf gegründete Gesteins-Systematik, „da bei der *Sippenbildung* die magmatische Serie und nicht das Einzelgestein maßgebend ist." (W. E. Tröger 1931, S. 329.) Dennoch ist dies immer und immer wieder versucht worden, und man braucht nur eines der landläufigen (deutschsprachigen) Lehrbücher aufzuschlagen, um die Einzelgesteinstypen fein säuberlich in Sippen (oder Vormacht, Charakter, Tendenz, Betonung usf.) aufgeteilt und eingeschachtelt zu finden. Und das trotz fortlaufender Gegenstimmen zu allen Zeiten seit Einführung der Sippenlehre. Hier paßt vorzüglich H. Rosenbuschs Ausspruch (1907, S. 15): „Revolutionen sind schnell gemacht, Reformen gedeihen langsam."

Bereits 1914 warnte L. Milch (S. 241) davor, da „es mit unseren heutigen Kenntnissen ... keineswegs in allen Fällen möglich ist, aus der mineralischen und chemischen Zusammensetzung eines Eruptivgesteins die Zugehörigkeit zu der einen oder der anderen Hauptreihe mit Sicherheit zu bestimmen."

Ebenfalls 1914 stellte M. Stark fest (auf S. 304): „Betreffs der einzelnen Gesteine innerhalb der Sippe ist bekannt, daß die Unterschiede untereinander viel beträchtlicher sind als jene analoger Gesteine der beiden Sippen. In manchen Fällen kann es unmöglich sein, mit Sicherheit zu entscheiden, ob ein vorliegendes Gestein der einen oder anderen Sippe zufällt."

1950 (S. 28) schreibt H. Leitmeier, die Zuordnung des Einzelgesteins zu einer Sippe (Reihe) sei „oft recht schwierig; auch die Analysenverrechnungen können dabei versagen und nur der Gesteinsverband, das Zusammenvorkommen mit anderen Gesteinen, können eine Entscheidung bringen." Und dann sagt er mit Nachdruck: „Es gibt eine große Anzahl von Gesteinen, die in beiden Reihen vorkommen."

Aus einer kurzen Übersichtstabelle A. Rittmanns (1960, S. 119), die in groben Zügen die verschiedenen Gesteinsglieder der drei Hauptsippen angibt, gehen ganz klar die Überschneidungen hervor:

„Atlantische Sippe	*Pazifische Sippe*	*Mediterrane Sippe*
a) Olivinbasalt	a) *Basalt*	a) Olivin-Trachybasalt
Basalt	Andesit	*Trachyandesit*
Trachyandesit	Dazit	Latit
Trachyt	Rhyodazit	*Trachyt*
Natrontrachyt	Rhyolith	Kalitrachyt"
(Im Original nicht kursiv.)		

Sippensystematik und Nomenklatur von Einzelgesteinen

Es war aber nicht nur nötig, sich gegen eine Klassifikation der Einzelgesteine nach Sippenrichtlinien zu wehren, sondern es mußte sogar dagegen Stellung genommen werden, völlig analoge Gesteine nur wegen verschiedener Vergesellschaftung verschieden zu benennen: „Teilt man nach der provinzialen Zugehörigkeit ein, so muß man überlegen, ob der stofflichen Natur nach gleiche oder sehr verwandte Gesteine nur deshalb verschieden benannt werden sollen, weil sie in verschiedenen Assoziationen vorkommen. Öfters ist derartiges schon versucht worden. Man spricht gern von Alkalibasalten oder Essexiten, wenn bei anderer Vergesellschaftung das gleiche Gestein kurzweg als Basalt oder Gabbro bestimmt worden wäre. Nun zeigt die vergleichende Untersuchung der magmatischen petrographischen Provinzen, daß eine Durchführung dieses Prinzipes unmöglich ist. Da keine zwei Provinzen sich genau entsprechen und besonders in gewissen Grenzgliedern eine starke Typenvermischung auftritt, würde die Nomenklatur, nach diesen Prinzipien durchgeführt, jegliche Handstückbestimmung verunmöglichen." (P. Niggli 1923, S. 92.)

„Aus diesem Grunde ist es unbedingt erforderlich, nicht ein Gestein aus seinem Verband gelöst zu betrachten und durch willkürlich festgelegte Normen zu bezeichnen, sondern den ganzen Gesteinskomplex unter dem Gesichtspunkt der Differentiation zu studieren. Einzelgesteine aus einer örtlich begrenzten petrographischen Provinz im Sinne eines abgeschlossenen einheitlichen Differentiationsverlaufes nach irgend einer Norm zu benennen, ist für die petrographische Forschung viel weniger wichtig als der Überblick über die einzelnen Stadien der Differentiation." (A. Gellert 1932, S. 92.)

Wird das beherzigt, so kann die Sippenforschung noch wertvolle Einblicke in die Genese verschiedener Eruptivprovinzen gewähren — aber sie sollte sich damit begnügen und nicht darüber hinausgehen.

Wenn, man z. B. wie Brögger 1906 sagt: ,,Die Eruptionsprovinz des Kristiania-gebietes hat ... eine außerordentlich reichhaltige Repräsentation der verschieden-artigsten Gesteinstypen geliefert; dieselben sind ... sämmtlich Differentiations-produkte eines gemeinsamen natronreichen Stammagmas", so ist dagegen nichts einzuwenden; das ist ein näherer Hinweis, aber keine Klassifikation, weder von Gesteinsgemeinschaften noch von Einzelgesteinen nach dem Chemismus.

"The deficiencies of qualitative mineralogical classification are obvious. Quantitative chemical schemes are necessarely more or less arbitrary and do not convey an accurate concept of actual mineral composition of the physical-chemical factors of origin. Quantitative classifications based on important minerals and textures seem to fill the need to best advantage."

E. E. WAHLSTROM 1950, S. 325/326

V. Die quantitative mineralogische Klassifikation

1. Für und wider

Bei der qualitativen mineralogischen Klassifikation brachten die unscharfen Grenzen, das Verschwimmen und Zusammengleiten der einzelnen Gesteinsspezies, die gemeinsamen Zwischenglieder zweier Gesteinstypen Unsicherheit in die petrographische Wissenschaft. Die einzelnen Typen waren nur durch das *Was* und nicht durch das *Wieviel* bestimmt. W. CROSS stellte 1910 (auf S. 972) fest: "As a matter of fact no petrographer using the old qualitative system can have a clear idea of what he himself includes in any given unit of that system." Die Versuche, auf chemischer Basis eine gute, allgemeine Systematik zu erlangen, sind restlos gescheitert. Alle chemischen Klassifikationen erwiesen sich in der Petrographie als ungenügend, da sie dem Wesen der Gesteine — als Mineralaggregate mit einem bestimmten Gefüge — nicht gerecht werden konnten.

Aufkommen quantitativer Denkungsart

„Es ist merkwürdig, daß der naheliegende Weg einer quantitativ-mineralogischen Einteilung erst so spät (etwa seit 1920 . . .) beschritten worden ist, denn die in den Lehrbüchern meist üblichen Angaben ‚viel‘, ‚wenig‘ haben ja überhaupt keinen praktischen Wert." (W. E. TRÖGER 1935, S. 9.) Dies ist um so verwunderlicher, als schon 1894 (auf S. 92) W. C. BRÖGGER vollkommen eindeutig gefordert hatte, daß „. . . nicht nur die qualitative mineralogische Zusammensetzung, sondern auch die *quantitativen* Relationen der *chemischen* und *mineralogischen Mischung* bei der systematischen Einteilung zu berücksichtigen" seien. Die chemische Seite wurde zu dieser Zeit berücksichtigt, die mineralogische erst gute zwanzig Jahre später.

Auch noch vor 1920 schrieb L. MILCH (1913, S. 192): „Da die Eruptivgesteine sich aus verschiedenen Mineralindividuen aufbauen, sind die *wichtigsten direkt feststellbaren Eigenschaften die Natur der Komponenten und ihr Mengenverhältnis im Gestein* einerseits, *die Art und Weise des Gefüges* dieser Komponenten andererseits."

Oft wurden die notwendigerweise präzisen Begriffsfassungen und Grenzen der quantitativen Systeme abgelehnt, da es bei den Gesteinen keine scharfen Grenzen gäbe; daher seien die quantitativen Klassifikationen unnatürlich. K. H. SCHEUMANN erwiderte darauf (1925, S. 191): „Die . . . *qualitativen* mineralogischen Gliederungen sind nur Behelfssysteme, und wegen ihrer bewußt oder unbewußt geringen Bewertung quantitativer Angaben nicht ‚natürlicher‘ als die künstlichen Klassifikationen." Bei den quantitativen mineralogischen Gliederungen dagegen „besteht. . . der große Vorteil, der auch der natürlichen Systematik zugute kommt, daß sie durch das strenge Prinzip der Gliederung zu einer exakt quantitativen Definition der Substanz zwingen.“ (K. H. Scheumann 1925, S. 192.)

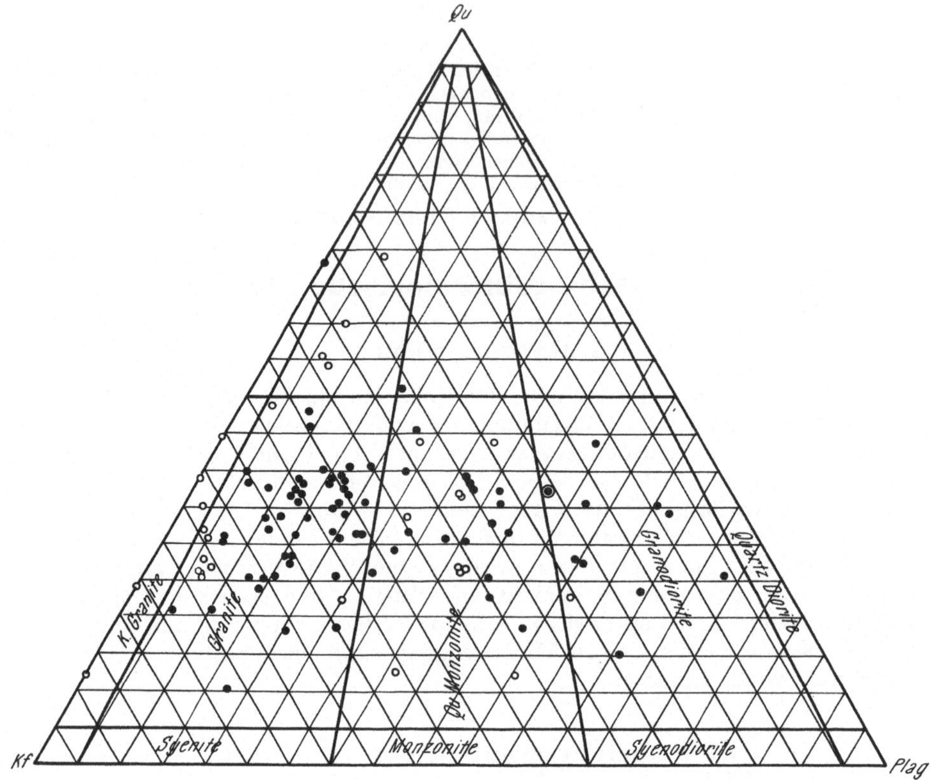

Abb. 69. “One hundred and nine so-called ‘granites’. Open circles are rocks of Class 1, and dark circles rocks of Class 2. The double circle is the mean of Daly’s granites recomputed into the probable modal minerals.” (Class 1 = weniger als 5% Mafite[1].) (Nach A. Johannsen 1917.)

Schon 1891 (auf S. 201) und damit wahrscheinlich als erster[2] hat H. O. Lang auf diesen Nachteil der qualitativen Systeme hingewiesen. „Diese Schwäche der Systematik hat insbesondere dahin geführt, daß einzelne der mineralogisch festgestellten Typen einen Umfang erlangt haben, der von vornherein gar nicht die Erwartung aufkommen läßt, daß ihm ein einziger chemischer Typus genügen werde. Dies gilt z. B. von dem Typus Granit (einschließlich Porphyr und Rhyolith). Entsprach dieser Begriff bei den älteren Petrographen Gesteinen, welche wesentlich aus vorwaltendem Kalifeldspath und Quarz, sowie untergeordnetem Glimmer bestanden, so hat man doch später zu ihnen alles nur irgendwie Ähnliche hinzugefügt, und als das dringende Bedürfnis zu einer Gliederung dieses massenhaften Materials antrieb,

---

[1] 1939 sind bei Johannsen die Projektionspunkte gleich, aber die Familiengrenzen etwas anders.

[2] In einer 1954 aus dem Russischen übersetzten Arbeit schreibt Loewinson-Lessing: “As early as 1899 the report which the Russian Petrographical Committee presented to the International Petrographical Committee and to the International Geological Congress (1901) stressed the importance of a quantitative classification. In this report Loewinson-Lessing wrote: «Dans la délimitation des familles le rôle principal revient à la composition chimique et aux quantités relatives des parties constituantes essentielles.»” (F. Loewinson-Lessing 1954, S. 31.)

ist dieselbe in Berücksichtigung der meist ganz untergeordneten Gemengtheile aus der Glimmer- und Hornblendefamilie erfolgt, die dabei auch noch häufig neben

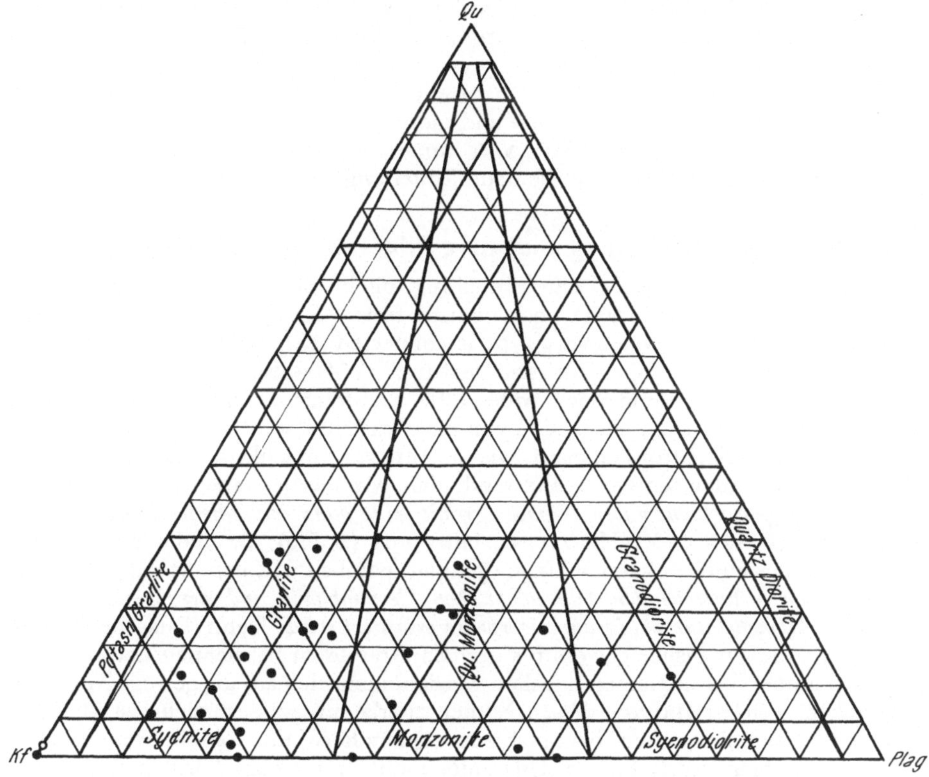

Abb. 70. 30 sogenannte „Syenite". (Nach A. JOHANNSEN 1917.)

einander auftreten; eine Eintheilung nach Menge und Natur der vorwaltenden Feldspathsubstanzen dagegen hat man nicht gutgeheißen[1]."

A. JOHANNSEN hat sich der Mühe unterzogen, solche Gesteine, die als „Granite" nach der qualitativen Methode bestimmt wurden, in einem Diagramm zusammenzustellen: "In Figure ... are plotted 109 so called 'granites,' taken, not from old descriptions, but from comparatively recent ones in which the actual mineral compositions were determined by the various authors ... With such variations in composition, how is one to interpret 'granite' or 'syenite' in rock descriptions?" (A. JOHANNSEN 1939, S. 129.)

Noch krasser sind die Fehlbestimmungen nach der qualitativen mineralogischen Methode bei den Syeniten gegenüber JOHANNSENS Klassifikation: von 30 „sogenannten Syeniten" entsprechen nur 3 normalen Syeniten (also bloß *zehn Prozent*); die anderen sind (in Zahlen): 2 Kali-Syenite, 14 Normalgranite (fast 50%!), 7 Quarzmonzonite und 1 Granodiorit. (Siehe Fußnote 1 S. 320.)

A. JOHANNSEN sagt 1917 (auf S. 66) zu obigen Zusammenstellungen: "... without quantitative details serious errors may arise." Doch kann er gleichzeitig feststellen:

---

[1] Diese Stelle bei LANG ist bezeichnend für die Einstellung der qualitativen Klassifikation jener Zeit!

"Many recent papers show the tendency toward a quantitative mineralogical classification." (A. Johannsen 1917, S. 65.)

Langsam aber sicher gewann die *quantitative* Betrachtungsweise an Boden.

1935 — W. E. Tröger (S. 9): „Neben der quantitativ-*chemischen* Darstellung ist in neuerer Zeit immer mehr die quantitativ-*mineralogische* Beschreibung zur Klassifikation herangezogen worden."

1939 — A. Johannsen (S. 129): "In recent years the need of quantitative rock classification has been recognized more and more."

1948 — W. E. Tröger (S. 135): „Von immer noch steigendem Einfluß auf die praktische Petrographie ist jedoch die neue Einteilung auf quantitativer Grundlage."

Stimmen gegen die quantitative mineralogische Einteilung

Die quantitative mineralogische Einteilung blieb nicht unwidersprochen. W. Cross stellte 1910 a (auf S. 971) noch neutral fest: "The group of igneous rocks has no natural divisions since every type is connected with others by transitions in chemical and mineral composition and texture." V. Hackmann wettert 1920 dagegen, obwohl er zu Beginn noch widerwillig zustimmt: „Gegen die quantitative Einteilung an und für sich, ausgehend von den Verhältnissen Quarz, Feldspath und Alkalifeldspath: Kalknatronfeldspath, wie sie Iddings vorschlägt, machen wir keine Einwände", *aber* „der schwerste Einwand, den wir hierbei erheben möchten, ist, daß *dem althergebrachten, guten Namen ‚granit' eine ganz unverdiente Einschränkung zuteil wird.*" (Beides S. 5.) Hackmann fährt fort (S. 5/6): „. . . die Neuerungen führen zweifellos zu einer großen Ungelegenheit, nämlich der, *daß die Kluft zwischen der nun schon festbestehenden feldgeologischen Terminologie und der speziell petrographischen Nomenclatur völlig unnötigerweise erweitert wird.* Denn Tatsache ist, daß die Gesteine die wir bisher gewohnt waren als Granite zu bezeichnen und die feldgeologisch immer diesen Namen behalten werden, nicht sich auf die geringe Minorität beschränken, welcher Iddings diesen Namen zuerkennt, sondern sich fast über alle Teile der Division 2 verteilen, bis hinab zum ‚Quarzdiorit' und daß ihr Hauptkontingent sich innerhalb des Rahmens ‚Quarzmonzonit' und ‚Granodiorit' befindet. Die Folge hiervon ist, daß wir bei strenger Anwendung der Terminologie von Iddings in den meisten Fällen, wo wir im Felde ein Gestein ohne Bedenken als Granit definieren hinterher nach ausgeführter mikroskopischer Untersuchung und chemischer Analyse erfahren, daß das betreffende Gestein gar kein Granit ist, sondern ein Quarzmonzonit, ein Granodiorit oder gar ein Quarzdiorit . . . für die Stärke und Lebensfähigkeit einer petrographischen Nomenclatur darin ein Hauptpostulat besteht, daß sie *soweit als nur irgend möglich die Conformität mit der feldgeologischen Terminologie bewahrt . . .*"

Und Hackmann bringt dazu als abschreckendes Beispiel eine Tabelle von Iddings (auf S. 21):

„A. *Granit:* Alkaligranit — $\dfrac{\text{Alkalifeldspat}}{\text{Kalknatronfeldspat}}$ $> 7/1$

        Kalkalkaligranit . . . . $< 7/1 > 5/3$

    B. *Quarzmonzonit und Granodiorit:*

        Quarzmonzonit . . . . $< 5/3 > 1/1$

        Granodiorit . . . . $< 1/1 > 3/5$

    C. *Quarzdiorit und Quarzgabbro:*

        Orthoklasquarzdiorit . . . . $< 3/5 > 1/7$

        Orthoklasquarzgabbro . . . . $< 2/5 > 1/7$

        Quarzdiorit . . . . $< 1/7$

        Quarzgabbro . . . . $< 1/7$ "

Leider stehen die meisten geologischen Karten bzw. manche kartierenden Geologen heute noch auf diesem Standpunkt. K. H. Scheumann beschwichtigt 1925 (S. 215) und sagt über die quantitative Einteilung: „Sie will die Entwicklung der natürlichen und genetischen Systematik nicht hindern, sondern durch exakteren Gebrauch der Termini fördern, zumal mineralogische, genetische und geologische Zusammenfassungen in Gebrauch sind, die ineinander übergreifen. Der Ungenauigkeit bei der Eingliederung von Gesteinen unter allgemeine Begriffe wird durch den Zwang, Mengenverhältnisse anzugeben, Einhalt geboten."

2. Die frühen halbquantitativ-mineralogischen Systeme

Die ersten, wenn auch noch nur halbquantitativen mineralogischen Klassifikationen stammen von J. P. Iddings 1909 und 1913 und F. C. Lincoln 1913[1]. Es folgten Holmes 1917, Shand 1915 und 1927, Johannsen 1917 und 1920 und Hodge 1924 und 1927.

J. P. Iddings 1909 (und 1913)

J. P. Iddings stellte 1909 (und 1913) ein „Qualitative Mineralogical System" in seinem Buch „Igneous Rocks" auf. In seiner tabellarischen Zusammenstellung (1909, S. 348 f.) ist noch nichts von quantitativen Angaben zu sehen, wie er überhaupt seine von ihm erwogene Einteilung nicht konsequent durchführt. Er teilt:

1. Nach Quarzgehalt . . . 3 Gruppen: $< 12\frac{1}{2}\%$, $12\frac{1}{2}$—$62\frac{1}{2}\%$, $62\frac{1}{2}$—100%.
2. Nach Mafitgehalt . . . 3 Gruppen: $< 12\frac{1}{2}\%$, $12\frac{1}{2}$—$62\frac{1}{2}\%$, $62\frac{1}{2}$—100%.
3. Er vereinigt die Kalifeldspatmoleküle mit den Albitmolekülen des Plagioklases und stellt diese den übrigen Plagioklasen gegenüber, dabei die Grenzen setzend: 0—$12\frac{1}{2}$—$37\frac{1}{2}$—$62\frac{1}{2}$—$87\frac{1}{2}$—100.

A. Johannsen schreibt 1939 (auf S. 130) zu diesem Punkt 3: "The union of the albite molecule with the orthoclase is certainly incorrect in a strictly mineralogical system, since chemical data are required for the classification."

F. C. Lincoln 1913

F. C. Lincoln gibt 1913 in seiner Tabelle bereits Prozentwerte an.

Seine Teilung ist:

I. Drei Divisionen nach dem Verhältnis helle : dunkle Mineralien.

A. Leukokrat: dunkle Mineralien　　0—33%
B. Mesokrat:　　　　„　　　　　„　　　　33—67%
C. Melanokrat:　　„　　　　　„　　　　67—100%[2]

II. Die drei Divisionen unterteilt er in Gruppen, wobei für die ersten beiden die Verhältnisse Quarz : Feldspaten : Foiden maßgeblich sind; bei Division 3 das Verhältnis Ferromagnesiumsilikate : Erz.

Die Teilung der leukokraten und mesokraten Gesteine führt zu den Gruppen:

a) Quarzgruppe　　　　= 100—67 Quarz;　　0—33 Feldspate;　　—　　Foide
b) Quarzfeldspatgr.　　= 67—33　　„　；　33—67　　„　；　—　　„

---

[1] In einer 1954 aus dem Russischen übersetzten Arbeit schreibt F. Loewinson-Lessing: "Chirvinsky (1909, 1911) and Iddings (1909) were the first to apply the quantitative principle to the classification of igneous rocks." (F. Loewinson-Lessing 1954, S. 31.)

[2] Es war von Lincoln in Aussicht genommen, das Verhältnis hell : dunkel noch weiter zu teilen: 0—4—33—67—96—100%.

c) Feldspatgr.   = 33—0   „ ; 67—100   „   ; 33—0   „
d) Feldspatfoidgr.   = —   „ ; 33—67   „   ; 67—33 „
e) Feldspatoidgr.   = —   „ ;   0—33   „   ; 100—67 „

f) Feldspatgr.   = 33—0   „ ; 67—100   „   ; 33—0   „
g) Feldspatfoidgr.   = —   „ ; 33—67   „   ; 67—33 „
h) Feldspatoidgr.   = —   „ ;   0—33   „   ; 100—67 „

Die Teilung der melanokraten Gesteine führt zu den Gruppen:

i) Ferromagnesium-Silikatgruppe = 100—67 Fe-Mg-Silikate;   0—33 Erz
j) Fe-Mg-Silikat-Erzgruppe   = 67—33   „   ; 33—67 „
k) Erzgruppe   = 33—0   „   ; 67—100 „

III. Die Gruppen werden unterteilt, und zwar jedesmal mit den Grenzen 0—33—67—100% in 31 Serien:

Die Quarzfeldspatgruppe nach dem Verhältnis Orthokl. : Plag.
Die Feldspatgruppen nach dem Verhältnis   Orthokl. : Plag.
Die Feldspatfoidgruppen nach dem Verhältnis Leucit : übrigen hellen Mineralien
Die Feldspatoidgruppen nach dem Verhältnis   Leucit : übrigen hellen Mineralien
Die Fe-Mg-Silikatgruppe nach dem Verhältnis Olivin : übrigen
Die Fe-Mg-Silikat-Erzgr. nach dem Verhältnis Olivin : übrigen
Die Erzgruppe nach dem Verhältnis   Sulfide : übrigen

Auch beim Verhältnis Orthoklas : Plagioklas war eine engere Teilung von 100—96—67—33—4—0% in Aussicht genommen.

Nicht erfolgte eine Trennung nach dem An-Gehalt der Plagioklase, was einen so großen Mangel darstellt, daß sich das System nicht durchsetzen und auch nicht als vollwertig quantitativ gelten konnte. A. JOHANNSEN schreibt 1939 (auf S. 132) dazu: "The rocks are not divided at all on the basis of the plagioclase, and gabbro, for example, is separated from diorite simply on the basis of the color ratio, which is not in accordance with modern usage . . ."

A. Holmes 1917 (und 1920)

A. HOLMES entwickelte 1917 und 1920 sein System aus einer Kritik der quantitativ-chemischen CIPW-Klassifikation heraus. Dabei führt er Umrechnungen durch nach chemischen Gesichtspunkten und entfernt sich daher von einer rein *mineralogischen* Klassifikation. Er konnte sich nicht durchsetzen.

Die erste Teilung führt er (Einfluß der Chemie!) nach dem Sättigungsgrad durch und kommt zu fünf Klassen:

   I. Klasse: Gesteine mit Quarz
  II. Klasse: Gesättigte Gesteine (ohne Quarz, ohne Foide)
III. Klasse: Untersättigte Gesteine mit (charakterisiert durch) Olivin
IV. Klasse: Untersättigte Gesteine mit (charakterisiert durch) Foiden
 V. Klasse: Untersättigte Gesteine mit (charakterisiert durch) Olivin + Foiden

Die zweite Teilung führt zu je drei Gruppen nach Teilungspunkten 0—30—70—100% der Kalimineralien: den Natronmineralien. Dabei zählt er zu Kalifeldspat und Albit die Feldspatvertreter, wie Leucit, Nephelin, Analcim usw., nach gewissen Umrechnungsfaktoren; Anorthoklas teilt er 4 : 6 auf, anders wieder rechnet er auch Muskowit und Biotit um und dazu. Das hat mit reinem Mineralbestand nichts mehr zu tun.

Die dritte Teilung wird nach dem An-Gehalt der Plagioklase durchgeführt. Dabei werden folgende Grenzen gesetzt: 0—15% (Albit), 15—50% (Andesin-Oligoklas),

50—85% (Bytownit-Labrador), 85—100% (Anorthit). Eine Reihe wird noch angeschlossen: Ohne Feldspat.

3. Voll ausgebaute Systeme

S. J. Shand 1915 bis 1927 (und die „color ratio")

S. J. SHAND stellte 1913 eine Liste von gesättigten und untersättigten Mineralien auf, die im Auszug hier folgen:

„Saturated	Unsaturated
Orthoclase	Leucite
Albite	Nephelite
	Sodalithe
	Noselite
	Analcite
	Cancrinite
Anorthite	Hauynite
	Melanite
	Melilite
Pyroxenes	Olivine
Amphiboles	Pyrope
Micas	Picotite"

1915 baute SHAND das Gerüst seiner quantitativen Klassifikation, die er bis 1927 voll ausbaute. 1915 stellte er bereits seine fünf Klassen (eigentlich drei Klassen, die letzte aus drei Unterklassen bestehend) auf:

Klasse I.   Übersättigte Gesteine.
Klasse II. Gesättigte Gesteine.
Klasse III. Untersättigte Gesteine.

a) Einwertige Metalle untersättigt.
b) Zwei- und dreiwertige Metalle untersättigt.
c) Beide, ein- und zweiwertige, untersättigt.

In Klasse I tritt Quarz auf — zusammen mit Mineralien der „gesättigten Gruppe".
In Klasse II kommen *nur* Mineralien der „gesättigten Gruppe" vor.

In Klasse III gibt es Mineralien der „untersättigten Gruppe" — allein oder gemeinsam mit Mineralien der „gesättigten Gruppe".
1927 hat SHAND sein System vollendet. Es werden drei Gliederungsprinzipien aufgestellt, von denen zwei zur Durchführung gelangen:

A. *Das Gefüge:* gilt als genetisches Moment, da es bildungsabhängig ist.

1. *Eukristallin* umfaßt Plutonite und tiefgelegene Ganggesteine.

2. *Dyskristallin* umfaßt Vulkanite und oberflächennahe Ganggesteine.

B. *Alkalische — subalkalische Stämme:* SHAND empfindet diese Teilung als sehr wichtig, aber da die Grundlagen dazu noch zu wenig erforscht seien, läßt er diese Teilung in seiner Klassifikation beiseite.

C. *Mineralogische Zusammensetzung*, die bei ihm auch die Basis für die chemische Zusammensetzung abgibt[1].

---

[1] K. H. SCHEUMANN 1929 (S. 247): „Jedenfalls ist der Schluß von der quantitativen mineralogischen Zusammensetzung auf die Chemie sicherer als der umgekehrte."

K. H. SCHEUMANN bringt 1929 eine Dreiecksdarstellung der SHANDschen Klassen, die im folgenden wiedergegeben wird:

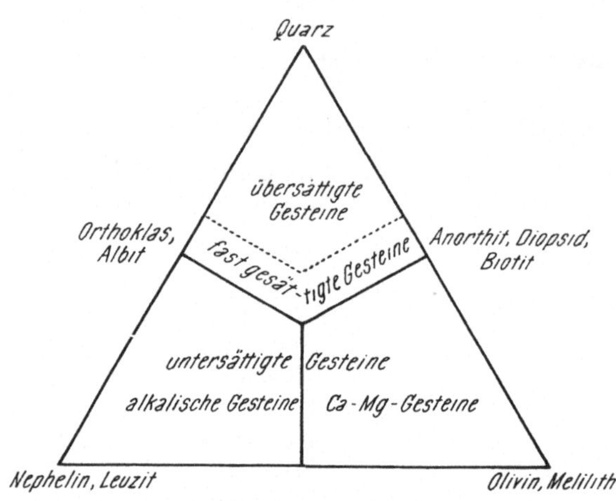

Abb. 71. SHANDS Gliederung nach der SiO$_2$-Sättigung. (Nach K. H. SCHEUMANN 1929.)

Die Figur bringt die Klasseneinteilung nicht ganz richtig zum Ausdruck, da die Klasse III — untersättigte Gesteine — auch 1927 noch in drei Unterklassen geteilt wird:

a) Untersättigt in bezug auf Mg, Ca, Al — mit den Mineralien Olivin, Granat, Wollastonit, Calcit, Corund. Die entsprechenden Gesteine erhalten ein „Sub-" vorangestellt. (Klasse 3.)

b) Untersättigt in bezug auf Alkalien — mit den Mineralien Leucit, Nephelin. Die entsprechenden Gesteine erhalten ein „-oid" angehängt. (Klasse 4.)

c) Untersättigt in bezug sowohl auf Mg, Ca, Al und die Alkalien. (Klasse 5.)

IIIa ist die nichtalkalische Gruppe, IIIb und c die alkalische Gruppe. 1929 faßt SHAND die Gruppen IIIb und c zur Klasse der *Foid-Gesteine* zusammen und stellt sie den Nicht-Foid-Gesteinen (IIIa) gegenüber.

Das *Aluminiumverhältnis* ist bei SHAND 1927 das nächstwichtige Teilungsprinzip. Er versucht es auf ähnliche Weise wie beim Kieselsäuregehalt, nämlich mit einem Sättigungsgrad, und kommt zu folgenden Gruppen:

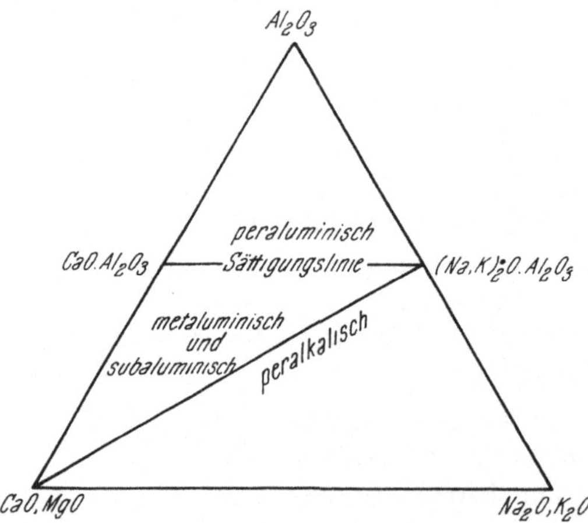

Abb. 72. SHANDS Gliederung nach dem Al$_2$O$_3$-Verhältnis. (Nach K. H. SCHEUMANN 1929.)

1. Peraluminische Gesteins-Typen: Es ist ein Überschuß von Al$_2$O$_3$ über die Alkalien K$_2$O, Na$_2$O und den Kalk CaO vorhanden. Es werden die Mineralien Muskowit, Biotit, Turmalin, Topas, Almandin, Spessartit, Korund gebildet.

Ist zu wenig Al$_2$O$_3$ vorhanden, so kann die Alumountersättigung so groß sein, daß sie sowohl den Kalk als auch die Alkalien betrifft, so erhält man die

2. Peralkalischen Gesteins-Typen, die durch Na-Pyroxene, Na-Hornblenden, Eudialyt, Pektolith usw. gekennzeichnet sind.

Betrifft die Alumountersättigung nur den Kalk CaO — reicht das Al$_2$O$_3$ also zur Abbindung der Alkalien aus, so kann man nach SHAND wieder zwei Gruppen aufstellen:

3. Metaluminische Gesteins-Typen, die eine Tendenz zu pyrohydatogener Ausbildung zeigen; mit den Mineralien und Mineralkombinationen: Hornblende-Biotit, Hornblende-Augit, Biotit-Augit, Hornblende-Biotit-Augit, Hornblende allein, Epidot mit oder ohne Hornblende-Biotit.

4. Subaluminische Gesteins-Typen, die Produkte rein pyrogener Prozesse sind, mit den Mineralien Olivine und Pyroxene; beide allein oder zusammen, stets aber ohne wesentliche Beimengungen von Mineralien der metaluminischen Gruppe Hornblende, Biotit oder Epidot.

K. H. Scheumann illustriert 1929 diese Aluminiumeinteilung wieder durch ein Dreiecksdiagramm. (Siehe Abb. 72.)

Der Gehalt an *dunklen Mineralien* ist bei Shand das dritte Teilungsprinzip. Shand führte die „color-ratio" oder den „Colour-Index" ein, der sich so bewährt hat, daß er sich fast restlos bei allen modernen Klassifikationen durchgesetzt hat. Der Colour-Index ist der Prozentgehalt an dunklen Mineralien (des Gesamtmineralbestandes im Gestein), wobei Shand die Trennung hell zu dunkel interessanterweise nach dem spezifischen Gewicht der Mineralien durchführt. Der Trennungspunkt ist das spez. Gew. 2,8.

Shand stellt nach der color-ratio vier Gruppen von Gesteinen auf:

1. Leukokrate Gesteine: 0—30% Mafite
2. Mesotype   „   : 30—60%   „   [1]
3. Melanokrate   „   : 60—90%   „
4. Perknitische   „   : 90—100%   „

Statt perknitisch verwendet Shand ab 1929 hypermelanisch.

Zu den Grenzen 30—60—90 kommt Shand "in an attempt to conform as far as possible to unwritten custom." (S. J. Shand 1929, S. 10.)

Die *Natur der Feldspate* ist das vierte und letzte Teilungsprinzip bei Shand. Er lehnt es wegen der schlechten chemischen Definition von Orthoklas und Plagioklas ab, diese beiden Mineralien einander gegenüberzustellen und ihr Verhältnis für die Systematik zu verwenden. Er zieht die drei reinen Endglieder Kalifeldspat (Or, or), Albit (Ab, ab) und Anorthit (An, an) vor, teilt nach Or : Ab : An und kommt zu folgenden vier Gruppen:

1. Kaligesteine mit (Na-) Kalifeldspat.....(Or>Ab) ⎤
2. Natrongesteine mti (K-) Natronfeldspat ....(Ab>An) ⎦ Or>An

3. Kalk-Natrongest. mit (Ca-) Natronfeldspat..(Ab>An) ⎤
4. Kalkgesteine mit (Na-) Kalkfeldspat ....(An>Ab) ⎦ An>Or

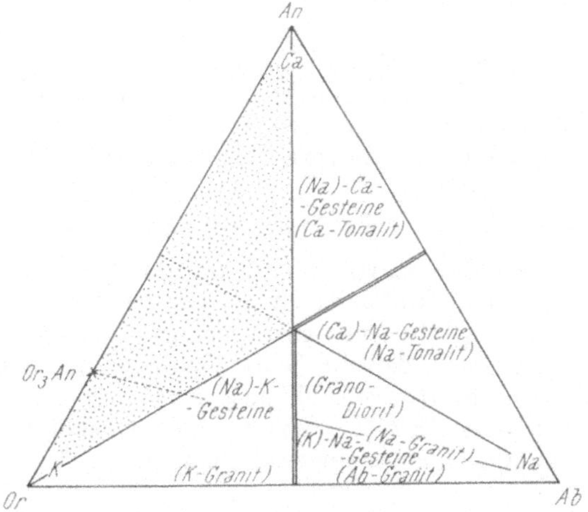

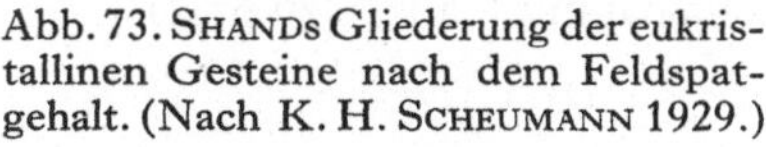
Abb. 73. Shands Gliederung der eukristallinen Gesteine nach dem Feldspatgehalt. (Nach K. H. Scheumann 1929.)

Eine graphische Darstellung bringt (1929) wieder K. H. Scheumann (auf S. 250.)

---

[1] Shand empfiehlt, den Ausdruck „mesokrat" als sprachlich unlogisch nicht zu verwenden.

Als instruktives Beispiel von Shands Einteilungsschema wird die Klasse II — Gesättigte und Übergangsgesteine — gebracht (nach S. J. Shand 1929, S. 15 f.).

Klasse II — Gesättigte und Übergangsgesteine

Feldspatverhältnis		Colour-Index	Eukristallin	Dyskristallin
A Or > An	(a) Or > Ab	leukokrat	Kalisyenit	Kalitrachyt
		meso-melanokrat	Kalishonkinit	—
	(b) Ab > Or	leukokrat	Natronsyenit	Natrontrachyt
		meso-melanokrat	Natronshonkinit	—
	(Or > 3 An)	leukokrat	Albitsyenit	Albitrachyt
		mesotyp	Albitshonkinit	—
	(Or < 3 An)	leukokrat	Akerit	Trachyandesit
		mesotyp	Monzonit	Trachybasalt
B An > Or	(c) Ab > An	leukokrat	Natrondiorit	Natronandesit
		meso-melanokrat	Natrongabbro	Natronbasalt
	(d) An > Ab	leukokrat	Kalkdiorit	Kalkandesit
		meso-melanokrat	Kalkgabbro	Kalkbasalt
C		Colourindex > 90	Perknit	—

Eine weitere Unterteilung wird dann nach dem Aluminiumsättigungsgrad vorgenommen, wobei jedesmal peraluminische, metaluminische, subaluminische und peralkalische Typen unterschieden werden.

Die Klasse III B, die untersättigten Gesteine der Feldspatoid-Gruppe, wird vor allem nach dem Leucitgehalt eingeteilt: A = Or + Lc > An, B = Or + Lc < An; jede der beiden Abteilungen A und B wieder nach Anwesenheit oder Abwesenheit von Leucit, dem Feldspatverhältnis, der color-ratio usw.

Wenn alle Kombinationsmöglichkeiten durchgeführt werden, kommt man zu 440 Haupttypen (nach E. E. Wahlstrom 1950, S. 324), wovon über 300 praktisch verwertbar sind und auch tatsächlich in der Natur vorkommen.

Shand führte auch Symbole ein, die einerseits Namen überflüssig machen, andererseits aber als nähere Erklärung für die Gesteinsnamen gebraucht werden können, so daß man bei einem mehr oder minder nichtssagenden Namen sofort weiß, um was für ein Gestein es sich handelt und wie es beschaffen ist. Dafür ein Beispiel: Peraluminischer Subsyenit hat das Symbol XVαL, das bedeutet:

X = Eukristallin   V = Untersättigt
α = Or > An, Or > Ab   L = Leukokrat (Colour-Index 0—30).

Das System von Shand ist gut durchdacht, setzte sich jedoch wegen der unzweifelhaft vorhandenen Kompliziertheit und einer gewissen Vermengung von mineralogischen mit chemischen Gesichtspunkten nicht durch. Ein großer Nachteil ist auch, daß die Diorit-Gabbro-Trennung nur nach der Farbzahl (color-ratio) durchgeführt wird und dabei die Grenze bereits bei 30% Mafiten liegt. Ein Gestein mit nur ca. 35% Mafiten und einem Oligoklas als Feldspat mit Gabbro zu bezeichnen, mutet doch etwas ungewöhnlich an.

E. T. Hodge 1924 bis 1927 (und A. Lacroix 1933)

E. T. Hodge brachte 1924 (bis 1927) eine „Practical Classification of Igneous Rocks" heraus. K. H. Scheumann charakterisiert dieses System ganz kurz 1929 (auf S. 237) mit folgenden Sätzen: „Das Prinzip der Klassifikation ist eine tabellarisch-graphisch vorgestellte (quantitativ gliedernde) Ordnung nach der chemisch-mineralogischen Zusammensetzung, naturgemäß fällt praktisch der Mineralkomposition die entscheidende Rolle zu.

Die mineralogische Gliederung beruht der Hauptsache nach auf dem Mengenverhältnis der *häufig* vorkommenden gesteinsbildenden Mineralien ...

Die chemische, im Ergebnis auf *dieselbe Gruppenbildung* hinauslaufende Gliederung baut sich gleichmäßig auf nach Analysen von gutem Parallelismus zwischen Norm und Mode ... Die Klassifikation gebraucht also nebeneinander ... Angaben über den Mineralbestand (*Mineralfaktor*) und das Oxydverhältnis der chemischen Analyse (*chemischer Faktor*)."

Nach HODGE sind die mineralogische und die chemische Komposition in seiner Klassifikation völlig gleichzusetzen; d. h. ist die eine Seite bekannt, so ist aus seinen Diagrammen die andere unmittelbar (in ihren wichtigsten Teilen) ablesbar: "Any igneous rock, classified either by its mineral or chemical composition, falls into the same place in the classification; or if only one of these analyses is known the other os readily determinable." (E. T. HODGE 1926, S. 25.) Obwohl HODGE die mineralogische und die chemische Seite in enge Beziehungen bringt, lehnt er sämtliche Umrechnungsmethoden ab: "To place a rock in a quantitative classification should not involve any elaborate mathematical calculations ... The classification of a rock should be made directly from the chemical and mineralogical analyses." (E. T. HODGE 1926, S. 27.) Daher ist HODGEs Klassifikation quantitativ, chemisch und mineralogisch. (S. 31.)

I. Die *oberste Teilung* führt zu *vier Klassen:* A, B, C und D. HODGE stellte 1924 fest: "The feldspars dominate every existing classification." Danach richtet er auch sein System aus. Er faßt die hellen Gemengteile zusammen, läßt dabei aber den Quarz beiseite. ("Experiments have shown that neglecting quartz does not vitiate the result." — E. T. HODGE 1926, S. 32.) Feldspate und Feldspatvertreter werden zusammengezählt und die Gesamtmenge als „Feloide" bezeichnet. ("The classification creates just one new term 'feloid' which signifies all the feldspars and feldspathoid minerals." — E. T. HODGE 1926, S. 32[1].)

Nach dem Gehalt von Feloiden am Gesamtgestein werden die vier Klassen ausgeschieden:

Klasse A .... 100—65%
Klasse B .... 65—50%
Klasse D .... 35—0%
Klasse C .... 50—35%

Die vier Klassen werden graphisch zur Darstellung gebracht:

„Die graphische Projektion der vier Klassen stellt diese dar als vier symmetrisch liegende Ausschnitte einer Kreisfläche, die durch zwei schiefliegende (120°/60°) Diameter so geteilt wird, daß sich als Gruppen, die jeweils ineinander übergehen, A und B, sowie C und D gegenüber liegen." (K. H. SCHEUMANN 1929, S. 238.)

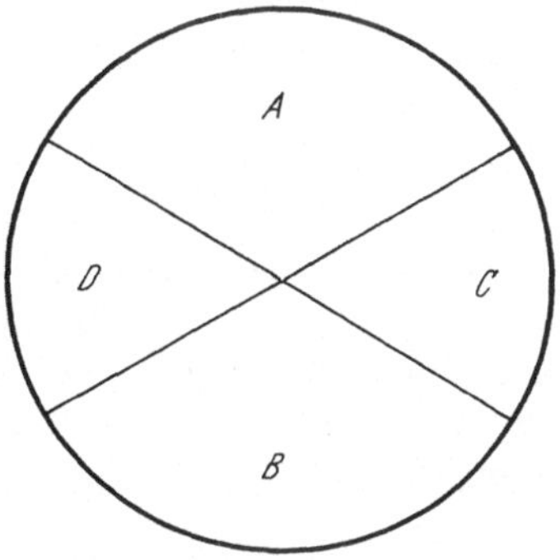

Die *zweite Teilung* ergibt für jede Klasse *19 Ordnungen:* Es wird (1.) das Verhältnis Orthoklas : Plagioklas mit (2.) dem Verhältnis Albit : Anorthit in den Plagioklasen kombiniert.

Abb. 74. Anordnung der vier Klassen. (Nach E. T. HODGE 1926.)

---

[1] K. H. SCHEUMANN irrt 1929, wenn er sagt, zu den „Feloiden" müssen auch Biotit, Muskowit und andere (nach einer Umrechnung) zugezählt werden. Das ist erst bei der zweiten Teilung — nach den Feldspatarten — nötig.

1. Das Verhältnis Orthoklas : Plagioklas:

Orthoklas ausschließlich oder dominant über Plagioklas .... 100—90%
Orthoklas mehr als Plagioklas .... 90—65%
Orthoklas gleich viel wie Plagioklas .... 65—35%
Orthoklas weniger als Plagioklas .... 35—10%
Orthoklas fehlend oder untergeordnet gegenüber Plagioklas .... 10—0%

2. Das Verhältnis Albit : Anorthit im Plagioklas:

Albit .... 0—10% An
Oligoklas .... 10—30% An
Andesin .... 30—50% An
Labradorit ...... 50—70% An
Bytownit .... 70—100% An.

(Merkwürdig, daß Hodge nicht auch den reinen Anorthit mit 90—100% An ausscheidet.)

Um jedoch eine bessere Vergleichbarkeit mit den chemischen Analysen zu erzielen, beschränkt Hodge seine Feldspatzahlen nicht bloß auf den modalen Bestand an Orthoklas, Albit und Anorthit, sondern rechnet auch noch etliche andere alkali- oder kalkhaltige Mineralien dazu: "Further, in order to maintain chemical parallelism and because in many cases certain minerals develop in lieu of feldspars it is necessary to calculate some minerals as spars." (E. T. Hodge 1926, S. 33.)

Sein „kalkulierter Orthoklas" bzw. Plagioklas hat folgendes Aussehen:

½ Anorthoklas ....
Leucit ....
Muskowit .... } werden zu Orthoklas dazugezählt
Biotit ....
Kali-Zeolithe .....

½ Anorthoklas ....
Analcim ....
Nephelin ....
Cancrinit .... } werden zu Albit dazugezählt
½ Hauyn ....
Nosean ....
Lazulit ....

½ Hauyn .... } werden zu Anorthit dazugezählt
Melilith ....

Dieses Vorgehen stört nach Hodge keineswegs den quantitativen Charakter der Klassifikation, "since either in the classes, or the 'ranges', the percentages of these latter minerals are given. It is always possible to determine the amount of orthoclase and the amount and kinds of plagioclase." (E. T. Hodge 1926, S. 33.)

Die 19 Ordnungen von Hodge haben folgende Mengenverhältnisse:

1. An + Byt	$(100 \to 90) \gg$ Or	$(0 \to 10)$	
2. An + Byt	$(90 \to 65) >$ Or	$(10 \to 35)$	
3. Labr.	$(100 \to 90) \gg$ Or	$(0 \to 10)$	
4. Labr.	$(90 \to 65) >$ Or	$(10 \to 35)$	Plag > Or
5. Andes.	$(90 \to 65) >$ Or	$(10 \to 35)$	
6. Olig + Andes	$(100 \to 90) \gg$ Or	$(0 \to 10)$	
7. Olig.	$(90 \to 65) >$ Or	$(10 \to 35)$	

8. Ab	(90 → 65) > Or	(10 → 35)}	
9. Ab	(100 → 90) ≫ Or	(0 → 10)}	Ab > Or
10. Ab	(65 → 50) ≧ Or	(35 → 50)}	Ab und Or
11. Or	(50 → 65) ≧ Ab	(35 → 50)}	etwa gleich
12. Or	(90 → 65) > Ab	(10 → 35)}	
13. Or	(100 → 90) ≫ Ab	(0 → 10)}	Or > Ab
14. Or	(100 → 90) ≫ Olig + Andes (0 → 10)}		
15. Or	(90 → 65) > Olig + Andes (10 → 35)}		Or > s. Plag
16. Or	(65 → 35) ≥ Olig	(35 → 65)}	
17. Or	(65 → 35) ≥ Andes	(35 → 65)}	
18. Or	(65 → 35) ≥ Labr.	(35 → 65)}	Or ≥ Plag
19. Or	(65 → 35) ≥ Byt + An	(35 → 65)}	

Die 19 Ordnungen werden graphisch zur Darstellung gebracht:

Das sind die 19 Ordnungen von HODGE, „die er (diametral gegenüber) im Uhrzeigersinne in A und B, und in entgegengesetztem in C und D anordnet, so daß sie in A und B (C und D) über das Zentrum des Kreises ineinanderübergehen, während die anstoßenden Sektoren A/B, C/B sich seitlich mit gleichen Nummern der Ordnungen aneinanderlegen.“ (K. H. SCHEUMANN 1929, S. 238/239.)

Die *dritte Teilung* ergibt je Klasse bzw. Ordnung *sieben Reihen* (ranges): Es wird nach dem Sättigungsgrad an Kieselsäure getrennt: "The ranges are based upon the law of saturation as enunciated by SHAND." (E. T. HODGE 1926, S. 35; siehe hier S. 325.)

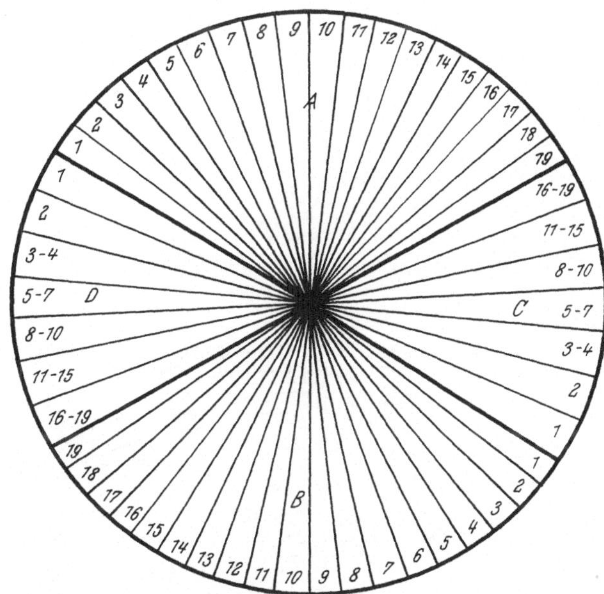

Abb. 75. Die 19 Ordnungen. (Nach E. T. HODGE 1926.)

Innerhalb der Reihen erfolgt jeweils noch eine weitere Unterteilung nach Prozentgehalten des oder der in Frage kommenden Mineralien.

Die Reihen und deren Unterteilungen sind:

1. Quarzgesteine (mit den Unterreihen mit Spur—5—15—35—50—65—100% Quarz).

2. Gesteine ohne (< 10%) Quarz, Foide, Olivin oder Erze (Unterreihen mit 100—50—25—15—5—Spur der verbleibenden Mineralien).

3. Leucitgesteine (Unterreihen mit Spur—10—50—100% Leucit).

4. Andere Foidgesteine — ohne Leucit (Unterreihen mit Spur—5—15—35—50—65—100% Foide — außer Leucit).

5. Olivingesteine — ohne Foide (Unterreihen mit Spur—10—25—50—100% Olivin).

6. Olivinfoidgesteine (Unterreihen mit Spur—10—40—60—100% Foiden).

7. Erzgesteine mit Metallen $> 10\%$ (Unterreihen mit 10—20—50—100% Erzen).

Die sieben Reihen (ranges) werden graphisch zur Darstellung gebracht:

„Die Reihen werden eingetragen als konzentrische Kreise, wobei die Reihe 1 (Quarzgesteine) an der Peripherie des Grundkreises und Reihe 7 im Zentrum liegt." (K. H. Scheumann 1929, S. 241.)

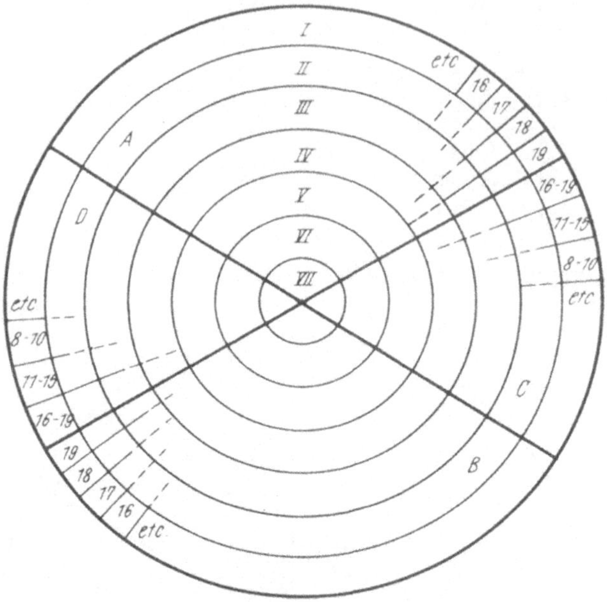

Abb. 76. Die Reihen I (außen) bis VII (innen). (Nach E. T. Hodge 1926.)

In das gleiche (Gesamt-) Diagramm werden auch Konturen der Metalloxyde eingetragen. Jedes Oxyd ist durch eine eigene Strich-Signatur gekennzeichnet. Als Beispiel ist hier das SiO_2-Diagramm gebracht.

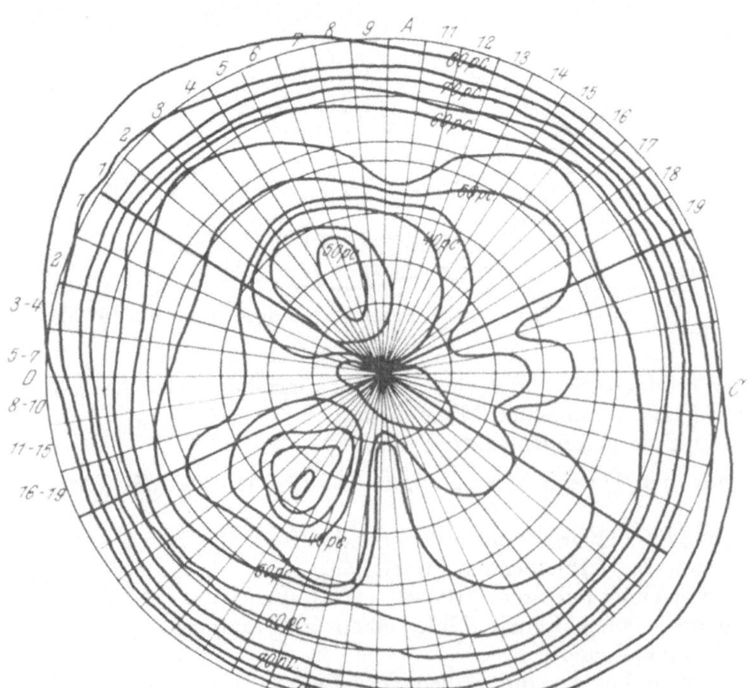

Abb. 77. Siliciumgehalt-Konturen. (Nach E. T. Hodge 1926.)

„Es sind . . . *praktische Grenzen*, die gezogen wurden." (K. H. Scheumann 1929, S. 241.) Natürlich hätte Hodge auch die chemischen *Analysenwerte* ganz einfach durch konzentrische Kreise darstellen können, aber dann hätte er entweder auf die Darstellung der Mineralienwerte im selben Diagramm verzichten müssen, oder die mineralogische Einteilung im selben Diagramm würde äußerst komplizierte Figuren ergeben: "Since, in this classification, emphasis is placed on the mineral composition, the smooth curves and straight lines have been used to express mineral quantities. The chemical contours, therefore, sweep over the chart in curves of varying radii. The symmetrical character of the contours for the various oxides prove, however, that there is a definite underlying control. Furthermore, practical tests show that a rock may be classified chemically or mineralogically and arrive at the same place in the classification." (E. T. Hodge 1926, S. 43/44.)

Das Gesamtdiagramm von Hodge zeigt die Klassen, Ordnungen und Reihen, zusätzlich sämtliche Metalloxyd-Linien und die Gesteine an den entsprechenden Plätzen eingetragen.

Hodge verwendet an Stelle von Namen auch Symbole, die die Stellung der Gesteine im System angeben.

a) Die Klasse wird ausgedrückt durch Großbuchstaben (z. B. A).

b) Die Ordnung wird ausgedrückt durch arabische Ziffern (z. B. 12).

c) Die Reihe wird ausgedrückt durch römische Ziffern (z. B. I).

Sucht man das Symbol A 12 I im Diagramm auf, so sieht man, daß es Granit (bzw. Rhyolith) bedeutet.

Die Klassifikation von Hodge hat sich nicht durchgesetzt, obwohl sie sicherlich sehr gute Gedanken enthält. Aber die Umrechnungen erscheinen doch dem rein mineralogischen Prinzip etwas abträglich.

Nur kurz sei hier das von A. Lacroix 1933 propagierte System erwähnt. Es steht zwischen einer mineralogischen und einer chemischen Einteilung, tendiert aber zweifelsfrei mehr nach letzterer.

I. Die Klassen werden durch ein Salfem-Verhältnis gewonnen und mit p oder römischen Ziffern bezeichnet.

II. Die Ordnungen werden durch das Quarz-Feldspat-Verhältnis $\left(\dfrac{Q}{F}\right)$ gewonnen und mit q bezeichnet.

III. Die Reihen (ranges) werden durch das Alk-Ca-Verhältnis $\left(\dfrac{(K_2O)' + (Na_2O)'}{(CaO)'}\right)$ gewonnen und mit r bezeichnet.

IV. Sub-Reihen (sub-ranges) werden durch das Kali-Natron-Verhältnis $\left(\dfrac{(K_2O)'}{(Na_2O)'}\right)$ gewonnen und mit s bezeichnet.

Weiters wird noch geteilt nach:

$$k = \frac{\text{Pyroxen}}{\text{Olivin}}, \quad l = \frac{MgO + FeO}{(CaO)''} \quad \text{und} \quad m = \frac{MgO}{FeO}.$$

Lacroix' Klassifikation hat sich nicht durchgesetzt.

> „Von immer noch steigendem Einfluß ... ist ... die neue
> Einteilung auf quantitativer Grundlage, die JOHANNSEN im
> Jahre 1917 entworfen und 1931—38 lückenlos durchgeführt
> hat."
> W. E. TRÖGER 1948, S. 135

4. A. Johannsen und W. E. Tröger, die Pfeiler vorliegenden Systems

A. Johannsen 1917 bis 1939

A. JOHANNSEN schreibt 1917, er hätte sich seit dem Sommer 1909 Gedanken über
die quantitative mineralogische Klassifikation gemacht und eine ganze Anzahl von
Entwürfen erwogen. ("Experiments were made with ... divisions of various kinds ..."
— A. JOHANNSEN 1939, S. 142.) Damit war JOHANNSEN einer der ersten, die eine
quantitative Einteilung brachten. Sein System ist konsequent durchgeführt und hat
sich — vor allem in den englischsprachigen Ländern — durchgesetzt. Folgende Worte,
die A. JOHANNSEN bereits 1917 (als er zum erstenmal sein System veröffentlichte)
schrieb, können wohl diesen Erfolg erklären: "The system here proposed is strictly
mineralogical, quantitative, and modal, and is, directly applicable to all plutonites
and to practically all extrusives." (A. JOHANNSEN 1917, S. 66.) Vielleicht nicht minder
wichtig für seinen Erfolg war: „Mein System ist, wenn unverändert, vollständig
einfach, konsequent, zweiseitig-symmetrisch und leicht verständlich." (A. Jo-
HANNSEN 1932, S. 146.)

A. JOHANNSEN teilt die Massengesteine ebenfalls in Klassen, Ordnungen und
Familien ein. Neu ist die Art der Trennungskriterien und die Prozentzahlen, nach
denen die Trennungen vorgenommen werden. *Alle* Grenzen sind durch die Zahlen
0—5—50—95—100% gegeben. (Eine Ausnahme machen nur die An-Grenzen der
Plagioklase.) Die felsischen Gemengteile nennt JOHANNSEN *Quarfeloide*, da sie sich
aus Quarz, den Feldspaten und Foiden zusammensetzen. Nach der Entstehung und
geologischen Position unterscheidet JOHANNSEN

plutonische Gesteine, die das Symbol P erhalten;
extrusive Gesteine, die das Symbol E erhalten; und
hypabyssische Gesteine, die das Symbol H erhalten, die wieder in
aschiste Gesteine mit dem Symbol A und
diaschiste Gesteine mit dem Symbol D unterteilt werden.

Die *Klassen* werden durch den Colour-Index erreicht.

Klasse I	0— 5%	Mafite		*Leukokrate* Gesteine
Klasse II	5— 50%	„		*Mesokrate* Gesteine
Klasse III	50— 95%	„		*Melanokrate* Gesteine
Klasse IV	95—100%	„		*Ultramelanokrate* Gesteine

Die vier Klassen erhalten als Symbole arabische Ziffern 1 bis 4, die an erster Stelle
des Gesamtgesteinssymbols stehen.

Im Gesteinsnamen wirkt sich die Zugehörigkeit zu einer der vier Klassen so aus,
daß vor den Namen das Präfix „Leuko-" oder „Meso-" oder „Mela-" gesetzt wird.

Da die Normaltypen fast durchweg in Klasse II fallen (5—50% Mafite), so kann
man das Präfix „Meso-" auch fortlassen. Das betrifft z. B. Granit, Syenit, Diorit,
Nephelinsyenit usf.

Hat ein Granit aber z. B. nur 4% dunkle Gemengteile, so fällt er in die Klasse I
(0—5% Mafite), und man bezeichnet ihn als Leukogranit. Ein Syenit mit 55%
Mafiten ist demgemäß als zu Klasse III gehörig Melasyenit zu benennen.

Die Klassen werden sodann in *Ordnungen* geteilt, wobei die Klasse IV eine Sonderteilung erhält, da sie praktisch nur aus Mafiten besteht.

Die *Ordnungen* der Klassen I bis III sind durch das Verhältnis Albit : Anorthit im Plagioklas gegeben. Ursprünglich (1917) verwendete Johannsen auch hier die Grenzen 0—5—50—95—100% (An-Gehalt im Plagioklas), später aber ging er zu 0—10—50—90—100% über. Somit ergeben sich für jede der Klassen I bis III vier Ordnungen:

Ordnung 1: Plagioklas mit 0— 10% An
Ordnung 2: Plagioklas mit 10— 50% An
Ordnung 3: Plagioklas mit 50— 90% An
Ordnung 4: Plagioklas mit 90—100% An

Jede der Klassen I bis III mit den jeweiligen Ordnungen 1 bis 4 wird wieder weitergeteilt: in *Familien*. Dabei kommen zwei Trennungsprinzipien zur Anwendung: a) nach dem Verhältnis Orthoklas : Plagioklas, b) nach dem Prozentgehalt (am Gesamtgestein) von Quarz bzw. Foiden.

a) Orthoklas : Plagioklas. Wie bereits aus der Teilung in Ordnungen ersichtlich war, rechnet Johannsen den Albit (bis An 10) zu den Plagioklasen und faßt ihn nicht (wie manche andere) mit Orthoklas zu Alkalifeldspat zusammen. Das Trennungsverhältnis ist Or : Plag = 0—5—50—95—100. 1917 teilte er noch nach 0—5—35—65—95—100%, was einer Fünfteilung entspricht und unter anderem auch die Monzonite (Quarzmonzonite u. a.) als eigene Familien ergab. Ab 1922 jedoch fand er diese Vermittlerfamilien überflüssig und setzte statt der zwei Grenzen — 35 und 65— nur mehr eine, 50%.

b) Quarz-Anteil am Gesamtgestein. Die Grenzen liegen wieder normal bei 0—5—50—95—100%. Da Quarz und Foide nicht gemeinsam vorkommen, ist es ohne weiteres angängig, statt Quarz in derselben Unterteilung auch die Foide zur Trennung zu verwenden. Auch beim Foid-Anteil am Gesamtgestein liegen die Grenzen wieder wie beim Quarz bei 0—5—50—95—100%.

Johannsen verwendet für die graphische Darstellung der Ordnungen und Familien der Klassen I bis III Doppeltetraeder, deren fünf Ecken mit Quarz, Kalifeldspat, Natronfeldspat, Kalkfeldspat und Foiden besetzt sind, wobei Quarz und Foide die nichtaneinandergrenzenden (oberen und unteren) Ecken einnehmen:

Johannsen kommt auf diese Weise in jeder der Klassen I bis III auf 25 Familien, da die Quarzecke (mit 95—100% Quarz) als Familie 0 bezeichnet wird und für alle Klassen gemeinsam ist. —

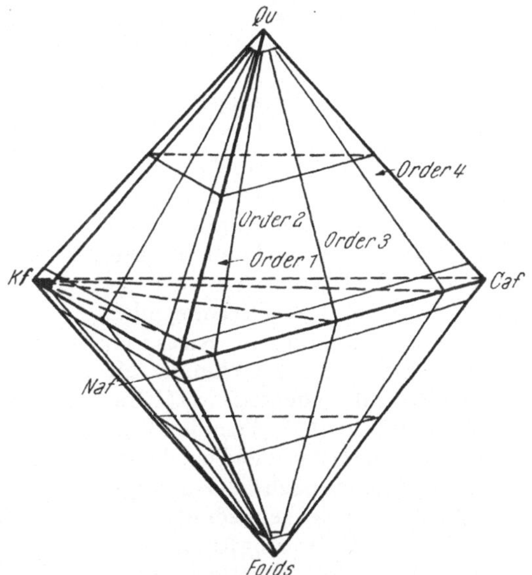

Abb. 78. Die 4 Ordnungen (Johannsens) der Klassen I—III im Doppeltetraeder. (Nach A. Johannsen 1939.)

Reiner Quarz kann nicht mehr als magmatisches Gestein im eigentlichen Sinne bezeichnet werden[1]. Johannsen bringt für die Klassen I bis III ein Familiendiagramm

---

[1] Bei der Foidecke liegen die Dinge anders, da es nicht nur *ein*, sondern mehrere Foide gibt, nach deren Vorherrschen man mehrere Familien aufstellen kann.

auch in der Ebene (nicht ganz korrekt, da die An-Gehalte im Plagioklas vernachlässigt werden):

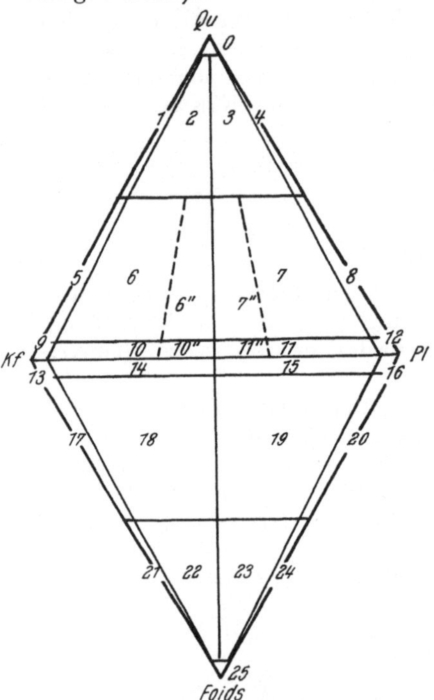

Abb. 79. Die Familienzahlen der Klassen I–III (Nach A. Johannsen 1939.)

zeigt die Einteilung in Ordnungen (und zum Teil Familien):

Wie die Klassen, so erhalten auch die Ordnungen und Familien Zahlensymbole, die ohne Trennungszeichen an die Klassensymbole angefügt werden. Das Gesamtsymbol 226 P z. B. ist zu lesen: Klasse II, Ordnung 2, Familie 6, Plutonit; die Nummer 2312 bedeutet: zwei (Klasse) 3 (Ordnung) 12 (Familie). Eine andere Lesart ist unmöglich, da weder die Klassen-noch die Ordnungsziffern zweistellig sein können.

Über die Bedeutung Johannsens sagt W. E. Tröger 1948 (S. 135): „Von immer noch steigendem Einfluß ... ist ... die neue Einteilung ..., die Johannsen im Jahre 1917 entworfen und 1931—38 lückenlos durchgeführt hat."

Die *Klasse IV*, die ultramelanokraten Gesteine, hat fast keine hellen Gemengteile, und daher wird die Gliederung nach den Mafiten durchgeführt.

Vier Ordnungen werden wieder erreicht durch den Gehalt an Erz. Die Grenzen liegen wie üblich bei 0 — 5 — 50 — 95 — 100%.

Die Teilung in *Familien* basiert a) auf dem Verhältnis Biotit plus (oder) Amphibol : Pyroxen und b) auf dem Prozentgehalt von Olivin am Gesamtgestein[1].

a) Biotit und (oder) Hornblende : Pyroxen; eine Vierteilung nach den Verhältniszahlen 0 — 5 — 50 — 95 — 100.

b) Olivingehalt von 0 — 5 — 50 — 95 — 100%.

Eine Weiterteilung der Ordnung 4 (der Klasse IV), den Erzgesteinen, hält Johannsen für minder wichtig, doch könnte diese Ordnung — wie er meint — nach den verschiedenen Metalloxyden und Sulfiden noch getrennt werden; doch seien daraus nur Unterfamilien zu machen.

Ein einfacher Tetraeder mit den Eckenbesetzungen Olivin, Biotit und (oder) Amphibol, Pyroxen und als vierte Ecke Erze, zeigt die Einteilung in Ordnungen (und zum Teil Familien):

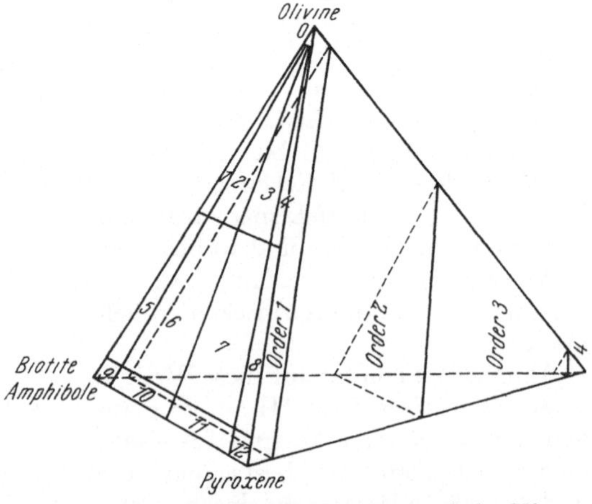

Abb. 80. Die 4 Ordnungen (Johannsens) der Klasse IV im Tetraeder. (Nach A. Johannsen 1939.)

---

[1] Diese Familienteilung bei Klasse IV entspricht im Prinzip völlig der Teilung der Klassen I bis III; dort war es a) das Verhältnis Orthoklas : Plagioklas und b) der Quarzgehalt am Gesamtgestein.

W. E. Tröger 1935 und 1938

1935 brachte W. E. Tröger ein Buch heraus, das für die Systematik der Massengesteine von größter Bedeutung ist: „*Spezielle Petrographie der Eruptivgesteine*, Ein Nomenklatur-Kompendium." Darin hat Tröger 777 Vertreter der Massengesteine, die in der Literatur mit eigenen Namen bezeichnet waren, genau erfaßt und bei jedem — womöglich vom Originalmaterial — quantitative Angaben gemacht. Welch äußerst umfangreiche Aufgabe und Arbeit das war, kann man aus Trögers eigenen Worten ermessen: „Der eine wichtige Zweck des vorliegenden Kompendiums ist, mit dieser einer exakten Naturwissenschaft unwürdigen Verschwommenheit der Definitionen aufzuräumen. Wie schon im Vorwort erwähnt, lagen nur für 30% der ausgewählten Gesteinsbeispiele in der Literatur quantitative Modalangaben vor." (W. E. Tröger 1935, S. 9/10.)

Tröger begnügte sich aber nicht, jedes der Gesteine mit der modalen Mineralzusammensetzung zu definieren, sondern charakterisierte jedes Gestein auch noch in chemischer Hinsicht — hier sogar in mehrfacher Weise:

Er gibt (in Tabellen) die Bauschanalyse an.

„Aus den Gewichtsprozenten der Analyse wurden jedesmal die Niggli-Werte nach den Originalangaben berechnet . . ." (W. E. Tröger 1935, S. 7.)

„Es wurde . . . für *alle* angeführten Beispiele auch die Normativ-Zusammensetzung (nach CIPW; d. Verf.) berechnet . . ." (W. E. Tröger 1935, S. 8.)

„Schließlich machte es sich nötig, die geologischen und sippengeographischen Verhältnisse jedes Beispieles zu kennzeichnen . . . Die Sippenbezeichnung . . . soll, wie das der ursprüngliche Sinn der Worte ‚pazifisch', ‚atlantisch' und ‚mediterran' war, den Charakter der mit einem Gestein vergesellschafteten ganzen Serie ausdrücken." (W. E. Tröger 1935, S. 11.)

Damit hat Tröger zum ersten Male überhaupt alle Massengesteine quantitativ erfaßt! Tröger wird deshalb überall als Schöpfer einer quantitativen mineralogischen Klassifikation erwähnt und besprochen. Aber er ist es nicht! Eine quantitative Erfassung des mineralogischen und chemischen Bestandes eines Einzelgesteins ist noch keine quantitative Klassifikation. Ja, Tröger selbst wehrt sich sogar dagegen, ein System geschaffen zu haben:

1935 schreibt er: „Vielmehr wurde auf ein scharf begrenzendes quantitatives System überhaupt verzichtet zugunsten einer mehr qualitativen Anordnung . . . Im übrigen möchte ich besonders feststellen, daß diese Anordnung nun nicht etwa als neues petrographisches System gewertet werden soll." (W. E. Tröger 1935, S. 12.)

1938 spricht er nochmals zur „Frage der petrographischen Systembildung im allgemeinen. Im Nomenklatur-Kompendium 1935 wurde geflissentlich vermieden, dieses Gebiet zu berühren" (W. E. Tröger 1938, S. 42), und er betont, sein Buch von 1935 sei zu betrachten „. . . als ein Nachschlagewerk, das möglichst alle bis dahin geschaffenen Namen durch die Modalwerte des *Originalmaterials* charakterisieren sollte." (W. E. Tröger 1938, S. 41.)

Natürlich mußte Tröger die Gesteine trotz der Abneigung gegen Systeme irgendwie hintereinander anordnen. „Ganz ohne wissenschaftliche Voraussetzung, nämlich in alphabetischer Reihenfolge", ging es nicht (W. E. Tröger 1935, S. 12). „Sobald es sich darum handelt, Vergleiche zwischen ähnlichen Gesteinen zu ziehen, ist es besser, wenn diese in engster Nachbarschaft aufgeführt sind." (W. E. Tröger 1935, S. 12.) Ähnlichkeiten in mineralogischer und in chemischer Beziehung sind aber verschieden. „Beide Betrachtungsweisen . . . zu einem einzigen System zu vereinen . . . wird wohl nach der Lage der Dinge nie gelingen können. Das vorliegende Kompendium gibt daher zwar für beide Richtungen die notwendigen quantitativen Daten, es hält sich aber davon fern, eine der beiden Einstellungen allein bei der Anordnung des Textes als ordnendes Prinzip zu benutzen." (W. E. Tröger 1935, S. 12.)

Eine Übersicht über die benützte Gruppeneinteilung („Familien") gibt das folgende Schema:

W. E. Tröger 1935, S. 13
(*Kursivsatz* = im Original gesperrt)

	Mit Feldspat, und zwar:			(fast) *ohne Feldspat*
	Alkalifeldspat	Alkalifeldspat + Plagioklas	Plagioklas	
Mit Quarz	*Aplitgranite* (hololeukokrat) *Alkaligranite* (leukokrat, mesotyp)	*Alkalikalkgranite* (Orth. ≧ Plag.) *Granodiorite* (Orth. < Plag.) .	*Quarzdiorite*	*Perazidite* (hololeukokrat)
Weder Quarz noch Foide	*Aplosyenite* (hololeukokrat) *Alkalisyenite* (leukokrat) *Lusitanite* (mesotyp, melanokrat)	*Kalkalkalisyenite* (Orth. > Plag.) *Monzonite* (Orth. = Plag.) *Mangerite* (Orth. < Plag.)	*Anorthosite* (hololeukokrat) *Diorite* An < 50 ⎱ *Gabbro-diorite* An 50 ⎰ leukokrat, mesotyp *Gabbros* An > 50 *Tilaite* (melanokrat)	*Pyroxenite* *Amphibololithe* *Granatite* *Glimmerite* *Peridotite* *Melilitholithe* *Silikotelite*[1]
Mit Foiden	*Eläolithsyenite* (holo- u. leukokrat) *Shonkinite* (mesotyp, melanokrat)	*Theralithe* (Orth. ≧ Plag.)	*Essexite* (Plag. ± > Orth.)	*Fergusite* (Leuz.) *Ijolithe* (Neph.) *Tawite* (Sodal.) *Turjaite* (Melil. + Foide)

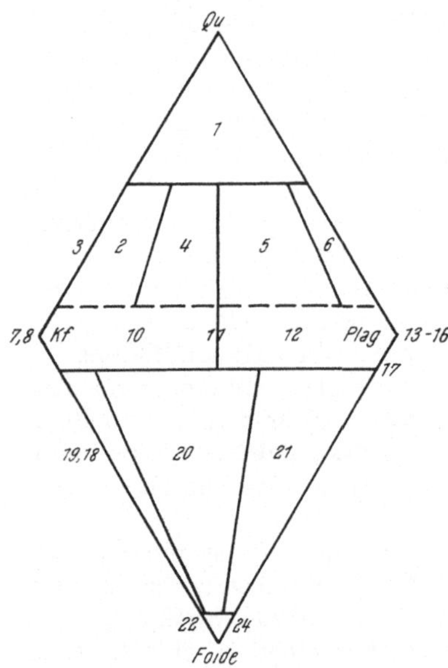

Abb. 81. Trögers Familien (1935) im Doppeldreieck. (Nach A. Johannsen 1939.)

Tröger reiht also 1935 32 Gesteinsfamilien in einer „mehr qualitativen Anordnung" hintereinander. Doch, wie die Folgezeit zeigte, konnten alle diese Erklärungen Trögers es nicht hindern, daß sein *Kompendium* als quantitative *Klassifikation* angesehen wurde. A. Johannsen schreibt 1939 dazu: "... Tröger's system differs from mine in the union of albite with orthoclase at the left of the double triangel (Fig. 103), a method abandoned by me, after the publication of my first classification paper in 1917, as not suitable for a system strictly mineralogical" (A. Johannsen 1939, S. 140) und gibt auch eine graphische Darstellung von Trögers System — was Tröger selbst nie getan hat.

5. Einfluß Rosenbuschs und Johannsens

Abwandlungen von Johannsens System

Wie groß A. Johannsens Einfluß (auch auf Tröger) war, mögen die folgenden Zeilen zeigen: P. Niggli schrieb 1931 über „Die quantitative mineralogische Klassifikation der Eruptivgesteine", worin er Umänderungsvorschläge des Johannsenschen Systems machte. A. Johannsen antwortete 1932 in einer Arbeit des gleichen Titels. C. Andreatta befaßte sich ebenfalls mit Johannsen 1937 in der Arbeit: „Über die

---

[1] Tröger hat seine Familie der Karbonatite vergessen.

quantitative mineralogische Klassifikation der Eruptivgesteine und ihre diagrammetrische Darstellung." A. Johannsen schreibt 1939 (auf S. 159) dazu: "A modification of Niggli's modification of my system was given by Andreatta in 1937."

1938 nimmt Tröger ausführlich zu Johannsen und Nigglis Abänderungsvorschlägen Stellung und ändert Niggli wieder etwas ab. 1960 wandelt A. Rittmann die auf Johannsen basierende Einteilung von Niggli wieder anders ab.

Die folgenden Abbildungen zeigen die vier verschiedenen Abänderungen des Johannsenschen Doppeldreiecks durch Niggli (1931), Andreatta (1937), Tröger (1938) und Rittmann (1960).

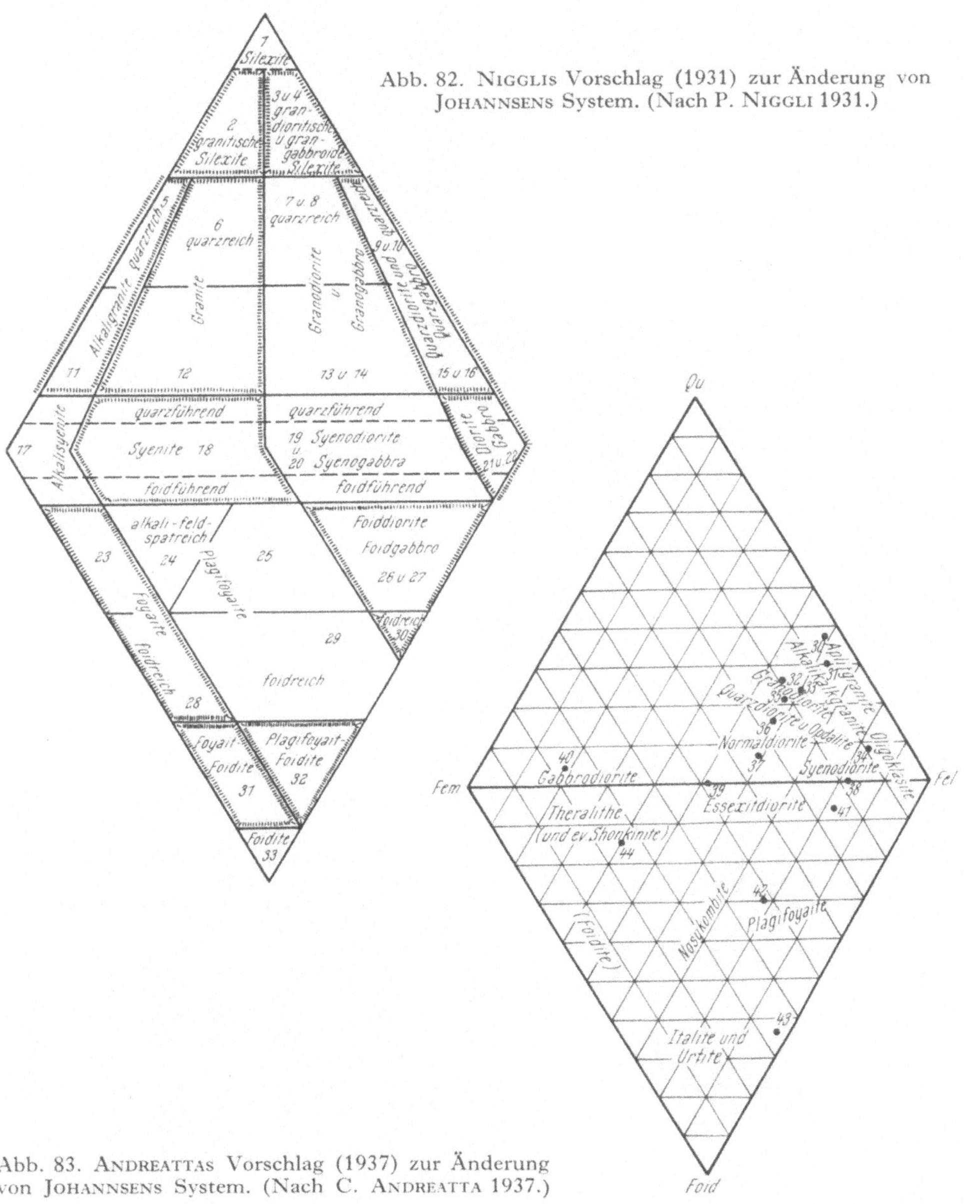

Abb. 82. Nigglis Vorschlag (1931) zur Änderung von Johannsens System. (Nach P. Niggli 1931.)

Abb. 83. Andreattas Vorschlag (1937) zur Änderung von Johannsens System. (Nach C. Andreatta 1937.)

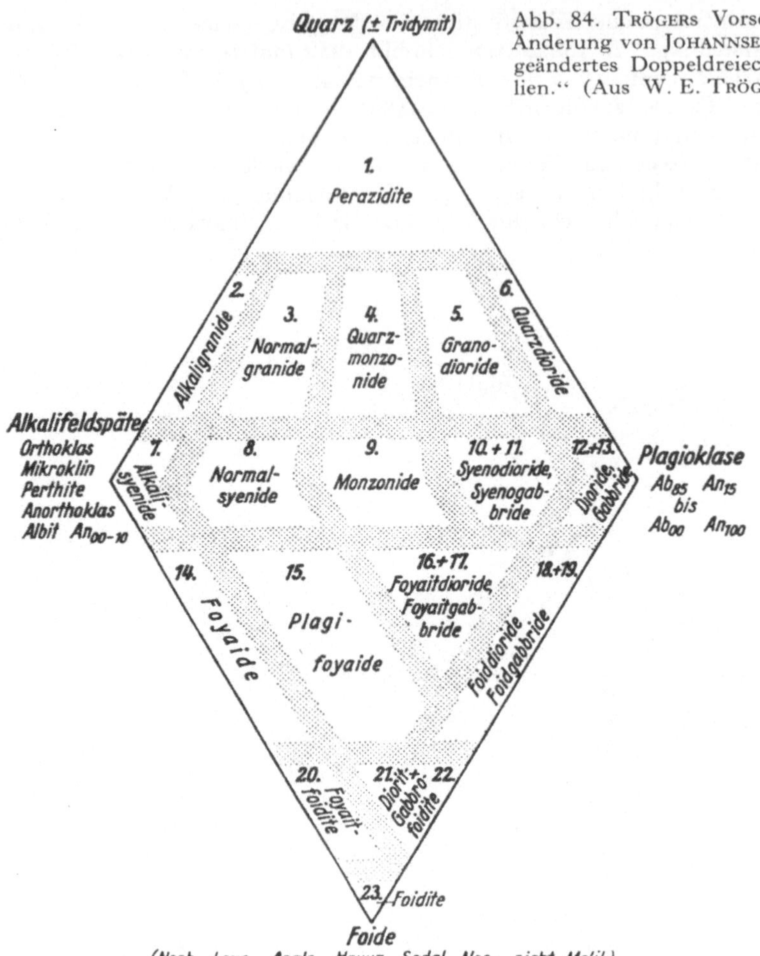

Abb. 84. Trögers Vorschlag (1938) zur Änderung von Johannsens System. „Abgeändertes Doppeldreieck mit 23 Familien." (Aus W. E. Tröger 1938, S. 46.)

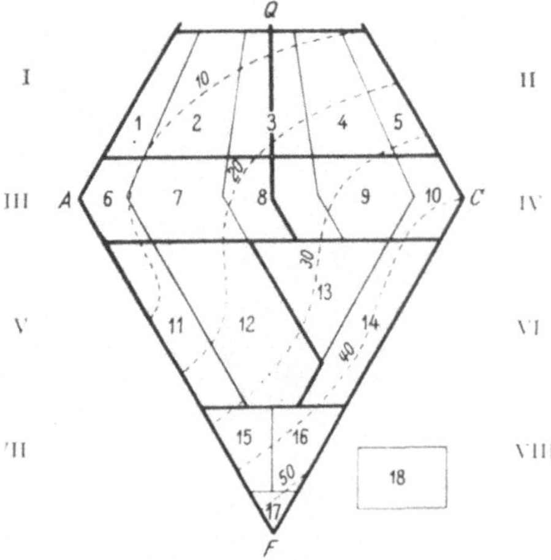

Abb. 85. Rittmanns Vorschlag (1960) zur Änderung von Johannsens System. „*Klassifikation der Vulkanite.* Im hier etwas abgeänderten Doppeldreieck von Niggli werden die Vulkanite auf Grund der Mengenverhältnisse ihrer salischen Gemengteile durch einen Punkt dargestellt. Es bedeuten: Q = Quarz, A = Alkalifeldspäte, C = Plagioklase, F = Foide (Nephelin, Leuzit usw.). Die Grenzen der Klassen I bis VII sind dick eingezeichnet; diejenigen der Familien und Übergangsfamilien 1 bis 18 sind durch dünne Linien dargestellt. Die gestrichelten Kurven geben den normalen, mittleren Farbindex an." (Aus A. Rittmann 1960, S. 110.)

Ob Trögers Ausführungen 1938 zu Johannsen und Niggli nur eine kritische Stellungnahme sein sollen oder der Versuch, ein eigenes System einzuführen, geht aus seinem Text nicht klar hervor. Einerseits spricht die graphische Darstellung (S. 340) und die folgende Tabelle (S. 342) dafür, andererseits jedoch ordnet er in der Folge seine neuen Gesteinstypen weiter in die gleichen 32 Familien wie 1935 — und nicht, wie aus seiner neuen Tabelle hervorgeht, in 23 Familien mit anders gezogenen Grenzen ($+8$ mit $> 75\%$ Mafiten).

Alles fußt auf Rosenbusch

A. Rittmann schreibt 1960 (auf S. 107): „H. Rosenbusch ... schuf eine Klassifikation der Gesteine, die für die meisten neueren Klassifikationsversuche von A. Lacroix bis P. Niggli und E. Tröger als Grundlage diente."[1] (Rittmann selbst fußt auch auf Rosenbusch, da er Niggli nur leicht variierte.)

Diese Feststellung kennzeichnet am besten den ungeheuren Einfluß der Persönlichkeit Rosenbuschs. Dieser Einfluß geht aber sogar so weit, daß sich die verschiedenen modernen Systemschöpfer geradezu darüber streiten, wer Rosenbuschs Einteilung näher kommt. Jeder möchte „rosenbuschiger" sein als der andere.

A. Johannsen: "In my own classification I followed the old Rosenbusch-Zirkel systems as closely as possible, adding simply a quantitative feature." (1939, S. 138[2].)

P. Niggli: „Eine Präzisierung der Rosenbuschschen Klassifikation scheint viel Erfolg versprechender als die künstliche Neuschaffung eines quantitativ mineralogischen Systems", — wie es Johannsen gemacht hat! (1931, S. 301.)

W. E. Tröger schreibt über sein System: „Es schließt sich ... in großen Zügen dem altbewährten Einteilungsprinzip von Rosenbusch an ... " (1935, S. 13.)

A. Johannsen: „Ich bin davon überzeugt, daß das von mir vorgeschlagene System dem Ideal von Rosenbusch und Zirkel viel näher kommt, als die von Niggli modifizierte Darstellung." (1932, S. 146.)

W. E. Tröger: „Wenn der Begriff der Alkali- und Alkalikalkgesteine in der Rosenbuschschen Fassung, der sich in jahrzehntelanger Benutzung bewährt hat, nicht verlorengehen soll, müssen die Albite in einem petrographischen System zu den Alkalifeldspäten und nicht ihrer Kristallform zuliebe zu den Plagioklasen gestellt werden", — wie es Johannsen gemacht hat! (1938, S. 42.)

Wie groß aber auch der Einfluß Johannsens ist, kann hier an den zahlreichen Abänderungsvorschlägen (wie sie auszugsweise oben gebracht wurden) und den Diskussionen ersehen werden. Johannsen hat sich selbst und seine Wirkung sehr unterschätzt, wenn er meinte, nur einfache Annahme oder Ablehnung zu finden.

---

[1] "The many published tabulations of key igneous rock types are all modifications of the pattern established by Rosenbusch in the nineteenth century." (L. E. Spock 1962, S. 52.)

[2] Und nochmals: "In proposing my classification, my principal object was to preserve, as far as possible, the Rosenbusch-Zirkel system of separating the various rock families, yet at the same time to locate definite boundary lines between them." (A. Johannsen 1939, S. 159.)

W. E. Tröger 1938, Tab. 1

„Verteilung der Gesteine mit mehr als ein Viertel des Volumens an hellen Gemengteilen auf 23 Familien"

		Von 100 Feldspäten sind Plagioklase:				
		0—10	15—35	40—60	65—85	90—100
Von 100 hellen Gemengteilen sind Quarz:	100 bis 52½	1. Perazidite				
	47½ bis 15	2. Alkaligranide	3. Normalgranide	4. Quarzmonzonide	5. Granodioride	6. Quarzdioride
	10 bis 0	7. Alkali-syenide	8. Normal-syenide	9. Monzo-nide	10. + 11. Syeno- {dioride gabbride	12. + 13. Dioride Gabbride
Von 100 hellen Gemengteilen sind Foide:	15 bis 60	14. Foyaide	15. Plagifoyaide (mindestens 15 Alkalifeldspäte)	16. + 17. Foyait- {dioride gabbride (mindestens 15 Alkalifeldspäte)		18. + 19. Foiddioride Foidgabbride
	65 bis 85	20. Foyait-foidite	21. + 22. Dioritfoidite Gabbrofoidite			
	90 bis 100	23. Foidite				
		0—10	15—35	40—60	> 65 > 15	10—0

Von 100 Feldspäten + Foiden sind Plag.

„ 100   „   +   „   „ .... Alkalifeldspäte

„Einen großen Theil der geistigen Fortschritte verdanken wir
fast ebenso sehr einer Art organischen Entwicklung unserer
Sprache, wie einer bewußten Thätigkeit der Einzelindividuen.
Ganz ebenso ist der Fortschritt einer Wissenschaft in hohem
Grade abhängig von ihrer Terminologie. Ist diese unklar und
verwirrt, so liegt darin ein Hemmniss, welches man allzusehr
unterschätzt. Je deutlicher die Nomenclatur, je präciser die
Definition, desto leichter wird die Entwicklung neuer Begriffs-
und Gedankenfolgen, desto klarer die Einsicht in ursächliche
Beziehungen."

H. ROSENBUSCH 1887, S. X

VI. Zur petrographischen Nomenklatur

„Das Hauptverdienst meines Systems", so schreibt A. JOHANNSEN 1932 (S. 150),
„beruht nach meiner Ansicht auf der Tatsache, daß Namen, wenn gewünscht,
ganz ausgelassen werden können, und daß das Gestein bloß durch eine Nummer bezeichnet werden kann. So zeigt ‚226 P' deutlicher als das Wort ‚Granit' an, daß wir
es mit einem mäßig lichten Tiefengestein zu tun haben, welches Quarz und mehr
Orthoklas als sauren Plagioklas enthält."

1. Namensinflation

Wie konnte es so weit kommen, daß viele namhafte Petrographen — JOHANNSEN
war nicht der einzige, denken wir nur an HODGE oder HOMMEL — Gesteinsnamen
überhaupt vermeiden und an ihre Stelle leblose Formeln setzen wollten? Schuld ist
eine unübersehbare Vielzahl von Namen, die nach keinerlei einheitlichen Richtlinien
oder Normen aufgestellt wurden und die noch weiterhin unaufhaltsam zunehmen.
„Die Petrographie ist durch eine Inflation von Gesteinsnamen und Begriffen in eine
arge Sackgasse geraten, die für den Lehrer und Lernenden gleich als Hemmnis emp-
funden wird", sagt F. v. WOLFF 1951 (auf S. III) und hält diese Feststellung für so
wichtig, daß er sie in kurzen Abständen mehrmals wiederholt[1].

Für und wider das Anwachsen der Namensanzahl

Die meisten Petrographen stellen sich heute gegen die Vielzahl der Namen —
aber natürlich war das nicht immer so und auch heute sind noch viele dafür, da ununterbrochen weitere neue Benennungen eingeführt werden. Es ist ein stetes Für
und Wider, wobei einmal die eine und das andere Mal die andere Richtung dominiert.
Aber sogar ein und derselbe Forscher kann im Laufe seines Lebens seine Meinung
ändern und zur anderen Richtung umschwenken: „Das beste Beispiel bietet dafür
WASHINGTON, der in jüngeren Jahren für die Nomenklatur so außerordentlich fruchtbar gewesen ist und sich später (Amer. J. Sci., [5], 472, 1923) selbst über das An-
wachsen der ... Namen beschwert." (W. E. TRÖGER 1935, S. 3/4[2].)
Ein weiteres Beispiel für diese Meinungsänderung ist H. ROSENBUSCH — er
jedoch umgekehrterweise: ‚Die öffentliche Meinung scheint nun in der Petrographie
der Schaffung neuer Bezeichnungen abgeneigt zu sein. Ich habe früher diese Abneigung geteilt, bin aber heute der ganz entgegengesetzten Ansicht ...

---

[1] F. v. WOLFF 1951: „Die Folge ... ist eine Flut von petrographischen Namen, die für den
Lehrer und Lernenden ein gleichgroßes Hindernis in den Weg stellen." (S. 13.) „Mit der
Nameninflation ist die petrographische Systematik in eine üble Sackgasse geraten." (S. 14.)
[2] WASHINGTON hat (nach TRÖGER 1935) 31 neue Namen eingeführt.

Jetzt am Schlusse meiner Arbeit bedaure ich es aufrichtig, daß ich dieser in den petrographischen Kreisen vorhandenen, oder vielleicht nur vorausgesetzten Abneigung gegen die Einführung neuer Bezeichnungen allzusehr Rechnung getragen habe . . . Wer einen neuen Begriff findet, oder aufstellt, hat nicht nur das gute Recht, sondern auch die Pflicht, einen Ausdruck für denselben zu schaffen." (H. ROSENBUSCH 1887, S. X/XI.)

ROSENBUSCHs Überzeugung hatte, wie in vielem anderen, das Gewicht eines Gebotes oder Gesetzes. Seine „Autorität bewirkte, daß viele, besonders jüngere Petrographen sich dieser Meinung anschlossen, wodurch die Zahl der Neubenennungen nach 1890 lawinenartig anschwoll." (W. E. TRÖGER 1935, S. 3.)

Die Namenslawine und Warnstimmen

Nach TRÖGER (1948) v rzeichnete
1849 NAUMANN 48 Namen von Massengesteinen[1],
1866 ZIRKEL 97 Namen von Massengesteinen,
1898 ROSENBUSCH 242 Namen von Massengesteinen.

Das erschien bereits so viel, daß schon 1899/1900 F. LOEWINSON-LESSING (auf S. 169) ernsthaft warnte: „. . . ist doch die Nomenclatur die petrographische Sprache, vermittelst derer wir uns verständigen, und müssen wir dafür sorgen, daß dieselbe möglichst rein, einfach und verständlich sei. Wenn ich von diesem Standpunkt die moderne Bestrebung, leichten Herzens neue Namen zu schaffen, zu bekämpfen suche, so will ich doch hoffen, daß die Urheber dieser Namen mir deswegen nicht zürnen werden." Er wurde nicht beachtet. ROSENBUSCH selbst führte (nach TRÖGER 1948) 88 neue Namen ein — und wer war LOEWINSON-LESSING gegen ROSENBUSCH! Die warnenden Stimmen wurden zahlreicher; so schrieb z. B. W. BERGT 1906 (auf S. 12): „Eine unnötige Zer plitterung der Namen gereicht keiner Wissenschaft zum Vorteil." Sie alle fanden kein Gehör, denn "Some sort of honor seemed to accrue to the petrographer who could establish the greatest number of rock species," wie E. E. WAHLSTROM 1950 (auf S. 324) bemerkte.

Die Neubenennungen gingen stetig weiter und 1935 (S. 4) vermerkte W. E. TRÖGER: „Das Gesamtinhaltsverzeichnis umfaßt als überhaupt mögliche Namen reichlich 1600 Wörter."

Schließlich hat der Verfasser eine Namenskartei begonnen und kam dabei — mit Varietäten und verschiedenen Schreibweisen — auf ca. 4000 Namen. Und „diese Flut neuer Namen ist, wie man . . . ersieht, bis heute noch nicht abgeebbt." (W. E. TRÖGER 1935, S. 3.)

Diese Zahlen geben Annäherungswerte und stimmen keineswegs. Vollständigkeit kann nie erlangt werden[2]. Die Neueinführungen sind praktisch unkontrollierbar und

---

[1] Plus 14 unwesentliche oder synonyme Bezeichnungen.

[2] 1935 schreibt TRÖGER, daß ROSENBUSCH 77 Namen eingeführt hat;
1948 ergänzt er diese Zahl von ROSENBUSCH auf 88;
1935 weist TRÖGER darauf hin, daß ZIRKEL (fast) keine neuen Namen eingeführt hat;
1948 schreibt er ihm bereits 20 zu.
1948 stellt TRÖGER fest, daß seit der Jahrhundertwende pro Jahr durchschnittlich 20 Neudefinitionen in der Literatur aufscheinen. Das wären für die zwei Jahre von 1933 bis 1935 40 Neubenennungen. (Eigentlich ist es nur *ein* Jahr, da TRÖGER sein Manuskript bereits Ende Juli 1934 fertiggestellt hat.) 1933 verzeichnet er aber 1200 („Bis Ende 1933 sind insgesamt 1200 Neu- und Umdefinitionen selbständiger Eruptivgesteinsnamen veröffentlicht worden." [W. E. TRÖGER 1935, S. 3.]) — und 1935 1600 Namen.
1939 schreibt T. F. W. BARTH (auf S. 7): „In der Nomenklatur der Eruptivgesteine sind jetzt ungefähr 800 Namen von den verschiedenen Verfassern benutzt worden."
1951 schreibt F. v. WOLFF, daß von 1933 bis 1937 „allein 140 neue Namen hinzugekommen" (S. 14) sind; das sind im Jahresdurchschnitt 35 und nicht wie bei TRÖGER 20.

führen zu großen Schwierigkeiten bei einer Systematik: „Die Einführung von Hunderten solcher nichtssagender ... Namen machte die petrographische Nomenklatur und Systematik derart unübersichtlich, daß sich nur der Spezialist mit Mühe darin zurechtfinden kann." (A. RITTMANN 1960, S. 109.)[1] T. F. W. BARTH schreibt 1939 (auf S. 7): „DALY hat etwa 125 verschiedene Typen aufgestellt, die dicht aneinanderliegen ... Die 125 Typen DALYs sind mehr als hinreichend, alle Eruptivgesteine zu bezeichnen."

Zahlenvergleiche mit den biologischen Disziplinen

Dagegen tritt W. E. TRÖGER auf und meint, die (rund) 1500 Gesteinsnamen seien keineswegs zuviel:

„Vergleichen wir damit die Anzahl der in den biologischen Wissenschaften benötigten Namen ... so werden wir uns wohl künftig hüten, von einer untragbaren Gedächtnisbelastung des Petrographen zu sprechen: In der Botanik kennt man allein bei den höheren Blütenpflanzen etwa 10.000 Gattungen (für die noch vielgestaltigeren niederen Pflanzen besteht wohl noch gar keine Schätzung der Gattungsanzahl), und in der Zoologie dürften etwa 40.000 bis 50.000 Gattungen zur Benennung der gesamten Tierwelt bis jetzt aufgestellt worden sein." (W. E. TRÖGER 1935, S. 5.)

F. v. WOLFF erwidert 1951 (S. III) darauf: „Das Gestein ist ein Mineralgemenge und kein Individuum, wie das Mineral, das Tier oder die Pflanze. Nicht jede Mischung verdient einen eigenen Namen."

TRÖGERs Vergleich mit den zoologischen und botanischen Namen ist auch aus einem anderen als v. WOLFFs Grunde nicht ganz zutreffend: Zoologie und Botanik sind selbständige Spezialfächer, die Petrographie aber hat die Aufgabe, dem Geologen (in systematischer und genetischer Hinsicht) das Rüstzeug für seine Arbeit zu liefern — den Bau und Aufbau der Erdkruste zu erforschen; und die Erdkruste setzt sich eben aus Gesteinen zusammen. Ein Vergleich der Zoologie (oder Botanik) mit der Paläontologie wäre eher zulässig. Die Paläontologie ist eine Spezialwissenschaft, die zwar auch den Geologen unterstützt, aber (vor allem) in stratigraphischer Hinsicht; sie gibt erst die Möglichkeit, eine genaue Alterseinstufung durchzuführen — wozu eine äußerste Verästelung und Differenzierung der Formen (und damit der Nomenklatur) von Vorteil ist.

Die geologische Kartierung — die Grundlage des gesamten geologischen Wissenschaftskomplexes — jedoch erfolgt nicht nach Einzelfossilien, sondern nach stratigraphischen Einheiten — oder nach Gesteinen (bzw. nach Gesteinsgruppen). Daher ist der Geologe kein Anrainer der Petrographie. Sodann ist auch die exakteste Kartierung nicht imstande, allzu differenzierten Gesteinsunterscheidungen gerecht zu werden, denn es ist unmöglich, im Gelände, d. h. also *makroskopisch*, Grenzen zwischen Gesteinen zu ziehen, die sich nur mikroskopisch und nur durch feinste Unterschiede trennen lassen. Man kann nur sagen: Das ist ein (z. B.) Basalt, der mit vielen Übergängen bis zu den und den Gliedern reicht. Kartenmäßig ausgeschieden wird aber nur *ein* Gestein. Das macht auch den Unterschied zu den Lebewesen deutlich.

2. Namens-Neueinführungen

L. E. SPOCK schreibt 1962 (S. 51): "Many terms were invented to describe minor differences within common and well-known rocks. Others were given to rare combinations of minerals that may have been observed in a single isolated outcrop."

---

[1] "... confusion resulted from the continuous introduction of new names." (L. E. SPOCK 1962, S. 51.)

„Manche Petrographen, wie BROEGGER, LACROIX, WASHINGTON u. a., gingen den Schwierigkeiten dadurch aus dem Wege, daß sie für jede neue Varietät der Vulkanite neue Namen einführten. Diesem unhaltbaren Zustand kann abgeholfen werden durch Anwendung eines möglichst einfachen Klassifikationsschemas, in dem alle Lokalnamen und Magmatypen tunlichst vermieden werden." (A. RITTMANN 1960, S. 109.)

W. E. TRÖGER regte schon 1938 (auf S. 45) an: „Schon heute können wir aber manche Gesteinsnamen und ganze Kategorien bestimmter Prägung als überflüssig ablehnen: So berechtigt beispielsweise eine besondere *äußere Eigenschaft* des Gesteins, wie etwa die ungewöhnliche Farbe einzelner Gemengteile (siehe Kanzibit!) oder ihre ungewöhnliche Größe (siehe Klinghardtit!) bestimmt noch nicht zur Prägung eines Lokalnamens. Zu ihrer bedingungslosen Ablehnung zwingt uns der Selbsterhaltungstrieb, denn die Zahl solcher löblichen Bildungen wäre Legion." Aber selbst dann „bleibt trotzdem eine ganz stattliche Zahl übrig, die alle Hoffnungen zunichte macht, es könne vielleicht die Flut der Neubenennungen geringer werden". (W. E. TRÖGER 1938, S. 41.)

Berechtigung zur Schaffung neuer Namen

Was berechtigt zur Aufstellung eines neuen Gesteinstypus bzw. zur Einführung eines neuen Gesteinsnamens? „Unberechtigt scheint mir nur die Einführung neuer Bezeichnungen ohne die Grundlage eines neuen Begriffs . . .", schrieb H. ROSENBUSCH 1887 (S. XI), aber das hilft nicht weiter.

W. E. TRÖGER dringt 1938 schon wesentlich tiefer zum Kern der Sache vor, wenn er (auf S. 50) schreibt: „Die Schaffung eines neuen Namens scheint berechtigt, wenn das vorliegende Gestein sich durch die *Art* oder durch das *Mischungsverhältnis* seiner *Haupt*komponenten oder durch seine *Erstarrungsbedingungen* (Struktur) von den bisher festgelegten Typen *wesentlich* unterscheidet." Aber ganz befriedigt das auch nicht, denn was versteht man unter *wesentlich*? TRÖGER hat dies selbst erkannt, denn er sagt dazu (1938, S. 50): „Die Feststellung, wie groß die Mischungsunterschiede zahlenmäßig sein müssen, um eine neue Namensgebung zu rechtfertigen, ist noch nicht spruchreif, solange noch kein allgemein anerkanntes System vorliegt."

Daher konnte es nicht ausbleiben, daß jeder unter *wesentlich* verschieden etwas anderes verstand und neue Typen aufgestellt wurden, in denen andere Petrographen *keine* wesentlichen Unterschiede zu bereits bestehenden sahen: "The mass of rock names, cluttered with a confusion of inadequate definitions and replete with emphasis on inconsequential differences between rocks, has been deplored by many writers in the last 50 years." (E. E. WAHLSTROM 1950, S. 325.)

Ursachen für die Aufstellung neuer Gesteinstypen

Ab ROSENBUSCHs Aufforderung 1887 kam die Neuaufstellung von Gesteinstypen in Fluß. K. H. SCHEUMANN versuchte 1925 die verschiedenen Arten zu typisieren. Er schreibt (auf S. 189):

„Die Erweiterung der Nomenklatur wird erzeugt durch den Ausbau qualitativer Systeme . . ., die neue schärfere Gliederungen einführen",

„durch die neuerrichteten quantitativen künstlichen Systeme, die zum Teil vollkommen neue Terminologien mitbringen[1]",

„vor allem aber (infolge petrographischer Einzelarbeit) durch die Aufstellung neuer Typen, die entweder tatsächlich oder nach Ansicht des Autors durch schon vorhandene Begriffe nicht zu decken oder nicht ausreichend genug herauszuheben waren."

---

[1] Zum Beispiel CIPW.

W. E. Tröger führte 1948 (auf S. 134) zum ersten Punkt näher aus: „Beim folgerichtigen Durcharbeiten des Zirkelschen wie des Rosenbuschschen Systems fand sich in den folgenden Jahren eine sehr große Anzahl von noch unbenannten Mineralkombinationen, die laufend zur Aufstellung neuer Gesteinsnamen führten." Aber nicht nur neue Mineralkombinationen wurden mit neuen Namen belegt, sondern auch gleiche — wenn sie nur verschiedener Genese waren. Dazu sagt W. E. Tröger 1938 (auf S. 50): „Der Versuch, Gesteine von gleicher Zusammensetzung, aber verschiedener *Genese* (petrographische Provinzen!) mit verschiedenen Namen zu belegen, wird von den Anhängern der rein quantitativen Systematik aus Mangel an beweisbaren Zahlen abgelehnt."

All diese vermeintlich *gewichtigen* Unterschiede zu bereits bestehenden Typen führten zu fortwährender Aufstellung neuer, die nach Ansicht der meisten Autoren nicht notwendig waren, wie z. B. "Most rocks having names proposed because of certain aberrant or unusual characteristics can be regarded as varieties of rocks having names with meanings fairly well established through consistent usage. For example, charnockite can be considered mineralogically as a hypersthene granite and grorudite as an aegirite rhyolite." (E. E. Wahlstrom 1950, S. 325.)

1938 bereits wies W. E. Tröger auf diesen Umstand hin (S. 50): „Die neuen Namen lassen leider manchmal erkennen, daß ihre Autoren sich nicht die weise Beschränkung auferlegt haben, ihr Gestein auf schon vorhandene Typen zu beziehen. Bei einer kritischen Durchsicht können wir, man möchte beinahe sagen glücklicherweise, für einen guten Teil von ihnen nur eine ganz kurze Gebrauchsdauer voraussagen." Doch meint er tröstend: „Aus Fehlern soll man lernen!"

J. Stansfield sieht sogar Positives in der Aufstellung recht vieler neuer Namen. Er sagt 1923 (S. 554): "In the naming of . . . rocks some synonyms have crept in, but that is not a good reason for condemning the use of all the new names. Indeed, some of them fill a definite place in the nomenclature of the science, where they will doubtless stay . . .

It is far better to employ a new name, which may be dropped, later, perhaps, in favour of some better or more useful name, than to apply an already wellknown name to a rock which it does not fit."

Nach all diesem Für und Wider und all diesen Unsicherheiten muß man heute noch — nach über 70 Jahren — H. H. A. Francke zustimmen, der 1890 (auf S. 6) schrieb: „Es läßt sich also überhaupt keine, für alle Fälle anwendbare, Regel aufstellen über die Bedingungen, unter welchen die Neueinführung eines Namens stattzufinden hat. Jedenfalls muß es als Tugend gelten, möglichst zurückhaltend und sparsam in Namenerteilungen zu sein."

Wie aus dem bisherigen zu ersehen war, herrscht wenig Übereinstimmung über die Fragen, viel Neueinführungen — wenig Neueinführungen, Berechtigung von Neueinführungen usw.

Leider herrscht genau so wenig Einheitlichkeit der Meinungen über die Frage, wie soll ein Gesteinsname überhaupt beschaffen sein? W. E. Tröger bringt uns 1948 (S. 132) nicht weiter, wenn er schreibt: „Die Benennung des Gesteinstypus geschieht nach den Regeln der petrographischen Nomenklatur." Er weiß das natürlich selbst und setzt sogleich hinzu: Die Nomenklaturregeln, „die bis heute leider noch nicht international vereinheitlicht sind[1]...".

---

[1] Ansätze zur Regelung der Nomenklaturfrage durch Kommissionen hat es schon gegeben; es sei hier nur an das britische Committee 1920/21 und 1936 erinnert. 1938 setzte sich W. E. Tröger für eine internationale Lösung ein, „daß möglichst bald ein in Europa einheitlich angenommenes petrographisches System dem bisherigen Wirrwarr der Klassifikationsmöglichkeiten ein Ende bereitet" werde „durch Zusammenarbeit von verschiedenen Petrographen, damit einseitige Auffassungen vermieden werden und das Ergebnis möglichst allgemeine

> Das ist der „Angelpunkt allen Nomenklaturstreites: Sollen
> neue, selbständige Gesteinsarten, wenn man schon ihre Exi-
> stenzberechtigung im Interesse des Fortschritts anerkennt,
> einen ganz neuen, etwa von einer Örtlichkeit abgeleiteten
> Namen erhalten, oder sind sie durch Kombination bekannter
> Namen zu kennzeichnen?"
>
> W. E. TRÖGER 1935, S. 4

3. Der Nomenklaturstreit

In der Tat, mit obigem Ausspruch hat TRÖGER den Kern aller Meinungsverschie-
denheiten getroffen: Bis auf wenige Ausnahmen künstlicher Gesteinsnamen, wofür
ein Beispiel noch weiter unten angeführt wird, beruht der ganze Nomenklaturstreit
auf dem Gegensatz neue (Orts-) Namen — zusammengesetzte Namen. In der
Literatur findet man häufiger Stimmen, die sich *gegen* die Ortsnamen aussprechen;
aber das will nicht viel besagen, die Prostimmen äußern sich eindeutig in den Neu-
prägungen von Lokalnamen.

Lokalnamen (und Phantasiebezeichnungen)

Zu Lokalnamen: Leider muß die Diskussion der Lokalnamen gleich mit einer
negativen Stellungnahme begonnen werden, was aber nach oben Gesagtem verständlich ist; die Verteidiger und Fürsprecher sollen im Anschluß Gehör finden. K. H.
SCHEUMANN schreibt 1925 (auf S. 247/248): „Die Unübersichtlichkeit der Nomenklatur ergibt sich zu einem großen Teile aus der Verwendung von Ortsnamen.
Dieses Verfahren, aus der älteren Petrographie übernommen (Syenit, Andesit,
Liparit usw.), ist durch ROSENBUSCH und BROEGGER zu größerer Allgemeinheit gekommen. In der Folge wurden Namen in Fülle nicht nur von unbekannten, oft
zweifelhaft benannten Lokalitäten (Hatherlit), sondern auch von indianischen,
madagassischen, malaiischen Worten usw. abgeleitet, die an Gedächtnis und Zunge
in gleicher Weise hohe Anforderungen stellen (Sviatonosit, Uncompahgrit, Ana-
bohitsit). Gegen die Verwendung von Ortsnamen wenden sich neuerdings JOHANN-
SEN (1922), BOWEN (1923)." Das ist ein schwerwiegendes Argument, aber dieser
Einwand ließe sich durch Verwendung leichter aussprechbarer Namen beheben; er
stellt also ein mehr formales Hindernis dar und kein prinzipielles.

P. NIGGLI ist 1923 (S. VIII) aus einem anderen Grunde gegen die Verwendung
von Lokalnamen: „... es ist zu bedauern, daß manche jungen Forscher freigiebig
neue Lokalnamen aufstellen, ohne zu betonen, daß es sich nur um Spezialtypen der
und der Familie handelt. Dadurch wird eine Unübersichtlichkeit in die petrographische Nomenklatur hineingebracht, die insbesondere denjenigen verwirrt, der
in das Gebiet der Eruptivgesteinskunde erst eindringen will." Das ist ein ganz wesentlicher Punkt, der gegen die Lokalnamen spricht, wenn er auch nicht prinzipiell ist.
Denn im Prinzip muß jeder Name eine Neuschöpfung sein — und da ist ein Orts-
name so gut (wenn nicht besser) wie eine Phantasiebezeichnung. Aber, und das ist
wohl das Entscheidende, die Benennung bloßer Spezialtypen bekannter Gesteine
mit neuen Lokalnamen erhöht die Zahl der selbständigen Bezeichnungen in einem

---

Anerkennung erhält" (S. 45 u. 48). (Das letzte Mal war vor einem internationalen Forum —
beim VII. Geologenkongreß in Petersburg 1897 — diese Frage der Vereinheitlichung als aus-
sichtslos abgetan worden.)

Tatsächlich wurde — wenn auch nur für den deutschen Raum — „im Jahre 1938 von der
Deutschen Mineralogischen Gesellschaft eine Kommission unter dem Vorsitz von E. TRÖGER
eingesetzt zur Vereinfachung der Nomenklatur, möglicherweise auch in Anlehnung an die vom
British Association Committee im Jahre 1936 gemachten Vorschläge. Krieg und Kriegsfolgen
haben die Durchführung dieser wichtigen Pläne bisher leider vereitelt, die vielleicht in eine
internationale Vereinheitlichung münden könnten." (W. E. TRÖGER 1948, S. 135.)

solchen Maße, daß sich der Nichtspezialist hoffnungslos im vielfältigen Namensgestrüpp verfangen muß. Er kann nicht mehr entscheiden, was ist ein Grundtypus und was ist ein Spezialtypus; und damit gehen auch die wichtigen Grundtypen unter. W. E. TRÖGER führt (1938, S. 52) für NIGGLIs Einwand ein konkretes Beispiel an: Es „müßte einem neuen Namen Bugit doch mindestens ein neues Gestein zugrunde liegen, was leider nach der Berechnung des Berichterstatters auch nicht der Fall ist, denn der Bugit ist ein ganz normaler Hypersthen-Quarzdiorit, für den wir bestimmt nicht noch einen neuen Eigennamen brauchen." TRÖGER stellt sich hier, obwohl er sonst für Lokalnamen ist, gegen diese. Nicht ganz zu Recht; nur weil er Hypersthen-Quarzdiorit 1935 als Varietät des Quarzdiorit bezeichnet hat. Aber er läßt oftmals eigene Typen gelten, die mit anderen Haupttypen mehr Verwandtschaft zeigen als der Bugit mit dem Quarzdiorit. Da es keine festgesetzten Regeln der Abtrennung eigener Typen gibt (wie oben dargelegt wurde), bleibt es nach wie vor Geschmacksache, eine solche Trennung vorzunehmen.

Im ersten Moment einleuchtender ist eine andere Argumentation W. E. TRÖGERs, die er schon 1931 (auf S. 327) vorbrachte: „Die alte Bezeichnung ,Gangsyenit', ,Gangbasalt' usw. war ... weitaus glücklicher als die neue Nomenklatur ,Vogesit', ,Camptonit', die dazu geführt hat, jeder mineralogisch oder strukturell bedingten Ganggesteinsvarietät einen neuen *Lokal*namen zu geben, anstatt sie durch Zusatz einiger Beiwörter als Sondertypen allgemein bekannter Gesteine zu kennzeichnen." 1935 verwendete TRÖGER aber die neuen Namen — und das mit Recht, denn Vogesit, Camptonit usw. sind nicht nur Gangsyenite und Gangbasalte, sondern gehören sowohl einer eigenen Strukturklasse als auch einer eigenen genetischen Einheit an — den Lamprophyren.

Noch einen anderen Grund für die allgemeine Ablehnung der Lokalnamen führt W. E. TRÖGER 1938 (auf S. 51) an: „Unerfreulich sind auch neue Namen, bei deren Schaffung der Autor jede Diskussion über die Stellung im System peinlichst vermeidet, weil er sich darüber offenbar selbst nicht klarwerden konnte. Diese ,Flucht in den Lokalnamen' ist der Grund für die weitverbreitete Unbeliebtheit der Ortsnamen." Natürlich ist auch das wieder nur ein rein formaler Einwand gegen die Ortsnamen, denn diese können ja nicht für die mangelnde Exaktheit ihres Erfinders verantwortlich gemacht werden, aber es ist auch mehr als ein nur formaler Einwand. Die Lokalnamen verlocken zur Aufstellung neuer Gesteinstypen, da man sie nicht genau erläutern und auch nicht ihre Stellung im System deklarieren muß. Die Bezeichnung Bugit (um bei einem definierten Beispiel zu bleiben) verleiht eine scheinbare Selbständigkeit. Da sich keine zwei Handstücke in der Natur *völlig* gleichen, wird schon ein gewisser Unterschied zu bereits bestehenden Gesteinstypen vorhanden sein; feste Regeln über die verlangte Quantität der Unterschiede gibt es ja nicht.

Auf solche Art und bei solcher Denkungsart muß es zu Legionen neuer Namen kommen — und wie geschildert, kam es auch dazu.

Die Unhaltbarkeit der Lokalnamen bei solch einer Auffassung liegt auf der Hand. TRÖGER will eine Vermittlung zwischen Lokal- und Typennamen, damit eine Vorstellung über das Gestein und seine Stellung erreicht wird und trotzdem eine Lokalbezeichnung im Namen erhalten bleibt. Er schreibt 1948 (S. 132): „Das petrographisch erfaßte Einzelgestein benennen wir oft mit einem Ortsnamen in Verbindung mit einem Gesteins-Typennamen, so zum Beispiel: Wiborg-Rapakiwi, Schluchsee-Granit, Rofna-Porphyr, Dekkan-Trapp. Ein solcher Begriff ist trotz der manchmal offensichtlichen Ungenauigkeit des Typennamens (vgl. Trapp!) absolut eindeutig definiert und jederzeit reproduzierbar."

Ist damit das Patentmittel gefunden, der Idealzustand erreicht? Nein, TRÖGER setzt sofort hinzu: „Es sind solche ortsgebundene Bezeichnungen natürlich nicht auf andere Standorte übertragbar."

Eine Verbindung des Fundortes mit einer groben ungenauen Typen- (oder Familien-) Bezeichnung in einem Namen kann nur schlechter sein als eine *genaue* Typenbezeichnung. Der Name Bug-Quarzdiorit ist nichtssagender als die Typenbezeichnung Hypersthen-Quarzdiorit und hat zusätzlich den Nachteil, daß er nicht auf andere Fundorte übertragen werden darf[1].

Trotzdem ist manchmal ein solch zusammengesetzter Lokal-Typenname als Typenbezeichnung in die Klassifikation eingedrungen, wie das Beispiel Kamm-Granit zeigt, der vom Vogesen-Kamm herstammt[2].

Mit Phantasiebenennungen verhält es sich ähnlich wie mit Lokalnamen — nur daß bei ersteren nicht einmal mehr eine Ortsbezeichnung der benannten Gesteine besteht: „Die zweite, kleinere Gruppe der Gesteinsnamen, die auf eine *Örtlichkeit nicht* direkt Bezug nimmt, bot noch größere Schwierigkeiten." (W. E. TRÖGER 1935, S. 6.)

Trotz der Einwendungen, die TRÖGER gegen die Lokalnamen macht, gibt er ihnen doch den Vorzug, da ihm einige Wesenszüge von so großem Vorteil scheinen, daß sie alle Nachteile wettmachen. Er geht vor allem von zwei Punkten aus: Einmal ist ein zusammengesetzter Typenname nie eindeutig, sondern nur ein Lokalname:

„‚Leukokrater Andesitbasalt' wird z. B. von einem deutschen, englischen, französischen und amerikanischen Forscher jeweils etwas anders abgegrenzt und daher auch anders aufgefaßt, während ein dafür gebildeter Lokalname nicht nur den Vorteil der größeren Kürze, sondern auch die Gewähr böte, daß darunter eben nur das Gestein des betroffenen Fundortes oder ein ihm gleiches Material verstanden wird." (W. E. TRÖGER 1935, S. 4.)

Zum anderen Male sind die Familien- und Typengrenzen fast bei jeder Systematik anders gezogen, so daß die Typen selbständig ihre Inhaltsgrenzen und ihr Volumen ändern; das kann bei einem lokalbenannten Gestein nicht vorkommen:

„Die einzigen Namen, die diese Gewaltbehandlung überdauerten ohne Schaden zu nehmen, sind die vielgeschmähten Lokalnamen. Der Inhalt von Begriffen wie Domit, Mondhaldeit, Weiselbergit usw. kann durch das Hineinpressen in künstliche Systeme noch so sehr verfälscht werden, stets lassen sie sich ... rekonstruieren als die Gesteine vom Puy de Dôme, von der Mondhalde, vom Weiselberge usw.!" (W. E. TRÖGER 1935, S. 5.)

---

[1] Da wäre noch die Einschränkung des reinen Lokalnamens Bugit auf die bloße Örtlichkeit vorzuziehen: Wenn Bugit nichts anderes zu bedeuten hätte als ein Gestein, das am Bug vorkommt, so würde dieser Lokalname wenigstens alle Petrographen, die nicht in der Umgebung des Bug arbeiten, nicht zu tangieren und daher auch nicht zu belasten brauchen. Typenbezeichnungen könnten die Lokalnamen dann allerdings nicht liefern und wären daher auch für eine Systematik wertlos.

[2] Schon 1920/21 hat sich das bereits erwähnte Britische Nomenklaturkomitee mit diesen zusammengesetzten Lokaltypen befaßt und folgende Empfehlung gegeben: „Von einigen Autoren benutzte Verstümmelungen wie Basalt (Markletyp) zu ‚markle' sollten vermieden werden. Ausdrücke wie Marklebasalt, Shapgranite sind nur dann zulässig, wenn von der Lokalität selbst die Rede ist." (H. P. T. ROHLEDER in SCHEUMANN 1929, S. 311.)

Dagegen wurde ein ähnliches Nomenklaturverfahren empfohlen: Zur näheren Erläuterung eines Gesteinstypus kann in Klammer der Lokalname, mit dem Wort Typ verbunden, beigefügt werden: „Wenn ein bestimmter Gesteinstypus typisch ausgebildet an einer Lokalität in eindeutiger Weise zu einer der Hauptgesteinsgruppen in Beziehung gebracht werden kann, jedoch gleichzeitig das Vorausstellen näher definierender Mineralnamen vor eine Gruppenbezeichnung das in Frage kommende Gestein nicht eindeutig zu beschreiben vermag, so ist es ratsam, dieses Gestein durch den Gruppennamen auszudrücken und die Lokalitätsbezeichnung zusammen mit dem Wort ‚Typ' in Klammern folgen zu lassen (z. B. Nephelin-Syenit [Foyatyp]). Dies ist besser als ‚Foyait'. Diese Methode ist mit großem Erfolg bei der Darstellung der schottischen Basalte verwandt worden." (H. P. T. ROHLEDER in SCHEUMANN 1929, S. 310/311.)

Zusammengesetzte Namen

Zu zusammengesetzten Namen: Schon 1872, als die petrographische Nomenklatur wahrlich noch nicht überlastet war (1866 hatte ZIRKEL 97 Eruptivgesteinsnamen zur Verfügung), schlug H. VOGELSANG (auf S. 536) für die Bildung neuer Namen vor: „In den meisten Fällen ist eine sehr brauchbare Bezeichnung dadurch zu erlangen, daß man dem Namen des Typus denjenigen Gemengtheil voranstellt, welcher für die betreffende Varietät besonders charakteristisch ist. In dieser Betonung eines Gemengtheils liegt also ausgesprochen, daß die übrigen Gemengtheile gleicher Ordnung dem betonten gegenüber zurücktreten (Hornblendegranit, Glimmerdiorit, Nephelin- oder Noseanphonolith usw.) ...“

Zieht man zusammengesetzte Gesteinsnamen vor, so ist man deshalb noch lange nicht gegen Lokalnamen, sondern nur gegen das *Überhandnehmen* der Lokalnamen. Die meisten Gegenstimmen richten sich gegen die kaum einschränkbare Vielzahl und Vermehrung der Namen an sich, wozu die Lokalbezeichnungen verlocken und wodurch die Nomenklatur unübersichtlich wird. Zusammengesetzte Namen bewirken, daß man mit einer viel geringeren Zahl von Grundtypen bzw. Grundbezeichnungen auskommt. Kombinationsmöglichkeiten gibt es in großer Zahl, die allen Anforderungen neuer Gesteinstypen gerecht werden können. Dazu kommt der große Vorteil, daß bei jeder Neuaufstellung Stellung und Bezug zu bisher bekannten Typen genommen werden muß und daß die Gewähr gegeben ist, daß es sich tatsächlich um eine neue Gesteinsspielart handeln muß. Auch spielt es bei zusammengesetzten Namen keine Rolle, ob das gleiche Gestein schon einmal gefunden und benannt wurde, wie an einem fiktiven Beispiel gezeigt werden soll: Angenommen, der Geologe A findet beim Fundort Y ein Gestein, das sich als Zwischenglied zwischen Diorit und Gabbro erweist. Er hat zwei Möglichkeiten; er kann das Gestein Ypsilonit nennen — oder Gabbrodiorit. Der Geologe B findet beim Fundort Z ein Gestein, das ebenfalls zwischen Diorit und Gabbro liegt. Er hat in der Literatur ein solches Gestein übersehen. Auch B hat wieder zwei Möglichkeiten; er kann das Gestein Zetit nennen — oder Gabbrodiorit. Entschließen sich die beiden Geologen für den zusammengesetzten Namen, so wird eine Doppelbenennung vermieden. Entscheiden sich die Geologen für Ypsilonit und Zetit, so wird nur in den seltensten Fällen eine Priorität feststellbar und eine damit verbundene Ausmerzung des anderen Namens möglich sein, da sich die beiden Gesteine kaum völlig quantitativ gleichen werden und keine Regeln bestehen, wie groß die Abweichungen von einem bereits benannten Gesteinstypus sein müssen, um eine Neubenennung zu rechtfertigen. Und so können in alle Zukunft ähnliche Gesteine noch mit Hunderten von verschiedenen Lokalnamen belegt werden. Dies war ein fiktives Beispiel, aber die Wirklichkeit ist nicht weit davon entfernt.

Es wurde eingangs gesagt, daß sich die Gegnerschaft nur gegen die *Neueinführung* vieler Lokalnamen wendet, nicht gegen die Lokalnamen selbst. Eine Namens-Neuschöpfung ist so gut wie die andere — und ein Lokalname vielleicht sogar besser als ein Phantasiename. Keine petrographische Nomenklatur kann ohne Lokalnamen auskommen (bis auf wenige künstliche, wofür am Ende dieses Kapitels ein Beispiel gebracht wird). Andesit, Monzonit, Syenit und viele andere, heute völlig geläufige Bezeichnungen gehen auf Fundorte zurück. Diese Namen auszumerzen und durch andere, die nur Phantasiebildungen sein können, zu ersetzen, wäre sinnlos und undurchführbar.

Eine Systematik, die zusammengesetzte Namen bevorzugt, kann Lokalnamen nicht ausschalten, aber sie kann bemüht sein, möglichst *wenige* zu verwenden und durch Zusammensetzungen und Hinzufügungen möglichst viele Variationsmöglichkeiten zu schaffen, in die *alle* Gesteinsarten unterzubringen sind. Die Auswahl und Beschränkung ist dann das Wesentliche — und die Regeln für die Zusammenfügungen, die so einfach und klar sein sollen, daß sie allgemein richtig angewandt und verstanden werden können.

Einige Regeln bzw. Vorschläge für die Zusammensetzung der Namen werden als Anhang zu diesem Kapitel gebracht.

Natürlich können gegen die zusammengesetzten Namen auch Einwendungen gemacht werden. W. E. TRÖGER hat 1935 (auf S. 4) das wesentlichste Argument so formuliert: „Gegen die zusammengesetzten Namen ist mit Recht eingewandt worden, daß die Wahl des Bezugsobjektes ganz der subjektiven Meinung überlassen bleibt. Stellen wir uns vor, der Lokalname ‚Monzonit' wäre nicht gebildet worden; ein hierzu gehöriges Gestein könnte dann auf den Diorit, Syenit, Gabbro, ja vielleicht sogar Theralith bezogen werden, je nachdem, von welchem Standpunkte ein Autor die Systematik betrachtet."

Künstliche Bezeichnungen

Um dem Nomenklaturstreit auszuweichen bzw. ihn gewaltsam zu lösen, wurden künstliche Namen versucht, die auf bereits bestehende Namen überhaupt nicht Bezug nahmen und diese ganz beiseite ließen. Als Beispiel sei hier nur ein Weg gezeigt, der u. a. von A. BELIANKIN 1929 beschritten wurde. Durch Aneinanderreihung der kompetenten Mineralien eines Gesteins nach einer bestimmten Häufigkeitsordnung wurden die Gesteinsnamen geschaffen — ähnlich vielen chemischen Namensbildungen. Da sich dabei zu große Längen ergäben, wurden die Mineralnamen abgekürzt. A. JOHANNSEN beschreibt dies (1939, S. 125): Gegenüber anderen ... "Beliankin (1929) went one step farther by building up the entire name from the component minerals. He suggested using the abbreviations: Aegi for aegirite, py for pyroxene, di for diopside, tipy for titaniferous pyroxene, am for amphibole ... Thus formed, the suggested names below were given as examples ...

Monmouthite	Amneite
Congressite	Bineite
Tawite	Aegisodite
Naujaite	Anam-aegisodite
Bekinkinite	Barneite
Fasinite	Tipyneite
Riedenite	Pynosite
Turjaite	Binemelite ..."

Solche Namen können nicht akzeptiert werden, weil sie allein auf dem Mineralbestand aufgebaut sind und nichts über die Stellung in den Hauptgruppen — effusiv, hypabyssisch, abyssisch — oder über die Struktur aussagen. Basalt und Gabbro führen dabei die gleiche Bezeichnung.

Immerhin stellen die eben genannten Beispiele noch *Namen* dar, oder sollen sie zumindest darstellen. Trotzdem haftet ihnen durch die Abkürzungen bereits etwas Formelhaftes an.

Von hier zu richtigen Gesteinsformeln, die bewußt keine Namen mehr sein wollen, war es nur mehr ein Schritt; und der wurde oft sogar als einzige Möglichkeit angesehen, um der Flut von nichtssagenden Namens-Neuaufstellungen zu entgehen: „Das Hauptverdienst meines Systems beruht nach meiner Ansicht auf der Tatsache, daß Namen ... ganz ausgelassen werden können und daß das Gestein durch eine Nummer bezeichnet werden kann." (A. JOHANNSEN 1932, S. 150.)

4. Anhang: Regeln bzw. Vorschläge für die Zusammensetzung von Gesteinsnamen[1]

1. Gesteine *zwischen* zwei bekannten Typen (oder Familien) werden durch Zusammenfügung der beiden Typen- (oder Familien-) Namen bezeichnet; wie das oben gebrachte Beispiel von Gabbrodiorit erläutert. A. JOHANNSEN z. B. verwendet oft zusammengezogene Namen: „Die Gesteine zwischen ... Monzoniten ... und Dioriten ..." sind „die Monzodiorite. Auf der Granit-Syenitseite liegen dann ... Monzogranite und ... Monzosyenite. Die zusammengesetzte Nomenklatur soll die Zwischenstellung andeuten ...

Granodiorit in der ursprünglichen Bedeutung von LINDGREN — Mittelgestein zwischen Granit und (Quarz-) Diorit; Syeno-Diorit (JOHANNSEN) = quarzfreies Äquivalent von Granodiorit." (K. H. SCHEUMANN 1925, S. 222.)

2. Gesteine werden durch Voranstellung von Mineralnamen näher und besser typisiert. Ein Granit mit überwiegend Hornblende (an Stelle von Biotit) wird mit Hornblendegranit bezeichnet. Ein Syenit, der reichlich Nephelin führt, ist ein Nephelinsyenit. Ein Basalt mit Olivin als wesentlichem Gemengteil ist ein Olivinbasalt. Sind mehrere Mineralien — die nicht zur Definition des Typus gehören — maßgeblich im Gestein vorhanden, so werden alle vorangesetzt, z. B. Quarzglimmerhypersthendiorit.

A. OSANN schlägt ein solches Verfahren 1903 vor; hier wird sein Vorschlag bezüglich der Familien Diorite und Gabbros gebracht (S. 405): „Es wäre zweckmäßig, ... zunächst 2 große Familien zu unterscheiden, eine relativ saure unter dem Namen *Diorite* und eine basische, die der *Gabbros* ... Diese Familiennamen würden dann in Verbindung gebracht mit den Namen der dunklen Gemengteile; so würde also beispielsweise unter Enstatithornblendediorit ein relativ saures, feldspatreiches, unter Enstatithornblendegabbro oder Olivinenstatithornblendegabbro ein basisches, feldspatarmes oder jedenfalls basisches Feldspäte führendes Gestein zu verstehen sein ... Diese Nomenklatur ist zwar, wie die in der organischen Chemie gebräuchliche, schwerfällig, hat aber den Vorzug großer Übersichtlichkeit und schließt Verwechslungen aus."

3. Gesteine können durch Voranstellung von Mineralnamen auch noch in anderer Weise als der bei Punkt 2 erläuterten näher präzisiert werden. Ein Alkaligranit z. B. ist ein Granit, der als Feldspate nur Alkalifeldspate (und keinen Plagioklas) führt. Die Alkaligranite können durch die Art der Alkalifeldspate näher bezeichnet werden: z. B. Perthitgranit ist ein Alkaligranit mit Perthit als dominierendem Feldspat. In gleicher Weise sind Mikroklingranit, Albitgranit usw. zu verstehen. Der Unterschied zu Punkt 2 ist also der, daß dort ein Mineral vorangestellt wird, das für den Typus *ungewöhnlich* ist, bei diesem Punkt 3 jedoch ist das vorangestellte Mineral eine nähere Präzisierung der für den Typus bestimmenden Mineralgruppe (Perthit-, Mikroklin-, Albit- für die Alkalifeldspatgruppe).

4. Gesteine können durch die Voransetzung der Silben Leuko-, Meso-, Melanäher bezeichnet werden. Dabei können zwei Wege eingeschlagen werden: Entweder bestimmt man für die drei Bezeichnungen feste Prozentzahlen der am Gesteinsaufbau beteiligten dunklen Gemengteile und spricht in jedem Falle von Leuko-, Meso- und Mela-Gesteinen — so auch z. B. von einem Leukogranit, wenn er weniger als 30% (angenommene Grenzzahl) hat — oder man verwendet die drei Termina ohne feste Grenzen und nur dann, wenn die Farbzahl für einen Typus ungewöhnlich hoch oder niedrig ist — so z. B. Leukogabbro für einen Gabbro mit weniger als üblich

---

[1] Siehe auch I. Teil, S. 43 ff.

dunklen Gemengteilen. In diesem zweiten Falle sind die Grenzen für jeden Fall individuell zu setzen.

5. Durch Voransetzung von chemischen Bezeichnungen können Gesteinstypen näher bestimmt werden. Alkali-Syenit z. B. ist ein Syenit mit Alkalifeldspaten. Kali-Syenit ein Syenit mit Kalifeldspat, Natron-Syenit ein Syenit mit Natron-mineralien. Ähnlich wird Alkali-Kalk-, Kalk-Alkali-, Calci u. a. angewendet.

6. Neue Gesteinstypen können durch Anfügung von Strukturbezeichnungen benannt werden. Auf diese Weise können ganze Gesteinsgruppen durch gemeinsame Endungen kenntlich gemacht werden. Zum Beispiel die Anfügung von -aplit führt zu der Bildung der hypabyssischen Gruppe mit aplitischer Struktur. Granitaplit, Dioritaplit seien für alle anderen genannt. Das gleiche gilt für die Strukturbezeichnungen -porphyr, -pegmatit usw. Von dieser Möglichkeit der Namenszusammensetzung wird recht allgemein Gebrauch gemacht.

Diese sechs Punkte zeigten nur die verbreitetsten Spielarten von Namenszusammensetzungen, jedoch gibt es noch mehr Prä- bzw. Suffixe, wie Sub-, -oid u. a. m.

In neuester Zeit schlägt z. B. A. RITTMANN 1960 (auf S. 111/112) die Anwendung zusammengesetzter Namen nach folgenden Regeln vor: „Ist die Farbzahl kleiner als die normale, so setzt man das Adjektiv ‚hell‘ voraus, ist sie größer als normal, so spricht man von ‚dunklen‘ Typen, und wenn sie über 75 steigt, von ultrafemischen Vulkaniten, denen man den den salischen Mineralien entsprechenden Namen als Adjektiv voransetzt. Wird Olivin zum Hauptgemengteil, so spricht man z. B. von Olivinbasalt, Olivinlatit, Olivinnephelinit usw. (Fz < 75) bzw. von basaltischem Pikrit, wenn die Farbzahl 75 bis 90 beträgt usw. Auf diese Weise kann man durch geeignete Kombinationen von 10 Vulkanit- und einigen Mineralnamen alle Vulkanittypen bezeichnen, ohne daß man auf die. das Gedächtnis belastenden Lokalnamen zurückgreifen muß.“

Nachwort

Wenn ich in vorliegender Arbeit die Grundzüge einer modernen Systematik der Massengesteine behandelt und versucht habe, nach den dabei gewonnenen Untersuchungsergebnissen eine dem heutigen Wissensstand entsprechende Klassifikation aufzustellen, so muß ich bekennen, daß für die Zukunft zwei Dinge wohl zu beachten sein werden: die petrographische Sippenlehre und die Erforschung der Migmatese (Granitisation, Ultrametamorphose). Beides sind Anliegen der Petrogenese und der Petrologie — nicht der Petrographie — und berühren daher die systematischen Probleme nur am Rande.

Sehr verschieden wurden diese beiden in vorliegendem Buche besprochen: Den Sippen wurde ein ganzes Kapitel gewidmet, während die Migmatese gerade nur erwähnt wurde. Das hat seinen Grund darin, daß die Sippenlehre schon oft und tiefgreifend in die Gesteinsklassifikation hineingebracht wurde, die Granitisation aber noch nicht. Auch das liegt in der Natur der Sache: Die Sippenlehre beschäftigt sich mit chemischen Verwandtschaftsbeziehungen bereits fertiger Gesteine; und erst in zweiter Linie mit den Ursachen derselben. Die Migmatese dagegen ist ein Vorgang in der Erdtiefe, die Erklärungsversuche sind genetische Deutungen für die Entstehung systematisch bereits ausreichend erfaßter Gesteine und hat daher nur geringe Anliegen an die Systematik. Man kann aber auch sagen: Die Migmatese ist noch so damit beschäftigt, um ihre Anerkennung in genetischer Hinsicht zu ringen (was ja nach allen bisherigen Erfahrungen bei jeder neuen Theorie ein jahrzehntelanger Prozeß ist), daß sie noch nicht versucht hat, sich auch in der Systematik einen Platz zu erobern, um nicht noch mehr Gegnerschaft zu finden. Für solch einen Fall gab es schon ein Vorbild: Wie heftig wurden die Versuche H. Coquands und B. v. Cottas, vor hundert Jahren, eine Dreiteilung der Gesteine in magmatische, metamorphe und sedimentäre vorzunehmen, bekämpft. Und das, obwohl die Genese der Magmatica und der Sedimente völlig geklärt schienen. Noch Rosenbusch lehnte eine eigene Metamorphica-Gruppe in einer Systematik ab, weil ihm die Metamorphose noch zu wenig erforscht war. Wie sollte da eine Gruppe der migmatischen Gesteine Aussicht haben, in eine systematische Klassifikation aufgenommen zu werden?

Es ist aber auch so, daß man die migmatischen Gesteine rein morphologisch keineswegs sicher von den magmatischen (und zum Teil metamorphen) Gesteinen abtrennen kann und daher neben der noch nicht völlig anerkannten Genese die Schwierigkeit einer sicheren Zusammenfassung in eine Gruppe kommt. Diese Schwierigkeit bestand vor hundert Jahren für die Magmatica nicht; sie waren strukturell und texturell von den anderen Gesteinsstämmen klar zu trennen. Deshalb wurde in vorliegender Systematik der Name *Massengesteine* — und nicht magmatische oder Eruptivgesteine — gewählt, da dieser Name (als abgeleitet von einem Texturbegriff) sowohl die Magmatica als auch die Migmatica in morphologischer Beziehung umschließt.

Für die Zukunft aber mag im Auge behalten werden: Die Genese war für die Systematik schon so fruchtbringend gewesen, daß auch hier sich neue klassifikatorische Gesichtspunkte ergeben könnten, falls die Migmateseforschung (die mit vielen klangvollen Namen wie SEDERHOLM, BACKLUND, WEGMANN, GOODSPEED, READ und vielen anderen verbunden ist) zu weitgehend gesicherten Ergebnissen kommen kann, die auch eine morphologische Unterscheidung von den magmatischen Gesteinen erlaubt — und das an Handstücken oder Dünnschliffen.

Bei den petrographischen Sippen liegt der Fall anders: Die Versuche, eine systematische Klassifikation der Gesteine darauf zu gründen, sind bisher gescheitert. Gescheitert aber vielleicht nicht an einer prinzipiellen Unmöglichkeit wie die anderen Versuche, die auf *rein* chemischen Grundlagen eine Systematik durchführen wollten, sondern aus dem Unvermögen heraus, selbst erst einmal Klarheit zu schaffen, was die Sippenlehre eigentlich will und wie die methodische Durchführung ihrer Ziele zu sein hat. Das ist nicht leicht; hat doch sogar die wesentlich einfacher gelagerte systematische Klassifikation über 150 Jahre ringen müssen, um zu einem vorläufig gesichert erscheinenden Ergebnis ihres Wollens zu kommen: zur quantitativen, modalen mineralogischen Systematik. Sollte es gelingen, die weit verästelten Zweige des Sippengedankens zu einem einzigen Stamm, zu einem einzigen Ziel und einem einzigen Weg zu vereinen, dann mag sie wieder an die systematische Klassifikation herantreten und sie wird sich für diese sicherlich als sehr fruchtbar erweisen.

Literaturhinweise

ABENDANON, E. C., 1913: Considérations sur la composition chimique et minéralogique des roches éruptives, leur classification et leur nomenclature. La Haye 1913.

ABICH, H., 1839: Über Erhebungs-Kratere und das Band inneren Zusammenhanges, welches, in der Richtung bestimmter Linien, räumlich oft weit von einander getrennt vulkanische Erscheinungen und Gebilde zu ausgedehnten Zügen unter einander vereinigt. Ber. Versam. deutscher Naturf. Prag, N. Jb 1839.

— 1841: Über die Natur und den Zusammenhang der vulkanischen Bildungen. Braunschweig 1841.

ADAM, J. W. H., 1909: Die Grundlage der Petrographie mit einem Anhang über Erzlagerstättenlehre. Freiberg i. Sachsen 1909.

ADAMS, F. D., 1891: Notes to accompany a tabulation of the igneous rocks based on the system of Prof. H. Rosenbusch. Canadian Rec. of Sci., 1891.

— 1904: On a new nepheline rock from the Province of Ontario, Canada. Amer. Jour. Sci., XVII, 1904.

— 1913: The Monteregian Hills. Canada Geol. Surv., Guide Book Nr. 3, 1913.

— 1938: The Birth and Development of the Geological Sciences. New York 1938.

ADAMS, F. D., und BARLOW, A. E., 1910: Geology of the Haliburton and Bancroft areas, Province of Ontario. Canada Geol. Surv., Mem. 6, 1910.

— — 1913: The Haliburton-Bancroft area of central Ontario. Canada Geol. Surv., Guide Book Nr. 2, 1913.

AGRICOLA, G., 1546: De natura fossilium. Basel 1546.

ALLEN, J. A., 1914: Geology of Field map-area, B. C., and Alberta. Canda Geol. Surv., Mem. 55, 1914.

ALLING, H. L., 1921/1923: The Mineralography of the Feldspars. Teil I, Jour. Geol., XXIX, 1921; Teil II a—c, Jour. Geol., XXXI, 1923.

ALLPORT, S., 1871: On the structure of a phonolithe from the Wolf Rock. Geol. Mag., VIII, 1871.

— 1874: On the Microscopic Structure and Composition of British Carboniferous Dolerites. Quart. Jour. Geol. Soc., XXX, 1874.

AMSTUTZ, A., 1925: Les roches éruptives des environs de Dorgali et Orosei, Sardinia. Schweiz. Min. Petr. Mitt., V, 1925.

ANDERSON, A. L., und KIRKHAM, V. R. D., 1931: Alkaline rocks of the Highwood type in southeastern Idaho. Amer. Jour. Sci., XXII, 1931.

ANDREAE, A., 1892: Über Hornblendekersantit und den Quarzmelaphyr von Albersweiler, Rheinpfalz. Z. D. G. G., XLIV, 1892.

ANDREATTA, C., 1937: Über die quantitative mineralogische Klassifikation der Eruptivgesteine und ihre diagrammatische Darstellung. Centralbl. f. Min. usw., Abt. A, 1937.

ANDREWS, TH., 1852/53: Über die Zusammensetzung und mikrosk. Structur gewisser basaltischer und metamorpher Gesteine. Geles. in Vers. brit. Naturf. zu Belfast 1852; Pogg. Ann., LXXXVIII, 1853.

ANGEL, F., 1932: Diabase und deren Abkömmlinge in den österreichischen Ostalpen. Mittlg. d. Nat.Ver. Stmk., 1932.

ANGELIS, M. DE, 1925: Note di petrografica Dancala. Atti d. Soc. Ital. Sci. Nat. Milano, LXIV, 1925.

ANS, J. D', 1903: Die chemische Classifikation der Eruptivgesteine des Großherzogthums Hessen. N. Jb., II, 1903.

AUBENTON, D', 1782: Sur les causes qui produisent trois sortes d'herborisations dans les pierres. Mém. de l'Acad. de Paris, 1782.

AUBUISSON, J. F. D', 1819: Traité de Géognosie. Straßbourg 1819.

BACKLUND, H. G., 1915: Bull. Acad. Sci., St. Pétersbourg 1915.
— 1920: On the eastern part of the Arctic basalt plateau. Meddelanden från Åbo Akademis geologisk-mineralogiska Institut, Nr. 1, 1920.
— 1936: Der Magmenaufstieg in Faltengebirgen. Bull. Com. Geol. Finlande, 1936.

BÄCKSTRÖM, H., 1894: Tvänne nyupptäckta svenska klotgraniter. Klotgranit från Kortfors, Karlskoga socken, Örebrolän. Geol. Fören. i Stockholm Förh., XVI, 1894.

BAILEY und THOMAS, 1924: Tert. & post-tert. geol. of Mull. Mem-geol. Surv. Un. Kingd., 1924.

BAKER, H., 1743/44: The mikroscope made ease etc. . . . London 1743; 3. Aufl. 1744.
— 1754: Beiträge zum nützlichen und vergnüglichen Gebrauch. Augsburg 1754.
— 1764: Employment for the microscope. 2. ed. London 1764.

BÄNTSCH, A., 1858: Die Melaphyre des südlichen und östl. Harzes. Abhdlg. d. naturf. Ges. in Halle, IV, 1858.

BARROIS, C., 1902: Sur la composition des filons de Kersanton. Compt. Rend. Acad. Sci., Paris, CXXXIV, 1902.

BARTH, T. F. W., 1927: Skr. Vidensk.-Selsk. Kristiania, M.-N. Kl. VIII, 1927.
— 1929: Die Temperatur der Anatexis des Urgebirges im südlichsten Norwegen. Centralbl. f. Min. usw., Abt. A, 1929.
— 1939: in: T. F. W. BARTH, C. W. CORRENS, P. ESKOLA: Die Entstehung der Gesteine. Berlin 1939.

BASTIN, E. S., und HILL, J. M., 1917: Economic geology of Gilpin County and the adjacent parts of Clear Creek and Boulder Counties, Colorado. Prof. pap. of U.S. geol. sur., 94, 1917.

BATEMAN, A. M., 1951: The formation of Mineral Deposits. New York-London 1951.

BAYAN, 1866: Katalog geogn. Mus. kaukas. Mineralwäss. u. Kurorte. 1866.

BAYLEY, W. S., 1892: Eleolite-Syenite of Litchfield, Maine, and Hawes' Hornblende Syenite from Red Hill, New Hampshire. Bull. Geol. Soc. of Amer., III, 1892.

BEALE, L. S., 1865: How to work with the microscope. London 1865.

BEAUMONT, É. DE, 1846/47: Notes sur les émanations volcaniques et métallifères. Bull. Soc. Géol. de France, Sér. 2, IV, 1846/47.

BECK, R., 1901: Über einige Eruptivgneisse d. sächs. Erzgebirges in Freiberg. T. M. P. M., N. F., XX, 1901.

BECKE, F., 1893: Petrographische Studien am Tonalit der Riserferner. T. M. P. M., XIII, 1893.
— 1897: Die Gesteine der Columbretes. T. M. P. M., XVI, 1897.
— 1899: Der Hypersthen-Andesit der Insel Alboran. T. M. P. M., XVIII, 1899.
— 1900: Über Alboranit und Santorinit und den Grenzen der Andesitfamilie. T. M. P. M., N. F., XIX, 1900.
— 1903: Die Eruptivgebiete des böhmischen Mittelgebirges und der amerikanischen Andes. T. M. P. M., N. F., XXII, 1903.
— 1911: Die Raumprojektion der Gesteinsanalysen. T. M. P. M., N. F., XXX, 1911.
— 1913: Über Mineralbestand u. Struktur d. krystallinischen Schiefer. Denkschr. k. Akad. Wien, LXXV, 1913.
— 1913: Chem. Analysen von krystallinen Gesteinen aus der Zentralkette der Ostalpen. Denkschr. k. Akad. Wien, LXXV (1), 1913.
— 1925/27: Graphische Darstellung von Gesteinsanalysen. T. M. P. M., N. F., XXXVII, 1925/27.

BECKER, G. F., 1890: in: W. LINDGREN: The auriferous veins of Meadow Lake, California. Amer. J. Sci., XLVI, 1893.
— 1898: Reconnaissance of the gold fields of southern Alaska, with some notes on general geology. An. Rept. of U.S. geol. sur., Part III, 1898.

BEGER, P. J., 1913: Ber. math.-phys. Kl. k. sächs. Ges. Wiss., LXV, 1913.
— 1916: Beiträge zur Kenntnis d. Kalkalkalireihe d. Lamprophyre im Gebiet d. Lausitzer Granitlakkolithen. N. Jb. Beil.Bd., XL, 1916.
— 1923: Chemismus der Lamprophyre, in: P. NIGGLI: Gesteins- und Mineralprovinzen I. Berlin 1923.

BELIANKIN, A., 1929: On the term "rock" and on petrographical classification and nomenclature. Trav. Musée Mineral. Acad. Sci., U.S.S.R., III, 1929.

BENSON, W. N., 1909: Petrographical notes on certain pre-Cambrian rocks of the Mount Lofty Ranges, with special reference to the geology of the Houghton district. Trans. Roy. Soc. S.-Austral., XXXIII, 1909.

BERGE, F., 1855: Conchylienbuch. Stuttgart 1855.

BERGMAN, T., 1783: De productis vulcanicis. Upsala 1783.

BERGT, W., 1906: Zur Einteilung und Benennung der Gabbrogesteine. Centralbl. f. Min. usw., Nr. 1, 1906.

BERINGER, C. CH., 1954: Geschichte d. Geologie und des geologischen Weltbildes. Stuttgart 1954.
— 1957: Geologisches Wörterbuch. 4. Aufl., umgearbeitet und erweitert von H. MURAWSKI, Stuttgart 1957.
BERTOLIO, S., 1895: Sulle Comenditi, nuovo grupo di rioliti con aegirina. Rend. R. Acad. naz. Lincei, IV, 1895.
BERTRAND, E., 1878: De l'application du microscope à l'étude de la minéralogie. Bull. de la soc. minér. de France, I, 1878.
BERTRAND, L., und ORCEL, J., 1949: La science des roches. Paris 1949.
BEUDANT, F. S., 1824/1830/1832: Traité de Minéralogie. Paris 1824; 2. Aufl. 1830 und 1832.
BIRAND, S., 1940: Mineraloji ve Petrogr. Ankara 1940.
BISCHING, A., 1898: Mineralogie u. Geologie f. Lehrer- und Lehrerinnen-Bildungsanstalten. Wien 1898.
BISCHOF, G., 1848—1855 / 1863—1866: Lehrbuch d. chemischen und physikalischen Geologie. 1. Aufl. in 2 Teilen (4 Bände), Bonn 1848—1855; 2. Aufl. in 3 Bänden, Bonn 1863—1866.
BLANCK, H., 1865: De lapidibus quibusdam viridibus in saxo rhenano, quod vocatur grauwacke. Inaug. Diss., Bonn 1865.
BLUM, J. R., 1860: Handbuch d. Lithologie o. Gesteinslehre. Erlangen 1860.
BONNEY, T. G., 1879: On Professor DANA's Classification of Rocks. Geol. Mag. Decade II, Vol. VI., London 1879.
BORICKY, E., 1873/74: Petro. Studien an d. Basaltgest. Böhmens. Arch. d. naturw. Landesdurchforschung Böhmens, B. II, 1873/74.
— 1877: Elemente einer neuen chemisch-mikroskop. Mineral- und Gesteinsanalyse. Prag 1877.
BORNEMANN, J. G., 1854: Mikroskopische Präparate von OSCHATZ. Z. D. G. G., VI, 1854.
BOUÉ, A., 1820: Essai géologique sur l'Ecosse. Paris 1820.
BOURCART, J., 1950: Guide pratique pour la reconnaissance des roches. Paris 1950.
BOWEN, N. L., 1922: Genetic features of alnoitic rocks at Isle Cadieux, Quebec. Amer. Jour. Sci., III, 1922.
— 1928: The evolution of the igneous rocks. Princeton 1928.
— 1948: The Granite-Problem and the Methode . . . Mem. Geol. Soc. Am., 1948.
BOYLE, R., 1663/1670: Elements and considerations upon Colours, with a letter containing observations on a Diamond that shines in the dark. 1. Aufl. 1663; 2. Aufl. 1670.
BRADLEY, F. H., 1874: On unakyte, an epidotic rock from the Unaka Range, on the borders of Tennessee and North Carolina. Amer. Jour. Sci., VII, 1874.
BRAUNS, R., 1912: Die chemische Zusammensetzung granatführender kristalliner Schiefer, Cordierit-Gesteine und Sanidinite aus dem Laacher Seegebiet. N. Jb., Beil.B., XXXIV, 1912.
— 1919: Einige bemerkenswerte Auswürflinge und Einschlüsse aus dem niederrheinischen Vulkangebiet. Centralbl. f. Min. usw., 1919.
— 1921: Die phonolithischen Gesteine des Laacher Seegebietes usw. N. Jb., Beil.B., XLVI, 1921.
BREISLAK, S., 1811; 1819/21: « Introduzione alla Geologia » 1811. Lehrbuch der Geologie. Nach d. 2. franz. Aufl. übers. von Fr. K. v. STROMBECK, 3 Bde., Braunschweig 1819/21.
BREITHAUPT, A., 1849: Die Paragenesis (das Zusammenvorkommen) der Mineralien. Freiberg 1849.
BREWSTER, D., 1813: Treatise on new philosophical instruments. Edinbourgh 1813.
— 1813 und 1814: Über die allgemeinen Phänomene der Farben . . . Philos. Trans., 1813 und 1814.
— 1818: On the laws of polarization and double refraction in regulary crystallized bodies. Phil. Trans. London 1818.
— 1823/26: On the existence of two new fluids in the cavities of minerals, which are immiscible and possess remarkable physical properties. Phil. Mag. Jour. Sci. Lond. Edinb. IX, 1823; Pogg. Ann., Phys. LXXXIII, 1826.
— 1831: Remarkable peculiarity in the structure of Glauberite. Trans. Roy. Soc. Edinb., XI, 1831.
— 1831: Certain new phenomena of colour in Labrador. Trans. Roy. Soc. Edinb., XI, 1831.
— 1834/35/36: On the structure of Diamond. N. Jb. 1834/35/36.
— 1843/44: Über die Farben des irisirenden Achates. Phil. Mag., 3 ser., XXII, 1843; Pogg. Ann., LXI, 1844.
— 1845: On the cause of the colours in precious opal. Edinb. new. phil. Jour., XXXVIII, 1845.
— 1847/49: On the modification of the doubly refracting and physical structure of Topaz by elastic forces, emanating from minute cavities. Lond. Edinb. and Dublin Phil. Mag. and Jour. of Sci., XXXI, 1847; Trans. Roy. Soc. Edinb., XVI, part I, 1849.
BRÖGGER, W. C., 1890: Die Mineralien d. Syenitpegmatitgänge d. südnorweg. Augit-Nephelin-syenite; I. u. II. Teil. Z. f. Kr., XVI, 1890.

Brögger, W. C., 1894/95/98/1921/33: Die Eruptivgesteine des Kristianiagebietes. I. Die Gesteine der Grorudit-Tinguait-Serie. Kristiania 1894; II. Die Eruptionsfolge der triadischen Eruptivgesteine bei Predazzo in Südtyrol. Kristiania 1895; III. Das Ganggefolge des Laurdalits. Kristiania 1898; IV. Kristiania 1921; VII. Kristiania 1933.
— 1904 (1905): Oversigt over Videnskabs-Selskabets Møder i 1904. Forh. i Vidensk. Selsk. Kristiania, 1904 (1905).
— 1906: Eine Sammlung der wichtigsten Typen d. Eruptivgesteine des Kristianiagebietes nach ihren geologischen Verwandtschaftsbeziehungen geordnet. Nyt. Mag. f. Naturvidenskaberne, XLIV, 1906.
— 1931: Skr. Vidensk.-Selsk. Kristiania, M.-N.Kl., 1931.
— 1932: Skr. Vidensk.-Selsk. Kristiania, M.-N.Kl., 1932.
Brongniart, A., 1913: Essai d'une classification minéralogique des roches mélangées. Jour. d. Mines., XXXIV, 1813.
— 1827: Silex. Dictionnaire des sciences. Paris 1827.
— 1827: Classification et caractères minéralogiques des roches homogènes et hétérogènes. Jour. d. Mines, XXXIV, 1827.
Brouwer, H. A., 1910: Oorsprong en samenstelling der Transvaalsche nepheliensyenieten. s'Gravenhage 1910.
— 1917: On the geology of the alkali rocks in the Transvaal. Jour. Geol., XXV, 1917.
Browne, W. R., 1920: The igneous rocks of Encounter Bay, South Australia. Trans. Roy. Soc. S. Australia, XLIV, 1920.
Brückmann, U. F. B., 1778: Beiträge z. Abhandlung von Edelsteinen. Braunschweig 1778.
Bruhns, W., 1899: Referat über: W. Cross: The Geological versus the Petrographical Classification of Igneous Rocks. Jour. Geol., 6, 1898; N. Jb., I, 1899.
— 1899: Referat über: J. P. Iddings: On Rock Classification. Jour. Geol., 6, 1898. N. Jb., II, 1899.
— 1899: Referat über: A. Michel-Lévy: Sur un nouveau mode de coordination des diagrammes représentant les magmas des roches éruptives. Bull. Soc. Géol. de France, 26, 1898; N. Jb., I, 1899.
Bruhns, W., und Ramdohr, P., 1960: Petrographie (Gesteinskunde). 5. Aufl., Samml. Göschen, Bd. 173, Berlin 1960.
Bryson, A., 1861: Ueber den neptunischen Ursprung des Granit. Edinb. new. phil. Jour., XIV, 1861.
Buch, L. v., 1809: Geogn. Beob. auf Reisen, II. Berlin 1809.
— 1810: Reise durch Norwegen und Lappland, I. Berlin 1910.
— 1810: Über den Gabbro, mit einigen Bemerkungen über Begriff einer Gebirgsart. Ges. naturf. Freunde, Berlin 1810.
— 1824: Über geognostische Erscheinungen im Fassathale. Leonhard's Taschenbuch f. 1824.
— 1831: Recueil des planches de pétrification remarquables. Leonhard's Jahrbuch 1831.
— 1836: Über Erhebungskrater und Vulkane. Pogg. Ann. Phys. Chem., XXXV, 1836.
Bunsen, R., 1851: Über die Processe der vulkanischen Gesteinsbildungen Islands. Pogg. Ann., LXXXIII, 1851.
Burri, C., 1959: Petrochemische Berechnungsmethoden auf äquivalenter Grundlage. Basel 1959.
— 1928: Zur Petrographie d. Natronsyenite von Alter Pedroso (Provinz Alemtejo, Portugal) und ihrer basischen Differentiate. Schweiz. Min. Petr. Mittlg., VIII, 1928.
Busz, K., 1904: Heptorit, ein Hauyn-Monchiquit aus dem Siebengebirge am Rhein. N. Jb., II, 1904.
Buttgenbach, H., 1953: Les minéraux et les roches. Paris 1953.
Cacarrie, 1843/44: Untersuchungen von Felsarten des Dép. des deux Sèvres. Ann. d. Min. IV, 1843; N. Jb. 1844.
Caesalpinus, 1596: De metallicis II, cap. 11, 1596.
Calkins, F. C., 1917: A Dezimal Grouping of the Plagioclases. Jour. Geol., XXV, 1917.
Carius, 1855/56: Über die metamorphischen Thonschiefer von Eichgrün in Sachsen. Ann. Chem. Pharm., XCIV, 1855; N. Jb. 1856.
Carstens, 1925: Norsk. geol. Tidskr., VIII, 1925.
Cathrein, A., 1890: Erläuterungen zur Dünnschliffsammlung der Tiroler Eruptivgesteinstypen. N. Jb., I, 1890.
Cederström, A., 1893: Om berggrunden på norra delen af Ornön. Geol. Fören. i Stockholm Förh., XV, 1893.
Chelius, C., 1892: Das Granitmassiv des Melibocus und seine Ganggesteine. Notizbl. Ver. Erdk. Darmstadt, IV. Folge, 1892.
— 1894: Mittheilungen aus dem Aufnahmegebiet des Sommers 1894. Notizbl. Ver. Erdk. Darmstadt, IV. Folge, 1894.
— 1897: Luciitporphyrit, ein Ganggestein von Ernsthofen und seine Beziehungen zu den

anderen Diorit- und Gabbro-Ganggesteinen des Odenwaldes. Notizbl. Ver. Erdk. Darmstadt, IV. Folge, 1897.

CHRUSTSCHOFF, K. v., 1885: Note sur le granit variolitique de Craftsbury en Amérique. Bull. Soc. Min. France, VIII, 1885.

— 1888: Notice sur la granulite variolitique de Foni, près de Ghistorrai (Sardaigne). Bull. Soc. Min. France, XI, 1888.

— 1894: Über eine Gruppe eigenthümlicher Gesteine vom Taimyr-Lande aus der Middendorff'schen Sammlung. Mélanges géol. et paléont. Bull. Acad. Sci., I, St. Pétersbourg 1894.

CHUDOBA, K., 1930: Centralbl. f. Min., A, 389, 1930.

— 1932: Mikroskopische Charakteristik der gesteinsbildenden Mineralien. Freiburg i. Breisgau 1932.

CLARKE, F. W., 1904: Analyses of rocks. U.S. Geol. Surv. Bull., 1904.

— 1908—1924: The Data of Geochemistry. U.S. Geol. Surv. Bull., 1908, 1911, 1916, 1920, 1924.

CLERICI, E., 1898: in: V. SABATINI: I vulcani di S. Venanzo. Boll. R. Com. Geol. Italia, XXX, 1899.

CLOOS, H., 1947: Gespräch mit der Erde. München 1947.

CLOOS, H., und RITTMANN, H., 1939: Zur Einteilung und Benennung der Plutone. Geol. Rdsch. 1939.

COHEN, E., 1890: Zusammenstellung petrographischer Untersuchungsmethoden. Greifswald 1890.

— 1896: Zusammenstellung petrographischer Untersuchungsmethoden. Stuttgart 1896.

COLEMAN, A. P., 1899: A new analcite rock from Lake Superior. Jour. Geol., VII, 1899.

— 1914: The pre-Cambrian rocks north of Lake Huron. Ontario Bur. Mines, 23d An. Rept. 1914.

COQUAND, H., 1857: Traité des roches. Paris 1857.

CORDIER, P. L., 1815/16: Mémoire sur les substances minérales dites en masse, qui entrent dans la composition des roches volcaniques de tous les âges. Jour. d. Phys., LXXXIII, 1815/16.

— 1816: Über die mechanische Zerreibung und mikroskopische Untersuchung der plutonischen und vulkanischen Gebirgsarten. Jour. d. Mines, 1816.

COTTA, B. v., 1832: Die Dendrolithen in Beziehung auf ihren inneren Bau. Dresden und Leipzig 1832.

— 1855/1862: Die Gesteinslehre. Freiberg 1855; 2. Aufl. 1862.

— 1867: Über das Entwicklungsgesetz der Erde. Leipzig 1867.

— 1874: Die Geologie der Gegenwart. Leipzig 1874.

CRAIG, 1840: Messung mikroskop. Krystalle. N. Jb. 1840.

CREDNER, H., 1872—1897: Elemente der Geologie. 1. Aufl. Leipzig 1872; 2. Aufl. Leipzig 1872; 3. Aufl. Leipzig 1876; 4. Aufl. Leipzig 1878; 5. Aufl. Leipzig 1883; 6. Aufl. Leipzig 1887; 7. Aufl. Leipzig 1891; 8. Aufl. Leipzig 1897.

— 1873: Vorschläge zu einer neuen Classifikation der Gesteine. Leipzig 1873.

CRONSTEDT, A. F., 1770: An essay towards a system of mineralogy. London 1770.

CROSBY, W. O., 1881: On the classification of the textures and structures of rocks. Proc. Boston Soc. Nat. Hist., XXI, 1881.

CROSS, W., 1897: Igneous rocks of the Leucite Hills and Pilot Butte, Wyoming. Amer. Jour. Sci., IV, 1897.

— 1898: The geological versus the petrographical classification of igneous rocks. Jour. Geol., VI, 1898.

— 1903: An Introductory Review of the Development of Systematic Petrography in the Nineteenth Century. Chicago 1903.

— 1910a: Certain Criticisms of the Quantitative Classification of Igneous Rocks. (Informal communication.) Compt. Rend., XI Congrès Géologique international Stockholm 1910.

— 1910b: The natural classification of igneous rocks. Quart. Jour. Geol. Soc., LXVI, London 1910.

— 1912: Use of Symbols in Expressing the Quantitative Classification of Igneous Rocks. Jour. Geol., XX, 1912.

CROSS, W., IDDINGS, J. P., PIRSSON, L. V., und WASHINGTON, H. S., 1902/03: Quantitative Classification of Igneous Rocks. Jour. Geol., X, 1902; und in Buchform, Univ. of Chicago Press 1903.

— — — — 1912: Modifications of the quantitative system of classification of igneous rocks. Jour. Geol., XX, 1912.

D. F., 1774: Mikroskopische Untersuchung der Gebirgsarten . . ., in: ROZIER: Observations sur la physique, IV, 1774.

DALLONI, M., 1934: Mission au Tibesti. Mém. Acad. Sci. France, LXI, 1934.

DALY, R. A., 1903: The Geology of Ascutney Mountain, Vermont. Bull. U.S. Geol. Surv., 209, 1903.
— 1912: Geology of the North American Cordillera at the forty-ninth parallel. Canada Geol. Surv. Mem. 38, Part 1, 1912.
— 1933: Igneous rocks and the depths of the earth. New York, London 1933.
— 1942: In: Handbook of physical constants. Geol. Soc. Am. Spec. Paper 36, 1942.
DANA, E. S., 1872: On the composition of the labradorite rocks of Watterville, New Hampshire. Amer. Jour. Sci., III, 1872.
— 1878: Classification of Rocks. Amer. Jour. Sci., XVI, 1878.
DANA, J. D., 1875: Manual of Geology. 2. Aufl., New York 1875.
DANA, J. D. und E. S., 1892: System of Mineralogy. 6. Aufl., 1892.
DAUBRÉE, A., 1857/58: Observations sur le métamorphisme etc. Ann. d. Min., V, 1857; Paris 1858.
— 1859/60: Studien und synthetische Versuche über den Metamorphismus und die Bildung krystallinischer Felsarten. Ann. d. Min., XVI, 1859; N. Jb. 1860.
DAVID, E., GUTHRIE, F. B., und WOOLNOUGH, W. G., 1901: On the occurence of a variety of tinguaite at Kosciusko, N.S. Wales. Jour. and Proc. Roy. Soc. N.S. Wales for 1901, XXXV, 1901.
DAVY, H., 1822: On the state of water and aëriform matter in cavities, found in certain crystals. Phil. Transact. 1822.
— 1847: On the use of the microscope as an aid in chemical inquiry. Edinb. new. phil. Jour., XVII, 1847.
DAWSON, J. W., 1859: On the microscopical structure of some Canadian limestones. Montreal 1859.
DECHEN, v., 1845: Karstens Arch. Mineral., 19, 1845.
DEICKE, E., 1853: Die Structur des Rogensteins bei Bernburg. Ztschr. f. d. ges. Naturw., Halle 1853.
DEITERS, M., 1861: Die Trachyt-Dolerite des Siebengebirges. Z. D. G. G., XIII, 1861.
DELESSE, A., 1847—53: Constitution minéralogique et chimique des roches des Vosges. Ann. d. Min., II, 1847; I, 1848; II, 1849; II, 1850; I u. II, 1851; I, 1853.
— 1848: Sur la diorit orbiculaire de Corse. Ann. d. chim. et phys., XXIV, 1848.
— 1849: Sur la protogine des Alpes. Bull. Soc. Géol. France, VI, 1849.
DENAEYER, M. E., 1951: Tableaux de pétrographie. Paris 1951.
DERBY, O. A., 1891: On the magnetite ore districts of Jacupiranga and Ipanema, São Paulo, Brazil. Amer. Jour. Sci., XLI, 1891.
— 1891: On nepheline rocks in Brazil. Quart. Jour. Geol. Soc., XLVII, 1891.
DERWIES, V. v., 1905: Recherches géol. et pétrogr. sur les Laccolithes des environs de Piatigorsk (Caucase du Nord). Recherch. Géol. et pétr. Laccol. Piatigorsk, 71, Genf 1905.
DESCLOIZEAUX, M., 1863: Note sur la classification des roches dites hypérites et euphotides. Bull. Soc. Géol. France, XXI, 1863.
DEWEY, H., 1910: The geology of the country around Padstow and Camelford. Mem. Geol. Surv., Great Britain, 1910.
DEWEY, H., und FLETT, J. S., 1911: British pillow lavas and the rocks associated with them. Geol. Mag., VIII, 1911.
DILLER, J. S., 1887: The latest volcanic eruption in northern California and its peculiar lava. Amer. Jour. Sci., XXXIII, 1887.
DOELTER, C., 1875: Der geologische Bau, die Gesteine und Mineralfundstätten des Monzonigebirges in Tirol. Jahrb. k. k. geol. Reichsanst., XXV, 1875.
— 1876: Die Bestimmung der petrograph. wichtigen Mineralien durch das Mikroskop. Wien 1876.
— 1902: Der Monzoni und seine Gesteine. Sitzb. Akad. Wiss. Wien, CXI, 1902.
— 1906: Petrogenensis. Braunschweig 1906.
DOLOMIEU DE LA MÉTHÉRIE, 1794: Mikroskopische Untersuchung des gröblichen Gesteinspulvers. Jour. d. Phys., 1794.
— 1797: Théorie de la terre, II. Paris 1797.
DUFRÉNOY, 1837/38: Mikroskop. Untersuchung vulkanischer Aschen. Ann. d. Min., XII, 1837; N. Jb. 1838.
— 1842: Chemisch-mikroskopische Untersuchung eines zu Aphissa in Griechenland vom Himmel gefallenen Staubes. Compt. Rend. hebdomadaires de l'Acad. franç., XV, 1842; N. Jb. 1842.
DUPARC, L., 1910: Sur l'issite, une nouvelle roche filonienne dans la dunite. Compt. Rend., CLI, 1910.
— 1913: Sur l'ostraite, une pyroxénite riche en spinelles. Bull. Soc. Min. France, XXXVI, 1913.
DUPARC, L., und GROSSET, A., 1916: Recherches géologiques et pétrographiques sur le district minier de Nicolai-Pawda. Genève 1916.

DUPARC, L., und GYSIN, M., 1928: La région située à l'est de la Haute Wichera et des sources de la Petchova. Mém. Inst. Génevois, XXII, 1928.

DUPARC, L., und JERCHOFF, S., 1902: Sur les plagiaplites filoniennes du Kosswinsky. Arch. d. Sciences Physiques et Naturelles, Genève, XIII, 1902.

DUPARC, L., und MOLLY, E., 1928: Sur la tokéite, une nouvelle roche d'Abyssinie. Compt. Rend. Soc. Phys. et d'Hist. Nat., Genève, XLV, 1928.

DUPARC, L., und PEARCE, F., 1900: Sur les plagioliparites du Cap Marsa (Algérie). Compt. Rend. Acad. Sci., CXXX, 1900.

— — 1901: Sur la koswite, une nouvelle pyroxenite de l'Oural. Compt. Rend., CXXXII, 1901.

— — 1902: Recherches géologiques et pétrographiques sur l'Oural du Nord dans la Rastesskaya et Kizelowskaya-Datcha. Mém. Soc. de Phys. et d'Hist. Nat., Genève, XXXIV, 1902.

— — 1904: Sur la garéwaite, une nouvelle roche filonienne basique de l'Oural du Nord. Compt. Rend., CXXXIX, 1904.

— — 1905: Sur la gladkaite, nouvelle roche filonienne dans la Dunite. Compt. Rend. Acad. Sci., CXL, 1905.

DUROCHER, 1841: Recherches sur les roches et les minéraux des îles Féroë. Ann. d. Min., XIX, 1841.

DUTTON, C. E., 1884: Hawaiian volcanoes. An. Rept. U.S. Geol. Sur., 1884.

EAKLE, A. S., 1898: A biotite-tinguaite dike from Manchester-by-the-Sea, Essex Co., Mass. Amer. Jour. Sci., VI, 1898.

ECKERMANN, H. v., 1925: Molekular-Quotienten. Upsala 1925.

— 1928: Hamrongite, a new Swedish alkaline mica lamprophyre. Fennia, L, 1928.

— 1928: Dikes belonging to the Alnöformation in the cuttings of the East Coast Railway. Geol. Fören. i Stockholm Förh., L, 1928.

— 1938: The Anorthosite and Kenningite of the Nordingra-Rödö Region. Geol. Fören, Förh., Stockholm 1938.

EHRENBERG, C. G., 1831/32—1832/34: Zur Erkenntniss der Organisation in d. Richtung d. kleinsten Raumes. 2. Beitrag usw., vorgetr. in d. Akad. d. Wiss. Berlin 1831, Berlin 1832; 3. Beitrag vorgetr. 1832, Berlin 1834.

— 1836/37: Notiz über fossile Infusorien. Sitzb. d. Berliner Akad. 27. Juni 1836; N. Jb. 1837.

— 1836/37: Über mikroskopische neue Charaktere erdiger und derber Mineralien. Pogg. Ann., XXXIX, 1836; N. Jb. 1837.

— 1836/37; 1839: Die fossilen Infusorien und die lebendige Dammerde. Berl. Akad. 1836/37; N. Jb. 1839.

— 1837/38: Über das Massenverhältniss der jetzt lebenden Kiesel-Infusorien und über ein neues Infusorien-Conglomerat als Polirschiefer von Jastraba in Ungarn. Geles. in Berl. Akad., 20. Juli u. 3. August 1837, Abhandlg. d. Berl. Akad., Berlin 1838.

— 1854: Mikrogeologie. Leipzig 1854.

— 1857: Mikroskopische Structur des Tuffes von Hermersdorf in Sachsen. Monatsber. d. Akad. d. Wiss. Berlin, 1857.

EICHSTÄDT, F., 1887: Pyroxen och amfibolförande bergarter från mellersta och östra Småland. Bihang till k. Svenska Vetensk. Akad. Handlingar, XI, 1887.

ELSDEN, J. V., 1905: On the igneous rocks between St. David's Head and Strumble Head (Pembrokshire). Quart. Jour. Geol. Soc., LXI, 1905.

EMERSON, B. K., 1902: Holyokeite, a purely feldspatic diabase from the Trias of Massachusetts. Jour. Geol., X, 1902.

— 1915: Amer. Jour. Sci., XL, 1915.

EMMERLING, L. A., 1797: Lehrbuch der Mineralogie. 1797.

ERDMANN, A., 1849: Mittheilungen an den Geheimrath von Leonhard gerichtet, 23. Okt. 1849; N. Jb. 1849.

— 1849/1850: Försök till en geognostik-mineralogisk Beskrifning öfver Tunabergs Socken.1849; Z. D. G. G., II, 1850.

ERDMANNSDÖRFFER, O. H., 1924: Grundlagen der Petrographie. Stuttgart 1924.

— 1928: Über ein sibirisches Nephelingestein. Festschrift Victor Goldschmidt. Heidelberg 1928.

ESKOLA, P., 1920: On the igneous rocks of Sviatoy Noss in Transbaikalia. Översikt av Finska Vetenskaps-Societetens Förhandlingar, LXIII, 1920.

— 1934: A note on diffusion and reactions in solids. Compt. Rend. Soc. Géol. Finl., VIII, 1934.

— 1939: in: T. F. W. BARTH, C. W. CORRENS und P. ESKOLA: Die Entstehung der Gesteine. Berlin 1939.

ESMARK, J., 1799: Kurze Beschreibung einer mineralog. Reise durch Ungarn, Siebenbürgen und das Banat. Freyberg, Neues Bergmänn. Jour., II, 1799.

— 1823: Über den Norit. Magaz. for Naturvodenskaberne, I, 1823.

EVANS, J. W., 1912/1920: zitiert in: A. HOLMES: The nomenclature of petrology. London 1920.

FARELL, 1912: Field Geology. New York 1912.

FEDOROW, E. S. v., 1899: Über das Studium des Chemismus der Mineralien und Gesteine. Sap. min. obstsch., 37, 1899.
— 1900: Natürliche Klassifikation und Symbolgebung d. chemischen Zusammensetzungen der Eruptivgesteine. Sap. min. obstsch., 38, 1900.
— 1901: Geologische Untersuchungen im Sommer 1900. An. Géol. et min. de la Russie, IV, 1901; VII, 1901.
— 1907: Chemische Verhältnisse der Gesteine und ihre graphische Darstellung. Sap. Gorn. inst., I, 1907.
— 1911: Eine wesentliche Vervollkommnung der graphischen Schemen, des Dreiecks- und des Tetraederschemas. Sap. Gorn. inst., III, 1911.
— 1917: Das chemische Tetraeder in der Petrographie. Isw. Akad. Nauk SSSR, 1917.
FENTON, C. L. und M. A., 1952: The rock book. New York 1952.
FERMOR, L. L., 1907: Rec. geol. Surv. India, XXV, 1907.
FIEBELKORN, M., 1898: Die Einteilung der natürlichen Gesteine. Baumaterialienkunde, Band III, 1898.
FISCHER, H., 1868: Chronologischer Überblick über die allmählige Einführung der Mikroskopie in das Studium der Mineralogie, Petrographie und Paläontologie. Freiburg i. B. 1868.
FISCHER, W., 1961: Gesteins- und Lagerstättenbildung im Wandel der wissenschaftlichen Anschauung. Stuttgart 1961.
FLETT, J. S., 1911: in: B. N. PEACH u. a.: The geology of Knapdale, Jura and North Kintyre. Geol. Surv. Scotland, Mem. 28, 1911.
FLEURIAU DE BELLEVUE, L. B., 1800: Mémoire sur les cristaux microscopiques des laves. Journ. de phys. 1800.
FLEURIAU DE BELLEVUE, L. B., und CORDIER, P. L., 1816: Jour. de Phys. 1816.
FOERSTNER, E., 1881: Nota preliminare sulla geologia dell'Isola di Pantelleria secondo gli studii fatti negli anni 1874 e 1881. Boll. R. Com. Geol. Italia, II, 1881.
FORBES, D., 1867/68: The microscope in geology. Popul. Science Review. Oct. 1867; N. Jb. 1868.
FOUQUÉ, F., und MICHEL-LÉVY, A., 1879: Minéralogie micrographique. Roches éruptives Françaises. Mém. pour servir à l'explication de la carte géol. détaillée de la France. Paris 1879.
FOURNET, J., 1836: Géol. lyonnaise. Lyon 1836.
FRANCKE, H. H. A., 1890: Über die Mineralog. Nomenclatur. Berlin 1890.
FRENZEL, C., 1882: Über die Abhängigkeit der mineralogischen Zusammensetzung und Struktur der Massengesteine vom geologischen Alter. Ztschrft. d. gesammten Naturw., LV, Halle 1882.
FREUND, H., 1955: Handb. d. Mikroskopie in der Technik; Bd. IV: Mikroskopie d. Silikate, Teil 1: Mikroskopie der Gesteine. Frankfurt/Main 1955.
FREY, R., 1937: La class. moderne des roches éruptives. Rabat 1937.
FRIEDRICH, O., 1876: Die mikroskopische Untersuchung der Gesteine. Dresden 1876.
FÜCHSEL, G. CH., 1773: Entwurf zur ältesten Erd- und Menschheitsgeschichte. 1773.
GAGEL, C., 1912 (1913): Studien über den Aufbau und die Gesteine Madeiras. Z. D. G. G., LXIV, 1912 (1913).
GAUTIERI, J., 1800: Untersuchungen über die Entstehung, Bildung und den Bau des Chalcedons usw. Jena 1800.
GEIGES, F., 1931—1933: Der mittelalterliche Fensterschmuck des Freiburger Münsters. Ztschrft. Schauinsland, Jahrlauf 1931—1933.
GEIJER, 1931: Årsb. Sverig. geol. Undersöken., XXIV 1930.
GEIKIE, A., 1882: Text-Book of Geology. London 1882.
GELLER, A., 1932: Petrographische Systematik auf genetischer Grundlage. Sitzungsber. d. Preuß. Geol. Landesanst., 7, Berlin 1932.
GERHARD, C. A., 1776: Sur la pierre changeante. Nouv. Mém. de l'Acad. Roy. d. sciences et des belles lettres. Berlin 1776.
— 1784: Dendriten in Chalcedon und Achat. Schriften d. Ges. naturf. Freunde in Berlin, 1784.
— 1814: Über die in Krystallen und Krystallmassen eingeschlossenen fremden Körper. Abhdlg. d. Berl. Akad., 1814.
GERHARD, D., 1862: Über lamellare Verwachsung zweier Feldspath-Species. Z. D. G. G., XIV, 1862.
GERLACH, G., 1863: Die Photographie als Hilfsmittel mikr. Forschung. Leipzig 1863.
GIRARD, 1858: Über die Melaphyre von Ilfeld am Harz. N. Jb. 1858.
GOLDSCHMIDT, V. M., 1911: Die Kontaktmetamorphose im Kristianiagebiet. Skrifter Norske Videnskaps-Akad. i Oslo, I. Mat.-Naturv. Klasse, No. 11, 1911.
— 1916: Geologisch-petrographische Studien im Hochgebirge des südlichen Norwegens. IV. Übersicht d. Eruptivgesteine im kaledonischen Gebirge zwischen Stavanger u. Trondhjem. Skr. Vidensk.-Selsk. Kristiania, M.-N. Kl., 1916.

GOODSPEED, G. E., 1948: Origine of Granite. Mem. Geol. Soc. Am., 1948.

GRAEFF, F., 1900: Petrographische u. geologische Notizen aus dem Kaiserstuhl. Bericht über die 33. Versammlung d. Oberrhein. Geol. Vereines in Donaueschingen, 1900.

GRATON, L. C., 1906: in: W. 'LINDGREN und F. L. RANSOME: Geology and gold deposits of the Cripple Creek District, Colorado. Prof. Pap. U.S. Geol. Sur., LIV, 1906.

GREEN, W. L., 1887: Vestiges of the molten globe. Honolulu 1887.

GREGORY, J. W., 1900: Contributions to the geology of British East Africa. Quart. Jour. Geol. Sur., London, LVI, 1900.

GRIGÉRCIK, G., 1943: Vorschlag zu einer praktischen Vereinfachung d. Systematik d. Eruptivgesteine. Berg. u. Hüttenmänn. Monatshefte, 91. Jg., Wien 1943.

GROUT, F. F., 1923: Econom. Geol., XVIII, 1923.
— 1932: Petrography and petrology. New York, London 1932.
— 1948: Origine of Granite: Mem. Geol. Soc. Am., 1948.

GRUBENMANN, U., 1908: Der Granatolivinfels des Gordunotales und seine Begleitgesteine. Vierteljahresschr. d. Naturf. Gesell. Zürich, LIII, 1908.

GÜMBEL, C. W. v., 1874: Die paläolith. Eruptivgest. d. Fichtelgebirges. München 1874.
— 1888: Grundzüge der Geologie. Kassel 1888.

HACKMANN, V., 1920: Einige kritische Bemerkungen zu IDDINGS' Classifikation der Eruptivgesteine. Bull. de la commission géol. de Finlande, Helsingfors 1920.

HAIDINGER, C., 1787: Entwurff einer system. Eintheilung d. Gebürgsarten. Wien 1787.

HAIDINGER, W., 1847: Beobachtungen über das Schillern der Krystallflächen . . . Pogg. Ann., LXX u. LXXI, 1847.
— 1849: Ueber den metallischen Schimmer des Hypersthens. Pogg. Ann., LXXVI, 1849.

HALL, J., 1800: Nicholson's Jour. Nr. 38, 1800.
— 1805: Results of the slow cooling of melted rock. Aus: Experiments on Whinstone and Lava. Trans. Roy. Soc. Edinb., V, 1805.
— 1806: Bibliothèque Britannique, 1806.
— 1825: Abstract of experiments on the consolidation of the strata of the earth. Edinb. Jour. Sci., III, 1825.

HALL, S. R., 1861: Report relating to the geology of northern Vermont. Report on the Geology of Vermont, II, 1861.
— 1915: Summ. Progr. geol. Surv. Great Britain f. 1914, 1915.

HARKER, A., 1895—1954: Petrology for students. 1. ed. Cambridge 1895; 2. ed. Cambridge 1897; 3. ed. Cambridge 1902; 5. ed. Cambridge 1919; 8. ed. Cambridge 1954.
— 1896: The natural history of igneous rocks. I. Their geographical and chronological distribution. Sci. Progress, VI, 1896.
— 1903: A new rock-classification. Geol. Mag. Dec. IV, Vol. X, 1903.
— 1903: The overthrust Torridonian rocks of the Isle of Rum, and the associated gneisses. Quart. Jour. Geol. Sur., LIX, 1903.
— 1904: The Tertiary igneous rocks of Skye. Mem. Geol. Surv. Scotland, 1904.
— 1908: The geology of the Small Isles of Inverness-shire. Mem. Geol. Surv. Scotland, Sheet 60, Scotland, 1908.
— 1909: The natural History of igneous rocks. New York 1909.

HARRIS, G. F., 1888: Granites and our Granite Industries. London 1888.

HATCH, F. H., 1908: The Classification of the Plutonic Rocks. Sci. Prog., Nr. 10, 1908.
— 1909/1916: Text-Book of Petrology. 5. Aufl., London 1909; 8. Aufl. 1916.
— 1914: The Petrology of the Igneous Rocks. London 1914.

HATCH, F. H., und WELLS, A. K., 1937: A textbook of Petrology. 9. Ausg., London 1937.

HAUER, F. v., 1875: Die Geologie und ihre Anwendung auf die Kenntniss der Bodenbeschaffenheit der Oesterr.-Ungar. Monarchie. Wien 1875.

HAUER, F. v., und STACHE, G., 1863: Geologie Siebenbürgens. Wien 1863.

HAUGHTON, S., 1856: On the granites of the south-east of Ireland. Quart. Jour. Geol. Soc., XII, 1856.

HAUSMANN, V. F. L., 1842: Über die Bildung des Harzgebirges. Göttingen 1842.

HAUY, J. R., 1801, 1804—1810: Traité de Minéralogie. Paris 1801. Deutsche Übersetzung von D. L. KARSTEN und CH. S. WEISS. Leipzig 1804—1810.
— 1811/12: Brief an C. C. v. LEONHARD, am 30. Okt. 1811. LEONHARD's Taschenbuch für die gesammte Mineralogie, VI, 1812.
— 1813: in: BRONGNIART: Essai d'une classification minéralogique des roches mélangées. Jour. d. Mines, XXXIV, 1813.
— 1814: in: MONTEIRO: Jour. d. Mines, XXXV, 1814.
— 1817: Traité des caractères physiques des pierres précieuses. Paris 1817.
— 1822: Traité de Minéralogie. Paris 1822.
— 1823: in: C. v. LEONHARD: Charakter der Felsarten, I. Heidelberg 1823.

HAWES, G. W., 1878: The Mineralogy and lithology of New Hampshire, in: C. H. HITCHCOCK:
The geology of New Hampshire, III, Part IV, 1878.
HEDDLE, M. F., 1897: On the crystalline forms of Riebeckite. Trans. Geol. Soc. Edinb., VII,
1897.
HEINRICH, E. W. M., 1956: Microscopic Petrography. New York 1956.
HENDERSON, J. A. L., 1898: Petr. and geol. Invest. of cert. Transvaal Norites, Gabbros, and
Pyroxenites. London 1898.
HENNIG, A., 1899: Kullens Kristalliniska Bergarter. Lunds Univ. Arsskrift, XXXV, Afdeln,
2, Nr. 5, 1899.
HESSEL, J. F. CH., 1827: Über den Farbenwechsel des Labrador und Schillerspath. Kastners
Archiv f. d. ges. Naturlehre, 1827.
HIBSCH, J. E., 1897: Erläuterungen zur geologischen Karte d. böhmischen Mittelgebirges.
T. M. P. M., XVII, 1897.
— 1902: Über Sodalithaugitsyenit im böhmischen Mittelgebirge und über die Beziehungen
zwischen diesem Gestein und dem Essexit. T. M. P. M., XXI, 1902.
— 1902: Geologische Karte d. böhmischen Mittelgebirges. T. M. P. M., XXI, 1902.
— 1910: Geologische Karte des böhmischen Mittelgebirges. Blatt VI, Wernstadt-Zinkenstein.
T. M. P. M., XXIX, 1910.
HILL, J. B., und KYNASTON, H., 1900: On kentallenite and its relation to other igneous rocks
in Argyllshire. Quart. Jour. Geol. Soc., LVI, 1900.
HILLEBRAND, W. F., 1899: Praktische Anleitung zur Analyse d. Silikatgesteine. Leipzig 1899.
HITCHCOCK, E., 1861: Unstratified rocks. Rep. on the Geology of Vermont, II, 1861.
— 1872: in: E. S. DANA: On the composition of the labradorite rocks of Waterville, New
Hampshire. Amer. Jour. Sci., III, 1872.
HLAWATSCH, C., 1901: Über den Nephelin-Syenit-Porphyr von Predazzo. T. M. P. M., XX,
1901.
HOBBS, W. H., 1900: Suggestions regarding the classification of the igneous rocks. Jour. of
Geol., VIII, 1900.
HOCHSTETTER, F. v., 1862: Referat über die Sitzung vom 20. Jänner 1863. Verhdlg. d. k.k.
geol. Reichsanstalt, XIII, Wien 1863.
— 1863: Eintheilung und Anordnung der Eruptivgesteine. Sitzungsbericht d. Verhandlungen
der k.k. geol. Reichsanstalt, XIII, Wien 1863.
— 1870/71: Vorlesungen über Geologie, I. Theil: Gesteinslehre, Gesteinsbeschr. und Ge-
steinsbild. Wien 1870/71.
HOCHSTETTER, F. v., BISCHING, A., und TOULA, F., 1898: Leitfaden d. Mineralogie und Geologie. 13. Aufl. nach der 1895 erschienenen neubearb. Ausg. v. F. TOULA und A. BISCHING,
Wien 1898.
HODGE, E. T., 1924: A proposed Classification of Igneous Rocks. University of Oregon Publication, II, 1924.
— 1926: Practical Classification of Igneous Rocks. Pan-American Geologist, XLVI, 1926.
— 1927: A quantitative mineralogical and chemical classification of igneous rocks. Univ.
Oregon Pub. Geol. Ser., vol. 1, 1927.
HOERNES, R., 1889: siehe LEONHARD, K. C. v., 1889.
HÖGBOM, A. G., 1895: Über das Nephelinsyenitgebiet auf der Insel Alnö. Geol. Fören. i
Stockholm Förh., XVII, 1895.
— 1905: Zur Petrographie der kleinen Antillen. Bull. Geol. Inst. Univ. Upsala, VI, 1905.
— 1910: Zur Petrographie von Ornö Hufvud. Bull. Geol. Inst. Univ. Upsala, X, 1910.
HOHENEGGER, L., 1861: Die geognostischen Verhältnisse der Nordkarpathen in Schlesien und
den angrenzenden Theilen von Mähren und Galizien. Gotha 1861.
HÖLDER, H., 1960: Geologie und Paläontologie in Texten und ihrer Geschichte. Freiburg,
München 1960.
HOLLAND, T. H., 1900: The charnockite series, a group of Archaean hypersthenic rocks
in Peninsular India; Mem. Geol. Surv., India, XXVIII, 1900.
HOLMES, A., 1917: A mineralogical classification of igneous rocks. Geol. Mag., IV, 1917.
— 1920: The Nomenclature of Petrology. London 1920.
HOLST, N. O., und EICHSTÄDT, F., 1884/5: Klotdiorit från Slättmossa, Järeda socken, Kalmar-
län. Geol. Fören. i Stockholm Förh., VII, 1884/5.
HOMMEL, W., 1919: Grundzüge der Systematischen Petrographie auf genetischer Grundlage,
I. Das System. Berlin 1919.
HOOKE, R., 1665: Micrographia, 1665.
HORNE, J., und TEALL, J. J. H., 1892/95: On borolanite — an igneous rock intrusive in the
Cambrian limestone of Assynt, Sutherlandshire and the Torridon sandstone of Ross-shire.
Gelesen am 21. Mai 1892; Trans. Roy. Soc. Edinb., XXXVII, 1895.
HUMBOLDT, A. v., 1822: Essai géognostique sur le gisement des Roches dans les deux Hémi-
sphères. Paris 1822.

HUMBOLDT, A.v., 1845—1862: Kosmos I—V.Stuttgart und Tübingen, I, 1845; IV, 1858; V, 1862.
HUMMEL, K., 1925: Geschichte der Geologie. GÖSCHEN-Sammlung, Berlin-Leipzig 1925.
HUNT, T. S., 1851: Examinations of same Canadien minerals. Phil. mag. 4. ser., 1851.
HUNTER, M., und ROSENBUSCH, H., 1890: Über Monchiquit, ein camptonitisches Ganggestein aus der Gefolgschaft der Eläolithsyenite. T. M. P. M., XI, 1890.
HUTTON, J., 1785, 1788/95: Theory of the earth, or an investigation of the laws observable in the composition, dissolution, and restoration of land upon the globe. Geles. am 7. März u. 4. April 1785; Trans. Roy. Soc. Edinb., I, 1788; erweitert auf 2 Bände, Edinb. 1795.
— 1794: Observations on Granite. Trans. Roy. Soc. Edinb., III, 1794.
IDDINGS, J. P., 1892: The origin of igneous Rocks. Bull. Phil. Soc. of Washington, XII, 1892.
— 1895: Absarokite-shoshonite-banakite series. Jour. Geol. III, 1895.
— 1898: On Rock Classification. Jour. Geol. VI, 1898.
— 1904: Quartz-Feldspar porphyry (Graniphyro-Liparose Alaskose) from Llano. Texas. Jour. Geol., XII, 1904.
— 1906: Rock Minerals. New York 1906.
— 1909/13: Igneous rocks, I, New York 1909; Igneous rocks, II, New York 1913.
— 1918: A contribution to the petrography of the South Sea-Islands. Proc. Nat. Acad. Sci., Washington, IV, 1918.
IDDINGS, J. P., und MORLEY, E. W., 1917: A contribution to the petrography of southern Celebes. Proc. Nat. Acad. Sci., Washington, III, 1917.
IPPEN, J. A., 1903: Über den Allochetite von Monzoni. Verh. k. k. geol. Reichsanst., Wien 1903.
JACKSON, A. W., 1882: On the General Principles of the Nomenclature of the Massive Crystalline Rocks. Amer. Jour. Sci., XXIV, 1882.
JENNINGS, E. P., 1913: A titaniferous iron-ore deposit in Boulder County, Colorado. Trans. Amer. Inst. Mining Eng., XLIV, 1913.
JENZSCH, G., 1855a/1857: Mikroskop. und chemisch-analytische Untersuchung des bisher für Melaphyr gehaltenen Gesteins vom Hockenberge bei Neurode. Pogg. Ann., XCV, 1855; N. Jb. 1857.
— 1855b/1857: Mikrostructur des Pechsteins von Meissen. Z. D. G. G., VIII, 1855; N. Jb. 1857.
— 1856: Beiträge zur Kenntniss einiger Phonolithe des böhm. Mittelgebirges. Z. D. G. G., VIII, 1856.
— 1864: Über die felsitischen Gemengtheile der rothen und d. jüngeren grauen Gneisse. Berg- u. Hüttenmänn. Ztg. 1864.
— 1867: Über den Granat als wesentlichen Gemengtheil des Gneisses und der Gneissite des sächsischen Erzgebirges. N. Jb. 1867.
JEVONS, H., 1901: A Systematic nomenclature for igneous rocks. Geol. Mag., VIII, 1901.
JOHANNSEN, A., 1907: in: N. H. DARTON und C. C. O'HARRA: Description of the Devil's Tower Quadrangle. U.S. Geol. Sur., CL, 1907.
— 1908: A key for the determination of rock-forming minerals in thin sections. New York 1908.
— 1911: Petrographic terms for field use. Jour. Geol., XIX, 1911.
— 1914: Manual of petrographic methods. New York 1914.
— 1917: Suggestions for a quantitative mineralogical classification of igneous rocks. Jour. Geol., XXV, 1917.
— 1919: A quantitative mineralogical classification of igneous rocks. Jour. Geol., XXVII, 1919.
— 1920: Appendix to "A quantitative mineralogical classification of igneous rocks—revised." Jour. Geol., XXVIII, 1920.
— 1922/28: Essentials for the microscopical determination of rockforming minerals and rocks. Chicago 1922; 2. Aufl. 1928.
— 1927: A revised Field of Igneous Rocks. N. Jb., II, 1927.
— 1931: The average chemical composition of various rock-types. N. Jb. 1931, LXIV, Beil.B, Abt. A (Festband R. BRAUNS).
— 1931—1938, 1952—1958: A descriptive Petrography of the igneous rocks. Bd. I—IV. Chicago, I, 1. Aufl. 1931, 2. Aufl. 1939, 6. Aufl. 1958; II, 1. Aufl. 1932, 4. Aufl. 1952; III, 1. Aufl. 1937, 5. Aufl. 1957; IV, 1. Aufl. 1938, 4. Aufl. 1958.
— 1932: Die quantitative mineralogische Klassifikation der Eruptivgesteine. Centralbl. f. Min. usw., Abt. A, 1932.
JOHN, C. v., 1899: Über Gesteine von Požoritta und Holbak. Jahrb. k. k. geol. Reichsanst., XLIX, 1899.
JOINT COMMITTEE 1921: Report on British Petrographic Nomenclature. Min. Mag., XIX, 1921.
JUDD, W., 1876: On the ancient Volcano of the district of Schemnitz, Hungary. Quart. Jour. Geol. Soc., 1876.
— 1885: On the tertiary and older Peridotites of Scotland. Quart. Jour. Geol. Soc., XLI, 1885.
— 1886: On the Gabbros, Dolerites and Basalts of Tertiary age in Scotland and Ireland. Quart. Jour. Geol. Soc., XLII, 1886.

JUDD, W., 1897: On the petrology of Rockall. Trans. Roy. Irish Acad., XXXI, 1897.

KALKOWSKY, E., 1886: Elemente der Lithologie. Heidelberg 1886.

KARPINSKY, A. P., 1903: Verh. K. Russ. mineral. Ges., XLI, 1903.

KATHREIN, G., 1932: Zur graphischen Darstellung von Fünfstoffsystemen, Centralbl. f. Min. usw., Abt. A, 1932.

KATO, T., 1920: A contribution to the knowledge of the cassiterite veins of pneumatohydato-genetic or hydrothermal origin. A study of the copper-tin veins of the Akénobé district in the province of Tajima, Japan. Jour. Coll. Sci. Univ. Tokyo, XLIII, 1920.

KEIBEL, P. A. H., 1857: De saxis viridibus Hercyniae. Inaug. Diss., 1857.

KEILHAU, B. M., 1825: Pogg. Ann., 1825.

— 1826: Darstellung der Übergangsformation von Norwegen. Leipzig 1826.

KEMP, J. F., 1890 (1891): The basic dikes occuring outside of the syenite areas of Arkansas. An. Rept. Geol. Surv. Ark., II, 1890 (1891).

KEMP, J. F., und GROUT, F. F., 1942: A Handbook of Rocks. 6. Aufl., New York 1942.

KENNGOTT, A., 1853: Mineralogische Notizen. Sitzb. d. Wien. Akad., X, 1853.

— 1870: Weitere Mittheilungen über den Kaukasischen Obsidian. St. Petersburg 1870.

KESSLER, H. H., und HAMILTON, W. R., 1904: The orbicular gabbro of Dehesa, California. Amer. Geol., XXXIV, 1904.

KETTNER, R., 1959: Allgemeine Geol., II. Zusammensetzung der Erdkruste, Entstehung der Gesteine und Lagerstätten. Berlin 1959.

KIRCHER, A., 1664: Mundus subterranus. Amsterdam 1664.

KLEMM, G.: Petrographische Mitteilungen aus dem Odenwalde. Notizbl. Ver. Erdk. Darmstadt, Folge V, H. 9.

— 1926: Über die chemischen Verhältnisse des kristallinen Odenwaldes und Vorspessart. Notizbl. Ver. f. Erdk. f. 1925, Darmstadt 1926.

KLOSS, J. H., 1885: Ein Uralitgestein von Ebersteinburg im nördlichen Schwarzwald. N. Jb., II, 1885.

KNIGHT, C. W., 1904 (1905): Analcite-trachyte tuffs and breccias from southwest Alberta, Canada. Canadian Record Sci., IX, 1904 (1905).

KNOP, A., 1858: Ueber merkwürdige Erscheinungen an Ganggesteinen bei Auerbach. N. Jb. 1858.

— 1876: System d. Anorganographie. Leipzig 1876.

KOLDERUP, C. F., 1896 (1897), 1903: Die Labradorfelse des westlichen Norwegens. Bergens Mus. Aarb. f. 1896 (1897) und 1903.

KOSMANN, B., 1864: Über die Zusammensetzung einiger Laven, des Domits der Auvergne und des Trachyts von Voissières. Z. D. G. G. 1864.

— 1869: Über die Basaltkuppe der Dornburg. Sitzber. d. niederrhein. Ges. f. Natur- und Heilkunde zu Bonn, 7. Juni 1869.

KOTO, B., 1909: Jour. Coll. Sci. Imp. Univ. Tokyo, XXVI, 1909.

KRAATZ-KOSCHAU, K. v., und HACKMANN, V., 1897: Der Eläolithsyenit der Serra de Monchique, seine Gang- und Contactgesteine. II (von HACKMANN). Die das Eläolithsyenitmassiv der Serra Monique durchsetzenden Ganggesteine. T. M. P. M., XVI, 1897.

KRETSCHMER, F., 1917 (1918): Der metamorphe Dioritgabbrogang nebst seinen Peridotiten und Pyroceniten im Spieglitzer Schnee- und Bielengebirge. Jb. k. k. geol. Reichsanst., LXVII, 1917 (1918).

KROUSTCHOFF, K. v., siehe CHRUSTSCHOFF, K. v.

KRÜGER, K., 1954: Das Reich der Gesteine. Berlin 1954.

KTÉNAS, C. A., 1928: Sur la présence des laves alcalines dans la Egée septentrionale. Compt. Rend., CLXXXVI, 1928.

KUKUK, P., 1960: Geologie, Mineralogie und Lagerstättenlehre. Berlin-Göttingen-Heidelberg 1960, 3. Aufl.

KUZNETZOV, G. A., 1960: Magmatic Formations and their Classification. XXI. Int. Geol. Congr. (Part XXIII), Copenhagen 1960.

LACROIX, A., 1893: Les enclaves des roches volcaniques. Paris 1893.

— 1900 (1901): Les roches basiques accompagnant les lherzolites et les ophites des Pyrénées. Compt. Rend. Cong. Géol. Internat., VIII, 1900 (1901).

— 1901: Sur un nouveau groupe de roches très basiques. Compt. Rend., LXXXII, 1901.

— 1902: Matériaux pour la minéralogie de Madagascar. Les roches alcalines caractérisant la province pétrographique d'Ampasindava. Nouv. Arch. Mus. Hist. Nat., Ser. 4, IV, 1902.

— 1905: Sur un nouveau type pétrographique représentant la forme de profondeur de certaines leucotéphrites. Compt. Rend., CXLI, 1905.

— 1907: Etude minéralogique des produits silicates de l'éruption du Vesuv (avril 1906). Nouv. Arch. Mus. Hist. Nat., IX, 1907.

— 1911: Le cortège filonien des peridotites de la Nouvelle Calédonie. Compt. Rend., CLII, 1911.

Lacroix, A., 1914: Les róches basiques non-volcaniques de Madagascar. Compt. Rend., CLIX, 1914. — 1915: Compt. Rend., CLXI, 1915.
— 1916: Sur quelques roches volcaniques mélanocrates des possessions françaises de l'océan Indien et du Pacifique. Compt. Rend., CLXIII, 1916.
— 1916: La constitution des roches volcaniques de l'extrême nord de Madagascar et de Nosy bé; les ankaratrites de Madagascar en général. Compt. Rend., CLXIII, 1916.
— 1916: Les syenites a riebeckite d'Alter Pedroso (Portugal), leurs formes mesocrates (lusitanites) et leur transformation en leptynites et en Gneiss. Compt. Rend., CLXIII, 1916.
— 1917: Les laves à hauyne d'Auvergne et leurs enclaves homoeogènes. Compt. Rend., CLXIV, 1917.
— 1917: Les formes grenues du magma leucitique du volcan laziale. Compt. Rend., CLXV, 1917.
— 1917: Les roches Grenues d'un magma leucitique étudiées à l'aide des blocs holocristallins de la Somma. Compt. Rend., CLXV, 1917.
— 1917: Les peridotites des Pyrénées et les autres roches intrusives non feldspathiques qui les accompagnent. Compt. Rend., CLXV, 1917.
— 1918: Sur quelques roches filoniennes sodiques de l'Archipel des Los, Guinée française. Compt. Rend., CLXVI, 1918.
— 1920: La systématique des roches grenues àplagioclases et feldspathoïdes. Compt. Rend., CLXX, 1920.
— 1922/23: Minéral. de Madagascar, II, Paris 1922; III, Paris 1923.
— 1924: Les laves analcimiques de l'Afrique du Nord et, d'une façon générale, la classification des laves renfermant de l'analcime. Compt. Rend., CLXXVIII, 1924.
— 1925: Sur un nouveau type de roche éruptive alcaline mésocrate. Compt. Rend., CLXXX, 1925.
— 1926: La systématique des roches leucitiques; les types de la famille syénitique. Compt. Rend., CLXXXII, 1926.
— 1927: La constitution lithologique des îles volcaniques de la Polynésie Australe. Mém. Acad. Sci. France, LIX, 1927.
— 1933: Contribution à la connaissance de la composition chimique et minéralogique des roches éruptives de l'Indochine. Bull. Serv. Géol. Indochine, XX, 1933.
— 1933: Classification des roches éruptives. Paris 1933.
— 1934: Volcanisme et lithologie, in: M. Dalloni: Mission au Tibesti. Mém. Acad. Sci. France, LXI, 1934.
Lagorio, A., 1897: Guide VII. Congr. géol. Int., XXXIII, 1897.
Laitakari, A., 1918: Einige Albitepidotgesteine von Südfinnland. Bull Com. Géol. Finland, LI, 1918.
Lang, H. O., 1877: Grundriß der Gesteinskunde. Leipzig 1877.
— 1891: Das Mengenverhältnis von Calcium, Natrium und Kalium als Vergleichspunkt und Ordnungsmittel der Eruptivgesteine. Bull. de la Soc. Belge de Géol., V, Brüssel 1891.
— 1891: Versuch einer Ordnung der Eruptivgesteine nach ihrem chemischen Bestand. T. M. P. M., XII, 1891.
— 1892: Beiträge zur Systematik der Eruptivgesteine. T. M. P. M., XIII, 1892.
Lapparent, M. de, 1864: La constitution géologique du Tyrol, méridional. Ann. d. Mines, VI, 1864.
Larsen, E. S., und Hunter, J. F., 1914: Melilite and other minerals from Gunnison County, Colorado. Jour. Wash. Acad. Sci., IV, 1914.
Larsen, E. S., und Schaller, W. T., 1914: Cebollite, a new mineral. Jour. Wash. Acad. Sci., IV, 1914.
Larsen, E. S., und Steiger, G., 1916: Sulphatic cancrinite from Colorado. Amer. Jour. Sci., XLII, 1916.
Lasaulx, A. v., 1872: Beiträge zur Mikromineralogie; metamorphische Erscheinungen. Pogg. Ann., CXLVII, 1872.
— 1872: Grundzüge einer neuen Systematik der Gesteine. Vortrag geh. in der niederrhein. Ges. f. Nat.- u. Heilkunde, Sitzung der chem. Section am 9. Nov. 1872.
— 1875: Elemente d. Petrographie. Bonn 1875.
— 1886: Einführung in die Gesteinslehre. Breslau 1886.
Laspeyres, H., 1864: Beitrag zur Kenntniss der Porphyre und petrographische Beschreibg. der quarzführenden Porphyre in der Umgegend von Halle a. d. S. Z. D. G. G., XVI, 1864.
— 1869: Über das Zusammenvorkommen von Magneteisen und Titaneisen in Eruptivgesteinen usw. N. Jb. 1869.
Lawson, A. C., 1893: The geology of Carmelo-Bay. Bull. Dept. Geol., Univ. Calif., I, 1893.
— 1893: Plumasite, an oligoclase corundum rock near Spanish Peak, California. Bull. Dept. Geol., Univ. Calif., III, 1893.

LAWSON, A. C., 1904: The orbicular gabbro at Dehesa, San Diego Co., California. Bull. Dept. Geol., Univ. Calif., III, 1904.

LECHLEITNER, H., 1892/93: Neue Beiträge zur Kenntnis der dioritischen Gesteine Tirols. T. M. P. M., XIII, 1892/93.

LEDERMÜLLER, M. F., 1761: Mikroskopische Gemüths- und Augenergötzungen. Baireuth 1761.

— 1764: Physikalisch-mikroskopische Beschreibung eines besonderen phosphorescirenden und faserichten Steines. Nürnberg 1764.

— 1775: Physikalisch-mikroskopische Abhandlung von Asbest, Amianth und Erdflachs usw. Nürnberg 1775.

LEEUWENHOEK, A. v., 1685: On the Figures of salts from vines usw. Phil. Trans. London 1685.

— 1703: On the solution on silver. Phil. Trans. London 1703.

— 1705: On the Figure of crystals. Phil. Trans. London 1705.

— 1709: Configuration of Diamond. Phil. Trans. London 1709.

— 1709: De particulis et structura adamantum. Phil. Trans. London 1709.

LEHMANN, E., 1924: Das Vulkangebiet am Nordende des Nyassa als magmatische Provinz. Ztschr. f. Vulkanologie, Ergänzungsband IV, 1924.

— 1933: Ber. Oberhess. Ges. Natur- u. Heilkunde, Gießen XV, 1933.

LEHMANN, W. S., 1960: Praktische Geologie, Gesteins- und Grundwasserkunde für Bauingenieure. Wiesbaden u. Berlin 1960.

LEITMEIER, H., 1950: Einführung in die Gesteinskunde. Wien 1950.

LEONHARD, K. C. v., 1821: Handb. Oryktognos. Heidelberg 1821.

— 1823 u. 1824: Charakteristik der Felsarten. Heidelberg 1823 u. 1824.

— 1889: Grundzüge der Geognosie und Geologie. 4. Aufl., Leipzig 1889 (besorgt von R. HOERNES).

LEPSIUS, R., 1878: Das westliche Süd-Tirol. Berlin 1878.

LEWIS, H. C., 1887: On a diamantiferous peridotite, and the genesis of the diamond. Geol. Mag., IV, 1887.

— 1888: The matrix of the diamond. Geol. Mag., V, 1888.

LINCK, G., 1902: Tabellen zur Gesteinskunde für Geologen, Mineralogen usw. Jena 1902.

LINCOLN, F. C., 1913: The quantitative mineralogical classification of gradational rocks. Econ. Geol., VIII, 1913.

LINDGREN, W., 1893: A sodalite-syenite and other rocks from Montana. Amer. Jour. Sci., XLV, 1893.

— 1893: The auriferous veins of Meadow Lake, California. Amer. Jour. Sci., XLVI, 1893.

LINDGREN, W., und RANSOME, F. L., 1906: Geology and gold deposits of the Cripple Creek District, Colorado. Prof. Pap. U.S. Geol. Sur., LIV, 1906.

LINNÉ, C. v., 1762: Oelandska och Gotlandska Resa, Stockholm u. Upsala 1762.

LIST, K., 1852: Die Taunusschiefer. Jb. d. Ver. f. Naturw. im Harz. Nassau, 8. H. 1852.

LOEWINSON-LESSING, F., 1890: Étude sur la composition chimique des roches éruptives. Bull. Soc. Belge de Géol., IV, 1890.

— 1893—1898: Petrographisches Lexikon, I. u. II. Teil, Supplement. Jurjew (Dorpat) 1893, 1894, 1898.

— 1897: Studien über die Eruptivgesteine. Compt. Rend. 7. Congrès Géologique Internat. Petersburg 1897.

— 1899: Kritische Beiträge zur Systematik d. Eruptivgesteine, I. T. M. P. M., N. F., XVIII, 1899.

— 1899/1900: Kritische Beiträge zur Systematik der Eruptivgesteine, II. T. M. P. M., N. F. XIX, 1899/1900.

— 1900: Kritische Beiträge zur Systematik der Eruptivgesteine, III. T. M. P. M., N. F., XIX, 1900.

— 1900: Geologische Skizze der Besitzung Jushno-Saorserk und des Berges Deneshkinkamen im nördlichen Ural. 1900.

— 1901/1902: Kritische Beiträge zur Systematik d. Eruptivgesteine IV. T. M. P. M., N. F., XX, 1901; XXI, 1902.

— 1905: Verh. russ. min. Ges. St. Peterburg, XLII, 1905.

— 1911 u. 1913: Beiträge zur Systematik der Eruptivgesteine I. u. II. Annales de l'Institut Polytechnique Pierre le Grand à St. Pétersbourg 1911; XX, 1913.

— 1954: A Historical Survey of Petrology. Übersetzt aus dem Russischen von S. I. TOMKEIEFF. Edinburgh-London 1954.

LORENZEN, J., 1881: Underøgelse af nogle Mineralier i Sodalith-Syeniten från Julianehaabs distrikt. Meddel. om Grønland, II, 1881.

LOSSEN, K. A., 1867: Sphärolithische Porphyre des Harzes. Z. D. G. G., XIX, 1867.

— 1872: Ueber den Spilosit und Desmosit Zinckens; ein Beitrag zur Kenntniss der Contactmetamorphose. Z. D. G. G., XXIV, 1872.

Lossen, K. A., 1882: Quarzporphyr vom Spitzinger Stein bei Thal, Thüringen. Z. D. G. G., XXXIV, 1882.
— 1883/84: Über die Anforderungen der Geologie an die petrographische Systematik. Jb. k. preuß. geol. Landesanst., Berlin 1883/84.
— 1885: Über die Lagerungsverhältnisse im O und NO des Ober- und Mitteldevonischen Elbingeroder Muldensystems u. der daselbst auftretenden Eruptivgesteine. Jb. preuß. geol. Landesanst., XXXVI, f. 1884, 1885.
— 1886: Protokoll der December-Sitzung. Z. D. G. G., XXXVIII, 1886.
— 1889: Vergleichende Studien über die Gesteine des Spiemonts und des Bosenbergs bei St. Wendel und verwandte benachbarte Eruptivtypen aus der Zeit des Rothliegenden. Jb. d. preuß. geol. Landesanst. 1889.
Loughlin, G. F., 1912: The gabbros and associated rocks at Preston, Connecticut. U.S. Geol. Sur. Bull., 1912.
Luc, J. A. de, 1778: Phys. u. moral. Briefe über die Berge ... Deutsche Übersetzung von H. M. Marcard. Leipzig 1778.
Macculoch, J., 1831: System of geology — II. 1831.
Machatschki, F., 1927: Enstatit-Hornblendit von Grönland. Centralbl. f. Min. usw. 1927.
— 1948: Vorräte und Verteilung d. mineralischen Rohstoffe. Wien 1948.
Mäkinen, E., 1917: Über die Alkalifeldspate. Geol. Fören. Förh., XXXIX, 1917.
Malus, E. L., 1810: Théorie de la double réfraction de la lumière dans les substances cristallisées. Paris 1810.
Marshall, P., 1906: The geology of Dunedin, New Zealand. Quart. Jour. Geol. Soc., LXII, 1906.
— 1928: A natrolite tinguaite from Dunedin. Trans. N. Z. Inst., 1928.
Martin, F., 1901: Über den sogenannten „Syenit“ von Plan. T. M. P. M., N. F., XX, 1901.
Mauritz und Vendl, 1923: Matemat. termeszettud. Ertesitö, 40, 1923.
Mawson, D., 1906: The minerals and genesis of the veins and schlieren traversing the aegirite-syenite in the Bowral quarries. Proc. Linnean Soc. N.S. Wales, XXXI, 1906.
Mehnert, K. R., 1960a: Zur Geochemie der Alkalien im tiefen Grundgebirge. Beitr. Miner. Petr., VII, 1960.
— 1960b: Das Problem d. Alkalihaushalts im Orogen. Geol. Rundschau, L, 1960.
Mennell, F. P., 1913: A Manual of Petrology. 3. Aufl., London 1913.
Michel-Lévy, A., 1889: Structures et Classification des Roches Eruptives. Paris 1889.
— 1894: Étude sur la détermination des Feldspaths dans les plaques minces au point de vue de la classification des roches. Paris 1894.
— 1897: Mémoire sur le porphyr bleu de l'Esterel. Bull. Serv. Carte géol. France, IX, 1897.
Milch, L., 1894: Zur Classification d. anorganogenen Gesteine. N. Jb., B.B., IX, 1894.
— 1898: Referat über: 1. J. Walther: Versuch einer Classification der Gesteine auf Grund der vergleichenden Lithogenie. Mém. II prés. au Congrès géol. intern. 7. session. Petersburg 1897. — 2. F. Loewinson-Lessing: Note sur la classification et la nomenclature des roches éruptives. Mém. IV prés. au Congrès géol. intern. 7. session. Petersburg 1897. N. J., II, 1898.
— 1907: Die Beziehungen K. C. v. Leonhard's zu Goethe. N. Jb., Festband zur Feier d. 100jähr. Bestehens, 1907.
— 1913/14: Die Systematik der Eruptivgesteine, I. u. II. Teil. Fortschr. d. Min. usw., Jena 1913/14.
Miller, W. J., 1919: Silexite: a new rock name. Science, XLIV, 1919.
— 1919: Pegmatite, silexite, and aplite of northern New York. Jour. Geol., XXVII, 1919.
Millosevich, F., 1907: Studi sulle rocce vulcaniche di Sardegna: Le rocce de Sassari e di Porto Torres. Mem. R. Acad. naz. Lincei, VI, 1907.
Monteiro, 1814: Jour. d. Mines, XXXV, 1814.
Morozewicz, J., 1899: Experimentelle Untersuchungen über die Bildung der Minerale im Magma. Kyschtymit — ein Korund-Anorthit-Gestein. T. M. P. M., XVIII, 1899.
— 1902: Über Mariupolit, ein extremes Glied d. Elaeolithsyenite. T. M. P. M., XXI, 1902.
— 1928: Über die chemische Zusammensetzung des gesteinsbildenden Nephelins. Fennia, L, 1928.
— 1930: Der Mariupolit und seine Blutsverwandten. T. M. P. M., XL, 1930.
Mügge, O., 1883: Petrographische Untersuchungen an Gesteinen von den Azoren. N. Jb., II, 1883.
Müller, J., 1858.
Müller, K., und Southby, A., 1843: Über Einschlüsse in Achat. N. Jb. 1843.
Naumann, C. F., 1849: Lehrbuch d. Geognosie, I. Leipzig 1849.
— 1850/54 u. 1857/58: Lehrbuch d. Geognosie. 1. Aufl., 2 Bde., Leipzig 1850/54; 2. Aufl., 3 Bde., Leipzig 1857/58.
Neumayr, M., 1887: Erdgeschichte Bd. I: Allg. Geologie. Leipzig 1887.

NICOL, W., 1828: A method of increasing the divergence of the two rays in calcareous spar, so as to produce a single image. Edinb. new. phil. Jour., VI, 1828.
— 1828/29: Beobachtungen über die in krystallisirten Mineralien enthaltenen Flüssigkeiten. Edinb. new. phil. Jour., V, 1828; Pogg. Ann., XIII, 1828; L. Jb. 1829.
— 1829/30/31: Über die Höhlungen mit Flüssigkeiten in Steinsalz. Edinb. new. phil. Jour. VII, 1829; Pogg. Ann., XVIII, 1830; L. Jb. 1831.
NICOLAU, TH., 1901: Notiz. Diabasporphyrit und Variolith aus Rumänien. T. M. P. M., N. F., XX, 1901.
NIETHAMMER, G., 1909: Die Eruptivgesteine von Loh oelo auf Java. T. M. P. M., 1909.
NIGGLI, P., 1920a: Systematik der Eruptivgesteine. Centralbl. f. Min. usw. 1920.
— 1920b: Lehrbuch der Mineralogie. Berlin 1920.
— 1923: Gesteins- u. Mineralprovinzen, I, Einführung. Berlin 1923.
— 1931: Die quantitative mineralogische Klassifikation der Eruptivgesteine. Schweiz. Min. u. petr. Mittlg., XI, 1931.
— 1936: Die Magmentypen. Schweiz. Min. u. Petr. Mittlg., XVI, 1936.
— 1948: Gest. u. Minerallagerst. I. Basel 1948.
NORDENSKIÖLD, N., 1830/1831: Untersuchungen einiger neuer Phänomene beim Farbenspiel des Labrador. Pogg. Ann., 1830; N. Jb. 1831.
NOSE, K. W., 1789: Orogr. Briefe üb. d. Siebengebirge, I. 1789.
O'NEILL, J. J., 1914: St. Hilaire (Beloeil) and Rougemont Mountains. Quebec. Canada Geol. Surv., Mem. 43, 1914.
OSANN, A., 1889: Beiträge zur geolog. Kenntnis der Eruptivgesteine des Cabo de Gata (Provinz Almeria). Z. D. G. G., XLI, 1889.
— 1892: Über dioritische Ganggesteine im Odenwald. Mittlg. Bad. Geol. Landesanst., II, 1892.
— 1892/93: Report on the rocks of Trans-Pecos, Texas. An. Rept. Geol. Surv. Texas, IV, 1892/93.
— 1895: Beiträge zur Geologie und Petrographie der Apache (Davis) Mts., Westtexas. T. M. P. M., XV, 1895.
— 1901—1903: Versuch einer chemischen Classification d. Eruptivgesteine. I., T. M. P. M., N. F. XX, 1901; II., T. M. P. M., N. F. XXI, 1902; IV., T. M. P. M., N. F. XXII, 1903; Schluß, T. M. P. M., N. F. XXII, 1903.
— 1903: Beiträge zur chemischen Petrographie. I. Molekularquotienten zur Berechnung von Gesteinsanalysen. Stuttgart 1903.
— 1906: Über einige Alkaligesteine aus Spanien. Rosenbusch Festschrift, 1906.
— 1922/23: in: H. ROSENBUSCH und A. OSANN: Elemente der Gesteinslehre. 4. Aufl., Stuttgart 1922/23.
OSANN, A., und UMHAUER, O., 1914: Über einen Osannithornblendit, ein feldspathfreies Endglied d. Alkalireihe von Alter Pedroso. Sitzber. Akad. Wiss. Heidelberg, Abt. A., 1914.
OSCHATZ, A., 1852: Über die Wichtigkeit der mikroskop. Untersuchung der Mineralien. Z. D. G. G., IV, 1852.
— 1854: Mikroskopische Präparate. Z. D. G. G., VI, 1854.
— 1855: Mikrostructur des Marmors. Z. D. G. G., VII, 1855.
— 1856: Mikrostructur des Carnallit. Z. D. G. G., VIII, 1856.
PALACHE, CH., 1894: The lherzolite-serpentine and associated rocks of the Potrero, San Francisco. Univ. Calif. Publ., Bull. Dept. Geol., I, 1894.
PALMIERI, L., und SCACCHI, 1851/53: Über die vulkanische Gegend des Vultur und das dortige Erdbeben vom 14. Aug. 1851 . . . an die Akademie d. Wissenschaften in Neapel. Im Auszuge bearbeitet von Herrn J. ROTH in Berlin. Z. D. G. G., V, 1853.
PANTÓ, G., 1959: Vorschläge zur Schaffung einer einheitlichen Terminologie für vulkanische Gesteine. Ztschr. f. angewandte Geologie, V, Berlin 1959.
PEACH, B. N., 1911: The geology of Knapdale, Jura and North Kintyre. Geol. Surv. Scotland, Mem., 28, 1911.
PEACOCK, A., 1931: Classification of Igneous Rock Series. Jour. Geol. 1931.
PELIKAN, A., 1902: Petrogr. Untersuchungen von Gesteinen der Inseln Sokotra, Abd el Kuri und Semha. Denkschr. k. k. Ak. Wiss. Wien, M.-N. Kl., LXXI, 1902.
PETERS, K. F., 1880: Die Entwicklung geologischer Anschauungen im Volke. Graz 1880.
PETERSEN, J., 1891: Der Boninit von Peel Island. Jb. Hamb. wiss. Anst., VIII, 1890.
PETTERSEN, K., 1883: Sagvandite, eine neue enstatit-führende Gebirgsart. N. Jb., II, 1883.
— 1883: Sagvandit, en ny bergart. Tromsö Museums Aaarshefter, VI, 1883.
PETZOLDT, A., 1842: Beiträge zur Naturgeschichte d. Diamanten. 1842.
PFAFF, F., 1883: Die Entwicklung der Welt auf atomistischer Grundlage. Heidelberg 1883.
PHEMISTER, J., 1926: The geology of Strath Oykell and Lower Loch Shin. Mem. Geol. Surv. Scotl., Explan. Sh., CII, 1925.

PHILIPSBORN, H. v., 1933: Tabellen zur Berechnung von Mineral- und Gesteinsanalysen. Leipzig 1933.
— 1955: Die historische Entwicklung der mikroskopischen Methoden in der Mineralogie und deren Bedeutung für die allgemeine Mikroskopie und für die Technik. In: FREUND, H. 1955.
PHILLIPS, J., 1842:
— 1847: Mikroskop. Zusammensetzung der Gesteine Yorks. Rep. Geol. Soc. of the West Riding of Yorkshire, 1847.
PHILLIPS, W. B., 1926: Geol. Mag., LXIII, 1926.
PICHLER, A., 1875: Beiträge zur Geognosie Tirols. N. Jb. 1875.
PINKERTON, J., 1811: Petrology, II. London 1811.
PIRSSON, L. V., 1900: Amer. Jour. Sci., IX, 1900.
— 1900: Petrography of the igneous rocks of the Little Belt Mountains, Montana. An. Rept. U.S. Geol. Sur., XX, 1900.
— 1905: Petrography and geology of the igneous rocks Highwood Mountains, Montana. Bull. U.S. Geol. Sur., 1905.
— 1914: Geology of Bermuda-Island. Amer. Jour. Sci., XXXVIII, 1914.
— 1921: The classification of igneous rocks. Amer. Jour. Sci., 1921.
PITTON DE TOURNEFORT, 1698: Rélation d'un voyage du Levant. 1698.
PLINIUS, C. d. Ä., 23—79 n. Chr.: Historia naturalis. 23—79 n. Chr.
POLENOV, E., 1899: Die massigen Gesteine vom nördl. Theile des Witim-Plateau. Trav. Soc. Nat. St. Petersb., XXVII, 1899.
POZZI, G. E., 1878: Sopra alcune varietà di protogino del Monte Bianco. Atti d. R. Acad. Sci., Torino, XIV, 1878.
PRIOR, G. T., 1859: Vulkanische Gesteine. Göttingen 1859.
— 1900: Ägirine and Riebeckite Anorthoclase rocks related to the "Grorudite-Tinguaite" Series, from the neighbourhood of Adowa and Axum, Abyssinia. Min. Mag., XII, 1900.
— 1903: Contribution to the Petrology of British East-Africa. Min. Mag. a. Jour. of the Min. Society, London, XIII, 1903.
— 1903: Tinguaites from Elfdalen and Rupbachthal. Min. Mag., XIII, 1903.
PRITCHARD, A., 1832: The microscopic cabinet. London 1832.
QUATREFAGES, 1842: Über die Structur der bituminösen in Feuer detonirenden Kalksteine von Dourgnes. Ann. d. Min., IV, 1842.
QUENSEL, P., 1914: The alkaline rocks of Almunge. Bull. Geol. Inst. Univ. Upsala, XII, 1914.
RAMSAY, W., 1890: Geologische Beobachtungen auf der Halbinsel Kola. Fennia, III, 1890.
— 1894: Die Nephelinsyenitmassive. In: W. RAMSAY und V. HACKMAN: Das Nephelinsyenitgebiet auf der Halbinsel Kola. Fennia, XI, 1894.
— 1896: Urtit, ein basisches Endglied der Augitsyenit-Nephelinsyenit-Serie. Geol. Fören. i Stockholm Förh., XVIII, 1896.
— 1897—99: Das Nephelinsyenitgebiet auf der Halbinsel Kola, II. Fennia, XV, 1897—99.
RAMSAY, W., und HACKMAN, V., 1894: Das Nephelinsyenitgebiet auf der Halbinsel Kola. Fennia, XI, 1894.
RANSOME, F. L., 1898: Some lava flows of the western slope of the Sierra Nevada, California. Amer. Jour. Sci., V, 1898.
RATH, G. v., 1855: Chemische Untersuchung einiger Grünsteine aus Schlesien. Pogg. Ann., XCV, 1855.
— 1860: Skizzen aus dem vulkanischen Gebiete des Niederrheins. Z. D. G. G., XII, 1860.
— 1861: Beiträge zur Kenntnis der Trachyte des Siebengebirges. Bonn 1861.
— 1862/64: Skizzen aus dem vulk. Gebiete des Niederrheins. 1. Forts., Z. D. G. G., XIV, 1862; 2. Forts., Z. D. G. G., XVI, 1864.
— 1867: Geognostisch-mineralogische Fragmente aus Italien. 1. Theil. Berlin 1867.
READ, H. H., 1944: Meditations on Granite. Proc. Geol. Assoc. 54, London 1944.
— 1948: The nature of the Granite-Problem. Geol. Soc. Am. Mem., 1948.
— 1957: The Granite Controversy. London 1957.
READE, J. B., 1839: On some new organic remains in the flint of chalk. Ann. of natur. hist. Magaz. usw., II, 1839.
REINISCH, R., 1912: Petrographisches Praktikum. 2. Aufl., Berlin 1912.
RENEVIER, E., 1881/1882: Rapport sur la marche du musée géologique vaudois en 1881 suivi de la classification pétrogénique. Lausanne 1882.
REYER, E., 1877: Beitrag zur Fysik der Eruption und der Eruptiv-Gesteine. Wien 1877.
— 1888: Theoretische Geologie. Stuttgart 1888.
RICHTHOFEN, F. v., 1856: De Melaphyro. Inaug. Diss. Berol. 1856.
— 1859: Bemerkungen über die Trennung von Melaphyr und Augitporphyr. Sitzungsber. d. Wien. Akad., XXXIV, 1859.

RICHTHOFEN, F. v., 1860: Studien aus den ungarisch-siebenbürgischen Trachytgebirgen. Jb. k. k. geol. Reichsanst., XI, 1860.
— 1860: Geognostische Beschreibung der Umgegend von Predazzo, Sanct. Cassian und der Seisser Alpen in Süd-Tyrol. Gotha 1860.
— 1868: Principles of the natural system of volcanic rocks. Proc. Calif. Acad. Sci. Mem., I, 1868.
RINMANN, 1754: K. Svenska Vetensk.-Akad. Handl. 1754.
RINNE, F., 1904: Beitrag zur Gesteinskunde des Kiautschou Schutzgebietes. Z. D. G. G., LVI, 1904.
— 1921/23/28: Gesteinskunde. 6. Aufl., Leipzig 1921; 8. u. 9. Aufl., Leipzig 1923; 10 u. 11. Aufl., Leipzig 1928.
RINNE, F., BERTRAND, L., und ORCEL, J., 1949: La science des roches. Paris 1949.
RITTER, 1908: Trans. Amer. Inst. Mining Ingen., XXXVIII, 1908.
RITTMANN, A., — 1952: Nomenclature of Volcanic Rocks. Bull. volc., 12, 75, 1952.
— 1960: Vulkane und ihre Tätigkeit. Stuttgart 1960, 2. Aufl.
ROHLEDER, H. P. T., 1921: Komiteebericht über die britische Gesteinsnomenklatur. Übersetzung aus dem Englischen. Min. Mag., XIX, 1921.
ROMBERG, J., 1902/03: Geologisch-petrographische Studien im Gebiete von Predazzo. Sitzber. Akad. Wiss. Berlin, 1902, I; 1903, I.
RONNER, F., 1956: Die Trennung Andesit—Basalt; Ein Vorschlag. Bull. of M. T. A., Ankara 1956.
— 1957: Definition oder Erläuterung einiger wichtiger Begriffe zur Granitfrage. Bull. of M. T. A., Ankara 1957.
ROSE, G., 1835: Über die Gebirgsarten, welche mit d. Namen Grünstein u. Grünsteinporphyr bezeichnet werden. Pogg. Ann., XXXIV, 1835.
— 1837/42: Reise nach dem Ural. I. Berlin 1837; II. Berlin 1842.
— 1849: Über die zur Granitgruppe gehörenden Gebirgsarten. Z. D. G. G., I, 1849.
— 1852: in: A. v. HUMBOLDT's Kosmos IV (S. 468 ff.), 1852.
— 1857: N. Jb. 1857.
— 1858/59: Abhandlungen über die heteromorphen Zustände der kohlensauren Kalkerde. Z. D. G. G., X, 1858; Berlin 1859.
— 1859: Bemerkungen über die Melaphyr genannten Gesteine von Ilfeld am Harz. Z. D. G. G., XI, 1859.
— 1863/64: Beschreibung und Eintheilung der Meteoriten. Abh. Akad. Wiss. Berlin, 1863/64.
— 1867: Über die Gabbro-Formation von Neurode in Schlesien. Z. D. G. G., XIX, 1867.
ROSENBUSCH, H., 1869: Der Nephelinit vom Katzenbuckel. Inaug. Diss., Freiburg 1869.
— 1872: Petrographische Studien an den Gesteinen d. Kaiserstuhls. N. Jb. 1872.
— 1873—1908: Die mikroskopische Physiographie der Mineralien und Gesteine; ein Hülfsbuch bei mikroskopischen Gesteinsstudien. Bd. I. Mikroskopische Physiographie der petrographisch wichtigen Mineralien. Stuttgart 1873—1904 (s. d.). Bd. II. Mikroskopische Physiographie der massigen Gesteine. Stuttgart 1877—1908 (s. d.).
— 1873—1904: Mikroskopische Physiographie der petrographisch wichtigen Mineralien. 1. Aufl., Stuttgart 1873; 2. Aufl., Stuttgart 1885; 3. Aufl., Stuttgart 1892; 4. Aufl., Stuttgart 1904.
— 1876: Ein neues Mikroskop für mineral. u. petrogr. Untersuchungen. N. Jb. 1876.
— 1877—1908: Mikroskopische Physiographie der massigen Gesteine. 1. Aufl., Stuttgart 1877; 2. Aufl., Stuttgart 1887; 3. Aufl., Stuttgart 1896; 4. Aufl., Stuttgart 1907/08.
— 1882: Über das Wesen der körnigen und porphyrischen Structur bei Massengesteinen. N. Jb., II, 1882.
— 1889/90: Über die chemischen Beziehungen der Eruptivgesteine. T. M. P. M., XI, 1889.
— 1891: Über Structur und Classification der Eruptivgesteine. T. M. P. M., XII, 1891.
— 1898—1910: Elemente der Gesteinslehre. 1. Aufl., Stuttgart 1898; 2. Aufl., Stuttgart 1900; 3. Aufl., Stuttgart 1910.
ROSENBUSCH, H., und OSANN, A., 1922/23: Elemente der Gesteinslehre. Stuttgart 1922/23.
ROTH, 1861: Die Gesteinsanalysen in tabellarischer Übersicht und mit kritischen Erläuterungen. Berlin 1861.
— 1869: Beiträge zur Petrographie der plutonischen Gesteine. Abhdlg. Berl. Akad. Wiss., 1869.
— 1887: Über den Zobtenit. Sitzungsber. Akad. Wiss. Berlin, XXXII, 1887.
— 1887/1890: Allgemeine und chemische Geologie. Berlin 1887/1890.
— 1891: Die Eintheilung und die chemische Beschaffenheit der Eruptivgesteine. Z. D. G. G., XLIII, 1891.
SABATINI, V., 1899: I vulcani di S. Venanzo. Boll. R. Com. Geol. Italia, XXX, 1899.
— 1903: La pirossenite melilitica di Coppaeli. Boll. R. Com. Geol. Italia, XXXIV, 1903.

Sacco, F., 1900: Essai d'une Classification Générale des Roches. Bull. de la Soc. Belge de Géol. XIV, 1900.

Sachs, A., 1920: Repetitorium der Gesteinskunde und Lagerstättenlehre (Salz, Kohlen, Erze). Wien 1920.

Salomon und Nowomejsky, 1904: Verh. niederrh. Verein, VII, 1904.

Sandberger, F., 1872: Vorläufige Bemerkungen über den Buchonit, eine Felsart aus der Gruppe der Nephelingesteine. Sitzungsber. Akad. Wiss. München, II, 1872.

Särchinger, H., 1955: Geologie und Gesteinskunde. Berlin 1955, 4. Aufl., 1958, 5. Aufl.

Sartorius v. Waltershausen, 1853: Über die vulkanischen Gesteine in Sicilien und Island. Göttingen 1853.

Sauer, A., 1891: Der Granitit von Durbach im nördl. Schwarzwald und seine Grenzfacies von Glimmersyenit (Durbachit). Mittlg. Bad. Geol. Landesanst., II, 1891.

Sawarizki, A. N., 1954: Einführung in die Petrochemie der Eruptivgesteine. Berlin 1954.

Saytzeff, A., 1887: Geologische Beschreibung der Kreise Rewdinsk u. Werch-Issetsk mit den angrenzenden Districten im Central-Ural. Mem. Com. Géol. Finlande, IV, 1887.

Schaefer, R. W., 1898: Der basische Gesteinszug von Ivrea im Gebiet des Mastallone-Thales. T. M. P. M., XVII, 1898.

Schafarzik, F., 1913: A Tömeges Közetek Rosenbusch-Féle Rendszerének Táblázatos Összefoglalása. Budapest 1913.

Scharizer, R., 1894: Lehrbuch der Mineralogie und Geologie. Wien 1894.

Scheerer, Th., 1845a: Untersuchung des Sonnensteins von Twedestrand. Pogg. Ann., LXIV, 1845.

— 1845b: Mikroskop. Untersuchung verschiedener Mineralien. Pogg. Ann., LXIV, 1845; N. Jb. 1845.

Scheibe, 1926: Docum. Com. cientif. nacional, Bogotá, III, 1926.

Scheuchzer, J. J., 1723: Helveticus sive Itinera per Helvetiae alpinas regiones. Ludg. Bat. 1723.

Scheumann, K. H., 1912: Petrographische Untersuchung an Gesteinen des Polzengebietes in Nord-Böhmen usw. Abhdlg. Säch. Ges. Wiss. Leipzig, Math.-phys. Kl. XXXII, 1912.

— 1922: Zur Genese alkalisch-lamprophyrischer Ganggesteine. Centralbl. f. Min. usw., 1922.

— 1925/1929: Ausländische Systematik, Klassifikation und Nomenklatur der Magmensteine, I. u. II. Fortschr. d. Min. usw., X, 1925; XIII, 1929.

— 1948: Petrography. Fiat Review of German Science 1939—1946. Wiesbaden 1948.

Schindewolf, O. H., 1960: Stratigraphische Methode u. Terminologie. Geol. Rundsch., XLIX, 1960.

Schlotter, 1908. Abhdlg. Hess. Geol. Landesanst. 1908.

Schmidt, C. W., 1928: Wörterbuch d. Geologie, Mineralogie und Paläontologie. Berlin-Leipzig 1928.

Schowalter, 1904: Inaug. Diss., Erlangen 1904 (nach M. E. Schuster, 1906).

Schreyer, W., 1960: Physikalische Chemie und moderne Petrologie. Geol. Rundschau, XLIX, 1960.

Schubert, R., 1899: Whewellit vom Venustiefbau bei Brüx. T. M. P. M., N. F., XVIII, 1899.

Schulze, 1759: Neue gesellsch. Erzähl., II. Leipzig 1759.

Schumann, H., 1950/57: Einführung in die Gesteinswelt. 1. Aufl., Göttingen 1950; 2. Aufl., Göttingen 1957.

Schuster, M., 1878: Über Auswürflinge im Basalttuff von Reps in Siebenbürgen. T. M. P. M., I, 1878.

— 1880/82: T. M. P. M., III, 1880; V, 1882.

— 1887: Mikroskopische Beobachtungen an kalifornischen Gesteinen. N. Jb., B.B., V, 1887.

Scrope, Poulette G., 1825: Considérations on Volcanos. London 1825.

Sears, J. H., 1893: On the occurence of augite—an nephelite-syenites in Essex County, Mass. Bull. Essex. Inst., XXV, 1893.

Sederholm, J. J., 1913: Über die Entstehung der migmatischen Gesteine. Geol. Rdsch., 1913.

Senff, J., 1829: Der finnländische Labrador. Pogg. Ann., 1829.

Senft, F., 1857: Classification und Beschreibung der Felsarten. Breslau 1857.

Shand, S. J., 1906: Über Borolanite und die Gesteine des Cros-na-Sroine-Massivs in Nord-Schottland. N. Jb., B.B., XXII, 1906.

— 1910: On borolanite and its associates in Assynt. Trans. Edinb. Geol. Soc., IX, 1910.

— 1913: On saturated and unsaturated igneous rocks. Geol. Mag., X, 1913.

— 1914: The principle of saturation in petrography. Geol. Mag., I, 1914.

— 1915: The principle of saturation in petrography: A reply. Geol. Mag., II, 1915.

— 1916: A Recording Micrometer for Geometrical Rock Analysis. Jour. Geol., XXIV, 1916.

— 1917: A System of petrography. Geol. Mag., IV, 1917.

— 1917: Briefl. Mittlg. an A. Holmes, 1917.

— 1927/47/49: Eruptive rocks. Their genesis, composition, classification, and their relation

to Ore-Deposites, with a chapter on Meteorites. London-New York 1927; 3. Aufl. 1947; 1949.
— 1929: Instructions for using the quantitative mineralogical classification of eruptive rocks. London-New York 1929.
— 1930: Limestone and the Origin of Feldspathoidal Rocks. Geol. Mag., LXVII, 1930.
— 1933: Zusammensetzung und Genesis der Alkaligesteine Südafrikas. Min. Petr. Mittlg., 1933.
— 1935: The mineralogical classification of igneous rocks: A comparison of recent proposals. Jour. Geol., XLIII, 1935.
— 1939: Loch Borolan laccolith, northwest Scotland. Jour. Geol., XLVII, 1939.
— 1944: The species concept in petrology. Amer. Jour. Sci., CCXLII, 1944.
SIGMUND, A., 1899: Die Basalte der Steiermark. T. M. P. M., N. F., XVIII, 1899.
SJÖGREN, H., 1893: En ny jernmalmstyp representerad af Routivare malmberg. Geol. Fören. i Stockholm Förh., XV, 1893.
SKEATS und SUMMERS, 1912: The geology and petrology of the Macedon district (Victoria). Bull. Geol. Surv. Victoria, Nr. 24, 1912.
SOBRAL, J. M., 1913: Contributions to the geology of the Nordingrå region. Uppsala 1913.
SOLLAS, W. J., 1900: The order of consolidation of the mineral constituents of igneous Rocks. Geol. Mag., N. S., VII, 1900.
SÖLLNER, J., 1913: Über Bergalith, ein neues melilithreiches Ganggestein aus dem Kaiserstuhl. Mittlg. Bad. Geol. Landesanst., VII, 1913.
SORBY, H. C., 1850: Quart. Jour. Geol. Soc., VII, 1850.
— 1851: On the microscopical structure of the calcareous grit of the Yorkshire coast. Quart. Jour. Geol. Soc., VII, 1851.
— 1853a: On the origin of slaty cleavage. Edinb. new. phil. Jour., V, 1853.
— 1853b: Ueber tertiäre Mergel und Kalksteine. Quart. Jour. Geol. Soc., IX, 1853.
— 1856: Ueber die Metamorphe des Kalkes zu Dolomit. Edinb. new. phil. Jour., IV, 1856.
— 1858/60: On the microscopical structure of crystals, indicating the origin of minerals and rocks. Quart. Jour. Geol. Soc., XIV, 1858; N. Jb. 1860.
— 1859/60: Ueber Anordnung d. Mineralien in Feuergesteinen. Edinb. new. phil. Jour., IX, 1859; N. Jb. 1860.
— 1860/61: Anwendung des Mikroskops. Bull. de Soc. Géol. de France, XVII, 1860; N. Jb. 1861.
SOUZA-BRANDÃO, V., 1907: Les espichellites, une nouvelle famille de roches de filons, au Cap Espichel. Annaes scientificos de Academie Polytecnica do Porto, Coimbra, II, 1907.
SOWERBY, 1923: Mineral-Conchology, IV, 1823.
SPITZ, A., 1909: Basische Eruptivgesteine aus den Kitzbühler Alpen. T. M. P. M., 1909.
SPOCK, L. E., 1962: Guide to the Study of Rocks. 2. Aufl., New York 1962.
SPRENGEL, A., 1828: Commentatio de psarolithis, ligni fossilis genere. Halae 1828.
SPURR, J. F., 1900: Reconnaissance in south-western Alaska in 1898. An. Rep. U.S. Geol. Surv., 1900.
— 1900: Classification of igneous rocks according to composition. Amer. Geol., XXV, 1900.
— 1904: nach CLARKE, F. W., 1910: Analyses of rocks and minerals. Bull. U.S. Geol. Surv., 1910.
— 1906: The Southern Klondyke District, Esmeralda County, Nevada. A study in metalliferous quartz veins of magmatic origin. U.S. Geol. Sur. Economic Geology, I, 1906.
— 1906: Ore deposits of the Silver Peak quadrangle, Nevada. Prof. Rap. U.S. Geol. Sur., LV, 1906.
— 1923: The Ore Magmas. New York 1923.
STACHE, G., 1863: in: HAUER und STACHE: Geologie Siebenbürgens. Wien 1863.
STACHE, G., und JOHN, C. v., 1879: Geologische und petrographische Beiträge zur Kenntniss d. älteren Eruptiv- u. Massengest. d. Mittel- u. Ostalpen. II. Das Cevedalegebiet als Hauptverbreitungsdistrikt dioritischer Porphyrite. Jb. k. k. geol. Reichsanst. Wien, XXIX, 1879.
STANSFIELD, J., 1923: Extensions of the Monteregian petrographical province to the west and northwest. Geol. Mag., LX, 1923.
— 1923: Nomenclature and relations of the lamprophyres. Geol. Mag., LX, 1923.
STAR, P. v., 1959: Der Vorstoß in die Welt des Kleinsten. Jena'er Rundschau, 1959.
STARK, M., 1914: Petrographische Provinzen. Fortschr. d. Min. usw., IV, 1914.
— 1942/43: Basische Gesteine der Euganeen. Min. Petr. Mittlg., I. u. II. Teil, LIV, 1942; III. u. IV. Teil, LV, 1943.
STARZYNSKI, Z., 1913: Anz. Akad. Wiss. Krakau, M.-N. Kl., Reihe A, 1912.
STEENSTRUP, K. J. V., 1878/1881: Bemaerkninger til et geognostisk Oversigtskaart over en del af Julianehaabs distrikt (den 20. Juni 1878). Meddel. om Grønland, II, 1881.
STEININGER, J., 1840/1841: Geognostische Beschreibung d. Landes zwischen der unteren Saar und dem Rheine. Trier 1840; Nachträge 1841.

STINY, J., 1929: Technische Gesteinskunde. Wien 1929.

STÖHR, A., 1889: Umriß einer Theorie der Namen. Leipzig u. Wien 1889.

STRENG, A., 1864: Bemerkungen über den Serpentinfels und den Gabbro von Neurode in Schlesien. N. Jb. 1864.

STRENG, A., und KLOOS, J. H., 1877: Über die krystallinischen Gesteine von Minnesota in Nord-Amerika. N. Jb. 1877.

STUDER, B., 1853: Geologie der Schweiz, I. Bern u. Zürich 1853.

— 1872: Index der Petrographie und Stratigraphie der Schweiz und ihrer Umgebung. Bern 1872.

SUESS, E., 1865: Ueber den Staub Wiens und den sog. Wiener Sandstein. N. Jb. 1865.

SUTER, H. H., 1922: Zur Klassifikation der Charnockit-Anorthositprovinzen. Schweiz. Min. u. Petr. Mittlg., II, 1922.

SZÁDECZKY, J., 1900: Értesitö az erdelyi Muzeumegylet. Orvos-termeszettud. Szak., 2. Abt., XXI, 1899/1900.

SZÁDECKY-KARDOSS, E., 1958: On the petrology of volcanic rocks and the interaction of magma and water. Acta Geol. Acad. Sc. Hung., 1958.

— 1960: A genetical System of Igneous Rocks. Int. Geol. Congr. Copenhagen 1960, part. XIII.

SZÁDESZKY-KARDOSS, E., PANTÓ, G., und SZEKY-FUX, V., 1960: A preliminary Proposition for developing a uniform Nomenclature of igneous Rocks. Int. Geol. Congr. Copenhagen 1960, part XIII.

TALBOT, W. H. F., 1834/36: Experiments on light. 1. Microscopic appearances with polarized light. Lond. u. Edinb. Phil. Mag., III, 1834; IX, 1836.

TEALL, J. H., 1888/1889: British Petrography. London 1888; Birmingham 1889.

TELLER, F., und JOHN, C. v., 1882: Geologisch-petrographische Beiträge zur Kenntniss der dioritischen Gesteine von Klausen in Südtirol. Jb. k. k. geol. Reichsanst. Wien, XXXII, 1882.

THOMAS und BAILEY, 1915: Quart. Jour. Geol. Soc., LXXI, 1915.

TILLEY, C. E., 1919: The petrology of the granitic mass of Cape Willoughby, Kangaroo Island. Trans. Roy. Soc. S.-Austral., XLIII, 1919.

— 1922: Density, refractivity, and composition relations of some natural glasses. Min. Mag., 1922.

TÖRNEBOHM, A. E., 1877: Über die wichtigsten Diabas- u. Gabbrogesteine Schwedens. N. Jb. 1877.

— 1877: Om Sveriges vigtigare Diabas- och Gabbro-Arter. Kon. Svenska Vetensk. Akad. Förhandl., XIV, 1877.

— 1882/83: Om den s.k. Fonoliten från Elfdalen, dess klyftort och förekomstsätt. Geol. Fören i Stockholm Förh., VI, 1883.

— 1906: Katapleiit-Syenit en nyupptäckt varietet af nefelin syenit i Sverige. Sveriges Geol. Undersök., Ser. C, Nr. 199, 1906.

TOULA, F., 1886: Mineralogische und petrographische Tabellen. Wien u. Leipzig 1886.

TOZZETTI, T., 1768: Relaz. alcuni Viaggi in div. Parti d. Toskana. 2. Aufl., Florenz 1768.

TRAUBE, H., 1884: Beiträge zur Kenntniss d. Gabbros, Amphibolite u. Serpentine des niederschlesischen Gebirges. Diss. d. Univ. Greifswald, 1884.

TRAVIS, 1915: Proc. Liverpool Geol. Soc., Cope-Mem., LXXIX, 1915.

TRENKLER, H., 1901: Die Phonolithe des Spitzberges bei Brüx in Böhmen. T. M. P. M., N. F., XX, 1901.

TRÖGER, W. E., 1928: Alkaligesteine aus der Serra do Salitre im westlichen Minas Geraes, Brasilien. Centralbl. f. Min., 1928.

— 1930: Chemismus und provinziale Verhältnisse der variskischen Gesteine Mitteldeutschlands. N. Jb., B.B., LX A, 1930.

— 1931: Zur Sippenteilung magmatischer Gesteine. N. Jb., B.B., LXII, A, 1931.

— 1934: Quantitative Daten einiger magmatischer Gesteine. T. M. P. M., XLVI, 1934.

— 1935: Spezielle Petrographie der Eruptivgesteine. Berlin 1935.

— 1938: Eruptivgesteinsnamen (1. Nachtrag). Fortschr. d. Min. usw., XXIII, 1938.

— 1939: Über Theralith und Monchiquit. Centralbl. f. Min. usw., 1939, Abt. A.

— 1948: Die Petrographie in Deutschland während der letzten 100 Jahre. Z. D. G. G., C, 1948.

— 1952: Tabellen zur opt. Bestimmung der gesteinsbildenden Minerale. Stuttgart 1952.

TSCHERMAK, G., 1864/65: Chem.-mineral. Studien. I. Die Feldspathgruppe. Sitzungsber. d. Wien. Akad., L, 1864/65.

— 1866: Felsarten von ungewöhnl. Zusammensetzung in den Umgebungen von Teschen und Neutitschein. Sitzungsber. d. Wien. Akad., LIII, 1866.

— 1867a: Quarzführende Plagioklasgesteine. Sitzungsber. d. Wien. Akad., LV, 1867.

— 1867b: Ueber Serpentinbildung. Sitzungsber. d. Wien. Akad., LVI, 1867.

Tschermak, G., 1869a: Mikroskopische Unterscheidung der Mineralien aus der Augit-, Amphibol- und Biotit-Gruppe. Sitzungsber. d. Wien. Akad., LIX, 1869.
— 1869b: Die Porphyr-Gesteine Oesterreichs aus der mittleren geologischen Epoche. N. Jb. 1869.
Tsuboi, S., 1918: Notes on miharaite. Jour. Geol. Soc. Tokyo, XXV, 1918.
Turner, H. W., 1896: Geology of the Sierra Nevada. U.S. Geol. Sur., XVII, 1896.
— 1896: Notice of some syenitic rocks from California. Amer. Geol., XVII, 1896.
— 1900: The nomenclature of the feldspathic granolites. Jour. Geol., VIII, 1900.
Turner, F., und Verhoogen, J., 1951: Igneous and metamorphic Petrology. New York 1951.
Tyrrell, G. W., 1912: The late Palaeozoic alkaline igneous rocks of the west of Scotland. Geol. Mag., IX, 1912.
— 1913: Trans. Geol. Soc. Glasgow, XV, 1913.
— 1914: A Review of Igneous Rock Classification. Sci. Progr., Nr. 33, 1914.
— 1917: Geol. Mag., IV, 1917.
— 1917: The picrite-teschenite sill of Lugar. Quart. Jour. Geol. Soc., LXXII, 1917.
— 1926: Principles of Petrology. New York 1926.
Uhlemann, A., 1909: Die Pikrite des sächs. Vogtlandes. T. M. P. M., XXVIII, 1909.
Unger, 1842: Über die Untersuchung fossiler Stämme holzartiger Gewächse. N. Jb. 1842.
Ussing, N. V., 1911/12: Geology of the country around Julianehaab, Green-Land. Meddel. om Grønland, XXXVIII, 1911/12.
Verbeek, R. D. M., 1899: Over de geologie van Ambon. Verh. Akad. Weten., Amsterdam, Sec. 2, Deel VI, 1899.
Verbrugge, R., 1949: Guide lithognostique. Paris-Liège 1949.
Viola, C., 1892: Boll., R. Com. geol. Italia, XXIII, 1892.
Vogelsang, H., 1864: Ueber die mikroskop. Structur der Schlacken und über die Beziehungen der Mikrostructur zur Genesis der krystallinischen Gesteine. Pogg. Ann., CXXI, 1864.
— 1867: Philosphie der Geologie und mikroskopische Gesteinsstudien. Bonn 1867.
— 1872/73: Ueber die Systematik der Gesteinslehre und die Eintheilung der gemengten Silikatgesteine. Z. D. G. G., XXIV, 1872; Bonn 1873.
— 1872 (a): Sur les cristallites. Arch. Néerland, VII, 1872.
Vogt, C., 1866: Lehrbuch der Geologie usw. Braunschweig 1866.
Vogt, J. H. L., 1905: Über anchi-eutektische und anchi-monomineralische Eruptivgesteine. Norsk Geologisk Tidsskrift, I, 1905.
Vogt, Th., 1915 (1916): Petrographisch-chemische Studien an einigen Assimilations-Gesteinen der Nordnorwegischen Gebirgskette. Skr. Vidensk. Selsk., Oslo, M.-N. Kl., Nr. 8, 1915 (1916).
— 1930: Skr. Vidensk. Selsk. Kristiania, M.-N. Kl, 1929.
Voith, v., 1836: Beobachtungen über Kieselgebilde im Allgemeinen und Silication der organischen Reste insbesondere usw. N. Jb. 1836.
Wadsworth, M. E., 1879: On the Classification of Rocks. Bull. of the Mus. of Comparative Zoölogy, Cambridge, V, 1879.
— 1881: A microscopical study of the iron ore, or peridotite, of Iron Mine Hill, Cumberland, Rhode Island. Bull. Mus. Comp. Zoölogy, Harvard, VII, 1881.
— 1884: Lithological Studies. Mem. Mus. Comp. Zoölogy, Harvard, XI, Part I, Cambridge 1884.
Wagner, P. A., 1923: The chromite of the Bushveld igneous complex. S. African Jour. Sci., XX, 1923.
Wahl, W., 1925: Die Gesteine des Wiborger Rapakiwigebietes. Fennia, XLV, 1925.
Wahlstrom, E. E., 1947: Igneous minerals and rocks. New York 1947.
— 1950: Introduction to Theoretical Igneous Petrology. New York 1950.
Waitz, P., 1909: Principios de Clasificacion y Comparacion de Rocas Macizas (Igneas). Boletin de la Sociedad Geol. Mexicana, VI, 1909.
Walch, J. J., 1762/64: Steinreich. 1. Bd., 1762; 2. Bd., 1764.
Waldmann, L., 1926/27: Über basaltische Gesteine aus den Lessinischen Alpen. T. M. P. M., N. F., XXXVII, 1927.
Walker, T. L., 1931: Alexoite, a phyrrhotite-peridotite from Ontario. Univ. Toronto Studies, Geol. Ser. Nr. 30, 1931.
Wallerio, J. G., 1772: Systema mineralogicum. Holmiae 1772.
Walther, J., 1897: Versuch einer Classification der Gesteine auf Grund der vergleichenden Lithogenie. Mém. II prés. au Congrès géol. intern. 7. session. Petersburg 1897.
Warren, Ch. H., 1912: The ilmenite rocks near St. Urbain, Quebec: A new occurence of rutile and sapphirine. Amer. Jour. Sci., XXXIII, 1912.
Warth, H., 1913: Classifications of Igneous Rocks. Proc. Birmingham Nat. Hist. and Phil. Soc., XIII, 1913.

WASHINGTON, H. S., 1894: On the basalts of Kula. Amer. Jour. Sci., XLVII, 1894.
— 1896/97: Italian petrological sketches. I—IV. Jour. Geol., IV, 1896/97.
— 1898: Sölvsbergite and tinguaite from Essex County, Mass. Amer. Jour. Sci., VI, 1898.
— 1900: The composition of kulaite. Jour. Geol., VIII, 1900.
— 1900: Igneous complex of Magnet Cove, Arkansas. Bull. Geol. Soc. Amer., XI, 1900.
— 1901: The foyaite-ijolite series of Magnet Cove; a chemical study in differentiation. Jour. Geol., IX, 1901.
— 1906: The Roman comagmatic region. Carnegie Inst. Washington, Nr. 57, 1906.
— 1913/14: The volcanoes and rocks of Pantelleria. Jour. Geol., XXI, 1913; XXII, 1914.
— 1914: The analcite basalts of Sardinie. Jour. Geol., XXII, 1914.
— 1914: An occurence of pyroxenite and hornblendite in Bahia, Brazil. Amer. Jour. Sci., XXXVIII, 1914.
— 1917: Chemical analyses of igneous rocks published from 1884 to 1913, inclusive. Prof. Pap. U.S. Geol. Sur., 1917.
— 1920: Italite, a new leucite rock. Amer. Jour. Sci., L, 1920.
— 1923: Petrology of the Hawaiian Islands. IV. The formation of aa and pahoehoe. Amer. Jour. Sci., VI, 1923.
— 1927: The italite locality of Villa Senni. Amer. Jour. Sci., XIV, 1927.
WASHINGTON, H. S., und LARSEN, E. S., 1913: Magnetite basalt from North Park, Colorado. Jour. Wash. Acad. Sci., III, 1919.
WATSON, T. L., 1907: Mineral resources of Virginia. 1907.
WATSON, T. L., und TABER, S., 1910: The Virginia rutile deposits. Bull. U.S. Geol. Sur., 430, 1910.
— — 1913: Geology of the titanium and apatite deposits of Virginia. Bull. Geol. Sur., 111-A, 1913.
— — 1918: Magmatic Names proposed in the quantitative System of Classification for some new rock types in Virginia. Bull. of the Phil. Soc. Sci., Ser. I, 1918.
WEBER, M., 1909: Zur Petrographie der Samoa-Inseln. Abhdlg. bayr. Akad. Wiss., 1909.
— 1910: Über Diabase und Keratophyre aus dem Fichtelgebirge. Centralbl. f. Min. usw., 1910.
WEBSKY, M., 1858: Ueber die Kristallstructur des Serpentin und einiger demselben zuzurechnenden Fossilien. Z. D. G. G., X, 1858.
WEDDING, A., 1858: De Vesuvii montis lavis. Z. D. G. G., X, 1858.
WEED, W. H., und PIRSSON, L. V., 1895: Igneous rocks of Yogo Peak, Montana. Amer. Jour. Sci., L, 1895.
— — 1896: Missourite, a new leucite rock from the Highwood Mountains of Montana. Amer. Jour. Sci., II, 1896.
— — 1896: The Bearpaw Mountains of Montana. Part II. Amer. Jour. Sci., II, 1896.
WEGMANN, C. E., 1937: Sur la genèse des roches alcalines de Julianehaab. Compt. Rend., CCIV, 1937.
— 1935: Über Migmatitbildung (cum lit.). Geol. Rdsch., 1935.
WEINSCHENK, E., 1890: Beiträge zur Petrographie Japans. N. Jb., B.B., VII, 1890.
— 1899: Die Graphitlagerstätten des bayerisch-böhmischen Waldgebirges. Abhdlg. Akad. Wiss. München, XIX, 1899.
— 1905/1913: Grundzüge der Gesteinskunde. München 1905; 3. Aufl. 1913.
WEISS, CH. E., 1863: Beobachtungen und Untersuchungen über den Schillerspath von Todtmoos. Pogg. Ann., CXIX, 1863.
WERNER, A. G., 1787: Kurze Klassifikationen u. Beschreibung der verschiedenen Gebürgsarten. Dresden 1787.
— 1788: Vermischte Nachrichten. Bergmänn. Jour., II, 1788.
— 1789: Versuch einer Erklärung der Entstehung der Vulkane durch die Entzündung mächtiger Steinkohlenschichten, als ein Beytrag zur Naturgeschichte des Basalts. Mag. Naturk. Helv., IV, 1789.
WERVEKE, L. v., 1902: Über einige Granite der Vogesen. Mittlg. d. Philomathischen Ges., 10. Jg., H. 1, 1902.
WILLIAMS, G. H., 1886: The peridotites of the "Cortlandt Series" on the Hudson River near Peekskill, N. Y. Amer. Jour. Sci., XXXI, 1886.
— 1888: The Gabbros and Diorites of the Cortlandt Series on the Hudson River near Peekskill. Amer. Jour. Sci., XXXV, 1888.
WILLIAMS, J. F., 1890 (1891): The igneous rocks of Arkansas. Arkansas Geol. Surv., II. An. Rept. for 1890 (1891).
WILLIAMS, H., TURNER, F. J., und GILBERT, C. M., 1954: Petrology. San Francisco 1954.
WINCHELL, A. N., 1913: Rock classification on three-coordinates. Jour. Geol., XXI, 1913.
— 1928: Elements of Optical Mineralogy. Part. I. New York 1928.
WINKLER, A., 1913: Das Eruptivgebiet von Gleichenberg in Oststeiermark. Jb. k. k. Geol. Reichsanst. 1913.

WINKLER, A., 1914/15: Die tertiären Eruptiva am Ostrand der Alpen. Zeitschrift f. Vulk., I, 1914/15.
— 1927: Erläuterungen z. geol. Spez.-Karte von Österreich, Bl. Gleichenberg. Geol. Bundesanstalt, Wien 1927.
— 1927/28: Der jungtertiäre Vulkanismus im steirischen Becken. Zeitschrift f. Vulk., XI, 1927/28.
— 1929: Der jüngere Vulkanismus am Ostrande der Alpen. Compt. Rend. XIV, Congrès Géologique Intern. 1926; Madrid 1929.
WINKLER v. HERMADEN, A., 1939: Geol. Führer durch das Tertiär- und Vulkanland des steir. Beckens. Berlin 1939.
— 1951: Über neue Ergebnisse aus dem Tertiärbereich des steir. Beckens und über das Alter der Basaltausbrüche. Sitzungsber. d. österr. Akad. d. Wiss., Abt. I, 1951.
— 1954: Die Basaltlager Österreichs und ihre Bedeutung für Bodenwirtschaft und Bauwesen. Carinthia II, 1954.
— 1955: Die Entstehung der Gleichenberger Mineralquellenprovinz im Rahmen der jungen erdgeschichtlichen Entwicklung der südlichen Steiermark. Wiener Mediz. Wochenschr., 105, 1955.
— 1957: Geologisches Kräftespiel und Landformung. Wien 1957.
— 1957: Vulkantektonische Ergebnisse über einige näher studierte oststeirische Tuff- und Basalt-Vorkommen. Sitzungsber. d. österr. Akad. d. Wiss., M.-N. Kl., 1957.
WINKLER, G. G., 1859: Allgovit (Trapp) in den Algäuer Alpen Bayerns. N. Jb. 1859.
WITHAM, H., 1831/1833: Observations on fossil vegetables. Edinb. u. London 1831; N. Jb. 1833.
WÖHLER, 1846: Nachricht. von d. Götting. Univers. u. d. K. Ges. d. Wiss., Nr. 2, 1846.
WOLFF, F. v., 1913: Der Vulkanismus, I. Stuttgart 1913.
— 1922: Die Prinzipien einer quantitativen Klassifikation der Eruptivgesteine. Geol. Rundschau, XIII, 1922.
— 1923—29: Der Vulkanismus, II. Suttgart 1923—1929.
— 1930: Plutonismus und Vulkanismus. Gutenbergs Handbuch d. Geophysik, 1930.
— 1951: Gesteinskunde; Die Eruptivgesteine. Pößneck 1951.
WRIGHT, F. E., 1901: Die foyaitisch-theralitischen Eruptivgesteine d. Insel Cabo Frio, Rio de Janeiro, Brasilien. T. M. P. M., N. F., XX, 1901.
WYLLIE, B. K. N., und SCOTT, A., 1913: The plutonic rocks of Garabal Hill. Geol. Mag., X, 1913.
YAMANARI, 1925: Geol. Atlas of Chosen, III, 1925.
YARZA, R. A. DE, 1893: Über den Fortunit. Bol. Com. Mapa geol. España, XX, 1893.
YOUNG, G. A., 1904 (1906): The geology and petrography of Mount Yamaska, Province of Quebec. Canada Geol. Surv., 16th An. Rept. for 1904 (1906).
ZIRKEL, F., 1863: Mikroskopische Gesteinsstudien. Sitzungsber. d. k. k. Akad. Wiss. Wien 1863; N. Jb. 1863.
— 1866: Lehrbuch der Petrographie. 2 Bde. Bonn 1866; (2. Aufl. 1893/1894.)
— 1867a: Ueber die mikroskopische Zusammensetzung der Phonolithe. Pogg. Ann., CXXXI, 1867.
— 1867b: Mikroskopische Untersuchungen über die glasigen und halbglasigen Gesteine. Z. D. G. G., XIX, 1867.
— 1867c: Dünnschliffe ächter Basalte. N. Jb. 1867.
— 1868a: Ueber die mikroskop. Structur der Leucite und die Zusammensetzung leucitführender Gesteine. Z. D. G. G., XX, 1868.
— 1868b: Ueber die Verbreitung mikroskopischer Nepheline. N. Jb. 1868.
— 1869: Leucitgesteine im Erzgebirge. N. Jb. 1869.
— 1870: Untersuchungen über die mikroskopische Zusammensetzung und Structur der Basaltgesteine. Bonn 1870.
— 1871/72: Ueber die mikroskopische Zusammensetzung von Thonschiefern und Dachschiefern. Pogg. Ann., CXLIV, 1871; N. Jb. 1872.
— 1872: Mikromineralogische Mittheilungen. N. Jb. 1872.
— 1873: Die mikroskopische Beschaffenheit der Mineralien und Gesteine. Leipzig 1873.
— 1874: Der Phyllit von Recht im Hohen Venn. Verhdlg. d. naturh. Ver. d. preuß. Rheinl. u. Westph., XXXI, 1874.
— 1875: Leucit im Basalt von Gunung Bantal Soesoem bei Java. N. Jb. 1875.
— 1875: Vulkanische Asche, die vom 29. auf den 30. März 1875 in Norwegen fiel. N. Jb. 1875.
— 1877/1893: Elemente der Mineralogie. (Von C. F. NAUMANN neubearb. Aufl. v. F. ZIRKEL.) Leipzig 1877/1893.
— 1881: Die Einführung des Mikroskops in das mineralogische Studium. Diss., Leipzig 1881.
— 1893/1894: Lehrbuch der Petrographie. Leipzig 1893; 1894.
ZITTEL, K. A. v., 1899: Geschichte der Geologie und Paläontologie bis Ende d. 19. Jhdts. München u. Leipzig 1899.

Druck: R. Spies & Co., Wien V.

Tabelle zur Bestimmung von Massengesteinen nach dem Mineralbestand

		Fam.-Nr.	S.	Familie	siehe
1. *Quarz:*	Mehr als 50% des Gesteins	1		Perazidite	
	10—50% ,, ,, ...			....	2.
	0—10% ,, ,, ...			....	4.
2. *Mafite:*	Weniger als 10% des Gesteins	3		Aplitgranite	
	Mehr als 10% ,, ,, ...			....	3.
3. *Feldsp.:*	Kein Feldspat	2		Quarzmafitite	
	Alk.-Fdsp. (fast) allein (< 15% Plag.)	4		Alkaligranite	
	Alk.-Fdsp.: Plag. = 85 : 15 bis 40 : 60	5		Alk.-Kalkgranite	
	Alk.-Fdsp.: Plag. = 40 : 60 bis 15 : 85	6		Granodiorite	
	Plag. (fast) allein (< 15% Alk.-Fdsp.)	7		Quarzdiorite	
4. *Foide:*	Mehr als 90% der hellen Gemengteile			....	5.
	10—90% ,, ,, ,, ...			....	7.
	0—10% ,, ,, ,, ...			....	9.
5. *Foide:*	Mit wesentl. Melilith	31		Melilithfoidite	
	Ohne Melilith			....	6.
6. *Foide:*	Vorwiegend Nephelin	28		Nephelinite	
	,, Leuzit (Analcim)	29		Leuzitite (Analcimite)	
	,, Sodalithe	30		Sodalithite	
7. *Feldsp.:*	Alk.-Fdsp. (fast) allein (< 15% Plag.)			....	8.
	Alk.-Fdsp. ≧ Plag. (85 : 15 bis 40 : 60) ...	26		Foidsyenomonzonite	
	Plag. mehr als Alk.-Fdsp. (Alk.-Fdsp. < 40%)	27		Essexite	
8. *Mafite:*	Weniger als 35% Mafite	23		Foidsyenite	
	35—50% Mafite	24		Mesofoidsyenite	
	50—90% Mafite	25		Melafoidsyenite	
9. *Mafite:*	Mehr als 90% des Gesteins			....	10.
	Weniger als 10% des Gesteins			....	11.
	90—10% ,, ,, ...			....	12.
10. *Mafite:*	Vorwiegend Olivin	32		Peridotite	
	,, Pyroxen	33		Pyroxenite	
	,, Amphibol	34		Amphibololithe	
	,, Glimmer	35		Glimmerite	
	,, Granat	36		Granatite	
	,, Melilith	37		Melilitholithe	
	,, Carbonat	38		Carbonatite	
	,, Oxyde und Sulfide	39		Silicotelite	
11. *Feldsp.:*	Alk.-Fdsp. (fast) allein (Plag. < 15%)	8		Aplosyenite	
	Alk.-Fdsp. ≧ Plag. (85 : 15 bis 15 : 85)	11		Leukosyenodiorite	
	Plag. (fast) allein (Alk.-Fdsp. < 15%)	15		Plagioklasite	
12. *Feldsp.:*	Alk.-Fdsp. (fast) allein (Plag. < 15%)			....	13.
	Alk.-Fdsp. mehr als Plag. (85 : 15 bis 60 : 40)	12		Kalkalk.-Syenite	
	Alk.-Fdsp. ist gleich Plag. (60 : 40 bis 40 : 60)	13		Monzonite	
	Plag. mehr als Alk.-Fdsp. (60 : 40 bis 85 : 15)	14		Mangerite	
	Plag. (fast) allein (Alk.-Fdsp. < 15%)			....	14.
13. *Mafite:*	10—35% des Gesteins	9		Alkalisyenite	
	35—90% ,, ,, ...	10		Melaalkalisyenite	
14. *Mafite:*	10—50% des Gesteins			....	15.
	50—65% ,, ,, ...			....	16.
	65—90% ,, ,, ...	22		Gabbromafitite	
15. *Plag.:*	An 10—45	16		Diorite	
	An 45—55	18		Leukogabbrodiorite	
	An 55—100	20		Leukogabbros	
16. *Plag.:*	An 10—45	17		Meladiorite	
	An 45—55	19		Melagabbrodiorite	
	An 55—100	21		Gabbros	

Das Vorkommen der Gesteinsbildner in den einzelnen Massengesteinsfamilien

Quarz:	
> 50% des Gesteins	1
10—50% ,, ,, ...	2—7
0—10% ,, ,, ...	8—39

Foide:	
0—10% der hellen Gemengteile . .	1—22, 32—39
10—90% ,, ,, ,, . .	23—27
> 90% ,, ,, ,, . .	28—31

wichtigste Gemengteile der Fam. 28—31:
Nephelin: 28
Leuzit (Analcim): 29
Sodalith: 30
Foide + Melilith: 31

Mafite:	
0—10% des Gesteins	1, 3, 8, 11, 15, 23, 26—30
10—35% ,, ,, ...	1, 4—7, 9, 12—14, 16, 18, 20, 23, 26—30
35—50% ,, ,, ...	1, 4—7, 10, 12—14, 16, 18, 20, 24, 26—31
50—65% ,, ,, ...	2, 4—7, 10, 12—14, 17, 19, 21, 25—31
65—90% ,, ,, ...	2, 4—7 (bis 80%), 10, 12—14, 22, 25—31
90—100% ,, ,, ...	32—39

wichtigste Gemengteile der Fam. 32—39:

Olivin: 32	Granat: 36
Pyroxen: 33	Melilith: 37
Amphibol: 34	Carbonat: 38
Glimmer: 35	Oxyde und Sulfide: 39

Feldsp.:	
0—10% des Gesteins	1, 28—39
10—90% ,, ,, ...	1 (bis ∼ 50%), 3—7, 9, 10, 12—14, 16—27
90—100% ,, ,, ...	8, 11, 15

Verhältnis Alk.-Feldsp. : Plag.:
(Fast) nur Alk.-Fdsp. (100—85%): 1, 3, 4, 8—10, 23—25
Alk.-Fdsp. > Plag. (85 : 15—60 : 40): 1, 3, 5, 11, 12, 26
Alk.-Fdsp. ≅ Plag. (60 : 40—40 : 60): 1, 3, 5, 11, 13, 26
Plag. > Alk.-Fdsp. (60 : 40—85 : 15): 1, 3, 6, 11, 14, 27
(Fast) nur Plag. (100—85%): . . . . . 1, 3, 7, 15—22, 27

An-Gehalt der Plagioklase:
An 10—45: . . . . 1, 3, 5—7, 11—17, 22, 26, 27
An 45—55: . . . . 1, 3, 5—7, 11—15, 18, 19, 22, 26, 27
An 55—100: . . . . 1, 3, 5—7, 11—15, 20—22, 26, 27